ADVANCES IN

Immunology

CUMULATIVE SUBJECT INDEX

VOLUMES 37–65

ADVANCES IN
Immunology
CUMULATIVE SUBJECT INDEX
VOLUMES 37–65

EDITED BY

FRANK J. DIXON

The Scripps Research Institute
La Jolla, California

ASSOCIATE EDITORS

Frederick Alt
K. Frank Austen
Tadamitsu Kishimoto
Fritz Melchers
Jonathan W. Uhr

VOLUME 67

ACADEMIC PRESS
San Diego London Boston
New York Sydney Tokyo Toronto

This book is printed on acid-free paper.

Copyright © 1998 by ACADEMIC PRESS

All Rights Reserved.
No part of this publication may be reproduced or transmitted in any form or by any means, electronic or mechanical, including photocopy, recording, or any information storage and retrieval system, without permission in writing from the Publisher.
The appearance of the code at the bottom of the first page of a chapter in this book indicates the Publisher's consent that copies of the chapter may be made for personal or internal use of specific clients. This consent is given on the condition, however, that the copier pay the stated per copy fee through the Copyright Clearance Center, Inc. (222 Rosewood Drive, Danvers, Massachusetts 01923), for copying beyond that permitted by Sections 107 or 108 of the U.S. Copyright Law. This consent does not extend to other kinds of copying, such as copying for general distribution, for advertising or promotional purposes, for creating new collective works, or for resale. Copy fees for pre-1998 chapters are as shown on the title pages. If no fee code appears on the title page, the copy fee is the same as for current chapters.
0065-2776/98 $25.00

Academic Press
a division of Harcourt Brace & Company
525 B Street, Suite 1900, San Diego, California 92101-4495, USA
http://www.apnet.com

Academic Press Limited
24-28 Oval Road, London NW1 7DX, UK
http://www.hbuk.co.uk/ap/

International Standard Book Number: 0-12-022467-4

PRINTED IN THE UNITED STATES OF AMERICA
97 98 99 00 01 02 QW 9 8 7 6 5 4 3 2 1

CONTENTS

CONTENTS OF VOLUMES 37–65 vii
CUMULATIVE SUBJECT INDEX 1
CONTRIBUTOR INDEX 321

CONTENTS OF VOLUMES 37–65

Volume 37

Structure, Function, and Genetics of Human Class III Molecules — 1
Robert C. Giles and J. Donald Capra

The Complexity of Virus—Cell Interactions in Abelson Virus Infection of Lymphoid and Other Hematopoietic Cells — 73
Cheryl A. Whitlock and Owen N. Witte

Epstein–Barr Virus Infection and Immunoregulation in Man — 99
Giovanna Tosato and R. Michael Blaese

The Classical Complement Pathway: Activation and Regulation of the First Complement Component — 151
Neil R. Cooper

Membrane Complement Receptors Specific for Bound Fragments of C3 — 217
Gordon D. Ross and M. Edward Medof

Murine Models of Systemic Lupus Erythematosus — 269
Argyrios N. Theofilopoulos and Frank J. Dixon

Volume 38

The Antigen-Specific, Major Histocompatibility Complex-Restricted Receptor on T Cells — 1
Philippa Marrack and John Kappler

Immune Response (*Ir*) Genes of the Murine Major
Histocompatibility Complex — 31

Ronald H. Schwartz

The Molecular Genetics of Components of Complement — 203

R. D. Campbell, M. C. Carroll, and R. R. Porter

Molecular Genetics of Human B Cell Neoplasia — 245

Carlo M. Croce and Peter C. Nowell

Human Lymphocyte Hybridomas and Monoclonal Antibodies — 275

Dennis A. Carson and Bruce D. Freimark

Maternally Transmitted Antigen — 313

John R. Rodgers, Roger Smith III, Marilyn M. Huston, and Robert R. Rich

Phagocytosis of Particulate Activators of the Alternative Complement Pathway: Effects of Fibronectin — 361

Joyce K. Czop

Volume 39

Immunological Regulation of Hematopoietic/Lymphoid Stem Cell Differentiation by Interleukin 3 — 1

James N. Ihle and Yacob Weinstein

Antigen Presentation by B Cells and Its Significance in T–B Interactions — 51

Robert W. Chesnut and Howard M. Grey

Ligand–Receptor Dynamics and Signal Amplification in the Neutrophil — 95

Larry A. Sklar

Arachidonic Acid Metabolism by the 5-Lipoxygenase Pathway, and the Effects of Alternative Dietary Fatty Acids — 145

Tak H. Lee and K. Frank Austen

The Eosinophilic Leukocyte: Structure and Function — 177

Gerald J. Gleich and Cheryl B. Adolphson

Idiotypic Interactions in the Treatment of Human Diseases	255
Raif S. Geha	
Neuroimmunology	299
Donald G. Payan, Joseph P. McGillis, and Edward J. Goetzl	

Volume 40

Regulation of Human B Lymphocyte Activation, Proliferation, and Differentiation	1
Diane F. Jelinek and Peter E. Lipsky	
Biological Activities Residing in the Fc Region of Immunoglobulin	61
Edward L. Morgan and William O. Weigle	
Immunoglobulin-Specific Suppressor T Cells	135
Richard G. Lynch	
Immunoglobulin A (IgA): Molecular and Cellular Interactions Involved in IgA Biosynthesis and Immune Response	153
Jiri Mestecky and Jerry R. McGhee	
The Arrangement of Immunoglobulin and T-Cell Receptor Genes in Human Lymphoproliferative Disorders	247
Thomas A. Waldmann	
Human Tumor Antigens	323
Ralph A. Reisfeld and David A. Cheresh	
Human Marrow Transplantation: An Immunological Perspective	379
Paul J. Martin, John A. Hansen, Rainer Storb, and E. Donnall Thomas	

Volume 41

Cell Surface Molecules and Early Events Involved in Human T Lymphocyte Activation	1
Arthur Weiss and John B. Imboden	

Function and Specificity of T Cell Subsets in the Mouse	39
JONATHAN SPRENT AND SUSAN R. WEBB	
Determinants on Major Histocompatibility Complex Class I Molecules Recognized by Cytotoxic T Lymphocytes	135
JAMES FORMAN	
Experimental Models for Understanding B Lymphocyte Formation	181
PAUL W. KINCADE	
Cellular and Humoral Mechanisms of Cytotoxicity: Structural and Functional Analogies	269
JOHN DING-E YOUNG AND ZANVIL A. COHN	
Biology and Genetics of Hybrid Resistance	333
MICHAEL BENNETT	

Volume 42

The Clonotype Repertoire of B-Cell Subpopulations	1
NORMAN R. KLINMAN AND PHYLLIS-JEAN LINTON	
The Molecular Genetics of the Arsonate Idiotypic System of A/J Mice	95
GARY RATHBUN, INAKI SANZ, KATHERYN MEEK, PHILIP TUCKER, AND J. DONALD CAPRA	
The Interleukin 2 Receptor	165
KENDALL A. SMITH	
Characterization of Functional Surface Structures on Human Natural Killer Cells	181
JEROME RITZ, REINHOLD E. SCHMIDT, JEAN MICHON, THIERRY HERCEND, AND STUART E. SCHLOSSMAN	
The Common Mediator of Shock, Cachexia, and Tumor Necrosis	213
B. BEUTLER AND A. CERAMI	
Myasthenia Gravis	233
JON LINDSTROM, DIANE SHELTON, AND YOSHITAKA FUJII	

Alterations of the Immune System in Ulcerative Colitis and
Crohn's Disease — 285

RICHARD P. MACDERMOTT AND WILLIAM F. STENSON

Volume 43

The Chemistry and Mechanism of Antibody Binding to Protein Antigens — 1

ELIZABETH D. GETZOFF, JOHN A. TAINER, RICHARD A. LERNER, AND H. MARIO GEYSEN

Structure of Antibody–Antigen Complexes: Implications for Immune Recognition — 99

P. M. COLMAN

The $\gamma\delta$ T-Cell Receptor — 133

MICHAEL B. BRENNER, JACK L. STROMINGER, AND MICHAEL S. KRANGEL

Specificity of the T-Cell Receptor for Antigen — 193

STEPHEN M. HEDRICK

Transcriptional Controlling Elements in the Immunoglobulin and T-Cell Receptor Loci — 235

KATHRYN CALAME AND SUZANNE EATON

Molecular Aspects of Receptors and Binding Factors for IgE — 277

HENRY METZGER

Volume 44

Diversity of the Immunoglobulin Gene Superfamily — 1

TIM HUNKAPILLER AND LEROY HOOD

Genetically Engineered Antibody Molecules — 65

SHERIE L. MORRISON AND VERNON T. OI

Antinuclear Antibodies: Diagnostic Markers for Autoimmune Diseases and Probes for Cell Biology — 93

ENG M. TAN

Interleukin-1 and Its Biologically Related Cytokines	153
CHARLES A. DINARELLO	
Molecular and Cellular Events of T-Cell Development	207
B. J. FOWLKES AND DREW M. PARDOLL	
Molecular Biology and Function of CD4 and CD8	265
JANE R. PARNES	
Lymphocyte Homing	313
TED A. YEDNOCK AND STEVEN D. ROSEN	

Volume 45

Cellular Interactions in the Humoral Immune Response	1
ELLEN S. VITETTA, RAFAEL FERNANDEZ-BOTRAN, CHRISTOPHER D. MYERS, AND VIRGINIA M. SANDERS	
MHC–Antigen Interaction: What Does the T-Cell Receptor See?	107
PHILIPPE KOURILSKY AND JEAN-MICHEL CLAVERIE	
Synthetic T- and B-Cell Recognition Sites: Implications for Vaccine Development	195
DAVID R. MILICH	
Rationale for the Development of an Engineered Sporozoite Malaria Vaccine	283
VICTOR NUSSENZWEIG AND RUTH S. NUSSENZWEIG	
Virus-Induced Immunosuppression: Infections with Measles Virus and Human Immunodeficiency Virus	335
MICHAEL B. MCCHESNEY AND MICHAEL B. A. OLDSTONE	
The Regulators of Complement Activation (RCA) Gene Cluster	381
DENNIS HOURCADE, V. MICHAEL HOLERS, AND JOHN P. ATKINSON	
Origin and Significance of Autoreactive T Cells	417
MAURICE ZAUDERER	

Volume 46

Physical Maps of the Mouse and Human Immunoglobulin-like Loci   1
ERIC LAI, RICHARD K. WILSON, AND LEROY E. HOOD

Molecular Genetics of Murine Lupus Models   61
ARGYRIOS N. THEOFILOPOULOS, REINHARD KOFLER, PAUL A. SINGER, AND FRANK J. DIXON

Heterogeneity of Cytokine Secretion Patterns and Functions of Helper T Cells   111
TIM R. MOSMANN AND ROBERT L. COFFMAN

The Leukocyte Integrins   149
TAKASHI K. KISHIMOTO, RICHARD S. LARSON, ANGEL L. CORBI, MICHAEL L. DUSTIN, DONALD E. STAUNTON, AND TIMOTHY A. SPRINGER

Structure and Function of the Complement Receptors, CR1 (CD35) and CR2 (CD21)   183
JOSEPH M. AHEARN AND DOUGLAS T. FEARON

The Cellular and Subcellular Bases of Immunosenescence   221
MARILYN L. THOMAN AND WILLIAM O. WEIGLE

Immune Mechanisms in Autoimmune Thyroiditis   263
JEANNINE CHARREIRE

Volume 47

Regulation of Immunoglobulin E Biosynthesis   1
KIMISHIGE ISHIZAKA

Control of the Immune Response at the Level of Antigen-Presenting Cells: A Comparison of the Function of Dendritic Cells and B Lymphocytes   45
JOSHUA P. METLAY, ELLEN PURÉ, AND RALPH M. STEINMAN

The CD5 B Cell   117
THOMAS J. KIPPS

Biology of Natural Killer Cells ... 187
GIORGIO TRINCHIERI

The Immunopathogenesis of HIV Infection ... 377
ZEDA F. ROSENBERG AND ANTHONY S. FAUCI

The Obese Strain of Chickens: An Animal Model with Spontaneous
Autoimmune Thyroiditis ... 433
GEORGE WICK, HANS PETER BREZINSCHEK, KAREL HÁLA,
HERMANN DIETRICH, HUGO WOLF, AND GUIDO KROEMER

Volume 48

Internal Movements in Immunoglobulin Molecules ... 1
ROALD NEZLIN

Somatic Diversification of the Chicken Immunoglobulin Light-Chain Gene ... 41
WAYNE T. MCCORMACK AND CRAIG B. THOMPSON

T Lymphocyte-Derived Colony-Stimulating Factors ... 69
ANNE KELSO AND DONALD METCALF

The Molecular Basis of Human Leukocyte Antigen Class II
Disease Associations ... 107
DOMINIQUE CHARRON

Neuroimmunology ... 161
E. J. GOETZL, D. C. ADELMAN, AND S. P. SREEDHARAN

Immune Privilege and Immune Regulation in the Eye ... 191
JERRY Y. NIEDERKORN

Molecular Events Mediating T-Cell Activation ... 227
AMNON ALTMAN, K. MARK COGGESHALL, AND TOMAS MUSTELIN

Volume 49

Human Immunoglobulin Heavy-Chain Variable Region Genes:
Organization, Polymorphism, and Expression ... 1
VIRGINIA PASCUAL AND J. DONALD CAPRA

Surface Antigens of Human Leucocytes	75
V. Hořejší	
Expression, Structure, and Function of the CD23 Antigen	149
G. Delespesse, U. Suter, D. Mossalayi, B. Bettler, M. Sarfati, H. Hofstetter, E. Kilcherr, P. Debre, and A. Dalloul	
Immunology and Clinical Importance of Antiphospholipid Antibodies	193
H. Patrick McNeil, Colin N. Chesterman, and Steven A. Krilis	
Adoptive T-Cell Therapy of Tumors: Mechanisms Operative in the Recognition and Elimination of Tumor Cells	281
Philip D. Greenberg	
The Development of Rational Strategies for Selective Immunotherapy against Autoimmune Demyelinating Disease	357
Lawrence Steinman	
The Biology of Bone Marrow Transplantation for Severe Combined Immune Deficiency	381
Robertson Parkman	

Volume 50

Selective Elements for the $V\beta$ Region of the T Cell Receptor: Mls and the Bacterial Toxic Mitogens	1
Charles A. Janeway, Jr.	
Programmed Cell Death in the Immune System	55
J. John Cohen	
Avian T-Cell Ontogeny	87
Max D. Cooper, Chen-Lo H. Chen, R. Pat Bucy, and Craig B. Thompson	
Structural and Functional Chimerism Results from Chromosomal Translocation in Lymphoid Tumors	119
T. H. Rabbitts and T. Boehm	
Interleukin-2, Autotolerance, and Autoimmunity	147
Guido Kroemer, José Luis Andreu, José Angel Gonzalo, José C. Gutierrez-Ramos, and Carlos Martínez-A.	

Histamine Releasing Factors and Cytokine-Dependent Activation of
Basophils and Mast Cells ... 237
Allen P. Kaplan, Sesha Reddigari, Maria Baeza, and Piotr Kuna

Immunologic Interactions of T Lymphocytes with Vascular Endothelium ... 261
Jordan S. Pober and Ramzi S. Cotran

Adoptive Transfer of Human Lymphoid Cells to Severely Immunodeficient
Mice: Models for Normal Human Immune Function, Autoimmunity,
Lymphomagenesis, and AIDS ... 303
Donald E. Mosier

Volume 51

Human Antibody Effector Function ... 1
Dennis R. Burton and Jenny M. Woof

The Development of Functionally Responsive T Cells ... 85
Ellen V. Rothenberg

Role of Perforin in Lymphocyte-Mediated Cytolysis ... 215
Hideo Yagita, Motomi Nakata, Akemi Kawasaki, Yoichi Shinkai, and
Ko Okumura

The Central Role of Follicular Dendritic Cells in Lymphoid Tissues ... 243
Folke Schriever and Lee Marshall Nadler

The Murine Autoimmune Diabetes Model: NOD and Related Strains ... 285
Hitoshi Kikutani and Susumu Makino

The Pathobiology of Bronchial Asthma ... 323
Jonathan P. Arm and Tak H. Lee

Volume 52

Cell Biology of Antigen Processing and Presentation to Major
Histocompatibility Complex Class I Molecule-Restricted T Lymphocytes ... 1
Jonathan W. Yewdell and Jack R. Bennink

Human B Lymphocytes: Phenotype, Proliferation, and Differentiation ... 125
Jacques Banchereau and Françoise Rousset

Cytokine Gene Regulation: Regulatory *cis*-Elements and DNA Binding Factors Involved in the Interferon System   263

NOBUYUKI TANAKA AND TADATSUGU TANIGUCHI

Cellular and Molecular Mechanisms of B Lymphocyte Tolerance   283

G. J. V. NOSSAL

Cell Surface Structures on Human Basophils and Mast Cells: Biochemical and Functional Characterization   333

PETER VALENT AND PETER BETTELHEIM

Animal Models for Acquired Immunodeficiency Syndrome   425

THOMAS J. KINDT, VANESSA M. HIRSCH, PHILIP B. JOHNSON, AND SANSANA SAWASDIKOSOL

Volume 53

Lymphokine and Cytokine Production by FcεRI$^+$ Cells   1

WILLIAM E. PAUL, ROBERT A. SEDER, AND MARSHALL PLAUT

The Leukemia Inhibitory Factor and Its Receptor   31

DAVID P. GEARING

The Role of CD4 and CD8 in T-Cell Activation and Differentiation   59

M. CARRIE MICELI AND JANE R. PARNES

B Lymphopoiesis in the Mouse   123

ANTONIUS ROLINK AND FRITZ MELCHERS

Compartmentalization of the Peripheral Immune System   157

GUIDO KROEMER, EDUARDO CUENDE, AND CARLOS MARTINEZ-A.

Immunological Memory   217

CHARLES R. MACKAY

Recognition of Bacterial Endotoxins by Receptor-Dependent Mechanisms   267

RICHARD J. ULEVITCH

Cell Adhesion Molecules as Targets of Autoantibodies in Pemphigus and Pemphigoid, Bullous Diseases Due to Defective Epidermal Cell Adhesion   291

John R. Stanley

Volume 54

Interleukin-6 in Biology and Medicine   1

Shizuo Akira, Tetsuya Taga, and Tadamitsu Kichimoto

Interleukin-9   79

J.-C. Renauld, F. Houssiau, J. Louahed, A. Vink, J. Van Snick, and C. Uyttenhove

Superantigens and Their Potential Role in Human Disease   99

Brian Kotzin, Donald Y. M. Leung, John Kappler, and Philippa Marrack

Interleukin-1 Receptor Antagonist   167

William P. Arend

The Mechanism and Regulation of Immunoglobulin Isotype Switching   229

Robert L. Coffman, Deborah A. Lebman, and Paul Rothman

CD44 and Its Interaction with Extracellular Matrix   271

Jayne Lesley, Robert Hyman, and Paul W. Kincade

Immunoglobulin Receptor-Associated Molecules   337

Nobuo Sakaguchi, Tatsuya Matsuo, Jun Nomura, Kazuhiko Kuwahara, Hideya Igarashi, and Seiji Inui

Analysis of B Cell Tolerance *in Vitro*   393

David W. Scott

Volume 55

The kit Ligand, Stem Cell Factor   1

Stephen J. Galli, Krisztina M. Zsebo, and Edwin N. Geissler

Interleukin-8 and Related Chemotactic Cytokines—CXC and CC Chemokines   97

Marco Baggiolini, Beatrice Dewald, and Bernhard Moser

Receptors for Transforming Growth Factor-β 181

KOHEI MIYAZONO, PETER TEN DIJKE, HIDENORI ICHIJO, AND CARL-HENRIK HELDIN

Biochemistry of B Lymphocyte Activation   221

MICHAEL R. GOLD AND ANTHONY L. DEFRANCO

CD5 B Cells, a Fetal B-Cell Lineage   297

RICHARD R. HARDY AND KYOKO HAYAKAWA

Human Natural Killer Cells: Origin, Clonality, Specificity, and Receptors   341

LORENZO MORETTA, ERMANNO CICCONE, MARIA CRISTINA MINGARI, ROBERTO BIASSONI, AND ALESSANDRO MORETTA

MHC Class I-Deficient Mice   381

DAVID H. RAULET

The Immune System of Mice Lacking Conventional MHC Class II Molecules   424

SUSANNA CARDELL, MATTHIAS MERKENSCHLAGER, HELEN BODMER, SUSAN CHAN, DOMINIC COSGROVE, CHRISTOPHE BENOIST, AND DIANE MATHIS

Volume 56

Properties and Functions of Interleukin-10   1

TIM R. MOSMANN

The Mechanism of V(D)J Joining: Lessons from Molecular, Immunological, and Comparative Analyses   27

SUSANNA M. LEWIS

Involvement of the Protein Tyrosine Kinase p56^{lck} in T-Cell Signaling and Thymocyte Development   151

STEVEN J. ANDERSON, STEVEN D. LEVIN, AND ROGER M. PERLMUTTER

Generating the Antibody Repertoire in Rabbit   179

KATHERINE L. KNIGHT AND MARY A. CRANE

Immunotherapeutic Strategies Directed at the Trimolecular Complex   219
AMITABH GAUR AND C. GARRISON FATHMAN

Therapeutic Regulation of the Complement System in Acute Injury States   267
FRANCIS D. MOORE, JR.

Chemoimmunoconjugates for the Treatment of Cancer   301
GEOFFREY A. PIETERSZ, APRIL ROWLAND, MARK J. SMYTH, AND IAN F. C. MCKENZIE

The Molecular Basis of Susceptibility to Rheumatoid Arthritis   389
ROBERT WINCHESTER

Retrovirus-Induced B Cell Neoplasia in the Bursa of Fabricius   467
PAUL E. NEIMAN

Volume 57

Molecular Basis of Fc Receptor Function   1
MARK D. HULETT AND P. MARK HOGARTH

Fas and Fas Ligand: A Death Factor and Its Receptor   129
SHIGEKAZU NAGATA

Interleukin-5 and Its Receptor System: Implications in the Immune System and Inflammation   145
KIYOSHI TAKATSU, SATOSHI TAKAKI, AND YASUMICHI HITOSHI

Human Antibodies from Combinatorial Libraries   191
DENNIS R. BURTON AND CARLOS F. BARBAS III

Immune Response against Tumors   281
CLAUDE ROTH, CHRISTOPH ROCHLITZ, AND PHILIPPE KOURILSKY

Formation of the Chicken B-Cell Repertoire: Ontogenesis, Regulation of Ig Gene Rearrangement, and Diversification by Gene Conversion   353
CLAUDE-AGNÈS REYNAUD, BARBARA BERTOCCI, AURIEL DAHAN, AND JEAN-CLAUDE WEILL

Volume 58

NF-κB and Rel Proteins in Innate Immunity — 1
ELIZABETH B. KOPP AND SANKAR GHOSH

V(D)J Recombination and Double-Strand Break Repair — 29
DAVID T. WEAVER

Development and Selection of T Cells: Facts and Puzzles — 87
PAWEL KISIELOW AND HARALD VON BOEHMER

The Pharmacology of T-Cell Apoptosis — 211
GUIDO KROEMER

Intraepithelial Lymphocytes and the Immune System — 297
GEK-KEE SIM

Leukocyte Migration and Adhesion — 345
BEAT A. IMHOF AND DOMINIQUE DUNON

Gene Transfer as Cancer Therapy — 417
GLENN DRANOFF AND RICHARD C. MULLIGAN

Volume 59

The CD1 Family: A Third Lineage of Antigen-Presenting Molecules — 1
STEVEN A. PORCELLI

Positive Selection of Thymocytes — 99
PAMELA J. FINK AND MICHAEL J. BEVAN

Molecular and Cellular Aspects of X-Linked Agammaglobulinemia — 135
PASCHALIS SIDERAS AND C. I. EDVARD SMITH

The Common δ-Chain for Multiple Cytokine Receptors — 225
KAZUO SUGAMURA, HIRONOBU ASAO, MOTONARI KONDO, NOBUYUKI TANAKA, NAOTO ISHII, MASATAKA NAKAMURA, AND TOSHIKAZU NAKAMURA

Self-Tolerance Checkpoints in B Lymphocyte Development — 279

Christopher C. Goodnow, Jason G. Cyster, Suzanne B. Hartley, Sarah E. Bell, Michael P. Cooke, James L. Healy, Srinivas Akkaraju, Jeffrey C. Rathmell, Sarah L. Pogue, and Kevan P. Shokat

The Regulation of Pulmonary Immunity — 369

Mary F. Lipscomb, David E. Rice, C. Richard Lyons, Mark R. Schuyler, and David Wilkes

Volume 60

The *Janus* Protein Tyrosine Kinase Family and Its Role in Cytokine Signaling — 1

James N. Ihle

X-Linked Agammaglobulinemia and Immunoglobulin Deficiency with Normal or Elevated IgM: Immunodeficiencies of B-Cell Development and Differentiation — 37

Ramsay Fuleihan, Narayanaswamy Ramesh, and Raif S. Geha

Defective Glycosyl Phosphatidylinositol Anchor Synthesis and Paroxysmal Nocturnal Hemoglobinuria — 57

Taroh Kinoshita, Norimitsu Inoue, and Junji Takeda

The Use of Multiple Antigen Peptides in the Analysis and Induction of Protective Immune Responses against Infectious Diseases — 105

Elizabeth H. Nardin, Giane A. Oliveira, J. Mauricio Calvo-Calle, and Ruth S. Nussenzweig

Eosinophils: Biology and Role in Disease — 151

Andrew J. Wardlaw, Redwan Moqbel, and A. Barry Kay

In Situ Studies of the Germinal Center Reaction — 267

Garnett Kelsoe

Cytotoxic T Lymphocytes: The Newly Identified Fas (CD95)-Mediated Killing Mechanism and a Novel Aspect of Their Biological Functions — 289

Hajime Takayama, Hidefumi Kojima, and Nobukata Shinohara

The Role of Nitric Oxide in Inflammation — 323

C. Rick Lyons

Volume 61

CD40–CD40 Ligand: A Multifunctional Receptor–Ligand Pair	1
Cees van Kooten and Jacques Banchereau	
Antibody Class Switching	79
Janet Stavnezer	
Interleukin-2 Receptor Signaling Mechanisms	147
Larry M. Karnitz and Robert T. Abraham	
Control of the Complement System	201
M. Kathryn Liszewski, Timothy C. Farries, Douglas M. Lublin, Isabelle A. Rooney, and John P. Atkinson	
V(D)J Recombination Pathology	285
Klaus Schwarz and Claus R. Bartram	
Major Histocompatibility Complex Class II Deficiency: A Disease of Gene Regulation	327
Viktor Steimle, Walter Reith, and Bernard Mach	
TH1–TH2 Cells in Allergic Responses: At the Limits of a Concept	341
Iwan Aebischer and Beda M. Stadler	

Volume 62

Organization of the Human Immunoglobulin Heavy-Chain Locus	1
Fumihiko Matsuda and Tasuku Honjo	
Analysis of Gene Function in Lymphocytes by RAG-2-Deficient Blastocyst Complementation	31
Jianzhu Chen	
Interferon-γ: Biology and Role in Pathogenesis	61
Alfons Billiau	
Role of the CD28-B7 Costimulatory Pathways in T-Cell-Dependent B-Cell Responses	131
Karen S. Hathcock and Richard J. Hodes	

Prostaglandin Endoperoxide H Synthases-1 and -2   167
WILLIAM L. SMITH AND DAVID L. DEWITT

Human Tumor Antigens Are Ready to Fly   217
ROBERT A. HENDERSON AND OLIVERA J. FINN

Inflammatory Mediators, Cytokines, and Adhesion Molecules in Pulmonary Inflammation and Injury   257
NICHOLAS W. LUKACS AND PETER A. WARD

Volume 63

Surrogate Light Chain in B-Cell Development   1
HAJIME KARASUYAMA, ANTONIUS ROLINK, AND FRITZ MELCHERS

CD40 and Its Ligand   43
LISA B. CLARK, TERESA M. FOY, AND RANDOLPH J. NOELLE

Human Immunodeficiency Virus Infection of Human Cells Transplanted to Severe Combined Immunodeficient Mice   79
DONALD E. MOSIER

Lessons from Immunological, Biochemical, and Molecular Pathways of the Activation Mediated by IL-2 and IL-4   127
ANGELITA REBOLLO, JAVIER GÓMEZ, AND CARLOS MARTÍNEZ-A.

B Lymphocyte Development and Transcription Regulation *in Vivo*   197
DAVINA OPSTELTEN

Soluble Cytokine Receptors: Their Roles in Immunoregulation, Disease, and Therapy   269
RAFAEL FERNANDEZ-BOTRAN, PAULA M. CHILTON, AND YUHE MA

Cytokine Expression and Cell Activation in Inflammatory Arthritis   337
LIONEL B. IVASHKIV

Prolactin, Growth Hormone, and Insulin-like Growth Factor I in the Immune System   377
RON KOOIJMAN, ELISABETH L. HOOGHE-PETERS, AND ROBERT HOOGHE

Volume 64

Proteasomes and Antigen Processing	1
KEIJI TANAKA, NOBUYUKI TANAHASHI, CHIZUKO TSURUMI, KIN-YA YOKOTA, AND NAOKI SHIMBARA	
Recent Advances in Understanding V(D)J Recombination	39
MARTIN GELLERT	
The Role of Ets Transcription Factors in the Development and Function of the Mammalian Immune System	65
ALEXANDER G. BASSUK AND JEFFREY M. LEIDEN	
Mechanism of Class I Assembly with β^2Microglobin and Loading with Peptide	105
TED H. HANSEN AND DAVID R. LEE	
How Do Lymphocytes Know Where to Go: Current Concepts and Enigmas of Lymphocyte Homing	139
MARKO SALMI AND SIRPA JALKANEN	
Plasma Cell Dyscrasias	219
NORIHIRO NISHIMOTO, SACHIKO SUEMATSU, AND TADAMITSU KISHIMOTO	
Anti-Tumor Necrosis Factor-α	283
MARC FELDMANN, MICHAEL J. ELLIOTT, JAMES N. WOODY, AND RAVINDER N. MAINI	

Volume 65

NF-IL6 and NF-κB in Cytokine Gene Regulation	1
SHIZUO AKIRA AND TADAMITSU KISHIMOTO	
Transporter Associated with Antigen Processing	47
TIM ELLIOTT	
NF-κB as a Frequent Target for Immunosuppressive and Anti-Inflammatory Molecules	111
PATRICK A. BAEUERLE AND VIJAY R. BAICHWAL	

Mouse Mammary Tumor Virus: Immunological Interplays between Virus and Host	139
Sanjiv A. Luther and Hans Acha-Orbea	
IgA Deficiency	245
Peter D. Burrows and Max D. Cooper	
Role of Cellular Immunity in Protection against HIV Infection	277
Sarah Rowland-Jones, Rusung Tan, and Andrew McMichael	
High Endothelial Venules: Lymphocyte Traffic Control and Controlled Traffic	347
Georg Kraal and Reina E. Mebius	

SUBJECT INDEX

Boldface numerals indicate volume number

A

Aarskog–Scott syndrome, **63**:149
Ab2s, **42**:149–157
ABC transporters, **65**:55, 56–57, 59
Abelson disease
  anti-A-MuLv antibodies in study of c-abl-encoded protein, **37**:77–78
  c-abl expression pattern, normal and leukemic cells, **37**:78–79
  complexity
    genetics of susceptibility, **37**:88–89
    helper virus role in neoplastic transformation, **37**:87–88
    proliferating cells as transformation targets *in vitro*, **37**:88
    transformation of cells from genetically resistant mice, **37**:89–90
    use of site-directed antibodies, **37**:90, 91
    variations in disease process induced by mutants, **37**:90
  complexity of transformation *in vitro*
    associated cellular changes, **37**:93–94
    cultured B cell lines in study of, **37**:94–95
    early effects of *v-abl* expression, **37**:91
    preneoplastic growth properties of infected pre-B cells, **37**:91–92
    tumorigenicity progression, **37**:92–93
  history of, **37**:75–76
  neoplastic transformation
    NIH 3T3 fibroblasts, **37**:83–84
    pre-B cells, **37**:79–80
    rapid induction of thymomas, **37**:83
    target cells in monocyte–macrophage lineage, **37**:82–83
    techniques for, mature B and plasma cells, **37**:80–81
    transformed cell lines with differentiation potential, **37**:82
  non-neoplastic changes induced, **37**:84–85
    agar colony formation from fetal liver erythroblasts, **37**:85
    lethality, **37**:86–87
    resistance of GM-CFC to leukemia-associated inhibition activity, **37**:85
  overview, **37**:74–75
  properties of *v-abl* and tyrosine kinase transforming protein, **37**:76
Abelson-murine leukemia virus
  fetal liver cell infection, **39**:40–41
  IL-3-regulated growth and, **39**:40–41
  helper T cell infection, **39**:41
  IL-2-regulated growth and, **39**:41
  plasmacytomagenesis, **64**:230
  transfected cells, rearrangement by V(D)J joining of antigen receptor genes, **56**:48–49
  transformed mast cell lines, lymphokine production by, **53**:4–6
Abelson virus
  B cell formation and, **41**:195, 209, 217, 219, 225
  hybrid resistance and, **41**:397
abl, tumor antigens derived from, **57**:296–297
ABL–MYC retrovirus, plasmacytomagenesis, **64**:231–238

1

Accessibility model, **61**:84, 86
  germline transcription, **54**:241
Accessory cells
  B cell formation and, **41**:220
  hybrid resistance and, **41**:350, 373
  immune reconstitution and, **40**:416–417
  isotype-specific responses and, **40**:219
  T cell activation and, **41**:7–14, 21
  T cell subsets and, **41**:63–66, 69
Accessory genes, HIV-1 disease, **63**:85–86, 94, 105
Accessory molecules
  CD4 or CD8, role in immune response, **54**:124–125
  CD40-dependent B cell activation, **63**:56–57
  cytotoxic T cells and, **41**:150–152, 158, 168–170
  T cell receptor and, **45**:108–110
Acetylcholine receptor, see also Experimental autoimmune myasthenia gravis; Myasthenia gravis
  antigenic structure of, **42**:240–248
  discovery of, **42**:233–236
  Ig heavy-chain variable region genes and, **49**:31, 46, 50–51
  main immunogenic region, Abs to, **42**:240–241, 246, 262
  muscle, **42**:239
    autoantibody effects on, **42**:260–263
  neuromuscular transmission and, **42**:236–237
  neuronal, **42**:239
  polypeptide chain, **42**:238
  skeletal muscle, **42**:238
  structure of, **42**:237–240
  suppressor T cells and, **42**:269
  T cell epitopes and, **42**:241–245
Acetylcholinesterase
  autoimmune thyroiditis and, **46**:268
  human erythrocyte, ethanolaminephosphates in, **60**:62
N-Acetylcysteine
  effect on apoptosis, **58**:250, 262–263
  inhibition of HIV lymphocyte death, **58**:279
N-Acetylglucosamine
  and glucosamine, in GPI-anchored proteins, **60**:60–72
  transfer to PI from UDP-GlcNAC, **60**:64–70
Acetyltransferase, antinuclear antibodies and, **44**:109, 110
AChR, see Acetylcholine receptor
α1-Acid glycoprotein, **65**:22
Acid hydrolysis, hybrid resistance and, **41**:398
Acid phosphatase
  B cell formation and, **41**:212, 213
  cytolysis and, **41**:281
cis-Aconitic anhydride, in chemoimmunoconjugation, **56**:315–316
Acquired agammaglobulinemia, **59**:138–139, 146
Acquired C1 esterase inhibitor deficiency, B cell lymphoma reaction to anti-Id antibodies, **39**:288–291
  idiotypic network and, **39**:289, 291
Acquired immune deficiency syndrome, see AIDS; AIDS, animal models
Acromegaly, **63**:409
ACTH, see Adrenocorticotropic hormone
Actin
  cytolysis and, **41**:275
  hybrid resistance and, **41**:378
  immunosenescence and, **46**:224
  leukocyte integrins and, **46**:151, 169
  polymerization, **63**:149
Activated partial thromboplastin time, aPL antibodies and, **49**:200–202, 244
Activated protein C, aPL antibodies and, **49**:253–254, 257
Activating peptide receptors, **52**:366–375
  for formyl-methionine peptides and related compounds, **52**:371–372
  for IL-8 and related integrins, **52**:367–371
  for substance P and other neuropeptides, **52**:372–375
Activation
  antigen-dependent, **52**:199
  antigen receptor-dependent, see Antigen receptor-dependent activation
  complement components and, **38**:214, 234
  contact, see Contact activation
  maternally transmitted antigen gene, **38**:342
  polyclonal, B cell, see Polyclonal B cell activation
  SCID and, **49**:386
  sequential, of Ig genes, **40**:256–257

surface antigens of human leukocytes and, **49**:125
T cell, see T cell activation
T cell receptor γδ lymphocytes, **43**:171–172
Activation antigen, **48**:248–250
  accessory, **48**:241–242
  glycosyl-phosphatidylinositol, **48**:237–241
  surface antigens of human leukocytes and, **49**:115, 117
Activation-induced death, hybridomas, **50**:67
Active immunotherapy, **62**:219
Activin type II receptors
  amino acid sequences, **55**:190–192
  cDNA cloning, **55**:188–192
  structure, **55**:190–193
Acute asthmatic response, and airway tone, **51**:350–351
Acute lymphoblastic leukemia, **46**:45; **63**:244
  B-lineage, **61**:11–12
Acute lymphocytic leukemia
  CD1 proteins, **59**:60
  with 4:11 chromosomal translocation, **40**:293
  T and B cell lineage specific genes and, **40**:284–290
Acute myelomonocytic leukemia, **46**:160
Acute negative selection, **59**:106–107
Acute phase proteins, **65**:6
  NF-κB-dependent, **58**:9–10
  synthesis, **54**:25–27, 216
Acute phase response factor, **65**:19
Acute respiratory distress syndrome, **62**:260–265, 267, 270, 271, 286
  IL-8, **66**:140
  MIF, **66**:214–215
Acyl salicylates, PGHS, **62**:187
Adapter molecules, **63**:134, 141–143
Adaptive immunity, NK cells and, **47**:291–295
Addressin cell adhesion molecule-1, ligand for α4β7 receptor, **60**:170–171
Addressins, **62**:257
  lymphocyte–HEV interaction, **65**:361–363, 377
  mucosal, MadCAM-1, **58**:360
  mucosal vascular, lymphocyte–HEV interaction, **65**:362–363
  PLN-specific vascular, see Peripheral node vascular addressins

surface antigens of human leukocytes and, **49**:88
vascular, role of GlyCAM-1, **58**:359
Adenocarcinoma, rat pancreatic, **54**:324
Adenoma, pituitary hormones, **63**:380
Adenosine deaminase, **64**:69
Adenosine deaminase deficiency, **59**:151, 246
  SCID and, **49**:382–383, 390, 396
Adenosine receptors, **52**:396–398
Adenovirus
  cytotoxic T cells and, **65**:279
  E3/19K glycoprotein, effects on antigen processing and presentation, **52**:44–47
  hybrid resistance and, **41**:368
Adenylate cyclase, immunosenescence and, **46**:226
Adhesins, antigen-presenting cells and, **47**:61
Adhesion, see Cell adhesion
Adhesion molecules, see Cell adhesion molecules
Adipocytes
  B cell formation and, **41**:210
  IFN-γ and, **62**:91
Adipose tissue, cachectin and, **42**:215, 222–223
Adjuvant, see also Freund's complete adjuvant
  antigen concentration and, **40**:91–92
  Freund's, **60**:111–112, 116–117, 131
  T cell subsets and, **41**:70, 71
  incomplete Freund's, autoimmune thyroiditis and, **46**:277
  lipopeptide moiety, **60**:141
  liposome–lipid A/alum, **60**:112
  MAP/alum, **60**:117–118
  RIBI, **60**:131–132
  type, and differential results, **60**:132
Adjuvant arthritis, **64**:289
Adoptive immunotherapy, **58**:437–438
Adoptive T cell therapy, tumors, see Tumors, adoptive T cell therapy
Adrenal corticosteroids, MG therapy and, **42**:270–271
β-Adrenergic mediator, **48**:162
Adrenocorticotropic hormone, **48**:170–172; **54**:26–27
  in vitro IgE synthesis, **61**:370–371
  NK cells and, **47**:268, 269
  production by leukocytes, **39**:315, 316

Adrenocorticotropic hormone (*continued*)
  spontaneous autoimmune thyroiditis and, **47**:477, 479, 493
  thymic factor-induced release, **39**:315
Adriamycin
  antitumor activity, **56**:333–334
  monoclonal antibody conjugation procedure, **56**:334–336, 338
Adsorption
  experiments, IL-2 and, **42**:166
  hybrid resistance and, **41**:363
  T cells, **38**:155–157
Adult respiratory distress syndrome, therapeutic regulation of complement system in
  clinical studies, **56**:278–279
  inhibition using soluble CR1, **56**:284–286
Advanced glycosylation end products, **63**:390–391
AES, *see* Anti-eosinophil serum
Afferent blockade
  anterior chamber, **48**:203–204
  corneal graft survival, **48**:195–196
Afferent lymph dendritic cells, CD1 protein expression, **59**:63–64
Affinity chromatography, leukemia inhibitory factor, **53**:32
Affinity maturation, memory B cells, **53**:233–234
Affinity purification, aPL antibodies and, **49**:228–231, 257, 259
  specificity, **49**:242–243, 251
Affinity threshold
  receptor-ligand interaction, **42**:48–51
  tolerance induction B cells, **42**:77–78
  variable region gene complexes and, **42**:73
African swine fever virus, **65**:127–128
Agammaglobulinemia, **38**:291; **59**:139–141, *see also* X-linked agammaglobulinemia
  congenital, **59**:138–139
Agarose gel electrophoresis, complement components and, **38**:207, 208
Age
  antiidiotypic regulation and, **42**:57–58
  associated replacement of Vγ6 T cells by Vγ4, **58**:303–304
  and B cell genesis, **63**:215–216
  CD5 B cells and, **47**:122, 123
  related extrathymic expansion of Vδ2 T cells, **58**:309
  V gene segment utilization and, **42**:30–32

Agglutination
  epitope, **48**:23
  hybrid resistance and, **41**:342, 359
  segmental flexibility, **48**:23–24
Agglutination test, aPL antibodies and, **49**:235
Agretopes
  immune response genes and antigen binding, **38**:107
  competitive inhibition, **38**:108
  cytotoxic T cells, **38**:165
  tolerance, **38**:130
  synthetic T and B cell sites and, **45**:201, 202, 210
  T cell receptor and
    antigen processing, **45**:122, 123
    structure-function relationships, **45**:135, 139
  T cell repertoire, **45**:166
  T cell subsets and, **41**:53, 54
AIDS, *see also* AIDS, animal models
  anti-TNF-α therapy, **64**:311
  aPL antibodies and, **49**:210
  associated lymphopenia, and lymphocyte PCD, **58**:214
  CD4 molecules and, **44**:290
  CTL suppression in, **65**:305
  epidemic, **52**:425–426
  exacerbation, **58**:16
  HIV-1, **63**:87–89
    chronic infection, **63**:89
    immunity, **63**:95–98
    infection, **63**:84
    neuropathology, **63**:95
    pathogenesis, **63**:90–95, 100
    primary infection, **63**:88
    transmission, **63**:88
    treatment, **63**:94–95
    xenograft models, **63**:79, 107
      deletion mutant studies, **63**:94, 105
      hu-PBL-SCID model, **63**:89–98
      pediatric infection, **63**:95
      SCID-hu thy/liv model, **63**:89–90, 99–107
  HIV infection and, **47**:377, 413, 414
    activation, **47**:398, 400, 403
    etiological agent, **47**:378, 379, 384
    immune response, **47**:405–409
    immunopathogenic mechanism, **47**:388–391, 394, 395, 397

neuropsychiatric manifestations, **47**:403–405
HIV progression to, **65**:285, 299, 302, 304
humoral immune response and, **45**:78
hybrid resistance and, **41**:353
and IL-6, **54**:37–39
  HIV infection, **54**:37–38
  Kaposi's sarcoma, **54**:38–39
membrane cofactor protein, **61**:219–220
NK cells and, **47**:285, 302, 303
synthetic T and B cell sites and, **45**:219, 264
virus-induced immunosuppression and, **45**:335, 336, 351–357, 360, 363, 365
AIDS, animal models, **52**:427
  animal infection with HIV-1, **52**:454–466
    chimpanzee, infection of, **52**:455–461
      model for testing HIV-1 vaccines, **52**:457–459
      pathogenesis of HIV-1 infection in, **52**:455–457
      use to test therapies based on CD4, **52**:459–461
    conclusions, **52**:466
    mouse, SCID-hu, **52**:463–466
    rabbit, infection with HIV-1, **52**:461–463
  epidemic of AIDS, **52**:425–426
  feline immunodeficiency virus, **52**:437–441
    use to study antiviral therapy and vaccines, **52**:440–441
  feline leukemia model, **52**:434–436
    antiviral therapy, **52**:436–437
    pathogenic mechanism of FeLV-FAIDS, **52**:436
  models using viruses distantly related to HIV-1, **52**:430–432
    murine leukemia virus, **52**:432–434
    ungulate lentiviruses, **52**:430–432
  murine retroviral models, **58**:233–237
  relationships among viruses used, **52**:426–430
  simian immunodeficiency virus
    infection of macaques, **52**:442–452
    pathogenesis of simian
      genetic drift of SIV molecular clones *in vivo*, **52**:451–452
      immunodeficiency virus infection of macaques, **52**:443–452
      natural history of SIV infection of macaques, **52**:443–448
      use of SIV molecular clones to define viral determinants of pathogenesis, **52**:448–451
    phylogeny of nonhuman primate lentiviruses, **52**:442–443
    SIV/macaque model for testing vaccines, **52**:452–454
AIDS-dementia complex, **47**:377, 403
AIDS-related complex
  immune response, **47**:408
  immunopathogenic mechanism, **47**:388, 395, 397, 403
  neuropsychiatric manifestations, **47**:404
Airway hyperresponsiveness, **51**:351–352
  and leukotrines, **51**:344–346
Airway hypersensitivity, guinea pig, IL-5 role, **57**:173–174
Airway inflammation, *see* Pulmonary inflammation
Airway mucosa, in bronchial asthma, **51**:326
Airway tone, and acute asthmatic response, **51**:350–351
Alamethicin, cytolysis and, **41**:315
AL-amyloidosis, **64**:220–221
Alanine
  antinuclear antibodies and, **44**:119
  genetically engineered antibody molecules and, **44**:84
  IL-1 and, **44**:158
Albumin
  hybrid resistance and, **41**:392, 394
  IL-1 and, **44**:165, 170, 186
  membrane attack complex of complement and, **41**:300
ALDC, *see* Afferent lymph dendritic cells
Algorithms, T cell epitope prediction, **66**:78–84
Alkaline phosphatase
  B cell formation and, **41**:186, 213
  hybrid resistance and, **41**:380
Alkylating agent–antibody conjugates, as cancer treatment
  chlorambucil, **56**:328–330
  cis-platinum, **56**:329, 332
  melphalan, **56**:329–331
  mitomycin C, **56**:329, 332–333
  phenylenediamine mustard, **56**:329, 331
  properties, **56**:328–329
  structure, **56**:328–329
  trenimon, **56**:329, 331–332

Alleles
  adoptive T cell therapy of tumors and, **49**:297
  aPL antibodies and, **49**:255
  complement receptor 1 and, **46**:188, 189, 191
  complement receptor 2 and, **46**:202
  Ig gene superfamily and, **44**:27–30, 44, 46
  Ig heavy-chain variable region genes and, **49**:9, 14, 22–28
  surface antigens of human leukocytes and, **49**:81
Allele specificity, cytotoxic T cells and, **38**:162, 165, 167
Allele-specific oligonucleotide, **48**:118–119
  hybridization, **48**:118
  polymerase chain reaction, **48**:118
Allelic exclusion
  B cell development, **63**:2, 19–21
    chicken, **57**:372–374
  T cell receptor β-chain, in control of thymocyte by p56^{lck}, **56**:164–166
Allergen challenge
  in fiberoptic bronchoscopy studies, **60**:218–219
  and increased bronchial hyperresponsiveness, **60**:168–171
Allergens, **61**:363–364
  antibodies from combinatorial libraries, **57**:228
  CD23 antigen and, **49**:152
Allergic asthma
  CD23 antigen and, **49**:160
  IL-4 storage by lung mast cells, **53**:15
Allergic bronchopulmonary aspergillosis
  complication of asthma, **60**:216
  in pulmonary eosinophilia, **60**:226
Allergic diseases, **60**:215–216
  CD23 antigen and, **49**:174
  contact activation in, **66**:258–259
  IgE biosynthesis and, **47**:1
    antibody response, **47**:7, 29, 30, 38
    binding factors, **47**:13
Allergic pulmonary inflammation, **62**:283–285
Allergic response, **61**:341, 374–375
  APCs, **61**:361–364
  conditioning, **61**:368–369
  hybrid resistance and, **41**:351
  IgE
    regulation, **61**:369–374
    synthesis, **61**:342–344, 370–374
  IL-4, **63**:310
  inflammation, *see* Inflammation, allergic
  mast cells, **61**:360–361
  nervous system role, **61**:364–368, 374
  neuroendocrine factors, **61**:366–367, 369–374
  prostaglandin E$_2$, **61**:98
  psychological factors, **61**:368–369, 374–375
  T cell regulatory potential, **61**:344–360
  T helper responses, **61**:344–347
    APCs, **61**:361–363
    CD8$^+$, **61**:358–360
    cytokines, **61**:347–355
    extrinsic factors, **61**:357–358
    surface molecules, **61**:355–357
Allergic rhinitis, **60**:221
Allergic thyroiditis, murine lupus models and, **46**:79
Allergy, human
  anti-Id autoantibodies and, **39**:275–276
  idiotypic network and, **39**:275–276
Alloantibodies, hybrid resistance and, **41**:356
Alloantigens
  B cell formation and, **41**:190, 193, 194, 197, 198
  cytotoxic T cells and, **41**:135, 136, 169, 170
    β2-microglobulin, **41**:156
    amino acid, **41**:159, 163
  hybrid resistance and, **41**:333
    antibodies, **41**:376
    bone marrow cells, **41**:336–340
    leukemia/lymphoma cells, **41**:359, 361
    lymphoid cells, **41**:354, 356
  immunosenescence and, **46**:221, 245, 252
  Ir genes and, **38**:114, 115
  presentation by cultured endothelial cells, **50**:266–267
  response to, EC costimulator in, **50**:271–272
  T cell subsets and
    cell surface molecules, **41**:44
    H-2 molecules in thymus, **41**:99, 107–109
    H-2-restricting antigen recognition, **41**:63, 70, 74
    T cell specificity, **41**:111
Allogeneic cells, immunosenescence and, **46**:250

Allogeneic inhibition, hybrid resistance and, **41**:334, 358–361, 369
Allogeneic lymphocyte cytotoxicity, hybrid resistance and, **41**:356, 357
Allografts
  autoimmune thyroiditis and, **46**:286
  corneal, see Corneal allograft
  cytotoxicity and, **41**:270
  cytotoxic T cells and, **41**:135
  hybrid resistance and
    antibodies, **41**:379
    antigen expression, **41**:404, 405, 408–410
    bone marrow cells, **41**:348, 350
    effecter mechanisms, **41**:370
    leukemia/lymphoma cells, **41**:366
    lymphoid cells, **41**:355
    macrophages, **41**:371, 372
    marrow engraftment, **41**:387
    marrow microenvironment, **41**:391
    NK cells, **41**:372–375, 377
    syngeneic stem cells, **41**:389, 390
    T cells, **41**:383
  rejection
    CD28–B7 costimulation, **62**:142
    IFN-γ and, **62**:101–103
  T cell subsets and, **41**:43, 92–95
  tumor, see Tumor allografts
Alloimmune effector, anterior chamber, **48**:204
Alloimmunization, human
  anti-HLA antibodies and, **39**:281–283
  idiotypic network and, **39**:281–283
Allophenic mice, Ir genes and, **38**:62, 63
Alloreactivity
  autoreactive T cells and, **45**:420, 421, 425
  B cell formation and, **41**:190
  cytotoxic T cells and, **41**:135–137, 169, 170
    β_2-microglobulin, **41**:156
    amino acid, **41**:159, 162, 163, 165
    carbohydrate moieties, **41**:153
    exon shuffling 141, **41**:142, 144–148
    monoclonal antibodies, **41**:156–158
    somatic cell class I variants, **41**:167
  hybrid resistance and, **41**:357, 372, 380, 381
  Immoral immune response and, **45**:40
  Ir genes and, **38**:121–123
  synthetic T and B cell sites and, **45**:234
  T cell receptor and, **45**:148–157
    homogeneity, **45**:128, 130

MHC molecules, **45**:116
  peptides, **45**:138
  polymorphic residues, **45**:158, 159, 162
  structure-function relationships, **45**:136, 140
  T cell repertoire, **45**:165
  T cell subsets and, **41**:40
    cell surface molecules, **41**:44
    H-2 alloantigen recognition, **41**:78–83
    H-2 molecules in thymus, **41**:100–102
    H-2-restricted antigen recognition, **41**:68
Allospecificities, NK-defined, genetic analysis, **55**:348–349
Allotype
  complement receptor 1 and, **46**:185, 187–190, 195, 196
  immunosenescence and, **46**:248
  α,β heterodimer receptor structure, **42**:168
  α chain, **43**:282, 284–287
    free, retention of, **52**:63–64
    IgA, structure and function, **40**:155–158
  IL-2
    cell division and, **42**:173
    growth signal, **42**:172–173
  α enhancer, T cell receptor gene, **43**:268
Alpha helix, amphipathic, **43**:204
Alternate antigen pathway, and trapping of immune complexes, **51**:265–269
Alternative complement pathway
  antibodies as activators, **51**:28–29
  particulate activators, **38**:384–386, 392
Alum adjuvant
  adsorbed MAP, **60**:141
  HIV V3 loop in, **60**:131
  with liposome–lipid A, MAP in, **60**:112
  (T1B)$_4$ MAP in, **60**:117–118
Alum/*Borderella pertussis* (ABP), **46**:137
Alveolitis
  CD23 antigen and, **49**:160
  extrinsic allergic, **62**:267
Alzheimer's disease
  causes, **66**:260–261
  and IL-6, **54**:42–43
Amino acids
  antibody diversity and, **42**:97
  antigenic equivalence, **43**:68–72
  antigen-presenting cells and, **47**:60, 66, 89
  antinuclear antibodies and, **44**:106, 108, 125, 129–131

Amino acids (continued)
  autoimmune demyelinating disease and, **49**:358, 363, 366, 368
  autoimmune thyroiditis and, **46**:317
    antigens, **46**:268, 272
    genetic control, **46**:284
    humoral responses, **46**:302
    prevention, **46**:315, 316
  B cell formation and, **41**:197, 198
  CD1 proteins, **59**:11–22
  CD4 molecules and, **44**:285, 286, 289, 292, 295, 296
  CD5 B cell and, **47**:145, 146
  CD8 molecules and, **44**:272–276, 278
  CD23 antigen and, **49**:156, 162–166
  complement receptor 1 and, **46**:184, 186, 187, 194
  complement receptor 2 and, **46**:202, 205, 210
  conservation, **43**:115, 221–222
  contact residue, **43**:119
  critical residue, **43**:67–68
  critical to binding energy, **43**:24
  cytolysis and, **41**:285
  cytotoxic T cells and, **41**:135, 170
    β_2-microglobulin, **41**:154
    exon shuffling, **41**:142, 147, 148
    H-2 mutant strains, **41**:158–163
    HLA class I subtypes, **41**:163–165
    HLA subtyptypes, **41**:163–165
    mononoclonal antibodies, **41**:157
    somatic cell class I variants, **41**:166, 167
  energy penalty of voids, **43**:72
  epitope, **43**:65–67
  genetically engineered Abs and
    antigen-combining sites, **44**:84
    biological properties, **44**:83
    cloning, **44**:73, 75
    expression, **44**:78, 79
    production, **44**:68
  HIV infection and, **47**:386, 405–408
  human T cell activation and, **41**:3, 5, 10, 13
  humoral immune response and, **45**:18, 20
  hybrid resistance and, **41**:394
  IgE biosynthesis and, **47**:15–17, 20, 39
  Ig gene superfamily and
    evolution, **44**:49
    homology unit, **44**:3, 6, 7
    nonimmune receptor members, **44**:40
    receptors, **44**:11, 18, 21, 22

  Ig heavy-chain variable region genes and
    D segments, **49**:28, 31
    J_H segments, **49**:34
    V_H families, **49**:7, 14, 18
    V_H gene expression, **49**:35, 43, 51
  IL-1 and, **44**:153, 154
    biological effects, **44**:167, 168
    receptor, **44**:179, 181, 182
    structure, **44**:155–158
    TNF, **44**:185, 188
  intrinsic hydrophilicity parameters, **43**:49
  leukocyte integrins and, **46**:154–156, 159, 174, 176
  lymphocyte homing and, **44**:342, 355
  maps of Ig-like loci and, **46**:2
    structure, **46**:7, 8, 10, 12, 13, 15, 21, 25
    T cell receptor, **46**:35, 38, 41
  membrane attack complex of complement and, **41**:307
  MHC contact, **43**:210
  murine lupus models and, **46**:69
  pore farmers and, **41**:313–318
  propensity factors, sequential epitopes, **43**:66–67
  regulators of complement activation and, **45**:381, 411
    genes, **45**:405, 406
    protein expression, **45**:399, 400, 402
    RCA-like protein utilization, **45**:409, 410
    short consensus repeat, **45**:391, 392, 394
  replaceability, **43**:69–71, 77
  sequential epitope role, **43**:39
  sporozoite malaria vaccine and
    antibodies, **45**:300
    CS proteins, **45**:292, 294–300
    CS-specifilc T cells, **45**:311–313
    human trials, **45**:315
    Plasmodium vivax, **45**:317
  surface antigens of human leukocytes and, **49**:81, 92
  synthetic T and B cell sites and, **45**:196, 255, 256, 258, 262
    antigens, **45**:232, 233
    bacterial antigens, **45**:230, 231
    candidate synthetic peptide vaccines, **45**:253, 255, 256, 258
    globular protein antigens, **45**:210, 216
    immunological considerations, **45**:200
    prediction, **45**:251
    viral antigens, **45**:219–221, 227, 228

T cell receptor, **43:**157–159
T cell receptor and
  alloreactivity, **45:**151–153
  antigen processing, **45:**120–123
  epitopes, **45:**143, 145, 148
  peptides, **45:**138
  polymorphic residues, **45:**159
  T cell repertoire, **45:**165
T cell subsets and, **41:**85
  activated T cells and hybridomas, **41:**54, 56
  cell surface molecules, **41:**46, 47
  H-2 alloantigen recognition, **41:**83
  virus-induced immunosuppression and, **45:**350, 362, 364
VL and VH domains, **43:**109, 125
Amino acid sequence, **48:**108
  activin type II receptor, **55:**190–192
  amino-terminal, peptides, **54:**350
  antibodies from combinatorial libraries analysis, **57:**233–238
  RGD, **57:**261–263
  Ars A response and, **42:**95, 97, 111–112
  heavy chains and, **42:**99
    J_H2 segment and, **42:**102–108
    light chains and, **42:**139–141
  chemokine, **55:**98–99
  chemokine receptors, **55:**129, 132–133
  desmoglein, **53:**314
  ELR motif of CXC chemokines, **55:**136–138
  IL-8 receptor, **55:**129–131
  interferon regulatory factors 1 and 2, mouse, **52:**268
  LIF, human, **53:**40
  oncostatin M, **53:**40
  PV antigen, **53:**314
  TCR γ genes, human
    C_γ, **43:**143
    J_γ, **43:**142
    V_γ, **43:**141
  TGF-β receptor II, **55:**190–192
  Vβ1 and Vβ2 gene segments, chicken, **50:**110
Aminoacylation, antinuclear antibodies and, **44:**94, 119, 127, 134, 135, 138
3-Aminobenzamide, effect on cytolysis, **58:**252–253
Aminopterin, in cancer treatment, monoclonal antibody conjugation procedure, **56:**342

5-Aminosalicylic acid, *see also* Sulfasalazine
  prostaglandin synthesis and, **42:**312–313, 317, 318–329
AML1, **65:**24–25
Amoebas, pore-forming proteins of, **41:**312, 313
Amphipathicity, T cell receptor, **43:**204
Amphiphilic nature, C5b-9, membrane attack complex of complement and, **41:**299–304
Amyloidosis, **64:**219, 220–221
Anaphylatoxins, **61:**204, 255
Anaphylaxis, IFN-γ and, **62:**103
Anatomical sequestration, lens, **48:**220
Anchor, GPI, defective synthesis, **60:**57–74
Anchor residues, **62:**231
Androgens, spontaneous autoimmune thyroiditis and, **47:**480, 481
Anemia, **59:**146–147, 343
  aPL antibodies and, **49:**218, 225, 250–251, 255, 257
  aplastic, PNH associated with, **60:**91
  erythropoiesis and, **42:**224
  hemolytic, in PNH, **60:**74–75
Anemic cells, hybrid resistance and, **41:**346, 348, 388
Anemic mouse, B cell formation and, **41:**224
Anergy
  B cells, **59:**321–322
  γδ T cells, **58:**313
  and peripheral tolerance to cancer, **58:**421
  resulting from tolerization processes, **58:**271–272
  surviving T cells, **58:**260
  T cell, cyclosporin A effect, **58:**262
Angioedema, hereditary, **61:**206
Angiogenesis, in rheumatoid arthritis, **64:**295
Angioimmunoblastic lymphadenopathy, gene rearrangement and, **40:**294
Angiotensin II, synthetic T and B cell sites and, **45:**232, 233
Anhydrides
  cis-aconitic, in conjugation procedure for chemoimmunoconjugates in cancer treatment, **56:**318–319
  mixed, in conjugation procedure for chemoimmunoconjugates in cancer treatment, **56:**319
Anions, cytolysis and, **41:**282, 312
ANK repeat, **65:**14
Ankylosing spondylitis, HLA-B27 and, **65:**94

SUBJECT INDEX

Ankyrin repeats, interaction with NF-κB rel domain, **58**:3–4
Anopheles, sporozoite malaria vaccine and, **45**:283, 284
Anorexia, cachectin and, **42**:213, 219
Anterior chamber, **48**:191, 192
　afferent blockade, **48**:203–204
　alloimmune effector, **48**:204
　alloimmunity down-regulation, **48**:204
　antigen-processing cells, **48**:206, 207
　DBA/2 mastocytoma cell, **48**:204
　immunological privilege, **48**:203–212
　intraocular HSV-1 infection, **48**:210
　　contralateral eye, **48**:210
　　DTH suppression, **48**:210
　mastocytoma, **48**:213–215
　physiochemical environment, **48**:206, 207
　systemic cell-mediated immunity, **48**:204
　tumor allograft, **48**:204
　tumorigenesis, **48**:213–215
　UV5C25, **48**:213–215
Anterior chamber-associated immune deviation, **48**:205–211, 206
　cytotoxic T cell, **48**:208, 209
　DBA/2 mastocytoma model, **48**:207
　delayed-type hypersensitivity, **48**:219
　　antigen-specific down-regulation, **48**:208, 209
　　antigen-specific suppression, **48**:211
　　　anterior chamber, **48**:211
　　　efferent mode, **48**:211
　　　hapten model, **48**:211
　　　suppressor T cell, **48**:211
　　intraocular tumor allograft, **48**:208, 209
　effector mechanism, **48**:211–212
　expression, **48**:207–210
　eye, **48**:206
　induction, **48**:205–207
　ocular HSV infection, **48**:208–210
　S antigen, **48**:219
　spleen, **48**:206, 211
　tumor allograft, intraocular, **48**:207–208
　tumorigenesis, **48**:213
　vascular route, **48**:205
Anthracycline–antibody conjugates, as cancer treatment
　direct conjugation
　　C-14 methyl group, **56**:336
　　hydroxyl group, **56**:336–337
　　keto group, **56**:337

　　sugar amino group, **56**:334–336
　　sugar moiety, **56**:334
　intermediary carriers
　　dextran, **56**:337–338
　　polyglutamatic acid, **56**:338
　properties, **56**:333–334
　structure, **56**:333–334
Antiadhesion therapy, **64**:195–197
Antibodies, **48**:16–18
　adoptive T cell therapy of tumors and, **49**:331, 333
　　mechanisms, **49**:312–315
　　principles, **49**:289, 297
　affinity threshold of, **42**:69, 70–71
　anti-BrMRBC/anti-PC, secreting CD5 B cells, **55**:315–316
　antidansyl
　　genetically engineered antibody molecules and, **44**:78, 80, 81
　　segmental flexibility, **48**:13, 14
　anti-DNA, **38**:297, 298
　antigen binding, **43**:105
　antigen-presenting cells and
　　antigen presentation, **47**:68, 73, 75
　　antigen processing, **47**:92
　　APC-T cell binding, **47**:95, 97, 99
　　cell surface, **47**:57–59, 61, 62
　　immunogeneity, **47**:102, 103
　　interaction with T cells, **47**:93
　　T cell-dependent antibody responses, **47**:81–86
　　T cell growth, **47**:100, 101
　　tissue distribution, **47**:49, 50, 53, 57
　anti-Ia, experimental autoimmune encephalomyelitis, **48**:164, 166
　anti-Id
　　autoimmune thyroiditis and, **46**:318
　　　genetic control, **46**:287
　　　humoral responses, **46**:301, 304–309
　　　prevention, **46**:308, 312, 314
　　Ig heavy-chain variable region genes and, **49**:37, 40, 46
　　immunosenescence and, **46**:247, 248, 252, 253
　　MG therapy and, **42**:268, 272
　　specific immunoregulation, **42**:55–57
　anti-Id, animal, as vaccines, protection from
　　bacterial antigens, **39**:283
　　parasite antigens, **39**:284
　　viral antigens, **39**:283

anti-Id, human therapeutic
  B cell tumors and, **39**:285–291
  solid tumors and, **39**:291–292
  T cell leukemias and, **39**:288
anti-Id, rabbit
  to human anti-TT antibodies
    binding to B cells, **39**:264–266
    binding to Id, **39**:261–263
    binding to T cells, **39**:265–267
    human immune responses and, **39**:267–269
    production, **39**:261
  to human IgM-RF, **39**:263
anti-Ig, **52**:185–188
  anti-TNF-α therapy, **64**:323–325
  Branhamella catarrhalis and others, **52**:188
  induced proliferation of normal human B cells, **54**:363
  inhibitory effects, **52**:186–187
  inhibitory effects of anti-Ig antibodies, **52**:186–187
  Staphylococcus aureus Strain Cowan, **52**:187–188
  stimulatory effects, **52**:185–186
  as surrogate antigens, differential effects on mature and immature cells, **52**:295–297
anti-IgE, **43**:279–281
anti-IgM
  growth arrest and apoptosis induced by, **54**:410–411
  induced unresponsiveness in adult B cells, **54**:404–405
  role of apoptosis in neonatal B cell tolerance, **54**:403–404
  surrogate systems, **54**:402–410
  tolerance in B cell subsets, **54**:405–407
anti-IgM and anti-CD40, costimulatory effect on B cell proliferation, **52**:190
antinuclear, *see* Antinuclear antibodies
antipeptide, **43**:61
  binding, **43**:118
  design, **43**:59–65
    affinities of monoclonal anti-MHr antibodies, **43**:61–62
    local mobility and antigenicity, **43**:61
antiphospholipid, *See* Antiphospholipid antibodies
antiprotein, binding, **43**:42

antiprothrombin, **49**:247, 256
antisporozoite, **60**:112–124
antithrombin III, **49**:256
autogeneic, *see* Autoantibodies
autoimmune demyelinating disease and, **49**:363, 368–374
autoimmune thyroiditis and, **46**:263, 317–319
  antigens, **46**:272, 273
  cellular immune responses, **46**:287, 289, 290, 293–295
  experimental models, **46**:276–278, 281, 282
  genetic control, **46**:283, 285–287
  humoral responses, **46**:298–307, 309
  prevention, **46**:308, 310, 312, 314, 315
autoreactive T cells and, **45**:427
B cell formation and, **41**:182, 183
  B cell precursors, **41**:189, 191, 192, 194, 201, 202
  bone marrow cultures, **41**:213
  Ig genes, **41**:203, 204
  lymphohemopoietic tissue organization, **41**:187
C1q interaction, **51**:9–21
catalysis, **43**:1–2
CD1, **59**:39–43
CD2, role in T cell death, **58**:226
CD3, IGF-I-R, **63**:403
CD4 molecules and, **44**:297, 300
CD5 B cell and, **47**:161, 162
  Ig gene expression, **47**:150–154, 157, 158
  lineage, **47**:129
  marker for activation, **47**:127
  physiology, **47**:130, 131, 133, 135–137, 139, 140
  primordial immune network, **47**:159–161
  surface antigen, **47**:143, 144
CD23 antigen and, **49**:149, 176
  biological activity, **49**:168–169, 172
  cellular expression, **49**:152–153, 155
  expression regulation, **49**:159
  FcεRII, **49**:165
CD40, **52**:188–191
  and anti-IgM, costimulatory effect on B cell proliferation, **52**:190
CD59, in venous thrombosis, **60**:91–92
cell mediation, **41**:271, 272

Antibodies (*continued*)
  cold-reactive antilymphocyte, IgG levels in, **42**:292
  combining site, structure variability, **43**:14–15
  complement receptor 1 and, **46**:193, 196, 200, 201
  complement receptor 2 and, **46**:206
  complex with antigens, trapping by follicular dendritic cells, **60**:274
  conformation, **43**:17, 124–125
  crystallographic studies, I diversity, **43**:133
  cytolysis, **41**:275, 278, 283
  cytotoxic T cells and
    β_2-microglobulin, **41**:156
    exon shuffling, **41**:141, 144–146
    HLA class I antigens, **41**:150, 151
    monoclonal antibodies, **41**:156–158
  δ dextran
    class switching, **61**:91–92
    Ig production, **63**:65
  Dob structure, **43**:8
  to double-stranded cDNA, cA2 treatment, **64**:325
  electrostatic recognition with antigen, **43**:12–13
  enzymatic activity, **43**:81
  F23.1, induction of thymic cell depletion, **58**:274
  Fab Kol, crystal packing, **43**:19–20
  Fab region, **43**:8–9
  Fab structures, **43**:17
  Fc region, **43**:8–9
  genetically engineered, *see* Genetically engineered antibodies
  glycoprotein, phase I clinical trials, **40**:366–370
  helper T cell cytokines and
    cross-regulation of differentiation, **46**:131, 132
    differential induction, **46**:127, 129, 130
    functions, **46**:116, 118–120
    immune responses, **46**:133, 137, 138
    precursors of differentiation states, **46**:124
  HIV-1 immunity, **63**:97–98
  HIV infection and
    immune response, **47**:405–410
    immunopathogenic mechanism, **47**:388, 389, 393, 395, 398
    neuropsychiatric manifestations, **47**:404
  human, from combinatorial libraries
    affinity, strategy for improvement, **57**:263–266
    allergens, **57**:228
    amino acid sequences
      analysis, **57**:233–238
      RGD, **57**:261–263
    bacteria, **57**:228
    cloning strategies, **57**:203–206
    design, **57**:261–263
    Epstein–Barr virus-transformed cell line-derived, **57**:229–230
    expression of antibody fragments, **57**:207–208
    to Graves' ophthalmopathy self-antigens from human donors, **57**:245
    to HIV-1 self-antigens from human donors, **57**:246–250
    HuSCID mouse-derived, **57**:230–231
    hybridomas, **57**:229–230
    immune donors, **57**:208–242
    naive repertoire approach, **57**:250–252
    overview, **57**:191–192
    phage display
      antibody fragments, **57**:195–198
      vector systems, **57**:199–203
    to primary biliary cirrhosis self-antigens from human donors, **57**:244–245
    primate-derived, **57**:231–232
    principles of combinatorial approach, **57**:192–195, 266–267
    selection strategies, **57**:206–207, 261–263
    staphylococcal protein A, **57**:229
    study of responses, **57**:232–242
    synthetic repertoire approach, **57**:250, 252–260
    to thyroid disease self-antigens from human donors, **57**:242–244
    viruses, **57**:209–228
      cytomegalovirus, **57**:220–221
      hepatitis B virus, **57**:220
      herpes simplex virus type 1, **57**:222–227
      herpes simplex virus type 2, **57**:222–227
      HIV-1, **57**:211–217
      measles, **57**:227–228

respiratory syncytial virus, **57**:217–219
varicella Zoster virus, **57**:221–222
whole antibody molecules, **57**:208
human antichimeric, **64**:323–324, 330
human anti-mouse, **64**:323
immune response, chemotherapy limited by, **56**:304, 358–360
humoral immune response and, **45**:1–6
antigens, **45**:10, 12
cellular interactions *in vivo*, **45**:78, 81–83, 85
helper T cells, **45**:24–30, 32
interleukins, **45**:62, 67, 72, 74
physical interaction, **45**:38, 40–54
hybrid resistance and
antigen expression, **41**:400, 402–405
bone marrow cells, **41**:336, 338, 341, 349, 350
effector mechanisms, **41**:370, 376–380
leukemia/lymphoma cells, **41**:359, 365, 368
lymphoid cells, **41**:352, 356, 357
macrophages, **41**:371, 372
marrow engraftment, **41**:386, 387
NK cells, **41**:374
T cells, **41**:383
IBD and, **42**:290–291, 294–295, 298
IFN-γ, **62**:63, 87–89
IgE biosynthesis and, **47**:1
binding factors, **47**:12, 14, 15, 17, 19, 21–23, 25, 28
response, **47**:1–12
response suppression, **47**:28–39
Ig gene superfamily and, **44**:4, 9, 38, 44
Ig heavy-chain variable region genes and, **49**:1–3, 61
D segments, **49**:31–33
J$_H$ segments, **49**:34
organization, **49**:4, 6
V$_H$ families, **49**:9, 14, 16
V$_H$ gene expression, **49**:40–45
IL-1, **44**:189, 190, 192; **66**:140
gene expression, **44**:163
immunocompetent cells, **44**:173, 177, 178
receptor, **44**:182
structure, **44**:157, 158
systemic effects, **44**:169
TNF, **44**:187

IL-6, **66**:132
clinical applications, **54**:50
immunosenescence and, **46**:221, 253
lymphocyte activation, **46**:222
mucosal immunity, **46**:252
regulatory changes, **46**:247, 248, 250, 251
stem cells, **46**:246
induced complementarity, **43**:16–20
immunological, biochemical and crystallographic data, **43**:16–18
mobility data, **43**:20
variable domain structure superposition, **43**:18–20
to Leu7, **42**:191–192
leukocyte integrins and, **46**:164
lung, **59**:393–394, 411–412
lymphocyte homing and
high endothelial venules, **44**:317, 318
immune response, **44**:330–332, 335
molecules, **44**:342–344, 346, 350, 352
regional specificity, **44**:326, 328, 338, 341
lymphotoxin and, **41**:298
membrane attack complex of complement and, **41**:301, 302, 307, 309
MG and, **42**:262
monoclonal, *see* Monoclonal antibodies
murine lupus models and, **46**:99
Ig germline, **46**:65, 66, 72, 74, 76, 77
lupus strains, **46**:64
T cell antigen receptor, **46**:79, 88, 90, 98
neutralizing, **48**:95–96
HIV infection and, **47**:407, 408, 410, 413
NK cells and, **47**:189
adaptive immunity, **47**:292–294
alteration, **47**:300
antimicrobial activity, **47**:286–288
cell-mediated cytotoxicity, **47**:190, 196
congenital defects, **47**:224
cytotoxicity, **47**:249–251, 254, 257–259, 261
differentiation, **47**:231, 233
effector mechanisms, **47**:235, 237, 238, 240, 241, 243–248
hematopoiesis, **47**:274, 275, 277, 281
identification, **47**:196, 198
malignant expansion, **47**:227–229
surface phenotype, **47**:201, 202, 204–213
tissue distribution, **47**:221

Antibodies (*continued*)
  PGHS-1 or PGHS-2, **62:**178
  phosphorylcholine, **42:**10
  PM-1, reshaped, **64:**261
  polyclonal, phagocytosis and, **38:**376
  pore-forming protein, **41:**291, 296
  to rabbit molecules, **56:**182–183
  raised against native protein, **43:**3
  receptor structure, *see* Antibodies, structure
  regulators of complement activation and
    complement pathways, **45:**381
    protein expression, **45:**396, 397
    protein roles, **45:**389, 390
  reshaped, human PM-1, construction, **64:**261
  SCID and, **49:**397, 401
  secondary B cell lineage and, **42:**69–71
  secretory, **65:**249, 250
  sequence variation, **43:**13–16
  serum, **42:**291–292
  serum, IBD and, **42:**291–292
  SLE and, **42:**291–292
  spontaneous autoimmune thyroiditis and, **47:**433, 492
    altered thyroid function, **47:**460
    disturbed immunoregulation, **47:**479
    histopathology, **47:**442
    humoral immune reactions, **47:**444, 445, 447, 479
    potential effecter mechanisms, **47:**468
  sporozoite malaria vaccine and, **45:**320, 321
    CS proteins, **45:**292, 299, 300
    CS-specific T cells, **45:**306–313
    endemic areas, **45:**315–317
    human trials, **45:**313–315
    immunity, **45:**286–292
    interferon-γ, **45:**301, 304, 306
    Plasmodium vivax, **45:**317, 318
    role, **45:**300, 301
  structure
    conformational changes, **43:**113–114
    domain-domain interactions, **43:**110
    domain structure, **43:**107–109
    Fab fragments, **43:**107
    H and L chain CDR, **43:**108–109
    module structure, **43:**110–113
    polypeptide loops, **43:**107
    sheet-sheet interactions, **43:**110
    V and C domains, **43:**109
    variable domains, **43:**109
    VL–VH interface, **43:**110, 112, 124
    VL–VL pairing, **43:**112
    V module interface, **43:**111
  surface antigens of human leukocytes and, **49:**113, 117
  synthetic T and B cell sites and, **45:**196, 260–264
    antigens, **45:**233, 236
    bacterial antigens, **45:**231
    candidate synthetic peptidevaccines, **45:**253, 255–259
    globular protein antigens, **45:**215, 216
    immunological considerations, **45:**197
    parasitic antigens, **45:**228, 229
    peptides, **45:**237–239
    prediction, **45:**251
    viral antigens, **45:**220–223, 225, 227
  Tac, **42:**167, 169, 171, 172
  T cell activation and, **41:**6, 7, 9, 11, 13
  T cell development and, **44:**207, 255
    ontogeny, **44:**218, 221
    thymocyte subpopulation, **44:**226, 237, 239, 241
  T cell receptor and
    accessory molecules, **45:**108, 109
    alloreactivity, **45:**152, 154
    homogeneity, **45:**128, 130
    peptides, **45:**138
    polymorphic residues, **45:**158, 160
    structure-function relationships, **45:**136, 140
  T cell repertoire, **45:**164
  T cell subsets and, **41:**39, 40
    activated T cells and hybridomas, **41:**54, 56
    cell surface molecules, **41:**49
    effector phase, **41:**76
    H-2 alloantigen recognition, **41:**83–86, 89–93
    H-2 molecules in thymus, **41:**97, 98, 105
    H-2 restricted recognition of antigen, **41:**50, 52
    T accessory molecules, **41:**61, 62
    T cell receptor, **41:**40
    unprimed and resting T cells, **41:**64, 65, 70, 72
  to TCR1, TCR2, and TCR3, embryonic treatment with, **50:**103–105
  TCR antibody, **48:**90
  TNF-α, *see* Anti-TNF-α therapy

to TNF, treatment with, **66**:124, 132, 150
TNKTAR, **42**:201–202
trimolecular complex
  anti-α/β T cell receptor antibody, **56**:228–229
  anti-CD3 antibody, **56**:220–223
  anti-CD4 antibody, **56**:223–228
  anti-T cell receptor Vβ antibody, **56**:229–233
  virus-induced immunosuppression and
    HIV, **45**:351–353, 356, 357, 363, 365, 368
    measles, **45**:340, 341, 343, 345–347
X-ray analysis, **43**:121
Antibody–antigen interaction, **43**:99–128, *see also* Antigen recognition
  affinities to small molecules, **43**:82
  analysis of structure, **43**:22
  buried surface, **43**:82
  chemistry and binding energy, **43**:72–84
  concerted shifts, **43**:22
  contact residue, **43**:26
  criteria for systematic studies, **43**:5–8
  critical residues, **43**:27
  crystallographic approaches, **43**:4
  degree of fidelity, **43**:60
  dominant epitopes and collective response, **43**:46–49
  electrostatic attraction, **43**:80
  evaluation of predictive methods
    criteria for assessing prediction success, **43**:50–59
    sequence data, **43**:49–50
  immunological cross-reactivity, **43**:64
  interface adaptor hypothesis, **43**:125–128
  local antibody conformation effect, **43**:17–18
  lock-and-key fit, **43**:78, 128
  MHr, **43**:42
  mobile structural elements, **43**:80
  nature of immune response, **43**:83
  recognition and binding components, **43**:79
  reconciling crystallographic and peptide mapping data, **43**:23–27
  surface mobility role, **43**:16–17
  synthesis of structural description, **43**:26
  three-dimensional structures, **43**:119–120
    complementarity, **43**:122
    conformational changes, **43**:123–125

  epitope and paratope size, **43**:120–121
  epitope character, **43**:121–122
  X-ray crystallography, **43**:8–11
  X-ray structures, **43**:73
Antibody class switching, **61**:79–81
  heavy chain isotype expression, **61**:82–84
  problems in other studies, **61**:81–82
  regulation of isotype specificity, **61**:84–89
  switch recombination, **61**:99–130
Antibody complexes, crystallographic structures, **43**:4
Antibody-dependent cellular cytotoxicity, **41**:269, 273; **46**:114, 122; **58**:223
  adoptive T cell therapy of tumors and, **49**:312–313
  cytolysis and, **41**:275, 277–281, 283
  eosinophil, for helminthic parasites, **60**:211–213
  FcγR-mediated, **60**:180
  HIV infection and, **47**:384, 388, 405, 410, 413
  hybrid resistance and
    bone marrow cells, **41**:336, 338
    effector mechanisms, **41**:376–378
    lymphoid cells, **41**:351
    macrophages, **41**:371
    T cells, **41**:383
  mechanisms
    IBD and, **42**:294–295
    NK cells and, **42**:191, 192, 203–204
  membrane attack complex of complement, **41**:307
  NK cells and, **47**:189, 190
    antimicrobial activity, **47**:285
    cytotoxicity, **47**:251, 253, 258
    effecter mechanisms, **47**:241–243
    genetic control, **47**:222
    malignant expansion, **47**:227, 228
    reproduction, **47**:271, 272
    surface phenotype, **47**:204, 212, 213
    spontaneous autoimmune thyroiditis and, **47**:451, 452, 466, 469
Antibody diversity, *see* Arsonate idiotypic system, A/J mouse
Antibody effector function, human
  bacterial Fc receptors, **51**:56–60
  catabolism of antibodies, **51**:54–55
  complement activation by, **51**:7–29
    antibodies as activators of alternative pathway, **51**:28–29

Antibody effector function (*continued*)
   C1 activation, **51**:21–25
   C3 activation, **51**:25–28
   C4 activation, **51**:25–28
   cell lysis, **51**:25–28
   interaction of C1q and antibody, **51**:8–21
   conclusions, **51**:62–64
   human leukocyte Fc Receptors, **51**:29–54
   molecular explanation, **51**:1–2
   structure, considerations, **51**:2–7
      Fc, **51**:2–4
      IgG, conformation and flexibility, **51**:4–7
      other antibody classes, **51**:7
Antibody–hapten complexes, **43**:119
Antibody isotype switching, **48**:83–84
Antibody-mediated complement-dependent cytotoxicity, HIV infection and, **47**:409, 410, 413
Antibody repertoire, generation in rabbit
   B cell development
      B lymphopoiesis, **56**:180–186
      immune response ontogeny, **56**:186–187, 209
   development of repertoire
      contributing factors, **56**:194–195
      somatic gene conversion, **56**:198–202
      somatic mutation, **56**:201, 203
      V_H allotype, **56**:195
      V_H usage, **56**:195–198
   gut-associated lymphoid tissue
      as bursal equivalent, **56**:204
      follicular structure, **56**:203
      germfree rabbits, **56**:204–206
      model, **56**:206–209
   Ig genes
      C_H, **56**:191–193
      D, **56**:189–191
      J_H, **56**:188–191
      κ light-chain, **56**:193–194
      λ light-chain, **56**:194
      organization, **56**:187–188
      V_H, **56**:188–191, 195–198
   mechanism, **56**:179–180, 209
Antibody response, **45**:4
   B cell proliferation and, **40**:6–12
   Ir genes and
      gene dosage, **38**:31, 80
      insulin, **38**:142, 143
      T cell suppression, **38**:135, 147
      T cell-T cell interactions, **38**:154, 156, 157, 160
      tolerance, **38**:128, 129
   model of, **40**:1–2, 10, 45
   suppression by CTLs, **60**:306–308
   T cell dependent, **40**:3–4
Antibody secretion
   IBD and, **42**:301–307
   inhibition by specific T cells, **40**:139–140, 141
Anti-bromelaine-treated red blood cells, **46**:72, 74
Anticardiolipin antibodies, **49**:193, 259
   affinity purification, **49**:230–232
   antibody subsets, **49**:233
   antimitochondrial antibodies, **49**:249–250
   binding to cell membrane, **49**:250–252
   clinical aspects, **49**:203–212, 215–218, 220–224
   history, **49**:199
   isotype, **49**:224–227
   LA antibodies, **49**:241, 243–247
   pathogenic potential, **49**:254–255, 257
   reactivity, **49**:248–249
   specificity, **49**:234–240
Anticholinesterase drugs, MG and, **42**:269–270, 271
Anticytokine therapy, **66**:151
Anti-DNA transgenic model, **52**:314–315
Antiendothelial antibodies, **49**:252
Anti-eosinophil serum, parasite-infected animals and, **39**:209
Antiergotypic T cell, **48**:166
Antigen-antibody binding, first stage, **43**:79
Antigen binding
   Ars A response and, **42**:109, 139–141
   assay, *Ir* genes and, **38**:35
   cachectin and, **42**:225
   α chain, **42**:168–172
   Ir genes and
      competitive inhibition, **38**:108–110
      determinant selection, **38**:98, 99
      Ia molecules, pigeon cytochrome c and, **38**:99–104
      macrophages, **38**:111–115
      T cell activation, **38**:104–108
      T cell-T cell interactions, **38**:155, 156, 160

Antigen-binding lymphocytes, **38**:285, 286
Antigen bridging, T cell suppression and, **38**:142, 143, 151
Antigen catabolism, *Ir* genes and, **38**:95, 96
Antigen-dependent activation, **52**:199
Antigenic determinants, *see* Epitopes
Antigenicity
  chemistry, **43**:2
  epitope prediction, **43**:58
  flexibility, **43**:105, 118
  relationship with local mobility, **43**:61
  secondary structure, **43**:76
  in terms of recognition frequency, **43**:29–32
  value, **43**:50
Antigenic microassemblies, **43**:42
Antigenic peptide, KAVYNFATC, induced positive selection of thymocytes
Antigenic peptide, **59**:126
Antigenic signaling, constraints to biochemical study of, **52**:294–295
Antigenic stimulation, **42**:19–22
  memory generation by, **53**:221–223
  sensitivity of naive and memory T cells to, **53**:228
  T cell differentiation after, **53**:229–230
Antigenic variation, Delbrück model of, **38**:340–344
Antigen-independent recruitment, T cells into tissues by endothelial cells, **50**:274–287
  expression of endothelial leukocyte adhesion molecules *in vivo*, **50**:283–284
  extravasation of T cells, **50**:285–287
  leukocyte adhesion molecules, **50**:279–281
  migration of memory T cells to inflammatory sites, **50**:278–284
  migration of naive T cells to lymph nodes, **50**:275–278
  migration of pre-T cells to thymus, **50**:275
  role of endothelial leukocyte adhesion molecules in lymphocyte binding *in vitro*, **50**:281–283
  tissue-specific homing of lymphocytes, **50**:284–285
Antigen-induced arthritis, **64**:289

Antigen–MHC determinant, formation
  antigen competition, **43**:208–211
  binding of antigen and MHC molecules in solution, **43**:211–213
  immune response gene control, **43**:206–208
Antigen–MHC interactions, **43**:219
  binding rate constants, **43**:212
  correlation with immune-response phenotype, **43**:212
Antigen pathway, alternate, and trapping of immune complexes, **51**:265–269
Antigen polymerization, and B cell tolerance, **52**:287–290
  Felton's paralysis and other early results with polymers, **52**:287–288
  polymeric antigens and IgE responses, **52**:289–290
  size-fractionated polymers: Dintzis model, **52**:288–289
Antigen presentation, *see also* Antigen processing and presentation
  by B cells, tolerance, **52**:321–322
  Ir genes and, **38**:189
    antigen binding, **38**:98–115
    antigen processing, **38**:93–97
    blocking, **38**:69–71
    complementation, **38**:74–79
    cytotoxic T cells, **38**:164, 165, 186
    expression, **38**:55–60, 188
    gene dosage, **38**:81
    H-Y antigen, **38**:176, 177, 179
    Ia molecules, **38**:83, 84
    I region mutations, **38**:88–90
    MHC restriction, **38**:64, 66
    T cells, **38**:153, 157, 158, 160
    proliferation, inhibition of, **38**:68, 69
    selection, **38**:131, 133, 134
    suppression, **38**:151, 152
    tolerance, **38**:120, 122, 123, 125, 127, 128, 130
  islet beta cell, **48**:142
  protein antigen, by cultured endothelial cells, **50**:265–266
  to T cells by
    B cell lymphomas, **39**:54, 63–66, 86
    B cells, **39**:52–54
      comparison with non-B cells, **39**:85–86
      Ig role, **39**:52–53, 55–56, 58–59

Antigen-presenting cells, **47**:45–47, 105; **48**:232; **62**:231
  adoptive T cell therapy of tumors and, **49**:283, 291, 334
    expression, **49**:324–325, 328–329, 331
    recognition, **49**:319–321, 323
  antigen presentation, **47**:64
    allogeneic MHC products, **47**:73–76
    H-Y antigens, **47**:80
    Mls stimulation, **47**:76–79
    protein, **47**:65–73
    TNP-modified syngeneic cells, **47**:79, 80
    viral antigens, **47**:80, 81
  antigen processing
    B cells, **47**:89, 90
    dendritic cells, **47**:90, 91
    MHC-peptide complexes, **47**:87–89
    MHC products, **47**:92
  for antitumor immunity, **58**:436–437
  APC-T cell binding, **47**:95–99
  autoimmune demyelinating disease and, **49**:367
  autoimmune thyroiditis and, **46**:266, 317
    cellular immune responses, **46**:289, 294–297
    experimental models, **46**:281
  autoimmunity, **47**:104, 105
  autoreactive T cells and
    activation, **45**:421–427
    origin, **45**:419
    regulation, **45**:432
  B cell formation and, **41**:225
  CD23 antigen and, **49**:167–168
  cell surface, **47**:57
    CD5 leukocyte common antigen, **47**:60, 61
    integrins, **47**:61
    MHC products, **47**:57–60
    receptors, **47**:62–64
  eosinophils as, **60**:200
  helper T cell cytokines and, **46**:112, 128–130
  human T cell activation and, **41**:1, 30
    accessory molecules, **41**:14
    cell surface molecules, **41**:2
    T cell antigen receptor, **41**:2, 5, 7
  humoral immune response and, **45**:5–8
    B cells, **45**:10–12
    cellular interactions *in vivo*, **45**:79–81, 84
    class II molecules, **45**:18–20
    helper T cells, **45**:24, 30, 31
    interleukins, **45**:55, 62–64, 71, 73
    physical interaction, **45**:35, 36, 41, 42, 45, 53
    processing, **45**:8, 9, 12, 13
    types, **45**:9, 10
    in vitro, **45**:21
    in vivo, **45**:21–24
  IgE biosynthesis and, **47**:27, 28, 33, 37, 39
  immunogeneity, **47**:101–104
  interaction with T cells, **47**:92–94
  modification, **58**:438
  SCID and, **49**:384, 387, 393
  sporozoite malaria vaccine and, **45**:287, 305, 307, 316
  surface antigens of human leukocytes and, **49**:77–78, 80, 82–83, 87
  synthetic T and B cell sites and, **45**:197, 201, 202
    antigens, **45**:232, 237
    globular protein antigens, **45**:215
    prediction, **45**:252
    viral antigens, **45**:220, 225
  T cell-dependent antibody responses
    B cells, **47**:81, 82, 84–86
    dendritic cells, **47**:83
    helper T cell subsets, **47**:83, 84
  T cell growth, **47**:99–101
  T cell receptor and, **45**:107
    accessory molecules, **45**:108, 109
    alloreactivity, **45**:153
    antigen processing, **45**:118, 120, 123, 124, 127
    epitopes, **45**:143, 144
    homogeneity, **45**:129
    MHC molecules, **45**:116
    peptides, **45**:132, 138
    T cell repertoire, **45**:165
  T cell subsets and
    H-2 alloantigen recognition, **41**:80, 83, 88, 92
    H-2 molecules in thymus, **41**:100–102, 105, 107
    H-2-restricted antigen recognition, **41**:53, 56, 58, 60–62, 68, 70, 74, 75
    T cell specificity, **41**:110, 111
    T cell triggering, **41**:111, 112
  T cell surface molecules in communication with, **58**:112–139

TH response, **61**:361–364
tissue distribution
  circulation, **47**:54–57
  delayed-type hypersensitivity, **47**:57
  life span, **47**:49, 50
  lymphoid organs, **47**:50–52
  nonlymphoid organs, **47**:52–54
  origin, **47**:47–49
virus-induced immunosuppression and, **45**:366
Antigen processing, **52**:11–78; **64**:1–3
  by B cell lymphomas, **39**:63–66
  by B cells, **39**:63–66, 87
  entry of proteins into class I processing pathway, **52**:13–14
  Ir genes and, **38**:93–97, 152, 172, 188
  by macrophages, **39**:62–66
  MHC class I-associated peptides, generation, **64**:16–31
  preliminaries, **52**:11–13
  proteasome system, **64**:8–32
    activator protein, **64**:21–24
    cleavage properties, **64**:24–26
    inhibitors, **64**:11–12
    LMP and IFN-γ regulation, **64**:12–14
    molecular adaptation, **64**:19–21
    structural and catalytic features, **64**:8–11
    subunits X/Y and immunoproteasomes, **64**:14–16
    subunits Z and MECL1, **64**:16–18
    threonine residues, **64**:18–19
  proteolytic degradation, **39**:63–64, 66
  regulation of antigen processing, **52**:76–78
  TAP system, **64**:3–5, 30–31
  T cells, **43**:196–197
  translocation, **52**:35–42
  ubiquitin system, **64**:3, 5–8
  unfolding, **52**:22
  unfolding and proteolysis, **52**:22–78
    assembly of class I molecules, **52**:42–76
    control of class I export to cell surface, **52**:62–76
    proteolysis, **52**:22–35
Antigen processing and presentation
  class Ib molecules, **52**:92–104
    characteristics of individual class Ib products, **52**:94–104
    general aspects of structure and function, **52**:92–94

  clinical relevance: immune, autoimmune and immunodeficiency states, **52**:106–108
    autoimmunity, **52**:107
    novel immunodeficiency states, **52**:107–108
    tumor immunology, **52**:104–106
    vaccines, **52**:106–107
  immune system evolvement, **52**:1–11
    history of discovery of MHC restriction, **52**:4–6
    overview of T cell recognition and function, **52**:1–4
  properties of cell surface class I molecules, **52**:78–92
    association with exogenous β2m, **52**:86–87
    interaction with exogenous peptides, **52**:78–86
    internalization, **52**:87–92
      evidence for internalization, **52**:87–89
      internalization signals, **52**:89–92
  T_{CD8^+}, what it recognizes, **52**:104–111
    clinical relevance of antigen processing and presentation, **52**:104–108
Antigen receptor
  genes, V(D)J joining, see V(D)J joining, antigen receptor genes
  homology motif, signal transduction role, **57**:81–83
  loci, V–D–J recombination, **61**:304–306
  modulation, **59**:322–324
  structure, **43**:105–107
Antigen receptor-dependent activation
  cytokines and B cell differentiation, **52**:204–206
    IL-2, **52**:204–205
    IL-4, **52**:205–206
    other stimulatory cytokines, **52**:206
  cytokines and B cell growth, **52**:195–200
    antigen-dependent activation, **52**:199
    polyclonal activators, **52**:195–199
      IL-2, **52**:195–196
      IL-4, **52**:196–198
      other stimulatory cytokines, **52**:198–199
    transforming growth-factor,13, **52**:199
Antigen recognition, **43**:60, 223–225
  altered self model, **43**:202
  antigen dose-response curve, **43**:202

Antigen recognition (*continued*)
  chemistry, **43**:6
    amino acid residues, **43**:27
    antigenicity in terms of recognition frequency, **43**:29–32
    reactive site stereochemistry, **43**:32–39
    systematic data base, **43**:27–29
  class II MHC molecules, **43**:203–205
  difference between T and B cells, **43**:134
  dual recognition, **43**:202
  hydrogen bonds and electrostatic forces, **43**:83
  hypothesis for origin, **43**:224
  mechanisms, **43**:39
    critical residues, **43**:39–42
    induced complementarity, **43**:42–46
  MHC-restricted, **43**:202–203
  T cell, **43**:194
  T cell receptor As, **43**:176
Antigens, **43**:117–119
  ABC transporters, **65**:55, 56–57, 59
  adoptive T cell therapy of tumors and, **49**:281–285, 334–335
    expression of antitumor responses, **49**:324, 327, 329–332
    macrophages, **49**:307–308, 311–312
    mechanisms, **49**:299–301, 304, 313, 318
    principles, **49**:287, 289–290, 295–296, 298
    recognition, **49**:318–324
  and antigen recognition, **58**:318–324
  antinuclear antibodies and, **44**:93, 94, 120
    autoantibodies, **44**:126, 127, 137, 138
    autoantigen, **44**:127–131
    autoimmune response, **44**:131–134, 136
    dermatomyositis, **44**:118–120
    drug-induced autoimmunity, **44**:109
    scleroderma, **44**:114, 121–125
    Sjögren's syndrome, **44**:111–113, 118
    SLE, **44**:95, 100–107
  aPL antibodies and, **49**:193–194, 256, 258–259
    affinity purification, **49**:228
    clinical aspects, **49**:200, 205
    history, **49**:198–199
    LA antibodies, **49**:241, 243
    specificity, **49**:234–239, 248–251
  Ascaris, inhalation challenge, **60**:168–169
  autogeneic, *see* Autoantigens

  autoimmune demyelinating disease and, **49**:368–370, 372–374
  autoimmune thyroiditis and, **46**:263, 265–273, 317–319
    cellular immune responses, **46**:288, 289, 291, 293–295, 297, 298
    experimental models, **46**:273, 276, 281
    genetic control, **46**:284, 285
    humoral responses, **46**:298, 299, 302–305, 307
    prevention, **46**:310, 312, 314–316
  autoreactive T cells and, **45**:417, 418, 433
    activation, **45**:421–426
    origin, **45**:418–421
    physiology, **45**:427, 428, 430, 431
    regulation, **45**:431, 432
  bacterial, IBD and, **42**:290
  based vaccination strategies, **58**:435–437
  B cell, **52**:173–174, *see also* B cell surface antigens
    Bgp 95, **52**:173
    CK226 antigen, **52**:173
    IgM-binding protein (Fcμ receptor), **52**:173
  B cell anergy, **59**:321–322
  B cell elimination, **59**:306–308
  B cell populations and assessment, **42**:19–22
    secondary, **42**:75
  binding by B cells, activation and, **39**:71
  BrMRBC, autoantibodies, secretion by CD5 B cells, **55**:315–316
  CD1-restricted, **59**:78–87
  CD2, role in T cell death, **58**:226
  CD3, expression during NK cell maturation, **55**:346
  CD4 and CD8, **44**:265–270, 299–302
    CD4 molecular biology, **44**:293, 295
    CD8 molecular biology, **44**:270, 272, 282, 284
    on IELs, **58**:306–307
  CD4⁻CD8⁻, majority of $\gamma\delta$ T cells as, **58**:102
  CD4/CD8 coreceptor, role in negative selection, **58**:171–172
  CD5 B cell and, **47**:117, 118, 120, 161
    bone marrow transplantation, **47**:129
    genetic influence, **47**:148
    Ig gene expression, **47**:150, 151, 155, 156, 158

lineage, **47:**129
malignancies, **47:**123, 124
marker for activation, **47:**125, 126
ontogeny, **47:**122
physiology, **47:**131, 133–136, 138–143
primordial immune network, **47:**159–161
surface, **47:**143–147
CDw60, on CD4⁻8⁺ T cells, **58:**108–109
changes in amino acid side chain, **43:**24
clustered, *see* Clustered antigens
competition, **43:**208–211
complementarity-determining regions, **43:**9–10
complementarity induced by, **43:**20–23
complement receptor 1 and, **46:**200
complement receptor 2 and, **46:**205, 207–209, 211
concentration, effect of Fc fragments and, **40:**91
conformational changes, **43:**123–124
conformational hierarchy levels, **43:**74
differentiation in avian T cells, **50:**88–89
electrostatic recognition with antibody, **43:**12–13
environmental, influences on GALT, **40:**207–209
eosinophil, recognition by antisera, **39:**183–184
epithelial, **62:**238–239
epitopes, *see* Epitopes
equivalence, **43:**68–72
evolution, **52:**1–11
 history of discovery of MHC restriction, **52:**4–6
 overview of T cell recognition and function, **52:**1–4
 T_{CD8+}, what it recognizes, **52:**6–11
 nature of antigens bound to class I molecules, **52:**8–10
 what T cell antigen receptor sees, **52:**10–11
expression, hybrid resistance and
 genetics of, **41:**397–401
 hemopoietic cell grafts, **41:**404–407
 Hh-1, **41:**401–403
 marrow allograft reactivity, **41:**408–410
 transplanted cells, **41:**403, 404
Fas, **57:**129–131
flexibility, **43:**118–119

follicular dendritic cell expression of, **51:**257–261
foreign, CD5 B cell response, **55:**318–319
fragment properties, **43:**204
ganglioside, *see* Ganglioside antigens
genetically engineered Abs and, **44:**65, 66, 89
 antigen-combining sites, **44:**84, 85
 chimeric antibodies, **44:**79, 80, 87, 88
 cloning, **44:**75
 expression, **44:**76–78
 fusion proteins, **44:**85
 production, **44:**66, 67
global structure, binding process, **43:**22
glycoprotein, *see* Glycoprotein antigens
heat-stable, for B and T cells, **53:**235–236
helper T cell cytokines and, **46:**111
 cross-regulation of differentiation, **46:**130–132
 differential induction, **46:**128–130
 functions, **46:**114, 115, 117–122
 immune responses, **46:**138
 precursors of differentiation states, **46:**122–127
 secretion patterns, **46:**112, 113
HIV infection and
 activation, **47:**398, 400, 402
 etiological agent, **47:**378, 380, 383, 384
 immune response, **47:**408–410
 immunopathogenic mechanism, **47:**388, 390–392, 394, 397
 neuropsychiatric manifestations, **47:**404
homing of plasma cell precursors and, **40:**205
humoral immune response and, **45:**2, 5–7
 cell surface molecules, **45:**41–46
 cellular interactions *in vivo*, **45:**79, 80, 82–85
 helper T cells, **45:**24–33, 35
 lymphokines, **45:**46–54
 physical interaction, **45:**35–41
 presentation, **45:**9–12, 15–24
 processing, **45:**8, 9, 12–15, 17, 18
Ia, *see* Ia molecules
IBD and
 Crohn's disease, **42:**289
 cytotoxic effector cells, **42:**297
 DR, **42:**288, 292–294
 lymphocytes, **42:**290
 somatic mutations and, **42:**34

Antigens (*continued*)
  IFN-γ and, **62:**80
  IgE biosynthesis and, **47:**1
    antibody response, **47:**3–6, 8, 10, 11
    antibody response suppression, **47:**28, 29, 31–39
    binding factors, **47:**12, 14, 15, 21, 23–28
  Ig gene superfamily and, **44:**1
    evolution, **44:**5, 462!!
    homology unit, **44:**4
    MHC complex, **44:**24–26, 28, 29
    nonimmune receptor members, **44:**29–31, 34–36, 38, 39, 41
    receptors, **44:**9–12, 17, 18, 20, 23, 24
  Ig heavy-chain variable region genes and, **49:**26, 28, 34, 54
    V_H gene expression, **49:**36, 39, 41–43, 49, 51–52
  IL-1 and, **44:**154, 189, 192
    biological effects, **44:**166
    immunocompetent cells, **44:**173–175, 177
    structure, **44:**156
    systemic effects, **44:**169, 171
  immunosenescence and, **46:**253
    lymphocyte activation, **46:**222–224, 228, 231, 235
    lymphocyte subsets, **46:**237
    mucosal immunity, **46:**253
    regulatory changes, **46:**249–251
    stem cells, **46:**247
  interaction energy, **43:**23–24
  intestinal, IBD and, **42:**290
  Ir genes and
    blocking, **38:**70, 71
    competitive inhibition, **38:**108–110
    cytotoxic T cells, **38:**161, 163–165, 170–174
    expression
      in B cells, **38:**57, 58
      in lymphoid tissue, **38:**162, 190
      in T cells, **38:**62, 190
    gene dosage, **38:**80
    gene function, **38:**92
    genetic control, **38:**34–36
    H-Y, *see* H-Y antigen
    immunodominance, **38:**181, 184, 185
    macrophages, **38:**111–115
    MHC, **38:**44, 46, 188
    MHC restriction, **38:**64–67

  mutations, I region, **38:**84–90
  pigeon cytochrome c, **38:**77–79
  positive T cell selection, **38:**130–134
  response to polypeptides, **38:**46, 49
  suppression, **38:**134, 135, 137–142, 144, 148, 150, 152
  T cells, **38:**40, 41, 43, 154, 160
    activation, **38:**105–108
    proliferation, inhibition of, **38:**68
    repertoire, **38:**117, 118
    tolerance, **38:**120, 123, 125–129
  leukocyte integrins and, **46:**149, 153, 161–163, 169
  lymphocyte homing and, **44:**313, 314
    carbohydrate, **44:**360–362, 371
    high endothelial venules, **44:**321
    inflammation, **44:**340, 341
    molecules, **44:**342, 343, 345, 347–352
    regional specificity, **44:**326, 327, 330–338
  lymphocyte hybridomas and, **38:**275, 276
    donor lymphocytes, **38:**283
    EB nuclear, **38:**277
    human-human, **38:**297
    human-murine, **38:**290
  maps of Ig-like loci and, **46:**1, 7, 29, 31, 32, 34
  MHC, *see* Major histocompatibility complex antigens
  microsomal, autoimmune thyroiditis and, **46:**266, 273, 298, 299
  multiple antigen peptides as, **60:**137–139
  murine lupus models arid, **46:**65, 99
    Ig germline, **46:**72, 74, 76–78
    T cell antigen receptor, **46:**81, 90, 91
  mutants, **43:**117–118
  mycobacterial, recognition, **58:**321–322
  neuroimmunology and, **39:**299–300
  NK cell, *see* Natural killer cells, surface antigens
  NK cells and, **42:**182, 183; **47:**187–190
    adaptive immunity, **47:**292, 293, 295
    alterations, **47:**302
    antimicrobial activity, **47:**288, 289
    CNS, **47:**266
    congenital defects, **47:**226
    differentiation, **47:**232, 233
    effecter mechanisms, **47:**235, 237–240, 247, 248
    genetic control, **47:**222

hematopoiesis, **47:**273, 275, 281, 282
lymphokine production, **47:**264
malignant expansion, **47:**227
regulation, **47:**257, 259, 261
reproduction, **47:**271, 272
surface phenotype, **47:**200–212
tissue distribution, **47:**221
nonclustered, B cell, *see* Nonclustered antigens, B cell
non-self, *see* Non-self antigens
nonspecific killing, **60:**302
parasitic, synthetic T and B cell sites and, **45:**228–230
peptide, *see* Peptide antigens
plasmacyte, **52:**174
  other antigens of plasmocytes, **52:**174
  PC-1, a plasma cell threonine-specific protein kinase, **52:**174
polymeric, and IgE responses, **52:**289–290
position-specific, leukocyte integrins and, **46:**153
pulmonary immunity, **59:**387–388
regulators of complement activation and, **45:**381, 389
replaceability, amino acids, **43:**69–70
residues, definition, **43:**23
responses to, enhancement by Vβ selective elements, **50:**36–37
schistosome
  Sm23, **60:**126–127
  Sm28-GST, **60:**127–128
  TPI, **60:**125–126
SCID and, **49:**381–388
  graft-versus-host disease, **49:**398
  lack of stem cell engraftment, **49:**397
  posttransplant immunocompetence, **49:**400, 402
  stem cell engraftment, **49:**391
  tolerance, **49:**398–399
  transplantation, **49:**393–395
self-, *see* Self-antigens
sites, hydrophilicity, **43:**76
specific activation, molecular basis, **54:**337–338
specific killing, CTL-mediated, **60:**292–303
sporozoite malaria vaccine and, **45:**283, 319–322
  CS proteins, **45:**299
  CS-specific T cells, **45:**307–311
  endemic areas, **45:**317

human trials, **45:**314
immunity, **45:**287, 291, 292
interferon-γ, **45:**304–306
Plasmodium vivax, **45:**318
staphylococcal protein A, antibodies to, **57:**229
structural characteristics, antibody-binding sites, **43:**118
superantigens, *see* Superantigens
surface
  accessibility, **43:**119
  NK cell, *see* Natural killer cells, surface antigens
surface, human leukocyte, **49:**75–76, 116–126
  adhesion molecules, **49:**82–89
  antigen-specific receptors, **49:**76–80
  expression, **49:**113, 116–117, 119–124
  membrane enzymes, **49:**111–114
  MHC glycoproteins, **49:**80–82
  receptors
    chemotactic, **49:**111
    for complement components, **49:**91–94
    for growth factors, **49:**99–101
    for Igs, **49:**89–91
    for interleukins, 94, **49:**98–99
    membrane proteins, **49:**93–97
    for neurotransmitters, **49:**101, 111
    T cell molecules, **49:**101–110
  transport proteins, **49:**114–116
synthetic T and B cell sites and, **45:**195, 197, 260–264
  bacterial antigens, **45:**230–232
  candidate synthetic peptide vaccines, **45:**253–259
  globular protein antigens, **45:**203–216
  immunological considerations, **45:**197–202
  parasitic antigens, **45:**230
  peptides, **45:**203, 232–250
  prediction, **45:**251
  viral antigens, **45:**216–228
tac, **59:**228
tachyzoite, **65:**208
T and B cell sites and, **45:**197, 263
  antigens, **45:**209, 212–214, 234–236
  immunology, **45:**198–200, 202
  prediction, **45:**252
  viral antigens, **45:**217, 218, 221, 225, 226

Antigens (continued)
  T cell development and, **44:**207, 208, 255
    antigen recognition, **44:**209, 210, 212–214
    cellular selection within thymus, **44:**245–254
    ontogeny, **44:**215, 219, 220, 221
    recognition, **44:**209–214
    thymocyte subpopulation, **44:**228, 239, 241–243
  T cell-independent, examples, **40:**2–3
  T cell receptor and, **38:**2
    protein properties, **38:**3–5
    specific binding, **38:**19, 20, 23
    target recognition, **38:**22, 23
  three-dimensional structures, **43:**117
  thymus-dependent and -independent, **60:**272–277; **63:**43
  transplantation, tumor-specific, characteristics, **57:**285
  tumor, see Tumor antigens
  tumor immunogenicity affected by low level of expression, **57:**303–305
  uptake by B cells, **39:**59–62
    comparison with macrophages, **39:**60–62
    Ig role, **39:**60–62
  valency, **59:**302–305, 308
  virus-induced immunosuppression and
    HIV, **45:**351–353, 355–358, 360–362, 365–367
    measles, **45:**339, 344, 346, 347
Antigen specificity
  Ir genes and
    alloreactivity, **38:**121–123
    antigen binding, **38:**101, 106, 107
    antigen processing, **38:**96
    B cell response, **38:**50
    cytotoxic T cells, **38:**162, 164, 167, 171–174
    expression, **38:**53, 55, 57, 60
    gene function, **38:**37, 38, 93
    genetic regulation, **38:**36, 37, 188
    immunodominance, **38:**181, 183, 184
    macrophages, **38:**111
    MHC, **38:**46
    "Schlepper" experiment, **38:**39, 40
    T cells, **38:**41–43
      interactions, **38:**153–158, 160
      receptor, **38:**115–117

    selection, **38:**131
    suppression, **38:**135, 136, 140, 149, 151, 152
  lymphocytes hybridomas and
    B cells 286, **38:**306
    human-human hybridomas, **38:**296
Antigen-specific recognition, T cell cultures for, **42:**165–166
Anti-H-2Kk transgenic model, **52:**311–313
Antiidiotypes, see Antibodies, anti-Id
Antiidiotypic immunoregulation, B cell repertoire expression and, **42:**35, 82
Antiidiotypic recognition, B cell repertoire expression and, **42:**51–62
Antiinflammatory cytokines
  IL-6 effect, **54:**27–28
    during placental/fetal development, **54:**32
    role in embryonic development, **54:**31–32
  rheumatoid arthritis and, **64:**291, 295–296
Antiinflammatory drugs
  mode of action, **64:**172, 195–196
  receptors, **52:**402–404
  receptors for, **52:**402–404
Antiinflammatory and immunosuppressive molecules, NF-κB as target, **65:**128–132
  antioxidants and, **65:**122–123
  anti-TNF-α antibodies, **65:**123–124
  cAMP and, **65:**124–125
  cyclosporin A and FK506, **65:**120
  deoxyspergualin and, **65:**125–126
  gliotoxin and, **65:**126–127
  glucocorticoids and, **65:**118–120
  gold compounds and, **65:**123–124
  rapamycin and, **65:**121
  reactive oxygen intermediate-generating molecules and, **65:**122–123
  rheumatoid arthritis drugs and, **65:**123–124
  salicylates and, **65:**121–122
  spergualin, **65:**125–126
  steroids and, **65:**118–120
Antimicrobial activity, NK cells and, **47:**282–291
Antimitochondrial antibody, **49:**219–220, 233, 249–250
Antinuclear antibodies, **44:**93, 94; **49:**210, 212, 219
  autoantibodies
    biology, **44:**136–138
    rare occurrence, **44:**125–127

autoantigen
  function, **44:**127, 128
  molecular cloning, **44:**128–131
autoimmune response, **44:**131, 132
  antigen driven, **44:**132
  epitopes, **44:**134–136
  immunogens, **44:**132–134
dermatomyositis, **44:**113, 118–120
drug-induced autoimmunity, **44:**109–111
localization, **44:**120
  autoantibodies, **44:**125, 127
  autoimmune response, **44:**133
  scleroderma, **44:**121, 122, 125
  SLE, **44:**106, 107
mixed connective tissue disease, **44:**111, 112
polymyositis, **44:**113, 118–120
scleroderma, **44:**114, 120, 121
  centromere antigens, **44:**121, 122
  nuclear antigens, **44:**122–125
Sjögren's syndrome, **44:**111–113, 115–118
SLE, **44:**94–97
  DNA, **44:**97, 98
  histones, **44:**98–100
  ku, **44:**104, 105
  PCNA, **44:**106–109
  ribosomal RNP, **44:**105, 106
  RNP, **44:**100–102
  subcellular particles, **44:**102–104
Antioxidants, NF-κB and, **65:**122–123
Antipain, T cell receptor and, **45:**124
Antiphospholipid antibodies, **49:**193–194, 257–259
  biochemistry, **49:**194–197
  clinical aspects
    autoimmune disorders, **49:**207–210
    detection methods, **49:**200–206
    drug-induced antibodies, **49:**212–213
    genetic studies, **49:**221–222
    infectious disease, **49:**210–212
    normal populations, **49:**206
    syndromes, **49:**213–221
    treatment, **49:**222–224
  history, **49:**198–199
  immunology
    aCL antibodies, **49:**236–240
    affinity purification, **49:**228–231
    antimitochondrial antibodies, **49:**249–250
    binding, **49:**250–252
    isotype, **49:**224–228

LA antibodies, **49:**240–248
  reactivity, **49:**248–249
  reagin, **49:**234–236
  specificity, **49:**233–234
  subsets, **49:**231–233
  pathogenic potential, **49:**252–257
Antiphospholipid syndrome, **49:**218–221, 235, 243
Antiproliferative effect, IFN-γ, **62:**76–77
Antisense *myc*, blocking of negative signaling, **54:**413–415
Antisense oligonucleotides, **58:**249–250
Antisera, anti-MHr, polyclonal, **43:**29
Antithrombin III, **49:**256; **66:**238
Antithrombotic treatment, **49:**223, 258
Anti-TNF-α therapy, **64:**333–334, *see also* cA2 therapy
  anti-CD4 with, **64:**332
  combination therapy, **64:**331–333
  Crohn's disease, **64:**307–309
  drug modalities, **64:**330–331
  HIV and AIDS, **64:**311
  mode of action, **64:**311–323, 330
  problems, **64:**323–330
    anti-double-stranded cDNA antibodies, **64:**325
    anti-Ig antibodies, **64:**323–325
    malignancy risk, **64:**329–330
    susceptibility to infection, **64:**325–329
  rheumatoid arthritis, **65:**124
    animal models, **64:**298
    cA2, **64:**299–305, 311, 312–315
    clinical studies, **64:**299–307
  sepsis, **64:**310–311
  synergies with other treatments, **64:**331–333
  ulcerative colitis, **64:**309–310
Anti-transgenic models, with absent or partial B cell tolerance, **52:**315–317
α_1-Antitrypsin, **62:**266
Antitumor activity, NK cells and, **47:**295–300
Antiviral activity, NK cells and, **47:**282–288
Antiviral therapy
  for FeLV, **52:**436–437
  and vaccines, use to study, **52:**440–441
AP-1, interaction with NF-IL6, **65:**18–19
AP1-Ets interactions, **64:**81
AP-1 family, **65:**29
Apamin, synthetic T and B cell sites and, **45:**232

Apigenin, action of, **65**:123
aPL antibodies, *see* Antiphospholipid antibodies
Aplasia, hybrid resistance and, **41**:349, 372, 376, 388
Aplastic anemia, **41**:236, 350
  graft rejection by patients, **40**:383–385
Apo-1/Fas membrane-spanning proteins
  induction of PCD, **58**:135–136
  and negative selection, **58**:172–173
  role in T cell death, **58**:226
Apolipoprotein J, **61**:249–251
Apo-MHr, monoclonal anti-MHr antibody affinity, **43**:61–62
Apoptosis, **52**:157; **59**:177; **61**:9, 17, *see also* Cell death
  abnormal regulation, **58**:214–215
  adoptive T cell therapy of tumors and, **49**:312
  Bcl-2 effects, **58**:137
  biochemical pathways, **50**:60–61
  $CD4^- 8^-$ cells, linomide effects, **58**:263–265
  CD23 antigen and, **49**:155, 171
  c-myc gene, **63**:162
  control during intrathymic development, **58**:168–174
  cytotoxic T cells, TCR-driven, **58**:243
  different types, classification, **58**:265–267
  due to cell damaging agents, **58**:237–240
  eosinophil
    aspect of senescence, **60**:162
    in culture, **60**:160
    TGFβ-induced, **60**:184
  Fas antigen/APO-1 role, **53**:241–242
  Fas ligation, **61**:37, 39
  Fas-mediated, **57**:129, 133–134, 140
  germinal center B cells, **60**:282–283
  and growth arrest induced by anti-IgM, **54**:410–411
  HIV-induced, **58**:236–237
  HIV-specific CTLs, **65**:306
  hypothetical steps, **58**:241
  in immune system, **50**:63–70
    in B cells, **50**:63–66
      clonal abortion, **50**:64
      definitions, **50**:55–56
      faulty recombination, **50**:63–64
      growth arrest of WE III-231 B cell line, **50**:64–65

      mechanisms, **50**:56–63
        apoptosis, morphology, **50**:56–57
        biochemical pathways, **50**:60–61
        DNA damage, **50**:57–60
        phagocytosis, surface changes resulting in, **50**:62–63
      somatic mutation and terminal differentiation, **50**:65–66
    in T cells, **50**:66–69
      CTL targets, death, **50**:69
      deprived of growth factors, **50**:68–69
      hybridomas, activation-induced death, **50**:67
      interphase death of T and B cells and nonspecific damage, **50**:69–70
      non-selected thymocyte, death, **50**:67–68
      splenic B cells, **50**:65
      thymus, negative selection, **50**:66
    triggering and regulation, **50**:71–73
      induction activation of death genes, **50**:71–73
      release of death program, **50**:75–76
      transduction, **50**:73–75
  inducing signals, **58**:89
  induction by Apo-1/Fas, **58**:135–136
  induction via TCR/CD3 complex, **58**:216–219
  inhibition of, **51**:272–274
  leukocyte, **58**:280–281
  as mechanism of T cell negative selection, **58**:166–168
  modulation, functional consequences, **58**:272–280
  morphology, **50**:56–57
  and nuclear DNA fragmentation, **58**:212–213
  and positive and negative selection of T cells, **58**:89
  Ras protein, **63**:146–147
  regulation, multiple pathways, **58**:265–268
  role in neonatal B cell tolerance, **54**:403–404
  role of reactive oxygen species, **58**:250
  and signal transduction pathways, **58**:268–269
  surface antigens of human leukocytes and, **49**:117
  susceptibility of murine lymphocytes, **58**:234

target cell, Ca^{2+}-independent, **58**:226
T cell
   and IL-2, **50**:166–167
   immunopharmacological manipulation *in vivo*, **58**:254–255
   pharmacology, **58**:211–296
   role of p53, **58**:138
   and T cell persistence, **58**:273–275
   thymocytes, **58**:166–170
   TNF and, **66**:114
Appendix, germinal centers, in rabbit, rearrangements of VDJ genes, **56**:204
Arachidonate
   cyclooxygenase reaction, **62**:178–183, 198
   metabolism
     cachectin and, **42**:219
     IBD and, **42**:314
Arachidonic acid, **42**:311
   corticosteroids and, **42**:316, 318
   cyclooxygenase pathway, **39**:147
     inhibition by EPA and docosahexaenoic acid, **39**:160, 164–165
     formation from N-3 and N-6 fatty acids, **39**:159–160
   hybrid resistance and, **41**:360
   5-lipoxygenase pathway, **39**:147–151, 153, 160–161
   metabolism
     in eosinophils, human, **39**:204, 207–208
     in neutrophils, human
        dietary EPA and, **39**:166–167
        nonesterified and esterified EPA and, **39**:167–168
Arachidonic acid metabolite receptors, **52**:398–402
   other arachidonic acid derivatives, **52**:401–402
   prostaglandin binding sites, **52**:399–401
Arachidonic acid metabolites
   Fc fragments and, **40**:107
   immune complexes and, **40**:74
   receptors, **52**:398–402
   suppressive properties of, **40**:100–106
ARDS, *see* Adult respiratory distress syndrome
Arg120, **62**:175
Arg277, **62**:174
Arginine, **42**:97, 141–144
Arginine analogs, as NOS inhibitors, **60**:325

Arsonate, genetically engineered antibody molecules and, **44**:79, 84
Arsonate idiotypic system, A/J mouse
   general considerations in, **42**:95–96, 157–158
   J558 V$_H$ gene family and, **42**:112–115
     deletion mapping analysis, **42**:133–137
     evolution, **42**:123, 125–127
     expressed and germline sequences, **42**:127–128
     structural features, **42**:115–117
     subfamilies, **42**:117–123, 124
   light chain
     arginine, **42**:141–144
     hybridomas, **42**:139–141
     K locus, **42**:138
     Vκ10, **42**:144–148
   methodology for, **42**:96–99
   molecular genetics, heavy chain
     cross-reactive idiotype-positive molecules, **42**:109–110
     DFL16.1 gene segment, **42**:105–107
     J$_H$ gene segment, **42**:107–108
     kinetics, **42**:108–109
     repetitive substitutions, **42**:110–111
     serine, **42**:111–112
     single V$_H$ gene segment, **42**:99–105
   murine V$_H$ complex and
     deletion mapping analysis, **42**:133–137
     idiotypic V$_H$ map, **42**:129–130
     inbred strains, **42**:137
     preferential utilization, **42**:131–133
     southern filter hybridization analysis, **42**:130
   serologic and structural analysis of Ab2 antibodies and, **42**:149–150
     CR-A, **42**:150–151
     D$_H$ segments, **42**:154–157
     heterogeneity, **42**:151–154
   V$_H$ complex organization and, **42**:128–129
Arthritis, **59**:146, 343; **61**:46, 252, 367, *see also* Juvenile Rheumatoid arthritis; Rheumatoid arthritis
   adjuvant-induced, **64**:289
   antiadhesion therapy, **64**:197
   antigen-induced, **64**:289
   autoimmune, **62**:99–100, 107
   autoimmune thyroiditis and, **46**:284, 310, 312

Arthritis (*continued*)
  collagen-induced, autoimmune thyroiditis and, **46**:312
  and IL-1ra
    in animal models, **54**:210
    in patients with arthritis, **54**:210–211
    in vitro studies, **54**:209–210
  IL-8 role in, **55**:143–144
  induction, **64**:289
  inflammatory, IL-1ra in, **54**:209–211
    animal models, **54**:210
    patients with, **54**:210–211
    in vitro studies, **54**:209–210
  joint erosion in, **64**:287–288
  lymphocyte migration into, **64**:191
  murine lupus models and, **46**:61, 75, 79, 90
  NO-induced, **60**:343–344
  pituitary hormones, **63**:421–422
  transgenic model, **64**:298
Arylsulfatase, in eosinophils, **39**:218
ASFV, *see* African swine fever virus
ASLC, **48**:132
Asn410, **62**:178
Asn580, **62**:174
Asp^{57}
  IDDM, **48**:135–137
  location, **48**:139
Asparagine
  cytotoxic T cells and, **41**:152; 153
  genetically engineered antibody molecules and, **44**:69, 84
Aspergillosis, allergic bronchopulmonary, *see* Allergic bronchopulmonary aspergillosis
Aspergillus infections, gliotoxin, **65**:126–127
Aspirin
  antiplatelet cardiovascular therapy, **62**:200
  aPL antibodies and, **49**:223
  colon cancer, **62**:190
  inhibition of NF-κB activation at high doses, **58**:19–20
  PGHS, **62**:187
Aspirin-induced asthma, **51**:353
Aspirin-sensitive asthma, **51**:353–358
  conclusion, **51**:358
  mechanism, **51**:353–358
    abnormal arachidonate metabolism at rest, **51**:355
    cellular source, **51**:355–356
    cyclooxygenase inhibition, **51**:353

    leukotrienes and AIA, **51**:353–354
    target organ sensitivity, **51**:356–358
Assembly deficient cells, **52**:47–49
Association rate constants, IL-2 receptor and, **42**:169–172
Asthma, **59**:415–417; **62**:283–285
  acute response, and airway tone, **51**:350–351
  allergic
    CD23 antigen and, **49**:160
    IL-4 storage by lung mast cells, **53**:15
  aspirin-sensitive, **51**:353–358
  bronchial, *see* Bronchial asthma, pathobiology of
  CD23 antigen and, **49**:160
  eosinophil role, fiberoptic bronchoscopy studies, **60**:218–223
  human, *see also* Bronchial asthma
    anti-Id antibody as mediator of, **39**:279
    bronchoconstrictive response to LTC$_4$ and LTD$_4$, **39**:155
    leukotrienes in neutrophils, dietary EPA and, **39**:166–167
  IL-5 role, **57**:174–176
  monkey model, **60**:219
  pathophysiology, *see* Eicosanoids, and asthma pathophysiology
  related deaths, pathology, **60**:217
  release of leukotrienes in, **51**:346
Asthmatic mucosa, pathology of, **51**:324–340
  eosinophils, **51**:331–336
    eosinophils and adhesion mechanisms, **51**:333–336
  epithelial cells and basement membrane, **51**:324–327
  lymphocytes, **51**:339–340
  macrophages and monocytes, **51**:337–339
  mast cells 327-331, mast cells and cytokines, **51**:328–331
  neutrophils, **51**:336
Astrocytes, **62**:84
  CD4 molecules and, **44**:290
  IL-1 and, **44**:177
  immunological mediator, **48**:168–169
Astrocytes, autoimmune thyroiditis and, **46**:293
Ataxia telangiectasia, **58**:67–69; **61**:191, 315
  T cell receptors and, **38**:17
ATF-2, Ets transcription factors and, **64**:81
Atk, **59**:169

Atomic solvation parameter, **43:**101
ATP
  cytolysis and, **41:**277
  as effector molecule in CTL cytotoxicity, **60:**301–302
  effect on target cell killing, **60:**310
  in IL-3-receptor interactions, **39:**39
  TAP peptide binding and, **65:**84–85, 87–88
  TAP peptide transport and, **65:**76–77
  T cell activation and, **41:**16, 18
ATPase, antigen-presenting cells and, **47:**53, 54
ATP binding cassette, **52:**36
Aurin tricarboxylic acid
  effect on thymic cellularity, **58:**262
  prevention of T cell PCD, **58:**251
Autoantibodies, **59:**330–331, 342
  AChR
    cellular immunology, **42:**256–260
    detection, **42:**255
  anti-Id, human
    in abnormal immune responses, **39:**274–275
    in allergic diseases, **39:**275–276
    to anti-TT antibodies, immune response and, **39:**269–274
    natural occurrence, **39:**274
  anti-IgG, **38:**278
    human-human hybridomas, **38:**297–299
    monoclonal, **38:**298
  antinuclear, *see* Antinuclear antibodies
  antithymocyte, CD5 B cell production, **55:**316–318
  aPL antibodies and, **49:**212, 226, 257–258
    pathogenic potential, **49:**252–253, 257
    specificity, **49:**238, 248–249
  autoimmune thyroiditis and, **46:**298, 317
  B cell formation and, **41:**227, 228, 231
  CD5 B cell and, **47:**133–135
    Ig gene expression, **47:**150, 155, 157, 158
    physiology, **47:**130–136
    primordial immune network, **47:**159
  CD23 antigen and, **49:**150
  germline origin, **62:**19
  helper T cell cytokines and, **46:**120
  hybrid resistance and, **41:**379
  Ig heavy-chain variable region genes and, **49:**2, 23, 33–34, 63
    V_H gene expression, **49:**41–51

  in LEMS, **42:**252
  murine lupus models and, **46:**99
    Ig germline, **46:**65–67, 71–77
    lupus strains, **46:**63, 64
  spontaneous autoimmune thyroiditis and, **47:**491, 492
    altered thyroid function, **47:**456, 457, 459, 462
    cellular immune reactions, **47:**449
    clinical symptoms, **47:**439
    humoral immune reactions, **47:**444, 446–448
    potential effector mechanisms, **47:**466, 468, 469
  surface antigens of human leukocytes and, **49:**101
  synthetic T and B cell sites and, **45:**247, 248
  targeted adhesion molecules in pemphigus and pemphigoid, 8; **53:**309, 314
  V_H segments, **62:**19
Autoantigens, **51:**305–306
  antinuclear antibodies and, **44:**93, 94
    autoantibodies, **44:**136
    autoantigen, **44:**127–131
    autoimmune response, **44:**131–134
    scleroderma, **44:**125
    SLE, **44:**100, 105
  cDNA cloning
    BP antigen, **53:**306–310
    PF antigen, **53:**310–312
    PV antigen, **53:**312–314
  hybridomas and, **38:**302
  Ku, and V(D)J recombination and DNA repair, **58:**55–60
  neural, dominant epitope, **48:**164–165
  spontaneous autoimmune thyroiditis and, **47:**491, 492
    cellular immune reactions, **47:**456, 459
    disturbed immunoregulation, **47:**470
    humoral immune reactions, **47:**445, 446, 448
  valency, **59:**302–305, 308
Autochthonous tumor cells, adoptive T cell therapy of tumors and, **49:**284–285, 333
Autocrine aspects, B cell growth and differentiation, **52:**219–221
  studies with B cell lines and tumors, **52:**219–220
  studies with normal B cells, **52:**220–221

Autocrine effects, IL-1, **54**:201–202
Autocytotoxic cells, hybrid resistance and, **41**:394
Autoimmune, immune, and immunodeficiency states, antigen processing and presentation, **52**:106–108
  autoimmunity, **52**:107
  novel immunodeficiency states, **52**:107–108
  tumor immunology, **52**:104–106
  vaccines, **52**:106–107
Autoimmune attack, IL-2 and IL-2R at site of, **50**:171–172
Autoimmune cells, or normal human cells, transfer to SCID mice, **50**:304–310
Autoimmune demyelinating disease, **49**:357
  multiple sclerosis
    HLA antibodies, **49**:368–371
    TCR V region, antibodies to molecules, **49**:372–374
    TCR V region, vaccination to, **49**:374–375
  myelin basic protein, **49**:357–363
  TCR usage restriction, **49**:363
    EAE in rat, **49**:366–368
    encephalitogenic C terminus, **49**:366
    encephalitogenic N terminus, **49**:363–366
Autoimmune diabetes, murine model autoimmunity, **51**:294–306
  autoantigens, **51**:305–306
  diabetogenic T cells, repertoire of, **51**:298–301
  macrophages and B cells, involvement of, **51**:303–305
  suppressor mechanism controlling development, **51**:301–303
  T cell-dependent autoimmunity, **51**:294–296
  T cell subsets involved in insulitis and overt diabetes, **51**:296–298
  clinical and histopathological characteristics, **51**:289–290
  conclusions, **51**:310–311
  genetics, **51**:290–294
    MHC-linked diabetogenic genes, **51**:290–293
    non-MNC-linked genes, **51**:293–294
  IDDM, **51**:285–286
  intervention, **51**:306–310
  class II MHC molecule expression, **51**:308–310
  cytokines, **51**:307
  immunopotentiators, **51**:306
  immunosuppressants, **51**:307
  virus infection, **51**:308
  NOD strain, development, **51**:287–289
Autoimmune diseases, **61**:367
  antiadhesion therapy, **64**:197
  anticolon antibodies and, **42**:291
  aPL antibodies and, **49**:193, 198, 258
    clinical aspects, **49**:208–209, 216
    immunology, **49**:225, 235–236, 240, 250
  bcl-2 gene, **63**:163
  CD5 B cell and, **47**:148–150
  CD5$^+$ B cells in, **53**:182–183
  CD28 costimulation, **62**:143
  cytokines and, **64**:290
  disrupted T cell therapy for, **42**:269
  elevated serum levels of soluble IL-2Ra in, **50**:183–186
  Fas role, **57**:138, 140
  genetic defects in B lineage cells, **53**:144–147
  HLA and, **66**:67, 76, 84–85, 93
    insulin-dependent diabetes mellitus, **66**:91
    methimazole-induced insulin autoimmune syndrome, **66**:87–88
    multiple sclerosis, **66**:88–91
    pemphigus vulgaris, **66**:87
    rheumatoid arthritis, **66**:85, 87
  IFN-γ and, **62**:78, 93, 98–101, 105, 107
  and IL-1ra
    Alzheimer's disease, **54**:42–43
    cachexia, **54**:43
    cardiac myxoma, **54**:39–40
    Castleman's disease, **54**:40–41
    and IL-6, **54**:39–43
    mesangial proliferative glomerulonephritis, **54**:41
    psoriasis, **54**:41
    rheumatoid arthritis, **54**:40
  IL-2, **63**:128, 132, 294, 297
  immunointervention, **66**:91–93
  induction, prevention by apoptosis-inhibitory drugs, **58**:278
  lymphocyte dependence, **64**:192
  MG and, **42**:260

NF-κB and, **65**:117–118
pathogenesis, **64**:331–332
pituitary hormones, **63**:420, 425–426, 433
   diabetes mellitus, **63**:423
   experimental allergic encephalitis, **63**:424
   multiple sclerosis, **63**:425
   rheumatoid arthritis, **63**:421–422
   SLE, **63**:420–421
   thyroiditis, **63**:424
   uveitis, **63**:425
radioactive antigen suicide and, **42**:268
SLE-like, **54**:141–142
   B/WF1 mouse, **53**:144–147
spontaneous autoimmune thyroiditis, obese strain chicken, **47**:433–435
   altered thyroid function, **47**:462, 464
   cellular immune reactions, **47**:449, 455
   disturbed immunoregulation, **47**:481
   histopathology, **47**:444
   humoral immune reactions, **47**:448
   potential effecter mechanisms, **47**:468
streptococcal infection-associated, **54**:140–141
SLE, **54**:141 42
superantigens and, **65**:207
TAP and, **65**:92–94
treatment, **58**:273–275
V_H polymorphisms, **62**:9
Autoimmune manifestations
   lack of, in mice transgenic for human IL-2 or IL-2R components, **50**:192–193
   after *in vivo* applications of recombinant IL-2, **50**:189–191
Autoimmune response
   retinal antigen, **48**:217
   rheumatoid arthritis, **64**:288
Autoimmune thyroiditis, **46**:263–266, 317–319, *see also* Experimental autoimmune thyroiditis; Spontaneous autoimmune thyroiditis
   antigens, **46**:266
      thyroglobulin, **46**:267–271
      thyroid peroxidase 272, **46**:273
   cellular immune responses, **46**:287
      lymphoid cells, **46**:287–291
      target thyroid cells, **46**:291–298
   genetic control, **46**:282
      experimental induction, **46**:284–287
      SAT, **46**:282–284

humoral responses, **46**:298
   antiidiotype autoantibodies, **46**:305–309
   autoantibodies, **46**:298–306
prevention, **46**:308, 310–316
Autoimmune uveitis
   experimental, **62**:98–99
   immune regulation, **48**:215–216
Autoimmunity, **43**:26; **52**:107
   antigen-presenting cells and, **47**:104, 105
   B cell repertoire expression and, **42**:49
   B cell tolerance, **59**:342–344
   CD23 antigen and, **49**:150, 174–175
   and diabetes, **51**:294–306
      autoantigens, **51**:305–306
      diabetogenic T cells, repertoire of, **51**:298–301
      macrophage and B cell involvement, **51**:303–305
      suppressor mechanism controlling development of diabetes, **51**:301–303
      T cell-dependent autoimmunity, **51**:294–296
      T cell subsets involved in insulitis and overt diabetes, **51**:296–298
   Ig heavy-chain variable region genes and, **49**:2–3, 61, 63
   polymorphism of V_H gene segments, **49**:21, 26
   regulation, **49**:53–54
   V_H gene expression, **49**:39, 41, 43, 46–47, 50–51
   and IL-2, **50**:171–187
      abnormalities in IL-2 expression and responsiveness on circulating lymphocytes, **50**:186–187
      elevated serum levels of soluble IL-2Ra in autoimmune disease, **50**:183–186
      at site of autoimmune attack, **50**:171–172
      in vitro IL-2 production in autoimmune disease, **50**:172–178
      autoantibodies, **50**:176
      decrease of IL-2 producing cells, **50**:176
      low IL-2, **50**:175–176
      signal transduction, **50**:177–178
      suppressor macrophages, **50**:176
      suppressor T cells, **50**:176–177

Autoimmunity (continued)
  in vivo IL-2 production in autoimmune disease, **50**:178–183
  immunological memory and, **53**:251–252
  lpr mouse, **60**:308–309
  Ly1 B cells and, **42**:64
  murine, CD5 B cell effect on, **55**:313–315
  role of IL-2-induced cytokines in, **50**:210–213
    IFN-γ and, **50**:212–213
    IL-6 and, **50**:210–211
    TNF-α and, **50**:211–212
  X-linked agammaglobulinemia, **59**:146–147
Autologous mixed lymphocyte responses, autoreactive T cells and, **45**:418, 425, 426
Autologous plaque-forming B cell response, NK cells and, **47**:300, 301
Autonomous model, interaction of C1q and IgG, **51**:19–20
Autoradiography
  B cell formation and, **41**:187
  hybrid resistance and, **41**:356
Autoreactive T cells, **45**:417, 418, 433
  activation
    specificity, **45**:425–427
    thymic stromal cells, **45**:421–425
  deletion, **58**:272–275
  origin, **45**:418, 419
    antigen-specific T cells, **45**:420
    antigen-stimulated precursors, **45**:419, 420
    immature precursors, **45**:421
  physiology
    autoimmune response, **45**:430, 431
    nonspecific helper function, **45**:427–429
    tumor resistance, **45**:428, 430
  regulation, **45**:431
    stimulators, **45**:432, 433
    suppressor T cells, **45**:431, 432
Autoreactivity, CD1 proteins, **59**:76–78
Autosomes, murine lupus models and, **46**:63, 94
Autotolerance, and IL-2, **50**:165–171
  effect in vivo, **50**:165–166
  interference with clonal deletion, **50**:166–167
  nonspecific killing induced by IL-2, **50**:170–171
  the system, **50**:167–170

Auxiliary signaling receptors, **51**:157–160
  CD2, **51**:157–159
  CD2S, **51**:159–160
Avian leukosis virus
  B cell neoplasia induced by
    myb gene role, **56**:477–478
    myc gene role, **56**:472–473
    resistance determinants, **56**:470–471
    susceptibility determinants, **56**:469–471
  in chicken B cell DT40 induction, **57**:361–362
  pathogenesis of bursal lymphomas induced by, **56**:471–472
  mechanism, **56**:469
Azathioprine, MG and, **42**:271, 272
AZH, DR2 cellular subtype, **48**:135
Azidodeoxythymidine, see AZT
Azodisalicylate, **42**:318
Azophenylarsonate, **42**:96–99, see also Arsonate idiotypic system, A/J mouse
AZT, **63**:99

B

B_1 receptors, **66**:239, 240
B_2 receptors, **66**:240
B7
  and CD28, costimulation, Td activation of B cells, **62**:132, 142–144, 148–157
  costimulatory effects on immunogenicity, **57**:305–307
  IFN-γ and, **62**:78
  interaction with CD28, **58**:133–134
B7-1, **62**:132, 135–138, 156–157
B7-1/B7-2 ligand family, **62**:135–138, 156
B7-2, **62**:132, 135–138, 156–157
B7/BB1, **52**:168–169
B7 receptors, **59**:377
B8
  DQw2, **48**:134
  DQw3, **48**:134
  DQw3.1, **48**:134
  DQw3.2, **48**:134
  DQw3.3, **48**:134
  DQw7, **48**:134
  DQw8, **48**:134
  DQw9, **48**:134
  HLA-DQ, **48**:134
  IDDM, **48**:137

B15
  DQw2, **48:**134
  DQw3, **48:**134
  DQw3.1, **48:**134
  DQw3.2, **48:**134
  DQw3.3, **48:**134
  DQw7, **48:**134
  DQw8, **48:**134
  DQw9, **48:**134
  HLA-DQ, **48:**134
  IDDM, **48:**137
1 B 236/myelin-associated glycoprotein, **48:**161–162
Bacillus Calmette–Guerin, **42:**215
Bacillus Calmette–Guerin factor, low molecular-weight, **52:**185
Bacteria, see also specific bacteria
  adoptive T cell therapy of tumors and, **49:**308
  antibodies from combinatorial libraries, **57:**228
  antigen-presenting cells and, **47:**87
  aPL antibodies and, **49:**211, 248–249
  CD5 B cell and, **47:**160
  complement receptor 2 and, **46:**205
  cytotoxicity and, **41:**269, 270
    cytolytic proteins, **41:**317, 318
    membrane attack complex of complement, **41:**300
  genetically engineered antibody molecules and, **44:**66–70, 72
  helper T cell cytokines and, **46:**133
  HIV infection and, **47:**402
  hybrid resistance and, **41:**357, 378
  IL-1 and, **44:**163, 165–167, 194, 195
  infection
    IL-6 effects, **54:**36–37
    pneumonia, **59:**395–402
    responses in MHC class I-deficient mouse, **55:**412–413
    X-linked agammaglobulinemia, **59:**135, 136, 143–145, 150
  leukocyte integrins and, **46:**151, 161
  lymphocyte homing and, **44:**354, 366
  maps of Ig-like loci and, **46:**1
  NK cells and, **47:**216, 224, 235, 263, 289
  regulators of complement activation and, **45:**388, 409
  SCID and, **49:**382

spontaneous autoimmune thyroiditis and, **47:**462
superantigens, **54:**113–115; **65:**14, 208–210
  Clostridium and *Pseudomonas* toxins, **54:**114–115
  Mycoplasma arthritides mitogen, **54:**113
  streptococcal M proteins, **54:**114–115
surface antigens of human leukocytes and, **49:**81, 111, 115
T cell receptor and, **45:**125
toxic mitogens, **50:**15–16
  and murine Vβ gene segments, **50:**15
  retroviral sequences bearing no homology to, **50:**41
Bacterial antigens
  humoral immune response and, **45:**82, 83
  IBD and, **42:**290
  synthetic T and B cell sites and, **45:**230–232, 245
Bacterial disease, **60:**128–136
  multiple antigen peptides as immunogens, **60:**134–136
BAF/B03 cell line, IL-2, **61:**156–157
BAGE, **62:**229, 233
BAL, see Bronchoalveolar lavage
BALB/c mouse, splenectomized, **48:**208
BALB invariant delta chain, **58:**304, 310, 312, 315, 320
BALT, see Bronchus-associated lymphoid tissue
BALU, see Bronchus-associated lymphoid unit
Bare lymphocyte syndrome, **59:**246–247; **61:**327–338
  biochemical and genetic heterogeneity, **61:**329–331
  cell typing, **48:**117
  CIITA, **61:**331–334, 336–338
  RFX, **61:**334–336
  SCID and, **49:**387, 391
Basement membrane
  B cell formation and, **41:**186
  lymphocyte homing and, **44:**316, 320
Basophils, **48:**176, 177; **61:**15, 20, 360–361
  CD23 antigen and, **49:**165, 170
  characterization, **53:**2–3
  chemokine effects
    CC, **55:**116–117
    CXC, **55:**116
  differentiation, **60:**163–164

Basophils (continued)
  genetically engineered antibody molecules and, **44**:68, 80
  histamine release
    major basic protein and, **39**:191
    somatostatin and, **39**:305–306
  IgE receptor/FcεRI numbers and binding constants, **52**:386–387
  IL-2 and, **44**:164, 187
  and IL-4 production in response to FcR crosslinkage, **53**:13
  IL-5-mediated activity, **57**:156
  IL-8 effects, **55**:116
  major basic protein, detection, **39**:186–187
  and mast cells, human, cell surface structure on
    adhesion receptors and recognition molecules, **52**:357–366
      integrins, **52**:358–361
      other recognition molecules, **52**:366
      recognition molecules of Ig supergene family, **52**:361–364
      selectins and related recognition molecules, **52**:364–366
    cells, **52**:333–335
    cell surface typing with mAbs, **52**:335–339
    complementing binder sites, **52**:375–377
    conclusions, **52**:404
    IgE/FcεRI, **52**:378–381
      assembly, **52**:381–382
      cell surface structures functionally associated with FcεRI molecules, **52**:391–396
      control of synthesis and expression of FcεRI molecules, **52**:384–386
      functional characterization of receptor, **52**:387–391
      sequence and structural homologies, **52**:383–384
      topology of, **52**:378
    Ig receptors, **52**:378–396
    negative regulators of growth and differentiations of human basophils and mast cells, **52**:355–357
      inteferons, **52**:355–356
      transforming growth factors, **52**:356–357
    receptors for activating peptides, **52**:366–375
    receptors for formyl-methionine peptides and related compounds, **52**:371–372
    receptors for IL-8 and related integrins, **52**:367–371
    receptors for substance P and other neuropeptides, **52**:372–375
    receptors for growth and differentiating factors, **52**:339–355
      hemopoietic growth factor receptor superfamily, HRS, **52**:340–351
    receptors for low-molecular-weight regulators and pharmacological compounds, **52**:396–404
      receptors for adenosine, **52**:396–398
      receptors for antiinflammatory drugs, **52**:402–404
      receptors for arachidonic acid metabolites, **52**:398–402
    RTK family, c-kit, and related oncogenes, **52**:351–355
  neuropeptide production, **39**:316–317
  phenotypic properties, **53**:1–2
  precursors, **53**:2
  properties, **53**:1–2
  role in inflammatory reactions, **53**:2
  secretions, **53**:2
BB10 antibody, **43**:306–307
bcl-2 oncogene, immunological memory and, **53**:241
bcl-2 transgenic mice, pre-B cell differentiation into B cells, **53**:143–144
B cell activation factor 1, humoral immune response and, **45**:67
B cell activators, isotype specificity, **61**:90–92
B cell antigen receptor, **52**:136–138, 185–188; **55**:282
  anti-Ig in study of, **52**:185–188
    Branhamella catarrhalis and others, **52**:188
    inhibitory effects of anti-Ig antibodies, **52**:186–187
    Staphylococcus aureus Strain Cowan, **52**:187–188
    stimulatory effects, **52**:185–186
  cytoskeletal attachment, **55**:262
  Ig-α, tyrosine phosphorylation, **55**:246–248
  Ig-β, tyrosine phosphorylation, **55**:246–248

Ig complex, **52**:136–138
ion movement, changes in, **55**:265–266
mIg-induced tyrosine phosphorylation targets, **55**:234–249
murine lupus models and, **46**:61, 65
proteins associated with Ig complex, **52**:138
protein tyrosine phosphorylation, **55**:231–233
signaling, **55**:273
signaling pathway, CD40 expression, **61**:37–38
structure, **55**:226–230
tyrosine kinase activation, **55**:248–256
coreceptors, **55**:259–261
signal initiation model, **55**:256–259
tyrosine phosphorylation targets, **55**:233–234
B cell-associated nuclease, as truncation factor in V(D)J joining, **56**:80
B cell differentiation factor, properties of, **40**:31–34
B cell growth factor, **40**:35
CD5 B cell and, **47**:119, 140, 141
function of, **40**:14
low-molecular-weight, CD23 antigen and, **49**:160, 169
NK cells and, **47**:265
properties of, **40**:29–31
B cell growth factor I, humoral immune response and, **45**:65, 66
B cell growth factor II, **48**:78
B cell formation and, **41**:235, 236
T cell subsets and, **41**:76
B cell growth factors
CD23 antigen and, **49**:161, 171–172
surface antigens of human leukocytes and, **49**:99
B cell immunopoiesis, **61**:47–54
B cell lineage specific activator protein, **63**:228–229
B cell lines
AChR-specific, **42**:260–263
Ars A response and, **42**:136
cloned, and biochemistry of negative signaling, **52**:298–302
deletion mapping of, **42**:133–135
V_H gene segments and, **42**:131–132
B cell lymphoma, **38**:248, 272; **54**:144–145; **61**:121
A20-2J, **43**:196–197

as animal models for tolerance, **54**:410–415
antigen presentation to T cells, **39**:54
cell line differences, **39**:86
high activity of, **39**:66
Ia structure and, **39**:76–78
antigen processing
chloroquine-inhibited, **39**:63–64
comparison with macrophages, **39**:63–66
heterogeneity of time for, **39**:64–65
kinetics, **39**:63
prefixation-inhibited, **39**:64–65
anti-Id antibody therapy
lack of response to, **39**:285
acquired C1 esterase inhibitor defciency and, **39**:288–291
Id variants and, **39**:287–288
remission, **39**:285–286
CD5 B cell and
Ig gene expression, **47**:150–152, 154
malignancies, **47**:123–125
chromosomal translocations and, **40**:273–275
cytotoxic T cells and, **41**:149
follicular, human, **50**:73
and GM–CSF, expression, **58**:435
human B cell neoplasia and, **38**:248
stimulation modes, **54**:253–254
stimulatory factor 2, **54**:1–3
superantigen expression, **54**:144–145
T cell functions and, **39**:84
T cell receptor β genes and, **40**:272
B cell neoplasia
human
Burkitt lymphoma, c-*myc* oncogene in deregulation, **38**:254–257
translocation, **38**:248–253
variant chromosome translocation, **38**:257, 259
chromosomal translocation, **38**:246–248
c-*myc* activation, **38**:259–264
t(14;18) chromosome translocation, **38**:267, 271
t(11;14) chromosome translocation, **38**:264, 267
retrovirus-induced, in bursa of fabricius, *see* Bursa of fabricius
B cell peptide epitope vaccine, **43**:78

B cell repertoire expression, *see also* Variable region, gene expression
B cell subpopulations and
adult primary B cell subpopulation, **42**:67–68
general considerations, **42**:62–64, 79–83
Ly1 B cells, **42**:64–65
neonatal, **42**:65–67
secondary B cell lineage, **42**:68–79
environment and, **42**:34–35
down-regulation, **42**:42–43
antiidiotypic recognition, **42**:51–62
tolerance to self-antigens, **42**:43–51
predominant clonotype expression, **42**:39–42
primary B cell repertoire diversification, **42**:36–39
sIg bone marrow precursor cells, **42**:35–36
neonatal sequential development of, **42**:29
B cell response
Ir gene influence on, **38**:50–52
to MMTV
endogenous Mtv, **65**:196–208
neonatal, **65**:171–175
T–B cell interaction, **65**:180–188
T cell-dependent differentiation, **65**:178–180
T cell-independent activation, **65**:168–171
T cell suppression, **38**:136
B cells, **43**:133
AChR and, **42**:257–258
activation
accessory molecules, **63**:56–57
early events, **63**:52–53
effector phase, **63**:44
extrafollicular, **52**:221–224
for proliferation and differentiation, **54**:345–346
and proliferation and differentiation, factors affecting, **40**:29–50
T-dependent, **63**:43
triggered by T$_h$ membranes, **63**:46
activation biochemistry, **55**:221–222, 282
antigen contact, early cellular events following, **55**:262–265
antigen uptake, **55**:264–265
capping, **55**:263–264

contact-dependent T cell help, mechanism, **55**:269–273
cytokine receptor structure, **55**:274
cytoskeletal attachment, **55**:262–264
gene expression induction, **55**:266–269
IL-2 receptor, signaling by, **55**:274–278
IL-4 receptor, signaling by, **55**:278–279
IL-6 receptor, signaling by, **55**:279–280
ion movement changes, **55**:265–266
models, **55**:222–225
survival, **55**:280–282
adoptive T cell therapy of tumors and, **49**:289, 306, 312–315, 330–332
adult, abortive signaling and second signals, **54**:407–410
adult primary subpopulation, repertoire expression, **42**:67–68
aging and, **63**:215–216
allelic exclusion, **38**:18
anergy, **59**:321–322
antibody class switching, **61**:84–85
antibody isotype switching, **48**:83–84
antibody repertoire generation in rabbit GALT, **56**:205–209
Ig gene rearrangements, **56**:189–192
immune response ontogeny, **56**:186–187, 209
lymphopoiesis, **56**:180–186
somatic mutation, **56**:203
antibody response to β-galactosidase, **39**:88–90
helper T cells and, **39**:88–90
antigen presentation to T cells
antigen specificity and, **39**:57–59
comparison with non-B cells, **39**:85–86
fractionation and, **39**:68–69
gamma radiation and, **39**:67–72
increase by activation, **39**:66–72
antigen binding and, **39**:72–73
Ia expression in membrane and, **39**:74–76
Ia structure and, **39**:73–74, 76–78
IL-1-like activity and, **39**:78–79
non-Ia molecules and, **39**:78
LPS and, **39**:67, 69, 71
NRGG as antigen, **39**:55–56
RAM1G as antigen, **39**:52–53, 55–56

antigen-presenting cells and, **47**:45, 46, 47, 87
   antigen presentation, **47**:66–70, 72–76, 78, 79
   antigen processing, **47**:88–90, 92–94
   APC-T cell binding, **47**:95, 97–99
   cell surface, **47**:57–64, 59, 61–64
   immunogeneity, **47**:101, 103, 104
   T cell-dependent antibody responses, **47**:81–86
   T cell growth, **47**:99–101
   tissue distribution, **47**:47–57, 48–51, 53–57
antigen-reactive, specific killing, **60**:305–306
antigen recognition, **43**:223
antigens and, **38**:2
antigen uptake, **39**:59–62
   comparison with macrophages, **39**:60–62
   Ig role, **39**:60–62
aPL antibodies and, **49**:249
autocrine aspects of cell growth and differentiation, **52**:220–221
autoimmune disease, **59**:342–344
autoimmune thyroiditis and, **46**:263, 318
   antigens, **46**:270, 271
   cellular immune responses, **46**:288, 290, 295, 297
   experimental models, **46**:275–277, 280, 282
   humoral responses, **46**:299–304, 306, 307
   prevention, **46**:314, 315
B1 cells, **59**:285; **63**:207
B2 cells, **63**:207
BALU, **59**:386
at birth, **63**:215
bone marrow
   neonatal, **42**:67
   repertoire expression in, **42**:32–34
   secondary B cells and, **42**:76
in bone marrow, **63**:208–215
CD1 distribution, **59**:67–68
CD4 molecules and, **44**:290, 291
CD5, **47**:117–120, 161; **55**:297–299, 330–333
   anti-BrMRC specificity, **55**:315–316
   anticarbohydrate specificity, **55**:318
   antiphosphorylcholine specificity, **55**:318

antithymocyte autoantibody specificity, **55**:316–318
   in autoimmune disease, **53**:182–183
   autoreactivity, **55**:328–329
   bone marrow transplantation, **47**:129, 130
   clonal expansions, **55**:322–323
   in development, **55**:327–328
   in diseases, **55**:327–328
   expression on B cells, initial reports, **55**:298
   from fetal B progenitors, **55**:300–304
   generation, model for, **55**:304–306
   human population, homologous, **55**:326–330
   Ig gene expression, **47**:150, 152
   lineage, **47**:128, 129
   malignancies, **47**:125
   marker for activation, **47**:125–128
   mutation, **55**:330
   neoplasias, **55**:322–323
   ontogeny, **47**:121, 122
   peritoneal cavity localization, **55**:299–300
   physiology, **47**:131, 133, 134, 136–138
   primordial immune network, **47**:160
   response to foreign antigens, **55**:318–319
   specificity, biases in, **55**:312–319
   surface antigen, **47**:143, 147
   V genes
      human, **55**:329–330
      rearrangements, **55**:323–324
      usage, biases in, **55**:319–326
CD5, murine
   autoimmune mouse, **55**:313–315
   cytokine production, **55**:310–311
   cytokine regulation, **55**:310–311
   differentiation, **55**:309
   expression on malignancies, **55**:311–312
   isotype expression, **55**:309–310
   properties, **55**:306–312
   strain variation, **55**:308–309
   surface phenotype, **55**:306, 308–309
$CD5^+/CD5^-$ dichotomy, **53**:178–183
CD23 antigen and, **49**:149–151, 176
   biochemical structure, **49**:156, 158
   biological activity, **49**:167–173, 169, 171
   cellular expression, **49**:150–151, 153
   expression in clinical conditions, **49**:174–175

B cells (*continued*)
  expression regulation, **49**:158–160, 158–161
  FcεRII, **49**:162, 164–167, 165
  CD40 expression, **61**:2, 11–12, 32–35
  CD45 and, **66**:22–31, 36–37
    monoclonal antibody studies and, **66**:12–15
  CD45-deficient, **66**:22–26
  cell-mediated killing and, **41**:297
  censoring, **59**:302–304, 308–309, 311–312, 331–341
  chicken, repertoire formation in, **57**:353–375
    development
      allelic exclusion, **57**:372–374
      antisilencer regulation, **57**:372–374
      bursa role, **57**:364–367
      embryonic, **57**:367–369, 374
      Ig sequence selection, **57**:369–372
      silencer regulation, **57**:372–374
    gene conversion
      avian leukosis virus induction of DT40 cell line, **57**:361–362
      DT40, **57**:361–362
      Holliday junction, possible formation, **57**:362–365
      hyperconversion mechanism, **57**:358–361
      recombination models, **57**:362–365
    Ig gene organization
      amino acid composition, **57**:356, 358
      D elements, **57**:356–358
      heavy chain loci, **57**:354–356
      light chain loci, **57**:354–356
  chronic lymphocytic leukemia, **54**:50–51
  circulating, functions, **53**:201–203
  classes of, **53**:178–179
  clonal deletion, **58**:257
  c-*myc* activation, **38**:261
  complement receptor 1 and, **46**:183, 193, 200, 201
  complement receptor 2 and, **46**:203–211, 213
  Cμ-only transcription, **43**:237–238
  cytolysis and, **41**:273
  delineation of responsive subsets, **40**:4–5
  development, **59**:151–162; **63**:1–3, 203–216
    bursa of Fabricius, **48**:42–44
    differential expression of lineagerelated markers, **53**:125–127
    and gene rearrangements, **60**:38–39
    heavy chain and κ gene rearrangement and expression, **43**:236–237
    μ heavy chains, **63**:1–4, 11–15, 16–29
    Ig, gene expression, **43**:236–240
    IL-2Rγ mutation and, **59**:252
    in MHC class I-deficient mouse, **55**:393–394
    in mouse, **64**:221
    pituitary hormones, **63**:412–414
    preimmune repertoire, **59**:281–286
    subpopulation proliferation and differentiation, **53**:127–130
    surrogate light chain, **63**:2–4, 15–25, 29–31
    terminally differentiated plasma cells, **43**:239
    transduction, **63**:25–29
    XLA as defect, **60**:39–42
  development and differentiation, **60**:37–49
  differential expression of lineage related markers, **53**:125–127
  differentiation
    in CBA/N immunodeficient mice, **53**:142–143
    cytokines and, **52**:204–218
      activated T cells, **52**:212–213
      antigen receptor-dependent activation, **52**:204–206
      CD40-dependent activation, **52**:206–212
      IL-2 and autoimmune system, **52**:215
      isotype switching, **52**:215–218
      in vivo activated plasmablasts, **52**:213–215
    heavy chain isotype expression, **61**:82–84
    HIGMX-1 as defect, **60**:42–48
    isotype switching during, **60**:38–39
    surrogate L chain functions in, **53**:136–143
  differentiation and expression, **54**:338–343
  directly responsive to T cell factors, **40**:19
  Epstein-Barr virus-transformed, **48**:125
  Fc receptors on, **40**:66–67, 68
  FOE receptors, **43**:298–300
  follicular B cells, **59**:283–285

formation, **41**:181–185, 235–239
  B cell precursors and, **41**:188, 189
    cell size changes, **41**:202, 203
    cell surface markers, **41**:189
    distinctions, **41**:198, 199
    functional assays, **41**:199–202
    Ly-5 family of glycoproteins,
      41:189–193
    markers, **41**:193–195
    phosphatidylinositol-linked lymphocyte
      antigens, **41**:197, 198
    technical considerations, **41**:196, 197
    tumor cell lines, **41**:195, 196
  bone marrow cultures and, **41**:208, 209
    CBA/N mice, **41**:226
    characteristics, **41**:216–218
    inducible cell line, **41**:223
    lymphocyte adhesion to stromal cells,
      41:214–216
    recent innovations, **41**:219, 220
    structural organization, **41**:209–214
    W/W anemic mice, **41**:224
  genetically determined defects, **41**:223, 224
    C3H/HeJ mice, **41**:230, 231
    CBA/N mice, **41**:226, 227
    cyclic neutropenia, **41**:228, 229
    moth-eaten mice, **41**:231, 232
    NOB mice, **41**:227–229
    SCID mice, **41**:224–226
    W/W anemic mice, **41**:224
  Ig genes, **41**:203–205
  inducible cell line, **41**:220–225
  lymphohemopoietic tissue organization,
    41:185–188
  population dynamics, **41**:205–208
  soluble mediators, **41**:232–235
frequency of, **42**:19–22
fusion, **38**:282, 283, 285, 286
Fyn expression, **63**:135
gene rearrangement, **38**:8, 12, 14
genesis, transcription factors, **63**:
  216–250
genetically engineered antibodies, **38**:304,
  305; **44**:88, 89
genetic defects leading to autoimmune
  disease, **53**:144–147
genomic DNA structure or *mb-1* gene,
  54:355
germinal center, maintenance of self-
  tolerance, **60**:280–283

growth, cytokines and, **52**:195–204
  activated T cells, **52**:203
  antigen receptor dependent activation,
    52:195–200
  CD40-dependent activation, **52**:200–203
  IL-6, **52**:203–204
growth and differentiation
  autocrine aspects, **52**:219–221
    B cell lines and tumors, **52**:219–220
    normal B cells, **52**:220–221
  complement role, **52**:218–219
  cytokines involved, **52**:174–185
    IL-2, **52**:177–178
    IL-4, **52**:178–181
    IL-6, **52**:182–184
    IL-10, **52**:181–182
    low molecular-weight BCGF-12 kDa,
      52:185
    TH1 and TH2 CD4+ helper T cells,
      52:175–177
  in vivo aspects, **52**:221–230
    cytokines and B cells, a synthesis,
      52:227–230
    extrafollicular B cell activation,
      52:221–224
    follicular dendritic cells, **52**:225–227
    germinal centers, development,
      52:224–225
hapten-specific, T cell hybrid stimulation,
  39:56–57
helper T cell cytokines and
  cross-regulation of differentiation, **46**:131
  differential induction, **46**:128–130
  functions, **46**:114, 116–122
  immune responses, **46**:133, 136
  precursors of differentiation states,
    46:125, 126
HIV infection and, **47**:390, 397
human
  in Id recognition by T cells, **39**:259–260
  interaction with rabbit anti-Id antibodies
    binding to, **39**:264–266
  suppression by, **39**:267–268
human counterpart of IgR-associated
  proteins, **54**:356–357
human-human hybridomas, **38**:297
human-mouse heterohybridomas, **38**:301
human-mouse hybridomas, **38**:291
human T cell activation and, **41**:29
hybridization cell lines, **38**:279–282

B cells (continued)
  hybrid resistance and
    antibodies, **41**:378, 379
    antigen expression, **41**:397, 408
    leukemia/lymphoma cells, **41**:366
    lymphoid cells, **41**:355, 357
    marrow engraftment, **41**:387
    marrow microenvironment, **41**:392
    NK cells, **41**:366
  IBD and, **42**:297
    6-MP therapy, **42**:300
  idiotypic-specific inhibition by suppressor T cells, **40**:136–143
  IFN-γ, **62**:87
  IFN-γ and IL-4, **63**:278
  Ig, enhancer preference, **43**:242
  Ig class switching, **60**:270–271
  Ig diversity, **48**:52
  IgE-binding factor, **43**:300–301
  IgE biosynthesis and
    antibody response, **47**:5–12
    antibody response suppression, **47**:28
    binding factors, **47**:13, 19–23
  Ig gene superfamily and
    evolution, **44**:47
    nonimmune receptor members, **44**:37, 42
    receptors, **44**:9, 10, 12, 21, 22, 24
    somatic diversification, **44**:14, 16–18
  Ig heavy-chain variable region genes and, **49**:2, 3, 21, 33, 53, 56
    regulation, **49**:53–56
    tumors, **49**:9, 11
    V_H gene expression, **49**:35–38, 41, 43, 49–52
  IL-1 and, **44**:189, 190, 194, 195
    biological effects, **44**:164
    immunocompetent cells, **44**:172, 173, 177, 178
    receptor, **44**:182, 183, 185
    structure, **44**:156
  IL-1-like activity, **39**:78–79
  IL-5 effects
    regulation of development, **57**:154–155
    signaling in X chromosome-linked immunodeficient mouse, **57**:171–172
  IL-6 effects, **54**:21
  IL-10 biological effects, **56**:10–11
  immature, **59**:285–286
  immune response results, **52**:125
  immunosenescence and, **46**:253
    lymphocyte activation, **46**:231–234, 236
    mucosal immunity, **46**:251, 253
    regulatory changes, **46**:248, 251
    stem cells, **46**:240, 242, 243, 246, 247
  induction of responses by, **40**:12–16
  intermitotic life span of, **53**:237–241
  Ir genes and, **38**:50, 73, 153, 156, 188, 189
    antigen binding, **38**:115
    expression, **38**:53–55, 57, 58, 63
    helper T cells, **38**:60
    Ia molecules, **38**:68, 83, 84
    I region mutations, **38**:85, 89
    MHC restriction, **38**:64, 65
    T cells, **38**:41, 42
      interactions, **38**:155–158
      repertoire, **38**:117, 121, 133, 134
      suppression, **38**:142
  isotype-specific inhibition by suppressor T cells, **40**:145–148
  leukocyte integrins and, **46**:151, 154, 166, 171
  lineage expression of CD44, **54**:293
  Ly1, **42**:64–65
    splenic B cell and, **42**:68
    subpopulation, **42**:82–83
  in lymph follicles, **53**:185–187
  lymphocyte homing and
    high endothelial venules, **44**:315
    immune response, **44**:330, 334, 335
    regional specificity, **44**:325, 326, 329, 339
  lymphocytotoxic antibodies and, **42**:291–292
  malignancies, **61**:12
    Ig heavy-chain variable region genes and, **49**:39–40
    mature, Ig gene rearrangements in, **40**:270–276
  malignant, **61**:38–39
    CD40 expression, **61**:11–12, 38–39
    T cell-mediated suppression of, **40**:144–145
  maps of Ig-like loci and, **46**:1
  marginal zone, **59**:284–285
  marginal zone B cells, **59**:284–285
  maternally transmitted antigen, **38**:313, 334
  maturity and tolerance, **52**:290–294
    clonal abortion and clonal anergy, **52**:291–294

memory, *see* Memory B cells
MG and, **42**:242–245
in MHC class II-deficient mouse, **55**:429–430
MHC glycoproteins, **49**:81–82
MLR stimulation, **39**:79–83, *see also* Mixed-lymphocyte reaction
monoclonal antibodies, **38**:306
murine lupus models and, **46**:64–66, 76, 98
murine peritoneal, **54**:377–378
myc gene product in, **38**:254
naive
  adhesion molecules affecting, **53**:248–249
  homing, **58**:350
  migration
    adhesion molecules and, **53**:248–249
    basic pattern, **53**:247–248
    migration pattern, **53**:247–248
natural history, **52**:126–127
neoplasia, and IL-6, **54**:33–36
NK cells and, **47**:188, 199, 225, 232
  adaptive immunity, **47**:291
  alterations, **47**:300
  congenital defects, **47**:225, 226
  differentiation, **47**:230
  effector mechanisms, **47**:255, 264
  hematopoiesis, **47**:281
  malignant expansion, **47**:228
  surface phenotype, **47**:201, 209, 211
PC-responsive, **42**:65
in peripheral compartments, **53**:177–186
in peritoneum, **53**:183–185
in Peyer's patches, **40**:194, 195–197, 206, 208
phenotype of, **52**:129–174
  nonclustered antigens, **52**:164–174
polyclonal activation, **52**:185–195
  activated T cells inducing resting B cells to proliferate and differentiate, **52**:191–193
  anti-CD40, **52**:188–191
  antigen receptor, **52**:185–188
pools, **53**:135–136
pre-B cell receptor, **59**:155–156; **63**:20–21, 25–26
pre-B cells, **59**:286
  70Z/3 murine, crosslinking of ^{125}I-labeled ASD-Re595 LPS, **53**:278
  contacts with stromal cells, **53**:133–134

defined, **63**:6
differentiation into B cells
  in *bcl-2* transgenic mice, **53**:143–144
  in vitro, **53**:140–141
  in vivo, **53**:141–142
exogenous recombination substrates, **43**:237
expression D_μ protein, **63**:22–23
long-term proliferating, **53**:131–136
nonproliferating on stromal cells, **53**:134–135
RAG genes, **63**:20
surrogate light chain, expression, **63**:6–7, 11–12, 13
precursors, **61**:11, 38
  B cell formation and, **41**:188, 189
  cell size changes, **41**:202, 203
  cell surface markers, **41**:189
  distinctions, **41**:198, 199
  functional assays, **41**:199–202
  Ly-5 family of glycoproteins, **41**:189–193
  markers, **41**:193–195
  phosphatidylinositol-linked lymphocyte antigens, **41**:197, 198
  technical considerations, **41**:196, 197
  tumor cell lines, **41**:195, 196
prenatal B cell genesis, **63**:207–208, 212
pre-pre B cells, **43**:237
pro-B cells, **59**:286, 298; **63**:23, 25
  long-term proliferating, **53**:131–136
programmed cell death, **50**:63–66
  clonal abortion, **50**:64
  faulty recombination, **50**:63–64
  growth arrest of WE III-231 B cell line, **50**:64–65
  somatic mutation and terminal differentiation, **50**:65–66
proliferation, **63**:412–413
  CD40 ligands, **63**:58, 60–61
  CD40 signaling, **63**:53–58
proliferation and antibody responses, **40**:6–12
pulmonary immunity, **59**:391–394
receptor, **43**:133
receptors, **49**:99, 101
recognition, **43**:224
regulatory elements of *mb-1* gene expression in restricted stage of B cell differentiation, **54**:355–356

B cells (continued)
  role in Vβ selective element action, **50**:31
  SCID and, **49**:381–383, 387–390, 393, 400–401
  self-tolerance checkpoints, **59**:279–281, 342–344
    immune repertoire, **59**:319–342
    preimmune repertoire, **59**:281–319
  signaling, role of Btk, **60**:5–6
  signal transduction
    CD40, **61**:32–35
    MB-1, **54**:351–355
  sites of origin, **63**:204–207
  size, subsets and, **40**:18
  specific genes involved in IgR complex, **54**:348–351
  specific proteins in IgR complex identified by molecular cDNA cloning, **54**:348–357
  splenic, **50**:65
  spontaneous autoimmune thyroiditis and, **47**:434, 467, 469, 481, 492
    cellular immune reactions, **47**:449, 450, 452, 455
    histopathology, **47**:440, 444
    humoral immune reactions, **47**:446–448
  steady state production, **53**:135–136
  stimulatory factor 2, **54**:1–3
  subpopulations
    proliferation and differentiation capacities, **53**:127–130
    responsiveness of, **40**:17–29
  surface antigens, major, expression, **52**:130
  surface antigens of human leukocytes and, **49**:76, 78, 92, 101, 115–117, 125
    adhesion molecules, **49**:86
    antigen-specific receptors, **49**:76–78
    Igs, **49**:89, 91
  switch recombination, **61**:83
  T cell activation and, **41**:22
  T cell-dependent responses, **62**:131
    B7-1/B7-2 ligand family, **62**:135–138, 140–142
    CD28–B7 costimulation, **62**:142–144, 148–157
    CD28/CTLA-4 receptor family, **62**:132–135, 138–140
    cellular events, **62**:144–148
    costimulation, **62**:138–144, 148–154
    model, **62**:131–132
  T cell development and, **44**:209, 243, 252
  –T cell interactions, **39**:57–58, 83–85, 91–92; **63**:44, 46, 71–72
    epitopic specificity and, **39**:87–90
  and T cells, interphase death and nonspecific damage, **50**:69–70
  T cell subsets and, **41**:39, 40
    cell surface molecules, **41**:42, 45, 46
    H-2 alloantigen recognition, **41**:89–91
    H-2 molecules in thymus, **41**:99, 100, 102
    H-2-restricted recognition of antigen, **41**:51, 54, 68–71, 76, 77
  T cell specificity, **41**:112
  T-dependent and -independent, **42**:63–65
  V-DJ joining, **43**:239
  V(D)J joining of antigen receptor genes, rearrangement, **56**:47, 49
    pre-B cells, **56**:47, 49
  VH-only transcription, **43**:236–238
  Xid mutation, **59**:317–318
B cell stimulating factor-1
  B cell formation and, **41**:236
    B cell precursors, **41**:193, 194, 197
    genetically determined defects, **41**:231
    inducible cell line, **41**:222
    soluble mediators, **41**:234, 235
  T cell subsets and, **41**:66, 76, 77, 95
B cell surface antigens, **40**:17–18
  major, expression, **52**:130
  non-Ig, **52**:138–174
  non-Ig, plasmacyte, **52**:174
    other antigens of plasmacytes, **52**:174
    PC-1, a plasma cell threonine-specific protein kinase, **52**:174
  non-Ig clustered, **52**:140–164
    CD5, **52**:140–144
    CD9, **52**:144
    CD10 or CALLA, **52**:144–145
    CD20, **52**:149–150
    CD22, **52**:150–151
    CD23/FeeRII, **52**:151–153
    CD24, **52**:153
    CD37, **52**:154–155
    CD38, **52**:155
    CD40, **52**:155–158
    CD44, **52**:158–159
    CD45, **52**:159–160
    CD48, **52**:160
    CD72, **52**:160

SUBJECT INDEX

CD73, **52**:160–161
CD74, **52**:161
CD76, **52**:162
CD77, **52**:162–163
CDl9, **52**:145–148
CDw32/FcγRII, **52**:153–154
CDw75, **52**:161–162
complement receptors: CR2, CR21, and CD35, **52**:148–149
other clustered antigens, **52**:163–164
  CD1c, **52**:163
  CD27, **52**:163
  CD39, **52**:163
  CD69, **52**:163
  CD78, **52**:163–164
non-Ig nonclustered, **52**:164–174
  adhesion molecules, **52**:166–168
    activation of, **52**:168
    Ig superfamily, **52**:167
    integrin family, **52**:166
    selection family, **52**:167–168
  B7/BB1, **52**:168–169
  cytokine receptors, **52**:169–173
    IL-1, **52**:169–171
    IL-2, **52**:171–172
    IL-4, **52**:172
    IL-6, **52**:172
    other cytokines, **52**:173
    TNF-α, **52**:172–173
    transforming growth factor β, **52**:173
  HLA class II, **52**:164–166
  Bgp 95, **52**:173
  CK226 antigen, **52**:173
  IgM-binding protein (Fcμ receptor), **52**:173
  other antigens of B cells, **52**:173–174
B cell tolerance, **52**:283–284, 325–326
  antigen polymerization and, **52**:287–290
    Felton's paralysis and other early results with polymers, **52**:287–288
    polymeric antigens and IgE responses, **52**:289–290
    size-fractionated polymers: Dintzis model, **52**:288–289
  biochemical analysis of signal transduction pathways, **54**:415–420
    direct analysis of signal transduction, **54**:418
    identifying Ig complex and associated second messengers, **54**:419–420

use of inhibitors to block *in vitro* tolerance, **54**:415–418
biochemical basis, **52**:294–302
  anti-Igs as surrogate antigens, **52**:295–297
  cloned lines and biochemistry of negative signaling, **52**:298–302
  constraints to study of antigenic signaling, **52**:294–295
  role of surface IgM and IgD, **52**:297–298
early studies affecting antibody formation, **52**:284–287
  dissection of T cell vs B cell tolerance, **52**:285–287
  tolerance and antibody formation before T and B cell era, **52**:284–285
model systems of analysis, **54**:394–415
  anti-IgM surrogate systems, **54**:402–410
  B cell lymphoma model, **54**:410–415
  hapten-specific, **54**:395–402
  history, **54**:394–395
  preliminary studies with transgenic spleen cells *in vitro*, **54**:414–415
perspectives including antigen presentation by B cells, **52**:321–322
rationale, **54**:393
  definition, **54**:394
  value of *in vitro* studies, **54**:394
resolution of apparently conflicting models, **52**:322–325
in secondary repertoire, **52**:317–321
transgenic approaches, **52**:303–317
  advantages and disadvantages, **52**:303–305
  anti-DNA transgenic model, **52**:314–315
  anti-H-2Kk transgenic model, **52**:311–313
  anti-transgenic models with B cell tolerance absent or partial, **52**:315–317
  hen egg lysozyme model, clonal anergy vindicated, **52**:305–311
B cell tumors, *see* B cell lymphoma
BCG, **42**:215
Bcl-2, **59**:344; **62**:43, 53; **63**:162–163
  downregulation, **58**:151
  effect on apoptosis, **58**:137
  highly expressed in pro-B cells, **58**:256–258

bcl-2, **64**:235, 251
  antiapoptotic, **58**:233
  apoptosis-regulatory, manipulation, **58**:253–258
  in CD40 antiapoptotic signal, **60**:46
  characterization, **58**:136–137
  defective, and T cell resistance to PCD, **58**:215
  inhibition of apoptosis, **58**:250
  overexpression, **58**:168, 268, 270
  regulation of apoptotic cell death in bursa of fabricius, **56**:479, 481
bcl-3 gene, **65**:14
Bcl-x, **62**:43, 53
bcl-x, **63**:163
  regulation of apoptotic cell death in bursa of fabricius, **56**:479–480
BCR, **61**:50, 53
bcr, tumor antigens derived from, **57**:296–297
BCR triggering, CD40 signaling differs from, **61**:29
Bence–Jones proteins, structural analyses, **43**:112
Benign monoclonal gammopathy, **64**:229
Beta-adrenergic mediator, **48**:162
β bulges, **43**:111
Beta cells, islet, *see* Islet beta cells
β chain, **52**:379–380, *see also* T cell receptor
  excess of, **42**:176–177
  IL-2 receptor, **42**:167–168
    binding characteristics, **42**:168–172
  mast cell-specific receptor, gene cloning studies, **43**:287–289
  primary structure, **43**:220
β sheet, **43**:102, 104, 111
β strand, **43**:108–110
BFP-STS, *see* Biological false positive serological test for syphilis
Bg/II RFLP fragment,, 4-kDa, celiac disease, **48**:145
Bgp 95, **52**:173
bic, retrovirus-induced B cell neoplasia in bursa of fabricius, role in, **56**:477
Bimolecular reactions, simultaneous, **58**:390
Binding, via cell-cell and cell-matrix adhesion molecules, **51**:269–271
Binding constants, basophils/mast cells, **52**:386–387

Biochemical typing, HLA class II, **48**:114–116
  interisotypic association, **48**:116
  intraisotypic hybrid molecule, **48**:116
  trans-association, **48**:116
Biological false positive serological test for syphilis, **49**:198–199, 210
  isotype, **49**:227–228
  specificity, **49**:234–236, 241
Biological filtration, thymocytes, **59**:106–107
Biological fluids, measurements of prostanoids in, **51**:349
Biosynthetic radiolabeling methods, for IL-2, **42**:166–167
Birbeck granules, **59**:61, 63
Bis Q, **42**:249–250
BIV, *see* Bovine immunodeficiency-like virus
Black patient
  DQw9 Asp^{57} positive, **48**:140
  DR7 haplotype, **48**:140
  DR9-DQ β, **48**:140
  DR9 haplotype, **48**:140
Bladder infection, effector cell role, **60**:346
Blast cells, localization to gut, **58**:348–349
Blastocysts
  LIF regulatory role, **53**:34
  RAG-2-deficient blastocyst complimentation, **62**:31–41
Bleomycin, pulmonary fibrosis, **59**:418–419
BLIMP, **59**:342
Blocking, *Ir* genes and, **38**:69–72
Blood
  fetal, containing T cell precursors, **58**:140
  IL-2 receptor subunits, **59**:234–235
  peripheral, eosinophil counts, **60**:216–218
Blood clotting, contact activation, *see* Contact activation
Blood group antigens, **62**:220–221
Blood stage, *P. falciparum*, antigen Pf322, **60**:120–121
Blood vessels, IL-6 effects, **54**:29–30
Bloom's syndrome, **61**:316
  and DNA ligase deficiency, **58**:65–66
BLS, *see* Bare lymphocyte syndrome
BLV, *see* Bovine leukemia virus
B lymphoblasts
  EBV-transformed, **38**:277, 278
  IM-9, human, **48**:180
  NK cells and, **47**:292
bmi-1, B cell genesis, **63**:220–221, 241–243

Bmx gene, **59**:184
Boc chemistry
 with benzyl, **60**:128-130
 and Fmoc, HIV-1, **60**:134
 in synthesis of multiple antigen peptides, **60**:106-107
Bone
 metabolism
  IL-6 effects, **54**:28
  LIF role, **53**:36-37
 resorption, cachectin and, **42**:224
Bone marrow
 adoptive T cell therapy of tumors and, **49**:288, 300
 antigen-presenting cells and, **47**:45, 47, 48, 81
 autoimmune thyroiditis and, **46**:301
 B cell, **42**:74
  neonatal, **42**:67
  repertoire expression in, **42**:32-34
  secondary B cells and, **42**:76
 B cell elimination, **59**:288-309, 318, 319
 B cell formation and, **41**:183, 184, 235-238
  B cell precursors, **41**:191, 193-199, 201, 202
  C3HeJ mice, **41**:231
  cyclic neutropenia, **41**:229, 230
  Ig genes, **41**:204, 205
  lymphohemopoietic tissue organization, **41**:186, 187
  moth-eaten mice, **41**:231
  NZB mice, **41**:227-229
  population dynamics, **41**:205-208
  SCID mice, **41**:225, 226
  soluble mediators, **41**:233, 234
 B cell genesis, **63**:208-215
 CD5 B cell and
  aging, **47**:122
  anatomic localization, **47**:120, 121
  lineage, **47**:128
  malignancies, **47**:124
  physiology, **47**:132, 142
  primordial immune network, **47**:161
  transplantation, **47**:129, 130
 CD23 antigen and, **49**:155
 cells from, transplantion in mouse, **54**:46-47
 complement receptor 1 and, **46**:203, 204
 cytotoxicity and, **41**:270
 dendritic cells, originating site, **59**:380

 derived B cells, clonal deletion, **58**:257
 derived cells, and deletion of thymocytes, **58**:170
 FcεRI⁺ cells, lymphokine production by (murine), **53**:9-14
 forbidden α/β T cells, **53**:166
 growth hormone, **63**:386
 helper T cell cytokines and, **46**:115, 117
 HIV infection and, **47**:395-397
 human, CD44 expression, **54**:293-294
 hybrid resistance and, **41**:333, 334
  antibodies, **41**:376-378
  antigen expression, **41**:397-399, 401-410
  effector mechanisms, **41**:370
  leukemia/lymphoma cells, **41**:362, 365, 367, 369
  lymphoid cells, **41**:353, 355, 356
  marrow engraftment, **41**:384-388
  marrow microenvironment, **41**:391
  NK cells, **41**:372, 373, 375
  normal hemopoetic cells, **41**:335-351
  syngeneic stem cell functions, **41**:388, 390
  T cells, **41**:380-383
  in vitro assays, **41**:393, 395, 396
 IGF-I, **63**:392-393
 Ig heavy-chain variable region genes and, **49**:33, 36, 49
 immunosenescence and
  regulatory changes, **46**:248, 249, 251
  stem cells, **46**:240-247
 leukocyte integrins and, **46**:160, 166
 lymphocyte homing to, **64**:177
 mast cells derived from, **53**:3
 murine lupus models and, **46**:64, 80, 81
 NK cells and, **47**:188, 201
  adaptive immunity, **47**:292
  antimicrobial activity, **47**:289, 290
  antitumor activity, **47**:298
  differentiation, **47**:229-233
  effecter mechanisms, **47**:234, 235, 263, 265
  hematopoiesis, **47**:272-283
  reproduction, **47**:270, 271
  tissue distribution, **47**:219, 221
 prolactin, **63**:383
 rabbit, rearrangements of VDJ genes, **56**:184
 spontaneous autoimmune thyroiditis and, **47**:446, 450

Bone marrow (*continued*)
  surface antigens of human leukocytes and, **49**:88, 117
  T cells, characterization, **53**:171–173
  transplantation for severe combined immunodeficiency, *see* Severe combined immunodeficiency
  X-linked agammaglobulinemia, **59**:158
Bone marrow cells
  IL-3-dependent lines from, **39**:34–35
  20αSDH activity, **39**:35
  IL-3 effects
    colony formation and, **39**:20–21
    natural cytotoxicity and, **39**:21
    Thy-1$^+$ induction and, **39**:21–22, 24, 26–29
  transplantation
    graft-versus-host disease and, **39**:280–281
    T cell role, **39**:280–281
Bone marrow chimeras, *see* Chimeras
Bone marrow cultures, B cell formation and, **41**:208, 209
  CBA/N mice, **41**:226
  characteristics, **41**:216–218
  inducible cell line, **41**:223
  lymphocyte adhesion to stromal cells, **41**:214–216
  recent innovations, **41**:219, 220
  structural organization, **41**:209–214
Bone marrow grafting, MG and, **42**:252
Bone marrow transplantation
  cyclophosphamide therapy and, **42**:264
  histocompatible, **49**:392
  MG and, **42**:252
Borrelia burgdorferi, **54**:207
Bovine immunodeficiency-like virus (BIV), **52**:432
Bovine leukemia virus, **52**:432
Bovine serum albumin, methylated, aPL antibodies and, **49**:234–235
Bowel disease, inflammatory, *see* Inflammatory bowel disease
Box1/box2 motifs
  role in signal transduction, **60**:11–12
  sequence homology, **60**:1
Boyden chamber assay, **60**:175–176
BP-1 marker, B cell formation and, **41**:193, 217, 225
Bpk, **59**:169

Bradykinin
  formation, **66**:225, 226, 233–239
  function, **66**:239
  IgE biosynthesis and, **47**:18, 25
Bradykinin receptors, **66**:239–240
Brain
  autoreactive T cells and, **45**:430
  lesions, autoimmune demyelinating disease and, **49**:368
  virus-induced immunosuppression and
    HIV, **45**:349, 351, 360, 365
    measles, **45**:346
Brain-derived neurotrophic factor, **61**:5
Branhamella catarrhalis and others, **52**:188
Breast
  genetically engineered antibody molecules and, **44**:87
  Ig gene superfamily and, **44**:39
  lymphocyte homing and, **44**:326, 327, 336, 338
Breast cancer, etiology, stem cell factor role, **55**:78
Breast tumors, CD44 expression, **54**:323
Brefeldin A, **64**:105
  effects on antigen processing and presentation, **52**:42–44
Bromocriptine, **63**:380, 409, 420, 422
Bromodeoxyuridine, T cell subsets and, **41**:101, 102
Bronchial asthma, corticosteroid resistant, **51**:358–361
Bronchial asthma, eosinophil role
  bronchial epithelium damage by major basic protein, **39**:219–223
  bronchoalveolar eosinophilia, **39**:223
  bronchospasm induction by LTC$_4$, **39**:223
  degranulation in tissues, **39**:223–224
  ECP in serum and, **39**:224
  mechanism of, **39**:224–225
Bronchial asthma, pathobiology of
  aspirin-sensitive asthma, **51**:353–358
    conclusion, **51**:358
    mechanism, **51**:353–358
  corticosteroid resistant bronchial asthma, **51**:358–361
  eicosanoids and pathophysiology of asthma, **51**:340–353
    leukotrienes, **51**:341–347
    platelet-activating factor, **51**:352

prostaglandins and thromboxane, **51**:347–352
epidemiologic background, **51**:323
pathology of asthmatic mucosa, **51**:324–340
eosinophils, **51**:331–336
neutrophils, **51**:336
summary, **51**:361–363
Bronchial hyperresponsiveness, increase after allergen challenge, **60**:168–171
Bronchial lymph nodes, immunosenescence and, **46**:236, 237, 251
Bronchial mucosa, *in vitro* mucus secretion LTC_4 and LTD_4 effects, **39**:155
Bronchiolitis obliterans, **59**:421
Bronchoalveolar lavage
from asthmatics, **60**:203–204
eosinophil recruitment into, **60**:171–172
obtained by fiberoptic bronchoscopy, **60**:218–223
prechallenge, **60**:168–169
Bronchoalveolar lavage fluid, **59**:373, 374, 382
assay *in vivo*, **60**:177–178
Bronchoconstrictive response
indirect to LTB_4, **39**:156
to LTC_4 and LTD_4
in asthmatic subjects, **39**:155, 223
in guinea pig, **39**:154–155
Bronchopulmonary aspergillosis, allergic, *see* Allergic bronchopulmonary aspergillosis
Bronchopulmonary mucomycosis, **62**:283
Bronchus-associated lymphoid tissue, **59**:382, 385–387
Bronchus-associated lymphoid unit, **59**:385–386
Brucella abortus, **54**:257, 397
helper T cell cytokines and, **46**:127, 137
Bruton's agammaglobulinemia, *see* X-linked agammaglobulinemia
Bruton's disease, *see* X-linked agammaglobulinemia
Bruton's tyrosine kinase, *see* Btk
BSAP, **63**:228–229
Btk, **59**:136, 169–176, 178–196, 317; **62**:42, 47
in B cell signaling, **60**:5–6
role in XLA pathogenesis, **60**:40–42
signal transduction, **59**:184–185, 317
through CD40, **63**:51
in XLA pathogenesis, **60**:40–42

BTK family, **59**:178–185
Btk gene, **59**:170–176, 184, 196
B cell development, **63**:28–29
mutations, **59**:185–192, 195, 317
Bullous pemphigoid
antigen
180-kDa, uniqueness of, **53**:305–310
230-kDa, homology to desmoplakin I, **53**:305–310
cDNA cloning, **53**:305–310
hemidesmosome localization, **53**:297–300
structural and amino acid homologies with desmoplakin I, **53**:307
clinical presentation, **53**:292–295
histology, **53**:292–295
immunopathology, **53**:292–295
α-Bungarotoxin, MG and, **42**:237–239
Burkitt's lymphoma, **63**:388
CD23 antigen and, **49**:166
chromosomal translocation, **38**:246–248, 271
c-myc activation, **38**:259–264
c-myc oncogene
deregulation of, **38**:254–257
translocation of, **38**:248–253, 271, 272
gene translocations and, **40**:272–273
human-human hybridomas, **38**:293
Ig heavy-chain variable region genes and, **49**:3
translocations, *c-myc* in, **50**:124–128
variant chromosome translocation, **38**:259, 264
Burnet's clonal selection theory, Ars A response and, **42**:109
Bursa of Fabricius
B cell clonal expansion, **48**:54
B cell development, **48**:42–44
B cell formation and, **41**:181, 237
development, **48**:42–44
early role, **48**:49–51
embryogenesis, **48**:47
hybrid resistance and, **41**:372
Ig gene rearrangement, **48**:49
Ig+ precursor selection, **48**:49–51
retrovirus-induced B cell neoplasia
analytical views, **56**:480
apoptotic cell death, role of, **56**:478–481
avian leukosis virus-induced lymphoma, pathogenesis, **56**:471–472

Bursa of Fabricius (continued)
    bic role, **56**:477
    myb role, **56**:477–478
    myc role, **56**:472–478, 481
    rel role, **56**:477–478
    research origins, **56**:468–469
    resistance and susceptibility determinants, **56**:469–471
    somatic diversification, **48**:54
    structure, **56**:467–468
Bursal anlage, **48**:49
Bursal follicle
    epithelial components, **48**:42–43
    lymphoid components, **48**:42–43
Bursal lymphocyte
    diversity, **48**:52–54
    V gene segment, **48**:52–54
Bursal stem cell, **48**:51–52
    decline, **48**:52
    embryogenesis, **48**:52
    frequency, **48**:51
    germ-line gene segment, **48**:51–52
Burst-forming units-erythroid, hybrid resistance and, **41**:396
t-Butoxycarbonyl, *see* Boc chemistry
Bystander cells, cytotoxicity and, **41**:280, 296
Bystander help, T cell subsets and, **41**:76–77

C

C1, activated
    actions of, **37**:202–204
    regulation and fate of
        C1q receptor interaction, **37**:206
        dissociation of activated Clr2Cls2 and C1, **37**:204–206
        inhibition of activated C1 by C1-In, **37**:204
C1 activation, **51**:21–25
    C1 activation requirements and process, **37**:195–200
    C1 complexing agents and activators, **37**:194–195
    regulation of, **37**:200–201
C1 activation unit
    complexes of
        C1, **37**:185–194
        Clr2Cls2, **37**:183–185
    proteins of
        C1 inhibitor, **37**:178–183
        C1q, **37**:155–165
        Clr and Cls, **37**:165–178
C1 INH deficiency, in hereditary angioedema, **66**:257–258, 259
C1-Inh gene, **61**:205
C1 inhibitor, **61**:204–206; **62**:80
C1q
    and antibody, interaction of, **51**:9–21
        C1q-associated IgG at the molecular level, **51**:17–21
        C1q-IgG interaction at molecular level, **51**:11–17
        C1q-IgM interaction at the molecular level, **51**:16–17
        complement C1q, **51**:8
        thermodynamics of interaction, **51**:8–11
    complement components and, **38**:231–233
C2, **61**:97, 206
    complement components and, **38**:203, 204, 206, 236
    C4bp, **38**:234
    cDNA, **38**:209–211
    expression, **38**:217, 218
    Factor B, **38**:207–209, 228
    genes, cloning of, **38**:212–214
    MHC class III region, **38**:227
    restriction fragment length polymorphism, **38**:215, 216
CIITA, **61**:331–334, 336, 338
C3
    activation, **51**:25–28
    background, **37**:217–218
    definition of receptors, **37**:221
    functions of receptors erythrocyte, **37**:242–251
    history, **37**:219–221
    kidney podocyte, **37**:260–261
    lymphocyte, **37**:257–260
    mast cell, **37**:261
    monocyte macrophage, **37**:255–257
    neutrophil, **37**:251–255
    in complement activation pathways, **58**:9–10
    complement components and, **38**:204, 206, 223, 233, 236
    convertase, **38**:205, 206, 213, 219, 222

eosinophil-mediated parasite killing and, **39**:210
generation of ligands for receptors, **37**:221–222
  activation of C3 by classical and alternative pathway, **37**:223–225
  covalent binding of C3b, **37**:222–223
  degradation of C4b and C3b by cleavage with factor 1, **37**:226–230
  factors controlling C3 activation, **37**:225–226
  structure and binding site characteristics of receptors
    type four, **37**:240–242
    type one, **37**:230–235
    type three, **37**:238–240
    type two, **37**:235–238
C3a, **61**:255; **62**:261, 262, 275, 286
C3b
  cleavage, **61**:213
  complement receptors, **61**:228–229
  complement system, **61**:201–204
  degradation, **61**:209–210
  properdin, **61**:243–244
C3-binding protein
  complement receptor 1 and, **46**:185, 189, 195, 196
  complement receptor 2 and, **46**:202
C3/C5 convertase, **61**:206–210
  complement receptors, **61**:228–230
  decay-accelerating factor, **61**:222–228
  factor I, **61**:210–214
  fluid-phase
    C4BP, **61**:235–241
    factor H, **61**:230–235
    nephritic factors, **61**:245–247
    properdin, **61**:207, 241–245
  inhibition by membrane cofactor protein, **60**:75–76
  membrane cofactor protein, **61**:214–221
C4, complement components and, **38**:203, 204, 206, 219
  allotypes
    functional activity, **38**:221–223
    molecular basis, **38**:225–227
  cDNA cloning, **38**:223
  deficiency, **38**:208
  gene expression, **38**:228–231

isotypes, **38**:223–225
MHC
  class III region, **38**:227–229
  linkage, **38**:220, 221
  protein structure, **38**:219, 220
C4, murine, molecular genetics, **38**:223, 224, 227, 228
C4a, **61**:255
C4 activation, **51**:25–28
C4b
  cleavage, **61**:213–214
  complement receptors, **61**:228–229
  degradation, **61**:209–210
C4b-binding protein, complement components and, **38**:205, 211, 221, 222, 234–236
C4-binding protein, **61**:203, 204, 235–236
  complement receptor 1 and, **46**:184, 185, 189, 195, 197
  complement receptor 2 and, **46**:202
  function, **61**:238–241
  structure, **61**:236–238
  VCP, **61**:241
C5, complement components and, **38**:204, 205, 234
  convertases, **38**:205, 206, 213, 222, 236
C5a, **61**:255; **62**:261, 269, 275, 286
  attracting myeloid cells, **58**:380
  as neutrophil receptor, **39**:96–97
C6, complement components and, **38**:204, 205
C7, complement components and, **38**:204, 205
C8, complement components and, **38**:205
C9, complement components and, **38**:205, 234
cA2 therapy, **64**:312–315
  clinical studies
    rheumatoid arthritis therapy, **64**:299–305
    sepsis, **64**:311
  problems
    anti-double-stranded cDNA, **64**:325
    anti-Ig antibodies, **64**:323–325
    malignancy risk, **64**:329–330
    susceptibility to infection, **64**:325–329
  rheumatoid arthritis
    anemia and, **64**:321–322
    cardiovascular risk factors, **64**:322
    cell trafficking, **64**:317–319
    clinical studies, **64**:299–305

cA2 therapy (continued)
    cytokine expression, **64**:315–317
    neovascularization, **64**:320
    systemic effects
        cardiovascular risk, **64**:322
        hemopoiesis, **64**:321–322
        immune response, **64**:322–323
Cabergoline, **63**:380
Cachectin, **61**:5; **62**:96; **66**:105, see also Tumor necrosis factor α
    acute-phase reactants from hepatocytes and, **42**:225
    amino-terminal sequence of, **42**:216, 217
    biosynthesis of
        cell of origin, **42**:220–221
        control, **42**:221
        kinetics, **42**:221–222
    discovery of, **42**:213–216
    effects of
        benefits, **42**:226
        metabolism, **42**:222–223
        neutrophils, **42**:223
        other, **42**:224–225
        receptor distribution, **42**:222
        toxic, **42**:218–220
    hybrid resistance and, **41**:400
    IL-2 and, **44**:185
    lymphotoxin and, **42**:216–217, 224
    murine, **42**:216–217
    and muscle cells, **42**:223
    structure of, **42**:216–217
Cachectin receptor, **42**:225–226
Cachexia, **62**:96
    helper T cell cytokines and, **46**:114
    and IL-6, **54**:43
    LIF role, **53**:37–38
Cadherin gene superfamily, pemphigus, foliacous antigen in, **53**:310–312
Caenorhabditis elegans, **50**:72
CAF, **65**:282
    HIV-1 replication, **66**:281, 282–283, 287
Calcineurin, **62**:42, 46–47; **63**:166–167
    cyclosporin A, action of, **65**:120
Calcitonin gene-related peptide, **48**:169
Calcium, **48**:228
    adoptive T cell therapy of tumors and, **49**:307
    aPL antibodies and, **49**:197, 243, 245–246
    CD4 and CD8 molecules and, **44**:268, 270, 300

    CD5 B cell and, **47**:127, 144, 145
    CD23 antigen and, **49**:151, 163
    cell mediated killing and, **41**:288–290, 299, 292–297
    cell mediation, nature of, **41**:271–273
    complement receptor 1 and, **46**:199
    complement receptor 2 and, **46**:207, 208
    cytolysis, **41**:274, 278, 281, 284
    cytolytic proteins, **41**:317, 318
    cytoplasmic, **43**:293–298
        influx of extracellular, **43**:295–298
        influx pathway, **43**:296–297
        intracellular stores mobilization, **43**:293–295
        ionophore dose effect, **43**:297
        lag times, **43**:294
        phosphoinositide hydrolysis, **43**:291
    extracellular, in CTL function, **60**:296–298
    genetically engineered antibody molecules and, **44**:85, 89
    HIV infection and, **47**:387
    human T cell activation and, **41**:31
        cell surface molecules, **41**:2, 12
        gene regulation, **41**:27–29
        receptor-mediated signal transduction, **41**:19–26
        synergy, phobol esters and, **41**:15–19
    IgE biosynthesis and, **47**:26
    IL-2 and, **44**:175, 185
    immunosenescence and, **46**:222–226, 229, 235, 253
    influx, and cNOS phosphorylation, **60**:324, 326–327
    ion channel, **48**:285–287
    leukocyte integrins and, **46**:156, 157, 159
    lymphocyte homing and
        carbohydrate, **44**:358, 360–362
        molecules, **44**:346–349
        regional specificity, **44**:329
    mobilization, **48**:260–262
    mobilization response
        in B lineage cells through MB-1 model, **54**:354
        role in signal transduction, **54**:418–419
        to signals through IgR, **54**:367–368
    in neutrophils
        protein kinase C and, **39**:128–135
        release during activation
            amplification and, **39**:132–135

inositolphosphate generations and, **39**:124–127
phospholipase G and, **39**:125
receptors and, **39**:126
NK cells and, **47**:291
cytotoxicity, **47**:249–251, 253, 254, 261
effecter mechanisms, **47**:241, 244, 245
lymphokines, **47**:265, 266
pore-forming proteins and, **41**:317, 318
role in apoptosis, **50**:61
SCID and, **49**:385–386
spontaneous autoimmune thyroiditis and, **47**:471
surface antigens of human leukocytes and, **49**:90, 114–115
T cell development and
antigen recognition, **44**:214
thymocyte subpopulation, **44**:226, 227, 229, 236, 241, 243
T cell subsets and, **41**:65
Calcium channels, **48**:285–287
LEMS and, **42**:234–235
Calcium ionophore
and factor-dependent mast cell lymphokine production, **53**:6
T cell activation, **48**:258–260
and transformed mast cell lymphokine production, **53**:5
Calcium ionophore A23187
5-lipoxygenase activation, **39**:154
eosinophil dergranulation and, **39**: 207–208
Calf serum
B cell formation and, **41**:209, 216, 218, 219, 222, 223
hybrid resistance and, **41**:395
CALLA, *see* CD10
Calmodulin, NK cells and, **47**:249
Calnexin, **64**:107–108
calnexin-negative cells, phenotype, **64**:111–112
class I molecules, interaction site, **64**:110–111
endoplasmic reticulum retention of assembly intermediates of class I molecules, **64**:109–110
H-chain assembly, **64**:108–109
MHC class I assembly and, **65**:89, 90
3′ Cα enhancer, germline switch transcripts and class switching, **61**:121–123

Calreticulin, **65**:90, 91
MHC class I peptide loading, **64**:128
CAMPATH-1H, **64**:323
cAMP response element modulator τ, **61**:189
cAMP response elements, **62**:194
Cancer, **59**:147–148
adoptive T cell therapy of tumors and, **49**:283–285, 333
anemia following IL-6 administration, **64**:321–322
antitumor activity of IL-6, **54**:48–50
IFN-γ and, **62**:94–96
IL-1ra in, **54**:213–214
immunotherapy, potential of antigens, **58**:437
malignant B cells, CD40 expression, **61**:11–12, 38–39
maps of Ig-like loci and, **46**:1
NK cells and, **47**:297–300
p53 malignant transformation, **62**:226–227
PGSH-2, **62**:190, 201
rheumatoid arthritis and, **64**:329–330
TAP dysfunction, **65**:95
therapy, **54**:49–50
gene transfer as, **58**:417–454
lymphoid tumors, **58**:282
TIL therapy, **64**:197
treatment with chemoimmunoconjugates, *see* Chemoimmunoconjugates
Cancer antigens, **62**:240
Candida albicans, cachectin and, **42**:226
Capping
B cell antigen receptor, **55**:263–264
and resynthesis of receptors, **54**:402–403
Caprine arthritis encephalitis virus (CAEV), virus-induced immunosuppression and, **45**:349, 351, 354, 365
Carbodiimides, in crosslinkage procedure for chemoimmunoconjugates in cancer treatment, **56**:316–318
Carbohydrate antigens, **62**:219–221
Carbohydrate component, mobility, **48**:26–32
Carbohydrates
aPL antibodies and, **49**:239
autoimmune thyroiditis and, **46**:271
B cell formation and, **41**:197
CD8 molecules and, **44**:271
CD23 antigen and, **49**:155–156, 163–165, 176

Carbohydrates (*continued*)
  complement receptor 2 and, **46:**204
  cytotoxic T cells and, **41:**138, 165, 170, 152–154
  epitopes, tumor-associated alterations, **58:**420
  genetically engineered antibody molecules and, **44:**68, 69, 84
  IgE biosynthesis and, **47:**15–17
  IL-2 and, **44:**194
  leukocyte integrins and, **46:**173, 174
  lymphocyte homing and, **44:**314
    cell adhesion, **44:**353–355
    high endothelial venules, **44:**315
    homing receptors, **44:**369, 370
    inhibition, **44:**355–357
    ligands, **44:**363–371
    molecules, **44:**342
    PPME-binding receptor, **44:**357–363
  NK cells and, **47:**207, 241
  as selectin ligands, **58:**358
  spontaneous autoimmune thyroiditis and, **47:**460
  sulfated complex, in eosinophils, **39:**204
  surface antigens of human leukocytes and adhesion molecules, **49:**88–89
    Igs, **49:**91
    membrane enzymes, **49:**113–114
    receptors, **49:**94, 98
Carboxyfluorescein, cell-mediated killing and, **41:**290
Carboxypeptidase-N, **61:**204
Carboxyterminal signal sequence, in precursor peptide to be GPI anchored, **60:**62–63
Carcinoembryonic antigen, **62:**221–222
  genetically engineered antibody molecules and, **44:**67
  Ig gene superfamily and, **44:**39, 40, 43–45
  mAbs in identification, **56:**305
  monoclonal antibody recognition, **56:**305
Carcinogenesis, inflammation-induced, NO role, **60:**345–346
Carcinomas
  CD40 antigen, **61:**14, 39
  hybrid resistance and, **41:**358, 363, 369
Cardiolipin, *see also* Anticardiolipin antibodies
  aPL antibodies and, **49:**193, 258–259
    affinity purification, **49:**229–231
    antibody subsets, **49:**232
    antimitochondrial antibodies, **49:**250

  binding to cell membrane, **49:**251–252
  biochemistry, **49:**194, 197
  clinical aspects, **49:**200, 204–205
  history, **49:**198
  LA antibodies, **49:**240, 242–247
  pathogenic potential, **49:**255
  reactivity, **49:**248–249
  specificity, **49:**234–240
  Ig heavy-chain variable region genes and, **49:**42, 46
Cardiopulmonary bypass, therapeutic regulation of complement system in, **56:**279–280
Cardiotrophin-1, *see* CT-1
Cardiovascular system, chemokine role in, **55:**146
Caries, dental, subunit vaccines, **60:**135–136
Carp IgM antibody, **48:**23–24
Carrageenan, hybrid resistance and, **41:**366, 371–373, 395
Cartilage matrix protein, leukocyte integrins and, **46:**158
Casein, cell-mediated killing and, **41:**297
β-Casein gene, **65:**20
Castleman's disease, and IL-6, **54:**40–41
Cat, mesenteric microvascular models, **60:**329–330
Catabolic cascades, inhibition at effector level, **58:**247–253
Catabolic effects, IL-2 and, **44:**168
Catabolin, IL-2 and, **44:**154, 168
Catabolism, antigen processing and, **38:**95
Catalysis
  antinuclear antibodies and, **44:**127, 134–136
  CD4 molecules, **44:**265–270, 297–303
    cDNA structure, **44:**285
    expression, **44:**288–291
    function, **44:**291–295
    gene structure, **44:**287, 288
    HIV-1 receptor, **44:**295–297
    Ig gene superfamily and, **44:**31–33, 36, 41, 42
    IL-2 and, **44:**189
    lymphocyte homing and, **44:**325, 340
    molecular biology, **44:**284
    polypeptide structure, **44:**285–287
  CD8 molecules, **44:**265–270, 297–303
    Ig gene superfamily and, **44:**31–33, 35, 41, 47

lymphocyte homing and, **44**:325, 350
molecular biology
 CD8β, **44**:276–278
 cDNA structure, **44**:272–274
 expression, **44**:279, 280
 function, **44**:280–284
 gene organization, **44**:274–276
 polypeptide structure, **44**:270–272
genetically engineered antibody molecules and, **44**:85, 86
Cataract, immune-mediated, **48**:219–221
Cathepsin G, **62**:266
Cathepsins, **64**:2
Cations
 B cell formation and, **41**:214, 215
 cytolysis and, **41**:280, 311
Caucasian patient
 DQw9 Asp[57] positive, **48**:140
 DR7 haplotype, **48**:140
 DR9-DQ β, **48**:140
 DR9 haplotype, **48**:140
CBA/N mice, B cell differentiation in, **53**:142–143
c-bcl-2 oncogene, IL-2 signal transduction, **63**:162–164
CBF family, **65**:24
CBFα proteins, **65**:24
CD1, **59**:10–11, 90–91
 biochemistry, **59**:44–45
 CD23 antigen and, **49**:154, 156
 cellular expression, **59**:54–55
 family, **59**:2, 17–37, 90–91
  biochemical studies, **59**:44–54
  cellular expression, **59**:10–11, 54–74
  genetics, **59**:2–10
  immunology, **59**:74–90
  molecular biology, **59**:2–10
  serology, **59**:37–44
  structure, **59**:10–37
 gene, **59**:3–10
 gene cloning, **59**:3–4
 group 1, **59**:22–25
  cellular expression, **59**:55–69
   by B cells, **59**:67–68
   by dendritic cells, **59**:60–64
   by macrophages, **59**:66–67
   by monocytes, **59**:64–66
   by neoplastic cells, **59**:68–69
   in thymus, **59**:55–60
  immunological function, **59**:74–87

group 2, **59**:22–25
 cellular expression, **59**:56, 69–74
 function, **59**:88–89
 human leukocytes and, **49**:78, 80–83
 serology, **59**:37–44
 structural features, **59**:10–37
CD1a, **59**:39, 40, 42, 45, 46, 48, 50–53, 82–85
 cellular expression, **59**:55–69
CD1b, **59**:39, 41–43, 45, 48, 50–53
 cellular expression, **59**:55–69
 mycolic acid restricted by, **59**:82–85
CD1c, **52**:163; **59**:39, 41, 42, 45, 46, 50–54
 cellular expression, **59**:55–69
CD1d, **59**:38, 39, 40, 49–52
 cellular expression, **59**:69–74
 tissue distribution, **59**:56
CD1E, gene, **59**:22
CD2, **48**:235–237; **51**:157–159; **64**:69
 Abs, **48**:235
 B cell genesis, **63**:239
 CD45 and, **66**:7–8, 33, 35–36
 expression, **48**:235
 human leukocytes and, **49**:87, 117
 structure, **48**:235
CD2S, **51**:159–160
CD3, **43**:135; **48**:162
 CD45 and, **66**:9–12, 34
 CD59 as ligand, **61**:254
 complex, human leukocytes and, **49**:76–79, 81, 87, 90
 complex with TCR, see CD3/TCR complex
 ε, δ, γ, and ζ/η invariant chains, in T cell development and selection, **58**:127–128
 ε subunit, **64**:69
 expression, **43**:166, 169
 SCID and, **49**:384, 386–387, 396–397
 T cell lines expressing, **58**:122–124
CD3 complex, components, **48**:229, 230
CD3−Jurkat mutant, anti-CD2, mAb, **48**:236
CD3/TCR complex
 ligation, **58**:248
 mediated peripheral T cell deletion, **58**:219–224
 monoclonal antibodies to, **58**:300
 second messenger triggered by, **58**:230–232

CD4, **48**:242–245, 304–306; **59**:119, 382; **63**:84, 403
  as accessory molecule, **53**:60
  adoptive T cell therapy of tumors and, **49**:333–335
    antigen recognition, **49**:318, 320–321, 324
    expression of antitumor responses, **49**:324–330, 332
    mechanisms, **49**:299–306
    principles, **49**:289–291
  autoimmune demyelinating disease and, **49**:364, 366–367, 374
  and CD8, **52**:363
  and CD8, coreceptors, **58**:129–131
  CD23 antigen and, **49**:152
  coreceptor effects on selection, **53**:103–104
  coreceptor/MHC binding sites, **53**:68–70
  coreceptor model, **53**:65–66
  cytoplasmic tail
    protein tyrosine kinase p56^{lck} and, **53**:61–64
    role in mediating coreceptor signal, **53**:73–74
  differential signaling, **53**:91–94
  function in TCR-mediated recognition and activation, **53**:59–61
  GTP-binding protein association, **53**:64–65
  human leukocytes and, **49**:77–78, 81–83, 90, 113
  independent signal transduction, **48**:243
  localization, **44**:295, 297
  mechanism of function during thymocyte selection, **53**:104–108
  MHC class I interactions, **53**:60
  and negative selection, **53**:101–102
  and negative signaling, **53**:61
  and positive selection, **53**:97–98
  pulmonary immunity, **59**:402–406
  regulatory functions, **48**:242–243
  SCID and, **49**:384, 385, 396
  signaling role in thymocytes, **53**:82
  T cell-specific tyrosine protein kinase, **48**:243–244
  TCR-coreceptor molecule association, **53**:66–68
  and TCR-mediated recognition and activation, **53**:59–61
  and thymocyte development and selection, **53**:94–97

CD4 accessory molecule, **43**:218
CD4 receptor, expression by eosinophils, **60**:186–187
CD5, **48**:246; **52**:140–144; **63**:55–56, 62, 69
  antigen, **49**:151
  human leukocytes and, **49**:92, 101
  Ig heavy-chain variable region genes and, **49**:42
CD6, **48**:247
CD7, **48**:247
  CD45 and, **66**:34–35
CD8, **48**:242–245, 304–306; **59**:52–54, 119, 382
  as accessory molecule, **53**:60
  adoptive T cell therapy of tumors and 283, **49**:288, 290–291, 333–335
    antigen recognition, **49**:319–321, 324
    expression of antitumor responses, **49**:324–330, 332
    mechanisms, **49**:299–306, 316, 318
  autoimmune demyelinating disease and, **49**:374
  and CD4, **52**:363
    coreceptors, **58**:129–131
  CD8β role in T cell recognition and activation, **53**:84–85
  CD23 antigen and, **49**:152–153
  coreceptor effects on selection, **53**:103–104
  coreceptor/MHC binding sites, **53**:68–70
  coreceptor model, **53**:65–66
  cytoplasmic tail, protein tyrosine kinase p56^{lck} and, **53**:61–64
  differential signaling, **53**:91–94
  down-regulation, versus CD4 down-regulation, **51**:185–186
  function in TCR-mediated recognition and activation, **53**:59–61
  GTP-binding protein association, **53**:64–65
  human leukocytes and, **49**:77–78, 81–83, 101, 113
  IGF-I-R, **63**:403
  independent signal transduction, **48**:243
  mechanism of function during thymocyte selection, **53**:104–108
  MHC class I interactions, **53**:60
  and negative selection, **53**:102–103
  and negative signaling, **53**:61
  and positive selection, development models; **53**:98–100 T cells, 108–113
  pulmonary immunity, **59**:403–405

regulatory functions, **48**:242–243
TCR-coreceptor molecule association, **53**:66–68
and thymocyte development and selection, **53**:94–97
CD8α, **64**:69
CD8 accessory molecule, **43**:218
CD8$^+$ antiviral factor, **65**:282
HIV-1 replication, **66**:281, 282–283, 287
CD9, **52**:144
CD10, **52**:144–145; **64**:245
CD11, **62**:258, 272, 276, 279
human leukocytes and, **49**:86, 92
CD11a/CD18, **64**:146
CD14, role in cellular recognition of LPS, **53**:281–286
CD16, **59**:382
eosinophils expressing, **60**:205
human leukocytes and, **49**:77, 90
neutrophils and NK cells expressing, **60**:179–181
CD18, **62**:258, 272, 276, 279; **64**:169, 187
human leukocytes and, **49**:86, 92
mAb, effect on vascular leakage, **60**:329–330
CD19, **52**:145–148; **62**:225
and CR2 and CR1, molecular complexes on surface of human B cells, **52**:146
CD20, **52**:149–150; **62**:225
CD21, **62**:42, 43–44
human leukocytes and, **49**:92
CD22, **52**:150–151; **63**:198
B cell AgR-induced tyrosine phosphorylation of, **55**:245–246
CD45 and, **66**:50–51
CD23, **49**:149–150, 176–177
biochemical structure, **49**:155–158
biological activity, **49**:167, 169
expression in clinical conditions, **49**:174–175
membrane CD23, **49**:167–169
soluble CD23, **49**:169–173
cellular expression, **49**:150–155, 155
B cells, **49**:150–151
eosinophils, **49**:154
Langerhans cells, **49**:154–155
macrophages, **49**:153–154
monocytes, **49**:153–154
T cells, **49**:151–153
cleavage regulation, **49**:158

expression in various clinical conditions, **49**:174–176
expression regulation, **49**:159–161
B cells, **49**:158–160
EBV-induced expression, **49**:161
macrophages, **49**:161
monocytes, **49**:160–161
FcεRII
cloning of cDNA, **49**:162–163
genomic structure, **49**:165–167
lectins, **49**:163–164
structural analysis, **49**:164–165
human leukocytes and, **49**:90–91
IgE receptor corresponding to, **60**:181
ontogeny, **49**:150
transcriptional regulation, **49**:165–167
CD23/FcεRII, **52**:151–153
expression, **49**:162, 166–167
CD24, **52**:153
CD25, **59**:379
eosinophil-bound, **60**:187
gp39 stimulatory effect, **63**:53
subunit of IL-2 receptor, **60**:185
CD27, **52**:163; **61**:7, 8, 17
CD27-L, **61**:23, 24
CD28, **48**:244, 245–246, 304; **61**:36–37, 148; **62**:132–135, 156
costimulatory effects on immunogenicity, **57**:305–307
human leukocytes and, **49**:101
and negative selection, **58**:172
and T cell costimulation, **58**:133–134
CD28–B7 costimulation, Td activation of B cells, **62**:132, 142–144, 148–157
CD28–CD80/CD86 signaling pathway, CD40 expression, **61**:36–37
CD30, **61**:7, 8–9, 12, 17
CD30-L, **61**:23, 24, 25
CD31
leukocyte transmigration, **65**:369
lymphocyte homing, **64**:159–160
properties, **64**:147
redistribution to cell border, **58**:395
shedding, **64**:171
six-Ig domain molecule, **58**:375
CD34
B cell genesis, **63**:239, 240
ligand for L-selectin, **60**:163
lymphocyte–HEV interaction, **65**:362, 377
properties, **64**:147

CD34+ cells, **61**:12
CD37, **52**:154–155
CD38, **52**:155
  lymphocyte homing, **64**:163
CD39, **52**:163
CD40, **52**:155–158; **61**:1, 2, 7, 54; **62**:41–43, 146, 153–154; **63**:43–44
  B cell proliferation, **63**:53–58
  cloning, **61**:2, 4
  expression, **61**:32–41; **63**:34
    basophils, **61**:15
    B cell precursors, **61**:38
    B cell receptor pathway, **61**:37–38
    B cells, **61**:2, 11–12, 32–35
    CD28–CD80/CD86 signaling pathway, **61**:36–37
    dendritic cells, **61**:13, 40–41
    endothelial cells, **61**:14, 41
    epithelial cells, **61**:14, 41
    Fas–Fas-L signaling pathway, **61**:37
    fibroblasts, **61**:15, 41
    follicular dendritic cells, **61**:14, 41
    hematopoietic progenitors, **61**:12, 39
    malignant B cells, **61**:11–12, 38–39
    monocytes, **61**:13, 40
    Reed Sternberg cells, **61**:12, 39
    synoviocytes, **61**:15, 41
    T cells, **61**:13, 39–40
  gene, **61**:2, 4, 10–11; **63**:45
  gp39 interactions, **63**:48, 52–53, 73
  Ig production, **63**:58–70
    IgA, **63**:64–65
    IgE, **63**:63–64
    IgG, **63**:65, 69–70
    IgM, **63**:59, 62–63
    signaling, **63**:58–59
  intracellular signal transduction, **63**:50–52
  lymphocyte homing, **64**:163
  memory cell formation, **63**:70–73
  molecular structure, **63**:45–46
  signal transduction, **61**:27–31, 92–98
    cAMP, **61**:98
    CD58, **61**:97–98
    IgA, **61**:94–95, 96–97
    IgE, **61**:93–94, 95–96
    IgG, **61**:94
    IgG1, **61**:95–96
  soluble, **63**:46
  structure, **61**:2, 4
CD40-binding proteins, **63**:50–51

CD40–CD40-L interactions, **61**:54, 55
  B cell immunopoiesis, **61**:47–55
  in vivo role
    animal models, **61**:44–45
    arthritis, **61**:46
    glomerulonephritis, **61**:46
    immune resnose, **61**:45–47
    X-linked hyper-IgM syndrome, **61**:1, 18, 41–44, 92–93
CD40-dependent activation, **52**:206–212
CD40–gp39 interactions, **63**:44, 48, 52–53, 73
CD40 ligand, **61**:1, 24, 54
  association with follicular dendritic cells and PALS, **60**:269–271
  B cell proliferation, **63**:58, 60–61
  cloning, **61**:17–18; **63**:46–48
  expression, **61**:18, 20–22; **63**:48
  gene, **61**:18
  and germinal center reaction, **60**:273–276
  identification, **63**:46
  in IgE isotype switching, **60**:38–39
  molecular structure, **63**:48–49
  in pathogenesis of HIGMX-1, **60**:43–48
  soluble form, **61**:26
  structure, **61**:17–18, 19
  trimerization, **61**:26
  X-linked hyper-IgM syndrome, **61**:1, 18, 41–44, 92–93
CD40 receptor associated factor 1, **61**:29–31
CD42, human leukocytes and, **49**:85
CD43, **48**:248
  human leukocytes and, **49**:117
CD44, **52**:158–159; **59**:384
  and extracellular matrix, **54**:282–291
  human, schematic representation, **54**:275, 276
  human leukocytes and, **49**:85–86, 88
  isoforms, **54**:275–281
  ligand recognition, **54**:271–272
  lymphocyte–HEV interaction, **65**:359–360
  lymphocyte homing, **64**:160–161, 165, 177
    to thymus and bone marrow, **64**:177
  and lymphocytic homing, **54**:291–302
  molecular isoforms and postranslational modifications, **54**:272–282
  properties, **64**:146
  regulation of interaction with extracellular matrix, **54**:302–318
  role in lymphocyte development, **54**:271

and T cell development, **58**:134
and tumor cell migration, role of CD44 in metastasis, **54**:318–325
CD44 gene, **64**:167
CD45, **48**:283; **52**:159–160; **63**:164–165, 198
  B cell studies, **66**:12–14, 22–37
  CD2 and, **66**:7–8, 33, 35–36
  CD3 and, **66**:9–12, 34
  CD4$^+$ cells and, **66**:18, 26, 35–36
  CD7 and, **66**:34–35
  CD8$^+$ cells and, **66**:18, 26, 35–36
  CD22 and, **66**:50–51
  CD100 and, **66**:16–17
  characterization, **58**:131–132; **66**:1–5, 55–56
  deficient cell lines
    B cells, **66**:22–26
    T cells, **66**:18–22
  functions, **66**:55
    CD45-deficient cell line studies, **66**:18–26
    gene-targeted mouse studies, **66**:26–31
    lymphocyte development and activation, **66**:4, 5–17
    molecular mechanisms, **66**:31
    regulation, **66**:45–49, 56
    Src family kinases, regulation, **66**:4, 23, 39–45
    structure-function analysis, **66**:46–49
  Fyn, **63**:135
  human leukocytes and, **49**:87, 113–114
  Lck, **63**:136
  lymphocyte adhesion, **66**:15–17
  p53/56^{lyn} and, **66**:24, 37, 39, 44
  p56^{lck} and, **66**:11, 12, 19–21, 26, 37–39, 39–44, 53
  p59^{fyn} and, **66**:19–21, 37, 38, 39–43
  p70^{zap} and, **66**:21–22, 26
  p72^{syk} and, **66**:21, 23–24, 26, 45
  phenotypic identification of memory T cells with, **53**:225–227
  phosphorylation, **66**:53–54
  post-translational modification, **66**:4, 53–55
  proteolysis, **66**:46–47
  regulation, **66**:49–53, 56
  role in negative selection, **58**:172
  structure
    domain structure, **66**:2
    isoforms, **66**:2–3, 5
    structure–function analysis, **66**:46–49

  substrates, **66**:31–39, 49–53, 55
  T cell studies, **66**:6–12, 18–22, 32–36
  ZAP70, **63**:138
CD45RA, **66**:7, 15, 16, 36
CD45RB, **66**:35
CD45RO, **66**:7, 15, 16, 35
CD46, *see* Membrane cofactor protein
CD48, **52**:160
CD49d, multiple myeloma, **64**:246, 247
CD49d/CD29, properties, **64**:146
CD50, lymphocyte homing, **64**:158
CD55, *see* Decay-accelerating factor
CD56, multiple myeloma, **64**:247
CD57, **61**:51
CD58, **59**:377–378
  CD40 expression, **61**:97
  expression, **64**:160
  multiple myeloma, **64**:247
CD59, **48**:240–241; **61**:204, 251–254
  deficiencies in PNH, **60**:75–78, 89
  expression on all blood cells, **60**:78
CD62E, **65**:354
  properties, **64**:147
CD62L, **65**:354
CD62P, **65**:354
  properties, **64**:147
CD69, **48**:248–249; **52**:163
  expression on lung eosinophils, **60**:186
CD72, **52**:160
CD73, **48**:241; **52**:160–161
  human leukocytes and, **49**:112
  lymphocyte homing, **64**:162–163
  properties, **64**:146
  shedding, **64**:171
CD74, **52**:161
CD76, **52**:162
CD77, **52**:162–163
CD78, **52**:163–164
CD80, **62**:132
CD86, **59**:325–326, 378; **62**:132
CD95, **59**:329–331; **61**:9
  in myeloma cells, **64**:259
CD100, CD45 and, **66**:16–17
CD102, properties, **64**:147
CD106, properties, **64**:147
CD621, properties, **64**:146
CD antigens, expression on basophils and mast cells, **52**:336–337
cdk, rapamycin, **61**:183–187
cDNA, *see* Complementary DNA

CDP571
  rheumatoid arthritis, **64**:305, 306
  ulcerative colitis, **64**:310
CDR, *see* Complementarity determining region
CDw32/FcγRII, **52**:153–154
CDw75, **52**:161–162
C/EBP, **65**:3–7, 3–8
  knockout mice studies, **65**:30
  structure of, **65**:1
  transcriptional regulation, **65**:3–8
C/EBPγ, **65**:18–19
Celiac disease
  4-kDa *Bg*/lI RFLP fragment, **48**:145
  4-kDa *RSa*I class II fragment, **48**:145
  DP allele, **48**:145
  DP α allele, **48**:145
  DP β allele, **48**:145
  DP α-DQw1 β, **48**:146–147
  DP α polymorphism, **48**:145
  DP β polymorphism, **48**:145
  DQw2 α chain, **48**:146
  DR3, **48**:144, 147
  DR3-DQw2 haplotype, **48**:144
  DR5, **48**:144, 147
  DR7, **48**:144, 147
  DR α-DQw1 β, **48**:146–147
  DRw8, **48**:147
  gluten-derived peptide, **48**:147–148
  HLA class II, **48**:144
  HLA class II antigen, **48**:147
  hybrid HLA-DQ molecule, **48**:147
  with malignant histiocytosis, gene rearrangements and, **40**:292–293
  and γδ TCR expression, **58**:329
  triggering factor, **48**:144
Cell adhesion
  B cell formation and, **41**:185, 235, 237, 239
    B cell precursors, **41**:194, 195, 198, 200, 201
    bone marrow cultures, **41**:209, 212, 213, 219, 220
    genetically determined defects, **41**:228, 231
    lymphohempoietic tissue organization, **41**:186–188
    population dynamics, **41**:208
    soluble mediators, **41**:234
    stromal cells, **41**:214–216
  cascade, **58**:381–389; **64**:181–184
  CD23 antigen and, **49**:163–165, 169, 176
  cytotoxicity and, **41**:271, 272
  deficiencies, **64**:193–195
  eosinophils, **60**:164–178
  flowing leukocytes to platelets, **58**:355
  hybrid resistance and, **41**:368, 393
  leukocyte–endothelial, **58**:376–378
  lymphocytes, **66**:15–17
    in high endothelial venules, **65**:367–372
  mechanisms, and eosinophils, **51**:333–336
  neutrophil, IL-8 effects on, **55**:114
  by stem cell factor and ligand interaction, **55**:37
  strong, role of integrins, **58**:383–388
  tight, pro-T cells to endothelium, **58**:393
  vascular, and emigration of inflammatory cells, **60**:330–332
Cell adhesion, receptors and recognition molecules, **52**:357–366
  integrins, **52**:358–361
    β1 integrins, **52**:358–359
    β2 integrins, **52**:359–361
    β3 integrins, **52**:361
  other recognition molecules, **52**:366
  recognition molecules
    CD4 and CD8, **52**:363
    ICAM-1/CD54, **52**:361–363
    Ig supergene family, **52**:361–364
    LFA-2/CD2 and LFA-3/CD58, **52**:361
    MHC class I and class II, **52**:364
    other, Ig superfamily, **52**:364
    stem cell factor receptor/ckit, **52**:363–364
    VCAM-1, **52**:363
  selectins and related molecules, **52**:364–366
Cell adhesion molecules, **52**:166–168; **59**:383, *see also specific molecules*
  activation of, **52**:168
  affecting migration of naive and memory cells, **53**:248–249
  clustering, **64**:173
  cocapping, **64**:173
  endothelial, and lymphocytes, **58**:352
  endothelial binding, **64**:146
  expression and function regulation, **64**:139–140, 146, 147, 163–173
  Ig superfamily, **52**:167
  integrin family, **52**:166
  lymphocyte binding, **64**:147

multistep adhesion cascade, **64**:181–184
in myeloma cells, **64**:246–249
parallels with regulatory mechanisms, **54**:308–310
    LFA-1, **54**:309–310
    L-selectin, **54**:310
    Mac-1/CR3, **54**:310
    platelet gpIIb-IIIa integrin, **54**:309
production during inflammation, **58**:10
pulmonary inflammation, **62**:267, 288
regulation
    alternative splicing, **64**:167
    conformational events, **64**:169–170
    internalization, **64**:170–172
    oligomerization, **64**:172–173
    ontogenic, **64**:164–165
    posttranslational modifications, **64**:168–169
    secretion, **64**:170–171
    shedding, **64**:170–171
    upregulation and induction, **64**:165–167
SCID and, **49**:384, 397
selection family, **52**:167–168
surface antigens of human leukocytes and, **49**:79, 82–89, 86, 88, 114, 116
    antigen-specific receptors, **49**:78–80
    complement components, **49**:92–93
as targets of autoantibodies in pemphigus and pemphigoid, **53**:309, 312, 314
Cell cycle
control, IL-2-dependent G_1-phase progression, **61**:179–187
control mechanisms in tolerance, **54**:411–414
    blocking negative signaling with antisense myc, **54**:413–414
    myc, TGF-β and pRB, **54**:411–413
immunosenescence and, **46**:221–223, 227, 234, 235, 253
interventions, **58**:248–250
regulation of V(D)J recombination and DSB repair, **58**:70–74
regulatory kinase p34^{cdc}, blockade, **58**:267
switch recombination, **61**:116–117
Cell cycle checkpoints
G_0–G_1, and induction of apoptosis, **58**:249–250
mechanisms, **58**:66–69, 71–74
mutations in, **58**:29

Cell death, *see also* Apoptosis
ataxia telangiectasia cells, **58**:69
B cells, **59**:296–300, 336–339
deficient regulation, and disease states, **58**:212
Fas-mediated, **57**:129, 133–134, 140
in immune system, *see* Apoptosis, in immune system
intrathymic, **58**:166–168
T cell
    induction, **58**:224–240, 238
    inhibition, **58**:240–265
        by IL-2, **58**:269
        in vitro, **58**:242–253
        in vivo, **58**:253–265
    TCR-mediated, **58**:215–224
Cell degradation, redundant effector pathways, **58**:269–270
Cell density, IL-2 activity and, **42**:166
Cell lines, *see also specific cell lines*
CD44 expression and hyaluranon binding, **54**:303
CD44-positive, **54**:304
IL-1ra production, **54**:190
murine, perforin-deficient, **60**:293–294
mutant, and GPI anchor synthesis, **60**:65–67
PNH, **60**:79–80
T cell, Trac, **60**:43
verification of perforin in, **51**:224–227
Cell lysis, **51**:25–28
Cell-mediated cytotoxicity
HIV infection and, **47**:410, 411
NK cells and, **47**:189–196
Cell-mediated killing, **41**:319, 320
granule proteins and
    cell lines, **41**:286, 287
    cytoplasmic granules, **41**:287–291
    lymphotoxin, **41**:298
    membrane attack complex, **41**:310
    proteoglycans, **41**:298, 299
    serine esterases, **41**:297, 298
    TNF-related polypeptides, **41**:298
pore-forming proteins and
    amoebas, **41**:312, 313
    biochemical properties, **41**:292–295
    eosinophil cationic protein, **41**:311, 312
    membrane binding, **41**:295, 296
    purification, **41**:291, 292

Cell-mediated lympholysis
  hybrid resistance and, **41**:355, 364, 394–396
    T cell subsets and, **41**:43, 45, 51, 57, 108
Cell-mediated lysis, hybrid resistance and, **41**:407
Cell receptor binding, segmental flexibility, **48**:24–26
Cell surface molecules
  T cell activation and, **41**:1, 2
    accessory molecules, **41**:14, 15
    IL-1 receptor, **41**:13, 14
    T1, **41**:13
    T11, **41**:8–10
    T cell antigen receptor, **41**:2–8
    Thy-1, **41**:10, 11
    Tp44, **41**:11–13
  T cell subsets and, **41**:40, 43–48
    accessory molecules, **41**:49, 50
    T cell receptor, **41**:40–43
  TH responses, **61**:355–357
Cell surface structures, functionally associated with FcεRI molecules, **52**:391–396
  cell surface glycolipids, **52**:393–394
  Fcγ receptors, **52**:394–396
  G63, **52**:394
  mast cell chromolyn binding sites, **52**:392–393
  ME491 (CD63), **52**:393
Cell surface typing, with mAbs: human mast cells and basophils, **52**:335–339
Cell survival, role of stem cell factor receptor–ligand interaction, **55**:38–39
Cell tropism, HIV infection, **63**:84, 90
Cellular control mechanisms, summary, **52**:73–74
Cellular distribution, receptors for Fc region of Ig,63-64
  basophils and mast cells, **40**:68
  B cells, **40**:66–67
  macrophages and monocytes, **40**:64–66
  neutrophils, **40**:68
  platelets, **40**:68
  T cells, **40**:67–68
Cellular immune response
  effector phase, **60**:332–346
  regulation of, **40**:77–79
  and Th1 cells, **60**:348–349
Cellular immunity, **64**:3; **65**:277–278, 322–323
  adenovirus, **65**:279
  cytomegalovirus infection, **65**:278–279
  Epstein–Barr virus (EBV), **65**:279
  evolution of, **52**:108–111
    antigen processing and presentation, **52**:108–110
    T cell antigen receptor, **52**:110–111
  herpes simplex virus, **65**:279
  HIV-1 disease, **63**:97, 98
  HIV infection, **65**:280
    adoptive immunotherapy, **65**:317–320
    CTL-mediated lysis, **65**:280–281
    CTLs and, **65**:280–322
    HLA and, **65**:284–286
    replication suppression, **65**:281–284
    in seronegatives, **65**:287, 307–309
    vaccines, **65**:320–322, 323
  HLA class I system, **65**:279
  hybrid resistance and, **41**:370
  influenza virus, **65**:278
  pituitary hormones, **63**:407
Cellular switches, self-tolerance, **59**:281
Cellulose acetate, hybrid resistance and, **41**:372
Censoring, B cells, **59**:302–304, 308–309, 311–312, 331–341
Central nervous system
  allergic reactions, **61**:365–367
  autoimmune demyelinating disease and, **49**:357, 369
  autoimmunity in, **62**:98–99
  β-endorphin receptors, distinction from those on lymphocytes, **39**:312
  HIV infection and, **47**:378, 413
    immunopathogenic mechanism, **47**:393
    neuropsychiatric manifestations, **47**:403, 404
  IFN-γ and, **62**:91–92
  lesions, immunological effects, **39**:299
  NK cells and, **47**:266–269
Centrocytes, **61**:51, 53
  CD23 antigen and, **49**:171
Centromeres
  antinuclear antibodies and, **44**:121, 122, 130, 131, 133
  maps of Ig-like loci and, **46**:26, 30, 33, 44
Cerebrovascular disease, aPL antibodies and, **49**:220

Cervical cancer, antigens, **62**:240
Cetirizine, modulated eosinophil migration, **60**:174
c-*fms*, and c-*kit*, evolutionary relationship, **55**:9–10
c-Fos
  B cell genesis, **63**:220–221, 248–250
  and c-Jun, **58**:138–139
  T cell activation and, **41**:27, 28
c-*fos*
  IL-2 signal transduction, **63**:161, 171
  SIE, **63**:141
  T cell activation, **48**:291–292
CH3 domain
  Fc, **48**:20–21
  IgG, **48**:20–21
Channel formation
  cytolytic protein and, **41**:318, 319
  membrane attack complex of complement, **41**:301–303, 306, 307, 311
Charcot-Leyden crystal
  in basophils, **39**:183
  in eosinophils, **39**:181–183
  lysophospholipase activity, **39**:182–183
Charcot–Leyden crystal protein, **60**:156, 160, 164, 201
Chediak-Higashi syndrome, NK cells and, **47**:224, 225, 299
C-helix, peptide homologs, **43**:63
Chemiluminescence, NK cells and, **47**:263, 266
Chemoattractants
  eosinophil, **60**:174–178
  lymphocyte homing, **64**:152–154
Chemoimmunoconjugates, as cancer treatment, *see also* Alkylating agent–antibody conjugates; Anthracycline–antibody conjugates
  barriers to antibody-targeted chemotherapy
    biodistribution, **56**:348
    effects of, **56**:347–348
    route of administration, **56**:348–350
    tumor antigen-heterogeneity, **56**:352–354
    tumor perfusion, **56**:350–352
    tumor vasculature, **56**:350–352
  chemistry
    cis-aconitic anhydride, **56**:318–319
    carbodiimides, **56**:316–318
    conjugation procedure, **56**:312–314, 360

  conjugation strategies, **56**:314–323
  cyanuric chloride, **56**:321
  design strategy, **56**:324–325
  diazo reaction, **56**:319
  ester linkage, **56**:323
  glutaraldehyde, **56**:315
  hydrazone linkage, **56**:322–323
  imidoesters, **56**:320–321
  intermediary carriers, **56**:323–324
  mixed anhydrides, **56**:319
  noncovalent bonds, **56**:321–322
  periodate oxidation, **56**:315–316
  photoactivation, **56**:323
  N-succinimidyl 3-(2-pyridyldithio) propionate, **56**:319–320
  thioether linkage, **56**:321–322
clinical trials, **56**:354–361
drug–monoclonal antibody conjugates
  alkylating agent–antibody, **56**:328–333
  anthracycline–antibody, **56**:333–338
  antineoplastic drugs, **56**:313
  cytotoxic drugs, **56**:342–343
  folic acid antagonists, **56**:338–340
  functional studies, **56**:344–347
  mode of action, **56**:344–347
  morphological studies, **56**:347
  preclinical testing, **56**:326–328, 343
  vinca alkaloids, **56**:340–342
monoclonal antibodies as carriers
  conjugate size as determinant of permeability, **56**:310–311
  development, **56**:302–304
  heterogeneity, **56**:306–308
  immunogenicity, **56**:311–312
  internalization, **56**:308–310
  localization, **56**:306–308
  modulation, **56**:308–310
  specificity, **56**:305–306
  targets, **56**:305–306
  toxicity, **56**:311–312
studies, **56**:360–361
Chemokine receptors
C5a, gene mapping, **55**:135
CC
  amino acid sequences, **55**:129
  biochemical studies, **55**:125–128
  on erythrocytes, **55**:128
cloning, **55**:131, 134
CXC
  amino acid sequences, **55**:129

Chemokine receptors (*continued*)
    binding, **55**:136
        biochemical studies, **55**:122–125
        ELR motif, **55**:136–138
        on erythrocytes, **55**:128
    genes, **55**:135
    G-protein coupling, **55**:138–139
    LESTR52, cloning of, **55**:131, 134
    lymphocytes in high endothelial venules, **65**:367–368
    MCP-1, binding studies of, **55**:125–126
    MDCR15, cloning of, **55**:131, 134
    MIP-1α
        cloning, **55**:131
        gene cloning, **55**:135
    RANTES, binding studies, **55**:126–128
    regulation, **55**:139–140
    structure, **55**:132–135
    7-TM, G-protein coupling to, **55**:138
Chemokines, **62**:80, *see also* Cytokines
    allergic airway inflammation, **62**:285
    arthritis role, **55**:143–144, 147
    biological effects, **55**:115–122
    cardiovascular system role, **55**:146
    CC
        biological effects, **55**:120
            on basophils, **55**:116–117
        cellular sources, **55**:105
        chemical properties, **55**:98, 100–102
        inactivation, **55**:102–103
        molecular structure, **55**:98, 100–102
        proteolytic processing, **55**:102–103
    cellular effects
        basophils, **55**:116–117
        eosinophils, **55**:117
        neutrophils, **55**:115–116
    cellular sources, **55**:105–112
        leukocytes, **55**:105–107
        macrophages, **55**:106
        monocytes, **55**:105–106
        tissue cells, **55**:107, 111
    connective tissue-activating peptide III
        biological effects on neutrophils, **55**:115
        chemical properties, **55**:97, 99
    CXC
        biological effects, **55**:115, 118–120
            on basophils, **55**:116
            on lymphocytes, **55**:119
            on monocytes, **55**:118
            on neutrophils, **55**:115–116
        cellular sources, **55**:105
        chemical properties, **55**:97–101
        inactivation, **55**:102–103
        molecular structure, **55**:97–101
        proteolytic processing, **55**:102–103
    in eosinophil migration, **60**:177–178
    genes
        chromosomal localization, **55**:103–104
        expression regulation, **55**:104–105
        organization, **55**:103
    granulomatous lesions, **62**:282
    GROα, chemical properties, **55**:100
    HIV-1 antiviral effect, **66**:281–282
    in integrin activation, **58**:378–379
    in vivo effects, **55**:121–122
    lung disease role, **55**:144–147
    lymphocyte adhesion and, **64**:152–154
    lymphocytes in high endothelial venules, **65**:367–368
    MCP-1
        biological effects on monocytes, **55**:118
        chemical properties, **55**:101
        production by monocytes, **55**:106
    MlP-1α
        biological effects on neutrophils, **55**:115–116
        chemical properties, **55**:101
    MIP-1β, chemical properties, **55**:101
    NAP-2, chemical properties, **55**:99–100
    in neutrophil recruitment, **60**:339
    pathology role, **55**:142–148
    platelet factor 4
        biological effects on neutrophils, **55**:115
        chemical properties, **55**:97, 99–100
    pulmonary immunity, **59**:373
    pulmonary inflammation, **62**:259, 268–270
    RANTES, biological effects on eosinophils, **55**:117
    rheumatoid arthritis and, **64**:294, 316, 317
    sepsis and
        IL-8, **66**:135–141
        MCP-1, **66**:141–142
    signal transduction, **55**:140–142
    skin disease role, **55**:142–143, 147
Chemotactic receptor, surface antigens of human leukocytes and, **49**:93, 111
Chemotaxis
    adoptive T cell therapy of tumors and, **49**:328, 335
    complement receptor 1 and, **46**:192, 199

eosinophils, **60:**174–178
IBD and, **42:**307, 308
IL-2 and, **44:**166, 169
leukocyte integrins and, **46:**151, 160, 161, 163, 164, 166, 167
lymphocyte homing and, **44:**320
stem cell factor–ligand interaction in, **55:**37–38
Chemotherapeutic agents, MG and, **42:**265–268, *see also* specific agents
Chemotherapy
adoptive T cell therapy of tumors and, **49:**287, 292–296, 311
hybrid resistance and, **41:**350
SCID and, **49:**388, 390, 396–397
targeted, concept of, **56:**301–303
CH gene, **43:**239
Chicken
B cells, repertoire formation in, *see* B cells
Ig$_L$ gene, **48:**41–64
genomic organization, **48:**44–46
germ-line allele, **48:**49–51
Ig$_L$ allele, **48:**49–51
JL gene segment, **48:**44–46
rearrangement, **48:**46–40
somatic diversification, **48:**41–64
structure, **48:**44–46
V gene segment, **48:**44–46
V segment, **48:**52–54
ovalbumin, T cell subsets and, **41:**53
retrovirus-induced B cell neoplasia in bursa of fabricius
research, **56:**468–469
resistance, **56:**470
susceptibility, **56:**469–470
transformed follicles in lymphoma-resistant strains, **56:**471
Chimeras, *Ir* genes and, **38:**58–61, 70
allogeneic, **38:**62, 64
allophonic, **38:**62, 63
antigen binding, **38:**114
complementation, **38:**73, 74
cross-reactive lysis, **38:**186
H-Y antigen, **38:**176–179
immunodominance, **38:**182–184
T cells, **38:**64
cytotoxic, **38:**165–167, 172
interactions, **38:**158–160
selection, **38:**131, 133, 134
tolerance, **38:**120, 123, 126–129

Chimeras, radiation, **59:**106, 109–111
Chimeric antibodies, **44:**79–82; **48:**2; **64:**261, 263, 323
therapeutic, **44:**87, 88
Chimeric genes, genetically engineered antibody molecules and, **44:**76, 77, 83, 84
Chimeric mouse, RAG-2-deficient blastocyst complementation, **62:**36
Chimerism, **59:**106, 109–111, *see also* Genetic chimerism
functional, involving DNA binding and protein dimerization, **50:**133–138
IL-2 receptors, **59:**258–259
Chimpanzee, HIV-1 infection, **52:**455–461
model for testing HIV-1 vaccines, **52:**457–459
pathogenesis of HIV-1 infection in, **52:**455–457
use to test CD4-based therapies, **52:**459–461
Chlamydia trachomatis, vaccine design, **60:**136
C$_H$ locus, **62:**1
Chlorambucil, chemotherapeutic use in cancer treatment, **56:**328–330, 344–345
Chloroleukemia, cell line, rat, observation, **50:**73
Chloroquine, **41:**56, 57, 281; **42:**176
antigen processing and, **39:**63–64
humoral immune response and
antigens, **45:**13–15, 17, 20
physical interaction, **45:**38, 51
synthetic T and B cell sites and, **45:**223
Chlorpromazine, aPL antibodies and, **49:**203, 212–213, 221, 224, 257
Cholecystokinin receptor, **48:**181
Cholera toxin, **61:**98
Cholestatis, intrahepatic severe, **50:**190–191
Cholesterol
aPL antibodies and
affinity purification, **49:**229–230
LA antibodies, **49:**244–245
specificity, **49:**234–236, 248
cytotoxicity and, **41:**279, 300, 302, 317, 318
spontaneous autoimmune thyroiditis and, **47:**439
surface antigens of human leukocytes and, **49:**116

Cholinergic nerve differentiation factor, *see* Leukemia inhibitory factor
Chondroitin sulfate A, cell-mediated killing and, **41**:298, 299
CHOP-10, **65**:3–6
Chromatids
  maps of Ig-like loci and, **46**:3
  murine lupus models and, **46**:83
Chromatin
  antinuclear antibodies and, **44**:130
  B cell formation and, **41**:204, 221
  configuration during V(D)J joining of antigen receptor genes, **56**:37, 41–46
  cytolysis and, **41**:283
  Ig gene superfamily and, **44**:12
  Ig heavy-chain variable region genes and, **49**:37, 56
  immunosenescence and, **46**:234
  NK cells and, **47**:214
  structure, transcription regulation, **63**:200–201
  T cell development and, **44**:217
Chromosomal abnormalities
  on adjacent oncogenes, consequences, **50**:124–132
    c-*myc* in Burkitt's lymphoma translocations, **50**:124–128
    gene fusion resulting from chromosome translocation, **50**:128–129
    helix-loop-helix oncogenes in chromosome translocations, **50**:129–130
    oncogene location after translocation, **50**:131–132
    transcriptional disruption of LIM domain oncogenes by translocation, **50**:130–131
  lymphoid cells, effect, **50**:132–140
    differentiation-related translocation oncogenes, **50**:139
    functional chimerism involving DNA binding and protein dimerization, **50**:133–138
    other unusual proteins affected by chromosome translocations, **50**:139–140
Chromosomal mapping
  B cell surface antigens, **52**:129, 137
  T cell receptor and, **38**:16, 17

Chromosomal translocation, *see also* Translocation
  Ars A response and, **42**:129–130
  Burkitt's lymphoma, c-*myc* in, **50**:124–128
  c-*myc* gene, **64**:227–229
  gene fusion resulting, **50**:128–129
  helix-loop-helix oncogenes in, **50**:129–130
  human B cell neoplasia and, **38**:245–248, 272
    in Burkitt lymphoma, **38**:253–259, 271
    c-*myc* activation, **38**:261, 263
    c-*myc* oncogene, **38**:248, 253–259, 271
    t(8;14), **38**:249–251, 254, 260
    t(11;14), **38**:264–267
    t(14;18), **38**:267–271
  and inversion, in lymphoid tumors, mechanism, **50**:121–122
  other unusual proteins affected by, **50**:139–140
  t(8;14)
    c-*myc* activation, **38**:260, 264
    human B cell neoplasia, **38**:249–251, 254, 269
  t(11;14) chromosome translocation, **38**:264–267, 272
  t(14;8) chromosome translocation, **38**:264
  t(14;18) chromosome translocation, **38**:267–272
  T cell receptor δ genes, **43**:160–161
  and timing of inversion, **50**:122–124
Chromosome 1
  CD1 locus, **58**:319
  selectins on, **58**:353
Chromosome 2, radiation hybrid with *xrs* cells, **58**:57
Chromosome 4q, IL-2, gene, human, **39**:5
Chromosome 5, transfer into *XR-1* cells, **58**:52
Chromosome 8, complementation of *scid* defects, **58**:50–51
Chromosome 11
  GM-CSF gene, murine 9, **39**:18
  IL 3-gene, murine 7–8, **39**:18
Chromosome 14
  q region shared by ECP and eosinophil-derived neurotoxin, **60**:193
  rearrangement in ataxia telangiectasia, **58**:68
  V_H locus mapping, **62**:4–7, 23, 24

Chromosome 15
  orphan V_H and D_H loci, **62**:10–12, 19, 20, 23
  translocation, **64**:228
Chromosome 16, orphan V_H and D_H loci, **62**:10–12, 19, 20, 23
Chromosome 19, integration of adeno-associated virus, **58**:424–425
Chromosome 22, location of $p70^{Ku}$, **58**:57
Chromosomes
  antinuclear antibodies and, **44**:99, 105, 121, 122, 125
  autoimmune thyroiditis and, **46**:268, 272
  CD5 B cell and, **47**:132, 148, 157
  CD8 molecules and, **44**:271, 276–278
  chemokine gene, localization, **55**:103–104
  c-*kit* location, **55**:7–9
  complement receptor 1 and, **46**:190
  complement receptor 2 and, **46**:202
  errors, **58**:72–74
  GPI synthesis genes, location, **60**:71
  HIV infection and, **47**:380
  humoral immune response and, **45**:32
  Ig gene superfamily and, **44**:9, 34, 47
  Ig heavy-chain variable region genes and, **49**:1, 3, 6, 55
  IL-1 and, **44**:156
  IL-1ra genes, localization, **54**:177–180
  interchromosomal recombination during V(D)J joining of antigen receptor genes, **56**:120–121
  leukocyte integrins and, **46**:159, 160, 170
  maps of Ig-like loci and, **46**:2, 3, 5–7
    MHC, **46**:28, 31, 33
    structure, **46**:7, 9–13, 18, 19, 21, 23, 25–27
    T cell receptor, **46**:36, 39, 42, 43, 45
  murine and human Jaks, location, **60**:3–4
  murine lupus models and, **46**:63, 64
  NK cells and, **47**:227, 228, 231
  regulators of complement activation and, **45**:381, 403, 404, 411
  stem cell factor location, **55**:13–15
  surface antigens of human leukocytes and, **49**:91–92
  T cell receptor and, **45**:110, 115
Chronic graft-versus-host disease
  cellular mechanisms, **40**:408–409
  clinical manifestations, **40**:406–407
  pathologic manifestations, **40**:407–408
  risk factors, **40**:409–410
  treatment and prevention, **40**:410
Chronic granulomatous disease, X-linked, **59**:248
Chronic inflammatory disease, *see* Inflammatory bowel disease
Chronic lymphocytic leukemia
  CD5 B cell and
    aging, **47**:123
    autoimmune diseases, **47**:150
    Ig gene expression, **47**:153–159
    malignancies, **47**:123, 124
    physiology, **47**:136, 140, 141
    surface antigen, **47**:146, 147
  NK cells and, **47**:298
Chronic myelogenous leukemia
  circulating IL-4 levels, **53**:14–15
  leukocyte integrins and, **46**:160
  lymphoid blast crisis of, gene rearrangements and, **40**:290–291
Chronic myeloid leukemia, B cell formation and, **41**:188
Chronic obstructive pulmonary disease, **62**:261, 286
Churg–Strauss syndrome
  complication of asthma, **60**:216
  in pulmonary eosinophilia, **60**:226
Ciliary neurotrophic factor, **65**:20
  CNTF/LIF/OSM/IL-6 subfamily, **61**:151–152
Ciliary neurotrophic factor receptor
  and high-affinity LIF receptor, **53**:43–44, 46
  pleiotropic nature of, **53**:46–47
cim, **65**:48–49, 78
Circumsporozoite proteins
  derived T cell epitopes, **60**:108–123
  sporozoite malaria vaccine and, **45**:292–294, 319–322
    antibodies, **45**:300
    cloning, **45**:294–296
    endemic areas, **45**:315–317
    human trials, **45**:315
    immunity, **45**:291, 292
    interferon-γ, **45**:306
    Plasmodium vivax, **45**:317, 318
    repeats, **45**:296–300
    synthetic T and B cell sites and, **45**:228, 258

Circumsporozoite reaction, sporozoite malaria vaccine and, **45**:288, 290
Cirrhosis, primary biliary, and antibodies to self-antigens from human donors, **57**:244–245
Cisplatin
  and apoptosis, **58**:237–240
  in cancer treatment, **56**:329, 332
cis-regulatory elements, **62**:37, 42–43, 49–52
c-Jun, **62**:42, 48
  and c-Fos, **58**:138–139
c-jun oncogene, IL-2 signal transduction, **63**:160–161, 171
CK-2 sequence, **48**:81–82
CK226 antigen, **52**:173
CK-I sequence, **48**:81–82
c-kit, **60**:26
c-kit
  allelism with *W*, **55**:6–7
  and *c-fms*, evolutionary relationship, **55**:9–10
  characteristics, **55**:3–6
  chromosomal localization, **55**:7–9
  genomic organization, **55**:7–9
  and *PDGFR*, evolutionary relationship, **55**:9–10
c-kit, stem cell factor receptor, **52**:352–354
  C3 complement component degradation fragments, **52**:147
    third component of, **52**:148
CLA, *see* Cutaneous lymphocyte antigen
Classic CD1 proteins, *see* CD1, group 1
Class II inactivator (CIITA), **62**:106
Class I modifiers, **65**:48–49, 78
Class switching, **61**:79–81
  B cell differentiation, **61**:82–84
  heavy chain isotype expression, **61**:82–84
  isotype specificity regulation, **61**:84–99
    B cell activators, **61**:90–92
    CD40 signaling, **61**:92–98
    cytokines, **61**:84–89
  problems in other studies, **61**:81–82
  switch recombination, **61**:129–130
    3′ Cα enhancer, **61**:121–123
    control during cell cycle, **61**:116–117
    fine sequence specificity, **61**:107–108
    germline transcripts, **61**:111–116
    illegitimate priming model, **61**:108–111
    intrachrosomal deletion, **61**:99–100
    mutations, **61**:108

  protein-binding sites, **61**:117–122
  RNA splicing, **61**:101–102
  sequential switching, **61**:105–107
  sites, **61**:102–105
  substrates, **61**:123–129
  transchromosomal switching, **61**:100–101
Clathrin-coated pits, complement receptor 1 and, **46**:199
CLC, *see* Charcot–Leyden crystal
CLC protein, *see* Charcot–Leyden crystal protein
Cleavage
  CD23 antigen and, **49**:156, 158, 160, 173
  coupled, V(D)J recombination, **64**:53–54
  cytolytic protein and, **41**:318
  membrane attack complex of complement and, **41**:299, 306
  model, V(D)J recombination, **58**:38–39
  RAG, **64**:57–58
  reactions, in V(D)J recombination pathway, **58**:30, 33–35
  V(D)J recombination and, **64**:52–54
Clinical disorders, and IL-6, **54**:44, 45
Clonal abortion, **50**:64; **52**:312
  and clonal anergy, **52**:291–294
Clonal anergy, **48**:217, 218
Clonal deletion, *see also* Deletion
  intrathymic, **51**:165–173
    cell biology of negative selection, **51**:165–170
    search for mechanism, **51**:170–173
  lymphocyte, physiology, **58**:270–272
  MTV superantigen-reactive T cells, **65**:203–204, 210
  nascent bone marrow B cells, **58**:257
  and peripheral tolerance to cancer, **58**:421
  putative interference of IL-2.VVith, **50**:166–167
Clonal dominance, *PIG-A* mutant cells, **60**:90–91
Clonal expansion, and V gene expression, **42**:32–34
Clonal inactivation, by Vβ selective elements, **50**:35–36
Clonality, definition based on Ig and T cell receptor gene rearrangements, **40**:295–305
Clonal origin, PNH cells, **60**:80–81
Clonal suppression, **48**:218

SUBJECT INDEX

Clones
  adoptive T cell therapy of tumors and,
      49:284, 289–290, 298, 334
    antigen recognition, **49:**321, 324
    expression of antitumor responses,
        49:325–326, 330
    mechanisms, **49:**299, 301, 303–305, 311
  antigen-presenting cells and, **47:**45
    antigen presentation, **47:**65, 66,
        68–71, 73
    antigen processing, **47:**91, 92
    APC-T cell binding, **47:**95, 99
    cell surface, **47:**61, 62
    immunogeneity, **47:**102, 103
    interaction with T cells, **47:**94
    T cell-dependent antibody responses,
        47:83
    T cell growth, **47:**99
    tissue distribution, **47:**48, 49
  antinuclear antibodies and
    autoantibodies, **44:**127, 137
    autoantigen, **44:**128–131
    autoimmune response, **44:**132
    scleroderma, **44:**122
    SLE, **44:**101, 108
  aPL antibodies and, **49:**238–239, 246, 249
  autoimmune demyelinating disease and,
      49:357
    multiple sclerosis, **49:**370, 372, 374
    myelin basic protein, **49:**358–361
    TCR usage restriction, **49:**363–368
  autoimmune thyroiditis and, **46:**263, 317,
      318
    antigens, **46:**270, 272
    cellular immune responses, **46:**288, 289,
        296
    experimental models, **46:**276, 279, 281,
        282
    humoral responses, **46:**298, 301, 306,
        308
    prevention, **46:**312, 313
  autoreactive T cell, **45:**418, 433
    activation, **45:**421–426
    origin, **45:**418–420
    physiology, **45:**427, 428, 430, 431
    regulation, **45:**431, 432
  B cell formation and, **41:**182, 184, 185, 238
    B cell precursors, **41:**191, 196, 200, 201
    bone marrow cultures, **41:**213, 216, 217,
        219, 220
  C3H/HeJ mice, **41:**231
  Ig genes, **41:**203, 205
  inducible cell line, **41:**220–222
  lymphohemopoietic tissue organization,
      41:187
  NZB mice, **41:**226, 229
  population dynamics, **41:**207
  SCID mice, **41:**225, 226
  W/W anemic mice, **41:**224
  CD4 and CD8 molecules and, **44:**266–269,
      298, 299, 301
  CD4 molecular biology, **44:**285, 292, 293
  CD5 B cell and
    aging, **47:**122
    Ig gene expression, **47:**151, 152, 154,
        156, 158
    physiology, **47:**133, 134, 136, 140, 142
    surface antigen, **47:**146
  CD8 molecular biology, **44:**271, 273, 274,
      276–280, 282
  CD23 antigen and, **49:**151–152, 154,
      162–165
  complement receptor 1 and, **46:**188,
      199
  complement receptor 2 and, **46:**201, 202,
      211
  cytolysis and, **41:**274, 276, 280, 281, 285
  cytotoxicity and, **41:**319, 320
    granule proteins, **41:**286, 287, 291,
        297
    nature of mediation, **41:**271, 273
    pore farmers, **41:**317, 319
  cytotoxic T cells and, **41:**167
    β_2-microglobulin, **41:**156
    amino acid changes, **41:**162
    carbohydrate moieties, **41:**154
    exon shuffling, **41:**138, 142, 144–146,
        149
    HLA class I antigens, **41:**149–151
    mAbs and, **41:**162, 166, 167
  genetically engineered antibody molecules
      and, **44:**73–75, 78–80
  helper T cell cytokines and, **46:**111, 115,
      116, 118, 121, 122
    cross-regulation of differentiation,
        46:130, 131
    differential induction, **46:**130
    functions, **46:**114, 117, 119, 120
    human subsets, **46:**139
    immune responses, **46:**136–138

Clones (continued)
  precursors of differentiation states, **46**:123
  secretion patterns, **46**:112, 113
 HIV infection and, **47**:400, 411
  etiological agent, **47**:380, 385
  immunopathogenic mechanism, **47**:388, 390, 394
 humoral immune response and
  antigens, **45**:16, 17, 24
  cellular interactions *in vivo*, **45**:80, 83
  helper T cells, **45**:25–28, 30–32
  interleukins, **45**:62, 63, 66, 69, 74, 75
  physical interaction, **45**:35–37
 hybrid resistance and antibodies, **41**:377
  antigen expression, **41**:405
  marrow engraftment, **41**:387
  NK cells, **41**:375
  T cells, **41**:383
  in vitro assays, **41**:394
 IgE biosynthesis and
  antibody response, **47**:6, 7, 10–12
  antibody response suppression, **47**:33, 39
  binding factors, **47**:13, 15–18, 20, 21, 27
 Ig gene superfamily and
  evolution, **44**:46
  MHC complex, **44**:29
  receptors, **44**:17, 18, 22–24
 Ig heavy-chain variable region genes and, **49**:5, 8, 22, 32
  regulation, **49**:55
  V_H gene expression, **49**:41–42, 47–48
 IL-1 and, **44**:155, 179, 189
 immunosenescence and, **46**:237, 249
 leukocyte integrins and, **46**:156, 164, 171, 172
 maps of Ig-like loci and, **46**:3–5
  MHC, **46**:29, 32, 33
  structure, **46**:11, 13, 15, 17, 18, 21, 23–27
  T cell receptor, **46**:36, 37, 45
 murine lupus models and, **46**:99, 100
  Ig germline, **46**:66, 67, 71, 76–78
  lupus strains, **46**:63
  T cell antigen receptor, **46**:79, 82, 83, 88, 90, 91, 93, 95–97
 NK cells and, **47**:188, 199, 291
  cytotoxicity, **47**:252
  differentiation, **47**:231, 234
  effector mechanisms, **47**:240, 243, 245–248, 254, 264, 265
  hematopoiesis, **47**:273, 274, 277, 279
  malignant expansion, **47**:228
  morphology, **47**:217
  surface phenotype, **47**:202, 204–207, 209, 210, 212
 regulators of complement activation and, **45**:391, 396, 398, 399
 SCID and, **49**:393, 398, 402
 self-reactive, **58**:213
 spontaneous autoimmune thyroiditis and, **47**:464, 477
 sporozoite malaria vaccine and
  antibodies, **45**:300
  CS proteins, **45**:292, 294–296, 299
  CS-specific T cells, **45**:310–312
 surface antigens of human leukocytes and, **49**:79, 91, 98, 111, 114, 116
 synthetic T and B cell sites and, **45**:261, 262
  bacterial antigens, **45**:230–232
  globular protein antigens, **45**:211, 214
  parasitic antigens, **45**:229
  viral antigens, **45**:218–220, 222–224
 T cell activation and, **41**:1
  gene regulation, **41**:27
  IL-1 receptor, **41**:13
  receptor-mediated signal transduction, **41**:20–22, 24
  synergy, **41**:17
  T11, **41**:9
  T cell antigen receptor, **41**:2, 3, 6, 7
  Thy-1, **41**:10
 T cell development and, **44**:207, 255
  antigen recognition, **44**:209, 210, 213
  cellular selection within thymus, **44**:245–247, 250, 251, 253
  ontogeny, **44**:215
  thymocyte subpopulation, **44**:233, 242
 T cell receptor and
  accessory molecules, **45**:111
  alloreactivity, **45**:149, 151–156
  antigen processing, **45**:119, 120, 125, 126
  epitopes, **45**:143
  experimental systems, **45**:131
  polymorphic residues, **45**:159–162
  structure-function relationships, **45**:135, 140, 141

T cell subsets and
  cell surface molecules, **41**:40, 49, 50
  H-2 alloantigen recognition, **41**:79,
    87, 94
  H-2-restricted antigen recognition,
    41:52, 53, 57, 59–61, 64, 66, 71, 72,
    74, 75
  virus-induced immunosuppression and
    HIV, **45**:349–351, 366
    measles, **45**:346
Cloning
  activin type II receptor cDNA, **55**:188–192
  antibodies from combinatorial libraries,
    57:203–206
  B cells, **54**:399–400
  B cell specific proteins in IgR complex,
    54:348–357
  CD1 genes, **59**:3–4
  complement components and, **38**:209–214
  cytokine genes, **58**:425
  directional, **38**:205
  expansion, V gene usage in, **55**:322–323
  IL-2R genes, **59**:226, 227
  IL-9, from human and mouse, **54**:80–82
  LIF, **53**:31–32
  LIF receptor, **53**:38–40
  NK cells, **55**:354–357
  positional, X-linked agammaglobulinemia
    gene, **59**:165–169
  XLA genes, **59**:165–176
Clonotypes
  murine lupus models and, **46**:78, 99
  predominant, expression
    in B cell subpopulations, **42**:22–26
    environment and, **42**:39–42
  repertoire of B cell subpopulations, *see* B
    cell repertoire expression
Clostridium toxin, and *Pseudomonas* toxin,
  54:114–115
Clotting, aPL antibodies and
  affinity purification, **49**:232
  clinical aspects, **49**:200–202
  pathogenic potential, **49**:253, 256–257
  specificity, **49**:241, 244–245, 247
Clustered antigens, B cell, **52**:140–164
  CD5, **52**:140–144
  CD9, **52**:144
  CD10 or CALLA, **52**:144–145
  CD20, **52**:149–150
  CD22, **52**:150–151

CD23/FcεRII, **52**:151–153
CD24, **52**:153
CD37, **52**:154–155
CD38, **52**:155
CD40, **52**:155–158
CD44, **52**:158–159
CD45, **52**:159–160
CD48, **52**:160
CD72, **52**:160
CD73, **52**:160–161
CD74, **52**:161
CD76, **52**:162
CD77, **52**:162–163
CDl9, **52**:145–148
CDw32/FcγRII, **52**:153–154
CDw75, **52**:161–162
complement receptors: CR2, CD21, and
  CD35, **52**:148–149
other clustered antigens, **52**:163–164
  CD27, **52**:163
  CD39, **52**:163
  CD69, **52**:163
  CD78, **52**:163–164
  CDlc, **52**:163
Clusterin, **61**:204, 249–251
c-*myb*, **62**:227
  B cell genesis, **63**:238–239
  and c-*myc*, **62**:227
  T cell activation, **48**:293–294
c-Myc, **63**:202
  and thymocyte cell death, **58**:138
c-*myc*, **62**:227; **63**:147; **64**:232
  apoptosis, **63**:162
  in Burkitt lymphoma, **38**:271, 272
    activation, **38**:263, 264, 271
    deregulation, **38**:254–257, 260
    t(14;18) chromosomal translocation,
      38:269
    translocation, **38**:248–253
    variant chromosome translocations,
      38:257–259
  in Burkitt's lymphoma translocations,
    50:124–128
  chromosomal translocation, **64**:227–229
  and c-*myb*, **62**:227
  deregulated expression of, **64**:230
  human B cell neoplasia and, **38**:259
    activation, **38**:259–264
    expression, **38**:259
    translocation, **38**:271

c-*myc* (*continued*)
  IL-2 signal transduction, **63:**161–162
  immunosenescence and, **46:**223, 227, 228
  overexpression and cell death, **58:**249
  role in thymocyte apoptosis, **58:**169
  T cell activation, **48:**292–293
  T cell activation and, **41:**27, 28
c-*myc*/v-*Ha*-ras retrovirus,
  plasmacytomagenesis, **64:**230–231
CNTF, **65:**20
CNTF/LIF/OSM/IL-6 subfamily, **61:**151–152
CNTFR, **61:**151
  and high-affinity LIF receptor, **53:**43–44, 46
  pleiotropic nature of, **53:**46–47
Coagulation
  aPL antibodies and, **49:**200, 258
    pathogenic potential, **49:**256
    specificity, **49:**239, 241–244, 246
  disseminated intravascular, endotoxic shock, **66:**260
Coagulation/kinin-forming cascade, intrinsic, *see* Intrinsic coagulation/kinin-forming cascade
Cobra toxin, MG and, **42:**237
Cobra venom factor, **61:**207; **62:**287–288
Coding ends
  with P nucleotides, **58:**37–38
  and RSS ends, passage through DSB intermediates, **58:**33–36
  TCRδ, hairpin accumulation at, **58:**48
Coding flanks, **64:**55–56
Coding joints
  formation, microheterogeneity, **58:**39–40
  microhomology, **58:**40–42
  terminal deoxynucleotidyl transferase, **64:**51
  V-3 cells, **58:**51–52
  V(D)J recombination, **64:**40, 41–42
Coding junctions
  and RSS junctions, **58:**42
  and *scid* mutant features, **58:**46–48
Codominance, *Ir* genes and
  antigen processing, **38:**97
  blocking, **38:**71
  complementation, **38:**72
  gene dosage, **38:**80, 81
  genetic control, **38:**36
  immunodominance, **38:**181
  T cells 131, **38:**164
  tolerance, **38:**119, 120

Cofactor proteins, **61:**210
Cognate help, T cell subsets and, **41:**77
Cognate target lysis, by CD4$^+$ CTLs, **60:**304
Coimmunoprecipitation, T cell activation and, **41:**4, 5
Coincidental transmission, **38:**327
Colchicine
  cytolysis and, **41:**282
  immunosenescence and, **46:**224
Cold agglutinins, Ig heavy-chain variable region genes and, **49:**46–47, 51–52
Cold-reactive antilymphocyte antibodies, IBD and, **42:**292
Cold target cell competitors, hybrid resistance and, **41:**396, 402
Coley's broth, **42:**215
Colicins, cytolysis and, **41:**318, 319
Colitis, *see* Ulcerative colitis
Colitis colon-bound antibody, IgG levels in, **42:**298
Collagen
  aPL antibodies and, **49:**197
  complement components, **38:**232, 233
  helper T cell cytokines and, **46:**128
  IL-1 and, **44:**168, 169, 186, 195
  Ir genes and, **38:**61, 86
  leukocyte integrins and, **46:**153, 159
  murine lupus models and, **46:**79, 90
  surface antigens of human leukocytes and, **49:**85–86, 88
Collagen arthritis, autoimmune thyroiditis and, **46:**312
Collagenase, **62:**266, 288
  antigen-presenting cells and, **47:**52
  in eosinophils, **39:**203
Colloid osmotic killing
  membrane attack complex of complement, **41:**300
  membrane damage, **41:**280
  pore formers, **41:**315, 318
  pore-forming protein, **41:**295, 312
Colon
  genetically engineered antibody molecules and, **44:**87
  lymphocyte homing and, **44:**330, 332, 333, 338
Colon cancer, **62:**190, 201
  properties of associated gangliosides, **40:**364–366
Colon tumors, CD44 expression, **54:**323

Colony-forming B cells, V_H utilization and, **42**:133
Colony-forming cells
  B cells and, **41**:182, 191, 200, 230, 237
  hybrid resistance and
    bone marrow cells, **41**:336, 344
    leukemia/lymphoma cells, **41**:359
    NK cells, **41**:376
    T cells, **41**:381, 382
Colony-forming unit, hybrid resistance and, **41**:336, 396
Colony-stimulating factor α, eosinophil activation, **39**:215
Colony-stimulating factor, murine, **48**:73
Colony-stimulating factor 1, **48**:71
Colony-stimulating factor gene, expression
  posttranscriptional regulation, **48**:83
  transcriptional regulation, **48**:81–83
Colony-stimulating factor receptor
  biochemical nature, **48**:72–74
  distribution, **48**:74
Colony-stimulating factors, **46**:116; **48**:69–77,
  see also Granulocyte colony-stimulating factor; Granulocyte–macrophage colony-stimulating factor
  B cell formation and, **41**:219, 234, 236, 237, 228–230
  biochemical nature, **48**:72–74
  biological actions, **48**:74–76
  cell survival, **48**:75
  cellular sources, **48**:76–77
  characterization, **48**:70–72
  chronic deregulated production, **48**:93–94
  colony-stimulating activity, **48**:94
  detection in vivo, **48**:94–96
  differentiation commitment, **48**:75
  discovery, **48**:70–72
  eosinophil, **48**:92
  functional activation, **48**:76
  granulocyte, **39**:2–3; **48**:75
  hemopoietic recovery, **48**:93
  high-affinity membrane receptors, **48**:73–74
  hybrid resistance and, **41**:382
  macrophage, **48**:75, 92
  maturation induction, **48**:75
  monocyte, **39**:2–3; **48**:92
  multi-CSF, see Interleukin-3
  myelosuppression, **48**:93
  neutralizing antibody, **48**:95–96

  neutrophil, **48**:92
  proliferative stimulation, **48**:74–75
    target cell selectivity, **48**:74–75
  secondary structure, **48**:73
  sequence homology, **48**:73
  serum half-lives, **48**:93
  single unique gene encoding, **48**:73
  surface antigens of human leukocytes and, **49**:99, 113
  synthesis
    induction, **48**:78–81
    pathways, **48**:78–81
  T cell
    studies in vitro, **48**:77–78
    studies in vivo, **48**:92–98
  T cell synthesis, **48**:96–98
    antigen-presenting cell, **48**:97
    local polarization secretion, **48**:97
    local response, **48**:96
    target cells, **48**:97
  therapeutic effects, **48**:93
Combinatorial libraries, human antibodies from, see Antibodies, human, from combinatorial libraries
Common acute lymphoblastic leukemia associated antigen, see CD10
Common γ-chain, multiple cytokine receptors, **59**:239
Common variable immunodeficiency, **59**:138, 143, 147, 150; **65**:256–260
  CD23 antigen and, **49**:174
  and SCID mice, **50**:308
Competition, autoimmune demyelinating disease and, **49**:370–371
Competitive elimination, B cells, **59**:312–315
Competitive inhibition, *Ir* genes and, **38**:108–110, 182, 183
Complement, **61**:201–204
  alternative pathway
    antibodies as activators, **51**:28–29
    particulate activators, **38**:384–386; 392
  anaphylatoxins, **61**:255
  cascade, pulmonary inflammation, **62**:260–262, 271, 286–288
  classical pathway, history of, **37**:153–154
  membrane attack complex, **61**:203, 247–255
  molecular genetics, **38**:203–207
    C1q, **38**:231–233
    C2 and Factor B, **38**:207–209, 228

Complement (*continued*)
　C3, **38**:233–234
　C4, **38**:219–231
　C4b-binding protein (C4bp), **38**:234–236
　C9, **38**:234
　cDNA, **38**:209–211
　　cloning, **38**:212–214
　　expression, **38**:217, 218
　　restriction fragment length
　　　polymorphism, **38**:215, 216
　pathway, products, in IBD, **42**:308–310
　role in B cell growth and differentiation,
　　52:218–219
　therapeutic inhibition in acute injury states,
　　soluble CR1
　　ARDS, **56**:284–286
　　ischemia, **56**:282–284
　　local injuries, **56**:286
　　range of use, **56**:289
　　reperfusion, **56**:282–284
　　tissue transplantation, **56**:286–287
　therapeutic regulation in acute injury states
　　activation
　　　clinical assessment, **56**:270–271
　　　clinical injury, **56**:278–281
　　　intrinsic regulation, **56**:271–274
　　　mechanisms, **56**:267–270
　　ARDS, **56**:278–279
　　C1 esterase inhibitor, **56**:272
　　cardiopulmonary bypass, **56**:279–280
　　clinical injury, **56**:278–281
　　deficiency states, **56**:277–278
　　hemodialysis, **56**:278–279
　　leukocyte interaction, **56**:274–277
　　sepsis, **56**:281–282
　　septic shock, **56**:281–282
　　study approaches, **56**:267
　　therapeutic inhibition
　　　fungal products, **56**:288–289
　　　heparin, **56**:287–288
　　thermal injury, **56**:280–281
Complement activation, *see also* Regulation of
　complement activation; Regulators of
　complement activation
　by antibody effector function, **51**:7–29
　　antibodies as activators of alternative
　　　pathway, **51**:28–29
　　C1 activation, **51**:21–25
　　C3 activation, **51**:25–28
　　C4 activation, **51**:25–28

　　cell lysis, **51**:25–28
　　interaction of C1q and antibody,
　　　51:8–21
　　segmental flexibility, **48**:24–26
Complementarity
　antibody–antigen complexes, **43**:122
　induced
　　antigen, **43**:20–23
　　differential contributions, **43**:73
　　evidence, **43**:42–46
　　protein folding, **43**:83
　　protein–protein interactions, **43**:101–103
　　structural, protein–protein interactions,
　　　43:104–105
Complementarity-determining region,
　43:9–10, 107
　Ars A response and, **42**:113, 115,
　　126–128
　　nucleotide sequence of, **42**:119
　buried surface, **43**:111
　conformational changes, **43**:18–20, 124
　diversity, **43**:222
　forming antigen binding site, **43**:13
　framework residues, **43**:16
　genetically engineered antibody molecules
　　and, **44**:75, 84, 85
　Ig heavy-chain variable region genes and
　　34, **49**:51, 61, 63
　　D segments, **49**:28, 31
　　V_H families, **49**:9, 14–15, 18
　length, **43**:222
　loop
　　flexibility, **43**:107
　　structures, **43**:20
　maps of Ig-like loci and, **46**:7
　mobility, **43**:20
　models, **43**:10
　modulating VL–VH pairing, **43**:125
　movement from canonical positions, **43**:127
　murine lupus models and, **46**:72, 78
　sequences, **43**:125
　size, **43**:120–121
　spatial arrangement, **43**:109
　structural variability, **43**:73
　structures, **43**:107–108
　T cell subsets and, **41**:52
　variable domain, **43**:79
　V module interface modification, **43**:113,
　　126

Complementary DNA
  activin type II receptor, cloning,
     55:188–192
  α chain, **43**:284–286
  antinuclear antibodies and
     autoantibodies, **44**:127
     autoantigen, **44**:128–131
     autoimmune response, **44**:132
     scleroderma, **44**:122
     SLE, **44**:101, 108
  biosynthetically engineered peptides based
     constructs, **43**:281
  CD4 and CD8 molecules and, **44**:297,
     298
     CD4 molecular biology, **44**:290, 292,
        293, 296
     CD8 molecular biology, **44**:272–274,
        276–278
  CD5 B cell and, **47**:145–147, 154
  CD23 antigen and
     biological activity, **49**:169, 172
     cellular expression, **49**:152, 154
     FcεRII, **49**:162–163, 165
  CD44 constructs, transfection and
     expression, **54**:286–287
  clones
     characterization, **43**:148
     for IL-10, **56**:3–5
     T cell receptor δ genes, **43**:154–155
     T cell-specific, **43**:135
  cloning of autoantigens
     BP antigen, **53**:306–310
     PF antigen, **53**:310–312
     PV antigen, **53**:312–314
  coding, **43**:287, 304
  complement components and
     C1q, **38**:232, 233
     C2, **38**:209, 211, 212
     C3, **38**:233, 236
     C4, **38**:223–226, 228, 236
     C4bp, **38**:234
     C5, **38**:234
     C9, **38**:234
     expression, **38**:217
     Factor B, **38**:209, 211, 212
     from liver, **38**:209, 234
     restriction fragment length
        polymorphism, **38**:215, 216
  complement receptor 1 and, **46**:187, 188,
     191, 193, 194, 199

complement receptor 2 and, **46**:211
cytotoxicity and, **41**:319, 320
  cell-mediated killing, **41**:297
  hydrolytic enzymes, **41**:276
  lymphotoxin-like molecules, **41**:284,
     285
  pore farmers, **41**:317
cytotoxic T cells and, **41**:138, 148
genetically engineered antibody molecules
  and, **44**:67, 68, 73–75
for GM-CSF, **39**:9–10
helper T cell cytokines and, **46**:112, 115,
  116
human LIF receptor, **53**:38–40
human-murine hybridomas, **38**:291
human T cell antigen and, **41**:3, 10, 13
humoral immune response and, **45**:63, 66,
  72, 74, 75
IgE biosynthesis and, **47**:16–18, 21
Ig gene superfamily and, **44**:33–35, 39, 40
Ig heavy-chain variable region genes and,
  49:19, 22, 33
  V_H gene expression, **49**:35, 37–38, 44–45
IL-1ra clones, purification and expression,
  54:171–176
IL-2 and, **44**:155
for IL-3, **39**:5, 7–8
IL-5, organization, **57**:148–149
IL-10, **56**:3–5
Ir genes, **38**:116, 117, 148
Ir genes and, **38**:117
leukocyte integrins and, **46**:154–158, 160,
  174, 176
maps of Ig-like loci and, **46**:34, 43
maternally transmitted antigen, **38**:348
murine lupus models and, **46**:83, 87, 95
NK cells and, **47**:209
normal and mutant in PNH, **60**:83–84
regulators of complement activation and
  genes, **45**:403, 405
  protein expression, **45**:396, 398, 399
  short consensus repeat, **45**:391
spontaneous autoimmune thyroiditis and,
  47:462, 483
surface antigens of human leukocytes and,
  49:79, 114, 118
T cell receptor 7, **43**:145
T cell receptor and
  in peripheral T cells, **38**:13
  protein, **38**:4, 6, 8, 9

Complementary DNA (*continued*)
  receptor-like genes, **38**:10
  T3, **38**:18
  in thymus, **38**:12
  T cells, **38**:10
    chromosomal mapping, **38**:16
    peripheral, **38**:13, 14
    rearrangement, **38**:11, 12
    receptor proteins, **38**:5, 6, 8, 9
    V region genes, **38**:15, 16
  T cell-specific, **43**:135, 220
  T cell subsets and, **41**:41, 50
  transfection experiments, **42**:168
  virus-induced immunosuppression and, **45**:349–351
  X-linked agammaglobulinemia, **59**:165–167
Complementation, MHC-linked *Ir* genes and, **38**:72–84
  H-Y antigen, **38**:177, 178
  I region mutations, **38**:85, 88
  T cells
    interactions, **38**:160
    repertoire, **38**:133
    suppression, **38**:140, 145, 148, 149
Complementation classes, mutants, biochemical defects, **60**:66–67
Complement binding activity
  hinge region structure, **48**:13, 15, 22
  segmental flexibility, **48**:13, 15, 22
Complement control, **61**:255–257
  C3/C5 convertases, **61**:206–247
  initiation, **61**:201–206
Complement control protein repeats, **61**:207–208
Complement deficiency alleles, aPL antibodies and, **49**:222
Complement fixation, by Fc region of Ig, **40**:70–71
Complementing binder sites, **52**:375–377
Complement lysis sensitivity test, **60**:75
Complement-mediated cytotoxicity, *see* Cytotoxicity, lymphocyte and complement-mediated
Complement receptors
  C3b and C4 on eosinophils, **39**:179–180
  C5a, gene mapping, **55**:135
  CR1, **46**:183, 208, 209; **60**:182; **61**:228–230
    allotypes, **46**:187–190
    aPL antibodies and, **49**:255
    and CR2 and CD19, molecular complexes on surface of human B cells, **52**:146
    function
      endocytosis, **46**:198–200
      erythrocytes, **46**:198
      immunoregulation, **46**:200, 201
      ligand binding sites, **46**:193–196
      regulation, **46**:196, 197
    soluble, in therapeutic complement inhibition, **56**:284–286
      ischemia, **56**:282–284
      local injuries, **56**:286
      range of use, **56**:289
      reperfusion, **56**:282–284
      tissue transplantation, **56**:286–287
    structure, **46**:183–187
    in therapeutic complement activation, **56**:274–277
    tissue distribution, **46**:190–193
  CR2, **46**:183; **61**:228, 230
    and CR1 and CD19, molecular complexes on surface of human B cells, **52**:146
    function, **46**:205
      EBV tropism, **46**:210–213
      immunoregulation, **46**:205–210
    structure, **46**:201–203
    tissue distribution, **46**:203–205
  CR2, CD21, and CD35, **52**:148–149
  CR3, **46**:209, 210; **60**:182–183
    leukocyte integrins and, **46**:150, 163, 164
    leukocyte interactions, **56**:276–277
  regulators, **61**:228–230
  surface antigens of human leukocytes and, **49**:91–97
Complement regulatory proteins, **61**:201–204, 202, 203–204
Complete Freund's adjuvant, *see* Freund's complete adjuvant
Conalbumin
  humoral immune response and, **45**:37
  IgE biosynthesis and, **47**:11
Concanavalin A, **48**:90, 233
  activated spleen cells, T cell subsets and, **41**:64, 65, 70
  antigen-presenting cells and, **47**:84, 100
  autoimmune thyroiditis and, **46**:281
  autoreactive T cells and, **45**:421
  B cell formation and, **41**:198, 229

B cell proliferation, **63**:57
CD5 B cell and, **47**:121
humoral immune response and, **45**:45
hybrid resistance and, **41**:375, 409
IBD and, **42**:299
IgE biosynthesis and, **47**:15, 18–20
IL-1 and, **44**:173, 174, 182, 189
immunosenescence and
    lymphocyte activation, **46**:223, 225, 226, 228–230
    mucosal immunity, **46**:252
    stem cells, **46**:245
murine lupus models and, **46**:98
pore-forming protein and, **41**:313
spontaneous autoimmune thyroiditis and, **47**:492
    cellular immune reactions, **47**:452–455
    disturbed immunoregulation, **47**:470–473, 475, 477–479
    genetics, **47**:487, 488, 490
    potential effecter mechanisms, **47**:467
T cell activation and, **41**:8, 28
T cell development and, **44**:243
T cell subsets and, **41**:63–65
virus-induced immunosuppression and, **45**:357, 362
Conditioning, allergic reactions, **61**:368–369
Congenic strain, cross-reactive idiotype expression and, **42**:141
Congenital agammaglobulinemia, **59**:138–139
Congenital myasthenic syndrome, **42**:252–253, *see also* Myasthenia gravis
Conjugate formation
    cell mediation and, **41**:272
    cytolysis and, **41**:274–276, 278, 282, 283
Connective tissue
    cachectin and, **42**:225
    IFN-γ, **62**:90–91
Connective tissue-activating peptide III, **50**:240–243
    biological effects on neutrophils, **55**:115
    chemical properties of, **55**:97, 99
    comparison with histamine releasing factor, **50**:242
    conversion of to NAP-2, **50**:242–243
    in T cell development in MHC class I-deficient mouse, **55**:399–401
Consensus sequences
    CD23 antigen and, **49**:162

Ig heavy-chain variable region genes and, **49**:30
Constant region, heavy chain, gene order and class switching, **40**:257–258
Constant region complex, Ig heavy-chain variable region genes and, **49**:3–4, 6
Contact activation, **66**:225, 233–239
    allergic diseases and, **66**:258–259
    bradykinin, **66**:225, 226, 233–240
    defined, **66**:225
    disease states and
        allergic diseases, **66**:258–259
        Alzheimer's disease, **66**:260–261
        endotoxic shock, **66**:260
        hereditary angioedema, **66**:257–258
        pancreatitis, **66**:260
        rheumatoid arthritis, **66**:260
    factor XI, **66**:225, 226, 230, 237, 244
    factor XII, **66**:225, 226–229, 234–236, 244, 246, 249–257
    high-molecular-weight kininogen, **66**:225, 226, 230–233, 245, 247–257
    interaction with cells and, **66**:258–259
    kallikrein, **66**:225, 238, 243–244
    low-molecular weight kininogen, **66**:233
    mechanism, **66**:225–226
    prekallikrein, **66**:225, 226, 229–230, 236
    regulation, **66**:235–239
Contactin, **48**:161–162
Contact residue, **43**:26, 72, 119
Converter protein, **42**:168
Coreceptor model, of CD4 and CD8
    and adhesiveness during TCR triggering, **53**:83–84
    coreceptor/MHC binding sites, **53**:68–70
    cytoplasmic tail role in signal mediation, **53**:73–74
    description, **53**:65–68
    effects on positive vs. negative selection, **53**:103–104
    function, gene transfer for, **53**:70–78
    p56^{lck} role in TCR-mediated signaling, **53**:74
    TCR-coreceptor simultaneous binding, **53**:66–68
Coreceptors
    T cell, recognition/auxiliary, **51**:91–92
    TCR/CD3, signalling through, **51**:92–98
Cornea, MHC antigen, **48**:193–194

Corneal allograft
  graft bed
    afferent blockade theory, **48:**195–196
    avascular, **48:**195
    graft location, **48:**195
    host cellular component, **48:**195
    orthotopically placed, **48:**195
  immunological privilege, **48:**192–203
Corneal endothelial graft, cytotoxic T cell, **48:**194
Corneal epithelial cell, accessory antigen-processing cell, **48:**202
Corneal epithelial cell-derived T cell-activating factor, **48:**201–202
Corneal epithelium, Langerhans cell, **48:**197
Corneal graft
  Ia antigen, **48:**199
  MHC class II antigen
    cell-surface expression, **48:**199
    expression, **48:**199
    expression timing, **48:**199–200
  MHC class II loci, **48:**199–200
  latex bead treatment, **48:**200
  rejection, donor Langerhans cells, **48:**196–200
Corneal transplantation, **48:**191
  HLA matching, **48:**193
  immunological recognition, **48:**193–196
  immunosuppressive drug, **48:**193
  success, **48:**193
Coronary artery bypass grafting, aPL antibodies and, **49:**220, 222–223
Coronary heart disease, dietary fish oil and, **39:**145–146
Coronavirus, neutrotrophic, **48:**141
Cortical cells, loss of responsiveness in, **51:**153–156
Corticosteroid-binding globulin, **47:**492, 494
  genetics, **47:**488–490
  immunoregulation, **47:**476, 479, 481
Corticosteroid resistant bronchial asthma, **51:**358–361
Corticosteroids, **42:**311
  adrenal, MG therapy and, **42:**270–271
  B cell formation and, **41:**197
  and estrogens, **54:**50
  IBD and, **42:**316–319
  IL-1 and, **44:**160, 161, 182, 186, 189, 190
  MG therapy and, **42:**270–271

  mode of action, **64:**195–196
  prostaglandin synthesis and, **42:**312–313
  spontaneous autoimmune thyroiditis and, **47:**477
Corticosterone, spontaneous autoimmune thyroiditis and, **47:**493
  disturbed immunoregulation, **47:**476–481
  genetics, **47:**488, 489
Corticotropin-releasing factor
  in vitro IgE synthesis, **61:**370–372
  lymphocyte-produced, **39:**316
  NK cells and, **47:**268, 269
  spontaneous autoimmune thyroiditis and, **47:**493
Corticotropin-releasing hormone, **48:**170–172
Cortisone, hybrid resistance and, **41:**338, 359, 360
Corynebacterium parvum
  B cell formation and, **41:**208
  hybrid resistance and
    bone marrows, **41:**340, 347
    macrophages, **41:**370
    marrow microenvironment, **41:**391, 392
    syngeneic stem cell functions, **41:**389
Cosignals, inactivation of death programs, **58:**243–245
Cosmid clones
  complement components and, **38:**213
    C2, **38:**218
    C4, **38:**228
    Factor B, **38:**212, 218
  Ig heavy-chain variable region genes and, **49:**5–6, 8
Cosmids, maps of Ig-like loci and, **46:**4, 5
  MHC, **46:**29, 32, 33
  structure, **46:**17, 18, 27
  T cell receptor, **46:**36, 37
Costimulation, **62:**132
  B7-1 and B7-2, **62:**140–142
  CD28 and CTLA-4, **62:**138–139
  CD28–B7, **62:**132
    Td B cell response, **62:**148–157
    in vivo immune response, **62:**142–144
Costimulator activities, vascular endothelial cells, **50:**267–274
  EC costimulators
    in alloantigen responses, **50:**271–272
    in polyclonal CD4+ T cell activation, **50:**268–270

in polyclonal CD8+ T cell activation, **50**:270–271
soluble, EC production of, **50**:272–274
Costimulators, soluble, EC production of, **50**:272–274
Costimulus, **59**:280, 325–326
Coupled cleavage, V(D)J recombination, **64**:53–54
Coupling proteins, *see also* G proteins
  G$_i$-receptor interaction in neutrophils, **39**:114–116
    amplification during transduction and, **39**:116–117
    model of, **39**:115–116
    termination of, **39**:117–118
  G$_s$
    –catecholamine interaction, **39**:112–113
    guanyl nucleotide binding, **39**:112
    neutrophil activation and, **39**:113–114, 118
    in retina, rhodopsin and, **39**:112
    stimulatory and inhibitory, **39**:112–113
    subunit activities, **39**:112
CpG islands, **65**:50, 51
CRAF1 (CD40 receptor associated factor 1), **61**:29–31
C-reactive protein, surface antigens of human leukocytes and, **49**:111
CREB, interaction with NF-IL6, **65**:19
C-REL knockout mice, cytokine induction, **65**:31–32
CREST, antinuclear antibodies and, **44**:120, 122, 131
CRF, *see* Corticotropin-releasing factor
Critical residue, Ab binding to protein antigens, **43**:27, 72
  amino acids, **43**:67–68
  antigen binding, **43**:61, 63
  antiprotein antibodies, **43**:42
  buried, **43**:42–43
  identification, **43**:39–42
  peptide mapping, **43**:74
  properties, **43**:40–41
  sequential epitope, **43**:64
  stereochemical relationships, **43**:43
Crohn's disease, **59**:146, *see also* Inflammatory bowel disease
  6-MP therapy and, **42**:300
  anti-TNF-α therapy, **64**:307–310
  granulomas in, **42**:297

helper T cell function and, **42**:300, 301
IgG response to infectious agent in, **42**:305
infections with cA2 treatment, **64**:326–328
intestinal MNC and, **42**:303–304
K cell function and, **42**:295
lymphocytes 290, number, **42**:297
skin test antigens and, **42**:289
submucosa of specimens of, **42**:298
Cromolyn-binding protein, **43**:297
Cross-hybridization
  CD23 antigen and, **49**:162
  Ig heavy-chain variable region genes and, **49**:1, 8
Crosslinking
  CD23 antigen and, **49**:156, 168–169, 172–173
  cell mediation and, **41**:272
  FCεRI
    and factor-dependent mast cell lymphokine production, **53**:6
    and IL-3 regulation of lymphokine production, **53**:21–22
    and IL-4 production by splenic and bone marrow FcεRI$^+$ cells, **53**:10
    and signaling of IL-4 production, **53**:19–22
    and transformed mast cell lymphokine production, **53**:5
  photochemical, for lipid A receptor identification, **53**:277–279
  surface antigens of human leukocytes and, **49**:89–90, 101, 111, 125
  T cell activation and, **41**:4, 5, 9, 11, 12, 25
  T cell subsets and, **41**:62, 111
Cross-priming, T cell subsets and, **41**:74
Cross-reactive idiotype, **42**:11
  Ars A response and, **42**:97–99, 109–110, 139–141
  autoimmune thyroiditis and, **46**:303–305, 308
  CD5 B cdl and, **47**:150, 151, 153–158
  Ig heavy-chain variable region genes and, **49**:43, 46, 48–49, 51
  secondary B cell lineage and, **42**:70–71
Cross-reactivity
  aPL antibodies and, **49**:209, 211, 236, 243, 248–249
  Cytotoxic T cells and, **41**:144, 147, 162, 170
  hybrid resistance and, **41**:357

Cross-reactivity (continued)
  Ig heavy-chain variable region genes and, **49**:47
  membrane attack complex of complement and, **41**:307, 309
  T cell subsets and, **41**:79, 88, 112
Cryptococcus neoformans, pneumonia, **59**:402–408
Crystallographic temperature factors, mobility data from, **43**:20
Crystallography, reconciling data, **43**:23–27
Crystal packing, Fab Kol, **43**:19–20
Crystal studies, two-dimensional, major features, **51**:18
Csa effects, development of autoimmune phenomena, **50**:209–210
CSF, see Colony-stimulating factors
Csk, **62**:42, 45
CT-1, **64**:256
CTL, see Cytotoxic T cells
CTLA-4, **62**:132–135
  costimulatory effects on immunogenicity, **57**:305–307
  T cell receptor for B7, **58**:134
CTLA4Ig, **62**:138, 141, 143, 149, 150
Culture supernatants, CD23 antigen and, **49**:157, 159
Curare, MG and, **42**:237
Curcumin, action of, **65**:123
Cutaneous diseases
  eosinophil degradation and, **39**:225–226
  major basic protein extracellular deposition, **39**:225–226
Cutaneous lymphocyte antigen, **64**:146, 151
  chronic inflammation and, **64**:190
  properties, **64**:146
CVID, see Common variable immunodeficiency
CX5a, **62**:261
C–X–C family, **62**:269–270
CXCR4, **65**:283; **66**:282
Cyanuric chloride, linkage procedure for chemoimmunoconjugates in cancer treatment, **56**:321
Cyclic AMP
  in activated neutrophils, **39**:113–116, 118
  autoimmune thyroiditis and, **46**:268, 272
  CD40 expression, **61**:98
  IL-1 and, **44**:160, 161, 195

  immunosenescence and, **46**:223, 226, 227, 232
  immunosuppressive activity of, **65**:124–125
  intracellular levels, elevation, **54**:379
  NK cells and, **47**:249, 250
Cyclic AMP response element modulator τ, **61**:189
Cyclic AMP response elements, **62**:194
Cyclic GMP, immunosenescence and, **46**:223
Cyclic neutropenia, B cell formation and, **41**:222, 228–230, 234, 237
Cyclic nucleotides, immunosenescence and, **46**:226, 227, 232
Cyclin–cdk complexes, **61**:183, 184
Cycloheximide, **42**:174
  antigen-presenting cells and, **47**:59
  effect on apoptosis induction, **58**:265–267
Cyclooxygenase
  active site, PGHS-2, **62**:174–176
  cachectin and, **42**:219
  IBD and, **42**:317
  IL-1 and, **44**:160, 168, 195
  isozymes
    catalysis by PGHS, **62**:178–188
    cellular and physiologic action of PGHS, **62**:196–200
    future work, **62**:201–202
    pathophysiologies, **62**:200–201
    regulation of gene expression, **62**:188–196
    structure–function relationships, **62**:169–178
  NO role, **60**:349–350
  NSAIDs and, **42**:313
Cyclophosphamide
  adoptive T cell therapy of tumors and, **49**:293, 295–297, 302–303, 317
  diabetes induced by, **62**:100–101
  hybrid resistance and
    bone marrow cells, **41**:347, 348
    effector mechanisms, **41**:370, 388, 390, 393
    leukemia/lymphoma cells, **41**:366, 368
    lymphoid cells, **41**:354
  MG therapy and, **42**:263–264, 271
Cyclosporin, **41**:60, 350; **59**:424
  autoimmune thyroiditis and, **46**:294
  effect on thymocyte death, **58**:173
  mAbs and, **38**:277, 286
  treatment, **50**:104–105

Cyclosporin A
  autoimmune side effects, **58**:278–279
  and autoimmunity, **50**:208–210
  blockade of CD4$^+$8$^+$ thymocytes, **58**:267
  CD40-L expression, **61**:21
  effect on CD40L expression, **60**:47–48
  effect on PCD induction, **58**:261–262
  GM-CSF in T cells and, **39**:14–15
  humoral immune response and, **45**:47
  IL-2 in T cells and, **39**:14–15
  IL-3 in T cells and, **39**:14–15
  inhibition of B cells, **54**:408
  for MG, **42**:264
  NF-κB, **65**:120
  suppressor T cells and, **42**:258–259
  T cell activation and, **41**:29, 30
  and thymic T cell maturation, **58**:314–315
CYP2D5 gene, **65**:23
Cysteine
  autoimmune thyroiditis and, **46**:316
  CD4 molecules and, **44**:285–287
  CD8 molecules and, **44**:273, 274, 276, 277
  CD23 antigen and, **49**:163–164
  α chain of IgA, **40**:155, 163
  complement receptor 1 and, **46**:184, 194
  complement receptor 2 and, **46**:202
  cytotoxic T cells and, **41**:148, 163
  genetically engineered antibody molecules and, **44**:81, 82
  IgE biosynthesis and, **47**:17
  J chain of IgA, **40**:160
  leukocyte integrins and, **46**:154, 155
  maps of Ig-like loci and, **46**:2, 13
  membrane attack complex of complement and, **41**:307, 309
  relationship between loops, Ig domains, **43**:285
  residues, **43**:137, 156
  secretory component of IgA, **40**:162–163
  surface antigens of human leukocytes and, **49**:116
Cytochalasin B, cytolysis and, **41**:282
Cytochrome, secondary B cells and, **42**:71–72
Cytochrome c
  acetimidylated, **43**:200
  as antigen, **43**:198–200
  autoreactive T cells and, **45**:419
  beef, **43**:199
  cross-reactive, **43**:202
  immune response, **43**:224

  Ir genes and, **38**:77–79, 82, 89
    antigen binding, **38**:98–107
    antigen processing, **38**:94, 96
    competitive inhibition, **38**:108
    gene dosage, **38**:82
    T cells
      activation, **38**:104
      repertoires, **38**:116, 119, 132–134
  moth, **43**:203
  mouse, **43**:199
  pigeon, **43**:199–200
  secondary structure, **43**:204
  sequence differences in, **43**:4
  synthetic T and B cell sites and
    bacterial antigens, **45**:240
    globular protein antigens, **45**:203, 204, 210, 211, 214
    immunological considerations, **45**:201
  T cell receptor and
    antigen processing, **45**:121, 127
    epitopes, **45**:143
    experimental systems, **45**:131, 132
    structure-function relationships, **45**:135, 136
  T cell subsets and, **41**:53
Cytochrome P450, **65**:23
Cytofluorographic analysis, two-color, T cell receptor $\gamma\delta$ proteins, **43**:146–147
Cytofluorometry, IBD and, **42**:295
Cytokine–endotoxin score, **66**:123
Cytokine–hemopoietin receptors, **63**:393–394, 397
Cytokine-modulating therapy, **66**:151
Cytokine receptors, **63**:269–270, 273, *see also specific receptors*
  B cell, **52**:169–173
    IL-2, **52**:171–172
    IL-4, **52**:172
    IL-6, **52**:172
    IL-1, **52**:169–171
    other cytokines, **52**:173
    TGF-β, **52**:173
    TNF-α, **52**:172–173
  common γ-chain for multiple receptors, **59**:225–267
  disease and, **63**:310–314
    disease models, **63**:312–314
    IL-2R, **63**:296–299
    IL-6R, **63**:302
    TNF-R, **63**:306

Cytokine receptors (continued)
  family, **52**:170
  HLA class II molecules, **52**:164–166
  human, **52**:171
  human basophils, mast cells, KU-812 cells and HMC-1 cells, **52**:340, 341
  IL-1R type I, **63**:312–313
  membrane-bound form, **63**:273–274, 279–280
  membrane proximal domains, role in Jaks association, **60**:11–12
  nonreceptor proteins, **63**:277–278
  other antigens of B cells, **52**:173–174
    Bgp 95, **52**:173
    CK226 antigen, **52**:173
    IgM-binding protein (Fell receptor, **52**:173
  receptor antagonists, **63**:277
  soluble forms, **63**:275–276, 279–280, 314–315
    GM-CSF-R, **63**:308
    IFN, **63**:307–308
    IFN-γ-R, **63**:307, 309–310, 314
    IL-1R, **63**:290–292
    IL-1R type II, **63**:310
    IL-2R, **63**:292–294, 296–298
    IL-4R, **63**:281–282, 284, 285, 294–295, 299, 313
    IL-5R, **63**:275, 299–300
    IL-6R, **63**:275, 280, 282, 300–303
    IL-7R, **63**:303
    immunoregulatory function, **63**:285–290
    production, **63**:280–285, 314–315
    TNF-R, **63**:303–307, 313–314
    TNF-R type II, **63**:309
    viral, **63**:308–310
  structure, **55**:274
  TGF-β regulation, **55**:187
  as therapeutic agents, **63**:311–312
Cytokine release syndromes, IFN-γ and, **62**:103–104
Cytokine response element, **65**:20
Cytokines, **42**:165; **48**:70, 71; **62**:195; **63**:127, 269, see also Chemokines
  activation of Jak and Stat isoforms, **61**:174
  acute effects, **48**:174–175
  adoptive T cell therapy of tumors and, **49**:285, 289–290, 308
    expression of antitumor responses, **49**:324, 326, 330, 332
    mechanisms, **49**:309–310
  alarm, **58**:394–395
  antigen-presenting cells and, **47**:47, 104
    antigen presentation, **47**:72
    cell surface, **47**:63
    immunogeneity, **47**:103
    T cell growth, **47**:100
    tissue distribution, **47**:53
  antiinflammatory, see Antiinflammatory cytokines
  aPL antibodies and, **49**:257
  and autoimmune diabetes, **51**:307
  autoimmune thyroiditis and, **46**:275, 298, 307, 317
  B cell differentiation, **52**:204–218
    activated T cells, **52**:212–213
    antigen receptor-dependent activation, **52**:204–206
      IL-2, **52**:204–205
      IL-4, **52**:205–206
      other stimulatory cytokines, **52**:206
    CD40-dependent activation, **52**:206–212
    general considerations on, **52**:215–217
    IL-4 and IgE switching, **52**:217–218
    IL-6 and autoimmume system, **52**:215
    in vivo-activated plasmablasts, **52**:213–215
    isotype switching of human B cells, **52**:215–218
  B cell growth, **52**:195–204
    activated T cells, **52**:203
    antigen receptor dependent activation, **52**:195–200
      antigen-dependent activation, **52**:199
      polyclonal activators, **52**:195–196, 195–199, 196–198, 198–199, 199
    CD40-dependent activation, **52**:200–203
    IL-6 and B cell growth, **52**:203–204
  B cell growth and differentiation, **52**:174–185
    IL-2, **52**:177–178
    IL-4, **52**:178–181
      pleiotropic effects of, **52**:179–181
      sources and structure of and its receptor, **52**:178–179

IL-6, **52**:182–184
  pleiotropic effects of transforming
    growth factor β, **52**:184
  sources and structure of transforming
    growth factor β and its receptor,
    52:183–184
IL-10, **52**:181–182
  pleotropic effects of, **52**:181–182
  sources and structure of, **52**:181
low molecular-weight bacillus Calmette
  Guerin factor (BCGF-12 kDa),
  52:185
notions of THI and TH2 CD4+ helper
  T cells, **52**:175–177
B cell production, **61**:33, 47
B cell proliferation, **63**:54–55
and B cells, a synthesis, **52**:227–230
binding, coupled to tyrosine
  phosphorylation, **60**:4–9
binding activity, **63**:285–290
biological activity, **59**:254
CD1 expression, **59**:64–65
CD5 B cell and, **47**:120
  marker for activation, **47**:127
  physiology, **47**:139, 142
  surface antigen, **47**:145
CD23 antigen and, **49**:159, 169–170, 172
and chemicals inhibiting IL-6 synthesis,
  54:50–51
circulating levels, measurement,
  66:104–105
complement receptor 1 and, **46**:192, 199
disease and, **63**:270, 310–311
downregulation, **64**:315–316
effects on IL-1ra production by monocytes,
  54:182–184
enhancement and inhibition of iNOS,
  60:333–339
and eosinophils, **60**:203–205
fibrosis, **59**:418
function, **66**:103–104
functional effects, **48**:167–179
gene regulation
  description of, **52**:263
  interferon system, **52**:264–265
  by NF-IL6 and NF-κB, **65**:1–33
  regulatory DNA sequences in type I
    interferon genes, **52**:265–267
  transcriptional regulation of IFN-
    inducible genes, and role of IRF-1
    and IRF-2, **52**:272–275

transcription factors binding to
  regulatory elements of type I
  interferon genes
    IFN regulatory factors 1 and 2,
      52:267–271
    NF-κB, **52**:271–272
    other factors, **52**:272
  understanding, **52**:263–264
genes
  cloning and expression, **58**:425–427
  in tumor cell engineering, **57**:321–323
  upregulated by NF-κB, **58**:10–12
germline transcripts, **61**:84–89
granulomatous lesions, **62**:281
growth hormone secretion, **63**:385
helper T cell, *see* T helper cells, cytokines
and histamine release, **50**:247–248
HIV infection and, **47**:401–404
human, properties, **52**:175
humoral immune response and, **45**:1,
  55–61, 73
Ig production, **63**:58
induced by NF-κB, **58**:10–12
induction of, **51**:274
inflammatory process, **65**:111
inflammatory response, **63**:310
inhibition of viral replication, **66**:288, 290
Jak isoforms, **61**:174
Jak kinases, **63**:138–139
leukocyte integrins and, **46**:170, 172, 176
LPS-induced release, CD14 role, **53**:284
lung transplant rejection, **59**:424, 426
lymphocyte–HEV interaction, **65**:374
and mast cells, **51**:328–331
membrane receptors and, **63**:274–275
modulation of histamine release by,
  50:248–250
mRNA expression, Th2-like profile, **60**:222
multiple myeloma pathogenesis and,
  64:252–260
network, position of IL-2 in, **50**:160
neural generation, **48**:168–169
NK cells and, **47**:241, 263, 265, 266
persistent effects, **48**:173–174
pleiotropy of, **53**:47
produced by different vector systems,
  58:429–430
production, **48**:167–179
  by CD5 B cells, **55**:310–311
  by human CD4⁺ T cells, **61**:347–355
  TGF-β regulation, **55**:187

Cytokines (*continued*)
  proinflammatory, **64**:291–294
    IL-6 effects, **54**:27–28
  pulmonary immunity, **59**:373
  pulmonary inflammation, **62**:267–271, 280, 288
  receptor antagonists, **63**:277
  redundancy of, **53**:47
  regulation, **63**:270–275, 310–311
  regulation of apoptosis, **58**:229–230
  regulatory effects, **64**:165–166, 315–317
  rheumatoid arthritis, **64**:290–298, 316; **65**:123–124
    neovascularization, **64**:320
  role in peripheral clonal deletion, **58**:271–272
  role in regulating committed progenitors, **60**:163–164
  SCID and, **49**:386, 393
  sepsis and, **66**:101–102, 104
    G-CSF, **66**:149–150
    GM-CSF, **66**:150
    IFN-γ and, **66**:145–146
    IL-1, **66**:104, 117–127, 150
    IL-4, **66**:144–145
    IL-6, **66**:130–135
    IL-8, **66**:135–141
    IL-10, **66**:142–145
    IL-12, **66**:146–147
    LIF, **66**:147–148
    MCP-1, **66**:104, 135, 141–142
    MIF, **66**:147–148
    TNF, **66**:104, 117–127, 150
  signaling, **58**:369
    negative regulation, **60**:25–26
    role of Stats, **60**:19–22
    shared signals through GP130, **54**:15–19
  signal transduction, **63**:127–176
    adapter molecules, **63**:134, 141–143
    calcineurin, **63**:166–167
    CD45, **63**:164–165
    Jak–Stat pathway, **63**:138–141
    MAPK family, **63**:148–149
    nuclear transcription factor NF-κB, **63**:157–160
    PAC-1, **63**:167
    phosphatidylinositol 3-kinase, **63**:149–154

    phosphoprotein phosphatases, **63**:164–167
    protein kinase C, **63**:154–157
    protein tyrosine kinases, **63**:133–143
    PTP-1C, **63**:165–166
    Raf kinase, **63**:147–148
    Ras, **63**:143–147
    Rho protein, **63**:149
    Src family, **63**:133–137
    SYK family, **63**:134, 137–138
  spontaneous autoimmune thyroiditis and, **47**:494
    disturbed immunoregulation, **47**:471, 477, 478
    genetics, **47**:488, 489
  Stat protein activation, **61**:174–175
  stimulatory, **52**:198–199
  surface antigens of human leukocytes and, **49**:98–100, 111
  synthesis and secretion, **63**:271, 273
  synthesis coordination by NF-κB, **58**:1–2
  TH2, **60**:177
    functional similarities to IL-10, **56**:12–13
  TH responses, **61**:347–348
Cytokine synthesis inhibitory factor, **46**:131, 133, 135; **62**:85, *see also* Interleukin-10
  discovery, **56**:1–2
Cytokinoplasts, L-NMMA effect, **60**:352
Cytolysin, cell-mediated killing and, **41**:291
Cytolysis
  adoptive T cell therapy of tumors and
    antigen recognition, **49**:319
    expression of antitumor responses, **49**:325, 328, 332
    mechanisms, **49**:299–303, 305–308, 312–313, 316
    principles, **49**:290, 295
  af27 polarity, **41**:273–275
  cell mediation, **41**:272
  cognate target, by CD4$^+$ CTLs, **60**:304
  colloid osmotic killing, **41**:280
  cytoplasmic granules, **41**:287, 288, 291
  granule exocytosis, **41**:281, 282
  HIV-1-specific, **66**:283–284, 287–298
  HIV-infected cells, **65**:280–281
  hydrolytic enzymes, **41**:273–275
  intracellular damage, **41**:282–284
  leukoregulin, **41**:286
  lymphotoxin-like molecules, **41**:284–286

membrane attack complex of complement, **41**:299, 300, 310
membrane damage, **41**:277–281
NK cell-mediated, p58 in, **55**:354–357, 362–363
perforin role, **51**:215–216, 224–232
  perforin-independent mechanisms, **51**:231–232
  verification by genetic approach, **51**:227–231
  verification in cell lines, **51**:224–227
polypeptide toxins, **41**:316–319
pore-forming proteins amoebas, **41**:312, 313
  cytolytic proteins, **41**:316–319
  eosinophil cationic protein, **41**:311, 312
  polypeptide toxins, **41**:316–319
  small peptides, **41**:313–316
reactive, inhibition by CD59, **60**:76–77
reactive oxygen metabolism intermediates, **41**:286
TCR $\gamma\delta$ cells, **43**:172–174
Cytolysis inhibitor, **61**:204, 249–251
Cytolytic effector cells, NK cells and, **42**:204–205
Cytolytic T cells, **41**:365, 367, 368; **42**:165
  CD5 B cell and, **47**:144, 145
  clones, **41**:9, 12, 14
  CTLL, **42**:165
  CTLL-2, **61**:155
    IL-2 activation, **61**:176–179
    rapamycin, **61**:182
  hybrid resistance and, **41**:364, 380, 395, 396, 402, 404
Cytomegalovirus
  cytotoxic T cells and, **65**:278–279
  HIV infection and immune response, **47**:409
    immunopathogenic mechanism, **47**:390, 392, 400
    neuropsychiatric manifestations, **47**:392, 403, 405
  human, antibodies from combinatorial libraries, **57**:220–221
Cytoplasm
  adoptive T cell therapy of tumors and, **49**:283
  antigen-presenting cells and
    antigen presentation, **47**:81
    antigen processing, **47**:87

  cell surface, **47**:60
  T cell growth, **47**:101
  tissue distribution, **47**:48, 51
autoimmune thyroiditis and, **46**:295
CD5 B cell and, **47**:144–146
CD23 antigen and, **49**:162, 166
complement receptor 1 and, **46**:184, 188–190
complement receptor 2 and, **46**:202, 209
HIV infection and, **47**:393, 396, 397
IgE biosynthesis and, **47**:4, 20, 21
leukocyte integrins and, **46**:154–156, 166, 171
NK cells and, **47**:197
  congenital defects, **47**:225
  effecter mechanisms, **47**:249, 253, 262
  morphology, **47**:214
SCID and, **49**:386
surface antigens of human leukocytes and, **49**:87, 89, 117
  membrane enzymes, **49**:113–114
  receptors, **49**:98–100
Cytoplasmic domains, **54**:281–282
  IL-2Rβ, **59**:255–258
  IL-2Rγ, **59**:254–255, 258
  LIF receptor, **53**:39–40
  regulation through, **54**:311–313
  role of phosphorylation, **54**:311–313
Cytoplasmic granules, cytotoxicity and, **41**:281, 287–291
Cytoplasmic tails, CD1 proteins, **59**:17
Cytoskeletal interactions, **54**:346
Cytoskeleton
  attachment to B cell antigen receptor, **55**:262–264
  autoimmune thyroiditis and, **46**:298
  complement receptor 1 and, **46**:186, 198
  complement receptor 2 and, **46**:210, 213
  immunosenescence and, **46**:224, 235
  leukocyte integrins and, **46**:163, 169, 171, 176
  surface antigens of human leukocytes and, **49**:85–86, 92–93, 113
Cytosol
  IL-1 and, **44**:161, 163, 175, 176, 179, 184
  TAP system, **64**:5–6
  T cell activation and, **41**:17, 22
Cytotoxic effector cells
  IBD and, **42**:296–297
  immune reconstitution and, **40**:416–417

Cytotoxicity, **43**:173
  ADCC, *see* Antibody-dependent cellular cytotoxicity
  allogeneic lymphocyte, hybrid resistance and, **41**:356; 357
  CTL-mediated
    Fas/APO-1 pathway, **60**:294–296
    perforin pathway, **60**:292–294
    role of effector molecules, **60**:300–302
  and eosinophil mediator release, **60**:205–208
  hybrid resistance and, **41**:359, 361, 362, 366, 372, 393, 394
  lectin-mediated, **60**:300
  lymphocyte and complement-mediated, **41**:269, 270, 319, 320
    af27 polarity, **41**:273–275
    colloid osmotic killing, **41**:280
    CTL cells, **41**:270–273
    granule exocytosis, **41**:281, 282
    hydrolytic enzymes, **41**:275–277
    intracellular damage, **41**:282–284
    leukoregulin, **41**:286
    lymphotoxin-like molecules, **41**:284–286
    membrane attack complex of complement, **41**:299–307
    membrane damage, **41**:277–281
    NK cells, **41**:270–273
    pore-forming proteins, **41**:311–319
    reactive oxygen metabolism intermediates, **41**:286
    SCID and, **49**:395
Cytotoxic T cell differentiation factor, T cell subsets and, **41**:64, 76
Cytotoxic T cell recognition, maternally transmitted antigen and, **38**:313, 315, 316
  class I antigens, **38**:330, 331, 334–337
  generation, **38**:348–350
  maternally transmitted factor, **38**:328
  polymorphisms, **38**:320
Cytotoxic T cells, **38**:2, 10, 86, 87, 105, 121, 122, 126, 127, 133; **41**:269, 270; **43**:195; **62**:87, 228, 231; **64**:2; **65**:277–278
  adenovirus, **65**:279
  adoptive T cell therapy of tumors and, **49**:283, 290–291
    antigen recognition, **49**:319–321, 324
    mechanisms, **49**:300, 303–305, 316, 318
  anterior chamber-associated immune deviation, **48**:208, 209
  antigen-presenting cells and, **47**:73, 79–81
    antigen processing, **47**:92
    immunogeneity, **47**:104
  antiviral therapy, **66**:295–298
  autoimmune demyelinating disease and, **49**:363
  autoimmune thyroiditis and, **46**:288
  autoreactive T cells and, **45**:425
  CD4$^+$, **60**:303–310
  CD4$^+$ and CD8$^+$, **60**:289–292
  CD8$^+$
    class II-restricted, **60**:309–310
    and HIV-1 immunopathology, **66**:273–274, 276, 277, 281
    in HIV-1 infection, **60**:133–134
  cell-mediated killing and, **41**:287–289, 291, 297
  class I antigens, **65**:279–280
  clones, **38**:20
  CTL epitope, *P. yoelii* circumsporozoite protein, **60**:112
  cytolysis and, **41**:273
  cytomegalovirus infection, **65**:278–279
  differentiation of, **40**:97–98
  effector T cell, **48**:197
  epitopes, **66**:276–280
  Epstein–Barr virus, **65**:279
  Fas expression in, **57**:138
  gene expression, **38**:13, 14
  granule exocytosis, **41**:281
  granule proteins, **41**:286, 287
    cytoplasmic granules, **41**:287
    pore-forming protein, **41**:291, 296, 297
    serine esterase, **41**:297, 298
  helper T cell cytokines and, **46**:111
    cross-regulation of differentiation, **46**:132
    functions, **46**:114–117
    immune responses, **46**:133, 135
    precursors of differentiation states, **46**:125
    secretion patterns, **46**:112, 113
  herpes simplex virus, **65**:279
  HIV and, **45**:356, 358, 365, 366
  HIV infection, **47**:390, 410, 411, 413; **65**:280
    adoptive immunotherapy, **65**:317–320
    CTL-mediated lysis, **65**:280–281
    CTLs and, **65**:280–322

HLA and, **65**:284–286
  replication suppression, **65**:281–284
  in seronegatives, **65**:287, 307–309
  vaccines, **65**:320–322, 323
HIV-1 persistence, **66**:287, 292–294
HLA class I system, **65**:279
HLA-DR antigens and, **42**:293
hybrid resistance and, **41**:385
hydrolytic enzymes, **41**:275–277
immunosenescence and, **46**:244, 245, 249, 250
influenza virus, **65**:278
intracellular damage, **41**:283
Ir gene control of responses
  allogeneic cross-reactive lysis, **38**:185–187
  class I molecules, **38**:171–174
  H-Y antigen, **38**:175–180
  immunodominance, **38**:180–185
  I region genes, **38**:161–171
Ir genes and, **38**:87, 116, 174
Langerhans cell, **48**:197–198
leukocyte integrins and, **46**:150
  inflammation, **46**:161, 163, 164
  ligand molecules, **46**:172
lymphotoxin-like molecules, **41**:284, 285
measles and, **45**:341, 345, 346
mediated antigen-specific killing, **60**:292–296
mediated cytotoxicity, **60**:300–302
mediation, **41**:270–273
MHC recognition, **41**:135–138; **55**:364
  carbohydrate moieties, **41**:152–154
  exon shuffling, **41**:138–149
  H-2 mutant strains, **41**:158–163
  HLA class I antigens, **41**:149–152
  HLA subtypes, **41**:163–165
  β-microglobulin, **41**:154–156
  monoclonal antibodies, **41**:156–158
  somatic cell class I variants, **41**:165–167
MHC restriction, **43**:214–215
monoclonal antibodies, **38**:277
mononuclear cells and, **42**:294
mRNA, **38**:21
NK cells and, **47**:187, 188, 196, 283, 295, 302
  congenital defects, **47**:225
  cytotoxicity, **47**:252–254
  differentiation, **47**:229, 232
  effecter mechanisms, **47**:241, 245, 246
  hematopoiesis, **47**:282
  reproduction, **47**:272
  surface phenotype, **47**:208, 211
ocular HSV infection, **48**:210
polarity, **41**:273–275
response to foreign antigens, **43**:205
response to virus infection, **43**:205
SCID and, **49**:396, 398–399
self-MHC class I recognition by effector cells, **57**:314–315
sporozoite malaria vaccine and, **45**:312
synthetic T and B cell sites and, **45**:262, 264
  antigens, **45**:234, 235
  immunological considerations, **45**:199
  viral antigens, **45**:218–220, 226, 227
target recognition, **38**:22
targets, death of, **50**:69
T cell receptor and
  accessory molecules, **45**:110
  alloreactivity, **45**:151–157
  antigen processing, **45**:118–120, 125–127
  experimental systems, **45**:137
  MHC molecules, **45**:116
  peptides, **45**:137, 138
  polymorphic residues, **45**:159, 162
  structure-function relationships, **45**:139–141
T cell repertoire, **45**:166
T cell subsets and, **41**:39, 51
  activated T cells and hybridomas, **41**:54, 56, 57
  alloreactivity, **41**:78, 81, 82
  effector phase, **41**:75, 92, 94, 95
  H-2 molecules in thymus, **41**:97, 99–103, 108
  resting T cell subsets, **41**:83–88
  T accessory molecules, **41**:60
  unprimed and resting T cells, **41**:65, 71–75
transplant, **48**:197–198
transporters, need for, **65**:47–48
tumor immunity and, **65**:94, 95
Cytotoxins, **41**:269, 270

D

D1.3, **43**:20–21, 222
DAG, *see* Diacylglycerol

Daudi cells, stimulation with CD40, **63**:51
Daunomycin
  in cancer treatment
    antitumor activity, **56**:333–334
    functional studies, **56**:345
    monoclonal antibodiy conjugation, **56**:334–336, 338
  MC and, **42**:265–268
  MG and, **42**:265–268
DBA/2 mastocytoma cell, anterior chamber, **48**:204
Death domain, **61**:9, 27, 31
Death factor, Fas as, **57**:129–140
Death genes, induction activation, **50**:71–73
Death program, release, **50**:75–76
Decay-accelerating factor, **48**:241; **61**:203, 204, 222–228
  complement receptor 1 and, **46**:189, 197
  deficiencies in PNH, **60**:75–78
  expression on all blood cells, **60**:78
  function, **61**:219, 224–228
  gene, **61**:222–223
  in GPI-anchored proteins, **60**:60–66
  regulators of complement activation and genes, **45**:403, 408
    protein expression, **45**:395–402
    protein interactions, **45**:383
    protein roles, **45**:385–388, 390, 391
  structure, **61**:207, 222–224
  surface antigens of human leukocytes and, **49**:93
  therapeutic complement activation role, **56**:273–274
Deep venous thrombosis, aPL antibodies and, **49**:219
Degradation, Ir genes and, **38**:93, 95–97
Degranulation
  cytotoxicity and, **41**:282, 296, 297, 312
  eosinophils
    and β2 integrins, **60**:207
    morphology, **60**:160–162
  mast cells, NO effect, **60**:332
Dehydroepisterone, **61**:357
Delayed-type hypersensitivity
  adoptive T cell therapy of tumors and, **49**:289, 327
  anterior chamber-associated immune deviation, **48**:219
    antigen-specific down-regulation, **48**:208, 209
  intraocular tumor allograft, **48**:208, 209
  antigen-presenting cells and, **47**:57, 104
  effector T cell, **48**:197
  helper T cell cytokines and
    cross-regulation of differentiation, **46**:131
    differential induction, **46**:127–130
    functions, **46**:117
    human subsets, **46**:139
    immune responses, **46**:133, 137, 138
    precursors of differentiation states, **46**:125
  humoral immune response and, **45**:24, 27, 79, 85
  hybrid resistance and, **41**:383
  IFN-γ and, **62**:96–98
  immunosenescence and, **46**:221, 237
  Ir genes and
    expression, **38**:55, 57, 60, 61
    genetic control, **38**:34–36
    H-Y antigen, **38**:180
    I region mutations, **38**:86
    MHC restriction, **38**:65
    "Schlepper" experiment, **38**:39, 40
    T cells, **38**:41, 42
      interaction, **38**:157, 158
      suppression, **38**:135
  Langerhans cell, **48**:197–198
  leukocyte integrins and, **46**:162
  NK cells and, **47**:226
  ocular HSV infection, **48**:210
  spleen, **48**:211–212
  spontaneous autoimmune thyroiditis and, **47**:450
  T cell subsets and, **41**:76, 77, 94
  transplant, **48**:197
  tumor allograft, **48**:208, 209
  UV5C25, **48**:214
Delbrück model, antigenic variation, **38**:340–344
Deletion, *see also* Clonal deletion
  autoreactive T cells, **58**:272–275
  B cell formation and, **41**:203
  CD4$^+$8$^+$ thymocytes, **58**:166–168, 170–171, 259
  complement components, **38**:229
  cytotoxic T cells and, **41**:139, 167
  $\gamma\delta$ T cells, **58**:313
  Ig heavy-chain variable region genes and, **49**:9, 14, 25, 31

intrachromosomal, switch recombination, **61**:99
Ir genes, **38**:189
  antigen-specific clones, **38**:121
  clonal, **38**:92, 125
  macrophages, **38**:114, 115
  T cell selection, **38**:131, 132
  tolerance, **38**:127, 130
peripheral, *in vitro* models, **58**:215–219
peripheral T cell, CD3/TCR-mediated, *in vitro* models, **58**:219–224
reduced level in G_{10} or C_{10} coding ends, **58**:40
RSS junctional, **58**:54
single and multiple base, in PNH, **60**:84–88
Deletional switch recombination, in B cells, **60**:38–39
Deletion mapping analysis, **42**:133–137
Delta-kaolin clotting time, aPL antibodies and, **49**:201, 206
Demyelinating disease, autoimmune, *see* Autoimmune demyelinating disease
Dendritic cells
  adoptive T cell therapy of tumors and, **49**:330
  afferent lymph, CD1 protein expression, **59**:63–64
  antigen-presenting cells and, **47**:45–47, 87, 104, 105
    antigen presentation, **47**:71, 72, 74–76, 78–81
    antigen processing, **47**:88–92
    APC-T cell binding, **47**:95–97, 99
    cell surface, **47**:57–64
    immunogeneity, **47**:101–104
    interaction with T cells, **47**:93, 94
    T cell-dependent antibody responses, **47**:83, 84, 86
    T cell growth, **47**:99–101
    tissue distribution, **47**:47–57
  autoimmune thyroiditis and, **46**:280, 281, 296, 297, 300
  CD1 protein distribution, **59**:60–64
  CD23 antigen and, **49**:155, 171
  CD40 expression, **61**:13, 40–41
  complement receptor 1 and, **46**:190
  complement receptor 2 and, **46**:209
  distinction of FDCs from other, **51**:244–247

helper T cell cytokines and, **46**:128
IBD and, **42**:293, 296
lung transplants, **59**:423
pulmonary, **59**:376–381, 412
role in Vβ selective element action, **50**:31
SCID and, **49**:402
as target for vaccination strategies, **58**:435–436
T cell subsets and
  H-2 alloantigen recognition, **41**:89–92
  H-2 molecules in thymus, **41**:103–106, 108–110
  H-2-restricted antigen recognition, **41**:74, 75, 77
Dengue virus, IFN-γ and infection, **62**:77
Density, alterations during eosinophil activation, **60**:202–203
Dental caries, subunit vaccines, **60**:135–136
Deoxyguanosine, T cell subsets and, **41**:104, 106, 108
Deoxynucleotidyltransferase, B cell formation and, **41**:194, 203, 204, 220, 231
Deoxyspergualin, **65**:125–126
Depletion
  Ir genes
    complementation, **38**:74
    immunodominance, **38**:182, 184
    macrophages, **38**:113, 115
    tolerance, **38**:127
  SCID and, **49**:381, 394–397, 399, 401
Depolarization
  cell-mediated killing and, **41**:273
  pore-forming protein and, **41**:293, 294
Dermatitis
  CD23 antigen and, **49**:154
  SCID and, **49**:398
Dermatomyositis, antinuclear antibodies and, **44**:111–113, 118–120, 137
Desetope, *Ir* genes and, **38**:107
Desmoglein
  amino acid sequence homologies and conserved sites with PV antigen, **53**:314
  characterization, **53**:300–303
  comparison with PV antigen and cadherins, **53**:311
Desmoplakin I
  homology with 230-kDa pemphigoid antigen, **53**:305–310

Desmoplakin I (*continued*)
  structural and amino acid homologies with BP antigen, **53:**307
Desmosomes
  pemphigus foliaceus antigen localization, **53:**300–303
  ultrastructure diagram, **53:**297
Desotope, T cell subsets and, **41:**53, 58
Determinant selection
  Ir genes and, **38:**98, 99
  model, MHC restriction, **43:**207
Development
  fetal, acquisition of clonotype repertoire during, **42:**26–30
  IL-6 role
    embryo, **54:**31–32
    fetus, **54:**32
    placenta, **54:**32
  intrathymic, *see* T cells, intrathymic development
  LIF role in, **53:**33–37
  neonatal, *see* Neonatal development
  regulation of IgR functional components, **54:**375–378
DEX, *see* Dextran
Dexamethasone, **62:**192, 195
  GM-CSF mRNA in T cells and, **39:**14
  hybrid resistance and, **41:**387
  IL-2 mRNA in T cells and, **39:**14
  IL-3 mRNA in T cells and, **39:**14
  induced T cell death, **58:**262–265
  NF-κB and, **65:**119
Dexter's culture system, B cell formation and
  bone marrow, **41:**208–210, 213, 215–217, 219, 220
  W/W anemic mice, **41:**224
Dextran
  Ars A response and, **42:**131
  B cell repertoire expression and, **42:**58–62
  as intermediate carrier in anthracycline–antibody conjugation, **56:**337–338
  secondary B cell lineage and, **42:**70
DFL16.1 gene segment, Ars A antibodies and, **42:**105–107
DHA, **62:**186
DH segments, **62:**1, 23
  Ig heavy-chain variable region genes and, **49:**2–3
  mouse and human, **62:**17–19
  organization, **62:**9–10

Diabetes, *see also* Autoimmune diabetes, murine model
  autoimmune thyroiditis and, **46:**269, 284, 298
  insulin-dependent, *see* Insulin-dependent diabetes mellitus
  murine lupus models and, **46:**79
  NK cells and, **47:**301
  overt, T cell subsets involved in insulitis and, **51:**296–298
  patients, IL-2 deficiency of, **50:**173–174
  spontaneous autoimmune thyroiditis and, **47:**448, 468, 492
  suppressor mechanism controlling development of, **51:**301–303
Diabetes mellitus
  antiadhesion therapy, **64:**197
  human–human hybridomas and, **38:**299
  IFN-γ and, **62:**100–101
  insulin-dependent, *see* Insulin-dependent diabetes mellitus
  mucosa-derived effector cells, **64:**192
  NO role, **60:**344–345
  pituitary hormones, **63:**423
  role of IL-1ra, **54:**214
Diabetogenic genes, MHC-linked, **51:**290–293
Diabetogenic T cells, repertoire of, **51:**298–301
Diacylglycerol, **48:**228, 309
  IL-1 and, **44:**175, 176, 185
  immunosenescence and, **46:**223, 224
  in neutrophils
    amplification and, **39:**131–135
    protein kinase C and, **39:**130–131
  T cell activation and, **41:**15–19, 30
Diamphotoxin, cytolysis and, **41:**318
Diapedesis, **65:**369
Diazo reaction, as procedure for chemoimmunoconjugation, **56:**319
Dibutyrl cyclic AMP, autoimmune thyroiditis and, **46:**294
Dicetyl phosphate, aPL antibodies and, **49:**229–230
Diclofenac, **62:**184, 186
Dif, in rel family, characterization, **58:**14
Differentiation
  antigen-presenting cells and, **47:**48, 83, 84
  autoimmune thyroiditis and, **46:**266

B cell
  in CBA/N immunogenic mice,
      53:142–143
  and growth, *in vivo* aspects, **52**:221–230
  HIGMX-1 as defect, **60**:42–48
  isotype switching during, **60**:38–39
  murine CD5 B cells, **55**:309–310
B cell formation and, **41**:181, 235–237, 239
  B cell precursors, **41**:188, 189, 191–192,
      194, 195, 197, 199–201
  bone marrow cultures, **41**:210, 212,
      214–218, 220
  genetically determined defects,
      41:223–226, 230, 231
  inducible cell line, **41**:220, 221, 223
  lymphohemopoietic tissues, **41**:185, 187
  population dynamics, **41**:206, 207
  soluble mediators, **41**:232, 235
CD5 B cell and, **47**:117, 118, 123, 125
  physiology, **47**:139, 141, 142
complement receptor 2 and, **46**:204, 206
cytolysis and, **41**:270
eosinophils, **60**:162–164
helper T cell cytokines and
  cross-regulation, **46**:130–133
  human subsets, **46**:139
  immune responses, **46**:137
  induction, **46**:127–130
  precursors, **46**:122–127
HIV infection and, **47**:379, 393
hybrid resistance and
  antigen expression, **41**:400
  bone marrow cells, **41**:336
  leukemia/lymphoma cells, **41**:369
  marrow microenvironment, **41**:390, 392
  NK cells, **41**:372, 373
  syngeneic stem cells, **41**:388
  T cells, **41**:381
IgE biosynthesis and
  antibody response, **47**:8, 9, 11
  binding factors, **47**:12, 13, 21, 23
immunosenescence and, **46**:221, 253
  lymphocyte activation, **46**:231, 232
  stem cells, **46**:240, 242–247
NK cells and, **47**:188, 198
  adaptive immunity, **47**:291, 292, 294
  congenital defects, **47**:225
  effecter mechanisms, **47**:235, 239
  hematopoiesis, **47**:272, 276
  morphology, **47**:216

surface phenotype, **47**:201, 205, 208
  in vitro, **47**:232–234
  in vivo, **47**:229–232
pre-B cells into B cells
  in *bcl-2* transgenic mice, **53**:143–144
  in vitro, **53**:140–141
  in vivo, **53**:141–142
related translocation oncogenes, **50**:139
spontaneous autoimmune thyroiditis and,
      47:447
stem cell factor–ligand interaction in,
      55:40–42
subpopulations, **53**:127–130
surrogate L chain functions in, **53**:136–143
T cell activation and, **41**:22
T cells, CD4 and CD8 roles, **53**:94–113
  negative selection, **53**:101–103
  positive selection, **53**:97–98
  thymocyte development and selection,
      53:94–97
T cell subsets and
  H-2 molecules in thymus, **41**:98–102,
      104, 105, 107, 108
  H-2-restricted antigen recognition,
      41:52, 64, 66, 76, 77
  terminal, and somatic mutation, apoptosis
      and, **50**:65–66
Differentiation-inhibiting factor/differen-
      tiation-retarding factor, *see* Leukemia
      inhibitory factor
Diffuse large cell lymphoma, gene
      rearrangements and, **40**:292
DiGeorge syndrome, **59**:247
  SCID and, **49**:383–384, 391
Dilute Russell viper venom time, aPL
      antibodies and, **49**:201, 242
Dimerization, through SH2 domain, **60**:19
Dimerization/oligomerization, Epo receptor,
      60:9–11
Dimethyl sulfoxide, for MG, **42**:264
Dinitrophenyl
  IgE biosynthesis and, **47**:28
  synthetic T and B cell sites and, **45**:199
Dinitrophenyl-Asc, IgE biosynthesis and,
      47:3–5
Dinitrophenyl-KLH, IgE biosynthesis and
  antibody response, **47**:5, 6
  antibody response suppression, **47**:29, 31,
      33, 34, 37

Dinitrophenyl-OVA, IgE biosynthesis and
   antibody response, **47**:5
   antibody response suppression, **47**:28–30,
      32–34, 37
   binding factors, **47**:12, 14
Dinitrophenyl-Rag, IgE biosynthesis and,
   47:4
Dintzis model, size fractionated polymers,
   52:288–289
Diptheria, **38**:32, 289, 295
Direct cDNA selection, **59**:165
Direct cellular cytotoxicity, spontaneous
   autoimmune thyroiditis and, **47**:451, 452,
   469
Directional cloning, **38**:205
Direct two-color immunofluorescence, for NK
   cell surface antigens, **42**:200
DIR segments, Ig heavy-chain variable region
   genes and, **49**:30–31, 33
Disease, *see also* Xenograft models
   clinical
      fiberoptic bronchoscopy studies,
         60:219–223
      and IL-6, **54**:44, 45
   cytokines, **63**:270, 310–314
   IL-2R, **63**:294, 296–299
   and IL-6, **54**:39–43, 44–45
   IL-6, **63**:301, 302
   immunity, role of IELs, **58**:
      326–329
   role of eosinophils, **60**:151–228
   TNF, **63**:306
   virulence factors, **63**:308–309
Disseminated intravascular coagulation,
   endotoxic shock, **66**:260
Dissociation rate constants, **42**:168–172
Disulfide
   CD4 molecules and, **44**:285, 286
   CD8 molecules and, **44**:270–273
   genetically engineered antibody molecules
      and
      biological properties, **44**:83
      chimeric antibodies, **44**:81, 82
      expression, **44**:76
      production, **44**:67, 69
   Ig gene superfamily and
      homology unit, **44**:3
      nonimmune receptor members, **44**:31,
         34, 35, 38, 41, 42
      receptors, **44**:9

lymphocyte homing and, **44**:342
T cell development and, **44**:207, 213, 233
Disulfide bridge, **48**:13
Dithiocarbamates, action of, **65**:123
Divergence, functional, and positive selection
   T cell mechanism, **51**:186–189
Diversification
   germinal centers, **60**:283–284
   somatic
      Ig gene superfamily and, **44**:12–20
      Ig *VL* gene, **48**:60–62
Diversity
   combinatorial, in leukocyte–endothelial cell
      recognition, **58**:389–390
   N region, **58**:301–303
DNA, *see also* Complementary DNA;
      Mitochondrial DNA; Recombinant DNA
   antigen-presenting cells and, **47**:75
      antigen processing, **47**:92
      APC-T cell binding, **47**:95–97
      T cell growth, **47**:99–101
   antinuclear antibodies and, **44**:93
      autoantibodies, **44**:125, 127, 137, 138
      autoantigen, **44**:127, 128, 131
      drug-induced autoimmunity, **44**:109
      scleroderma, **44**:121, 122
      SLE, **44**:95–100, 105–107
   aPL antibodies and, **49**:209, 226, 240,
      248–249, 251, 256
   autoimmune thyroiditis and, **46**:267, 303
   B cell formation and, **41**:183, 184, 203,
      217, 235
   breakage
      immunodeficiency syndromes,
         61:314–316
      KU 70/86, **61**:301–303
      scid mutation, **61**:299–301, 317
      V–D–J recombination, **61**:298–303
   broken, in V(D)J recombination, **64**:43–45
   CD4 molecules and, **44**:286–288
   CD5 B cell and, **47**:161
      Ig gene expression, **47**:152, 154–156
      marker for activation, **47**:127
      physiology, **47**:131, 133, 134, 136, 137
   CD8 molecules and, **44**:272, 275, 277
   CD23 antigen and, **49**:167
   cell-mediated killing and, **41**:298
   cloning, **44**:74
      expression, **44**:70, 71, 77, 78
      fusion proteins, **44**:85, 86

SUBJECT INDEX

complement receptor 1 and, **46**:188
complement receptor 2 and, **46**:206
cytolysis and, **41**:277, 283–285
damage, *see* DNA damage
degradation, target cells, by CTLs, **60**:300–301
deletion and looping out, **54**:234
double-strand break repair, **64**:49, 51
  model, **61**:111
  relevance of joining activity, **58**:45
  and V(D)J recombination, **58**:29–85; **64**:49–51
    cell cycle regulation, **58**:70–74
    and Ku autoantigen, **58**:55–60
double-strand breaks, role in V(D)J recombination, **58**:32–36
Ets transcription factor binding, **64**:66–68
fragmentation, **58**:246–248, 251–253, 262–264, 270–271
genetically engineered antibody molecules and, **44**:66, 89
genomic rearrangement, **38**:9
HIV infection and
  etiological agent, **47**:380, 382
  immunopathogenic mechanism, **47**:387, 401, 402
  neuropsychiatric manifestations, **47**:403
humoral immune response and, **45**:6, 32, 35
hybrid resistance and, **41**:343, 377, 378
IgE biosynthesis and, **47**:17
Ig gene superfamily and
  evolution, **44**:46
  homology unit, **44**:8
  receptors, **44**:12, 14, 17, 20
Ig heavy-chain variable region genes and, **49**:1, 3
  D segments, **49**:29, 31–33
  J_H segments, **49**:33
  polymorphism of V_H gene segments, **49**:23–24
  regulation, **49**:53, 55, 61
  V_H families, **49**:8, 9, 11
  V_H gene expression, **49**:35, 39–40, 42–43, 46, 48–50
IL-1 and, **44**:165, 177
immunosenescence and, **46**:230, 234, 253
Ir genes and
  cytotoxic T cells, **38**:169
  recombination, **38**:86

T cell repertoire, **38**:116, 145
T cell suppression, **38**:148, 150
–Ku complex, **58**:55–57, 61–62
leukocyte integrins and, **46**:160, 174, 175
maps of Ig-like loci and, **46**:3–6, 46
  structure, **46**:11–13, 15, 18, 25, 27
T cell receptor, **46**:36, 37, 39, 41–43, 45
MHC class I molecule-encoding, **58**:433
mitochondrial, *see* Mitochondrial DNA
murine lupus models and
  Ig germline, **46**:66, 69, 71, 72, 76–78
  T cell antigen receptor, **46**:83, 84, 87
naked
  and cytotoxic T cell responses, **58**:436–437
  linkage of cell-surface protein, **58**:423
NK cells and, **47**:209, 235, 253, 254
nuclear, fragmentation, and PCD, **58**:212–213
PIG-A, analysis, **60**:84
promoters and enhancers, **43**:239
–protein intermediates, **58**:38–39
and rabbit antibody repertoire
  B cell rearrangements, **56**:190–192
  probes to molecules, **56**:182–183
repair, plasmacytoma development, **64**:240–241
repair defects, **61**:310–311
repair syndromes, **58**:62–69
repair synthesis, across double-strand gap, **58**:44
replication, role in immune response, **54**:237–238
RNA-duplex switch region complex, **61**:114–116
SCID patients, **61**:310–311
spontaneous autoimmune thyroiditis and, **47**:435, 493
  altered thyroid function, **47**:458, 464
  disturbed immunoregulation, **47**:470
  genetics, **47**:483, 484
sporozoite malaria vaccine and
  antibodies, **45**:301
  CS proteins, **45**:297
  immunity, **45**:291
  interferon-γ, **45**:302
  Plasmodium vivax, **45**:317
strand polarity, **60**:279
surface antigens of human leukocytes and, **49**:116

DNA (continued)
  synthetic T and B cell sites and, **45**:231
  T cell activation and, **41**:29
  T cell receptor and, **45**:109, 165
  T cell subsets and, **41**:41, 44, 46–48, 78
  transcription inhibition, **58**:240
  transfection, **38**:280, 305, 306
    expression of IgR on cell surface, **54**:360–361
    as substrate introduction method in V(D)J joining, **56**:50–53
  virus-induced immunosuppression and
    HIV, **45**:354, 355
    measles, **45**:344, 348
DNA binding
  effect of Stats, **60**:28
  Stat homology blocks in, **60**:18–19
DNA damage
  and p53 accumulation, **58**:258
  in programmed cell death, **50**:57–60
    fragmentation, **50**:57–58
    methods, **50**:59–60
    observations in rodent thymocyte, **50**:58–59
    pattern of fragments, **50**:58
DNA-dependent protein kinase, **61**:300–301; **63**:154
  association with Ku, **58**:60–62
  DNA-PK$_{CS}$, **64**:49–50, 60
DNA duplication, **38**:211, 212
DNA flap, **61**:304
DNA ligase, deficiency in Bloom syndrome, **58**:65–66
DNA-PK, *see* DNA-dependent protein kinase
DNA polymerase
  antinuclear antibodies and, **44**:94, 108, 135
  genetically engineered antibody molecules and, **44**:85
DNA rearrangement, T cell receptor and, **38**:5, 9
DNA RFLP typing strategy, **48**:117–118
DNase I
  sensitivity as indicator of gene recombination, **56**:43–44
  T cell-specific hypersensitive site, **43**:268
DNA sequence
  complement components, **38**:212
  human B cell neoplasia, **38**:266
  maternally transmitted antigen and, **38**:330
  T cell receptor and, **38**:7, 15

DNA topoisomerase 1, antinuclear antibodies and, **44**:94, 121, 131, 133, 134, 137
Dob, Fc, **48**:21
Dob antibody structure, **43**:8
Docosahexaenoic acid
  arachidonic acid metabolism and, **39**:159–160, 164
  in human neutrophils, **39**:165–166
  formation from N-3 and N-6 fatty acids, **39**:159–160
  metabolism, 5-lipoxygenase and, **39**:160–161
Dog leukocyte antigen, hybrid resistance and, **41**:349, 350
Domain, defined, **63**:201
Domain-domain interactions, **43**:110
Domain organization, CD1 proteins, **59**:35–36
Domain structure
  genetically engineered antibody, **48**:14, 16, 22
  segmental flexibility, **48**:14, 16, 22
Dominant resistance, IDDM, **48**:143–144
Double-homologous recombination, **48**:56
Down-regulation
  in clonotype repertoire expression, *see* Environment, B cell repertoire expression and
  signal transduction through B cell Ig receptor, **54**:374
Down syndrome, leukocyte integrins and, **46**:160
DP, **48**:109, 110–111
DP allele, celiac disease, **48**:145
DP α allele, celiac disease, **48**:145
DP β allele, celiac disease, **48**:145
DP α-DQ β, multiple sclerosis, **48**:149
DP α-DQw1 β, celiac disease, **48**:146–147
DPM1, **60**:73–74
DP α polymorphism, celiac disease, **48**:145
DP β polymorphism, celiac disease, **48**:145
D$_\mu$ protein, **63**:7, 22–23
D-proximal V$_H$ genes, **49**:5
  V$_H$ families, **49**:18, 20–21
  V$_H$ gene expression, **49**:36–39
DPw4, multiple sclerosis, **48**:149–150
DQ, **48**:109, 110–111
  allele, linkage disequilibrium, **48**:121–122
  heterodimer, DQ2-DQ3 cell, **48**:120–121

SUBJECT INDEX 93

linkage disequilibrium phenomenon, **48**:136–137
DQ α
  cis-complementation, **48**:139–140
  functional dimer, **48**:123
  gene polymorphism, multiple sclerosis, **48**:149
  polymorphism, **48**:121
  structural requirement, **48**:138–139
  trans-complementation, **48**:139–140
DQ β
  amino acid 57, location, **48**:139
  cis-complementation, **48**:139–140
  functional dimer, **48**:123
  IDDM, **48**:134–136
    position 57 aspartic acid, **48**:135–136, 137
  polymorphism, **48**:121
  structural requirement, **48**:138–139
  trans-complementation, **48**:139–140
DQ α-DQ β, multiple sclerosis, **48**:149
DQ6, **65**:286
DQR2-6, multiple sclerosis, **48**:148–149
DQw1, multiple sclerosis, **48**:148
DQw1a, multiple sclerosis, **48**:148
DQw1b, multiple sclerosis, **48**:148
DQw2
  B8, **48**:134
  B15, **48**:134
  DR3, **48**:134
  DR4, **48**:134
DQw2 α chain, celiac disease, **48**:146
DQw3
  B8, **48**:134
  B15, **48**:134
  DR3, **48**:134
  DR4, **48**:134
DQw3.1
  B8, **48**:134
  B15, **48**:134
  DR3, **48**:134
  DR4, **48**:134
DQw3.2
  B8, **48**:134
  B15, **48**:134
  β chain, **48**:136
  DR3, **48**:134
  DR4, **48**:134
DQw3.3
  B8, **48**:134
  B15, **48**:134
  DR3, **48**:134
  DR4, **48**:134
DQw7
  B8, **48**:134
  B15, **48**:134
  DR3, **48**:134
  DR4, **48**:134
DQw8
  B8, **48**:134
  B15, **48**:134
  DR3, **48**:134
  DR4, **48**:134
DQw9
  B8, **48**:134
  B15, **48**:134
  DR3, **48**:134
  DR4, **48**:134
DQw9 Asp^{57} positive
  black patient, **48**:140
  caucasian patient, **48**:140
DR, **48**:109, 110–111
  linkage disequilibrium phenomenon, **48**:136–137
DR1, **48**:127
DR2, **48**:112; **65**:286
  IDDM, **48**:136, 143
    AZH, **48**:136
  multiple sclerosis, **48**:148–150
DR3
  celiac disease, **48**:144, 147
  DQw2, **48**:134
  DQw3, **48**:134
  DQw3.1, **48**:134
  DQw3.2, **48**:134
  DQw3.3, **48**:134
  DQw7, **48**:134
  DQw8, **48**:134
  DQw9, **48**:134
DR4, **48**:112
  DQw2, **48**:134
  DQw3, **48**:134
  DQw3.1, **48**:134
  DQw3.2, **48**:134
  DQw3.3, **48**:134
  DQw7, **48**:134
  DQw8, **48**:134
  DQw9, **48**:134
  HLA-DQ, **48**:134
  juvenile rheumatoid arthritis, **48**:131

DR4 Dw haplotype, **48**:118
DR4 haplotype, **48**:127
DR5
 celiac disease, **48**:144, 147
 juvenile rheumatoid arthritis, **48**:131
DR7, celiac disease, **48**:144, 147
DR7 haplotype
 black patient, **48**:140
 caucasian patient, **48**:140
DR9-DQ β
 black patient, **48**:140
 caucasian patient, **48**:140
DR9 haplotype
 black patient, **48**:140
 caucasian patient, **48**:140
DR allele, linkage disequilibrium, **48**:121–122
DR antigens, IBD and, **42**:288, 292–294
DRB1, RA susceptibility associated with, **56**:410–416
DR α-DQ β, multiple sclerosis, **48**:149
DR α-DQw2 β, **48**:125
DR α-DQw3 β, **48**:125
DR α-DQw I β, **48**:125
 celiac disease, **48**:146–147
DR α gene, **48**:124
 expression modulation, **48**:125
DR β gene, rheumatoid arthritis, **48**:131
Drosophila
 antinuclear antibodies and, **44**:129
 dorsal gene, **52**:271
 identification of Jak homolog, **60**:3–4
 leukocyte integrins and, **46**:153
 maternally transmitted antigen and, **38**:322
DR α protein, **48**:124
Drug development, HIV-1 infection, **63**:95–99, 107
Drug-induced autoimmunity, antinuclear antibodies and, **44**:109–111
 autoantibodies, **44**:136
 autoimmune response, **44**:131
 scleroderma, **44**:124
 Sjögren's syndrome, **44**:112
Drug-induced syndromes, aPL antibodies and, **49**:193, 209, 212–213, 250
Drug–monoclonal antibody conjugates, as cancer treatment, *see* Chemoimmunoconjugates
Drugs
 cytotoxic, and apoptosis, **58**:237–240

 therapeutic, and leukocyte homing, **58**:395–396
DRw8
 celiac disease, **48**:147
 juvenile rheumatoid arthritis, **48**:131
DRw9, IDDM, **48**:137
DRw15, IDDM, **48**:143
DRw16, IDDM, **48**:143
DRw52, **48**:112
DRw53, **48**:112
DRw53 molecule, rheumatoid arthritis, **48**:128
DSB repair, *see* DNA, double-strand break repair
D segments, Ig heavy-chain variable region genes and, **49**:18, 28–34, 36, 53
 organization, **49**:3–6
DuP697, **62**:186
Dw1O, **48**:127
 rheumatoid arthritis, **48**:126–127
Dw4
 position 67, **48**:128–129
 position 70, **48**:128–129
 position 71, **48**:128–129
 rheumatoid arthritis, **48**:126–127
DW14, rheumatoid arthritis, **48**:126–127
DX α polymorphism, **48**:139
Dyscrasias, *see* Plasma cell dyscrasias

E

Eα, **62**:69
Eβ, **62**:43, 51–52
Eγ, **62**:69
E1A, **65**:11
E1B 19K, NF-κB activation and, **65**:128
E2A gene, B cell genesis, **63**:218–219, 232–235
E3/19K glycoprotein, adenovirus, effects on antigen processing and presentation, **52**:44–47
αEβ7, lymphocyte homing and, **64**:156
αEβ7 Integrin, **65**:359
E47/E12, binding site, switch recombination, **61**:117, 118–119
EA-1, **48**:248–249
EAF, *see* Eosinophil-activating factor
EAMG, *see* Experimental autoimmune myasthenia gravis

Early activation antigen-1, **48**:248–249
Early response cytokines, **62**:267, 276, 280
EBF, **63**:250
EBP, **43**:307–308
EBPγ, **65**:18
EBV, see Epstein–Barr virus
EC, see Endothelial cells
ECF-A, see Eosinophil chemotactic factor of anaphylaxis
E chain, **43**:278
  biosynthetically engineered peptides based cDNA constructs, **43**:281
  digestion, **43**:282
  peptide immunogens, **43**:279–280
  sites protected by receptor interaction, **43**:280
  stabilization, **43**:282
Echoviral infections, X-linked agammaglobulinemia, **59**:145
ECP, see Eosinophil cationic protein
ECP1, **61**:10
Ecto-5′-nucleotidase, **48**:241
Edema, paw, NO role, **60**:328–329
Edema, tissue, in IBD, **42**:310
EDN, see Eosinophil-derived neurotoxin
Effector cells
  activated in immune response, **58**:298
  adoptive T cell therapy of tumors and, **49**:284, 333–334
    antigen recognition, **49**:318–319, 324
    expression of antitumor responses, **49**:324–325, 327, 329, 332
    mechanisms, **49**:299, 301–302, 306, 308–313, 315
    NK cells, **49**:316–318
    principles, **49**:286, 288–290, 294–295, 297
  cell-mediated killing and, **41**:296
  cytolysis and, **41**:274, 275
    granule exocytosis, **41**:281
    hydrolytic enzymes, **41**:276
    intracellular damage, **41**:283, 284
    membrane damage, **41**:277
  cytolytic, generation by CD4⁻8⁺ αβ T cells, **58**:108
  cytotoxicity and, **41**:269, 270, 272
  cytotoxic T cells and, **41**:148, 150, 170
  hybrid resistance and, **41**:334, 370
    antibodies, **41**:376, 378, 379
    antigen expression, **41**:402, 403
    bone marrow cells, **41**:346
    leukemia/lymphoma cells, **41**:359, 366, 368
    lymphoid cells, **41**:353
    macrophages, **41**:371
    marrow microenvironment, **41**:390
    NK cells, **41**:372, 373
    syngeneic stem cells, **41**:390
    T cells, **41**:382–384
    in vitro assays, **41**:393–396
  lymphocyte homing and, **44**:332
  NK cells and, **47**:196, 302
    antimicrobial activity, **47**:286, 287
    hematopoiesis, **47**:273, 274, 277, 280
  trafficking to vascularized tumors, **58**:432
  variance with introduced gene, **58**:427
Effector cell–target cell interaction, mediated by leukocyte Fc receptors, **51**:51–54
Effector mechanisms
  hybrid resistance, **41**:369, 370
    antibodies, **41**:376–380
    macrophages, **41**:370–372
    marrow engraftment, **41**:384–388
    marrow microenvironment, **41**:390–393
    NK cells, **41**:372–376
    syngeneic stem cell functons, **41**:388–390
    T cells, **41**:380–384
    in vitro assays, **41**:393–396
  in IBD, **42**:321
  NK cells and, **47**:234, 235
    cytotoxicity, **47**:248–254
    lymphokines, **47**:262–266
    receptors, **47**:242–248
    regulation, **47**:254–262
    target cells, **47**:235–242
  spontaneous autoimmune thyroiditis and, **47**:446, 449, 465–469
Effector molecules
  ATP, in CTL cytotoxicity, **60**:301–302
  downregulation during inflammation, **60**:338–339
  macrophage, in cell-mediated immune response, **60**:333–341
  NO, during inflammation, **60**:332–346
  perforin, in cytotoxicity, **60**:290–292
Effector phase
  B cell activation, **63**:44
  T cell subsets and, **41**:75–77, 92–95

Effector T cells
  cytotoxic T cell, **48**:197
  delayed-type hypersensitivity, **48**:197
  functional and phenotypic properties, **53**:225–227
  functional differences with memory and naive cells, **53**:227–228
  maturation into, **53**:229–230
  migration
    basic pattern, **53**:242–244
    tissue topic subsets, **53**:244–247
  primary and secondary, **53**:227–228
EGF, *see* Epidermal growth factor
Eicosanoids, and asthma pathophysiology, **51**:340–353
  leukotrienes, **51**:341–347
    biological activities, **51**:343
    leukotriene antagonists and inhibitors, **51**:346–347
    leukotrienes and airway hyperresponsiveness, **51**:344–346
    potency, **51**:343
    release of leukotrienes in asthma, **51**:346
    synthesis and metabolism, **51**:341–343
  platelet-activating factor, **51**:352
  prostaglandins and thromboxane, **51**:347–352
    biological activities, **51**:347
    measurements of prostanoids in biological fluids, **51**:349
    pharmacological modulation of airway hyperresponsiveness, **51**:351–352
    airway tone and acute asthmatic response, **51**:350–351
      prostanoid action, **51**:350–352
    potency, **51**:347–349
    prostanoids and airway hyperresponsiveness, **51**:349
    synthesis and metabolism, **51**:347
Eicosanoids, as eosinophil-derived lipid mediators, **60**:188–190
Eicosapentaenoic acid
  cyclooxygenase pathway inhibition, **39**:160, 164–165
  dietary, animal studies leukotriene production and, **39**:162–163
  dietary, human studies
    arachidonic acid in neutrophils and, **39**:166
    in asthma patients, **39**:166–167
    T cell subpopulations and, **39**:167
  dietary N-3 fatty acids and, **39**:160
  esterified and nonesterified, arachidonic acid in human neutrophils and, **39**:167–168
  formation from N-3 and N-6 fatty acids, **39**:159–160
  metabolism
    5-lipoxygenase pathway, **39**:160–161
    leukotriene production, **39**:160–162
  SLE and, **39**:164
ELAM-1, **59**:414
Elastase, IL-1 and, **44**:163
Elastin, **62**:266
Electron microscopy
  antigen-presenting cells and
    antigen processing, **47**:91
    interaction with T cells, **47**:94
    tissue distribution, **47**:51, 52, 57
  antinuclear antibodies and, **44**:124
  autoimmune thyroiditis and, **46**:267, 274, 291
  B cell formation and, **41**:212
  cell-mediated killing and, **41**:292, 294, 295
  complement receptor 1 and, **46**:184
  cytolysis and, **41**:282
  humoral immune response and, **45**:37
  IL-1 and, **44**:184
  leukocyte integrins and, **46**:167
  lymphocyte homing and, **44**:319
  membrane attack complex of complement and, **41**:300, 306
  NK cells and, **47**:218
  regulators of complement activation and, **45**:392, 393
  spontaneous autoimmune thyroiditis and 440, **47**:462
  T cell subsets and, **41**:106
Electron-spin resonance, membrane attack complex of complement and, **41**:303
Electrophoresis
  complement receptor 1 and, **46**:189, 190, 192
  Ig heavy-chain variable region genes and, **49**:4–5, 11
  immunosenescence and, **46**:230

leukocyte integrins and, **46:**154, 157
maps of Ig-like loci and, **46:**5
MHC, **46:**28, 30, 33
structure, **46:**15, 18, 27
T cell receptor, **46:**36, 37, 44
Electrophoretic mobility shift assays, **54:**255
Electrostatic complementarity, **43:**12–13
Electrostatic forces, binding role, **43:**13
Electrostatic potential, MHr, **43:**35
Electrostatic recognition, between antigen and antibody, **43:**12–13
Elf-1
  binding sites, **64:**76–77
  domain, **64:**76–77
  expression, **64:**91
  gene targeting, **64:**92
  structure, **64:**78
  structure–function studies, **64:**91–92
ELISA, aPL antibodies and, **49:**205, 235–236, 242–244, 247
Embryo
  anti-TCR1, -TCR2, -TCR3 antibody treatment, **50:**103–105
  thymectomy, **50:**102
  B cell formation, **41:**181, 193, 199, 201, 224, 227
  chicken, B cell, early commitment in, **57:**367–369, 374
  development, role of IL-6, **54:**31–32
Embryogenesis
  bursar stem cell, **48:**52
  maternally transmitted antigen and, **38:**321, 330, 333
  V-J joint, **48:**49, 50
Embryonic stem cells
  B cells from, **53:**124–130
  LIF effects, mouse, **53:**33–34
  mutant, **62:**32, 36–37, 40
Emphysema, **62:**188, 266
Encephalitis, experimental allergic, *see* Experimental allergic encephalitis
Encephalomyelitis, experimental autoimmune, *see* Experimental autoimmune encephalomyelitis
End-joining
  and nonhomologous recombination, **58:**43–45
  and *scid* mutation, **58:**50
  in *xrs* group mutants, **58:**54
Endocrine cells, IFN-γ and, **62:**93–94

Endocytosis
  antigen-presenting cells and
    antigen presentation, **47:**64, 67, 68, 71, 81
    antigen processing, **47:**87–91
    immunogeneity, **47:**102
    tissue distribution, **47:**51
  CD4 molecules and, **44:**296
  cell-mediated killing and, **41:**298
  complement receptor 1 and, **46:**193, 198–200
  complement receptor 2 and, **46:**210
  HIV infection and, **47:**379
  Ig gene superfamily and, **44:**31
  IL-1 and, **44:**181
  and processing of membrane IgR/antigen complex, **54:**348
  surface antigens of human leukocytes and, **49:**89, 98, 115, 125
Endogenous pyrogen, cachectin as, **42:**224
Endogenous retroviral insertions, inseparable from Vbse, **50:**38–39
Endoglin, *see* Transforming growth factor β receptor
Endoglycosidase F, autoimmune thyroiditis and, **46:**270, 271
Endoglycosidase H
  autoimmune thyroiditis and, **46:**271
  leukocyte integrins and, **46:**154, 174
Endonuclease
  in apoptotic cell degradation, **58:**269–270
  blockade, in apoptosis inhibition, **58:**251
Endoplasmic reticulum, **64:**105
  adoptive T cell therapy of tumors and, **49:**283, 320, 323
  antinuclear antibodies and, **44:**120, 128
  binding of PIG-1, **60:**67
  cytoplasmic face, **60:**65
  GPI anchoring in, **60:**60
  MHC class I molecules
    peptide anchoring, **64:**124–127
    peptide binding, **64:**114–115, 118, 127–128
    peptide loading, **64:**105–128
  regulators of complement activation and, **45:**400
  T cell receptor and, **45:**123, 125
α-Endorphin, immunosuppressive, **39:**309–310
β-Endorphin, **48:**170–172
  effects on lymphocytes
    chemotaxis and, **39:**307–308

β-Endorphin (continued)
  immune responses and, **39**:310
  natural killing activity and, **39**:310
  production by leukocytes, **39**:315–316
β-Endorphin receptors
  in CNS, **39**:312
  on lymphocytes, **39**:312
Endosteum, B cell genesis, **63**:214
Endothelial cell costimulators
  in alloantigen responses, **50**:271–272
  in polyclonal CD4+ T cell activation, **50**:268–270
  in polyclonal CD8+ T cell activation, **50**:270–271
  soluble, production, **50**:272–274
Endothelial cells, **54**:29–30, see also Human umbilical vein endothelial cells; Vascular endothelial cells
  adhesion molecules, regulation, **64**:139–140, 146, 147, 163–173
  adhesion to leukocytes, **58**:376–378, 381–389
  antigen-independent recruitment of T cells into tissues by, **50**:274–287
  extravasation of T cells, **50**:285–287
  migration of memory T cells to inflammatory sites, **50**:278–288
    endothelial leukocyte adhesion molecules, **50**:279–281
  migration of naive T cells to lymph nodes, **50**:275–278
  migration of pre-T cells to thymus, **50**:275
  tissue-specific homing of lymphocytes, **50**:284–285
  B cell formation and, **41**:186, 235, 236, 222–225
  cachectin and, **42**:223–224
  CD40 expression, **61**:14, 41
  cultured, alloantigen presentation by, **50**:266–267
  high endothelial, lymphocyte homing and, **44**:315, 316, 318, 320
  hybrid resistance and, **41**:400
  IFN-γ, **62**:81
  IL-1 and, **44**:153, 190
    biological effects, **44**:166–168
    gene expression, **44**:159, 160
    human disease, **44**:194, 195

immunocompetent cells, **44**:177
    receptor, **44**:181
    structure, **44**:158
    systemic effects, **44**:169, 171
    TNF, **44**:185, 186
  leukocyte integrins and
    inflammation, **46**:162, 164, 165, 168
    ligand molecules, **46**:170–172
  lymphocyte homing and, see High endothelial cells; High endothelial venules
  lymphocyte interaction with, **64**:140–143
  migration of memory T cells to inflammatory sites, endothelial leukocyte adhesion molecules
    expression in vivo, **50**:283–284
    role in lymphocyte binding in vitro, **50**:281–283
  production of soluble costimulators, **50**:272–274
  as source of chemokines, **55**:107
  T cell subsets and, **41**:46, 90
Endothelial-derived relaxant factor, **54**:29–30
  effects via NO, **60**:326
Endothelialitis, **59**:420
Endothelial leukocyte adhesion molecules, **50**:279–281
  expression in vivo, **50**:283–284
  role in lymphocyte binding in vitro, **50**:281–283
  in vitro binding in lymphocyte, **50**:281–283
  in vivo expression, **50**:283–284
  in vivo expression of, **50**:283–284
Endothelial venules, L-selectin association with lymphocyte adhesion, **62**:257
Endothelium
  aPL antibodies and, **49**:193, 250, 252–254
  autoimmune thyroiditis and, **46**:275
  integrity alterations, NO role, **60**:327–330
  leukocyte transmigration, **58**:388–389
  surface antigens of human leukocytes and, **49**:86–88
  tumor vasculature, **64**:180
  vascular, injury caused by TNF, **56**:351
Endotoxemia, see also Sepsis
  human experimental
    IL-1, **66**:116–117
    IL-8, **66**:137–138

model, **66:**102
  TNF, **66:**114–116
  IL-1, **66:**116–117
  sepsis and, **66:**130–131
  TNF and, **66:**114–116
Endotoxic shock, contact activation proteins, **66:**260
Endotoxin
  B cell formation and, **41:**224, 230
  cachectin and, **42:**214–216
  and IL-1, **54:**31
  IL-1 and
    biological effects, **44:**166, 167
    gene expression, **44:**159–161, 163, 164
    human disease, **44:**192, 194, 195
    TNF, **44:**185–188
  lymphotoxin and, **42:**216
Endplates, in MC patient, **42:**261–262
Enhancers, Ig heavy-chain variable region genes and, **49:**52–62
  sequences, **49:**39
Enkephalin, helper T cell cytokines and, **46:**116
Enkephalin heptapeptide, in pulmonary airways, **39:**304
Enterotoxin, *see* Staphylococcal enterotoxin A; Staphylococcal enterotoxin B
Enteroviral infections, X-linked agammaglobulinemia, **59:**145–146, 150
env, adoptive T cell therapy of tumors and, **49:**320–321
Environment, B cell repertoire expression and, **42:**35
  assessment of, **42:**35–36
  diversification and, **42:**36–39
  down-regulation in clonotype repertoire expression and, **42:**42–43
    antiidiotypic recognition, **42:**51–62
    self antigens, **42:**43–51
  predominant clonotype expression and, **42:**39–42
  up-regulation, **42:**22–23
Environmental agents, aPL antibodies and, **49:**221–222
Enzymes
  antinuclear antibodies and, **44:**122, 127, 133
  aPL antibodies and, **49:**203, 239
  CD23 antigen and, **49:**156–157, 172–173

genetically engineered antibody molecules and, **44:**70, 75, 85
granule-stored, **60:**201
Ig gene superfamily and, **44:**12, 17, 47
Ig heavy-chain variable region genes and, **49:**17
IL-1 and, **44:**160, 170
lymphocyte homing and, **44:**317, 320, 360, 365, 369
metal-requiring, **60:**340
mitochondrial, action of, **65:**122
myeloid-specific, **60:**25–26
SCID and, **49:**382–383, 398
surface antigens of human leukocytes and, **49:**100, 111–114
Eosinopenia, ascribed to treatment with glucocorticoids, **60:**227
Eosinophil-activating factor, from monocytes, **39:**215–216
Eosinophil cationic protein, **41:**311, 312
  amino acid sequence, **39:**192–195
  homology to pancreatic RNase, **39:**195
  BAL, **60:**220–222
  bronchial asthma and, **39:**224
  coagulation and, **39:**196
  fibrinolysis and, **39:**196
  in granule matrix, **39:**195
  induced damage to schistosomula, **60:**212–213
  lymphocyte proliferation inhibition, **39:**196–197
  neurotoxicity, **39:**196
  parasite killing, **39:**196, 213
  purification, **39:**191–194
  release from eosinophils, **60:**204–205
  sharing chromosome 14q with eosinophil-derived neurotoxin, **60:**193
Eosinophil chemotactic factor of anaphylaxis
  eosinophil activation, **39:**214–215
  production by mast cells, **39:**214
Eosinophil-derived neurotoxin, **41:**311
  antihelminthic activity, **60:**212
  Gordon phenomenon induction, **39:**198–199
  in granule matrix, **39:**198
  purification and properties, **39:**197–198
  ribonuclease activity, **60:**194
  sharing chromosome 14q with ECP, **60:**193
Eosinophil differentiation factor, **48:**78

Eosinophilia
  experimental, IL-5 role, **57**:173
  helper T cell cytokines and, **46**:133, 137
  IL-5 role
    asthmatic patients, **57**:174–176
    experimental, **57**:173
    guinea pig, **57**:173–174
    mRNA expression in patients, **57**:158–159
    parasite infection association, **57**:172
    tumors associated with, **57**:177–178
  pulmonary, including Churg–Strauss syndrome, **60**:226
Eosinophilia myalgia syndrome, from ingestion of L-tryptophan, **60**:224–225
Eosinophil mediators
  cytokines, **60**:195–201
  granule proteins, **60**:191–194
  lipid, **60**:188–191
  release, and cytotoxicity, **60**:205–208
Eosinophil myelocytes, morphology, **60**:155–158
Eosinophil peroxidase
  antihelminthic activity, **60**:212
  binding to
    effecter cells, **39**:202
    mast cell granules, **39**:201–202
  concentration in BAL, **60**:171
  deficiency, **60**:227
    in cat family, **39**:200
    in granule matrix, **39**:200
    in humans, Yemenite Jews, **39**:200–201
  IgE effects, **60**:207
  leukotriene inactivation, **39**:202–203
  oxidation of halides, **60**:194
  parasite killing and, **39**:201
  purification and properties, **39**:199–200
  tumor cell killing and, **39**:202
Eosinophils, **51**:331–336
  activation, **60**:201–210
    morphology, **60**:158–160, 202–203
  activation by
    α-CSF, **39**:215
    EAF from monocytes, **39**:215–216
    ECF-A from mast cells, **39**:214–215
    ESP from lymph node cells, **39**:214
    LTB_4, **39**:215
    M-ECEF from monocytes, **39**:216
    T cell-produced factor, **39**:217
    TNF, **39**:216
    worm-produced factors, **39**:217
  adhesion and migration, **60**:164–178
  and adhesion mechanisms, **51**:333–336
  as antigen-presenting cells, **60**:200
  asthma, **62**:283, 285
  autofluorescence, **39**:205
  biology, overview, **60**:151–155
  cachectin and, **42**:224
  in cardiac disease, **39**:226–227
  CD23 antigen and, **49**:154, 161, 167
  chemokine action on, **55**:117
  complement receptor 1 and, **46**:190, 191
  in cutaneous diseases, **39**:225–226
  and cytokines, **60**:203–205
  cytotoxicity and, **41**:269, 270, 291, 312
  degranulation
    arachidonic acid metabolism and, **39**:207
    in diseased tissues, **39**:208, 223–226
    induction, methods of, **39**:206–207
  differentiation and maturation, **60**:162–164
  discovery, **39**:177
  and disease, **60**:216–227
  eicosanoid production, **39**:204, 218
  enzymes
    arylsulfatase, **39**:218
    collagenase, **39**:203
    EPO, **39**:199–203
    variety of, **39**:203–204
  granule proteins
    ECP, **39**:191–197
    EDN, **39**:197–199
    major basic protein, **39**:185–189
  high-density
    activation, **39**:205–206
    eosinophilia and, **39**:205
    partial degranulation, **39**:206
  in human reproduction
    cyclic eosinopenia, ovulation and, **39**:228
    major basic protein production by placenta, **39**:228
  IgE, **43**:306–307
  IL-1 and, **44**:164, 188
  IL-5-mediated production, **57**:156
  in immediate hypersensitivity, **39**:217–219
    histamine release and, **39**:217–218
    leukotrienes and, **39**:218
    major basic protein and, **39**:219
  mature
    granule populations, **60**:153–154
    morphology, **60**:155–158

membrane proteins
  antigens, **39:**183–184
  CLC, **39:**181–183
    lysophospholipase activity, **39:**182–183
  complement receptors, **39:**179–180
  Ig receptors, **39:**179–181
  receptor for sheep erythrocytes, **39:**181
PAF production, **39:**205
parasite killing
  AES effects, animals, **39:**209
  cationic protein release and, **39:**213–214
  by moving into tissues and degranulation, **39:**212–213
  in vitro, mediated by
    C3, **39:**210
    IgE, **39:**210–211
    IgG, **39:**209–211
    IgG2a, **39:**210–212
and parasites, **60:**210–216
phagocytosis, **39:**208
proliferation, GM-CSF, **48:**75
recruitment, **58:**431
in rodent uterus
  estrogen-induced eosinophilia and edema, **39:**227–228
  infiltration during estrus cycle, **39:**227
role in asthma, fiberoptic bronchoscopy studies, **60:**218–223
signal transduction, **60:**208–210
sulfated complex carbohydrates, **39:**204
toxicity to various cells, **39:**219
ultrastructure, **39:**177–179
Eosinophil stimulation promoter
  eosinophil activation, **39:**214
  production by lymph node cells, **39:**214
EPA, *see* Eicosapentaenoic acid
Epidermal cells
  dendritic
    expressing Ly-5, **58:**299
    reactivity, **58:**320
    Thy-1$^+$, **58:**301–303
    Vγ5Vδ1, colonization of skin, **58:**317
  Ig gene superfamily and, **44:**31
Epidermal growth factor
  autoimmune thyroiditis and, **46:**272, 294, 295
  complement receptor 1 and, **46:**187
  connection with NO production, **60:**350–351
  IL-1 and, **44:**168, 169, 184
  leukocyte integrins and, **46:**159

Epidermal growth factor domain, PGHS, **62:**169, 171
Epidermal growth factor receptor
  activation of Stats and Jaks, **60:**27
  in chimeric receptors, **60:**10
Episalin, **62:**223
Episomal vectors, **61:**124–128
Epistasis, cytotoxic allogeneic T cells and
  allogeneic cross-reactive lysis, **38:**185–187
  H-Y antigen, **38:**175–180
  immunodominance, **38:**180–185
Epithelial antigens, **62:**238–239
Epithelial barriers, IFN-γ, **62:**90
Epithelial cells
  and basement membrane, **51:**324–327
  CD1 protein distribution, **59:**56, 68, 72
  CD40 expression, **61:**14, 41
  corneal
    accessory antigen-processing cell, **48:**202
    derived T cell-activating factor, **48:**201–202
  hybrid resistance and, **41:**335
  IBD and, **42:**292–294, 319–320, 321
  interaction with IgA, **40:**174–177
  positive selection, **59:**120–121
  respiratory tract, **59:**372–373, 382
  as source of chemokines, **55:**107
  T cell activation and, **41:**1, 10
  T cell subsets and
    cell surface molecules, **41:**46
    restricted T cells, **41:**103–106
    T cell development, **41:**96–98
    T cell specificity, **41:**113
    tolerance induction, **41:**107–110
  thymic, induction of positive selection, **58:**164–165
  and thymocyte deletion, **58:**170
  thyroid, *see* Thyroid epithelial cells
Epithelial tumors, antigens, **62:**220–221, 223–224
Epithelium
  antigen-presenting cells and, **47:**54
  autoimmune thyroiditis and, **46:**266, 287, 296, 297
  CD23 antigen and, **49:**150, 155, 161, 170–171
  complement receptor 2 and, **46:**204, 210, 213
  corneal, Langerhans cell, **48:**197

Epithelium (*continued*)
  development in MHC class I-deficient mouse
    intestinal, **55**:395–396
    thymic, **55**:396–398
  intestinal, derived T cell lineages, **58**:110–112
  leukocyte integrins and, **46**:164, 172
  SCID and, **49**:384, 393, 402
Epitopes, **42**:71–72; **43**:106, *see also* Sequential epitope
  in AChR
    B cells, **42**:258
    T cells, **42**:257
  adoptive T cell therapy of tumors and, **49**:334
    antigen recognition, **49**:321–324
    expression of antitumor responses, **49**:329–330
    mechanisms, **49**:312–313, 315
  agglutination, **48**:23
  amino acids, **43**:65–67
  antigen-presenting cells and, **47**:60, 62, 63
  antinuclear antibodies and, **44**:118, 119, 127
    autoantigen, **44**:128–130
    autoimmune response, **44**:132, 134–136
    SLE, **44**:97, 100, 101, 108
  aPL antibodies and, **49**:193, 234–235, 239–240, 259
    affinity purification, **49**:228
    antibody subsets, **49**:232–233
    binding to cell membranes, **49**:252
    clinical aspects, **49**:213
    LA antibodies, **49**:241, 246–248
    pathogenic potential, **49**:256–257
    specificity, **49**:234–235, 239–240, 248, 250
  autoimmune demyelinating disease and multiple sclerosis, **49**:369–370, 372, 374
    myelin basic protein, **49**:357–363
    TCR usage restriction, **49**:363–368
  autoimmune thyroiditis and, **46**:318, 319
    antigens, **46**:270, 271, 273
    cellular immune responses, **46**:291
    experimental models, **46**:278, 282
    humoral responses, **46**:302–305, 307
    prevention, **46**:312, 314, 315
  autoreactive T cells and, **45**:420
  B cell, **43**:78
    multiple antigen peptides containing, **60**:109–124
  B cell formation and, **41**:191, 192
  binding energy contribution, **43**:24
  CD4 and CD8 molecules and, **44**:268, 295
  CD5 B cell and, **47**:155
  CD23 antigen and, **49**:157
  cell surface-expressed, **48**:114
  character, **43**:121–122
  complement receptor 1 and, **46**:196
  complement receptor 2 and, **46**:206, 207
  conformational, **48**:114
    sites mapped by peptides cluster into, **43**:38–39
  crystallographically defined, **43**:24–25
  cytotoxic T cells and, **41**:138, 169, 170
    β2-microglobulin, **41**:155
    amino acid changes, **41**:159, 162, 163
    carbohydrate moieties, **41**:152, 154
    exon shuffling, **41**:139–142, 144, 145, 147
    HLA class 1 antigens, **41**:150, 151
    monoclonal antibodies, **41**:156–158, 165–167
  definition, **43**:25–26, 72
  dominant, **43**:46–49
  epicenter, **43**:27
  flexibility, **43**:63, 119
  helper T cell cytokines and, **46**:124
  HIV CTL, **66**:276–280
  HIV infection and, **47**:384, 386
    immune response, **47**:407, 410, 411
  HLA class II, **48**:112
  humoral immune response and antigens, **45**:8, 19
    cellular interactions *in vivo*, **45**:80
    helper T cells, **45**:28
    physical interaction, **45**:44
  Ig gene superfamily and, **44**:11, 32, 33
  Ir genes and
    antigen binding, **38**:107
    competitive inhibition, **38**:108
  leukocyte integrins and, **46**:168, 173
  lymphocyte homing and, **44**:321, 342, 343, 348, 368
  methods, **43**:75–76
  mobility, **43**:121
  murine lupus models and, **46**:74, 76

NK cells and, surface antigens of; **42:**187; **47:**221, 245, 247, *see also* Natural killer cells
observed and predicted, **43:**52–55
overlapping, fine specificity studies, **43:**25
precipitation, **48:**23
prediction, **43:**56–58
sequence variability, **43:**77
sequential, *see* Sequential epitope
shared, RA susceptibility associated with
  concept, **56:**403–404, 416–418
  DRB1 genes, **56:**410–416
  ethnic differences, **56:**408–410
  haplotype encoding, **56:**438–440
size, **43:**120–121
spontaneous autoimmune thyroiditis and, **47:**462
sporozoite malaria vaccine and, **45:**283, 319–322
  CS proteins, **45:**292, 299
  CS-specific T cells, **45:**307, 308, 310–313
  endemic areas, **45:**315
  human trials, **45:**313
  interferon-γ, **45:**306
  Plasmodium vivax, **45:**317, 318
surface antigens of human leukocytes and, **49:**87, 125
synthetic T and B cell sites and, **45:**195–197, 260–264
  antigens, **45:**236
  bacterial antigens, **45:**230–232
  globular protein antigens, **45:**210–214
  immunological considerations, **45:**201, 202
  parasitic antigens, **45:**228–230
  peptides, **45:**250
  vaccines, **45:**252, 255–258
  viral antigens, **45:**217–220, 222, 223
T cell, *see* T cell epitopes
T cell activation and, **41:**1, 9, 11, 20
T cell receptor and, **45:**142
  amphipathic character, **45:**144, 145
  antigen processing, **45:**121, 122
  conformation, **45:**145, 146
  experimental systems, **45:**132
  helical conformation, **45:**142–144
  location, **45:**146–148
  peptides, **45:**137

structure-function relationships, **45:**135
T cell repertoire, **45:**164–166
T cell subsets and
  cell surface molecules, **41:**44, 47
  H-2 alloantigen recognition, **41:**79, 80, 83
  H-2-restricted antigen recognition, **41:**53, 54, 56, 62
  T cell specificity, **41:**111, 112
T helper, pathogen-derived, **60:**140–141
three-dimensional structure, **43:**76–77
as vaccines, **43:**59–60
virus-induced immunosuppression and, **45:**363–365, 367
EPO, *see* Eosinophil peroxidase
Epo
  relation to tyrosine phosphorylation, **60:**5–6
  role in Stat phosphorylation, **60:**22
Epo receptors
  association with Jak2, **60:**11–12
  cytoplasmic domain, **60:**13–14
  induction of dimerization/oligomerization, **60:**9–11
Epstein–Barr virus, **52:**193–195, 464; **54:**143–144
  abnormal infection, associated disorders, **37:**129–138
  adoptive T cell therapy of tumors and, **49:**283
  antibodies from transformed cell lines, **57:**229–230
  antigen-presenting cells and, **47:**63, 99
  associated lymphoproliferative disease in hu-PBL-SCID mice, **50:**310–313
  autoimmune thyroiditis and, **46:**300, 306
  CD4 molecules and, **44:**290
  CD5 B cell and, **47:**136
  CD23 antigen and, **49:**149, 161–162, 167, 171
  complement receptor 1 and, **46:**192
  complement receptor 2 and, **46:**204, 205, 208, 210–213
  cytotoxic T cells and, **65:**279
  cytotoxic T cells and, **41:**144, 165, 167
  and herpesvirus saimiri, **54:**115–116
  HIV infection and, **47:**397, 400
  HLA and, **65:**286
  human B cell neoplasia and, **38:**271
    Burkitt lymphoma, **38:**246, 247, 254

Epstein–Barr virus (*continued*)
  transformed lymphoblastoid cell line, **38**:256
 humoral immune response and, **45**:16, 17
 Ig heavy-chain variable region genes and, **49**:2, 33, 35, 38, 42, 49–50
 Ig production induced by, and immortalization, **37**:110–112
 IL-1 and, **44**:156, 190
 induced disease, **54**:143–144
 infectious mononucleosis and, **37**:112–115
 leukocyte integrins and, **46**:173
 mAbs and, **38**:278, 279
  B cell hybridomas, **38**:280
  donor lymphocytes, **38**:284, 285
  genetically engineered antibodies, **38**:304
  human-human hybridomas, **38**:292, 293, 300
  human-mouse heterohybridomas, **38**:301
 NK cells and, **47**:224, 227, 267, 283, 292
 persistent infection in normal individuals, **37**:122–129
 polyclonal B cell activation by, **37**:102–110
 QKRAA
  Dw4 peptide, **48**:130
  gp 110 peptide, **48**:130
 regulators of complement activation and, **45**:388, 409
 SCID and, **49**:398
 surface antigens of human leukocytes and, **49**:92
 synthetic T and B cell sites and, **45**:226, 240, 241
 T cell receptor and, **45**:138
 transformation mediated by
  genetically engineered antibodies, **38**:305
  human-human hybridomas, **38**:293, 294
  human-murine hybridomas, **38**:289
  monoclonal antibody production, **38**:277–279, 301
  transformed B cells, NK clones and, **42**:182–184
 tumor antigen induction, **57**:292
 virus-induced immunosuppression and, **45**:351, 352, 356, 358
Equilibrium dissociation constant, **42**:168–172; **43**:101
Equine infectious anemia virus, **52**:431
Erg, **64**:65
Erythroblasts, hybrid resistance and, **41**:376

Erythrocytes, *see also* Sheep red blood cells
 with abnormalities in complement interaction, **60**:74–75
 aPL antibodies and, **49**:231, 239, 250–252, 254–255
 B cell formation and, **41**:189, 208
 CD23 antigen and, **49**:157
 CD59 deficiency, **60**:76–77
 cell-mediated killing and, **41**:289, 290, 293, 295
 complement receptor 1 and, **46**:190, 191, 194, 196, 198, 199
 complement receptor 2 and, **46**:203, 206, 210
 cytolysis and, **41**:277, 278, 280
 complement receptor 2 and, **41**:277, 278, 280
 equine, T cell subsets and, **41**:68
 GPI anchor-deficient, **60**:93
 humoral immune response and, **45**:17, 63, 65
 hybrid resistance and, **41**:337, 342, 349, 351, 352, 359, 376, 386, 388, 400
 IgE biosynthesis and, **47**:8, 12, 19
 IL-8 binding to, **55**:128
 interaction with IgA, **40**:170–174
 leukocyte integrins and, **46**:163
 lysis by complement, protection from, **60**:77–78
 membrane, LPS-binding proteins, **53**:279
 membrane attack complex of complement and, **41**:299–301, 303, 304, 306
 pore formers and, **41**:314, 316, 317, 319
 protein roles, **45**:388, 389
 regulators of complement activation and protein expression, **45**:395, 396, 399, 400, 402
 SCID and, **49**:383, 388
 surface antigens of human leukocytes and, **49**:114–115, 117
 types I and II, **60**:89
Erythroid cells, B cell formation and, **41**:186, 213
Erythroleukemia, hybrid resistance and, **41**:336, 372, 378
Erythropoiesis
 hybrid resistance and, **41**:336, 337, 339, 348
 IFN-γ and, **62**:93
Erythropoietin
 hybrid resistance and, **41**:348
 properties, **39**:2–3

Escherichia coli, **41**:302, 318; **50**:162; **54**:174, 236
   expression library, immunoscreening, **54**:13
   genetically engineered antibodies and, **38**:304
      expression, **44**:72, 78
      fusion proteins, **44**:85
      production, **44**:66–69
      human-mouse heterohybridomas, **38**:300, 301
   IBD and, **42**:290–291, 294
   leukocyte integrins and, **46**:163
   lipopolysaccharide, structure, **53**:269–270
   maps of Ig-like loci and, **46**:5
   maternally transmitted antigen, **38**:344
   sporozoite malaria vaccine and, **45**:315
   synthetic T and B cell sites and, **45**:257
   T cell receptor and, **45**:126, 165
E-Selectin, **59**:383; **62**:259, 267, 277; **64**:144, 145; **65**:354, 355, 363, 367
   crystal structure, **64**:172
   downregulation, **64**:172
   downregulation by degradation in lysosomes, **58**:357–358
   genetic studies, **64**:194
   ligands, **64**:150, 151
      CLA, 250-kDa, and SSEA-1, **58**:361–362
      CLA$^+$ memory T cells, **58**:392
   properties, **64**:147
   soluble form, **64**:171, 317
   upregulation, **64**:165
ESL-1, **64**:146, 151, 173
ESP, *see* Eosinophil stimulation promoter
Esterase
   B cell formation and, **41**:212, 213
   cell-mediated killing and, **41**:287
Esterase inhibitors, MC and, **42**:237
Ester linkage, in chemoimmunoconjugation, **56**:323
Estradiol
   depletion of CD4$^+$8$^+$ thymocytes, **58**:227–229
   hybrid resistance and, **41**:374, 389–392
Ethanolaminephosphate, in GPI-anchored proteins, **60**:60–67
Ethnicity, *see also* Race
   RA susceptibility associated with, **56**:408–410
N-Ethylcarboxyamido-adenosine, **52**:397
Etodolac, **62**:186

Ets-1, **62**:42, 47–48; **63**:250
   binding sites, **64**:70–73, 76–77
   domains, **64**:76–77
   expression, **64**:74–77
   gene, **64**:75
   gene targeting, **64**:81–82, 84–85
   oncogenic potential, **64**:65
   structure, **64**:79
   structure–function studies, **64**:79–81, 83–84
Ets-2
   binding sites, **64**:70–73, 76–77
   building sites, **64**:76–77
   domains, **64**:76–77
   expression, **64**:74–77, 82–83
   gene, **64**:84
      building sites, **64**:76–77
   gene targeting, **64**:81–82, 84–85
   oncogenic potential, **64**:65
   structure, **64**:79
   structure–function, **64**:79–81, 83–84
Ets binding sites, **64**:68–74
Ets domain, PU.1P domain, **63**:217, 222
Ets–Jun interaction, **64**:86
Ets transcription factors, **64**:65–66, 94–96
   binding sites, **64**:66, 68–74
   Elf-1 protein, **64**:76–77, 91–92
   Ets-1 protein, **64**:65, 74–82
   Ets-2 protein, **64**:76–77, 82–85
   Fli-1 protein, **64**:65, 76–77, 89–90
   GABPα protein, **64**:66, 76–77, 94
   PU.1 protein, **64**:65, 66, 76–77, 85–87
   Spi-B protein, **64**:76–77, 87–88
   ternary complex factors, **64**:76–77, 93–94
Eukaryotes, maternally transmitted antigen and, **38**:319, 320
Eu protein sequence, Ig heavy-chain variable region genes and, **49**:6, 8
Evolution
   CD23 antigen and, **49**:165
   Ig heavy-chain variable region genes and, **49**:14, 16, 26, 55, 61
   J558 V_H family, **42**:123–127
   surface antigens of human leukocytes and, **49**:79, 117
   V_H loci, **62**:19–26
Exocytosis
   autoimmune thyroiditis and, **46**:271
   IL-1 and, **44**:163

Exocytosis (*continued*)
  lymphocyte homing and, **44**:349
  in neutrophils, IL-8-dependent, **55**:113
Exoerythrocytic forms, sporozoite malaria vaccine and, **45**:284, 319
  antibodies, **45**:301
  CS-specific T cells, **45**:307, 312
  human trials, **45**:314
  immunity, **45**:285, 286, 289–291
  interferon-γ, **45**:301–303, 305, 306
Exogenous help, T cell subsets and, **41**:84, 85, 87, 112
Exons
  CD1 genes, **59**:7–8
  CD4 molecules and, **44**:287–289
  CD8 molecules and, **44**:274, 276, 278
  complement components and, **38**:211, 213, 214, 236
  genetically engineered antibody molecules and
    biological properties, **44**:82, 83
    cloning, **44**:73, 75
    fusion proteins, **44**:86
  humoral immune response and, **45**:32
  Ig gene superfamily and
    evolution, **44**:43–45, 47, 48
    homology unit, **44**:8, 9
    nonimmune receptor members, **44**:31, 34, 39
  IL-1 and, **44**:157
  regulators of complement activation and, **45**:404–406, 411
  T cell receptor and, **45**:136
Exon sequences, T cell receptor protein and, **38**:6, 7
Exon shuffling, CTL and, **41**:144–148, 169
  altered cytoplasmic regions, **41**:148, 149
  class I gene transfection, **41**:138, 139
  CTL recognition, **41**:141–144
  mAbs, **41**:156, 165
  serology, **41**:139–141
Experimental allergic autoimmune encephalomyelitis, synthetic T and B cell sites and, **45**:235, 236
Experimental allergic encephalitis, pituitary hormones, **63**:424
Experimental allergic encephalomyelitis, **46**:79; **49**:357
  antibodies and, **49**:369–375

  myelin basic protein and, **49**:357–358, 360–362
  TCR usage restriction and, **49**:363, 366–368
Experimental autoimmune encephalitis, myelin basic and proteolipid proteins and, **66**:88, 90
Experimental autoimmune encephalomyelitis, **46**:291, 293, 312; **47**:433, 449; **48**:163–167; **62**:98–99, 105, 107
  anti-CD4 antibody, **48**:164, 166
  anti-Ia antibody, **48**:164, 166
  immunomodulation, **48**:166–167
  inflammatory demyelination, **48**:166–167
  T cell receptor V gene, **48**:166
  TH cell receptor, **48**:166
Experimental autoimmune myasthenia gravis, *see also* Acetylcholine receptor; Myasthenia gravis
  acute phase response in, **42**:260–261
  development of, **42**:232
  diagnosis of, **42**:254
  etiology of, **42**:248–250
  penicillamine and, **42**:235
  T cell proliferation and, **42**:256
  therapy for, **42**:263–269
Experimental autoimmune thyroiditis, **46**:266, 273, 317, 318; **47**:433, 440, 442, 447
  antigens, **46**:267, 270
  cellular immune responses, **46**:287, 290, 296–298
  genetic control, **46**:284–287
  humoral responses, **46**:301, 302, 306, 308
  induction, **46**:276–282
  models, **46**:273–275
  prevention, **46**:308, 310–315
  SAT, **46**:273–276
Experimental autoimmune uveitis, **62**:98–99
  immune privilege, **48**:216–219
  induction, **48**:215–216
  pathogenesis, **48**:215–216
  S antigen, **48**:219
  self-tolerance, **48**:216–219
  T cell, **48**:216
Experimental eosinophilia, IL-5 role, **57**:173
Extracellular domain
  LIF receptor, **53**:39
  modification, **54**:313–315
Extracellular matrix
  and CD44, **54**:282–291

CD44 as receptor for hyaluronan,
    54:284–287
eosinophil adhesion, **60**:173–174
features of CD44 molecule mediating
    interaction with hyaluronan,
    54:287–290
general features, **54**:282–284
leukocyte integrins and, **46**:149, 153
    ligand molecules, **46**:171
    structure, **46**:156–159
and metastasis, **54**:318–322
production, TGF-β activation, **55**:186
protein interaction with CD44, **54**:290–291
regulation, and interaction with CD44,
    54:302–318
    mechanisms for regulating CD44
        receptor function, **54**:310–318
    regulated hyaluronan binding,
        54:302–308
    and regulatory mechanisms of other
        adhesion molecules, **54**:308–310
    surface antigens of human leukocytes and,
        49:82–86
Extracellular processing, synthetic peptides,
    52:84–85
Extravasation
    activated T cells in skin, **58**:392
    lymphocytes, **64**:142; **65**:360, 365–367
    lymphocytes in high endothelial venules,
        58:347
    T cells, and endothelium, **50**:285–287
Extrinsic allergic alveolitis, **62**:267
Extrinsic factors, TH responses, **61**:357–358
Extrinsic pathway inhibition, aPL antibodies
    and, **49**:256
Eye, *see also* Anterior chamber; Cornea
    anatomy, **48**:192
    autoimmune diseases, **48**:216–219
    HSV-1 infection, anterior chamber,
        48:210
        contralateral eye, **48**:210
        delayed-type hypersensitivity
            suppression, **48**:210
    HSV infection
        anterior chamber-associated immune
            deviation, **48**:208–210
        cytotoxic T cell, **48**:210
        delayed-type hypersensitivity, **48**:210
    immune privilege, **48**:191–221
    immune regulation, **48**:191–221

self-tolerance, strategies, **48**:217
trabecular meshwork, **48**:206–207
transplantation, **48**:191

F

Fab
    constant domain, **48**:19
    C portion, **48**:20
    elbow bend, **48**:19
    heavy chain, **48**:19
    hinge region structure, **48**:21–23
    internal motions, **48**:19–21
    light chain, **48**:19
    protein antigen antibodies, **48**:20
    switch region flexibility, **48**:19
    V portion, **48**:20
Fab-lysozyme complexes, **43**:121
Fab subunit, rotation modes, **48**:33
Faciogenital dysplasia, **63**:149
Factor B, complement components and,
    38:203, 206, 236
    C2 and, **38**:207–209, 228
    C4b-binding protein and, **38**:235
    cDNA, **38**:209–211
    cloning, **38**:212–214
    deficiency, **38**:208
    expression, **38**:217, 218
    restriction fragment length polymorphism,
        38:215, 216
Factor H, **61**:203, 204, 209, 221, 230–235
    complement components and, **38**:204, 211,
        235, 236
    complement receptor 1 and, **46**:189,
        197
Factor I, **61**:210–214, 239–240
    complement components and, **38**:235
    in therapeutic complement activation,
        56:272–273
Factor IX, complement components and,
    38:236
Factor X
    aPL antibodies and, **49**:242–243, 256
    complement components and, **38**:236
Factor XI, **66**:225
    activation, **66**:230, 237
    platelet receptors, **66**:244
    properties, **66**:226
    structure, **66**:230

Factor XIa
  inhibition, **66:**239
  platelet recptors, **66:**244
Factor XII, **66:**225
  activation, **66:**225, 227, 234, 235–236
  autoactivation, **66:**234–235, 236, 245, 248
  endothelial cell receptor, **66:**249–257
  function, **66:**241
  interaction with cells, **66:**244, 246
  properties, **66:**226
  structure, **66:**226–229
Factor XIIa, **66:**225, 228, 229
  inactivation, **66:**238
Factor XII$_f$, **66:**227–228, 229
  function, **66:**241
  inactivation, **66:**238
FADD, **61:**31
Family studies, RA susceptibility, **56:**433–435
Fanconi's anemia, **61:**315
Farnesyltransferase inhibitors, in cancer therapy, **58:**417
Fas, **57:**129–131, 129–140; **61:**9, 17, 30, 31
  apoptosis role, **57:**129, 133–134, 140
    in vitro, **57:**133–134
    in vivo, **57:**133–134
  autoimmune diseases associated with, **57:**138, 140
  dependent cell lysis by CD4$^+$ CTLs, **60:**304–305
  dependent MHC class II-restricted CTLs, **60:**303–310
  expressing B cells, **60:**292
  expression, **57:**130–132
  gene, **61:**9, 10–11
    mutation in *lpr* mouse, **57:**132–133
  loss of function mutation, **57:**139
  mutation in *lpr* mouse, **57:**132–133
  physiologic roles, **57:**137–139
  signal transduction role, **57:**134–135, 139
  T cell development role, **57:**137
  transmission of death signal, **60:**299
Fas/APO-1
  immunological memory and, **53:**241
  in myeloma cells, **64:**259–260
  in target cell killing, **60:**294–296
Fasciitis, eosinophilic, **60:**227
Fas–Fas-L signaling pathway, **61:**32, 37
Fas–Fc chimeric protein, **60:**295–296
Fas ligand, **57:**130, 135–139; **61:**24, 25, 26
  characteristics, **57:**135–137

  expression, **60:**295–298, 303
  expression in cytotoxic T cells, **57:**138
  mediated killing, **60:**308–309
Fatty acids
  aPL antibodies and, **49:**194–197, 238, 251
  IL-2 and, **44:**161, 176
  N-3 polyunsaturated
    dietary
      coronary heart disease and, **39:**145–146
      hypolipidemie effects, **39:**145–147
    in mammalian phospholipids, dietary fish oil and, **39:**160
    metabolism, **39:**159–160
  N-6 polyunsaturated, metabolism, **39:**159–160
  NK cells and, **47:**249
FBL, adoptive T cell therapy of tumors and
  antigen recognition, **49:**320–321, 324
  expression of antitumor responses, **49:**325–329, 331–332
  mechanisms, **49:**300, 302–304, 308–310, 313–315
  NK cells, **49:**317–318
  principles, **49:**292, 295–296, 298
Fc
  Asn^{297} residue, carbohydrate unit, **48:**27
  CH2 domain lateral contact, **48:**20
  CH3 domain, **48:**20–21
  Dob, **48:**21
  hinge region structure, **48:**21–23
  internal motions, **48:**19–21
  Mcg, **48:**21
  rotational properties, **48:**20
  structure, considerations, **51:**2–4
  three-dimensional structure, **48:**20
Fc-binding factors, **43:**277
Fc carbohydrate, **48:**27
Fc fragment, active sequence, **40:**116–118
Fc oligosaccharide, protein surface, **48:**28–29
Fc receptors, **43:**277, 305; **51:**29–54
  adoptive T cell therapy of tumors and, **49:**312–313
  bacterial, **51:**56–60, 56–61
  B cell formation and, **41:**194
  binding sites, localization, **40:**68–69
  cells bearing, IBD and, **42:**297
  cellular distribution, **40:**63–68
  characteristics, **57:**1
  characterization of, **40:**68–70

complement activation by, **51**:7–29
  antibodies as activators of alternative
      pathway, **51**:28–29
  C1 activation, **51**:21–25
  C3 activation, **51**:25–28
  C4 activation, **51**:25–28
  cell lysis, **51**:25–28
  interaction of C1q and antibody,
      51:8–21
complement receptor 1 and, **46**:198
cytotoxicity and, **41**:269, 271, 279, 296
FcαR, **51**:48–50
  characteristics, **57**:38–39
  Fcα-IgA interaction at molecular level,
      51:49–50
  positive cells, IBD and, **42**:290
FcγR, **51**:29–41; **52**:394–396
  biological function, **57**:69–70
  characteristics, **57**:2–3
  signal transduction role
      mechanisms, **57**:72–77
      phosphorylation, **57**:74–77
      second messenger interactions,
          57:72–74
      structural factors, **57**:82, 84–89
FcδR, **51**:51
  characteristics, **57**:43
FcεR, **51**:41–48; **62**:77
  characteristics, **57**:30
  IgE biosynthesis and
      antibody response, **47**:8, 9
      binding factors, **47**:12, 15, 17, 19–23
FcμR, **51**:50–51; **52**:173
  characteristics, **57**:41–42
FcRI
  bacterial, **51**:56–58
  expressed by monocytes, **60**:179–181
FcαRI
  biochemical structure, **57**:39–40
  cell distribution, **57**:40–41
  characteristics, **57**:39
  ligand properties, **57**:40
  mAbs, **57**:9, 40–41
  molecular structure, **57**:39–40
  polymorphisms, **57**:41
FcγRI, **51**:30; **62**:77
  biochemical structure, **57**:3–7
  biological function, **57**:69
  cell distribution, **57**:8
  characteristics, **57**:2–4, 4

gene structure, **57**:4–5, 7
IgG interaction at molecular level,
    51:30–34
Ig interactions, molecular basis,
    57:48–54
ligand properties, **57**:7–8
molecular structure, **57**:3–7
monoclonal antibodies, **57**:8–9
polymorphisms, **57**:8–10
signal transduction role
    phosphorylation, **57**:76–77
    structural factors, **57**:84
structure, **57**:5, 7
FcεRI, **51**:41–43
  biochemical structure, **57**:31–36
  biological function, **57**:70–71
  cell distribution, **57**:36–37
  α chain, **52**:379; **57**:32–33
      molecules related to, **52**:383–384
  β chain, related molecules, **52**:
      379–380, 383–384; **57**:33–34
  γ chain, **52**:380–381; **57**:34–36
  characteristics, **57**:30
  control of synthesis and expression,
      52:384–386
      dependence on IgE, **52**:385
      half-life, internalization, degradation
          and reexpression, **52**:385–386
      synthesis during cell cycle, **52**:385
      synthesis during differentiation of
          basophils/mast cells from
          hemopoietic precursor cells,
          52:384–385
  crosslinking
      and basophil ILL production,
          53:13
      and factor-dependent mast cell
          lymphokine production (murine),
          53:6
      and ILL production by splenic and
          bone marrow FcεRI⁺ cells,
          53:10
      and signaling of IL-4 production,
          53:19–22
      and transformed mast cell lymphokine
          production, **53**:5
  functional characterization, **52**:
      387–391
      binding to IgE, **52**:387–388

Fc receptors (*continued*)
    effector mechanisms and functional changes of mast cells/basophils following activation through IgE binding sites, **52**:391
        signal transduction and distal events, **52**:388–391
    gene structure, **57**:31–34
    IgG interaction at molecular level, **51**:43–46
    Ig interactions, molecular basis, **57**:49–50, 61–68
    ligand properties, **57**:36
    molecular structure, **57**:31–36
    monoclonal antibodies, **57**:9, 36–37
    polymorphisms, **57**:37
    polypeptide components α, β, and γ, **53**:21
    positive cells
        bone marrow, lymphokine production by (murine), **53**:9–14
        human, lymphokine production by, **53**:14–15
    signal transduction role
        mechanisms, **57**:77–81
        phosphorylation in, **57**:79–81
        second messenger interactions, **57**:77–79
        structural factors, **57**:89–90
    structure, **57**:31–34
    transcripts, **57**:31
FcRII
    bacterial, **51**:58–59
    expressed by resting eosinophils, **60**:179–181
FcγRII, **51**:34–36; **62**:77
    biochemical structure, **57**:10–16
    biological function, **57**:70
    cell distribution, **57**:17–19
    characteristics, **57**:2–3, 11
    gene structure, **57**:11–13, 15–16
    IgG interaction at molecular level, **51**:36–38
    Ig interactions, molecular basis, **57**:49–50, 54–59
    ligand properties, **57**:16–17
    molecular structure, **57**:10–16
    monoclonal antibodies, **57**:9, 17–19
    polymorphisms, **57**:19–21
    signal transduction role
        phosphorylation, **57**:75–77
        structural factors, **57**:82, 84–87
    structure, **57**:12–13, 15–16
    transcripts, **57**:13
FcεRII, **51**:46–47
    biochemical structure, **57**:37–38
    CD23 antigen and, **49**:149, 162–167
    cell distribution, **57**:38
    characteristics, **57**:30
    gene structure, **57**:37
    IgE interaction at molecular level, **51**:47–48
    ligand properties, **57**:38
    molecular structure, **57**:37–38
    monoclonal antibodies, **57**:38
    structure, **57**:37
FcRIII
    bacterial, **51**:59–60
    eosinophils expressing, **60**:205
    neutrophils and NK cells expressing, **60**:179–181
FcγRIII, **51**:38–40; **62**:77
    biochemical structure, **57**:21–27
    biological function, **57**:70
    cell distribution, **57**:28–29
    characteristics, **57**:2–3, 22
    gene structure, **57**:22–26
    IgG interaction at molecular level, **51**:40–41
    Ig interactions, molecular basis, **57**:49–50, 59–61
    ligand properties, **57**:27–28
    molecular structure, **57**:21–27
    monoclonal antibodies, **57**:9, 28–29
    polymorphisms, **57**:29–30
    signal transduction role
        phosphorylation, **57**:76–77
        structural factors, **57**:84, 87–88
    structure, **57**:23–26
    transcripts, **57**:23
FcRIV, bacterial, **51**:61
FcRV, bacterial, **51**:61
FcRVI, bacterial, **51**:61
FcRn, characteristics, **57**:46–47
function
    biological, **57**:69–71
    FcγR, **57**:69–70
    FcεRI, **57**:70–71
    signal transduction
        mechanism, **57**:71–81
        structural basis, **57**:81–90

genetically engineered antibodies and, **44:**68, 80, 83, 87
human leukocyte, **51:**29–54
hybrid resistance and, **41:**371, 376–378, 394
Ig gene superfamily and, **44:**39, 43, 45
Ig interactions, molecular basis
   FcγRI, **57:**48–54
   FcεRI, **57:**49–50, 61–68
   FcγRII, **57:**49–50, 54–59
   FcγRIII, **57:**49–50, 59–61
   overview, **57:**48–50
leukocyte, effector cell-target cell interaction mediated by, **51:**51–54
lung dendritic cells, **59:**379–380
phagocytosis and
   IgG, **38:**362, 367, 392
   nonelicited murine macrophages, **38:**377, 379
   zymosan, **38:**370, 371, 393
polymeric IgR, characteristics, **57:**43–46
research directions, **57:**91
signal transduction, mechanism, **57:**71–81
   phosphorylation role, **57:**74–77, 79–81
   protein kinase role, **57:**74–77, 79–81
   second messenger interactions, **57:**72–74, 77–79
signal transduction, structural basis, **57:**81–90
   antigen receptor homology motif role, **57:**81–83
   FcγR role, **57:**82, 84–89
surface antigens of human leukocytes and, **49:**80, 83, 89–91, 111
T cell, role for isotype response, **40:**212–216
T cell activation and, **41:**9
Fc region, biological properties of
   activity of peptide fragments of Fc, **40:**111–119
   complement fixation, **40:**70–71
   enhancement of *in vitro* specificity of humoral immune response, **40:**90–95
   enhancement of specific *in vitro* T cell-mediated immune response, **40:**95–100
   nonspecific lymphocyte activation by Fc, **40:**79–90

regulation of cell-mediated immune response, **40:**77–79
regulation of specific humoral immune response, **40:**71–77
stimulation of macrophages by Fc region, **40:**100–111
FDC, *see* Follicular dendritic cells
Feedback, spontaneous autoimmune thyroiditis and, **47:**476, 478
Feedback loop, NF-κB induction by cytokines and vice versa, **58:**7
Feline immunodeficiency virus, **52:**437–441
   LTR, **65:**10
   in study antiviral therapy and vaccines, **52:**440–441
Feline leukemia virus, model, **52:**434–436
   antiviral therapy, **52:**436–437
   pathogenic mechanism of FeLVFAIDS, **52:**436
Felton's paralysis, and other early results with polymers, **52:**287–288
FeLV, *see* Feline leukemia virus
FELV-FAIDS, pathogenic mechanism of, **52:**436
Ferritin, complement receptor 1 and, **46:**200
Fetal calf serum, autoreactive T cells and, **45:**426
Fetal development
   acquisition of clonotype repertoire during, **42:**26–30
   role of IL-6, **54:**32
Fetal loss, aPL antibodies and, **49:**252–253, 257–258
   clinical aspects, **49:**213–216, 218–224
   isotype, **49:**225–226
Fetal tissues, transplantation with, SCID and, **49:**392–393
Fever
   cachectin and, **42:**224
   IL-1 and, **44:**154, 155, 190, 194
      biological effects, **44:**166
      immunocompetent cells, **44:**178
      systemic effects, **44:**170, 171
      TNF, **44:**185–187
Fiberoptic bronchoscopy, for obtaining BAL fluid, **60:**218–223
Fibrillarin, antinuclear antibodies and, **44:**122–124

Fibrinogen
  IL-1 and, **44**:164, 189
  Ir genes and, **38**:97
Fibrinolysis, aPL antibodies and, **49**:254–255
Fibrinolytic cascade, **66**:240–254
Fibrinopeptide B
  helper T cell cytokines and, **46**:128
  human, synthetic T and B cell sites and, **45**:233
Fibroblast growth factor, IL-1 and, **44**:153, 154
  biological effects, **44**:164, 167–169
  structure, **44**:158
Fibroblasts
  B cell formation and, **41**:235, 236, 238
    genetically determined defects, **41**:230
    Ig genes, **41**:205
    lymphohemopoietic tissue organization, **41**:186, 188
  CD4 and CD8 molecules and, **44**:272, 302
  CD40 expression, **61**:15, 41
  CTL and, **41**:145, 150–153
  growth factor receptors, **54**:365
  hybrid resistance and
    antigen expression, **41**:400
    leukemia/lymphoma cells, **41**:359, 361
    NK cells, **41**:372
    in vitro assays, **41**:393, 394
  IFNs, **62**:61
  Ig gene superfamily and, **44**:36
  IL-1 and, **44**:153, 190
    biological effects, **44**:165, 166, 168, 169
    human disease, **44**:195
    receptor, **44**:179, 181, 183
    structure, **44**:158
    TNF, **44**:186, 188
  IL-1ra production, **54**:188–189
  induction of positive selection, **58**:164–165
  leukocyte integrins and, **46**:162, 171, 172
  maps of Ig-like loci and, **46**:6
  regulators of complement activation and
    protein expression, **45**:395, 397, 399
    protein roles, **45**:387
    RCA-like protein utilization, **45**:410
  as source of chemokines, **55**:107
  synthetic T and B cell sites and, **45**:217
  T cell activation and, **41**:10
  T cell receptor and, **45**:121
  T cell subsets and, **41**:46, 89–91, 94
  trans-acting negative factors, **43**:248

Fibronectin, **38**:362
  antigen-presenting cells and, **47**:61
  B cell formation and, **41**:215
  eosinophil adherence to, **60**:173–174
  leukocyte integrins and, **46**:149, 153
    inflammation, **46**:168, 169
    leukocyte adhesion deficiency disease, **46**:176
    structure, **46**:157, 158
  lymphocyte homing, **64**:191
  multiple myeloma, **64**:248–249
  opsonic effects, **38**:388–391, 393
  structure, **38**:386–388
Fibrosarcoma
  CTL and, **41**:45
  hybrid resistance and, **41**:359, 361, 363
Fibrosis, cytokines, **59**:418
Filariasis, major basic protein in blood, human, **39**:213
Fine sequence specificity, switch recombination, **61**:107–108
Fine specificity, **43**:3
  HyHEL5, **43**:26
  overlapping epitopes, **43**:25
Fish oil, dietary
  arachidonic acid metabolism and, **39**:168–169
  coronary heart disease and, **39**:145–146
  guinea pig pulmonary response to antigen and, **39**:164–165
  plasma LTB_4 and, **39**:164
  murine SLE and, **39**:163–164
  rat rheumatoid arthritis and, **39**:163
FIV, *see* Feline immunodeficiency virus
FK506, **61**:180–187
  antiapoptotic effects, **58**:267
  effect on eosinophil survival, **60**:197–198
  inhibition of negative selection, **58**:261–262
  NF-κB, **65**:120
FK506-binding proteins, **61**:180–181
FKBP12, **61**:181, 187
FKBP12–rapamycin complex, **61**:181–190
FLA-3, multiple myeloma and, **64**:247
Flanking regions
  Ig heavy-chain variable region genes and, **49**:26, 39
  probes, **49**:23
  J558 V_H subfamilies, **42**:122–123
Flap endonuclease-1, **61**:304

Flexibility
  antigenicity, **43:**105, 118
  epitope, **43:**57, 63, 119
  loop, CDR, **43:**107
  main-chain parameters, **43:**50
Fli-1, **64:**90
Fli-1
  binding sites, **64:**76–77
  domain, **64:**76–77
  expression, **64:**89
  gene targeting, **64:**90
  oncogenic potential, **64:**65
  structure, **64:**78
  structure–function studies, **64:**89–90
Florid glomerulonephritis, **59:**343
Flow cytometry, histograms of antigen expression, **52:**131–135
Fluorenyl-methoxy-carbonyl, *see* Fmoc chemistry
Fluorescein, specific neonatal B cells, **54:**399
Fluorescein isothiocyanate, CTL and, **41:**166, 167
Fluorescence
  antigen-presenting cells and, **47:**86, 94
  antinuclear antibodies and, **44:**105
  B cell formation and, **41:**196
  CD5 B cell and, **47:**118, 127
  cell-mediated killing and, **41:**298
  complement receptor 2 and, **46:**204, 207, 211
  genetically engineered antibody molecules and, **44:**65
  immunosenescence and, **46:**229, 231, 232, 242
  lymphocyte homing and, **44:**318, 323, 358, 359
  NK cells and, **47:**198, 213, 219
  spontaneous autoimmune thyroiditis and, **47:**454
  T cell development and, **44:**237
Fluorescence-activated cell sorter, T cell subsets and, **41:**84
Fluorescence microscopy, CD5 B cell and, **47:**149
Fluorescence polarization
  IgA, rotational correlation times, **48:**16–17
  IgE, rotational correlation times, **48:**16–17
  IgM, rotational correlation times, **48:**16–17
5-Fluoro-2-deoxyuridine, use in cancer treatment, monoclonal antibody conjugation procedure, **56:**344–345

Flurbiprofen, **62:**184, 186
  IBD and, **42:**313
FMLP, *see* Formyl-methionyl-leucyl-phenylalanine
Fmoc chemistry
  and Boc chemistry, HIV-1, **60:**134
  MAP synthesis, **60:**106–107
  Pf322 blood-stage antigen synthesis, **60:**120–121
  with *tert*-butyl, **60:**128–130
  TPI epitopes constructed with, **60:**125–126
FOE receptors, **43:**282
  degradation, **43:**302
  human B cells, **43:**298–300
  murine B cells, **43:**302
  T cells, **43:**301, 303
Folic acid antagonists, as cancer treatment, **56:**338–340
Follicles, transformed, avian leukosis virus infection, response to, **56:**471–472
Follicular B cell lymphoma, human, **50:**73
Follicular B cells, **59:**283–285
Follicular dendritic cells, **52:**225–227; **61:**33
  antigen complex binding, **60:**269
  CD40 expression, **61:**14, 41
  cellular origin, **51:**261–263
  central role of in lymphoid tissues
    antigen expression of, **51:**257–261
    cellular origin of, **51:**261–263
    conclusions, **51:**278–280
    distinction of from other dendritic cells, **51:**244–247
    expression of in malignant lymphomas, **51:**274–275
    process, **51:**243–244
    regulation of normal germinal center by, **51:**263–274
  apoptosis, inhibition of, **51:**272–274
  in germinal center light zone, **60:**271
  humoral immune response and, **45:**9, 24, 79, 80
  role in lymphoid tissues
    regulation of normal germinal center by binding via cell-cell and cell-matrix adhesion molecules, **51:**269–271
    cytokines, induction of, **51:**274
    requirements of FDC's for ontogeny of germinal center, **51:**263–265

Follicular dendritic cells (*continued*)
  secondary immune response, regulation of, **51**:271–272
  trapping of immune complexes and alternative antigen, **51**:265–269
  as targets of HIV, **51**:275–278
  technical difficulties, solution of, **51**:246–257
  stored antigen on, **53**:222, 231
Follicular exclusion, autoreactive B cells, **59**:310–319
Folliculostellate cells, IFN-γ effects, **62**:94
Food poisoning, **54**:128
Foot and mouth disease virus
  MAP vaccines, **60**:130
  synthetic T and B cell sites and, **45**:227, 253, 254
Footprinting studies, **43**:2–3
Forbidden T cells, in peripheral immune system, **53**:164–166
N-Formyl-kynurenine, **62**:71
Formyl-methionine peptides, and related compounds, receptors for, **52**:371–372
Formyl-methionyl-leucyl-phenylalanine, **42**:315; **64**:154
  5-lipoxygenase activation, **39**:154
Formyl peptides
  comparison with leukotrienes in neutrophil activation, **39**:135
  as neutrophil receptor ligand, *see* Neutrophil receptors
Forskolin, action of, **65**:124–125
fos gene family, **63**:248
4-1BB, **61**:7, 10, 17
4-1BB-L, **61**:24, 25
Four-way developmental choice, molecular basis of, **51**:180–186
  CD4 vs CD8 down-regulation, **51**:185–186
  positive selection vs two kinds of death, **51**:175–177
  positive vs negative selection, **51**:180–183
  signaling pathways controlling positive selection, **51**:183–185
Fractionation
  antinuclear antibodies and, **44**:102
  lymphocyte homing and, **44**:344
  T cell development and, **44**:238

Fragment cultures, specific, and limiting dilution, **54**:395–398
  importance of affinity and valence, **54**:396–398
  role of B cell maturational stage, **54**:395–397
Fragmentins
  induced DNA degradation, **60**:301
  or granzymes, cytotoxic T cells containing, **58**:240
  peptide hydrolysis by, **58**:243
FRAP, **63**:154
FRAP1, **61**:181
Free energy, protein-protein interactions, **43**:100
Free radicals
  formation or action, inhibition, **58**:250
  NO, scavenging, **60**:340–341
Freund's adjuvant
  HIV V3 loop in, **60**:131
  multiple antigen peptides emulsified in, **60**:111–112, 116–117
Freund's complete adjuvant
  autoimmune thyroiditis and
    experimental models, **46**:276–282
    genetic control, **46**:286, 287
    humoral responses, **46**:301, 302, 307
    prevention, **46**:309–312, 314
  helper T cell cytokines and, **46**:137
  IgE biosynthesis and, **47**:2–5, 14, 24
  T cell subsets and, **41**:70, 71
Friend erythroleukemia, hybrid resistance and, **41**:389
Friend leukemia virus, hybrid resistance and
  antigen expression, **41**:400, 403
  bone marrow cells, **41**:345
  lymphoid cells, **41**:354
  marrow engraftment, **41**:387
  NK cells, **41**:376
Friend murine leukemia virus, adoptive T cell therapy of tumors and, **49**:320–321, 324
Friend spleen focus-forming virus, hybrid resistance and, **41**:389
Friend virus, **41**:168, 378, 389
FS cells, IFN-γ effects, **62**:94
Fucoidin, lymphocyte homing and
  carbohydrate, **44**:356–358, 360–362
  high endothelial venules, **44**:320
Fucosyltransferases, **64**:168, 169
Fuc-TVII, **65**:364–365, 373

Functional divergence, and positive selection
T cell mechanism, **51**:186–189
Functional redundancy, defined, **63**:173
Fungal pneumonia, **59**:397–406
Cryptococcus neoformans, **59**:402–405
Fungal products, in therapeutic complement inhibition, **56**:288–289
Fungi, cytotoxicity and, **41**:269, 270
Fusion
  antinuclear antibodies and, **44**:130, 131
  CD4 molecules and, **44**:295, 296
  donor lymphocyte preparation, **38**:282–286
  genetically engineered antibody molecules and
    expression, **44**:70, 71, 77
    production, **44**:67
    proteins, **44**:85, 86
  human-human hybridomas, **38**:297, 300
  human-mouse heterohybridomas, **38**:300, 301
  hybridoma propagation, **38**:322
  maternally transmitted antigen, **38**:314, 324, 341, 343
  phagocytosis, **38**:363
  somatic, B cell hybridization and, **38**:279
  T cell development and, **44**:215
Fyn, **63**:135, 165, 399
  expression, **51**:144–145
  IL-2Rβ coupling, **61**:155

G

G_1-phase progression
  IL-2 dependent, **61**:179–180
  rapamycin, **61**:182–183
G63, **52**:394
GABPα
  binding sites, **64**:76–77
  domains, **64**:76–77
  expression, **64**:94
  gene targeting, **64**:94
  structure, **64**:78
  structure–function studies, **64**:94
gag, adoptive T cell therapy of tumors and, **49**:320–321, 323–324
GAGE, **62**:229, 233
Galactans, phagocytosis and, **38**:368, 381
Galactose, surface antigens of human leukocytes and, **49**:88–89, 91

β-Galactosidase, antibody response in B cells to, **39**:88–90
  helper T cells and, **39**:88–90
GALT, *see* Gut-associated lymphoid tissue, rabbit
Gamma-activated factor, **62**:68
Gamma chains
  γ_c-common chain, **61**:150, 151–152
  mast cell-specific receptor, gene cloning studies, **43**:288–289
Gamma globulin
  agammaglobulinemia, history, **59**:137–141
  aPL antibodies and, **49**:222–223
  normal rabbit, presentation by B cells, **39**:55–56
  replacement therapy, **59**:150
  XLA, *see* X-linked agammaglobulinemia
Gamma radiation, B cells
  antigen presentation and, **39**:67–72
  dose effects, **39**:67, 71–72
  LPS activation and, **39**:71
  MLR stimulation and, **39**:80–81
Ganglionic nicotinic AChR, **42**:239, *see also* Acetylcholine receptor
Ganglioside antigens, tumor antigens, **40**:351–352
  cell-associated gangliosides, properties, **40**:353–355
  tumor cell-associated, properties
    colon cancer, **40**:364–366
    melanoma, **40**:357–364
    neuroblastoma, **40**:355–357
Gangliosides, **62**:219–220
  abnormal expression in PNH, **60**:92
Gaps, **63**:144
GAS-binding proteins, cytokine activation, **63**:141
GAS elements
  DNA-binding activity, **60**:21–22
  Stat dimer affinities for, **60**:24–25
Gastrin receptor, **48**:181
Gastrointestinal side effects, anticholinesterase drugs, **42**:270
GATA-2, B cell genesis, **63**:217, 218–219
GBP-1, **62**:76
gC1aR, as endothelial cell receptor, **66**:249–257
G-CSF, *see* Granulocyte colony-stimulating factor
GD2, **62**:219

GD3, **62:**219
GDPβS, **43:**292
Gelatinase, **62:**288
Gel electrophoresis
  Ir genes and, **38:**78, 147
  two-dimensional, **38:**225
Gelonin, MG and, **42:**265, 266
Gender, RA susceptibility studies, **56:**434
Gene amplification, human B cell neoplasia and, **38:**254
Gene conversion, **62:**24–26
  Ars A response and, **42:**120
  avian Ig gene, **48:**60–62
  chicken B cell genes, **57:**358–365
  complement components and, **38:**227
  Ig heavy-chain variable region genes and, **49:**15, 52, 61
    D segments, **49:**28–29, 32
    polymorphism of V_H gene segments, **49:**24, 26
  Ig VL gene, **48:**60–62
  Ir genes and, **38:**86
  somatic, and antibody repertoire generation in rabbit, **56:**198–202
  ψ-V gene segment, **48:**58
  VL gene segment, **48:**56–60
Gene dosage
  hybrid resistance and, **41:**357
  Ir genes and, **38:**79–83, 139
Gene duplication
  Ig heavy-chain variable region genes, **49:**25, 29
  in J558 V_H family, **42:**123–127
Gene expression
  B cell hybridomas, **38:**279
  donor lymphocytes, **38:**285
  genetically engineered antibodies, **38:**304
  induction via B cell antigen receptor, **55:**266–269
  maternally transmitted antigen and, **38:**314
    antigenic variation, **38:**342, 343
    MHC, **38:**329
Gene fusion, resulting from chromosome translocation, **50:**128–129
Gene knockouts, **59:**116–118, 124, 128
Geneology, J558 V_H gene segments, **42:**124
Generalized lymphoproliferative disease, murine lupus models and, **46:**63, 64, 94–97

Gene rearrangements
  cis-acting elements for, **58:**30–31
  DNA sequencing, **58:**33–36
  endogenous, **58:**37
  lymphoid-restricted, **58:**43
  TCR, **38:**8, 10, 11
    allelic exclusion, **38:**17, 18
    developmentally programmed, **58:**308–309
    peripheral T cells, **38:**13–15
    thymus, **38:**13
  TCRγ, **58:**142
  Vα TCR, **58:**112
  Vγ, developmentally regulated program, **58:**301
  Vγδ, **58:**311
  VγJγ, **58:**314
Gene regulation, by cytokines, NF-IL6 and NF-κB, **65:**1–33
Genes
  chicken B cell, conversion
    DT40, **57:**361–362
    Holliday junction, possible formation of, **57:**362–365
    hyperconversion mechanism, **57:**358–361
    recombination models, **57:**362–365
  cytokine
    cloning and expression, **58:**425–427
    in tumor cell engineering, **57:**321–323
    upregulated by NF-κB, **58:**10–12
  in DSB repair and V(D)J recombination, **58:**45–55
  in GPI anchor synthesis, **60:**67–74
  heavy chain, assembly of, **40:**252–253
  in hematopoietic cells, **60:**23–25
  of human κ light chains, **40:**249–251
  IL-2, localization, human, **39:**5, 18
  IL-3, localization, murine, **39:**7–8, 18
  λ light chain, **40:**251–252
  lymphocyte, function, **62:**31–53
  mb-1, genomic structure, **54:**355
  MHC, see Major histocompatibility complex
  natural and artificial mutations, **58:**90–101
  NF-κB-responsive, **58:**5–6
  non-MHC-linked, **51:**293–294
  oncogenes, see Oncogene
  perforin, **60:**291–294
  RA susceptibility-associated, alleles, **56:**441–446

suicide, **58**:428–429
transgenes, *see* Transgene
Gene silencer, TCRγ, **58**:120
Gene splicing, adhesion molecules, **64**:167
Gene targeting
  Elf-1 protein, **64**:92
  Ets-1 protein, **64**:81–82
  Ets protein, **64**:84–85
  Fli-1 protein, **64**:90
  GABPα protein, **64**:94
  PU.1 protein, **64**:86–87
  Spi-B protein, **64**:88
  ternary complex factor, **64**:94
Gene therapy, X-linked agammaglobulinemia, **59**:150–151
Genetically engineered antibodies, **38**:304–306; **44**:65, 66, 89
  antigen-combining sites, **44**:84, 85
  biological properties, **44**:82, 83
  chimeric antibodies, **44**:79–82, 87, 88
  cloning, **44**:73–75
  domain structure, **48**:14, 16, 22
  expression, **44**:75–79
  expression vectors, **44**:70–72
  fusion proteins, **44**:85, 86
  lymphoid mammalian cells, **44**:69, 70
  production
    in bacteria, **44**:66–69
    in yeast, **44**:69
  segmental flexibility, **48**:14, 16, 22
  surface Ig, **44**:89
Genetic chimerism, **59**:106, 109–111, *see also* Chimerism
Genetic defects, in B lineage cells leading to autoimmune disease, **53**:144–147
Genetic drift, *Ir* genes, **38**:87, 148
Genetic mapping
  autoimmune demyelinating disease and, **49**:369
  CD1 loci, **59**:4–5
  CD23 antigen and, **49**:156, 165–166
  Ig heavy-chain variable region genes and, **49**:1, 29, 55
    organization, **49**:3–4
    V_H families, **49**:18, 20–21
  IL-2R genes, **59**:226, 227
  V_H locus, **62**:4–7
  Xid mutation, **59**:175
  XLA gene, **59**:163–165, 194–195

Genetic maps, Ig-like loci, **46**:1–3
  chromosomal locations, **46**:6, 7
  mechanisms, **46**:45–47
  methods, **46**:3–6
  MHC, **46**:28
    human HLA, **46**:30–34
    mouse H-2, **46**:28–30
  structure, **46**:7
    human κ chain, **46**:15–19
    human λ chain, **46**:10–12
    human heavy chain, **46**:24–28
    mouse κ chain, **46**:12–15
    mouse λ chain, **46**:8–10
    mouse heavy chain, **46**:19–24
  T cell receptor, **46**:34, 35
    α-chain, **46**:41–45
    β-chain, **46**:35–37
    γ-chain, **46**:38–41
    δ chain, **46**:42, 43, 45
Genetic mosaicism, X-chromosome, **59**:159, 195
Genetic recombination, *see* Recombination
Genetics
  adoptive T cell therapy of tumors and, **10**:283, 297
  aPL antibodies and, **49**:222, 255
  B cell progenitors, **59**:152
  Btk gene, **59**:170–176, 184, 196
    mutations, **59**:185–192, 195, 317
  CD1 family, **59**:2–10
  CD23 antigen and, **49**:162
  and diabetes, **51**:290–294
    MHC-linked diabetogenic genes, **51**:290–293
    non-MNC-linked genes, **51**:293–294
  gene inactivation, **59**:108
  gene knockouts, **59**:116–118, 124, 128
  reconstitution, IL-2 receptors, **59**:231–234, 254
  rheumatoid arthritis susceptibility studies
    family, **56**:433–435
    female sex, **56**:434
    number of genes, **56**:434–438
    twins, **56**:433–435, 446–449
  somatic cell
    complement components and, **38**:204, 233
    human B cell neoplasia and, **38**:247

Genetics (*continued*)
  maternally transmitted antigen and, **38**:320
  spontaneous autoimmune thyroiditis and, **47**:481–491
  transgenes, **59**:107–108, 113–116, 124–127
  X-linked agammaglobulinemia, **59**:161–176, 187, 193–194
Gene transfer
  as cancer therapy, **58**:417–454
  for CD4/CD8 coreceptor function, **53**:70–78
  retroviral-mediated, **58**:437–438
  techniques, **58**:422–425
Genome
  c-kit, organization of, **55**:7–9
  stem cell factor, organization of, **55**:13–15
Genomic mapping, *see* Genetic mapping
Genomic organization
  T cell receptor protein and, **38**:7
  TCR δ gene segments, **43**:155–156
Genomic structure, CD23 antigen and, **49**:165–167
Genotype, autoimmune demyelinating disease and, **49**:364, 366
Geographic distribution
  PIG-A mutations, **60**:81, 87
  Plasmodium vivax malaria, **60**:122
  PNH, **60**:74
Germ cells, development, stem cell factor receptor effect on, **55**:66–69
Germinal center cells, **62**:146–148, 150
Germinal center reaction, responses to thymus-dependent antigens, **60**:272–276
Germinal centers
  B cell censoring, **59**:331–341
  development, **52**:224–225
  diversification, **60**:283–284
  formation, CD40 and, **63**:72
  and memory B cells, **53**:231–233
  normal, regulation of by FDCs, **51**:263–274
    apoptosis, inhibition of, **51**:272–274
    binding via cell-cell and cell-matrix adhesion molecules, **51**:269–271
    cytokines, induction of, **51**:274
    formation of, **51**:243–244
    requirements of FDC's for ontogeny of germinal center, **51**:263–265

  secondary immune response, regulation of, **51**:271–272
  trapping of immune complexes and alternative antigen pathway, **51**:265–269
  ontogeny, requirement of FDCs for, **51**:263–264
  pathways of cell differentiation, **53**:232–233
  phenotypic selection, **60**:280
  polarization, **60**:271–272
  requirements of FDC's for ontogeny of, **51**:263–265
  somatic hypermutation in, **53**:233–234
Germline
  C_H transcription, **54**:240–245
  counterparts, Ig heavy-chain variable region genes and, **49**:25
  genes
    V_H segment, **42**:113–115
    Vκ10 family, **42**:144–148
  sequences
    Ig heavy-chain variable region genes, **49**:27
    J558 V_H gene, **42**:127–128
  V_H segments, **62**:1–26
  VL, sequence comparison, **48**:55
Germline mutational approach, **62**:31, 34–36
Germline transcripts
  CD40 signaling, **61**:92–98
  class switching, cytokines, **61**:84–85
  Iμ transcripts, **61**:106–107
  regulation of transcription, **61**:89–90
  structure and function, **61**:89
  switch recombination, **61**:111–116
GF109203X, **63**:155
GFA, *see* Granulocyte functional antigen
GH-N gene, **63**:384–385
Glial cells, retinal, T helper lymphocyte, **48**:218
Glial growth-promoting factor, **48**:173
Glioblastoma cells, immunological mediator, **48**:168–169
Gliotoxin, **65**:126–127
Globular protein antigens, synthetic T and B cell sites and, **45**:203–216, 240
Glomerulonephritis, **61**:46, 245
  florid, **59**:343
  membranoproliferative, **61**:245
  mesangial proliferative, and IL-6, **54**:41

Glucagon, spontaneous autoimmune
    thyroiditis and, **47**:440
β-Glucan receptor, phagocytosis and
    alternative complement pathway activators,
        38:285, 386
    fibronectin, **38**:390
    particulate activators, **38**:381, 382, 393
    zymosan
        by human monocytes, **38**:362, 363,
            365–372, 374–376, 392
        by nonelicited murine macrophages,
            38:377, 379, 380
α-Glucans
    alternative complement pathway,
        38:384–386
    phagocytosis, **38**:366–368, 381
Glucocorticoid-inducing factors, spontaneous
    autoimmune thyroiditis and, **47**:477–479,
    488
Glucocorticoid receptors
    and antigen-driven T cell deletion,
        58:258–260
    interaction with NF-IL6, **65**:21–22, 23
    linomide effects, **58**:264–265
    NF-κB and, **65**:118–120
    and T cell fate determination, **58**:137–138
Glucocorticoid response element, **65**:22
Glucocorticoids, **62**:259; **65**:21, 22, 23
    cachectin and, **42**:221
    CD5 B cell and, **47**:145
    CD23 antigen and, **49**:154, 160–161
    effect on $CD4^+8^+$ thymocytes, **58**:166–170
    IgE biosynthesis and, **47**:24
    immune system and, **66**:197, 218
    induced thymocyte apoptosis, **58**:245–246
    mode of action, **64**:172
    NF-κB and, **65**:118–120
    spontaneous autoimmune thyroiditis and,
        47:493, 494
        disturbed immunoregulation, **47**:476,
            477–479, 480
        genetics, **47**:488, 489
    T cell death and, **58**:227–228, 269
    treatment with
        asthma and hypereosinophilic syndrome,
            60:222–224
        eosinopenia ascribed to, **60**:227
    in vitro IgE synthesis, **61**:370–371
Glucosamines, and GlcNAc, in GPI-anchored
    proteins, **60**:60–72

Glucose, membrane attack complex of
    complement and, **41**:300
γ-Glutamyl transpeptidase, LTC_4 conversion
    to LTD_4, **39**:152–153
Glutaraldehyde
    in crosslinkage procedure for
        chemoimmunoconjugates in cancer
        treatment, **56**:315
    T cell subsets and, **41**:53
Gluten-derived peptide, celiac disease,
    48:147–148
Gluten enteropathy, *see* Celiac disease
GlyCAM-1, **64**:149, 168
    lymphocyte–HEV interaction, **65**:361–362,
        363, 364, 373, 377
    as selectin ligand, **58**:359
Glycans, CTL and, **41**:152, 153
Glycogen, cell-mediated killing and, **41**:287
Glycolipid anchor, GPI, **60**:57–74
Glycolipids
    aPL antibodies and, **49**:228–230, 239, 255
    cell surface, **52**:393–394
    membrane attack complex of complement
        and, **41**:301
    surface antigens of human leukocytes and,
        49:111
β-Glycoprotein, complement receptor 1 and,
    46:184, 185
β-2-Glycoprotein-l, aPL antibodies and,
    49:240, 247, 252, 256–257, 259
Glycoprotein antibodies, phase I clinical
    trials, **40**:366–370
Glycoprotein antigens
    biosynthesis and intracellular transport,
        40:337–341
    immunochemical and molecular profiles,
        40:328–337
    immunochemical profile, **40**:326–327
    immunological characterization,
        40:324–328
    preclinical models for immunotherapy
        in vitro studies, **40**:341–345
        in vivo reactions in animal model
            systems, **40**:345–351
Glycoproteins
    adoptive T cell therapy of tumors and,
        49:320
    antigen-presenting cells and, **47**:92
    aPL antibodies and, **49**:239–240, 255–256,
        259

Glycoproteins (*continued*)
  autoimmune thyroiditis and, **46:**267, 270
  B cell formation and, **41:**189–193, 227
  CD4 molecules and, **44:**265, 285, 295, 297
  CD5 B cell and, **47:**118, 146
  CD23 antigen, **49:**149, 155, 158
  complement receptor 2 and, **46:**203, 205, 210
  CTL and, **41:**152
  HIV and SIV, envelope variation, **52:**451
  HIV infection and, **47:**378, 395
    immune response, **47:**405, 407–409
  human T cell activation and, **41:**2, 4, 8
  humoral immune response and, **45:**42
  hybrid resistance and, **41:**378, 403
  Ig gene superfamily and, **44:**39, 40, 42
  IL-1 and, **44:**165, 166
  leukocyte integrins and, **46:**149, 151, 153
    ligand molecules, **46:**171, 172
    structure, **46:**157, 159
  lymphocyte homing and, **44:**317, 341, 350, 365, 369
  maps of Ig-like loci and, **46:**34
  myelin-associated, *see* Myelin-associated glycoprotein
  NK cells and, **47:**298
    antimicrobial activity, **47:**286, 287
    effecter mechanisms, **47:**237, 248
    morphology, **47:**218
    surface phenotype, **47:**207
  regulators of complement activation and, **45:**399, 400, 410
  SCID and, **49:**395
  surface antigens of human leukocytes and, **49:**112–114, 118, 125
    adhesion molecules, **49:**82–88
    antigen-specific receptors, **49:**76–78
    complement components, **49:**93
    Igs, **49:**90–91
    MHC glycoproteins, **49:**80–82
    receptors, **49:**94, 98, 100
  synthetic T and B cell sites and, **45:**225, 226, 255
  T cell subsets and, **41:**43, 44, 46, 49
  virus-induced immunosuppression and, **45:**350
    HIV, **45:**361, 364–366
    measles, **45:**339, 346
Glycosylation, **52:**59–61
  aPL antibodies and, **49:**256
  autoimmune thyroiditis and, **46:**267, 271
  B cells and, **41:**190, 192, 215
  CD4 molecules and, **44:**285
  CD8 molecules and, **44:**271, 273, 274, 277, 279
  CD23 antigen and, **49:**156–158, 162–164
  complement components and, **38:**218, 220
  complement receptor 1 and, **46:**192
  complement receptor 2 and, **46:**202, 204, 205
  CTL and, **41:**135, 138, 152, 153
  cytotoxicity and, **41:**272
  genetically engineered antibodies and, **38:**304; **44:**69, 76, 79, 80, 84
  humoral immune response and, **45:**42
  IgE biosynthesis and, **47:**16, 17, 20, 23, 25, 26
  Ig gene superfamily and, **44:**35, 39
  IL-1 and, **44:**179, 183, 194
  leukocyte integrins and, **46:**154, 170, 174
  lymphocyte homing and, **44:**342
  maternally transmitted antigen and, **38:**331
  patterns, cell-type specific, **54:**314
  regulators of complement activation and, **45:**400–403
  surface antigens of human leukocytes and, **49:**93, 99, 113
  T cell development and, **44:**233
  T cell receptor proteins, **38:**4, 5, 10, 18
  T cell subsets and, **41:**41, 50
Glycosylation-enhancing factor, IgE
  biosynthesis and, **47:**32, 36, 38
  binding factors, **47:**23, 25, 26, 27
Glycosylation-inhibiting factor, IgE
  biosynthesis and, **47:**32–39
  binding factors, **47:**23–27
N-Glycosylation sites, PGHS, **62:**173–174
Glycosylphosphatidylinositol
  anchor
    core backbone, **60:**60–61
    post-translational modification by, **60:**65
  anchored proteins, **60:**57–74, 79
  anchor precursor, biosynthesis, **60:**63–65
  anchor synthesis
    defective, **60:**78–80
    genes, **60:**67–74
  hydrolysis, signal transduction, **59:**264–265
  signal transduction, **59:**264–265
  surface antigens of human leukocytes and, **49:**75, 93–94, 112, 116, 125

Glycosylphosphatidylinositol activation
  antigen, **48**:237–241
Glycosyltransferase, *Ir* genes and, **38**:94
Glycyrrhizin, **64**:196
GM2, **62**:219
GM3, **62**:219
GM-CSF, *see* Granulocyte–macrophage
  colony-stimulating factor
Goitrous thyroiditis, **46**:284
Gold compounds, action of as rheumatoid
  arthritis treatment, **65**:124
Golgi apparatus
  cytolysis and, **41**:275, 281, 282
  lymphocyte homing and, **44**:317, 320, 360
  NK cells and 214, **47**:216, 303
  T cell subsets and, **41**:57
Gordon phenomenon, induction by EDN,
  animal, **39**:198–199
Gout, inflammation in, **66**:260
Gp, activation, **43**:290
gp33
  covalent association of TCRβ protein,
    58:150
  gene, cloning, **58**:145
gp39
  B cell proliferation, **63**:54
  CD40-dependent B cell activation,
    63:56–57
  cloning, **63**:46–48
  expression, **63**:44, 48
  gene, hyper-IgM syndrome, **63**:49–50
  identification, **63**:46
  molecular structure, **63**:48–49
  structure, in hyper-IgM syndrome,
    63:49–50
gp39–CD8 fusion protein, **63**:65
gp48, **64**:116–117, 128
gp75, **62**:229, 236–237
gp96, **62**:244
gp100, **62**:229, 235–236
gp120
  binding by eosinophils, **60**:187
  CD4-binding domain, **60**:138
  HIV infection, **63**:84
  induction of NO production, **60**:353–354
  V3 loop, **60**:131–134
gp130, **66**:127–128
  and high-affinity OSM/LIF receptor, **53**:43
  IL-6-related cytokines and, **64**:256
GPI, *see* Glycosylphosphatidylinositol

GPI-H, **60**:72–73
GPL, aPL antibodies and, **49**:203–204
G proteins, *see also* Coupling proteins
  in chemokine activation of integrin, **58**:379
  coupling to chemokine receptors,
    55:138–139
  CTL and, **41**:154
  phosphoinositide-specific phospholipase,
    48:266
  role in IgR-mediated signaling, **54**:
    364–365
  role in phosphoinositide hydrolysis,
    43:291–292
  SCID and, **49**:386
  surface antigens of human leukocytes and,
    49:76, 98, 111
  T cell, **48**:267–269
  T cell antigen receptor-CD3 complex,
    48:306–307
Graft bed, corneal allograft
  afferent blockade theory, **48**:195–196
  avascular, **48**:195
  graft location, **48**:195
  host cellular component, **48**:195
  orthotopically placed, **48**:195
Graft rejection
  adoptive T cell therapy of tumors and,
    49:301, 305, 328
  antiadhesion therapy, **64**:197
  hybrid resistance and
    antigen expression, **41**:404–407
    bone marrow cells, **41**:344, 350
    effector mechanisms, **41**:370, 371
      antibodies, **41**:376, 378
      marrow engraftment, **41**:385, 388
    NK cells, **41**:375
    syngeneic stem cells, **41**:390
  IL-5 role, **57**:177
  lymphocyte dependence, **64**:192
  SCID and, **49**:397
Grafts, *see also* specific type
  autoimmune thyroiditis and, **46**:286, 287
  hybrid resistance and
    antigen expression, **41**:397, 399, 401,
      402, 404–407, 410
    bone marrow cells, **41**:336–351
    effector mechanisms antibodies, **41**:376,
      377
      macrophages, **41**:371
      marrow, **41**:384–388, 390

Grafts (*continued*)
  NK cells, **41**:373–375
  in vitro assays, **41**:393, 395
    leukemia/lymphoma cells, **41**:362, 364–367
    lymphoid cells, **41**:352–355
    syngeneic stem cell functions, **41**:388, 390
  liver cell, hybrid resistance and, **41**:333
  in MHC class I-deficient mouse
    hematopoietic cell, **55**:388
    liver cell, **55**:391
    pancreatic islet, **55**:390
    skin, **55**:388–390
Graft-versus-host disease, **59**:420–426
  acute
    clinical manifestations, **40**:397
    pathologic manifestations and pathogenesis, **40**:397–399
    prevention, **40**:403–406
    prognostic factors, **40**:399–402
    treatment, **40**:402–403
  autoreactive T cells and, **45**:432
  cachectin and, **42**:220
  CD5 B cell and, **47**:129, 130
  CD40-L expression, **61**:47
  hematopoietic engraftment and
    acute, **40**:397–406
    chronic, **40**:406–410
    pathogenesis, **40**:395–396
  hybrid resistance and
    antigen expression, **41**:403
    bone marrow cells, **41**:335, 336, 340, 350
    leukemia/lymphoma cells, **41**:360, 367
    lymphoid cells, **41**:351–356
    marrow engraftment, **41**:385–387
    T cells, **41**:380
    in *vitro* assays, **41**:394
  IFN-γ, **62**:101–103, 105
  IL-1ra effects, **54**:215
  NK cells and, **47**:231, 280–282
  rat, in bone marrow transplantation, **39**:280–281
    idiotypic network and, **39**:281
  SCID and, **49**:388, 391–395, 397–399
  spontaneous autoimmune thyroiditis and, **47**:455, 474, 482, 483
  T cell subsets and
    cell surface molecules, **41**:43

H-2 alloantigen recognition, **41**:83, 84, 86, 88, 92, 95
H-2-restricted antigen recognition, **41**:71, 72
Graft-versus-leukemia, **40**:419–422
Gramicidin A, cytolysis and, **41**:316
Granule proteins
  cell-mediated killing and
    cell lines, **41**:286, 287
    cytoplasmic granules, **41**:287–291
    lymphotoxin, **41**:298
    membrane attack complex of complement, **41**:310
    pore-forming protein, **41**:291–297
    proteoglycans, **41**:298, 299
    serine esterases, **41**:297, 298
    TNF-related polypeptides, **41**:298
  eosinophil, **60**:191–194, 205–208, 221
  role in DNA fragmentation, **60**:300–301
Granules
  eosinophil, **60**:155–162, 191–194
  exocytosis
    cytotoxicity and, **41**:273, 281, 282
    model, **60**:290–291
Granule-stored enzymes, **60**:201
Granulocyte colony-stimulating factor, **48**:72; **66**:149
  activation of Jaks, **60**:7
  gene regulation, **65**:28–29
  and GM-CSF, in immune response, **58**:10–11
  sepsis and, **66**:104, 149–150
  single receptor chain, **60**:10
Granulocyte functional antigen, GFA-2 on eosinophils, parasite killing and, **39**:184
Granulocyte–macrophage colony-stimulating factor, **42**:221; **46**:112, 115, 117, 122, 133; **48**:71, 169; **54**:174
  and antitumor immunity, **58**:429–432
  cellular sources of, **39**:2, 3, 10–13
  and CR3 expression, **60**:182–183
  effect on genetically modified cells, **58**:427
  eosinophil-derived, **60**:196–197
  eosinophil proliferation, **48**:75
  expressing tumor cells, **58**:438
  factor-dependent mast cell production of, **53**:8–9
  functions, **39**:2–3
  and G-CSF, in immune response, **58**:10–11

GM-CSF/IL-3/IL-5 subfamily, **61**:151, 166–167
GMS/BCG vaccine, **62**:220
IL-5, **48**:75
production by T cells
cyclosporin A-inhibited, **39**:13–14
dexamethasone-inhibited, **39**:14
mRNA accumulation and, **39**:14
purification and properties, murine, **39**:9
rheumatoid arthritis, **64**:319
role in cytokine signaling, **60**:5
sepsis and, **66**:150
single gene-coded, human, murine, **39**:9–10
transformed mast cell production of, **53**:4–6
Granulocyte–macrophage colony-stimulating factor receptors, **52**:351; **63**:275, 276, 308
expression by eosinophils, **60**:183–185
Granulocyte–macrophage response, sequential nature, **48**:70
Granulocytes, **48**:69
B cells and, **41**:238
B cell precursors, **41**:191, 195
bone marrow cultures, **41**:209, 210, 219
genetically determined defects, **41**:229, 230
cell-mediated killing and, **41**:312
colony-stimulating factor, **48**:75
helper T cell cytokines and, **46**:115, 117
hybrid resistance and, **41**:336, 370, 380
IL-4, **48**:75
IL-6, **48**:75
leukocyte integrins and, **46**:151, 161–163, 166
leukocyte surface antigens and, **49**:88, 90, 93, 111–112, 116
nonrecirculating, **58**:350–351
opioid receptor, human, **48**:180
pituitary hormones, **63**:411–412
PNH, clonal origin, **60**:81
with two PNH clones, **60**:89
Granuloma
in Crohn's disease, **42**:297
oil, plasmacytomagenesis and, **64**:224–225
in pulmonary inflammation, **62**:280–283
Granulopoiesis, hybrid resistance and, **41**:336
Granzymes, **64**:1
and apoptosis, **58**:226

as effector molecules in CTL cytotoxicity, **60**:300–301
or fragmentins, cytotoxic T cells containing, **58**:240
Graves' disease, **62**:19
autoimmune thyroiditis and, **46**:263
Graves' ophthalmopathy
antibodies to self-antigens from human donors, **57**:245
autoimmune thyroiditis and, **46**:268
Grb2, **63**:143, 144, 146
signal transduction, **59**:262
GRB2, recruitment of ras exchange factor, **60**:13
G reactive protein, NK cells and, **47**:246, 247
Grooves, MHC molecules
mutations, **58**:161
peptide antigens bound to, **58**:330
Growth, B cells, and differentiation, in vivo aspects, **52**:221–230
Growth arrest, and apoptosis induced by anti-IgM, **54**:410–411
Growth factor receptor, **48**:253
Ig gene superfamily and, **44**:30, 39
IL-1 and, **44**:180
Growth hormone, **48**:172; **63**:379–380
expression, **63**:386–388
gene regulation, **63**:400
gene regulation by, **65**:20
immune system, **63**:377–378
leukemia, **63**:428
lymphohemopoietic system, **63**:386–388, 431–432
macrophage, **48**:178
regulation, **63**:385–388
structure and physiology, **63**:384–385
Growth hormone deficiency
in humans, **63**:408–409, 432–433
X-linked agammaglobulinemia, **59**:149, 194
Growth hormone receptor, **63**:396–401
Growth hormone-releasing hormone, **63**:385
GRs, *see* Glucocorticoid receptors
GTP
binding of ras, **60**:209
neutrophil activation and, **39**:99, 100, 116, 120, 121, 132
GTPase
G proteins and, **39**:112
in neutrophil activation, **39**:113–115

GTP-binding protein, **43**:290
  association with CD4-p56^{lck} and CD8^{lck}, **53**:64–65
  T cell signal transduction, **48**:265–269
GTPγS, **43**:292
Guanylyl cyclase, **62**:74
Gut, lymphokine production by isolated T cells, **53**:167
Gut-associated lymphoid tissue
  immunosenescence and, **46**:252, 253
  rabbit
    antibody repertoire generation role, **56**:180, 209
    as bursal equivalent, **56**:180, 204
    follicular structure, **56**:203
    germfree rabbits, **56**:204–206
    model, **56**:206–209
Gut-associated tissues, homing to, **58**:391–392
GVHD, see Graft-versus-host disease

H

2H1, **48**:249–250
H-2 molecules
  alloantigen recognition and, **41**:78
    alloreactivity, **41**:78–83
    antigen-presenting cells, **41**:88–92
    effector phase, **41**:92–95
    resting T cell subsets, **41**:83–88
  antigen recognition and, **41**:51, 52
    effector phase, **41**:75–77
    T accessory molecule function, **41**:59–62
    triggering of activated T cells and hybridomas, **41**:52–59
    triggering of unprimed and resting T cells, **41**:62–75
  B cell formation and, **41**:213
  CTL and, **41**:136, 170
    β$_2$-microglobulin, **41**:155, 156
    carbohydrate moieties, **41**:152–154
    exon shuffling, **41**:138–148
    HLA class I antigens, **41**:149, 152
    monoclonal antibodies, **41**:156, 157, 166, 167
    mutant strains, **41**:158–163, 165
  cytotoxicity and, **41**:269, 279–281
  hybrid resistance and
    antibodies, **41**:376–378

antigen expression, **41**:397–404
bone marrow cells, **41**:336–348
leukemia/lymphoma cells, **41**:358–369
lymphoid cells, **41**:352–354
marrow engraftment, **41**:386–388
NK cells, **41**:375, 376
syngeneic stem cells, **41**:390
T cells, **41**:381–383
in *vitro* assays, **41**:395, 396
  T cell subsets and, **41**:40, 43–48
  thymus, and, **41**:95, 96
    development, **41**:96–99
    restricted T cells, **41**:99–107
    tolerance induction, **41**:107–110
Haemophilus influenzae
  pulmonary infection, **59**:396–397
  type B, **38**:289, 295, 296, 302
Hageman factor, see Factor XII
Hairpin
  defined, **64**:45
  formation, **64**:55, 56–59
  opening end, **64**:60
Hairpin resolution model, for P nucleotide formation, **58**:36–38
Hairy cell leukemia
  gene rearrangements and, **40**:291–292
  leukocyte integrins and, **46**:151
Hairy leukemia, **54**:50–51
Ham1/2, **64**:4
HAM genes, **65**:49
Haplotype
  aPL antibodies and, **49**:222
  autoimmune demyelinating disease and, **49**:365, 368
  autoimmune thyroiditis and, **46**:275, 279, 284–286, 319
  complement components and, **38**:236
    C4, **38**:220, 229–231
    MHC, **38**:208
    restriction fragment length polymorphism, **38**:215, 216
  CTL and, **41**:159
  hybrid resistance and
    antigen expression, **41**:397–399, 409
    bone marrow cells, **41**:341, 343
    leukemia/lymphoma cells, **41**:364
    lymphoid cells, **41**:353
  Ig heavy-chain variable region genes and, **49**:23

Ir genes and
  antigen binding, **38:**114
  antigen specificity, **38:**121, 122
  complementation, **38:**72, 73, 79
  gene function, **38:**91
  Ia molecules, **38:**70–72, 83
  I region mutations, **38:**84, 90
  polypeptides, response to, **38:**46, 49
  T cell, cytotoxic, **38:**161, 166, 185
  T cell interactions, **38:**153, 157–159
  T cell selection, **38:**131
  T cell suppression, **38:**135, 138–140, 142–145, 149
  tolerance, **38:**126, 128
maps of Ig-like loci and, **46:**32
maternally transmitted antigen and, **38:**318
  class 1 antigens, **38:**333, 335, 336, 351
  strain combinations, **38:**349
MHC, RA susceptibility associated with, **56:**438–446
murine lupus models and, **46:**99
  Ig germline, **46:**66, 67, 69, 71, 72
  T cell antigen receptor, **46:**84–86, 88, 90
T cell subsets and, **41:**47, 48, 78, 79, 102
Haplotype *b*, **48:**123
Haplotype *d*, **48:**123
Haplotype *k*, **48:**123
Hapten
  augmentation, immunosenescence and, **46:**247, 248, 252
  binding, **43:**17
  CD8 molecules and, **44:**280, 282
  derived T suppressor-inducer cell, **48:**212
  genetically engineered antibody molecules and
    antigen-combining sites, **44:**84, 85
    chimeric antibodies, **44:**79–81
    expression, **44:**79
    fusion proteins, **44:**85
    production, **44:**66
  helper T cell cytokines and, **46:**120, 121
  immunosenescence and, **46:**247
  Ir genes and
    antigen binding, **38:**103
    B cell responses, **38:**51
    cytotoxic T cells, **38:**165
    "Schlepper" experiment, **38:**39, 40
    T cell activation, **38:**106, 107
    T cells, **38:**41
  pulmonary hypersensitivity, **59:**417–418

specific B cell tolerance, **54:**395–402
  analysis with affinity-purified B cells, **54:**398–401
  differential signaling via IgM and IgD, **54:**401–402
  specific fragment cultures and limiting dilution, **54:**395–398
Hapten–carrier effect, humoral immune response and, **45:**3, 4, 6, 7
Haptotaxis, stem cell factor receptor–ligand interaction in, **55:**37–38
Hashimoto's thyroiditis, **46:**263, 266, 317
  antigens, **46:**268, 269, 271–275
  cellular immune responses, **46:**287–291, 293
  genetic control, **46:**284
  humoral 298-301, **46:**303, 305, 306
Hay fever, IgE biosynthesis and, **47:**1, 28
H-CAM, multiple myeloma and, **64:**247, 248
Heart, myxoma, and IL-6, **54:**39–40
Heart disease
  coronary, dietary fish oil and, **39:**145–146
  eosinophil degranulation and, **39:**226
  eosinophil localization and, **39:**226–227
Heat-shock proteins, **62:**78, 244
  antinuclear antibodies and, **44:**90, 96, 109, 132
  hsp70, **62:**244
  MHC class I peptide loading, **64:**128
  mycobacterial, recognition, **58:**321–322
  surface antigens of human leukocytes and, **49:**79, 82
Heat-stable antigen, for B and T cells, **53:**235–236
Heavy chain
  allotypes, Crohn's disease and, **42:**288
  Ars A response and, *see* Arsonate idiotypic system, A/J mouse, molecular genetics
  constant region gene order and class switching, **40:**257–258
  genes, **48:**41
    assembly of, **40:**252–253
    expression, sequences upstream of Ig promoter, **43:**253–254
    hypermutations, **60:**277–278
  locus, **62:**1–26
  mu heavy chain
    allelic exclusion, **63:**2, 19–21

Heavy chain (continued)
B cell development, **63**:1–4, 11–15, 16–25, 31
ligand for PreB cell receptor, **63**:25–26
signal transduction through PreB cell receptors, **63**:26–29
surrogate, **63**:8, 25
Heavy chain diseases, **64**:219, 220
Ig gene defects in, **40**:305–306
Heavy chain variable region, see also Variable region, gene expression
Ars A response and, **42**:99–105, see also Arsonate idiotypic system, A/J mouse
cross-reactive idiotype-positive molecules, **42**:109–110
kinetics, **42**:108–109
repetitive substitutions, **42**:110–111
serine, **42**:111–112
Heavy chain variable region, genes, **43**:237–238; **49**:1–3, 61, 63
and antibody repertoire generation in rabbit
allotype, **56**:195
organization, **56**:188–191
preferential rearrangement, **56**:197–198
preferential selection, **56**:197–198
preferential use, **56**:195–196
D-proximal genes, **49**:20–21
D segments, **49**:28–33
expression, see Variable region, gene expression
J_H segments, **49**:33–35
ontogeny, **49**:2, 33, 36–39, 41, 57
organization, **49**:3–6
polymorphism of V_H gene segments, **49**:21–28
promoter, **43**:238
activation, **43**:243
conserved octanucleotide and activity, **43**:252–253
enhancer independence and dependence, **43**:265–266
regulation, **49**:52–54
enhancer elements, **49**:56–62
promoter elements, **49**:54–56
V_H families, **49**:6–8
V_H gene expression, **49**:35–36, 51–52
autoantibodies, **49**:41–51
B cell malignancies, **49**:39–40
ontogeny, **49**:36–39

$V_H I$ genes, **49**:5–9, 11, 14–15, 61
expression, **49**:37, 40, 42–43, 47, 49
polymorphism, **49**:22–23, 27
$V_H II$ genes, **49**:6–9, 11, 61
expression, **49**:37, 40, 42, 50
polymorphism, **49**:22–23, 27
$V_H III$ genes, **49**:5, 7–9, 11–15, 61
expression, **49**:37–38, 40, 42–43, 48
myasthenia gravis, **49**:50–51
polymorphism, **49**:22–27
regulation, **49**:58–61
$V_H IV$ genes, **49**:5, 11, 14–17, 61, 63
expression, **49**:38, 40, 42–43, 47–51
polymorphism, **49**:26–27
$V_H V$ genes, **49**:4, 17–19, 61
expression, **49**:40, 50
polymorphism, **49**:26–27
$V_H VI$ genes, **49**:4–5, 19–20, 61
expression, **49**:37–38, 40, 42
polymorphism, **49**:26, 28
YH families, **49**:6–11, 14–20
Heliogosomiodes polygyrus, **54**:94
Helix, movement, **43**:104
Helix–loop–helix oncogenes, in chromosome translocations, **50**:129–130
Helminth infections
eosinophil role, **60**:210–216, 227–228
IL-5 role, **57**:176–177
multiple antigen peptides as immunogens, **60**:124–128
Helper T cells, see T helper cells
Hemagglutinin
lymphocyte homing and, **44**:354, 355, 363
spontaneous autoimmune thyroiditis and, **47**:435, 445, 488, 489
sporozoite malaria vaccine and, **45**:307
synthetic T and B cell sites and
peptides, **45**:241, 242
vaccine, **45**:253–255
viral antigens, **45**:216, 219
T cell receptor and, **45**:122, 125, 133, 135
T cell subsets and, **41**:57
virus-induced immunosuppression and, **45**:346
Hematopoiesis, **48**:83–84
B cell formation and, **41**:181, 182, 235–238
B cell precursors, **41**:188, 191, 196, 197, 200, 201
bone marrow cultures, **41**:208–210, 212, 214, 215, 217, 219, 220

genetically determined defects, **41**:224, 225, 228, 229, 231, 232
inducible cell line, **41**:220, 221, 223
lymphohemopoietic tissues, **41**:185–188
soluble mediators, **41**:233
B cell genesis, **63**:203–211
cachectin and, **42**:224
CD44 activation states, **54**:306
by CD44-specific antibodies *in vitro*, inhibition, **54**:299–300
IFN-γ and, **62**:92–93
IL-6 effects, **54**:22–25
LIF role, **53**:35–36
NK cells and, **42**:182, 183
physiological experiments implying role for CD44, **54**:296–302
pituitary hormones, **63**:404–405
stem cell factor receptor effect on, **55**:43–48
transcription factors, **63**:216–250
vav, **63**:142
Hematopoietic cells
CD23 antigen and, **49**:150, 169
CD44 expression, **54**:291–296
during hematopoietic development in mouse and human, **54**:291–294
on memory T cells and activated T cells, **54**:294–296
cell lines, IL-2α and β, **61**:150
gene regulation by Stat proteins, **60**:23–25
grafts, in MHC class I-deficient mouse, **55**:388
helper T cell cytokines and, **46**:115–117
HIV infection and, **47**:395
hybrid resistance and
antigen expression, **41**:400, 403, 405–407, 410
bone marrow cells, **41**:335–351
effector mechanisms, **41**:369, 370
macrophages, **41**:371, 372
marrow engraftment, **41**:385–388
marrow microenvironment, **41**:391, 392
NK cells, **41**:373, 374, 376
syngeneic stem cell functions, **41**:388–390
T cells, **41**:380
in vitro assays, **41**:396
leukemia/lymphoma cells, **41**:361, 363
Ig gene superfamily and, **44**:30

induction of positive selection, **58**:164–165
leukocyte integrins and, **46**:160, 166
NK cells and, **47**:187, 198, 303
differentiation, **47**:233
effector mechanisms, **47**:235
malignant expansion, **47**:228
surface phenotype, **47**:201, 212
normal, **54**:304–305
phosphatase, **63**:165
role in cytokine signaling, **60**:25–26
T cell development and, **44**:215, 226, 250, 254
TGF-β effect on, **55**:186–187
Hematopoietic engraftment, **40**:382–383
engraftment of HLA-incompatible marrow, **40**:386–387
experimental studies of transfusion effects, **40**:386
facilitation of engraftment by T cells, **40**:391–392
graft rejection in patients receiving T cell-depleted marrow, **40**:389–391
graft rejection in patients transplanted for aplastic anemia, **40**:383–385
marrow graft resistance, **40**:387–389
reconsideration of marrow graft failure in humans, **40**:392–395
Hematopoietic growth factor receptor superfamily, **52**:340–351
granulocyte-macrophage colony-stimulating factor receptor, **52**:351
IL-2 receptor, **52**:342–343
IL-3 receptor, **52**:343–349
IL-4 receptor, **52**:349–350
IL-5 receptor, **52**:350–351
Hematopoietic progenitors
CD40 expression, **61**:12, 39
IL-6 effects, **54**:22–23
Hematopoietic stem cells
immunosenescence and, **46**:240–247
murine lupus models and, **46**:64, 65
mutants, **60**:90–91
SCID and, **49**:382, 385
engraftment, **49**:388–391
lack of engraftment, **49**:396–397
transplantation with T cell-depleted bone marrow, **49**:394
Hematopoietic system, **54**:83–84
receptor superfamily, **54**:82–83

Hematopoietic tumors, stem cell factor role in etiology of, **55**:72–74
Hemidesmosomes
　pemphigoid antigen localization, **53**:297–300
　ultrastructure diagram, **53**:297
Hemodialysis, therapeutic regulation of complement system in, **56**:278–279
Hemolysis, cell-mediated
　cytolytic proteins and, **41**:317, 318
　cytoplasmic granules, **41**:288–290
　membrane attack complex of complement and, **41**:299, 305, 306, 309
　membrane damage and, **41**:279
　pore-forming proteins and, **41**:291, 293, 295, 296
　proteoglycans and, **41**:299
Hemolytic anemia, **59**:146–147, 343
　in PNH, **60**:74–75
Hemolytic overlay, **38**:208
Hemophiliacs, HIV-infected, **65**:291–292
Hemopoiesis, *see* Hematopoiesis
Hemopoietic growth factor receptor
　granulocyte-macrophage colony-stimulating factor receptor, **52**:351
　superfamily, HRS, **52**:340–351
Hemopoietin 1, B cell formation and, **41**:234
Hen egg lysozyme, synthetic T and B cell sites and
　globular protein antigens, **45**:204, 211–214
　peptides, **45**:240
Hen egg lysozyme model, clonal anergy, vindicated, **52**:305–311
Heparin
　aPL antibodies and, **49**:223, 240, 256
　cell-mediated killing and, **41**:295, 299
　hybrid resistance and, **41**:371
　leukocyte integrins and, **46**:159
　SCID and, **49**:395
　surface antigens of human leukocytes and, **49**:88
　in therapeutic complement inhibition, **56**:287–288
Hepatic growth factor, **64**:153
Hepatitis, **59**:68, 150
　chronic infection, effector cell role, **60**:345–346
Hepatitis B virus
　antibodies from combinatorial libraries, **57**:220

　C/EBP and, **65**:10
　MAP immunogenicity, **60**:128–130
　rabbit, anti-Id antibodies as vaccines against, **39**:283
　synthetic T and B cell sites and, **45**:196, 261, 263
　　bacterial antigens, **45**:230
　　globular protein antigens, **45**:206, 212, 214
　　immunological considerations, **45**:201, 202
　　peptides, **45**:202, 239, 242, 243
　　vaccine, **45**:254–256
　　viral antigens, **45**:220, 221, 224
Hepatitis virus, helper T cell cytokines and, **46**:129
Hepatocyte growth factor, effects on lymphocytes, **58**:379–380
Hepatocytes
　acute-phase protein synthesis, **54**:25–27
　grafts in MHC class I-deficient mouse, **55**:391
　helper T cell cytokines and, **46**:116
　IL-1ra production, **54**:188
　iNOS production, **60**:351–352
　interaction with IgA, **40**:171, 177–184
　leukocyte integrins and, **46**:162
　T cell activation and, **41**:16
Hepatocyte-stimulating factor
　IL-1 and, **44**:165
　and IL-6, **54**:4
Hepatocyte-stimulating factor III, *see* Leukemia inhibitory factor
Hepatoma, adoptive T cell therapy of tumors and, **49**:301, 305
HER-2/*neu*, **62**:223–224, 237–238
Hereditary angioedema, **61**:206
　contact activation and, **66**:239
　kinin formation in, **66**:257–258, 259
Hereditary primary immunodeficiency disorders, gene defects in Ig and T cell receptor, **40**:306–309
HERMES-3, **65**:360
Hermes antigen, mediating PLN adhesion, **54**:296–298
Herpes simplex virus, **41**:153, 375, 376
　cytotoxic T cells and, **65**:279
　ocular infection, **48**:208–210
　regulators of complement activation and, **45**:409, 410

synthetic T and B cell sites and, **45**:225, 243, 256
T cell receptor and, **45**:132
thymidine kinase gene, **58**:434
virus-induced immunosuppression and, **45**:367
Herpes simplex virus type 1, **48**:210
  antibodies from combinatorial libraries, **57**:222–227
  intraocular infection, anterior chamber, **48**:210
  multiple antigen peptides, **60**:130
Herpes simplex virus type 2, antibodies from combinatorial libraries, **57**:222–227
Herpesvirus, IL-10 gene acquisition, **56**:11–12
Herpesvirus saimiri, and Epstein–Barr virus, **54**:115–116
Herpesvirus type 6, human, and HIV-1, exacerbation of AIDS disease progression, **58**:16
5-HETE, *see* 5-Hydroxyeicosatetraenoic acid
Heterogeneity
  autoimmune thyroiditis and, **46**:274, 281, 300
  B cell formation and, **41**:196, 216, 217
  CTL and, **41**:138, 139, 152
  cytoxicity and
    cell-mediated killing, **41**:312
    mediation, **41**:271
    membrane attack complex of complement, **41**:305, 306, 309, 310
  helper T cell cytokines and, **46**:125, 126
  hybrid resistance and, **41**:372
  leukocyte integrins and, **46**:151, 154, 174, 175
  T cell activation and, **41**:27
  T cell subsets and, **41**:43, 79, 98
Heterohybridoma antibodies, **38**:288–290, 296
Heterohybridomas, human–mouse, **38**:300, 301
Heterokaryons, hybridomas and, **38**:287, 291, 302
Heterozygosity, Ig gene superfamily and, **44**:26, 28, 29
High endothelial binding factors, lymphocyte homing and
  carbohydrate, **44**:364, 370
  molecules, **44**:344–346, 349, 351

High endothelial cells, lymphocyte homing and, **44**:315, 316, 318, 320
High endothelial venules, **59**:385, 386; **62**:257; **64**:142; **65**:379–380
  binding assay, **64**:185–186
  flattening, **65**:373
  history, **65**:347–348
  lymph node, **58**:353, 359, 390–391
  lymphocyte binding to, role of CD44, **58**:376–377
  lymphocyte extravasation in, **58**:347
  lymphocyte homing and, **44**:314
    cell adhesion, **44**:353–355
    inhibition, **44**:355–357
    interaction, **44**:318–322
    ligands, **44**:363–371
    molecule attachment, **44**:342–353
    receptors, **44**:357–363, 369, 370
    regional Specificity, **44**:322–330, 333–341
    structure, **44**:315–318
  lymphocyte migration and, **65**:350–351
  lymphocytes and, **64**:142; **65**:352
    addressins, **65**:361–363, 377–379
    adhesion, **65**:365–372
    CD34, **65**:362–377, 377
    CD44, **65**:359–360
    extravasation, **65**:360, 365–367
    GlyCAM-1, **65**:361–362, 363, 364, 373, 377
    homing receptor ligands, **65**:360–365
    integrins, **65**:352, 358–359, 368–369, 370
    MAdCAM-1, **65**:352, 359, 362–363, 367, 370, 377, 379
    migration, **65**:350–352
    mucins, **65**:360–361
    selectins, **65**:352, 354–357, 363–365, 367
    Sgp200, **65**:362, 377
    sugars, **65**:360–361, 363–365
    VAP-1, **65**:365
  in vitro binding assay, **65**:351–352
  ontogenesis, **64**:164–165
  regulation, **65**:372–375
    differentiation, **65**:377–379
    immune response and, **65**:375–377
  rolling, **65**:367, 368
  structure of, **65**:348–350
  tethering, **65**:367

High-molecular-weight kininogen
  contact activation and, **66:**236, 237
  endothelial cell receptor, **66:**249–257
  inactivation, **66:**245
  properties, **66:**226, 256
  structure, **66:**230–233
High-performance liquid chromatography,
    complement receptor 1, **46:**187
Hinge region
  IgA molecules, **40:**158
  structure, **48:**11
    complement binding activity, **48:**13,
      15, 22
    Fab, **48:**21–23
    Fc, **48:**21–23
    segmental flexibility, **48:**13, 15, 22
  upper part
    complement activation, **48:**25
    Fab motion, **48:**25
    length, **48:**25
    segmental flexibility, **48:**25
Histamine
  genetically engineered antibody molecules
    and, **44:**80
  IL-1 and, **44:**164, 187
Histamine receptors, **52:**402
Histamine release
  basophil
    major basic protein and, **39:**191
    somatostatin and, **39:**305–306
  basophil/mast cell
    clinical considerations, **50:**250–254
    cytokines and histamine release,
      50:247–248
    factors, **50:**237
    modulation of histamine release by
      cytokines, **50:**248–250
  mast cell
    major basic protein and, **39:**191
    SP and, **39:**305–306
Histamine releasing factor, **43:**307
  cell sources, **50:**243–244
  mechanism of action, **50:**244–247
  purification, **50:**238–243
Histidine, IL-1 and, **44:**158, 181–182
Histiocytes, hybrid resistance and, **41:**335
Histiocytosis, malignant, complicating celiac
    disease, gene rearrangements and,
    40:292–293

Histocompatibility antigen modifier gene,
    65:49
Histocompatibility antigens, **38:**382
  H-2 alloantigen recognition and, **41:**82, 87
  H-2 molecules in thymus, and, **41:**99, 100
  H-2-restricted antigen recognition and,
    41:51, 57, 71–75
  hybrid resistance and, **41:**333, 334, 350
Histocompatible bone marrow
    transplantation, **49:**392
Histones, antinuclear antibodies and
  autoantibodies, **44:**125, 127
  autoantigen, **44:**128, 130
  drug-induced autoimmunity, **44:**109, 110
  SLE, **44:**95, 96, 98–100
Histoplasma capsulatum, leukocyte integrins
    and, **46:**163
Histotope
  Ir genes and, **38:**107
  T cell subsets and, **41:**53, 58
HIV, *see* Human immunodeficiency virus
HIVEN86A, **48:**298
HLA
  autoimmune demyelinating disease and,
      49:367
    class II molecules, **49:**357, 362–363,
      368–371, 374
  CTL and, **41:**168, 170
    β_2-microglobulin, **41:**155, 156
    amino acid, **41:**163–165
    carbohydrate moieties, **41:**153
    exon shuffling, **41:**138, 139, 141, 142,
      144
    monoclonal antibodies, **41:**158, 165, 167
    transfected cells, **41:**149–152
  cytotoxicity and, **41:**270
  human leukocyte antigen, oligosaccharide
      mobility, **48:**31
  hybrid resistance and, **41:**350, 369,
      400–403
  idiotypic network in responses to,
      39:281–283
  matching, corneal transplantation, **48:**193
  NK cells and, **47:**198, 223
  polymorphisms, RA susceptibility associated
      with
    remission during pregnancy, **56:**431
    testing, **56:**432–433
    toxicity, **56:**431–432
  population distribution, **48:**126

rheumatoid arthritis, **48**:126
rheumatoid arthritis susceptibility
  associated with
    risk ratios, **56**:439
    studies, **56**:436–438
rotational correlation times, **48**:28–29
SCID and, **49**:392–393, 398
type, IBD and, **42**:288
HLA A1-B8-DR3, HIV progression to AIDS and, **65**:285
HLA-A2
  allele
    composition, **64**:127
    MHC class I molecule peptide binding, **64**:126–127
  structure, **43**:215
  synthetic T and B cell sites and, **45**:219, 223, 234, 235
  T cell receptor and
    alloreactivity, **45**:150, 151, 153, 155, 156
    epitopes, **45**:142, 144
    homogeneity, **45**:129
    MHC molecules, **45**:111, 112, 115, 116
    peptides, **45**:137, 138
    polymorphic residues, **45**:158, 160, 161
    structure-function relationships, **45**:139–141
HLA-A2.1, **62**:234
HLA-A3, multiple sclerosis, **48**:148–150
HLA-B7, multiple sclerosis, **48**:148–150
HLA-B8, HIV and, **65**:285
HLA-B27
  HIV and, **65**:285
  spondyloarthritic diseases, **65**:94
HLA-B35, HIV progression to AIDS and, **65**:285
HLA-B37, **65**:286
HLA-B49, **65**:286
HLA-B57, HIV and, **65**:285
HLA class I
  crystal structure, **48**:111
  system
    cytotoxic T cells and, **65**:279
    HIV infection and, **65**:284–286
HLA class II
  allelic variability amino acid stretches, **48**:111–112
  amino acid sequence, **48**:108
  antigen recognition site, **48**:111

autoimmune disease associations, **66**:67, 76, 84–85, 93
  immune intervention, **66**:91–93
  insulin-dependent diabetes mellitus, **66**:91
  methimazole-induced insulin autoimmune syndrome, **66**:87–88
  multiple sclerosis, **66**:88–91
  pemphigus vulgaris, **66**:87
  rheumatoid arthritis, **66**:85, 87
biochemical typing, **48**:114–116
  interisotypic association, **48**:116
  intraisotypic hybrid molecule, **48**:116
  trans-association, **48**:116
celiac disease, **48**:144, 147
disease associations, **48**:107–153
disease susceptibility, **48**:108
DP, **48**:109, 110–111
DQ, **48**:109, 110–111
DQ gene, **48**:120–121
DQ haplotype, **48**:120–121
DQ molecule, **48**:120–121
DR, **48**:109, 110–111
epitope, **48**:112
  molecular localization, **48**:152–153
gene location, **48**:109
genes, **66**:67
gene structure, **48**:109–112
homologous, **48**:109
hybrid molecule, **48**:119–126
  cell surface expression, **48**:119
  stable heterodimer, **48**:119
ligands
  class II-binding groove, **66**:68–69
  class II-binding motifs, **66**:69–77
  computational identification, **66**:77–84
  HLA-DP and -DQ, **66**:76–77
  HLA-DR, **66**:70, 72–76
  pocket specificity profiles, **66**:74–76
  quantitative matrices, **66**:72–76
molecules, **52**:164–166
  interisotypic hybrid, **48**:124–126
    transfected genes, **48**:124
  other antigens of B cells, **52**:173–174
    Bgp 95, **52**:173
    CK226 antigen, **52**:173
    IgM-binding protein (Fcμ receptor), **52**:173
  structure, **48**:109–112
  synovial cell, **48**:132

HLA class II (continued)
  one-dimensional isoelectrofocusing, **48**:114–116
  peptide binding motifs, **66**:69–77
  structure, **66**:68–69
  polymorphism, **48**:109, 112–119
  serology, **48**:112–114
  two-dimensional polyacrylamide gel electrophoresis, **48**:114–116
    silver staining, **48**:116
    theoretical limitations, **48**:116
  typing, **48**:112–119
    Western blotting, **48**:116
HLA-D
  deletion mutants, **37**:15–18
  function of, **37**:63–65
  genes, **37**:53–60
  invariant (γ) chain, **37**:50–53
  restriction fragment length polymorphism, **37**:60–63
  supertypic specificity localization, **37**:47–50
HLA-DP
  biochemistry, **37**:43–47
  serology/HTC, **37**:14–15
HLA-DQ
  B8, **48**:134
  B15, **48**:134
  biochemistry, **37**:31–43
  DR4, **48**:134
  homologous hybrid, **48**:137
  serology, **37**:9–14
HLA-DQ hybrid molecule, **48**:119–124
  celiac disease, **48**:147
  cell surface expression, **48**:122
  disease susceptibility, **48**:122
  trans-complementation, **48**:119–120
  transectants, **48**:122
HLA-DR
  aPL antibodies and, **49**:222
  biochemistry, **37**:23–31
  cachectin and, **42**:224
  CD23 antigen and, **49**:156, 170
  IBD and, **42**:292–293
  serology/HTC, **37**:5–9
HLADR3-DQ2, **65**:286HLA-DR5, **65**:286
HLA-DR13, **65**:286
HLA-D region, **48**:108
HLA-D region products, monoclonal antibodies to, **37**:18–21
HLA-D region specificity, **48**:113–114

HLA DR specificity, HLA D typing, **48**:113–114
HLA-Dw14, T cell clone reactivity, **48**:129
HLA factor, IDDM, **48**:133–144
HLA markers, MG and, **42**:251
hlx, **63**:240–241
hlx, B cell genesis, **63**:239–241
Hmt, maternally transmitted antigen and, **38**:315, 316
  antigenic variation, **38**:342, 344
  class I antigens, **38**:333, 336
  mitochondrial transmission, **38**:347, 348
  phylogenetic considerations, **38**:338
Hmt,101-104
  nature of, **52**:102
  nature of antigen presented by, **52**:102–104
HNK-I, NK cells and, **47**:291, 292
  CNS, **47**:266
  differentiation, **47**:234
  effecter mechanisms, **47**:257
  genetic control, **47**:222
  hematopoiesis, **47**:275
  malignant expansion, **47**:226
  morphology, **47**:218
  surface phenotype, **47**:206, 207
  tissue distribution, **47**:221
Hodgkin's disease, **38**:299–301; **61**:8, 12, 39
  gene rearrangements and, **40**:294
  IL-5 mRNA expression in patients, **57**:158
Holoricin-AChR conjugates, MG and, **42**:265
Homeobox domain, Ig heavy-chain variable region genes and, **49**:55, 57
Homeodomain proteins
  hlx, **63**:239–241
  hox11, **63**:244–245
  oct-2, **63**:243–244
Homeostasis, B cell formation and, **41**:185, 208, 236
Homing
  to gut-associated tissues, **58**:391–392
  leukocytes
    integrins in, **58**:362
    molecular basis, **58**:389–390
    therapeutic drug development and, **58**:395–396
  naive B cells, **58**:350
  PLN, **58**:390–391
  preferences, avian, **50**:96–97
  skin, **58**:392

tissue-specific, lymphocytes, endothelium and, **50:**284–285
Homing receptors
  surface antigens of human leukocytes and, **49:**87–88
  tissue-specific, **58:**316–318
Homodimerization, β cytoplasmic domains, **60:**10
Homogeneity
  B cell formation and, **41:**221, 228
  cytotoxicity and, **41:**270, 284, 287, 300
  hybrid resistance and, **41:**338, 339
  T cell activation and, **41:**13
  T cell receptor and, **45:**128–131
Homologous recombination, **54:**242
  gene inactivation, **59:**108
  switch recombination, **61:**110–111
Homologous restriction factor, **61:**254–255, 257
  NK cells and, **47:**252, 254
Homology
  antinuclear antibodies and, **44:**129
  autoimmunedemyelinating disease and, **49:**367
  CD4 molecules and, **44:**285, 286, 288, 295, 302
  CD8 molecules and, **44:**272, 276, 278, 302
  CD23 antigen and, **49:**162–164, 166
  CTL and, **41:**136
    β_2-microglobulin, **41:**154, 155
    exon shuffling, **41:**140–142, 144–146
    monoclonal antibodies, **41:**156, 158
  cytotoxicity and, **41:**285, 307, 309, 314, 316
  genetically engineered antibody molecules and, **44:**81
  human T cell activation and, **41:**3
    accessory molecules, **41:**14
    gene regulation, **41:**29
    synergy, **41:**17
    T cell antigen receptor, **41:**4
    Thy-1, **41:**10
  hybrid resistance and, **41:**335
  Ig heavy-chain variable region genes and
    D segments, **49:**29, 32–33
    polymorphism of V_H gene segments, **49:**24, 26
    V_H families, **49:**8, 15, 17
    V_H gene expression, **49:**35, 39, 44–45, 48–51
  IL-1 and, **44:**155–158, 167

lymphocyte homing and, **44:**346
sequence and structural
  conservation during evolution, **52:**383
  conversation during evolution, **52:**383
  FcεRI α chain related molecules, **52:**383
  FcεRI β chain related molecules, **52:**383–384
  FcεRI γ chain related molecules, **52:**384
  surface antigens of human leukocytes and, **49:**76, 88, 92–93, 99, 114
  T cell subsets and, **41:**41, 46, 49, 50
Homology blocks
  in Jaks, **60:**4
  in Stats, **60:**18–19
Homology unit, Ig gene superfamily and, **44:**1, 3–9
  evolution, **44:**43–46, 48
  MHC complex, **44:**24, 25, 27–29
  nonimmune receptor members, **44:**31–35, 37–42
  receptors, **44:**9–11
Hormone radioreceptor assay, IL-2, **42:**166–167
Hormones
  autoimmune thyroiditis and
    antigens, **46:**267, 272
    cellular immune responses, **46:**298
    experimental models, **46:**274, 278, 280
    genetic control, **46:**283
  B cell formation and, **41:**196, 229
  comparison with cytokines, **63:**271
  hybrid resistance and, **41:**402
  IL-1 and, **44:**164, 171
  immunosenescence and, **46:**244, 246, 247
  murine lupus models and, **46:**63
  myasthenia gravis and, **42:**263
  NK cells and, **47:**299
  reproduction, **47:**269, 270
  pore formation and, **41:**314
  spontaneous autoimmune thyroiditis and, **47:**491, 493
    altered thyroid function, **47:**456, 461
    cellular immune reactions, **47:**450
    clinical symptoms, **47:**439
    disturbed immunoregulation, **47:**476, 480, 481
    potential effecter mechanisms, **47:**465
  sporozoite malaria vaccine and, **45:**305, 312
  surface antigens of human leukocytes and, **49:**94, 101

Hormones (*continued*)
 synthetic T and B cell sites and, **45**:232, 246, 247, 259
 T cell development and, **44**:236
Horror autotoxicus, **54**:394
Horse red blood cells, T cell subsets and, **41**:68
Horse serum, B cell formation and, **41**:209, 219
Host defense mechanisms, **66**:101
Host response, sequential nature, **48**:70
Household contacts, IBD and, **42**:291
Housekeeping, immunosenescence and, **46**:234
Hox11, **63**:244–245
hox11, **63**:244
HPA axis, **54**:30–31; **61**:367–368, 375
5-HPETE, *see* 5-Hydroperoxy-5,8,11,13-eicosatetraenoic acid
HS1, B cell development, **63**:29
8HS-20 gene, **63**:29
HSP, *see* Heat shock proteins
hst-1, **65**:155
HSV, *see* Herpes simplex virus
HT-2 cells, IL-2 activation, **61**:176–179
HTLV-1, *see* Human T lymphotropic virus type I
Human
 antibodies from combinatorial libraries, *see* Antibodies, human, from combinatorial libraries
 antibody effector function, *see* Antibody effector function, human
 common mucosal systems in, **40**:199–204
 κ light chain genes of, **40**:249–251
 lymphoid neoplasms, Ig and T cell receptor gene rearrangements and, **40**:264–270
 and mouse, heavy chain locus organization, **54**:231–233
 mutations affecting stem cell factor or SCF receptor, **55**:23–24
Human chorionic gonadotropin, synthetic T and B cell sites and, **45**:259
Human cytomegalovirus, antibodies from combinatorial libraries, **57**:220–221
Human herpesvirus type 6, and HIV-1, exacerbation of AIDS disease progression, **58**:16
Human immunodeficiency syndromes, and DNA repair syndromes, **58**:62–69

Human immunodeficiency virus, **47**:377, 378, 411–414; **52**:192–193, *see also* Human immunodeficiency virus type 1
 anti-TNF-α therapy, **64**:311
 aPL antibodies and
  clinical aspects, **49**:202, 205, 210–211
  isotype, **49**:224, 226–227
 $CD8^+$ antiviral factor, **65**:282–284
 chemokine receptor family, **65**:283
 cytotoxic T cells, **65**:286–287
  acute infection, **65**:293–296
  adoptive immunotherapy, **65**:317–320
  adverse effects of CTL activity, **65**:308–311
  apoptosis, **65**:306
  asymptomatic period of infection, **65**:296–297
  CTL decline in late disease, **65**:300
  CTL exhaustion, **65**:304–305
  disease progression, **65**:297–298
  epitopes, **65**:291–293, 301, 312, 313
  escape mutation, **65**:311–317, 322–323
  infection, **65**:290–307
  long-term nonprogressors, **65**:298–300
  lysis of infected cells, **65**:280–281
  measurement of HIV-specific CTLs, **65**:287–290
  replication suppression, **65**:281–284
  in seronegatives, **65**:287, 307–309
  Th1 to Th2 switch, **65**:302–304
  therapeutic implications, **65**:317–322
  vaccines, **65**:320–322, 323
 enhanced apoptotic decay, **58**:233–237
 etiological agent, **47**:378
  genome, **47**:380–384
  HIV-2, **47**:384, 385
  life cycle, **47**:379, 380
 FDCs as targets of, **51**:275–278
 HLA class I system, **65**:284–286
 humoral immune response and, **45**:78
 IgE biosynthesis and, **47**:22
 Ig heavy-chain variable region genes and, **49**:57
 immune response, **47**:405
  cellular response, **47**:409–411
  humoral response, **47**:405–409
 immunopathogenic mechanism, **47**:397
  activation, **47**:398–403
  CD4 cell depletion, **47**:386–389
  CD4-HIV interaction, **47**:385, 386

macrophages, **47**:392–395
monocytes, **47**:392–395
precursor cells, **47**:395–397
T4 cells, **47**:389–392
induced immunosuppression, **45**:335, 336, 355–363
history of infection, **45**:352–355
immune response, **45**:363–368
virology, **45**:347–352
infected CD4+ eosinophil precursors, **60**:187
infection, **47**:377
CTL-mediated lysis, **65**:280–281
etiological agent, **47**:378, 380, 383, 384
hu-PBL-SCID mouse, **50**:314–317
other tumor models in SCID mice, **50**:313–314
and IL-6, **54**:37–38
immune response, **47**:406, 407, 409
immunopathogenic mechanism, **47**:391
in seronegatives, **65**:287, 307–309
inhibition of lymphocyte death, **58**:279
integrases of, **64**:57
lymphocytic tendency to undergo PCD, **58**:214
lysis of infected cells, **65**:280–281
and mitosis, **58**:424
neuropsychiatric manifestations
brain, **47**:403, 404
mechanisms, **47**:404, 405
NK cells and, **47**:302, 303
progression to AIDS, **65**:285, 299, 302, 304
pseudotypes, in HIV-infected hu-PBL-SCID mice, biosafety issues and, **50**:317–319
replication suppression, **65**:281–284
sporozoite malaria vaccine and, **45**:308–310
synthetic T and B cell sites and, **45**:196, 263
globular protein antigens, **45**:207
peptides, **45**:243
viral antigens, **45**:219, 220
variants, **65**:306–307
Human immunodeficiency virus type 1, **63**:83–87
animal infection, **52**:454–466
chimpanzee, infection of, **52**:455–461
model for testing HIV-1 vaccines, **52**:457–459

pathogenesis of HIV-1 infection in, **52**:455–457
use to test therapies based on CD4, **52**:459–461
mouse, SCID-hu, **52**:463–466
rabbit, infection with HIV-1, **52**:461–463
antibodies
from combinatorial libraries, **57**:211–217
to self-antigens from human donors, **57**:246–250
CD4 molecules and, **44**:290, 295–297
CD8+ cells and, **66**:285–291, 297–298
antiviral activity, **66**:274–275
antiviral therapy, **66**:295–299
lytic activity, HIV-1-specific, **66**:275–277
dissemination, **63**:88
genomic organization, **63**:84–85
infection in rabbits, **52**:461–463
inhibition, **66**:280–291
CD8+ cell-derived antiviral factor, **66**:282–283
chemokines and, **66**:281–282
IL-16, **66**:283
LTR and, **65**:10
MAP immunogens designed for, **60**:130–134
models using viruses distantly related to, **52**:430–432
murine leukemia virus, **52**:432–434
and NF-κB, **58**:14–17
pathogenesis, **63**:90–95, 100
progression, **66**:283
persistence, **66**:291–295
replication, **63**:85, 89–90
targets for therapy, **66**:295–297
CTLs, **66**:283, 286, 292–293
cytolysis, **66**:284–286
epitopes, **66**:276–280
transmission, **63**:88
ungulate lentiviruses, **52**:430–432
V3 loop, **60**:137–138
Human leukocyte antigen, *see* HLA
Human papillomavirus, **62**:229, 239–240, *see also* Papillomavirus
C/EBP and, **65**:10
Human T lymphotropic virus
HIV infection and
etiological agent, **47**:378
immunopathogenic mechanism, **47**:388, 391, 393, 400, 402

Human T lymphotropic virus (continued)
  IgE biosynthesis and, **47**:21
  NK cells and, **47**:229
Human T lymphotropic virus type I, **50**:180, 182; **52**:429; **63**:285, 310
  tax protein, **58**:17–18
Human umbilical vein endothelial cells
  CD40 antigen, **61**:14
  cytokines, regulatory effects, **64**:165–166
  as endothelial cell model, **64**:186
  eosinophil adhesion to, **60**:167–170
  lymphocytes and, **64**:142
Humoral immune response, **45**:1; **64**:2, see also Antibody response
  antigen-bridging model, **45**:7, 8
  antigen presentation, **45**:9–12, 22
    B cells, **45**:15–17
    class II molecules, **45**:18–21
    in vitro, **45**:21
    in vivo, **45**:21, 23, 24
  antigen processing, **45**:12, 22
    B cells, **45**:17, 18
    intracellular events, **45**:12–14
    macrophages, **45**:14, 15
    requirements, **45**:8, 9
  antigen-specific receptors, **45**:6, 7
  cellular interactions in vivo, **45**:78, 79, 85
    bacterial antigens, **45**:82, 83
    lymphoid organ, **45**:79–82
    parasites, **45**:84, 85
    viral antigens, **45**:83, 84
  hapten-carrier effect, **45**:3, 4
  helper T cells, **45**:24, 25
    activation, **45**:29–31
    clones, **45**:29
    differences, **45**:27, 28
    heterogeneity, **45**:25–27
    isotype switching in B cells, **45**:32–35
    subtype surface markers, **45**:28, 29
    in vivo, **45**:31, 32
  HIV infection and, **47**:405–410
  immune reconstitution and, **40**:414–416
  to infection, IBD and, **42**:299–300
  interleukins, **45**:54–62, 75–77
    IL-1, **45**:72, 73
    IL-2, **45**:67–70
    IL-3, **45**:73, 74
    IL-4, **45**:62–65
    IL-5, **45**:65–67
    IL-6, **45**:74, 75
    interferon-γ, **45**:70, 71
  mechanisms, spontaneous autoimmune thyroiditis and, **47**:465–470
  against MMTV, **65**:188–192
  models, **45**:1–3
  physical interaction, **45**:35, 36
    biochemical events, **45**:38, 39
    cell surface Ig, **45**:40, 41
    cell surface molecules, **45**:41–46
    functional outcome, **45**:38
    intracellular events, **45**:39
    lymphokines, **45**:46–54
    model systems, **45**:36–38
    monogamous nature, **45**:39, 40
  pituitary hormones, **63**:407
  spontaneous autoimmune thyroiditis and, **47**:444–449, 491
  suppression, **45**:5
Humoral memory, germinal center B cells, **60**:283
Hu-PBL-SCID mouse
  EBV-associated lymphoproliferative disease in, **50**:310–313
  HIV infection of, **50**:314–317
Hyaluronan
  binding regulation, evidence, **54**:302–308
  CD44 as receptor for, **54**:284–287
    evidence, **54**:284–287
    features, **54**:287–290
    sequence of CD44 in hyaluronan recognition, **54**:284
  CD44-specific antibody binding, inhibition, **54**:284–286
Hyaluronate, IGF-I, **63**:390
Hyaluronic acid
  CD44 binding to, **58**:376–377
  Ig gene superfamily and, **44**:40, 41, 44
H-Y antigen, cytotoxic T cells and, **38**:175–180
  cross-reactive lysis, **38**:186
  immunodominance, **38**:181
Hybrid histocompatibility antigens
  antigen expression, **41**:397–399, 401, 409, 410, 405–407
    trans gene model, **41**:401–403
  bone marrow cells, **41**:340–343, 345, 347
  genetics of expression, **41**:397
  leukemia/lymphoma cells, **41**:360–367
  lymphoid cells, **41**:352, 353
  marrow engraftment, **41**:385, 386
  in vitro assays, **41**:394–396

Hybrid hyperreactivity, **41**:360, 379
Hybridization, *see also* Somatic cell hybridization
  antigen-presenting cells and, **47**:65–67, 70, 71, 87
  autoreactive T cells and, **45**:420, 424
  CD5 B cell and, **47**:134
  CD23 antigen and, **49**:152, 162, 170
  complement components and
    C4 genes, **38**:228, 231
    cloning, **38**:209, 212
    restriction fragment length polymorphism, **38**:215
  complement receptor 1 and, **46**:188–190
  cytotoxicity and, **41**:276, 288
  helper T cell cytokines and, **46**:112
  human B cell neoplasia and, **38**:257
    Burkitt lymphoma cells, **38**:260
    chromosome translocation, **38**:266, 268
  IgE biosynthesis and, **47**:17
  Ig heavy-chain variable region genes and
    polymorphism of V_H gene segments, **49**:23, 27
    V_H families, **49**:8–9, 15, 17
    V_H gene expression, **49**:37–38
  leukocyte integrins and, **46**:159, 160, 173
  maps of Ig-like loci and, **46**:2–4
    MHC, **46**:30, 33
    structure, **46**:10, 12, 13, 15, 17, 18, 21, 25, 27
  maternaHy transmitted antigen and, **38**:324, 326
  murine lupus models and, **46**:74, 83, 85, 87
  NK cells and
    genetic control, **47**:223
    hematopoiesis, **47**:273, 274, 280
    surface phenotype, **47**:204, 209
  regulators of complement activation and, **45**:405
  SCID and, **49**:397
  spontaneous autoimmune thyroiditis and
    altered thyroid function, **47**:462
    genetics, **47**:483, 484, 486–491
  subtractive, **43**:135
  T cell receptor and, **45**:135, 139, 140
  T cell receptors and, **38**:15
  T cell subsets and, **41**:41, 100, 101
  virus-induced immunosuppression and, **45**:354
Hybrid joints, V(D)J recombination, **64**:41

Hybridoma/plasmacytoma growth factor, **54**:3
Hybridoma reagents, **38**:276
Hybridomas, **42**:1, 2
  activation-induced death, **50**:67
  adoptive T cell therapy of tumors and, **49**:301
  A/J mice, **42**:131–132, 135
  antiarsonate, **42**:97–98, 99–101, 128–129
  antibodies from, **57**:229–230
  antigen-presenting cells and, **47**:65, 68–70, 77
    antigen processing, **47**:87
    T cells, **47**:86, 93
  antinuclear antibodies and, **44**:98
  aPL antibodies and, **49**:246, 249
  Ars A, **42**:102, 108–109
    light chains, **42**:139–141
  autoimmune demyelinating disease and, **49**:358–359, 365, 367
  autoimmune thyroiditis and, **46**:289, 296, 304, 312
  autoreactive T cells and, **45**:420, 424–426
  B cell formation and, **41**:223, 225, 237
  CD4 and CD8 molecules and, **44**:268, 270, 299, 302
    CD4 molecular biology, **44**:291–293, 297
    CD8 molecular biology, **44**:280, 282, 284
  CD5 B cell and, **47**:159
    Ig gene expression, **47**:151, 152, 156
    physiology, **47**:133–135, 138
  CTL and, **41**:150, 168, 169
  fetal liver, **42**:131–132
  genetically engineered antibody molecules and, **44**:65, 66
    chimeric antibodies, **44**:79–81, 87
    cloning, **44**:73, 75
    expression, **44**:70, 71, 75, 77, 78
    fusion proteins, **44**:86
    lymphoid mammalian cells, **44**:69
    production, **44**:67
  helper T cell cytokines and, **46**:116
  HIV infection and, **47**:391
  human–human
    advantages, **38**:300
    antigens, **38**:294–297, 299
    autoantibodies, **38**:297–299
    fusion, **38**:292, 293
    propagation, **38**:302–304
  human–murine
    advantages, **38**:291, 292

Hybridomas (continued)
  heterohybridoma antibodies, **38**:288–290
  Ig secretion, **38**:287, 288
  propagation, **38**:302
  humoral immune response and
    antigens, **45**:15
    interleukins, **45**:63, 65, 74, 75
    physical interaction, **45**:36–39, 44, 50
  IgE biosynthesis and
    antibody response, **47**:8, 32, 33, 35–39
    binding factors, **47**:13, 15, 17, 18, 21, 25–27
  Ig heavy-chain variable region genes and, **49**:2, 35, 37, 41
  IL-1 and, **44**:178, 189
  immunosenescence and, **46**:249
  mAbs and, **38**:279, 302, 306
  murine lupus models and, **46**:72, 74, 78
  neonatal development and, **42**:28–29
    A/J mice, **42**:131–132
    somatic mutation, **42**:66–67
  synthetic T and B cell sites and
    antigens, **45**:232, 234, 237
    globular protein antigens, **45**:213, 215, 216
    immunological considerations, **45**:200
    viral antigens, **45**:217, 225, 228
  T cell, *see* T cell hybridomas
  T cell activation and, **41**:1, 23, 25
  T cell development and, **44**:215, 216, 218
  T cell receptor and, **45**:151
    cDNA, **38**:6
    gene expression, **38**:13, 14
    mice, **38**:5, 14
    protein properties, **38**:3, 4
    rearrangement, **38**:11, 12
    specific binding, **38**:19–21
    target recognition, **38**:122, 123
    V region genes, **38**:15, 16
  T cell subsets and
    H-2 alloantigen recognition, **41**:79, 82, 91
    H-2-restricted antigen recognition, **41**:62, 70, 52–60
    T cell receptor, **41**:41, 42
    T cell triggering, **41**:111
  technology, **43**:1
Hybrid resistance, **41**:333, 334
  antigen expression genetics, **41**:397–401
    hemopoietic cell grafts, **41**:404–407
    Hh-1, **41**:401–403
    marrow allograft reactivity, **41**:408–410
    transplated cells, **41**:403, 404
  effector mechanisms, **41**:369, 370
    antibodies, **41**:376–380
    macrophages, **41**:370–372
    marrow engraftment, **41**:384–388
    marrow microenvironment, **41**:390–393
    NK cells, **41**:372–376
    syugeneic stem cell functions, **41**:388–390
    T cells, **41**:380–384
    in vitro assays, **41**:393–396
  hemopoietic cells
    bone marrow cells, **41**:335–351
    lymphoid cells, **41**:351–358
    leukemia/lymphoma cells, **41**:358–369
Hybrids
  antinuclear antibodies and, **44**:108, 129
  B cell formation and, l9O, **41**:226
  CD4 molecules and, **44**:285, 296
  CD8 molecules and, **44**:272, 273, 282
  CTL and, **41**:169
    β_2-microglobulin, **41**:156
    exon shuffling, **41**:139, 142, 144, 145, 147
    HLA class I antigens, **41**:150, 151
    mAbs, **41**:158
  genetically engineered antibody molecules and, **44**:77, 78, 80
  Ig gene superfamily and, **44**:12, 27, 31, 40, 47
  IL-1 and, **44**:167
  Ir genes
    competitive inhibition, **38**:109
    complementation, **38**:72
    cross-reactive lysis, **38**:186
    cytotoxic T cells, **38**:163, 164, 169
    gene dosage, **38**:80, 82, 83
    H-Y antigen, **38**:176
    I region mutations, **38**:85, 90
    T cell repertoire, **38**:116, 117, 144, 145
    T cell-T cell interactions, **38**:155, 160
  lymphocyte homing and, **44**:329, 336, 337, 353
  resistance phenomenon, NK cells in, **55**:366–367
  T cell development and, **44**:217, 218, 227
Hydrazone, in linkage procedure for chemoimmunoconjugates in cancer treatment, **56**:322–323

Hydrocortisone
  hybrid resistance and, **41**:387, 390
  in vitro IgE synthesis, **61**:370–371
Hydrolysis
  in signal transduction, **54**:418–419
  T cell activation and, **41**:15, 16, 23, 25, 30
Hydrolytic enzymes, cytolysis and, **41**:275–277, 281
Hydropathicity, mast cell-specific receptor, β subunit profile, **43**:288
5-Hydroperoxy-5,8,11,13-eicosatetraenoic acid, dehydration to LTA_4, **39**:150–151
Hydrophilicity, **43**:76
  epitope prediction, **43**:56
  intrinsic parameters, **43**:49
  MHr, **43**:35
  profiles, **43**:14
Hydrophobic domains
  human T cell activation and, **41**:5, 13, 25
  T cell subsets and, **41**:45, 54
Hydrophobicity
  B cell formation and, **41**:197, 198
  CD1 proteins, **59**:37, 38
  CD4 molecules and, **44**:285
  CD8 molecules and, **44**:273
  cytotoxicity and
    cell-mediated killing, **41**:295
    cytolysis, **41**:279, 280
    membrane attack complex of complement, **41**:299–302
    pore formers, **41**:314–317
  genetically engineered antibody molecules and, **44**:67
  Ig gene superfamily and, **44**:3, 6, 35, 46
  IL-1 and, **44**:158, 181
Hydrophobic regions, **43**:76
5-Hydroxyeicosatetraenoic acid
  in neutrophils, human, **39**:153–154, 166–167
  production by eosinophils, **39**:204
21-Hydroxylase, maps of Ig-like loci and, **46**:28, 32, 33
4-Hydroxy-3-nitrophenyl acetyl, genetically engineered antibody molecules and, **44**:66, 69, 80, 85, 86
20α-Hydroxysteroid dehydrogenase
  in IL-3-dependent cell lines, **39**:35, 36
  IL-3-induced in T cells, **39**:2, 5, 18–19, 23–31

N-Hydroxysuccinimide, in chemoimmunoconjugate crosslinking in cancer treatment, **56**:316–318
Hydroxyurea
  Ig-secreting cells and, **40**:9
  NK cells and, **47**:230, 231, 283
HyHEL5
  binding, **43**:20–21
  blind peptide mapping study, **43**:26
  fine specificity study, **43**:26
  lysozyme binding, **43**:12–13, 122
  model, **43**:121
HyHEL10, blind peptide mapping study, **43**:26
Hypereosinophilia, reactive, and neoplasms, **60**:225
Hypereosinophilic syndrome
  clinical picture, **60**:223–224
  eosinophils
    cocultured with cytokines, **60**:185
    synthesis of cytokines, **60**:199–200
  high eosinophil counts, **60**:217
  small granules in, **60**:160
Hypergammaglobulinemia, murine lupus models and, **46**:63, 64
Hyper IgE recurrent infection, **62**:89
Hyper IgM, HIGMX-1
  defect of B cell differentiation, **60**:42–48
  and XLA, immunodeficiency diseases, **60**:37
Hyper IgM syndrome
  gp39 structure in, **63**:49–50
  X-linked, **59**:248
Hyperimmunization, secondary B cells and, **42**:72
Hyperlipidemia, spontaneous autoimmune thyroiditis and, **47**:440
Hypermutation
  in germinal centers, **53**:233–234
  Ig gene superfamily and, **44**:18, 20, 22, 23
  Ig somatic, **60**:277–278
  locus-specific, **60**:278–280
  somatic
    in germinal centers, **53**:233–234
    T cell subsets and, **41**:42, 88, 106
  V(D)J, **60**:284
Hyperprolactinemia, **63**:409–410, 430
Hypersensitivity
  antigen-presenting cells and, **47**:104, 105
  B cell formation and, **41**:183

Hypersensitivity (*continued*)
  delayed-type, *see* Delayed-type
    hypersensitivity
  immediate
    eosinophil effects, **39**:217–219
    histamine secretion and, **39**:217, 218;
      304–306
    neuropeptide effects, **39**:304–307
Hypersensitivity lung diseases, **59**:387,
  412–420
Hypersensitivity pneumonitis, **59**:419–420
Hypertriglyceridemia, cachectin and, **42**:214,
  218
Hypogammaglobulinema, hybridomas and,
  38:287
Hypogammaglobulinemia, **59**:141
  CD23 antigen and, **49**:174
  Crohn's disease and, **42**:300
  Ig heavy-chain variable region genes and,
    49:3
Hypophysis, IFN-γ effect on, **62**:93
Hypothalamic–pituitary–adrenal axis,
  54:30–31; **61**:367–368, 375
Hypothalamus, NK cells and, **47**:266
Hypothyroidism, **46**:263, 269, 274, 275, 278
  spontaneous autoimmune thyroiditis and
    altered thyroid function, **47**:456
    breeding, **47**:435–437
    clinical symptoms, **47**:438
    disturbed immunoregulation, **47**:470
    histopathology, **47**:442, 444
Hypoxanthine-aminopterin-thymidine,
  lymphocyte hybridomas and, **38**:280, 286
  heterohybridomas, **38**:288, 289
  human-human hybridomas, **38**:293–296,
    300
  human-mouse heterohybridomas, **38**:300,
    301
Hypoxanthine-guanine phosphoribosyl-
  transferase
  B cell hybridomas and, **38**:279, 280
  human-murine hybridomas, **38**:289
Hypoxanthy ribosyl transferase gene,
  61:113–114
Hypoxia, IL-6 expression, **65**:27

I

Iε, **62**:43, 49–50
Iγ2b, **62**:43, 49–50

Ia-like molecules, expression by T cells 156,
  38:157, 159, 160
Ia molecules
  on activated and resting B cells
    B cell antigen-presenting capacity and,
      39:73–78
    expression, **39**:74–76
    MLR and, **39**:81–82
    structure, **39**:73–74, 76–78
  allogeneic, *Ir* genes and, **38**:115, 126, 132
  corneal graft, **48**:199
  IgE biosynthesis and, **47**:9, 23, 27
  Ir genes and, *see also* Ia molecules,
      allogeneic; Self-antigens, self-Ia
    antigen binding, **38**:98–100, 103
    antigen processing, **38**:96, 97
    antigen-specffic clones, **38**:121
    blocking, **38**:69–72
    competitive inhibition, **38**:108, 110
    complementation, **38**:75–77
    cytochrome c, pigeon, **38**:77–79
    discovery of, **38**:67, 68
    gene dosage, **38**:79–83
    gene function, **38**:91–93
    H-Y antigen, **38**:179
    immunodominance, **38**:184
    I region mutations, **38**:84–91
    macrophage factors, **38**:111–114
    T cells
      activation, **38**:104–107
      cytotoxic, **38**:161, 163, 165, 167
      proliferation, inhibition of, **38**:68, 69
      selection, **38**:131, 132, 134
      suppression, **38**:131, 135, 136, 138,
        139, 142, 143, 149–152
      T cell-T cell interactions, **38**:153, 156,
        159, 160
    tolerance, **38**:122, 123, 125, 126
  xid gene, **38**:83, 84
  MG and, **42**:256–257
  positive cell, **48**:197
I-A molecules, role in Vβ selective element
  action, **50**:20–21
IκB, **63**:157–159; **65**:117
  deficiency effects, **65**:32
  description, **58**:2–4
  family, **65**:14–15
  knockout mice, cytokine induction, **65**:32
  phosphorylation by TNFα, **58**:8

rapid degradation and release of NF-κB, **58**:4–5
IκBα, **65**:14
  gene, **65**:23
IκB family, transcriptional regulation, **65**:14–15
IBD, *see* Inflammatory bowel disease
Ibuprofen, **62**:184, 186
ICAM, *see* Intercellular adhesion molecule
Icoccomes, humoral immune response and, **45**:24
ICP47, **65**:279
Id, *see* Idiotype
IDDM, *see* Insulin-dependent diabetes mellitus
Idiopathic pulmonary fibrosis, **62**:261, 267, 270, 286
Idiotope-determining region, **43**:14, 16
Idiotype
  autoimmune thyroiditis and, **46**:318, 319
    humoral responses, **46**:302, 304–308
    prevention, **46**:315
  binding to rabbit anti-Id antibodies, **39**:261–263
  cross-reactivity, **39**:263–265
  network theory, **39**:255–257
  recognition by suppressor T cells, **40**:142
  recognition by T cells, **39**:257–261
    B cells and, **39**:259–260
Idiotypic determinants, Ars A response and, **42**:138
Idiotypic interactions, human
  allergic responses and, **39**:175–176
  antiself antibodies and, **39**:278–279
  autoimmune diseases and, **39**:277–278
    anti-Id antibodies as mediators of, **39**:279–280
  B cell tumor therapy with anti-Id antibodies and, **39**:289, 291
  immune responses to HLA and, **39**:281–283
    during pregnancy, **39**:281–282
  self-tolerance and, **39**:276–277
Idiotypic map, **42**:129–130
Idiotypic regulation, immunosenescence and, **46**:247–249
IELs, *see* Intraepithelial lymphocytes
I-E molecules, role in Vβ selective element action, **50**:18–19

Ig-α, B cell AgR, tyrosine phosphorylation, **55**:246–248
Ig-β, B cell AgR, tyrosine phosphorylation, **55**:246–248
IgA, **61**:79, 80, 94–97
  antibody concentration on mucosal surfaces, **58**:298
  antigen-presenting cells and, **47**:52, 53
  aPL antibodies and, **49**:204, 224–226, 232, 238
  biosynthesis, **40**:184–226; **47**:7, 19
    cellular and molecular aspects, **40**:184–190
    common mucosal immune system in human and animal models, **40**:197–207
    factors regulating S-IgA immune response, **40**:207–226
    IgA and, induction of, **40**:190–192
    induction of IgA immune response, **40**:190–192
    isotype-specific, accessory cells and, **40**:219
    mucosa-associated lymphoid tissue, **40**:192–197
    specific humoral, regulation by Fc region of Ig, **40**:71–77
    specific *in vitro* humoral, enhancement by Fc portion of Ig, **40**:90–95
    specific *in vitro* T cell-mediated, enhancement by Fc fragments of Ig, **40**:95–100
  CD5 B cell and, **47**:138
  distribution of cells producing, **40**:189–190
  in eosinophil degranulation, **60**:182
  fluorescence polarization, rotational correlation times, **48**:16–17
  function, **65**:251
  heavy chain class switch of, **40**:219–223
  IBD and, **42**:298, 301–303, 306–307, 321
  interaction with nonlymphoid cells, **40**:168–184
    epithelial cells, **40**:174–177
    erythrocytes, **40**:174
    hepatocytes, **40**:177–184
    phagocytic cells, **40**:168–174
  production, **65**:248–251
    CD40 signaling, **63**:64–65, 66–67
  respiratory immunity, **59**:373, 387, 396, 411, 414

IgA (continued)
  secretory, interaction of component
      polypeptide chains, **40**:163–168
  secretory component
    binding of, **40**:165–166, 167, 186
    epithelial cells and, **40**:175–177
    hepatocytes and, **40**:179–180, 182
    structure and function, **40**:160–163
  segmental flexibility, **48**:14–18
  of serum and secretory, structure and
      function of component polypeptide
      chains, **40**:154–168
  structure, **65**:248
  surface antigens of human leukocytes and,
      49:91
  transforming, expression, **54**:262
IgA$_1$, wide extreme, **48**:30
IgA$_2$, rotation freedom, **48**:31
IgA deficiency, **65**:251–256, 263
  clinical manifestations, **65**:246–248, 256
  common variable immunodeficiency
      (CVID) and, **65**:256
  genetic susceptibility, **65**:256–260
  pathogenesis, **65**:260–263
  treatment, **65**:263
Ig complex, **52**:136–138
IgD, **61**:82–83
  antigen-presenting cells and, **47**:48
  B cell expression, **59**:322–324
  biosynthesis and, **47**:7, 19
  CD5 B cell and, **47**:121, 122
  CD23 antigen and, **49**:150, 168, 175
  expression by B cells, **40**:19–26
  and IgM, differential signaling, **54**:401–402
  surface, and surface IgM, respective roles,
      52:297–298
  surface antigens of human leukocytes and,
      49:76, 91
IgE, **61**:91
  60-kDa factor, **43**:304–305
  allergic airway inflammation, **62**:283
  allergic response, **61**:374–375
  α chain, **43**:282
  anti-dinitrophenol, **43**:294
  antigen-presenting cells and, **47**:63
  anti-ovalbumin, **43**:294
  binding site localization, **43**:279–280
  biosynthesis, **43**:303; **47**:1
    antibody response, **47**:1–3
    B cells, **47**:7–12

  T cells, **47**:8, 10–12
  in vitro, **47**:3–7
  antibody response suppression, **47**:28
    antigens, **47**:28–30
    anti-IL-4, **47**:31
    GIF, **47**:32–35
    interferon-γ, **47**:31, 32
    T cell hybridomas, **47**:36–39
  binding factors
    biological activities, **47**:12–15
    FcεRII structure, **47**:19–22
    formation, **47**:22–28
    physicochemical properties, **47**:15–19
  CD23 antigen and, **49**:149–150, 174, 176
    biochemical structure, **49**:155–157
    biological activity, **49**:167–173
    cellular expression, **49**:150–152, 154–155
    cleavage regulation, **49**:158
    expression regulation, **49**:161
    FcεRII, **49**:162–163, 165
  CD40 expression, **61**:93–94, 95–96
  dependent granule protein stimulation,
      60:207
  eosinophils, **43**:306–307
  ε chain, **43**:278
  Fcε molecules dependence on, **52**:385
  Fc receptors, **43**:277
  fluorescence polarization, rotational
      correlation times, **48**:16–17
  functional characteristics, **43**:305
  functions, **48**:18
  high-affinity receptor, **43**:281
  histamine-releasing factors, **43**:307
  IL-4 stimulated production, **54**:247–248
  and IL-4 switching, **52**:217–218
  interaction with eosinophils, **60**:181
  isotype switching, **60**:38–39
  macrophage receptor, **43**:306
  monoclonal anti-β antibody, **43**:283
  monocytes, **43**:305–306
  myeloma, ESR spectra, **48**:30–31
  plate-bound, IL-4 production in response
      to, **53**:20–21
  platelets, **43**:306–307
  production, CD40 signaling, **63**:62–64,
      66–67
  protein-binding sites, **43**:281–282
  receptor binding to, **52**:387–388
  regulation, **61**:369–370
  role, **43**:277

segmental flexibility, **48**:18–19
sequential switching, **61**:105
sites interacting with receptors, **43**:278–279
　anti-IgE antibody studies, **43**:279–281
　inhibition studies, **43**:281–282
structural properties
　comparative studies on rodent cells, **43**:302–305
　Fcε receptors, **43**:298–301, 303
　IgE-binding factor, **43**:300–302
surface antigens of human leukocytes and, **49**:77, 81, 90–91
synthesis, **43**:277; **61**:342–344, 370–374
wide extreme, **48**:30
IgE-binding factors
　CD23 antigen and, **49**:149
　cDNA coding, **43**:304
　　functional characteristics, **43**:305
　　human B cells, **43**:300–301
　　retroviral protein, **43**:304
　　T cells, **43**:301–303
IgE-binding proteins, **43**:307–308
Ig/EBP, **65**:3–5
IgE/FcεRI, γ dimer, **52**:380–381
IgE/FcεRI receptor, high-affinity, **52**:378–381
　assembly, **52**:381–382
　cell surface structures functionally associated with FcεRI molecules, **52**:391–396
　　cell surface glycolipids, **52**:393–394
　　Fcγ receptors, **52**:394–396
　　G63, **52**:394
　　mast cell chromolyn binding sites, **52**:392–393
　　ME491 (CD63), **52**:393
　chromosomal location, genomic organizations, and mRNA species, **52**:382–383
　control of synthesis and expression of dependence on IgE, **52**:385
　　FcεRI molecules, **52**:384–386
　　half-life, internalization, degradation and reexpression, **52**:385–386
　　synthesis during cell cycle, **52**:385
　　synthesis during differentiation of basophils/mast cells from hemopoietic precursor cells, **52**:384–385

　functional characterization of receptor, **52**:387–391
　　binding to IgE, **52**:387–388
　　effector mechanisms and functional changes of mast cells/basophils following activation through IgE binding sites, **52**:391
　　signal transduction and distal events, **52**:388–391
　numbers and binding constants on basophils/mast cells, **52**:386–387
　sequence and structural homologies, **52**:383–384
　　conversation during evolution, **52**:383
　　molecules related to FcεRI α chain, **52**:383
　　molecules related to FcεRI β chain, **52**:383–384
　　molecules related to FcεRI γ chain, **52**:384
　topology of, **52**:378
　　α chain, **52**:379
　　β chain, **52**:379–380
　　γ dimer, **52**:380–381
　　nomenclature, **52**:378
IgE-potentiating factor, **47**:5
IgE receptors, eosinophil, and killing of schistosomula, **39**:180–181
Ig fold, **43**:221
IgG, **61**:80, 94
　adoptive T cell therapy of tumors and, **49**:296
　antigen-presenting cells and, **47**:62, 67, 85
　aPL antibodies and, **49**:199, 242, 251, 255, 258
　　affinity purification, **49**:229
　　clinical aspects, **49**:204–206, 210, 212, 222, 224
　　isotype, **49**:224–228
　　pathogenic potential, **49**:253, 255
　　specificity, **49**:238, 242–243
　　syndromes, **49**:220
　B cell formation and, **41**:223, 237
　biosynthesis and
　　antibody response, **47**:2–11, 31, 32
　　binding factors, **47**:12, 19, 27
　CD5 B cell and, **47**:132, 134, 136, 144
　CD23 antigen and, **49**:157
　CD40 signaling, **63**:63, 65–66, 69–70
　CH3 domain, **48**:20–21

IgG (continued)
  complex and associated second messengers, identification, **54**:419–420
  conformation and flexibility, **51**:4–7
  cytotoxicity and, **41**:271
  eosinophil-bound, parasite killing, **39**:209–211
  hybrid resistance and, **41**:336, 355, 357
    effector 376-378, **41**:394
  IBD and, **42**:297–298
    antibody expression in, **42**:321
    subclass expression in, **42**:305
  Ig heavy-chain variable region genes and, **49**:2, 6, 49–51
  IL-4-stimulated production, **54**:247–248
  induced monocytes, **54**:172, 173
  NK cells and, **47**:189, 293
    cell-mediated cytotoxicity, **47**:190, 196
    cytotoxicity, **47**:249, 256
    effector mechanisms, **47**:237, 243–245, 247, 248
    malignant expansion, **47**:227
    surface phenotype, **47**:201, 202, 212
  physicochemical characterization of Fc receptor for, **40**:69–70
  segmental flexibility, **48**:5–19
    early studies, **48**:5–6
    fluorescence polarization, **48**:6–10
    hinge region structure, **48**:21–23
    IgG subclasses, **48**:11–14
    spin-label method, **48**:10–11, 12
    X-ray crystallography, **48**:11
  surface antigens of human leukocytes and, **49**:83, 89–90
IgG1, **48**:13
  CD40 expression, **61**:95–96
  heavy chain, hinge region structure, **48**:21–22
  oligosaccharide, ^{13}C nuclear magnetic resonance, **48**:29
IgG2, **48**:13
IgG2a, eosinophil-bound, parasite killing, **39**:210–212
  inhibition by IgG2C, **39**:211–212
IgG-Fc$_\mu$RIII interaction at molecular level, **51**:40–41
IgG receptor, isotypes, **54**:343–344
IgH
  B cell formation and, **41**:198
  CD5 B cell and, **47**:129, 161

Igh haplotypes, J558 and, **42**:135
Igh recombinant strains, V_H gene segment and, **42**:6
Igκ
  gene 3′ enhancer, **62**:43, 49
  gene enhancers, **62**:43, 50–51
Ig$_L$ gene
  diversification, potential mechanisms, **48**:58
  somatic diversification, **48**:52, 53
IgM, **42**:13; **48**:16–18; **61**:79, 80, 82, 93
  adoptive T cell therapy of tumors and, **49**:314, 331
  antigen-presenting cells and, **47**:48, 85
  aPL antibodies and
    affinity purification, **49**:228–229
    clinical aspects, **49**:204, 206, 209–210, 212, 222
  B cell expression, **59**:322–324
  B cell formation and, **41**:183
    B cell precursors, **41**:194, 200
    inducible cell line, **41**:221, 222
    population dynamics, **41**:206
    soluble mediators, **41**:234
  B cells secreting, **40**:22–23
  biosynthesis and, **47**:4, 6, 7, 9–11
  CD5 B cell and, **47**:129
    physiology, **47**:130–133, 135, 136
  CD23 antigen and, **49**:159, 167–168, 172, 175
  CD40 signaling, **63**:59, 62–63, 66–67
  fluorescence polarization, rotational correlation times, **48**:16–17
  human myeloma, **48**:16–18
  hybrid resistance and, **41**:336, 377, 378
  IBD and, **42**:299, 300
  and IgD, differential signaling, **54**:401–402
  Ig heavy-chain variable region genes and, **49**:38, 41–43, 48–51
  myeloma, ESR spectra, **48**:30–31
  NK cells and, **47**:207, 292, 293
  normal or elevated, **60**:37–49
  secondary B cells and, **42**:76
  secretion in NZB spleen cells, **55**:313–314
  segmental flexibility, **48**:14–18
  surface, and surface IgD, respective roles, **52**:297–298
  surface antigens of human leukocytes and, **49**:76, 91, 101
  X-linked hyper IgM syndrome, **59**:248
IgM-binding protein, **52**:173

IgM hybridoma, somatic mutation and, **42**:67
IgM receptors, on eosinophils, human, **39**:180
Ig oligosaccharide, spin-labeling, **48**:27–28
Ig+ precursor selection, bursa of Fabricius, **48**:49–51
IGUP I-5111, **64**:21, 23
Ig VL gene
  gene conversion, **48**:60–62
  somatic diversification, **48**:60–62
Ikaros
  B cell genesis, **63**:218–219, 224–226
  gene expression, **63**:224–226
IL-1ra, *see* Interleukin-1 receptor antagonist
^{125}I-labeled antigen therapy, for MG, **42**:268
^{125}I-labeled IL-2, **42**:172
Ileum, lymphocyte homing and, **44**:330
Illegitimate priming model, switch recombination, **61**:108–111
Imidoesters, in chemoimmunoconjugation, **56**:320–321
Immune complex disease, pulmonary, rat model, **60**:345
Immune complexes
  and alternative antigen pathway, trapping, **51**:265–269
  cell-mediated immune responses and, **40**:77–79
  lung inflammation, **62**:277–283
  regulation of immune responses and, **40**:71–72, 73–76
  regulators of complement activation and, **45**:388, 389, 410, 411
Immune function, animal models
  EBV-associated lymphoproliferative disease in hu-PBL-SCID mice, **50**:310–313
  HIV-infection of hu-PBL-SCID mice, **50**:314–317
  other tumor models in SCID mice, **50**:313–314
  search for better models, **50**:303–304
  transfer of normal or autoimmune human cells to SCID mice, **50**:304–310
  viral pseudotypes in HIV-infected hu-PBL-SCID mice, biosafety issues and, **50**:317–319
Immune interferon, *see* Interferon-γ
Immune intervention, IL-2R-targeted, **50**:187–189

Immune privilege
  experimental autoimmune uveitis, **48**:216–219
  eye, **48**:191–221
Immune reconstitution, marrow grafts and
  cytotoxic cells, accessory cells and neutrophils, **40**:416–417
  effects of T cell depletion, **40**:417–419
  humoral immunity, **40**:414–416
  phenotype and function of peripheral T cells, **40**:412–414
  repopulation of lymph nodes and thymus, **40**:411–412
Immune regulation
  autoimmune uveitis, **48**:215–216
  eye, **48**:191–221
  intraocular tumor rejection, **48**:212–215
  neoplasm, **48**:212
  spontaneous neoplasm, **48**:212
Immune repertoire, self-tolerance checkpoints, **59**:319–342
Immune response, **52**:125; **65**:111, *see also* Antibody response; Cellular immune response; Cellular immunity; Humoral immune response
  affinity maturation, **43**:126–127
  antigens, **64**:1–3
  assessment, **43**:6
  cellular dynamics, **60**:267–268
  diversity in, antigen receptors, **43**:106
  environmental antigen influences, **40**:207–209
  factors regulating, accessory cells and isotype-specific response, **40**:219
  gene control, **43**:206–208
  heavy chain class switch, **40**:219–223
  to HIV, **65**:290–293
    acute infection, **65**:293–296
    adverse effects of CTL activity, **65**:309–311
    apoptosis, **65**:306
    asymptomatic period of infection, **65**:296–297
    CTL decline in late disease, **65**:300
    CTL exhaustion, **65**:304–305
    disease progression, **65**:297–298
    escape mutation, **65**:311–317
    long-term nonprogressors, **65**:298–300
    in seronegatives, **65**:287, 307–309
    Th1 to Th2 switch, **65**:302–304
    therapeutic implications, **65**:317–322

Immune response (*continued*)
  to MMTV, **65:**167–168, 212
    adult T cell response, **65:**175–178
    cellular response, **65:**192–194
    humoral response, **65:**188–192
    neonatal response, **65:**171–175, 203
    receptors for, **65:**194–196
    superantigen and T cell-independent, **65:**168–171
    superantigen dependent, **65:**171–194
    T–B interaction, **65:**180–188
    T cell-dependent B cell differentiation, **65:**178–180
  negative regulation, role of CTLs, **60:**303–310
  ontogeny, in rabbits, **56:**186–187, 209
  oral tolerance, **40:**223–226
  phenotype, correlation with antigen-MHC interactions, **43:**212
  plasmacytomagenesis, **64:**225–226
  primary humoral, histology, **60:**269–272
  regulation, IL-6 effects, **54:**21–22
    B cells, **54:**21
    T cells, **54:**21–22
  role of T cell Fc receptor for isotype response, **40:**212–216
  to superantigens, **54:**117–127
    binding to major histocompatibility complex, **54:**117–120
    direct non-T cell effects, **54:**127
    recognition by T cell receptor, **54:**121–124
    role of accessory CD4 or CD8 molecules, **54:**124–125
    T cell deletion and anergy in injected animals, **54:**125–127
    T cell signaling in response to superantigens vs conventional antigens, **54:**127
  T cell networks in secretory immune system, **40:**217–218
  T cell regulation of IgA response, **40:**209–212
  Td B cell response, **62:**131–157
  tumor antigens, **62:**217–245
  against tumors, *see* Tumors, immune response
Immune response genes, **38:**32, 33; **43:**207, 212
  antigen binding, **38:**98–115
  antigen processing, **38:**93–97
  antigen specificity, **38:**36, 37
  complementation, **38:**72–83
  cytotoxic T cells
    classical type, **38:**161–174
    epistatic effects, **38:**175–187
  expression
    in antigen-presenting cells, **38:**55–57
    B cell responses, **38:**50, 52
    in B cells, **38:**57, 58
    codominance, **38:**36, 71, 80, 81, 97
    complementation, **38:**73, 79, 82, 83
    H-Y antigen, **38:**175, 177
    Ia molecules, **38:**83, 84
    I region mutations, **38:**84, 88, 90, 91
    in lymphoid tissue, **38:**52–55
    MHC restriction 65, **38:**67
    T cells, **38:**40–43, 58–63
      cytotoxic, **38:**165, 167
      interaction, **38:**156, 157, 159, 160
      positive selection, **38:**130, 134
      repertoire, **38:**116, 117
      tolerance, **38:**127
  function, theories of, **38:**91–93
  gene function models, **38:**37–39
  genetic locus, **38:**33–37
  humoral immune response and, **45:**5
  hybrid resistance and, **41:**361
  Ia molecules, **38:**67–72
  I region mutations, **38:**84–91
  MHC, **38:**43–46
  MHC restriction, **38:**63–67
  polypeptides, responses to, **38:**46–50
  "Schlepper" experiment, **38:**39, 40, 42
  sporozoite malaria vaccine and, **45:**308–310
  synthetic T and B cell sites and antigens, **45:**232
    globular protein antigens, **45:**210, 211, 214
    immunological considerations, **45:**198–201
    viral antigens, **45:**221
  T cells
    germline repertoire limitations, **38:**115–118
    interactions, **38:**153–160
    positive selection, **38:**130–134
    receptors, **38:**2
    suppression, **38:**134–152

T cell subsets and, **41**:44, 51, 54, 55
tolerance, **38**:119–130
Immune states, and autoimmune and immunodeficiency states, antigen processing and presentation, **52**:106–108
autoimmunity, **52**:107
novel immunodeficiency states, **52**:107–108
tumor immunology, **52**:104–106
vaccines, **52**:106–107
Immune surveillance theory, **48**:212
Immune system, **63**:269
B cell, and memory
affinity maturation, **53**:233–234
bcl-2 oncogene role, **53**:241
Fas antigen/APO-1 role, **53**:241–242
germinal centers role, **53**:231–233
intermitotic life span and, **53**:237–241
memory cells
functional properties, **53**:236
generation of, **53**:236–238
phenotype of, **53**:234–236
peripheral, compartmentalization
anatomic localization of colonizing lymphocytes, **53**:159
$CD5^+/CD5$ cell dichotomy, **53**:178–183
generation of compartments, **53**:187–194
lymph follicle B cells, **53**:185–186
peritoneal B cells, **53**:183–185
significance of, **53**:199–203
site-dependent tolerance, **53**:201–203
specialized functions of, **53**:199–201
T cells
intestinal intraepithelial, **53**:163–167
γ/δ invariant intraepithelial cells, **53**:167–169
in liver, **53**:169–171
in lymph nodes, **53**:161–163
in peritoneum, **53**:173–177
in spleen, **53**:161–163
common mucosal, **40**:197–199
in humans, **40**:199–204
mechanism of homing of plasma cells to mucosal tissues and secretory glands, **40**:204–207
complement system, **61**:201–257
Ets transcription factors, **64**:65–94
evolution of antigens, T_{CD8^+}, what it recognizes, structure of class I molecules, **52**:6–8

glucocorticoids and, **66**:197, 218
high endothelial venules, **65**:373, 375–377
hyperprolactinemia, **63**:409–410
IL-1ra effects, **54**:202–204
lymphocyte migration, HEVs and, **65**:350–372
nonspecific, pituitary hormones, **63**:407–408
peripheral compartments
B cell, **55**:429–430
T cell, **55**:424–429
pituitary gland, **63**:377, 407–408
programmed cell death in, *see* apoptosis, in immune system
secretory, T cell networks in, **40**:217–218
soluble cytokine receptors, **63**:285–290
T cell, and memory
bcl-2 oncogene role, **53**:241
differentiation after antigenic stimulation, **53**:229–230
effector cells, **53**:227–230
Fas antigen/APO-1 role, **53**:241–242
intermitotic life span and, **53**:237–241
memory cells, **53**:227–230
naive cells, **53**:227–230
phenotypic identification of memory T cells, **53**:224–227
TCR and signal transduction, **53**:238–239
V(D)J recombination, **64**:39–61
Immunity, *see also* Cellular immune response; Cellular immunity; Humoral immune response
adaptive, NK cells and, **47**:291–295
antitumor, antigen-presenting cells for, **58**:436–437
epithelial and mucosal, **58**:297–298
HIV-1 disease, **63**:95–98
IL-2, **63**:132
to infections and diseases, role of IELs, **58**:326–329
innate
and gene products regulated by NF-κB, **58**:20–21
role of NF-κB and rel proteins, **58**:1–27
role of IELs, **58**:326–329
systemic
enhancement, **58**:428–429
and MHC class II molecules, **58**:433–434
tumor-specific, **58**:418–419

Immunity/tolerance phenomena, **59**:279–281
Immunization
  antigen-presenting cells and, **47**:67, 72, 86, 94
  with anti-Id antibodies, animal, **39**:283–284
  HIV infection and, **47**:407–410
  IgE biosynthesis and
    antibody response, **47**:2–6, 8, 9
    antibody response suppression, **47**:30–32, 36
    binding factors, **47**:14, 15, 23
  NK cells and, **47**:282, 292, 293
  spontaneous autoimmune thyroiditis and, **47**:433
  with TT, human responses to, *see* Tetanus toxoid
Immunoadhesins, **64**:310
Immunocytes, immature, **52**:285
Immunodeficiencies, **54**:142–143; **61**:41, 311–312, 317
  adenosine deaminase deficiency, **59**:151, 246
  angioedema, **61**:206
  ataxia telangiectasia, **61**:191, 315
  autoimmune diseases, **59**:146–147; **61**:367; 342–344
  bare lymphocyte syndrome, **59**:246–247; **61**:327–338
  B cell formation and, **41**:199, 200, 207, 216
    genetically determined defects, **41**:224–226, 231
  Bloom's syndrome, **61**:316
  Bruton's agammaglobulinemia, **61**:312–314
  common variable immunodeficiency (CVID), **59**:138, 143, 147, 150
  DiGeorge syndrome, **59**:247
  DNA breakage syndromes, **61**:314–316
  factor I, **61**:213
  Fanconi's anemia, **61**:315
  idiotypic network and, **39**:274–275
  IgA deficiency, **65**:245–263
  Lesch–syndrome, **59**:159
  major histocompatibility complex, **61**:327–338
  prevention by apoptosis-inhibitory drugs, **58**:278–280
  purine nucleotide phosphorylase deficiency, **59**:246
  selective T cell defect, **59**:247
  severe combined, *see* Severe combined immunodeficiency
  Wiskott–Aldrich syndrome, **59**:159, 248
  xeroderma pigmentosum, **61**:315
  X-linked, **59**:248, 317
    murine, Btk implicated in, **60**:41–42
    severe combined immunodeficiency, *see* Severe combined immunodeficiency
  X-linked agammaglobulinemia, *see* X-linked agammaglobulinemia
Immunodeficiency states, **52**:106–108
  and immune and autoimmune states, antigen processing and presentation, **52**:106–108
  autoimmunity, **52**:107
  novel immunodeficiency states, **52**:107–108
  tumor immunology, **52**:104–106
  vaccines, **52**:106–107
  novel, **52**:107–108
  tumor immunology, **52**:104–106
  vaccines, **52**:106–107
Immunodeficient mouse
  HuSCID-derived antibodies, **57**:230–231
  IL-5 production in, **57**:171–172
Immunodepression
  hybrid resistance and, **41**:385
  systemic, and T cell PCD, **58**:214
Immunodiffusion, antinuclear antibodies and, **44**:118, 120, 121
Immunodominance, cytotoxic T cells and, **38**:180–185
Immunofixation, **38**:207
Immunofluorescence
  anticomplement, **38**:293
  antinuclear antibodies and, **44**:109, 113, 120, 125
    autoimmune response, **44**:133, 136
    scleroderma, **44**:121, 122, 124, 125
    SLE, **44**:104–106
  autoimmune thyroiditis and, **46**:293
  B cell formation and, **41**:188, 221
  CD5 B cell and, **47**:118
    Ig gene expression, **47**:153, 157
    lineage, **47**:129
    marker for activation, **47**:127
  complement receptor 1 and, **46**:193
  complement receptor 2 and, **46**:204, 210
  cytotoxicity and, **41**:275, 298

direct two-color, for NK cell surface
antigens, **42:**200
Epstein-Barr virus transformation, **38:**277
human-human hybridomas, **38:**295, 296, 299
human-murine hybridomas, **38:**290
IgE biosynthesis and, **47:**4, 8, 19, 21
immune response *(Ir)* gene complementation, **38:**78
indirect, in studies of CD antigen expression on basophils and mast cells, **52:**336–337
leukocyte integrins and, **46:**158, 171
murine lupus models and, **46:**88, 95
NK cells and, **47:**211
spontaneous autoimmune thyroiditis and, **47:**445, 446, 462
two-color, NKHI antigen analysis, **42:**189
Immunofluorescent cell sorting, NK clones and, **42:**182–184
Immunogenicity, **43:**75
antigen-presenting cells and, **47:**101–105
multiple antigen peptides based on schistosome antigens, **60:**125–128
multiple-branched multiple antigen peptides, **60:**140–141
(T1B)₄ MAP construct, **60:**114–120
Immunogens
(BT)₄, **60:**109
multiple antigen peptides
in helminthic diseases, **60:**124–128
in protozoan diseases, **60:**108–124
for viral and bacterial diseases, **60:**128–136
Immunoglobulin, **42:**95; **43:**235, *see also* specific Igs
adoptive T cell therapy of tumors and, **49:**312, 314, 330–331
in antigen presentation by B cells, **39:**52–53, 55–56, 58–59
antigen-presenting cells and
antigen presentation, **47:**66–70
antigen processing, **47:**89, 90
cell surface, **47:**62–64
immunogeneity, **47:**103
interaction with T cells, **47:**93
tissue distribution, **47:**47
in antigen uptake by B cells, **39:**60–62
antinuclear antibodies and, **44:**104, 110, 111, 120, 124

aPL antibodies and, **49:**194, 199, 259
affinity purification, **49:**228, 230
antibody subsets, **49:**232
binding to cell membranes, **49:**250, 252
clinical aspects, **49:**200, 203, 211
isotype, **49:**224
pathogenic potential, **49:**253–254, 257
specificity, **49:**237, 241, 243–244, 248
autoimmune thyroiditis and, **46:**318
cellular immune responses, **46:**288, 297
experimental models, **46:**274
humoral responses, **46:**300, 303–308
prevention, **46:**315, 316
autoreactive T cells and, **45:**427
avian, V_L gene diversification by gene conversion, **48:**60–62
B cell formation and, **41:**182, 183, 237, 238
B cell precursors, **41:**188, 189, 191, 193–195, 199–202
bone marrow cultures, **41:**209, 217, 218
CBA/N mice, **41:**226
inducible cell line, **41:**221, 223
lymphohemopoietic tissue organization, **41:**187
population dynamics, **41:**206, 207
SCID mice, **41:**225
carbohydrate component, mobility, **48:**26–32
CD4 and CD8 molecules and, **44:**268, 269, 297, 302
CD4 molecular biology, **44:**286–288, 296
CD8 molecular biology, **44:**272, 274–276
CD5 B cell and, **47:**161, 162
gene expression, **47:**150–159
genetic influence, **47:**148
lineage, **47:**128
malignancies, **47:**123
physiology, **47:**137, 138, 140–142
surface antigen, **47:**143, 146
CD23 antigen and, **49:**150–151, 156–158
cell-mediated killing and, **41:**291
characterization, **43:**7
CH switching rearrangement, **43:**239
class switching by B cells, **60:**270–271
complement receptor 1 and, **46:**193, 198, 200
complement receptor 2 and, **46:**203, 205, 207, 208, 211
CTL and, **41:**168

Immunoglobulin (*continued*)
 definition of clonality based on, **40**:295–305
 distribution in body, **40**:153
 diversification
  evolutionary mechanism, **48**:62
  mechanisms, **48**:62
 domains, cysteine loop relationships, **43**:285
 effector functions, I flexible, **48**:1
 Fc receptors for, *see* Fc receptors
 fold, **43**:108
 genetically engineered antibody molecules and, **44**:66, 89
  antigen-combining sites, **44**:84
  biological properties, **44**:82, 83
  chimeric antibodies, **44**:80–82, 87, 88
  cloning, **44**:73–75
  expression, **44**:71, 72, 75–79
  fusion proteins, **44**:85, 86
  lymphoid mammalian cells, **44**:69, 70
  production, **44**:67–69
  surface Ig, **44**:89
 heavy chain, *see* Heavy chain
 heavy chain variable region genes, *see* Heavy chain variable region, genes
 helper T cell cytokines and
  cross-regulation of differentiation, **46**:132
  differential induction, **46**:127, 128, 130
  functions, **46**:114, 116, 118–122
  human subsets, **46**:139
  immune responses, **46**:133, 135, 137, 138
  precursors of differentiation states, **46**:126
  secretion patterns, **46**:113
 HIV and, **45**:351, 353, 356, 362, 365
 HIV infection and, **47**:390, 406, 408
 human, rotational correlation times, **48**:28–29
 humoral immune response and, **45**:4, 6, 8
  antigens, **45**:10, 12, 13, 16–18, 21
  cellular interactions *in* vivo, **45**:80, 82–84
  helper T cells, **45**:26, 27, 29, 32–35
  interleukins, **45**:55, 63–72, 76
  physical interaction, **45**:40, 43, 44, 49, 50, 52
 hybrid resistance and, **41**:357, 365, 366, 378, 379

IBD and, **42**:301–307
IL-1 and, **44**:177–179, 183, 190
IL-5-regulated production, **57**:151–154
 IgA, **57**:152–153
 IgE, **57**:153
 IgG, **57**:153
immunosenescence and
 lymphocyte activation, **46**:223, 224, 231, 232, 234, 236
 lymphocyte subsets, **46**:237, 239
 mucosal immunity, **46**:251
 regulatory changes, **46**:248, 249, 251
 stem cells, **46**:240, 242, 243
internal movement, **48**:1–34
intravenous, replacement therapy with, **60**:40
isotype, B cell subsets and, **40**:19
isotype switching
 history, **54**:229–231
 in humans, **54**:260–262
  IL-4 role in regulation, **54**:260–262
  TGF-β and IgA expression, **54**:262
 IFN-γ regulation, **54**:256–257
 mechanism of switch recombination, **54**:234–240
  organization of heavy chain locus in mouse and human, **54**:231–233
  switch regions, **54**:233–234
 IL-4-induced regulation
  enhancement of switching to IgE and IgC, **54**:248–249
  molecular mechanisms, **54**:252–256
  role in T cell-dependent switching, **54**:249–252
  stimulation of IgE and IgG production, **54**:247–248
 molecular mechanism, **54**:231–246
  directed switching and germline C_H transcription, **54**:240–245
  expression of downstream isotypes without switch recombination, **54**:245–246
 TGF-β-induced, **54**:257–259
leukocyte integrins and, **46**:149, 150, 168, 171
ligand, **48**:1
light chain, *see* Light chain
lymphocyte homing, **44**:326, 327, 335, 336; **64**:147, 157–160
measles and, **45**:340, 341

membrane, induced tyrosine
    phosphorylation, targets, **55**:248–249
  CD22, **55**:245–246
  Ig-α, **55**:246–248
  Ig-β, **55**:246–248
  mitogen-activated protein kinase,
    55:244–245
  p21^{ras}, **55**:238–240
  p95^{vav}, **55**:243–244
  phosphatidylinositol 3-kinase,
    55:241–243
  phospholipase, **55**:234–238
  rasGAP, **55**:239–240
  rasGAP-associated proteins, **55**:240–241
  Vap-1, **55**:243
mRNA, **43**:239
μ chains, **43**:238–239
NK cells and, **47**:203, 292–294
production
  Cd40 and, **63**:58–70
  switch recombination signals, **63**:58–59
promoter elements, **43**:269
  B cell preference, **43**:258
  enhancer interactions, **43**:263–265
  heavy chain, common factors with
    enhancers, **43**:256–257
  interaction between multiple proteins
    and conserved octanucleotide,
    43:254–255
  light chain, sequence conservation, **43**:257
  nuclear factor interaction with conserved
    heptamer, **43**:255
  sequence conservation, heavy chain V
    gene promoters, **43**:252
  sequences required for heavy chain gene
    expression, **43**:253–254
  tissue and stage specificity, **43**:251,
    255–256
  VH promoter activity, **43**:252–253
  κ activity, required octamer, **43**:257–258
  κ V gene promoters, **43**:258
rabbit anti-mouse
  presentation by B cells, **39**:52–53, 55–56
  B cell activation and, **39**:70
  uptake by B cells and macrophages,
    39:60–62
recognition function, **48**:1
regulating transcription, **43**:240
regulators of complement activation and,
    45:382, 390, 398

replacement therapy, **59**:150
rotational correlation times, **48**:28–29
SCID and, **49**:388, 400–401
secretion
  human-murine hybridomas, **38**:287, 288
  hybridoma propagation, **38**:302
  requirements for, **40**:83–90
segmental flexibility, **48**:5–19
  electron microscopy, **48**:2–3
  fluorescence polarization, **48**:3–5
  hydrodynamic study methods, **48**:2
  nanosecond, **48**:4–5
  spin-label approach, **48**:5
  steady state, **48**:4
  study methods, **48**:1–34
  X-ray crystallography, **48**:3
sequence selection in chicken B cell
    development, **57**:369–372
sequence variability, **43**:11, 14
somatic rearrangement of gene elements to
    create functional antibody gene
  γ light chain genes, **40**:251–252
  heavy chain gene assembly, **40**:252–253
  heavy chain gene order and class
    switching, **40**:257–258
  human It light chain genes, **40**:249–251
  recombinational mechanisms in joining
    of segments of variable region,
    40:253–256
  sequential activation of Ig genes,
    40:256–257
spontaneous autoimmune thyroiditis and
  altered thyroid function, **47**:458
  cellular immune reactions, **47**:452
  histopathology, **47**:440
  humoral immune reactions, **47**:445, 446,
    448
  potential effecter mechanisms, **47**:469
sporozoite malaria vaccine and, **45**:286, 307
structure of, **40**:61–63
superfamily molecules, **58**:372–376
superfamily of adhesion molecules, **52**:167
supergene family, recognition molecules of,
    52:361–364
  CD4 and CD8, **52**:363
  ICAM-1/CD54, **52**:361–363
  LFA-2/CD2 and LFA-3/CD58, **52**:361
  MHC class I and class II molecules,
    52:364

152 SUBJECT INDEX

Immunoglobulin (continued)
   other recognition molecules of Ig
      superfamily, **52**:364
     stem cell factor receptor (SCF-R)/c-kit,
      52:363–364
     VCAM-1, **52**:363
   surface antigens of human leukocytes and,
     49:81–82, 98, 118
     antigen-specific receptors, **49**:76–79
     receptors, **49**:89–91
   surface Ig, B cell proliferation, **63**:56
   synthesis, hybridomas and, **38**:293, 299
   T cell development and, **44**:209, 217, 243
   T cell receptor and, **38**:1, 2
     accessory molecules, **45**:109
     antigen processing, **45**:118
     experimental systems, **45**:131
     homogeneity, **45**:129
     MHC molecules, **45**:111
     protein properties, **38**:3–5
   and T cell receptor gene rearrangements as
     lineage markers
     acute lymphoid leukemia with 4:11
      chromosomal translocation, **40**:293
     diffuse large cell lymphoma, **40**:292
     hairy cell leukemia, **40**:291–292
     Hodgkin's disease, Lennert's lymphoma
      and angioimmunoblastic lymph
      adenopathy, **40**:294
     lymphoid blast crisis of chronic
      myelogenous leukemia, **40**:290–291
     malignant histiocytosis complicating
      celiac disease, **40**:292–293
     pseudo T cell lymphoma, **40**:294–295
   transcriptional enhancer elements, *see also*
     Protein-binding sites
     activation and V-DJ joining, **43**:241–242
     B cell preference, **43**:258
     common factors with heavy chain
      promoters, **43**:256–257
     containing bind sites, **43**:264
     dependent transcription, **43**:246
     EcoRI site, **43**:249
     IgH enhancer-binding proteus,
      43:247–248
     increase local concentration of factors,
      43:264
     in vivo protein-binding sites, **43**:243–244
     κ enhancer, **43**:249
     light chain enhancer elements,
      43:249–250
     location, **43**:242
     mechanism, **43**:240–241
     negative regions, **43**:248–249
     promoter interactions, **43**:263–265
     tissue specificity, **43**:242
     transcription initiation, **43**:242–243
   transcriptional regulation mechanisms,
     43:258–259
     enhancer independence and dependence
      of VH promoter, **43**:265–266
     lymphoid-specific octamer factor,
      43:261–262
     octamer as tissue-specific element,
      43:260–263
     octamer-binding protein forms, **43**:261
     promo/a-enhancer interactions,
      43:263–265
     tissue and stage specificity, **43**:259–260
     ubiquitous factor, **43**:263
     V-D-J joining, **43**:237–239, 241–242
   transgenic mouse, CD5 B cells in,
     55:324–326
   V(D)J joining of antigen receptor genes at
     loci
     endogenous substrate, **56**:34–37
     gene assembly, **56**:28–32
Immunoglobulin genes, **59**:332, *see also*
   Heavy-chain variable region, genes
   and antibody repertoire generation in
     rabbit
     C_H, **56**:191–193
     D, **56**:189–191
     IgA, **56**:192
     IgD, **56**:192
     J_H, **56**:188–191
     κ light-chain, **56**:193–194
     λ light-chain, **56**:194
     organization, **56**:187–188
   B cell development, **63**:20–21
   chicken B cell
     conversion
      allelic exclusion, **57**:372, 374
      avian leukosis virus induction of DT40
       cell line, **57**:361–362
      rearrangement in bursa, **57**:365–367
      recombination models, **57**:362–365
     organization
      D elements, **57**:356–358

SUBJECT INDEX

heavy chain loci, **57**:354–356
light chain loci, **57**:354–356
defects
  heavy chain disease and, **40**:305–306
  hereditary primary immunodeficiency disorders, **40**:306–309
expression
  during B cell devdopment, **43**: 236–240
  B cell-specific, **43**:253
  heavy chain and κ chain, **43**:236–237
  tissue specific, **43**:235
germline, murine lupus models and, **46**:65, 66
  autoantibodies, **46**:71–76
  inducing agent, **46**:78
  murine lupus, **46**:66–71
  somatic mutation, **46**:76, 77
  T cell antigen receptor, **46**:98
H- and L-chain, **60**:277–278
human T cell antigen and, **41**:3, 10
rearrangements, **58**:31, 37–41
  aberrant, **58**:63
  applications to clinical medicine, **40**:264–270
  regulation, **54**:375
superfamily, **44**:1–3
  evolution
    diversity, **44**:44–46
    DNA, **44**:46, 47
    homology unit, **44**:43, 44
    implications, **44**:47–49
  homology unit, **44**:3–9
  MHC complex, **44**:24–29
  nonimmune receptor members, **44**:29, 30
    growth factor, **44**:39
    Ig-binding molecules, **44**:38, 39
    kinase, **44**:39
    $\beta 2$-microglobulin, **44**:30, 31
    miscellaneous members, **44**:39–41
    nervous system molecules, **44**:35–38
    T cell-associated molecules, **44**:31–36
    uncertain members, **44**:41, 42
  receptors, **44**:9–12
    diversification strategies, **44**:20–24
    organization, **44**:12
    somatic diversification, **44**:12–20
T cell subsets and, **41**:40, 41, 46, 52

Immunoglobulin receptors, **52**:378–396
  B cell, signal transduction through, downregulation, **54**:374
  B cell differentiation and expression, **54**:338–343
  B cell-specific proteins in IgR complex identified by molecular cDNA cloning, **54**:348–357
  Fcα, **60**:182
  Fcγ, **60**:179–181
  Fcε, **60**:181
  functions, **54**:345–348
    activation of B cells for proliferation and differentiation, **54**:345–346
    cytoskeletal interactions, **54**:346
    endocytosis and processing of membrane IgR/antigen complex, **54**:348
    transportation of assembled IgR structure retaining functions, **54**:347
  future perspectives, **54**:379–380
  high affinity receptor for IgE/FcεRI, **52**:378–381
    assembly, **52**:381–382
    cell surface structures functionally associated with FcεRI molecules, **52**:391–396
      cell surface glycolipids, **52**:393–394
      Fcγ receptors, **52**:394–396
      G63, **52**:394
      mast cell chromolyn binding sites, **52**:392–393
      ME491 (CD63), **52**:393
    chromosomal location, genomic organizations, and mRNA species, **52**:382–383
    control of synthesis and expression of dependence on IgE, **52**:385
    FcεRI molecules, **52**:384–386
      half-life, internalization, degradation and reexpression, **52**:385–386
      synthesis during cell cycle, **52**:385
      synthesis during differentiation of basophils/mast cells from hemopoietic precursor cells, **52**:384–385
    functional characterization of receptor, **52**:387–391
      binding to IgE, **52**:387–388

Immunoglobulin receptors (*continued*)
    effector mechanisms and functional changes of mast cells/basophils following activation through IgE binding sites, **52**:391
    signal transduction and distal events, **52**:388–391
    numbers and binding constants on basophils/mast cells, **52**:386–387
    sequence and structural homologies, **52**:383–384
        conversation during evolution, **52**:383
        molecules related to FcεRI α chain, **52**:383
        molecules related to FcεRI β chain, **52**:383–384
        molecules related to FcεRI γ chain, **52**:384
    topology of, **52**:378
        α chain, **52**:379
        β chain, **52**:379–380
        γ dimer, **52**:380–381
        nomenclature, **52**:378
    IgM-RF, **64**:288
    isotypes of IgG receptor, **54**:343–344
    membrane, **63**:43
    membrane and secreted, **54**:342–343
    membrane IgM receptor induction by Ig gene transfection, **54**:357–359
    polymeric, **65**:249
    regulation by interaction of CD44 extracllular domain, **54**:315–317
    signal transduction and pathway through IgR transmembrane signaling, **54**:359–378
    T cell subsets and, **41**:77
Immunointervention
    in autoimmune diseases, **66**:91–93
    in sepsis, **66**:150–151
Immunological antigen receptors, **43**:133–136
Immunological cell, neuropeptide mediation, **48**:176, 177
Immunological factor
    low-molecular-weight mediators, **48**:175
    neural effects, **48**:173–174
Immunological mediator
    astrocyte, **48**:168–169
    glioblastoma ceil, **48**:168–169
    microglial cell, immune synthetic capabilities, **48**:168
    neural sources, **48**:168–169

Immunological memory
    and autoimmunity, **53**:251–252
    bcl-2 oncogene and, **53**:241
    and B cell immune system, germinal centers role, **53**:231–233
    Fas antigen/APO-1 and, **53**:241
    generation, theories of, **53**:219–220
    life span of, **53**:218–219
    lymphocyte migration and, **53**:242
    maintenance
        by constant antigenic stimulation, **53**:221–222
        by long- and short-lived cells, **53**:223–224
        by long-lived clonally expanded cells, **53**:220–221
    and self-tolerance, **53**:249–251
    and T cell immune system
        differentiation after antigenic stimulation, **53**:229–230
        effector T cell function, **53**:227–228
        memory T cell functions, **53**:227–228
        naive T cell function, **53**:227–228
        TCR and signal transduction, **53**:228–229
Immunological privilege
    anterior chamber, **48**:203–212
    corneal allograft, **48**:192–203
    hapten model, **48**:211–212
Immunological systems, programmed cell death in, **50**:63–70
    in B cells, **50**:63–66
        clonal abortion, **50**:64
        faulty recombination, **50**:63–64
        growth arrest of WE III-231 B cell line, **50**:64–65
        somatic mutation and terminal differentiation, **50**:65–66
    interphase death of T and B cells and nonspecific damage, **50**:69–70
    splenic B cells, **50**:65
    in T cells, **50**:66–69
        CTL targets, death, **50**:69
        deprived of growth factors, **50**:68–69
        hybridomas, activahon-induced death, **50**:67
        non-selected thymocyte, death, **50**:67–68
        thymus, negative selection, **50**:66

Immunomodulation, experimental
    autoimmune encephalomyelitis,
    48:166–167
Immunopathology, IFN-γ and, **62**:96–104,
    106–107
Immunopoiesis, T cell-dependent B cell,
    antigen-induced, in secondary lymphoid
    organs, schematic representation,
    52:222–223
Immunopotentiators, and autoimmune
    diabetes, **51**:306
Immunoprecipitation
    antinuclear antibodies and, **44**:111, 120,
        129
    autoimmune response, **44**:135, 136
    scleroderma, **44**:123, 124
    Sjögren's syndrome, **44**:113, 115
    SLE, **44**:104, 105
    B cell formation and, **41**:221
    CD1 proteins, **59**:45–46
    CD4 and CD8 molecules and, **44**:271, 285
    IL-1 and, **44**:163
    T cell activation and, **41**:19
    T cell development and, **44**:218, 233, 243
Immunoprophylaxis, role of MAP
    immunogens, **60**:105–106
Immunoproteasomes, **64**:16, 17
Immunoregulation
    antiidiotypic, B cell repertoire expression
        and, **42**:35, 82
    complement receptor 1 and, **46**:200, 201
    complement receptor 2 and, **46**:205–210
    immunosenescence and, **46**:247
    NO role, **60**:348–349
Immunoregulation disorders, IBD and,
    42:286
Immunosenescence, **46**:221, 253
    lymphocyte activation, **46**:221, 222,
        234–236
        cell cycle, **46**:222, 223
        chromatin, **46**:234
        early events, **46**:223–227
        housekeeping, **46**:234
        protein, **46**:227–230
        secondary signal, **46**:230–234
    lymphocyte subsets, **46**:240
        human, **46**:238, 239
        murine, **46**:236–238
    marker density, **46**:239
    mucosal immunity, **46**:251–253

regulatory changes, **46**:247
    idiotypic, **46**:247–249
    suppressor cells, **46**:249–251
stem cells, **46**:246, 247
    lymphoid, **46**:242–244
    pluripotent, **46**:240, 241
    thymus, **46**:244–246
Immunostimulation, by apoptosis-inhibitory
    drugs, **58**:278
Immunosuppressants, and autoimmune
    diabetes, **51**:307
Immunosuppression
    aPL antibodies and, **49**:223, 258
    hybrid resistance and, **41**:340, 353, 354,
        386–388
    IFN-γ as mediator, **62**:89–90, 105–107
    virus-induced, *see* Virus-induced
        immunosuppression
Immunosuppressive drug, corneal
    transplantation, **48**:193
Immunosuppressive factors, tumor
    immunogenicity affected by, **57**:307–309
Immunosuppressive molecules, *see*
    Antiinflammatory and
    immunosuppressive molecules
Immunosuppressive therapy, in PNH, **60**:91
Immunotherapy
    active, **62**:219
    adoptive, **58**:437–438
    for EAMG, **42**:263–269
    HIV, **65**:317–320
    for MG, **42**:235, 269–272
    NF-κB inhibition, **58**:19–20
    pulmonary inflammation, **62**:259, 285–290
    tumors, **62**:218–219
Immunotoxins, MG and, **42**:264–265
Importin-α family, **64**:48
Incomplete Freund's adjuvant, autoimmune
    thyroiditis and, **46**:277
Indirect immune precipitation assay, for MG,
    42:254–255
Indoleamine-2,3-dioxygenase, **62**:71
Indomethacin, **62**:184, 186, 201
    IBD and, **42**:313
    Ig secretion and, **40**:103, 106
    mode of action, **64**:172
Inducing agents, murine lupus models and,
    46:78
Induction, mechanism of action of death
    genes, **50**:71–73

Infection, *see also* Viral infection
  cachectin and, **42:**213, 219
  gut microflora and, **40:**208–209
  IBD and, **42:**319
    IgG response, **42:**305
  IFN-γ and, **62:**94–96
  and IL-1ra administration *in vivo*,
      54:204–209
    in animal models of sepsis, **54:**204–207
    in human infections and sepsis,
        54:207–209
  IL-5 role
    helminth, **57:**176–177
    parasite, **57:**172–173
  immunity, role of IELs, **58:**326–329
  lung, immunity, **59:**394–412
  MHC class I-deficient mouse responses
    bacterial infections, **55:**412–413
    filarial parasites, human, **55:**415
    Leishmania major, **55:**414–415
    pathogens, **55:**404–415
    Trypanosoma cruzi, **55:**414–415
    viral infections, **55:**406–412
  models, NO role, **60:**341–343
  retroviral, as substrate introduction method
      in V(D)J joining, **56:**50–51
  rheumatoid arthritis, **64:**289–290
  susceptibility, cA2 therapy, **64:**325–329
  X-linked agammaglobulinemia, **59:**
      135–136, 143–146, 150
Infections, mycoplasmic, X-linked
    agammaglobulinemia, **59:**146
Infectious disease
  aPL antibodies and, **49:**193, 210–212, 221,
      257
  protective immune responses to, role of
      multiple antigen peptides, **60:**105–141
  role of multiple antigen peptides,
      60:105–141
Infectious mononucleosis
  acute, immunoregulatory cell functions in,
      37:115–122
  associated suppressor T cells activity,
      reversal by aD D-mannose and
      saccharides, **37:**138–142
  Epstein-Barr virus and, **37:**112–115
  NK cells and, **47:**224
Infectivity, SIVmac and SIVsm molecular
    clones, **52:**448

Inflammation
  adoptive T cell therapy of tumors and,
      49:290–291, 311, 328
  allergic
    chronic, **60:**164–165
    and eosinophils, **60:**217–223
    expression of selectins and integrins,
        60:169–173
    generation of SRS-A leukotrienes,
        60:190
  CD23 antigen and, **49:**161
  chemokines and, **66:**135
  clinical stages, **60:**325–326
  complement receptor 2 and, **46:**205
  cytokines, **63:**310
  eosinophilic, **60:**159–162
  helminth-induced, **60:**214
  helper T cell cytokines and, **46:**115–117
  IFN-γ and, **62:**103–104, 105, 281, 288–289
  IL-5-associated, in asthmatic patients,
      57:174–176
  IL-6 and, **66:**129
  induced carcinogenesis, **60:**345–346
  intrinsic coagulation/kinin-forming cascade
      and, **66:**225–261
  leukocyte integrins and, **46:**149–151, 160,
      161, 177
    animal models, **46:**165
    expression, **46:**166–169
    function, **46:**161–165
    ligand molecules, **46:**170
    mAbs, **46:**165, 166
  leukocyte recruitment during, **58:**394–395
  LIF role, **53:**37–38
  lymphocyte homing, **64:**185–187, 188–193
  lymphocyte homing and
    high endothelial venules, **44:**315, 317
    molecules, **44:**344, 349, 352
    regional specificity, **44:**338–341
  mediators of, **42:**286, *see also* Cachectin
    in IBD, **42:**310–315
  MIF, **66:**206–207
  and NF-κB, **58:**9–14
  nonspecific, IFN-γ and, **62:**103–104
  PGHS-2, **62:**201
  pulmonary, *see* Pulmonary inflammation
  role of NO, **60:**323–354
  sepsis
    contact cascade and, **66:**235
    cytokines and, **66:**103–150
    MIF and, **66:**210–212

surface antigens of human leukocytes and, **49:**87, 111
and T helper cell activation, **58:**106
Inflammatory arthritis, IL-1ra in, **54:**209–211
   animal models, **54:**210
   patients with, **54:**210–211
   in vitro studies, **54:**209–210
Inflammatory bowel disease, *see also* Crohn's disease; Ulcerative colitis
   antibody secretion in, **42:**301–307
   anti-TNF-α therapy, **64:**307–310
   cell-mediated cytotoxicity in, **42:**294–297
   clinical characteristics of, **42:**285
   complement pathway products in, **42:**308–310
   cytotoxicity as cause of, **42:**295–297
   etiology of, **42:**285
   general considerations in, **42:**285–286, 287
   genetic defect in, **42:**319
   genetic markers in, **42:**288
   granulocyte function in, **42:**307–308
   household contacts and, **42:**291
   IL-1ra in, **54:**214–215
   immunopathology of, **42:**297–298
   immunoregulatory alterations in, **42:**299–301
   inflammatory cells in lesions of, **42:**297
   lipid extract of mucosa in, **42:**315
   mediators of inflammation in, **42:**310–315
   pathogenesis of, **42:**319–322
   peripheral blood lymphocyte function in, **42:**288–290
   pitfalls in study of, **42:**286
   sequence of immunologic events in, **42:**287
   serum antibodies
      DR antigens, **42:**292–294
      Escherichia coli, **42:**291–292
      lymphocytotoxic antibodies, **42:**291–294
   therapy for, **42:**316–319
Inflammatory conditions, complement components and, **38:**233
Inflammatory demyelination, experimental autoimmune encephalomyelitis, **48:**166–167
Inflammatory diseases
   and IL-6, **54:**39–43
   MIF, **66:**210
      acute respiratory distress syndrome, **66:**214–215
      arthritis, **66:**213–214
      delayed-type hypersensitivity, **66:**212
      glomerulonephritis, **66:**212–213
      malaria, **66:**215–216
      septic shock, **66:**210–212
   models, **60:**343–345
   NF-κB and, **65:**117–118
Inflammatory joint diseases, cachectin and, **42:**225
Inflammatory mediators, **66:**101
Inflammatory reactions, **65:**11, 122–123
Inflammatory response
   autoreactive T cells and, **45:**428–430, 433
   B cell formation and, **41:**208, 237
   lymphoid cells and, **41:**354
   therapy, NF-κB inhibition, **58:**19–20
Influenza
   sporozoite malaria vaccine and, **45:**307
   synthetic T and B cell sites and
      antigens, **45:**234
      vaccine, **45:**253–255
      viral antigens, **45:**216–219
   T cell receptor and
      antigen processing, **45:**119, 122, 125, 126
      epitopes, **45:**143
      homogeneity, **45:**128
      peptides, **45:**133
      structure-function relationships, **45:**135, 141
   virus-induced immunosuppression and, **45:**356
Influenza virus
   cachectin and, **42:**220
   CTL and, **41:**136, 168
      amino acid, **41:**165
      exon shuffling, **41:**144, 146
      HLA class I antigens, **41:**151, 152
      mAbs, **41:**151, 166, 167
   cytotoxic T cells and, **38:**165, 172; **65:**278
      type A, **38:**165
   hybrid resistance and, **41:**375
   and memory γδ T cells, **58:**328–329
   pneumonia, **59:**408–409
   responses in MHC class I-deficient mouse, **55:**406–407
Inheritance
   Mendelian, maternally transmitted antigen and, **38:**338
   RA susceptibility, **56:**441–446

Inhibition, *see also* Allogeneic inhibition
  adoptive T cell therapy of tumors and, **49**:285, 320, 327
    mechanisms, **49**:307, 313
    principles, **49**:287–289
  antigen-presenting cells and, **47**:69, 77
  aPL antibodies and, **49**:193, 259
    clinical aspects, **49**:200–202
    history, **49**:198–199
    pathogenic potential, **49**:253–254, 256–257
    specificity, **49**:236, 239, 241–244, 247, 252
  autoimmune demyelinating disease and, **49**:358, 370–371
  B cell formation and, **41**:236
    B cell precursors, **41**:91, 92
    bone marrow cultures, **41**:216
    inducible cell line, **41**:222, 223
  CD5 B cell and, **47**:161
  CD23 antigen and
    biochemical structure, **49**:156–157
    biological activity, **49**:168–170, 172–173
    cellular expression, **49**:152, 154
    expression regulation, **49**:160–161
    FcεRII, **49**:164
  CTL and, **41**:168, 169
    amino acid, **41**:162
    carbohydrate moieties, **41**:152–154
    exon shuffling, **41**:139
    HLA class I antigens, **41**:149–151
    mAbs, **41**:157, 158
  cytotoxicity and
    cell-mediated killing, **41**:295, 296
    cytolysis, **41**:276, 281, 282
    cytolytic proteins, **41**:317
    membrane attack complex of complement, **41**:309
  HIV infection and
    etiological agent, **47**:379
    immune response, **47**:406, 408
    immunopathogenic mechanism, **47**:386, 390–392, 394, 395
  hybrid resistance and
    antibodies, **41**:378
    antigen expression, **41**:397, 402, 404, 409
    bone marrow cells, **41**:337–340, 347, 348
    effector mechanisms, **41**:370
    leukemia/lymphoma cells, **41**:358, 364, 367

  lymphoid cells, **41**:351, 352, 354, 356
  macrophages, **41**:371, 372
  marrow engraftment, **41**:387
  marrow microenvironment, **41**:390–392
  NK cells, **41**:374–376
  syngeneic stem cells, **41**:388, 390
  T cells, **41**:381, 382
  in vitro assays, **41**:394–396
  IgE, **43**:281–282
  IgE biosynthesis and
    antibody response, **47**:7, 9, 33, 39
    binding factors, **47**:12, 19, 23–25
  Ig heavy-chain variable region genes and, **49**:46
  NK cells and, **47**:298
    adaptive immunity, **47**:291–294
    antimicrobial activity, **47**:284, 287–290
    CNS, **47**:268, 269
    cytotoxicity, **47**:249, 253, 254, 257, 259
    effector mechanisms, **47**:237, 238, 240, 242, 243, 245–247
    hematopoiesis, **47**:273, 274, 276–280
    morphology, **47**:218
  SCID and, **49**:383
  spontaneous autoimmune thyroiditis and, **47**:477
  surface antigens of human leukocytes and, **49**:89, 92–93, 111–112, 114
  T cell activation and, **41**:9, 22, 26
  T cell subsets and
    H-2 alloantigen recognition, **41**:79, 82, 85, 86, 90, 91
    H-2 molecules in thymus, **41**:109, 110
    H-2-restricted antigen recognition, **41**:60, 61, 74, 76
Inhibitors, use to block *in vitro* tolerance, **54**:415–418
Inhibitory proteins, IκB, **63**:157–159
  description, **58**:2–4
  phosphorylation by TNFα, **58**:8
  rapid degradation and release of NF-κB, **58**:4–5
Injury
  acute states, therapeutic regulation of complement system in, *see* Complement
  thermal, therapeutic regulation of complement system in, **56**:280–281
  vascular endothelial, by TNF, **56**:351

Inner core matrix, branched, in multiple antigen peptides, **60**:106–108
myo-Inositol, structure, **48**:255
Inositol 1-monophosphate, phosphoinositide-specific phospholipase, **48**:253
Inositol phosphates
 in cells undergoing PI hydrolysis, **43**:292
 isomers, dephosphorylation pathways, **48**:255
Inositol triphosphate, T cell activation and, **41**:15, 16, 21, 24, 26, 30
Inositol 1,4,5-trisphosphate, **43**:295; **48**:228
 Ca^{2+} release by neutrophils and, **39**:124–127
 PIP_2 hydrolysis in neutrophils and, **39**:124
Insertions, endogenous retroviral, inseparable from Vbse, **50**:38–39
Insulin
 autoimmune thyroiditis and, **46**:269
 autoreactive T cells and, **45**:420
 B cell formation and, **41**:197
 bovine
  B chain, processing by B cells, **39**:87
  intact, defective processing by B cells, **39**:87
 CD4 molecules and, **44**:293
 gene, transcriptional factor, **48**:142
 hexamers, **43**:103–104
 hybrid resistance and, **41**:402
 IL-1 and, **44**:169, 184, 188
 immune response genes and, **38**:32
  I region mutations, **38**:86–89
  MHC restriction, **38**:66, 84
  T cell suppression, **38**:142–144
  tolerance, **38**:125, 126
 murine lupus models and, **46**:79
 spontaneous autoimmune thyroiditis and, **47**:440
 synthetic T and B cell sites and, **45**:202, 209, 214, 237
 T cell receptor and, **45**:117, 124, 131
Insulin autoimmune syndrome, **66**:88
 methimazole-induced, HLA class II peptide binding and, **66**:87–88
Insulin-dependent diabetes mellitus, **51**:285–286
 aberrant HLA class II expression, **48**:141–142
 Asp^{57}, **48**:135–137
 B8, **48**:137

B15, **48**:137
 dominant resistance, **48**:143–144
 DQ β chain, **48**:134–136
  position 57 aspartic acid, **48**:135–136, 137
 DR2, **48**:136, 143
  AZH, **48**:136
 DRw9, **48**:137
 DRw15, **48**:143
 DRw16, **48**:143
 HLA factor, **48**:133–144
 suppression phenomenon, **48**:143–144
 HLA class II peptide binding and, **66**:91
 TAP and, **65**:92–93
Insulin-like growth factor-binding proteins, **63**:419
Insulin-like growth factor I, **63**:379–380
 expression, **63**:389–393
 immune system, **63**:377–378
 leukemia, **63**:427
 lymphohemopoietic system, **63**:389–393, 431–432
 regulation, **63**:389–393
 structure and physiology, **63**:388–389, 401
Insulin-like growth factor I receptor, **63**:401, 427
Insulin-like growth factor II, **63**:417–419
Insulin-like growth factor II receptor, **63**:401, 418
Insulin-like growth factor receptors, **63**:401–404
Insulin promoter gene, **48**:141–142
Insulin receptor, **63**:146, 168
 surface antigens of human leukocytes and, **49**:100, 113
Insulin receptor substrate-1, phosphorylation, **60**:15–16
Insulitis
 autoimmune, **62**:100–101
 and diabetes, development of, **51**:292
 and overt diabetes, T cell subsets involved in, **51**:296–298
Integral membrane proteins
 leukocyte integrins and, **46**:154, 156
 types, **52**:144; 145
Integrases, HIV, **64**:57

Integrins, **52**:166, 358–361; **59**:383, *see also* Leukocyte integrins
  α4β1, **58**:371; **65**:358, 368
    conformational effects, **64**:169
    lymphocyte homing, **64**:146, 156
  α4β7, **58**:371; **64**:154, 173
    lymphocyte–HEV interactions and, **65**:352, 358–359, 368
    lymphocyte homing, **64**:146, 156, 192
  α6β1, **58**:371
  α6β7, lymphocyte homing and, **64**:157
  αEβ7, **58**:372
    defined by monoclonal antibody HML-1, **58**:317–318
    expression on intraepithelial lymphocytes, **58**:392
  αvβ3, lymphocyte homing and, **64**:157
  β1, **52**:358–359; **58**:370
  β1α4, **62**:258
  β2, **52**:359–361; **58**:370; **62**:279
    and degranulation, **60**:207
  β3, **52**:361
    activation, chemotactic molecules in, **58**:378–381
    antigen-presenting cells and, **47**:61, 97
    CD23 antigen and, **49**:163
    characterization, **58**:362–370
    conformational effects, **64**:169
    expression in allergic inflammation, **60**:172–173
    expression on human mast cells and basophils, assessment by mAbs and indirect immunofluorescence, **52**:359
    family of adhesion receptors and ligands, **58**:366–367
    interaction with eosinophils, **60**:169–172
    lymphocyte–HEV interactions and, **65**:352, 358–359, 368–369, 370
    lymphocyte homing, **64**:154–157
    properties, **64**:146
    subunits, biochemical characterization, **58**:364–365
    surface antigens of human leukocytes and, **49**:83–86, 92
Intercellular adhesion molecule, **59**:383, 414
Intercellular adhesion molecule-1, **52**:361–363; **59**:377–378; **62**:77–78; **64**:147, 154
    adhesion molecule, **62**:77–78
    as anti-adhesive, **64**:171
    CD23 antigen and, **49**:161
    central nervous system cells, **62**:91
    downregulation, **64**:172
    expression, **64**:179
    expression in allergic inflammation, **60**:172–173
    gene, NF-κB and, **65**:119
    humoral immune response and, **45**:43
    IFN-γ, **62**:92
    IL-1 and, **44**:166
    interaction with LFA-1 in negative selection, **58**:172
    leukocyte integrins and, **46**:149, 150, 176, 177
      inflammation, **46**:163, 166, 167
      ligand molecules, **46**:169–172
      structure, **46**:158
    lymphocyte homing and, **44**:350; **64**:147, 157
    mAbs, **60**:168–170
    Mac-1 receptor, **58**:370
    modifications, **64**:168
    multiple myeloma, **64**:246, 247
    multiple myeloma and, **64**:246, 247
    properties, **64**:147
    pulmonary inflammation, **62**:267, 272, 276, 277, 281, 288
    recruitment of leukocytes to inflammation site, **58**:395
    rheumatoid arthritis, cell trafficking, **64**:317–319
    rolling cells containing, **58**:381–382
    synergistic activation of, **65**:21
    T cell activation, **63**:44
    upregulation, **64**:165, 166
Intercellular adhesion molecule-2
    expression, **64**:179
    and ICAM-1, affinity for LFA-1, **58**:373–374
    lymphocyte homing and, **64**:157, 158
    properties, **64**:147
Intercellular adhesion molecule-3
    five-Ig domain molecule, **58**:373–374
    lymphocyte homing and, **64**:158
Interdigitating cell antigen, **59**:379
Interdigitating cells
    antigen-presenting cells and, **47**:50–52
    hybrid resistance and, **41**:356, 357
    within PALS, **60**:269

SUBJECT INDEX

Interdigitating dendritic cells, **51**:245–246
  staining of, **51**:248–249, 250–251, 259
Interdigitation, *J558* V_H subfamily, **42**:122
Interface adaptor hypothesis, **43**:125–128
Interferon, *see also* specific interferon
  adoptive T cell therapy of tumors and, **49**:289–290, 307–308, 311, 316
  autoimmune demyelinating disease and, **49**:361
  autoimmune thyroiditis and, **46**:265
    antigens, **46**:272
    cellular immune responses, **46**:289, 293–298
  B cell formation and, **41**:228, 234, 265
  cachectin and, **42**:221
  CD23 antigen and, **49**:152, 154, 158, 161, 174–175
  helper T cell cytokines and, **46**:112
    cross-regulation, **46**:131
    functions, **46**:114, 117, 120–122
    immune responses, **46**:133, 137, 138
    precursors of differentiation states, **46**:122, 123, 125
  HIV infection and, **47**:394, 402
  hybrid resistance and, **41**:368, 377
    antigen expression, **41**:405, 406
    bone marrow cells, **41**:345
    macrophages, **41**:371, 372
    marrow microenvironment, **41**:392
    syngeneic stem cells, **41**:388–390
  IBD and, **42**:295
  IL-1 and, **44**:189, 195
    gene expression, **44**:161
    immunocompetent cells, **44**:178
    structure, **44**:157
    systemic effects, **44**:171
  immunosenescence and, **46**:231, 232, 237
  inducible genes, transcriptional regulation and role of IRF-1 and IRF-2, **52**:272–275
  leukocyte integrins and, **46**:168, 170
  lymphocyte homing and, **44**:321
  NK cells and, **42**:183
    adaptive immunity, **47**:291, 293–295
    alterations, **47**:300, 301, 303
    antimicrobial activity, **47**:283–290
    antitumor activity, **47**:295, 298
    cell-mediated cytotoxicity, **47**:195, 196
    CNS, **47**:269
    congenital defects, **47**:225, 226
    cytotoxicity, **47**:250, 251, 254–260, 262
    differentiation, **47**:229, 233, 234
    effector mechanisms, **47**:235, 237, 238, 241–244
    genetic control, **47**:222–224
    hematopoiesis, **47**:274, 277–280, 283
    identification, **47**:198
    lymphokines, **47**:264–266
    reproduction, **47**:271
    surface phenotype, **47**:201
    tissue distribution, **47**:219
  SCID and, **49**:385–386
  spontaneous autoimmune thyroiditis and, **47**:493
    altered thyroid function, **47**:461–463
    disturbed immunoregulation, **47**:472, 477
  surface antigens of human leukocytes and, **49**:99
  T cell development and, **44**:219
  T cell receptor and, **45**:117
  type I, *see* Interferon-α; Interferon-β
  type II, *see* Interferon-γ
  virus-induced immunosuppression and, **45**:343, 361
Interferon-α, **48**:168, 169; **52**:264–275; **61**:353; **62**:61, 84–85; **63**:275
  effect on L-selectin cell surface density, **58**:353–354
  IgE biosynthesis and, **47**:9
  Jak kinases, **63**:140
  multiple myeloma, **64**:258–259
  regulators of complement activation and, **45**:397
  soluble form, **63**:276, 307
  sporozoite malaria vaccine and, **45**:302
  TH responses, **61**:353
  virus-induced immunosuppression and, **45**:339, 344
Interferon-α/β
  genes
    regulatory DNA sequences in, **52**:265–267
    transcriptional regulation of IFN-inducible genes and role of IRF-1 and IRF-2, **52**:272–275

SUBJECT INDEX

Interferon-α/β (continued)
  transcription factors binding to regulatory elements of: interferon regulatory factors 1 and 2, **52**:267–271
    NF-κB, **52**:271–272
    other factors, **52**:272
  induction of ISGF3, **60**:17
  role in cytokine signaling, **60**:7–9
Interferon-β, **48**:168, 169; **52**:264–275; **62**:61, 84–85; **63**:275
  regulators of complement activation and, **45**:397
  released by macrophages, **60**:334–335
  soluble form, **63**:276, 307
  sporozoite malaria vaccine and, **45**:302
Interferon-β₂/26-kDa, **54**:3
Interferon-γ, **48**:70, 71, 78, 132, 162; **52**:264–275; **62**:61–62, 105–107; **63**:275; **64**:106; **65**:282; **66**:145
  antagonists, **62**:82–83, 105
  antigen-presenting cells and, **47**:59, 83, 97
  and autoimmunity, **50**:213
  autoreactive T cells and, **45**:427, 430
  B7 expression, **62**:136
  B cell formation and, **41**:197, 222, 230
  B cell proliferation, **40**:37–38, 42–44; **63**:55
  B cells, **63**:278
  biochemistry
    cellular, **62**:71–76
    signal transduction, **62**:67–71
  biological effects
    adipocytes and, **62**:91
    antibody formation, **62**:87–89
    antigen presentation, **62**:80
    antiproliferative effect, **62**:76–77
    central nervous system cells and, **62**:91–92
    connective tissue and, **62**:90–91
    endocrine cells and, **62**:93–94
    endothelial cells, **62**:81
    epithelial barriers and, **62**:90
    in hematopoiesis, **62**:92–93
    immune suppression mediator, **62**:89–90, 105
    lymphocytes and, **62**:86–87
    membrane protein expression, **62**:77–78
    mononuclear phagocytes, **62**:78–80
    natural IFN-γ antagonists, **62**:82–86
    synergy between IFN-γ and TNF, **62**:81–82
  CD1 expression, **59**:65
  CD28 costimulation, **62**:139
  class switching, **61**:98
  cytotoxicity and, **41**:272, 284
  factor H, **61**:232
  function, **66**:145
  genes, transcriptional regulation, **52**:272–275
  germline transcripts, **61**:86, 88–90
  human T cell antigen and, **41**:6, 11, 27–29
  humoral immune response and, **45**:61, 62, 68, 70–72, 76
    cellular interactions in vivo, **45**:82, 84, 85
    helper T cells, **45**:26–30, 33
  hybrid resistance and, **41**:371
  IgE biosynthesis and
    antibody response, **47**:9, 10, 12, 31, 32
    binding factors, **47**:22–24
  immunopathology
    allograft rejection, **62**:101–103
    autoimmune disease, **62**:98–101
    cytokine release syndrome, **62**:103–104
    delayed-type hypersensitivity, **62**:96–98
    granulomatous lesions, **62**:281
    nonspecific inflammation, **62**:103–104
  infection and cancer, **62**:94–96
  Jak kinases, **63**:140
  MHC class I gene expression, **61**:328–329
  monocytes, **62**:136
  multiple myeloma, **64**:259
  in NO production, **60**:334–337
  production, **62**:63–66, 105
  proteasomes, **64**:106
  regulation, **64**:12–32
  pulmonary inflammation, **62**:281, 288–289
  recent research, **62**:106–107
  regulation of isotype switching, **54**:256–257
  regulators of complement activation and, **45**:397
  secreting IEL, **58**:329
  sepsis and, **66**:104, 145–146
  soluble form, **63**:276, 307
  sporozoite malaria vaccine and, **45**:319
    CS-specific T cells, **45**:307, 312
    liver stages, **45**:301–306
  structure–function relationship, **62**:62–63
  T cell receptor and, **45**:117, 119, 129

T cell subsets and
  H-2 alloantigen recognition, **41**:89, 90, 94, 95
  H-2 antigen recognition, **41**:16, 64, 66, 69, 77
  H-2 molecules in thymus, **41**:106
  TH responses, **61**:350, 358
  upregulation of adhesion molecules, **64**:165
  upregulation of FcRIII, **60**:180–181
  virus-induced immunosuppression and, **45**:356, 357, 360, 361, 363, 366
Interferon-γ receptor
  biochemistry, **62**:66–67, 105
  IFN-γRα, **62**:66
  IFN-γRβ, **62**:66
  soluble forms, **63**:307, 309–310, 311, 314
Interferon receptor, soluble forms, **63**:307–308
Interferon regulatory factor, see IRF
Interferon response factor-1, see IRF-1
Interferons, **52**:355–356; **66**:145
Interferon-sensitive response elements, **62**:69–70
Interferon-stimulated response element, **61**:174
Interferon system, **52**:264–265
Intergenic probes, **62**:19–20
Interleukin, **48**:70, 71
  adoptive T cell therapy of tumors and, **49**:289, 312
  and CD1 expression, **59**:64–65
  CD23 antigen and, **49**:151, 154–155, 176
  enhancement of antibody responses and, **40**:107–110
  humoral immune response and, **45**:54–62, 75–77
  neuroimmunology and, **39**:301
  surface antigens of human leukocytes and, **49**:94, 98, 101
  T cell development and
    ontogeny, **44**:219
    thymocyte subpopulation, **44**:225–233, 236, 241
Interleukin-1, **44**:153–155; **48**:168, 169; **52**:169–171; **61**:232, 353, 354; **63**:290–291
  adhesion molecules, **62**:81
  adoptive T cell therapy of tumors and, **49**:287, 289, 325–329, 334

antigen-presenting cells and, **47**:64, 99–101, 103
anti-IL-1, **66**:140
autocrine or paracrine effects, **54**:34–35, 201–202
autoimmune arthritis, **62**:99–100
autoimmune thyroiditis, **46**:295
autoreactive T cells and, **45**:423, 424
B cell formation and, **41**:192, 208, 222, 236, 237
  genetically determined defects, **41**:228, 230
  soluble mediators, **41**:234, 235
B cell responses and, **40**:13–14, 35–36
biochemistry, **66**:105–107
biological effects, **44**:164, 165
  catabolic effects, **44**:168
  endothelial cells, **44**:166–168
  fibroblasts, **44**:168, 169
  hepatic protein synthesis, **44**:165, 166
cachectin and, **42**:224
cardiomyocytes and, **66**:114
CD5 B cell and, **47**:142, 143, 145, 146
CD23 antigen and, **49**:169–171
CD28 costimulation, **62**:139
cell-mediated killing and, **41**:288
circulating levels, **66**:104–107
in endotoxemia, **66**:116–117
gene expression, **44**:159–164
gene regulation, **65**:25–26
granulomatous lesions, **62**:281
growth hormone secretion, **63**:385
helper T cell cytokines and, **46**:130
HIV infection and, **47**:394, 404
human disease, **44**:191–195
humoral immune response and, **45**:56, 68, 70–75, 80
IFN-γ, **62**:80
IgE biosynthesis and, **47**:22
IL-6 and, **44**:189–192
immunocompetent cells
  B cell activation, **44**:177, 178
  diacylglycerol, **44**:175, 176
  IL-2 production, **44**:174, 175
  NK cells, **44**:178
  peripheral blood T cells, **44**:177
  T cell activation, **44**:172, 173
  thymocytes, **44**:173, 174
immunosenescence and, **46**:228

Interleukin-1 (*continued*)
  in induction of acute-phase proteins by liver, **58**:10–12
  induction of NF-κB, **58**:7–9
  inhibition of iNOS, **60**:338
  in iNOS expression, **60**:351–352
  in vitro effects, **66**:110–112
  in vivo effects, **66**:112–114
  leukocyte integrins and, **46**:170
  local effects, **44**:171, 172
  localization, **44**:162, 163, 167
  membrane-bound, T cell subsets and, **41**:90
  multiple myeloma pathogenesis, **64**:258
  neuropeptide, **48**:178
  neutrophils and, **66**:111
  NF-κB-induced, **58**:10–12
  NK cells and, **47**:233, 262, 266
  NO production in response to, **60**:337
  prolactin secretion, **63**:382
  pulmonary hypersensitivity, **59**:418, 419
  pulmonary inflammation, **62**:259, 267, 273, 276, 277, 279, 280, 288–289
  regulation, **66**:108–110
  regulators of complement activation and, **45**:397
  SCID and, **49**:396
    deficiency, **49**:384–385, 390
    receptor deficiency, **49**:385
  sepsis and, **66**:104, 126–127, 150
    animal models, **66**:117–121
    clinical, **66**:121–124
    treatment, **66**:124–126, 134
  signaling events, **65**:117
  spontaneous autoimmune thyroiditis and, **47**:477, 478, 493
  structure, **44**:155–158
  systemic effects, **44**:169–171
  systemic inflammatory response syndrome, **63**:310
  T cell activation and
    cell surface molecules, **41**:2, 8, 13, 14
    receptor-mediated signal transduction, **41**:20, 22, 23, 26
  T cell subsets and, **41**:63–66, 84, 85, 107, 111
  TNF, **44**:185–189
  TNF-α, **64**:293, 316
  virus-induced immunosuppression and, **45**:357

Interleukin-1α, **66**:106, 107, 117
  binding to type I receptors, **54**:193
  synthesis by eosinophils, **60**:195
Interleukin-1β, **66**:106–107, 116, 117, 122
Interleukin-1 inhibitors, IL-1ra, **54**:168–169
Interleukin-1-like activity, in B cells, **39**:78–79
Interleukin-1 receptor, **44**:178–180; **63**:275, 290–292; **66**:108
  binding, **44**:181, 182
  expression regulation, **44**:182
  IL2, **44**:180, 181
  post-receptor-binding events, **44**:184, 185
  structure, **44**:182, 183
  type I, **63**:276, 291–292, 312–313
  type II, **63**:274, 276, 291–292, 310
Interleukin-1 receptor antagonist, **54**:168–169; **63**:277; **66**:104, 116–117, 120, 121
  binding
    soluble IL-1 receptors, **54**:195–197
    type II IL-1 receptors, **54**:194–195
  biological relevance, **54**:217–219
  cDNA clones, purification and expression, **54**:171–176
  chromosomal localization and gene structure, **54**:177–180
  chromosomal location and structure, **54**:177–180
  in diabetes mellitus, **54**:214
  discovery, **54**:169–171
  effects on immune system, **54**:202–204
  function as receptor antagonist, **54**:197–200
  identification, **54**:167–168
  IL-6 and, **66**:132
  in infection and sepsis *in vivo*, **54**:204–209, 215–217
  in inflammatory arthritis, **54**:209–211
  in inflammatory bowel disease, **54**:214–215
  inhibitors, **54**:168–169
  in vitro and *in vivo* effects, **54**:200–202
  in malignancies, **54**:213–214
  murine, cloning and expression, **54**:175–176
  in nervous system, **54**:211–213
  receptor binding of IL-1ra, **54**:192–200
  regulation of IL-1ra production, **54**:180–192
  structural variants, **54**:176–177
  treatment with, **66**:124–126

Interleukin-2, **44**:189; **48**:77; **52**:171–172, 177–178, 195–196, 204–205; **59**:225, 254; **61**:147, 149, 190, 351–352; **62**:88; **63**:292; **64**:69
  adoptive T cell therapy of tumors and, **49**:284, 289–291, 293, 334
    expression of antitumor responses, **49**:324–329, 332
    mechanisms, **49**:300, 302–305, 307, 309–310, 315–316
  allograft rejection, **62**:102, 103
  antigen-presenting cells and, **47**:75
    cell surface, **47**:63–65
    T cells, **47**:84, 86, 100
    tissue distribution, **47**:53, 55
  autoimmune demyelinating disease and, **49**:361
  autoimmune disease, **63**:128, 132, 294, 297
  autoimmune thyroiditis and, **46**:275, 289, 310
  autoimmunity, **50**:171–187
    abnormalities in IL-2 expression and responsiveness on circulating lymphocytes, **50**:186–187
    elevated serum levels of soluble IL-2Ra in autoimmune disease, **50**:183–186
    in vitro IL-2 production in autoimmune disease, **50**:172–178
      autoantibodies, **50**:176
      decrease of IL-2 producing cells, **50**:176
      low IL-2, **50**:175–176
      signal transduction, **50**:177–178
      suppressor macrophages, **50**:176
      suppressor T cells, **50**:176–177
    in vivo IL-2 production in autoimmune disease, **50**:178–183
    at site of autoimmune attack, **50**:171–172
  autotolerance, **50**:165–171
    effect *in vivo*, **50**:165–166
    interference with clonal deletion, **50**:166–167
    nonspecific killing induced by IL-2, **50**:170–171
    the system, **50**:167–170
  autoreactive T cells and, **45**:425
  B7 expression, **62**:136
  B cell activation and, **40**:36–37, 41–50
  B cell formation and, **41**:193, 228, 237
  B cell proliferation, **63**:54, 55
  $-\beta$ chain interaction, **42**:177
  binding constants, kinetic and equilibrium, **42**:169–172
  bioavailability, **50**:164
  cachectin and, **42**:221
  CD4 and CD8 molecules and, **44**:298, 299
    CD4 molecular biology, **44**:291–293
  CD5 B cell and, **47**:144, 145, 161
  CD23 antigen and, **49**:159, 168–169, 175
  CD28 costimulation, **62**:139
  cell-mediated killing and, **41**:287, 288
  cells producing or expressing, detection and distribution, **50**:152–154
  chain specific internalization of, **42**:175–176
  complement receptor 1 and, **46**:185
  cytotoxic T cells and, **38**:175
  dependent cells, rescue, **58**:244
  dependent T cell line, **39**:41
    v-abl effect, **39**:41
  eosinophil granule-associated, **60**:197
  expression, **63**:44
  functions, **39**:1, 3
  gene, transcriptional regulation, **48**:294–297
  gene regulation, case study, **51**:103–105
  helper T cell cytokines and, **46**:112
    cross-regulation of differentiation, **46**:130, 131
    functions, **46**:114, 120–122
    immune responses, **46**:136, 138
    precursors of differentiation states, **46**:122–126
  high-affinity binding sites, **42**:174
  history of, **50**:147–149
  HIV and, **65**:282
  HIV infection and, **47**:390, 392, 398, 399, 411
  human T cell activation and, **41**:1, 6, 11–14
    gene regulation, **41**:27–300
    hybrid resistance and, **41**:351, 380, 382, 396
    receptor-mediated signal transduction, **41**:22, 25
    synergy, **41**:15, 19
    T11, **41**:9, 10
  humoral immune response and, **45**:57, 62, 66–71, 73, 76
    cellular interactions *in vivo*, **45**:84

Interleukin-2 (continued)
    helper T cells, **45**:26, 28–33
    physical interaction, **45**:44
  IBD and, **42**:296
  IFN-γ, **62**:80
  IgE biosynthesis and
    antibody response, **47**:10, 11, 36, 37
    binding factors, **47**:22
  Ig production, **63**:60, 62
  and IL-2R, gene regulation, **50**:154–157
  and IL-2R, physiology, **50**:149–165
    compartmentalization reduces pleiotropy, **50**:163–165
      IL-2 bioavailability, **50**:164
      IL-2 production, **50**:163–164
      IL-2 responsiveness, **50**:164–165
    detection and distribution of cells producing or expressing, **50**:152–154
    effects on peripheral immune system and toxicity, **50**:160–163
    gene regulation, **50**:154–157
    mechanics of IL-2/IL-2 system, **50**:149–152
    and thymocyte differentiations, **50**:158–160
  –IL-2R system, **63**:127
    cytokine signal transduction, **63**:127–176
    signal transduction, **63**:127, 173–176
      signaling pathways, **63**:169–173
      signal molecules, **63**:167–169
      target genes, **63**:160–164
      three-channel model, **63**:171–173
  immunocompetent cells, **44**:173–176, 178
  immunosenescence and
    lymphocyte activation, **46**:222, 226, 228–230, 232
    lymphocyte subsets, **46**:237, 238
    mucosal immunity, **46**:252
    regulatory changes, **46**:250
  induced cytokines, role in autoimmunity, **50**:210–213
    IFN-γ and autoimmunity, **50**:212–213
    IL-6 and autoimmunity, **50**:210–211
    TNF-α and autoimmunity, **50**:211–212
  inhibition of T cell death, **58**:269
  in vitro production in autoimmune disease, **50**:172–178
    autoantibodies, **50**:176
    decrease of IL-2 producing cells, **50**:176
    low IL-2, **50**:175–176
    signal transduction, **50**:177–178
    suppressor macrophages, **50**:176
    suppressor T cells, **50**:176–177
  in vitro production in response to T cell mitogens ConA or PHA, **50**:173
  in vivo antitolerance effect, **50**:165
  in vivo interventions in autoimmunity, **50**:187–210
    cyclosporin A and autoimmunity, **50**:208–210
    effects of *in vivo* applications of rIL-2, **50**:189–191
    IL-2R-targeted immune intervention, **50**:187–189
    induction of manifest autoimmunity in athymic mice by IL-2/vaccina virus, **50**:203–206
      effect of IL-2.VV on neonatally thymectomized mice, **50**:206–208
      effect of IL-2.VV on nu/nu mice, **50**:203–205
    lack of autoimmune manifestations in mice transgenic for human IL-2 or IL-2R components, **50**:192–193
    recombinant IL-2/vaccina virus construct effect on SLE of MRL/Mp-lpr/lpr mice, **50**:193–203
      effect of IL-2.VV on life expectancy and autoimmune manifestations, **50**:195–196
      effect of IL-2.VV on T cell compartments, **50**:196–200
      mechanism of beneficial effect of IL-2 on lymphoproliferation and autoimmunity, **50**:200–203
Jak kinases, **63**:140
lung transplant rejection, **59**:424, 426
lymphocyte proliferation, **63**:127
NK cells and, **42**:184; **47**:189, 292
  adaptive immunity, **47**:294, 295
  antitumor activity, **47**:295, 296, 298
  cell-mediated cytotoxicity, **47**:196
  congenital defects, **47**:226
  cytotoxicity, **47**:250, 252, 253, 257–262
  differentiation, **47**:231–234
  effector mechanisms, **47**:235, 237, 238, 242–244, 247
  genetic control, **47**:222, 223

hematopoiesis, **47**:280
identification, **47**:199
lymphokines, **47**:264, 265
malignant expansion, **47**:228
surface phenotype, **47**:206, 207, 209
tissue distribution, **47**:221
nuclear responses induced by, **63**:158
pituitary hormones, **63**:385
production, **50**:163–164
production by
  LBRM-33 cells, **39**:17
  T cells, **39**:1, 3, 10–13
    cyclosporin A and, **39**:14–15
    dexamethasone and, **39**:14
    mRNA and, **39**:13–14
production by activated T cells, **58**:18–19
prolactin secretion, **63**:382
protein kinase C, **63**:155
purification and properties, **39**:4–5
Ras proteins, **63**:145
recombinant, autoimmune manifestations after *in vivo* application of, **50**:189–191
recombinant vaccine virus infection, **50**:205
regulators of complement activation and, **45**:394, 402, 404
responsiveness, **50**:164–165
SCID and, **49**:384, 386–387
  deficiency, **49**:385, 390
  lack of stem cell engraftment, **49**:396
  posttransplant immunocompetence, **49**:400
  receptor deficiency, **49**:385–386
  stem cell engraftment, **49**:390–391
  tolerance, **49**:399
  transplantation with fetal tissue, **49**:393
sepsis and, **66**:104
signaling, **48**:299–304
signal transduction, **59**:253–259, 265–266; **63**:174
  bcl-2, **63**:162–164
  c-fos, **63**:161, 171
  c-jun, **63**:160–161, 171
  c-myc, **63**:161–162
  Jak/Stat pathway, **63**:171–172
  Lck, **63**:171
  PI3K, **63**:171
  Ras, **63**:171
  Rho, **63**:171
single gene-coded, human, **39**:5
spontaneous autoimmune thyroiditis and, **47**:492
  altered thyroid function, **47**:461
  cellular immune reactions, **47**:454–456
  disturbed immunoregulation, **47**:471–474, 479
  genetics, **47**:488
  histopathology, **47**:442
  humoral immune reactions, **47**:446
Stat proteins, **63**:141
stimulation of NK cells, **58**:426–429
structure, **48**:299–300
sulfasalazine and, **42**:317
surface antigens of human leukocytes and, **49**:94, 98
T cell subsets and
  H-2 alloantigen recognition, **41**:87, 93–95
  H-2 molecules in thymus, **41**:98, 99, 107
  H-2-restricted antigen recognition, **41**:52, 53, 56, 62–66, 72–74, 76, 77
  T cell triggering, **41**:111, 112
Th cells, **62**:146
virus-induced immunosuppression and
  HIV, **45**:356, 358, 360, 362, 363, 366, 367
  measles, **45**:342, 344
in vivo production in autoimmune disease, **50**:178–183
Interleukin-2β, Jak kinases, **63**:139
Interleukin-2γ, Jak kinases, **63**:139
Interleukin-2 receptor, **44**:180, 181; **52**:342–343; **59**:226; **61**:148–153; **63**:128–132
  activation, **61**:148–149
  α,β heterodimer receptor structure, **42**:168
  α,β interaction, **42**:176
  assays for, **42**:166–167
  binding characteristics of, **42**:168–172, 176
  cachectin and, **42**:224
  γ_c-chain, Jak2 associated with, **60**:12
  cell division and, **42**:167, 178
  cellular expression, **59**:234–237
  chimerism, **59**:258–259
  c-myc expression, **63**:162
  expressions, **42**:173–176
  function, **48**:300–302

Interleukin-2 receptor (*continued*)
  gene cloning, **59:**226, 227
  and IL-2, gene regulation, **50:**154–157
  induction by IL-5, **57:**155
  membrane form, **63:**285
  membrane proximal region, **60:**14
  noncovalent interaction of, **42:**176–177
  production, **58:**19
  reconstitution, **59:**231–234
  signaling, **61:**153–191, 191
    in B cells, **55:**274–278
    G_1-phase progression, **61:**179–187
    Jaks, **61:**160–161, 173–176
    mTOR, **61:**188–190
    PI3-K pathway, **61:**167–173
    proximal signaling events
      initiation, **61:**160–161
      Jak PTK's, **61:**158–159
      Src family kinases, **61:**153–158
      syk, **61:**159–160
      ZAP-70, **61:**160
    rapamycin, **61:**180–183
      cdk activities, **61:**183–187
      FKBP12-rapamycin cycle, **61:**187–190
    Ras/MAP kinase pathway, **61:**161–167
    Stats, **61:**162, 176–179
  soluble form, **63:**276, 279, 284, 292–294, 296–298
  structure, **42:**167–168; **55:**274; **61:**149–153
  structure and function, **59:**227–238
  X-linked severe combined immunodeficiency, **59:**248–253
Interleukin-2 receptor α, **42:**167–168; **59:**227–228, 231–234; **61:**149–150, 152; **63:**128–130, 274, 275, 276, 279, 284, 293–294
  binding characteristics and, **42:**168–172
  gene, transcriptional regulation, **48:**294–295, 297–299
  T cell development and selection, **58:**134–135
Interleukin-2 receptor β, **59:**228–229, 231–234, 254; **61:**150, 152–153, 155; **63:**129, 130–131, 137–138, 274, 275, 276, 293
  chimeric molecules, **59:**258
  cytoplasmic domain, **59:**255–258
  T cell development and selection, **58:**134–135

Interleukin-2 receptor γ, **59:**229–234, 241, 243, 254; **63:**129, 131, 133, 274, 275
  cellular expression, **59:**237–238
  chimeric molecules, **59:**258
  cytoplasmic domain, **59:**254–255
  gene, **59:**227, 254–255
  mutations, **59:**246–253
  sharing among multiple cytokine receptors, **59:**238–246
  T cell development and selection, **58:**134–135
  X-linked severe combined immunodeficiency and, **59:**246–253
Interleukin-2 receptor chain, gene, NF-κB, **63:**160
Interleukin-2 receptor complex
  signal transduction, **59:**253–259
  T cell development and selection, **58:**134–135
Interleukin-2/vaccinia virus
  effect of on neonatally thymectomized mice, **50:**206–208
  effect of on *nu/nu* mice, **50:**204–206
  induction of manifest autoimmunity in athymic mice by, **50:**203–208
Interleukin-3, **48:**71, 72, 168, 169; **63:**55, 139
  B cell formation and, **41:**228–230, 232–234, 236, 237
  CD23 antigen and, **49:**170
  eosinophil proliferation, **48:**75
  helper T cell cytokines and, **46:**116, 117
  humoral immune response and, **45:**26, 57, 65, 73–75
  hybrid resistance and, **41:**389
  IgE biosynthesis and, **47:**10, 22
  multiple myeloma pathogenesis, **64:**256, 258
  murine
    20αSDH induction in T cells, **39:**2, 5, 18–19, 23–31
    activities *in vivo*
      hematopoiesis and, **39:**30
      during immune responses, **39:**31–34
    amino acid sequence, **39:**5–7
    in bone marrow cell culture
      CSF activity, **39:**20–21
      natural cytotoxicity increase, **39:**21
      Thy-1$^+$ induction, **39:**21–22, 24, 26–31
    burst-promoting activity, **39:**20

cDNA library for, **39**:5, 7
-dependent cells
   c-myc expression, **39**:40, 42
   IL-3 receptor activity, **39**:38–39, 42–43
   properties, **39**:34–37
   protein kinase C redistribution, **39**:39
   v-abl effect, **39**:40–41
   v-myc effect, **39**:40
functions, **39**:2–3
growth regulation, mechanism of, **39**:37–42
future research, **39**:43–45
hematopoietic growth and, **39**:19
hemopoietin-2 activity, **39**:20
mast cell growth and, **39**:19–20
production by
   mast cells, **39**:17
   T cells, **39**:2–3, 10–13
   WEHI-3 cells, **39**:13, 15–17, 19
purification and properties, **39**:5
single gene-coded, **39**:7–8
NK cells and, **47**:232, 233, 266, 277, 278
produced by eosinophils, **60**:197–198
production
   by crosslinkage of FcεR on peritoneal mast cells, **53**:9
   by factor-dependent mast cell lines, **53**:6–8
   by transformed mast cells, **53**:4–6
regulation of lymphokine production by FcεRI⁺ cells, **53**:21–22
signaling, role of protein tyrosine kinases, **60**:5–9
Interleukin-3 receptor, **52**:343–349; **63**:139
expression by eosinophils, **60**:183–185
murine, IL-3 interaction with, **39**:38–39, 42, 43
ATP role, **39**:39
Interleukin-3 receptor α, **63**:275
Interleukin-3 receptor β, **63**:275
Interleukin-4, **44**:172, 174, 177; **48**:71, 72; **52**:172, 178–181, 196–198, 205–206; **59**:235–236, 254; **62**:83–84, 85; **63**:168, 295, 299
adoptive T cell therapy of tumors and, **49**:290, 307, 327–328, 334
allergic reactions, **63**:310
allograft rejection, **62**:102
antibody response, **62**:88

antigen-presenting cells and, **47**:75, 84, 100
   cell surface, **47**:59, 63, 64
   immunogeneity, **47**:103
asthma, **62**:283, 285
autoreactive T cells and, **45**:427
B7 expression, **62**:136
B cell production, **61**:34
B cells, **63**:278
   proliferation, **63**:54, 55
biological activity, **59**:238–240
CD5 B cell and, **47**:120
CD23 antigen and biochemical structure, **49**:157
   biological activity, **49**:169–170, 172–173
   cellular expression, **49**:150–155
   cleavage regulation, **49**:158
   expression, **49**:159–161, 174–175
   FcεRII, **49**:162, 166–168
CD28 costimulation, **62**:139
CD40, **61**:38
class switching, **61**:98
effect on nitrite production, **60**:353
enhancment of isotype switching to IgE and IgC, **54**:248–249
eosinophil granule-associated, **60**:198
expression, **63**:44
functional similarities with IL 10, **56**:12–13
gene promoter, **65**:29
germline transcripts, **61**:86–90
granulocyte, **48**:75
granulomatous lesions, **62**:281, 290
helper T cell cytokines and, **46**:113
   cross-regulation of differentiation, **46**:130–131
   functions, **46**:114–116, 119–122
   immune responses, **46**:133, 136–138
   precursors of differentiation states, **46**:122–125
humoral immune response and, **45**:58, 62–67, 69–71, 75, 76
   cellular interactions *in vivo*, **45**:82–84
   helper T cells, **45**:26–34, 42, 44
IFN-γ, **62**:105
IgE biosynthesis and
   antibody response, **47**:6–12, 31
   binding factors, **47**:13, 21–23
and IgE switching, **52**:217–218
Ig production, **63**:58–67, 69, 79–80

Interleukin-4 (*continued*)
  and IL-10, in CD40 system, growth-
      promoting activity of, **52:**202
  immunosenescence and, **46:**231, 232, 234,
      237, 238
  inhibition of iNOS, **60:**338–339
  Jak kinases, **63:**140
  lung transplant rejection, **59:**424
  macrophage, **48:**75
  molecular mechanisms of IL-4-induced
      switching, **54:**252–256
  NK cells and, **47:**233, 262
  pleiotropic effects of, **52:**179–181
  preferential rescue of Th2 cells, **58:**244
  production
    FcεR⁺ cells in infected/immunized mice,
        53:15–17
    FcεRI⁺ bone marrow cells, **53:**10
    FcεRI⁺ cells, and lymphokine producing
        phenotypes of CD4⁺ T cells,
        53:17–19
    FcεRI⁺ spleen cells, **53:**9–10
    human FcεR⁺ cells, **53:**14–15
    N. brasiliensis-infected mice, **53:**15–17
    response to plate-bound IgE, **53:**20–21
    signaling mechanisms, **53:**17–22
    and T cell lymphokine-producing
        phenotype, **53:**18
      molecular regulation, **53:**22
      murine, infected or immunized,
          53:15–17
      peritoneal, **53:**9–14
      role in disease process, **53:**17
      signaling processing in response to
          FcR crosslinkage, **53:**20–21
      splenic, **53:**9–14
    by transformed mast cells, **53:**4–6
  pulmonary inflammation, **62:**260, 290
  role of Stat6 in response to, **60:**21–22
  role in T cell-dependent isotype switching,
      54:249–252
  SCID and, **49:**386
  selective induction of VCAM-1 on
      HUVEC, **60:**170
  sepsis and, **66:**144–145
  signaling molecules for, **63:**167–168
  sources and structure, **52:**178–179
  Stat protein activation, **61:**176–179
  stimulation of IgE and IgG production,
      54:247–248
  surface antigens of human leukocytes and,
      49:89, 91
  TH responses, **61:**348–350, 350, 354, 358,
      374
  transcription induced by, **65:**19
  upregulation of adhesion molecules, **64:**165
Interleukin-4 receptor, **52:**349–350;
    59:240–241; **63:**132
  activation, **63:**168
  production, **63:**281–282, 284, 285
  Ras proteins, **63:**145
  signaling, in B cells, **55:**278–279
  soluble form, **63:**276, 281–282, 284,
      294–295, 299, 311, 313
  sources and structure, **52:**178–179
Interleukin-4 receptor α, **63:**275
  association with 4PS, **60:**16
Interleukin-4 receptor antagonist, **63:**277
Interleukin-4 receptor complex, **59:**238–241,
    254
Interleukin-4 receptor F, Ras activation,
    61:161
Interleukin-5, **48:**71, 72, 78; **61:**98, 352–353,
    358; **63:**299
  allergic airway inflammation, **62:**283–285
  animal models of production
    airway hypersensitivity, **57:**173–174
    eosinophilia in guinea pigs, **57:**173–174
    experimental eosinophilia, **57:**173
    parasite infection, **57:**172–173
    transgenic mouse, **57:**169–170
    tumor rejection, **57:**174
    X chromosome-linked immunodeficient
        mouse, **57:**171–172
  antigen-presenting cells and, **47:**63, 64,
      103
  B cell proliferation, **63:**55
  characteristics, **57:**145–146
  expression, **63:**44
  functional properties
    basophil regulation, **57:**156
    B cell development regulation,
        57:154–155
    eosinophil production, **57:**156
    Ig production regulation, **57:**151–154
    IL-2 receptor induction, **57:**155
  future perspectives, **57:**178–179
  and gene, molecular structure, **57:**148–149
  GM-CSF, **48:**75

helper T cell cytokines and, **46:**113
  functions, **46:**116, 119, 120
  immune responses, **46:**133, 136, 137
  precursors of differentiation states, **46:**122, 123, 125
histological background, **57:**146–148
in human disease
  asthma, **57:**174–176
  graft rejection, **57:**177
  helminth infections, **57:**176–177
  tumors, **57:**177–178
humoral immune response and
  cellular interactions in viva, **45:**82–84
  helper T cells, **45:**26, 28, 32, 33
  physical interaction, **45:**48
IgE biosynthesis and, **47:**9, 10
Ig production, **63:**60–62
immunosenescence and, **46:**231, 232, 237, 238
inhalation at time of challenge, **60:**176
Jak kinases, **63:**139
mAbs, **60:**215
mediated eosinophil signal transduction, **60:**209–210
messenger RNA expression, **57:**156–159
molecular structure
  biological activity, **57:**149
  cDNA organization, **57:**148–149
  gene organization, **57:**148–149
  polypeptides, **57:**149–151
mRNA, **60:**198–199, 222
production by factordependent mast cell lines, **53:**6–8
recombinant human, **60:**204–205
Th cells, **62:**146
Interleukin-5 receptor, **52:**350–351; **63:**299–300
  expression
    aberrations in mouse, **57:**170–172
    analysis, **57:**168–169
    by eosinophils, **60:**183–185
  function, **57:**165–166
  signaling pathway, **57:**166–168
  signal transduction, **57:**146
  structure, **57:**159–165
Interleukin-5 receptor α, **63:**275, 276
  gene structure, **57:**162–163
  soluble forms, **57:**163–164
  structure, **57:**160–164, 162–163

Interleukin-5 receptor β, structure, **57:**164–165
Interleukin-6, **44:**153–155; **48:**71, 72, 168, 169; **52:**172, 182–184; **61:**33, 353, 354, 370; **62:**86; **63:**300; **66:**127
  and acute-phase protein synthesis in hepatocytes, **54:**25–27
  antibody response, **62:**88
  antigen-presenting cells and, **47:**64, 100, 103
  anti-IL-6, **66:**132
  and autoimmune system, **52:**215
  and autoimmunity, **50:**210–211
  and B cell growth, **52:**203–204
  biochemistry, **66:**127–128
  biological function, **54:**20–33
    in blood vessels, **54:**29–30
    and bone metabolism, **54:**28
    effect on skin, **54:**28–29
    growth regulatory functions, **54:**20
    during hematopoiesis, **54:**22–25
    immune regulation, **54:**21–22
    in neuronal cells, **54:**30–31
    in placental/fetal development, **54:**32
    proinflammatory and antiinflammatory cytokine, **54:**27–28
    role in embryonic development, **54:**31–32
  CD23 antigen and, **49:**160
  CD28 costimulation, **62:**139
  cell sources and inducers, **54:**6
  clinical applications, **54:**48–50
  common signaling pathways, **53:**44–46
  comparison to IL-1 186, **44:**189–191
  description, **54:**1–2
  as diagnostic marker, **54:**47–48
  and disease, **54:**33–47
    AIDS, **54:**37–39
    bacterial and parasite infection, **54:**36–37
    B cell neoplasia, **54:**33–36
    IL-6 transgenic mouse, **54:**45–47
    inflammatory or autoimmune diseases, **54:**39–43
    viral infection, **54:**37
  downregulation, **64:**315, 316
  eosinophil-derived, **60:**199
  expression regulation, **54:**8–10
    NF-κB, **54:**10
    NF IL-6, **54:**9–10

Interleukin-6 (*continued*)
  gene
    NF-κB and, **65**:119
    regulation 23, **65**:25, 26–28
  gene promoter, **65**:26
  granulocyte, **48**:75
  helper T cell cytokines and, **46**:116, 133
  hemopoiesis, **64**:321–322
  historical overview, **54**:1–4
  HIV infection and, **47**:403, 404
  human disease, **44**:192, 194
  humoral immune response and, **45**:60, 74, 75, 82
  Ig production, **63**:64
  immunocompetent cells, **44**:172, 177, 178
  immunosenescence and, **46**:231
  inflammatory cytokine, interaction with NF-κB, **58**:12–14
  inhibitors, clinical applications, **54**:50–51
  in vitro effects, **66**:128–129
  in vivo effects, **66**:129–130
  Jak kinases, **63**:139, 140
  Jaks interdependence in response to, **60**:8–9
  and LIF, **53**:44–47
  multiple myeloma pathogenesis, **64**:252–256
  pituitary hormones, **63**:385
  plasmacytomagenesis, **64**:234–235
    pristane-induced, **64**:226–227
  pleiotropic effects of transforming growth factor B, **52**:184
  pleiotropic nature of, **53**:44
  production
    by crosslinkage of FcεR on peritoneal mast cells, **53**:9
    by factor-dependent mast cell lines, **53**:6–8
  prolactin secretion, **63**:382
  pulmonary hypersensitivity, **59**:418, 419
  pulmonary inflammation, **62**:289
  schematic ternary structure, **54**:5
  sepsis and, **66**:104, 127, 130–135
  signal transduction
    all-*trans* retinoic acid, **64**:261–262
    reshaped human PM-1, **64**:261
    therapies using, **64**:260–263
  structure and expression, **54**:4–11, 12
    inducers and producers, **54**:6–8
    regulation of IL-6 expression, **54**:8–10

  repression of IL-6 expression, **54**:10–11
  structure, **54**:4–5
  transcriptional regulatory elements, **54**:9
Interleukin-6 receptor, **54**:11–19; **61**:151; **63**:275, 276, 280, 282, 300–303
  signaling, in B cells, **55**:279–280
  structure, **66**:127
Interleukin-6 receptor α, **63**:275, 276, 280, 300–301
Interleukin-6 receptor β, **63**:275, 276
Interleukin-7, **59**:235–236, 254; **61**:178; **63**:140, 303
  B cell development, **59**:298
  biological activity, **59**:241–243
  cytotoxic T cells, **65**:306
  Jak protein activation, **61**:178
  pre-B cells nonproliferating on stromal cells, **53**:134–135
  pro- and pre-B cells reactive to, **53**:131–136
  signal induction, **59**:259
  T cell development, **59**:251
  and TCRβ regulation, **58**:142
Interleukin-7 receptor, **59**:243–244; **63**:139, 303
  T cell activation, **48**:250–253
  signal transduction, **48**:251–252
Interleukin-7 receptor α, **63**:275, 276
Interleukin-7 receptor complex, **59**:241–244, 254
Interleukin-8, **55**:97
  biochemistry, **66**:135–136
  biological effects
    basophils, **55**:116–117
    eosinophils, **55**:117
    lymphocytes, **55**:118–119
    monocytes, **55**:117–118
    neutrophils, **55**:113–115
    in vivo, **55**:118–119
  cellular sources, **55**:108
    endothelial cells, **55**:107
    epithelial cells, **55**:107
    fibroblasts, **55**:107
    keratinocytes, **55**:111
    leukocytes, **55**:105–107
    macrophages, **55**:106
    mesangial cells, **55**:111
    monocytes, **55**:105–106
    production, regulation, **55**:111–112
    synovial cells, **55**:111
    tissue cells, **55**:107, 111

chemical properties, **55**:97–101
chemotactic for primed eosinophils, **60**:177–178
gene regulation, **65**:23, 28
genes
  chromosomal localization, **55**:103–104
  expression, regulation, **55**:104–105
  organization, **55**:103
IFN-γ, **62**:80
immunoreactivity, **60**:199
inactivation, **55**:102–103
inflammatory cytokine, transcription, **58**:12
molecular structure, **55**:97–101
pathology role, **55**:147–148
  arthritis, **55**:143–144, 147
  lung disease, **55**:144–147
  skin diseases, **55**:142–143, 147
production by factor-dependent mast cell lines, **53**:8
proteolytic processing, **55**:102–103
pulmonary inflammation, **62**:260, 270, 273, 274
regulation, **66**:136
and related integrins, receptors for, **52**:367–371
sepsis and, **66**:104, 137–141
signal transduction, **55**:140–142
TNF-α, **64**:294, 295, 316
Interleukin-8 receptor, **66**:136
binding, **55**:136
biochemical studies, **55**:122–125
cloning, **55**:128–134
ELR motif, **55**:136–138
on erythrocytes, **55**:128
expression, **55**:135
genes, **55**:135
G-protein coupling, **55**:138–139
mapping, **55**:135
regulation, **55**:139–140
signal transduction, **55**:141
Interleukin-9, **59**:244, 254; **63**:140, 167, 168
in hematopoietic system, **54**:83–84
in human and mouse, cloning and characterization, **54**:80–82
and human T cells, **54**:85–88
and mast cells, **54**:93–95
and mouse T cells, tumorigenesis, **54**:88–93
studies with, **54**:79–80

Interleukin-9 receptor, **54**:82–83; **59**:244–245; **63**:139
Interleukin-9 receptor complex, **59**:244–245, 254
Interleukin-10, **52**:181–182; **62**:85; **63**:54, 55, 60–67, 69, 139, 140
allograft rejection, **62**:102
antibody response, **62**:88
B cell production, **61**:34
biological effects
  B cells, **56**:10–11
  macrophages, **56**:6–8
  mast cells, **56**:10
  NK cells, **56**:10
  T cells, **56**:8–10
CD40, **61**:38
characterization, **56**:1
class switching, **61**:98–99
complementary DNA clones, **56**:3–5
discovery
  cytokine synthesis inhibitory factor, **56**:1–2
  TH1/TH2 dichotomy, **56**:1–2
functions, **56**:7, 18
gene acquisition by herpesvirus, **56**:11–12
gene structure, **56**:4
granulomatous lesions, **62**:281
herpesvirus acquisition of, **56**:11–12
IFN-γ, **62**:105
and IL-4, in CD40 system, growth-promoting activity of, **52**:202
levels, *in vivo* manipulation, **56**:16–17
multiple myeloma pathogenesis, **64**:258
PGHS-2, **62**:192, 195
physical properties, **56**:3
pleotropic effects of, **52**:181–182
as potent B cell differentiation factor, **52**:207
in pregnancy, **56**:17
production, **56**:4–6
properties, **56**:3
pulmonary inflammation, **62**:259–260, 274–275, 279, 289
related proteins, properties, **56**:3
removal, **56**:16–17
sepsis and, **66**:104, 142–145
sources and structure of, **52**:181
structure, **56**:4
Th cell, **62**:146

Interleukin-10 (*continued*)
  Th2 cell
    functional similarities of cytokines, **56**:12–13
    responses correlated with expression, **56**:13–15
  Th responses, **61**:351, 358
  treatment, **56**:16
  tumor immunogenicity reduced by, **57**:307–309
Interleukin-10 receptor, characteristics, **56**:18
Interleukin-11, **63**:139
  biological function, **54**:16–17
  multiple myeloma pathogenesis, **64**:256
  relationship to LIF, OSM, CNTF, and IL-6, **53**:47
Interleukin-12, **61**:350–351; **63**:139, 140; **66**:146–147
  granulomatous lesions, **62**:281
  IFN-γ, **62**:105, 107
  sepsis and, **66**:104, 147
  and Stat4 phosphorylation, **60**:21
  Th cells, **62**:146
Interleukin-13, **61**:34, 354, 374; **62**:85–86, 260
  B cell proliferation, **63**:55
  Ig production, **63**:64, 69
  Jak kinases, **63**:139, 140
  signaling molecules for, **63**:169
  upregulation of adhesion molecules, **64**:165
Interleukin-13 receptor, **63**:133
Interleukin-15, **59**:245, 254; **61**:178; **62**:106–107; **63**:140, 173
Interleukin-15 receptor, **59**:245; **63**:139
Interleukin-15 receptor complex, **59**:245–246, 254
Interleukin-16, **62**:136, 146; **65**:282
  HIV-1, **66**:281, 283
Interleukin hybridoma plasmacytoma 1, **64**:226
Interleukin receptor antagonist, **62**:289
Intermitotic life span, of B and T cells, **53**:237–241
Internalization
  CD4 molecules and, **44**:296
  evidence for, **52**:87–89
  IL-1 and, **44**:181, 184, 185
  signals, **52**:89–92
  T cell development and, **44**:226, 228, 229

Interphotoreceptor retinoid-binding protein, **48**:215–216
Interstitial macrophages, **59**:375
Interstitial nephritis, induced by IL-2, **50**:200–201
Interstitial T cell surface glycoprotein, avian, **50**:97–101
Intestinal antigens, IBD and, **42**:290
Intestinal mononuclear cells
  antibody secretion and, **42**:302–307
  IBD and, **42**:295–296
Intestine
  infections and diseases, immunity, **58**:329
  inflammation, lymphocyte homing, **64**:145
  intraepithelial lymphocytes, **53**:163–167
    majority as CD8$^+$, **58**:307
  lymphocyte homing and
    immune response, **44**:331, 332, 334–336
    molecules, **44**:352
    regional specificity, **44**:323, 327, 329, 339
int genes, **65**:154, 155
Intrachromosomal deletion, switch recombination, **61**:99
Intracisternal A particle core protein, polyclonal antibody, **43**:304
Intraepithelial lymphocytes
  CD4 and CD8 on, **58**:306–307
  effector potential, **58**:324–326
  and immune system, **58**:297–343
  immunosenescence and, **46**:237
  intestinal, differentiation, **53**:163–167
  invariant γ/δ T cells (skin, female reproductive tract), **53**:167–169
  origin, **58**:308–311
  role in immunity
    intestine, **58**:329
    lung, **58**:328–329
    skin, **58**:326–328
  T cell lineages, **58**:110–112
  as T cells, **58**:298–300
  as T cells bearing γδ TCR, **58**:301
Intrahepatic cholestatis, severe, **50**:190–191
Intraocular tumor rejection
  basic patterns, **48**:215
  cytolytic T cell, **48**:215
  hemorrhagic necrosis, **48**:215
  immune regulation, **48**:212–215
  immune rejection, **48**:215

Intrathymic clonal deletion, **51**:165–173
  cell biology of negative selection, **51**:165–170
  search for mechanism, **51**:170–173
Intrathymic defects, SCID and, **49**:383–384
Intrathymic development, *see* T cells, intrathymic development
Intrathymic induction, clonal anergy, examples, **50**:169
Intrauterine influences, maternally transmitted antigen and, **38**:321, 322, 338
Intrinsic affinity, **59**:305
Intrinsic coagulation/kinin-forming cascade, **66**:240–243
  bradykinin
    formation, **66**:225, 226, 233–239
    functions, **66**:239
    receptors, **66**:239–240
  contact activation, **66**:225, 233–239
    allergic diseases, **66**:258–259
    Alzheimer's disease, **66**:260
    disease states and, hereditary angioedema, **66**:257–258
    endotoxic shock, **66**:260
    interaction with cells, **66**:243–248
    pancreatitis, **66**:260
    rheumatoid arthritis, **66**:260
  endothelial cells and, **66**:245
  factor XI, **66**:225, 226, 230, 237, 244
  factor XII, **66**:225, 226–229, 234–236, 244, 246, 249–257
  high-molecular-weight kininogen, **66**:225, 226, 230–233, 245, 247–257
  kallikrein, **66**:225, 238, 243–244
  low-molecular-weight kininogen, **66**:233
  mechanism, **66**:225–226
  platelets and, **66**:244–245
  prekallikrein, **66**:225, 226, 229–230, 236
Intron/exon mapping, CD1 genes, **59**:7–8
Inulin, cytotoxicity and, **41**:304, 306
Inversion
  T cell receptor protein and, **38**:8
  and translocation, in lymphoid tumors, mechanism, **50**:121–122
Iodine
  autoimmune thyroiditis and
    antigens, **46**:267, 269–272
    cellular immune responses, **46**:294
    experimental models, **46**:278
    humoral responses, **46**:303
  spontaneous autoimmune thyroiditis and altered thyroid function, **47**:456, 459, 460
  genetics, **47**:487–490
Iodo-2′-deoxyuridine, hybrid resistance and antigen expression, **41**:397, 404
  bone marrow cells, **41**:340, 342, 345, 347
  effector mechanisms, **41**:370
  leukemia/lymphoma cells, **41**:364–368
  lymphoid cells, **41**:352, 354
  T cells, **41**:380
Ion channels, T cell, **48**:285–288
  regulation, **48**:285, 286
Ion-exchange chromatography, leukemia inhibitory factor, **53**:32
Ionizing radiation
  and *scid* defect, **58**:49–51
  sensitivity of ataxia telangiectasia cells, **58**:68–69
Ionomycin, **48**:80, 90
  effects
    factor-dependent mast cell lymphokine production, **53**:6
    IL-3 production by mast cells, **53**:5
  immunosenescence and, **46**:228
  T cell subsets and, **41**:65, 98
Ionotypic regulation, murine lupus models and, **46**:65
IP$_3$, *see* Inositol 1,4,5-trisphosphate
IP-10, **62**:76, 80
Ipr gene, **61**:9
IRAK, **63**:159; **65**:117
IRF, **62**:69–70
  model for, **52**:276
IRF-1, **62**:69–70
  B cell genesis, **63**:235–236
  and IRF-2, **52**:267–271
  knockout mouse, **60**:335
  requirement for NOS expression, **60**:17
IRF-1, **60**:24–25
IRF-2, **62**:69–70; **63**:218–219, 235–238
  B cell genesis, **63**:218–219, 235–238
  and IRF-1, **52**:267–271
IRF-2, **63**:235–236
IRF-binding sites, in IFN-inducible genes, **52**:273
IRG-47, **62**:76
Ir genes, *see* Immune response genes

Irradiation
  and apoptosis, **58**:237–240
  hybrid resistance and
    antigen expression, **41**:397, 403, 404, 408–410
    bone marrow cells, **41**:339, 344, 346–348, 350
    effector mechanisms, **41**:369, 370
      antibodies, **41**:376, 377, 379
      marrow, **41**:384–386, 388, 390
      NK cells, **41**:373–375
      syngeneic stem cells, **41**:389, 390
      T cells, **41**:380–384
      in vitro assays, **41**:394, 396
    leukemia/lymphoma cells, **41**:358, 359, 361, 363–367
    lymphoid cells, **41**:352, 354–357
  NK cells and, **47**:291, 295
    differentiation, **47**:229–232
    effector mechanisms, **47**:260, 261
    hematopoiesis, **47**:273, 274, 276
IRS-1, **63**:146, 168–169
IRS-2, **63**:169
Ischemia
  aPL antibodies and, **49**:218–219, 258
  leukocyte integrins and, **46**:165, 166, 177
  therapeutic complement inhibition using soluble CR1, **56**:282–284
Ischemia/reperfusion
  model, role of NO, **60**:330–332, 346–348
  pulmonary inflammation, **62**:275–277
ISGF3 transcription complex, induction by IFN-α/β, **60**:17
Islet beta cells, **48**:140–141
  antigen presentation, **48**:142
  dysfunction, NO role, **60**:345
  lymphokine, **48**:141
  T cell cytotoxicity, **48**:142
Islets of Langerhans, IFN-γ and, **62**:100–101
Isoelectric focusing, complement components and, **38**:207, 208, 215
Isoelectrofocusing, one-dimensional, HLA class II, **48**:114–116
Isotype-mismatched molecule, **48**:125
Isotypes
  IgG receptor, **54**:343–344
  production, secondary B cells and, **42**:75–76
  response, role of T cell Fc receptors and, **40**:212–216

Isotype specificity, regulation, **61**:84–89, 90–92
Isotype switching, **65**:253–254
  during B cell differentiation, **60**:38–39
  B cells, human, **52**:215–218
    general considerations on, **52**:215–217
    IL-4 and IgE switching, **52**:217–218
  defect in HIGMX-1, **60**:42–48
  directed, and germline C_H transcription, **54**:240–245
  dual isotype expression without recombination, **54**:246
  expression of downstream isotypes without switch recombination, **54**:245–246
  in humans, **54**:260–262
    IL-4 regulation, **54**:260–262
    TGF-β and IgA expression, **54**:262
  to IgE and IgC, IL-4 enhancing, **54**:248–249
  nondeletional, **54**:245–246
  sequential, **54**:238–239
  by TGF-β, regulation, **54**:257–259
Itk, **59**:265–266
  signal transduction, **59**:265–266

J

J558 V_H gene family, *see* Arsonate idiotypic system, A/J mouse, *J558* V_H gene family and
J774.1 cell line, specific binding of LPS, **53**:277–278
Jak, and *JAK*, **60**:3–4
JAK-1, **62**:68–69, 106; **63**:139, 168
JAK-1/2, IL-2, **61**:173–174
JAK-2, **62**:68, 69, 106; **63**:139
  activation of, **65**:20–21
JAK-3, **63**:139
JAK–STAT–GAS pathway, pituitary hormones, **63**:399–400
Jak-STAT mechanism, IFN-γ binding, **62**:67–71
Jak–Stat pathway, **61**:179, 190; **63**:138–141, 171–172, *see also* Janus kinase family
Janus kinase family, **62**:68–69, 106; **63**:134, 138–141
  activation
    by EGF receptor, **60**:27

role of receptor dimerization/
oligomerization, **60**:9–11
association with cytokine receptors,
60:11–12
coupling of cytokine binding to tyrosine
phosphorylation, **60**:4–9
origins and structure, **60**:2–4
PTK's, IL-2R coupling, **61**:158–161, 190
Stat1 as substrate, **60**:19
Tyk2, **62**:68
in IFN-α/β response, **60**:7–9
Jarisch–Herxheimer reaction, release of IL-6, **66**:11–34
JC$_\kappa$, B cell development, **63**:29–30
J chain, **65**:248
cells producing, **40**:186, 188–189
of IgA, structure and function of, **40**:158–160
IgA polymerization and, **40**:187–188
Jejunum, lymphocyte homing and, **44**:330, 332, 333
Jerne hypothesis, **59**:99–100
Jerne model, T cell repertoire and, **38**:130–132
J gene segments, Ig heavy-chain variable region genes and, **49**:4–6, 28
J$_H$ gene segments, **62**:1
Ars A antibodies, **42**:107–108
deletion, **62**:32–33, 42
Ig heavy-chain variable region genes and, **49**:2–3, 29, 31, 33–35, 53
in mouse and human, **62**:17–19
organization, **62**:9–10
Joining, V(D)J, antigen receptor genes, *see* V(D)J joining, antigen receptor genes
Joints
morphology of, **64**:287–288
NO-induced destruction, **60**:344
open-and-shut, V(D)J recombination, **64**:42
rheumatoid arthritis, **64**:287–288, 291, 315
joint destruction mechanism, **64**: 320–321
neovascularization, **64**:319–320
jsd, **60**:20–21
Junction, diversity of, variable region and, **40**:255–256
jun genes, **63**:160, 248
Jun kinases, **63**:148
Ets transcription factors and, **64**:81

Jurkat leukemic T cells, **48**:182
IL-1 and, **44**:174–176, 185
Juvenile rheumatoid arthritis
DR4, **48**:131
DR5, **48**:131
DRw8, **48**:131

K

K562 cells, as target cells for NK activity, **42**:184
Kallikrein, **66**:225
in allergic reactions, **66**:259
IgE biosynthesis and, **47**:25
inhibition, **66**:238
interactions with cells, **66**:243–244
Kaolin clotting time, aPL antibodies and, **49**:201–202, 241
Kaposi's sarcoma, and IL-6, **54**:38–39
κ enhancer, **43**:249–251
κ gene, **43**:238, 240
κ light chain, **63**:5, 10, 13, 24
rearrangement, **61**:305
variability, **42**:4
κ light chain promoter, **43**:257
κ locus, murine, Ars A response and, **42**:138
κ promoter, **43**:257–258
Karyotype, SCID and, **49**:388, 392
KAVYNFATC, induced positive selection of thymocytes, **59**:126
Kawasaki syndrome, **54**:133–137
analysis of T cell receptors, **54**:135
diagnostic criteria for, **54**:133
KC, **62**:80
K cell function, Crohn's disease and, **42**:295
KEKE motif, **64**:30
Keratinocytes
B cell formation and, **41**:234
expression of dendritic epidermal cell ligand, **58**:320
helper T cell cytokines and, **46**:115
IFN-γ effect on, **62**:76
IL-1 and, **44**:153, 160, 177, 185
IL-1ra production, **54**:190–192
and NO production, **60**:350–351
as source of chemokines, **55**:111
Ketorolac tromethamine, **62**:186

Keyhole limpet hemocyanin, **61**:369; **62**:149, 220
  antigen-presenting cells and, **47**:66, 69, 70
  autoreactive T cells and, **45**:419, 421
  HIV infection and, **47**:400
  humoral immune response and, **45**:10, 11, 15, 33
  IgE biosynthesis and, **47**:6, 14, 34, 35
  sporozoite malaria vaccine and, **45**:301
  synthetic T and B cell sites and, **45**:227, 255, 256
  T cells, **47**:86, 97, 99
  T cell subsets and, **41**:70, 71
  TNP–KLH-sensitized B cells, **60**:305–308
  virus-induced immunosuppression and, **45**:361, 362
Ki antigen, **64**:22–23
Kidney
  antigen-presenting cells and, **47**:76
  CD5 B cell and, **47**:134
  CTL and, **41**:149
  hybrid resistance and, **41**:338, 348, 356, 404
  IgE biosynthesis and, **47**:16
  NK cells and, **47**:187, 282
  regulators of complement activation and, **45**:389
  spontaneous autoimmune thyroiditis and, **47**:462, 493
  transplant, SCID and, **49**:399
  virus-induced immunosuppression and, **45**:337
Kinase inhibitor protein-1, **61**:186–187
Kinases, **59**:169, 178–179
  Ig gene superfamily and, **44**:30, 39, 44
  in signal transduction, **59**:261–266
Kinetics
  125I-labeled IL-2 internalization, **42**:175
  Ars A response, **42**:108–109
Kinin
  in hereditary angioedema, **66**:257–258, 259
  inactivation, **66**:240
Kininogen
  genes, **66**:233
  high-molecular-weight
    contact activation and, **66**:236, 237
    endothelial cell receptor, **66**:249–257
    inactivation, **66**:245
    properties, **66**:226, 256
    structure, **66**:230–233
  low-molecular-weight, **66**:233

Kit ligand, *see* Stem cell factor; Stem cell factor receptor
Klebsiella pneumoniae, **50**:162
Knockout animals
  adhesion studies, **64**:187–188
  lymphocyte homing, **64**:194–195
Knockout experiments
  cytokine induction, **65**:29–32
  with perforin gene, **60**:291–292
Knockout mouse, LIF knockout, **53**:33, 48
KOL, crystal packing, **43**:113
KSH 4.13.6.
  changes in after deprivation of RCS, **51**:226
  characterization of CTL activity of, **51**:225
Ku, **64**:49, 60
  antinuclear antibodies and, **44**:96, 97, 104, 105
KU 70/86, **61**:301–303, 317
Kupffer cells, CD1 proteins, **59**:67
Kynurenine, **62**:71

L

L-β, **61**:22
L1 cell adhesion molecule, 200-kDa glycoprotein, **58**:375–376
L3T4, humoral immune response and, **45**:25, 26, 44, 45
Labeling, CD1 proteins, **59**:45–46
Lactate dehydrogenase B, suppressor T cells and, **38**:149–152, 184
Lactation, lymphocyte homing and, **44**:321, 326, 327, 335
LAK cells, *see* Lymphokine-activated killer cells
LAM-1, surface antigens of human leukocytes and, **49**:87–88
λ_5, **63**:7–8
λ_5 gene, **63**:2
  expression, **63**:5–15
  μ heavy chains, **63**:2–3
  regulation, **63**:4–5
  structure, **63**:4
λ light chain, **63**:4, 13
λ light chain promoter, **43**:257
λ phage repressor protein, **43**:209–210

Lambert Eaton myasthenic syndrome, **42**:234, *see also* Myasthenia gravis
  etiology, **42**:251, 252
Lamina propria, **59**:372
  lymphocytes, immunosenescence and, **46**:237
  MNC, IBD and, **42**:297
  T cells, IBD and, **42**:300–301
Laminarin, phagocytosis of zymosan and, **38**:366, 377
  alternative complement pathway, **38**:384–386
  ingestion inhibition, **38**:381
Laminin
  complement receptor 1 and, **46**:199
  hybrid resistance and, **41**:403
  leukocyte integrins and, **46**:153
  NK cells and, **47**:246
Laminine, multiple myeloma and, **64**:249
Langerhans' cells, **59**:60–62, 377, 379; **61**:13
  antigen-presenting cells and, **47**:71–73, 75
    antigen processing, **47**:90–92
    APC-T cell binding, **47**:96, 97
    cell surface, **47**:57, 59, 62, 63
    immunogeneity, **47**:102
    interaction with T cells, **47**:94
    T cell growth, **47**:100
    tissue distribution, **47**:50, 51, 53–57
  CD23 antigen and, **49**:154–155, 161, 167, 171
  corneal epithelium, **48**:197
  corneal graft rejection, **48**:196–200
  cytotoxic T cell, **48**:197–198
  delayed-type hypersensitivity, **48**:197–198
  dynamic distribution, **48**:200–202
  epithelial distribution, **48**:201
  FcεRI expression, **53**:1–2
  Ia+, **48**:197
  IBD and, **42**:296
  immunoregulatory effects, **48**:203
  male vs. female tissue, **48**:198–199
  migration, **48**:201
  orthotopic graft, **48**:198
  regulatory process, **48**:202
  T cell subsets and, **41**:69, 92, 94
LAP, **65**:2
Large granular lymphocytes, **47**:188, 222, 283, 295
  adoptive T cell therapy of tumors and, **49**:315

CD23 antigen and, **49**:155
congenital defects, **47**:226
cytotoxicity, **47**:250, 253, 257
cytotoxicity and, **41**:271, 287, 289, 291, 309
differentiation, **47**:231, 234
effector mechanisms, **47**:248
hematopoiesis, **47**:275, 276, 278
hybrid resistance and, **41**:376, 380
identification, **47**:197–199
leukocyte integrins and, **46**:151
lymphocytosis, **47**:227–229, 275, 276, 279
lymphokines, **47**:262, 263
malignant expansion, **47**:226–228
morphology, **47**:214, 216–218
NK cells and, surface antigens of; **42**:182, *see also* Natural killer cells
reproduction, **47**:271
surface phenotype, **47**:204, 205, 208, 211, 213
tissue distribution, **47**:219–221
Laron dwarfism, **63**:397
Latent membrane protein, synthetic T and B cell sites and, **45**:226
Latent membrane protein 1, CD23 antigen and, **49**:161
L cells
  B cell formation and, **41**:198
  CTL
    and amino acid, **41**:163
    exon shuffling 138-140, **41**:144, 147, 148
    HLA class I antigens, **41**:149–152
Lck, **63**:135–137, 165, 171
  IL-2Rβ coupling, **61**:155
lck, expression regulation
  restricted accumulation of transcripts, **56**:151–152
  transcription, **56**:152–153
LCL, *see* Large granular lymphocytes
Lectin
  antigen-presenting cells and, **47**:99, 100
  autoimmune thyroiditis and, **46**:294
  B cell formation and, **41**:201, 210
  CD4 and CD8 molecules and, **44**:267, 268, 300, 302
  CD23 antigen and, **49**:163–165, 176
  CTL and, **41**:150
  human T cell activation and, **41**:7–9, 12, 28
  IgE biosynthesis and, **47**:15–20
  immunosenescence and, **46**:221, 223, 245

Lectin (continued)
  lymphocyte homing and, **44:**354, 363, 367, 368
  NK cells and, **47:**241, 250, 261, 286
  spontaneous autoimmune thyroiditis and, **47:**470, 471
  surface antigens of human leukocytes and, **49:**88–91, 94, 100
  T cell subsets and, **41:**60, 76
Lectins, mitogenic, IBD and, **42:**289
Lederberg's theory, tolerance induction, **42:**48
Legionella pneumophila, **59:**398
Leishmania
  complement receptor 1 and, **46:**200
  leukocyte integrins and, **46:**163
Leishmania donovani, and diabetes, **51:**294
Leishmania major
  helper T cell cytokines and, **46:**128, 129, 137, 138
  NO expression during infection, **60:**342–343
  responses in MHC class I-deficient mouse to infection, **55:**414–415
Leishmaniasis, and γδ T cell accumulation, **58:**326–328
LEMS, *see* Lambert Eaton myasthenic syndrome
Lennert's lymphoma, gene rearrangement and, **40:**294
Lens
  anatomical sequestration, **48:**220
  autoantigens, **48:**220
  crystallin, **48:**219
    α, **48:**220
    antigen, **48:**191
    γ, **48:**220
  self-tolerance, **48:**220
Lentiviruses
  HIV infection and, **47:**395, 411
    etiological agent, **47:**378, 384, 385
  nonhuman primate, phylogeny, **52:**442–443
  primate, phylogenetic tree, **52:**444
  ungulate, **52:**430–432
  virus-induced immunosuppression and, **45:**347–349, 351, 355
Leprosy
  CD1 proteins in lesions, **59:**66
  Ig heavy-chain variable region genes and, **49:**46, 48
  and γδ T cell accumulation, **58:**326–328

Lesch–Nyhan syndrome, **59:**159
Lesions, cytotoxicity and, **41:**288–291, 318, 305–307
LESTR, **66:**282
Leu-1, **48:**246
Leu-7
  antigen, NK cells and, **47:**275, 291, 292
  CNS, **47:**266
  congenital defects, **47:**225
  differentiation, **47:**234
  genetic control, **47:**222
  malignant expansion, **47:**226
  morphology, **47:**218
  surface phenotype, **47:**206, 207
  tissue distribution, **47:**220, 221
Leu-19
  antigen, NK cells and, **47:**289, 293, 294, 302
  CNS, **47:**266, 267
  differentiation, **47:**233, 234
  reproduction, **47:**271
  surface phenotype, **47:**205, 206
Leucine
  antinuclear antibodies and, **44:**115
  CTL and, **41:**166
Leukemia
  adoptive T cell therapy of tumors and
    mechanisms, **49:**300–305, 308, 311, 313, 317
    principles, **49:**286, 291–293, 295–296
  B cell formation and, **41:**185, 191, 193, 205, 220, 233
  B-lineage, **61:**11–12
  CD1 proteins, **59:**60
  CD5 B cell and, **47:**123, 124
    bone marrow transplantation, **47:**129, 130
    Ig gene expression, **47:**153, 154, 156, 157
    physiology, **47:**136, 140, 141, 143
    surface antigen, **47:**147
  CD23 antigen and, **49:**150–151, 175
  diagnosis of, **40:**247–248, 249
  eosinophilic, **60:**223–224
  graft-versus, **40:**419–422
  human B cell neoplasia and, **38:**245, 271
    acute B cell, **38:**268
    acute lymphocytic, **38:**247, 264, 269
    chromosome translocation, **38:**266
    chronic lymphocytic, **38:**264, 265

chronic myelogenous, **38**:245
  human promyelocytic, **38**:254
hybrid resistance and, **41**:358–369
  antibodies, **41**:378, 380
  antigen expression, **41**:401, 403
  bone marrow cells, **41**:346, 348
IgE biosynthesis and, **47**:20
Ig heavy-chain variable region genes and, **49**:17, 39–40
IL-1 and, **44**:194
lymphocyte hybridomas and
  chronic lymphatic, **38**:282, 288, 291, 299, 302
  human-human, **38**:292
  Immunoglobulin secretion, **38**:288
maps of Ig-like loci and, **46**:7
mature T cell, receptor gene rearrangements in, **40**:276–284
myeloid
  20αSDH activity, **39**:36
  c-mpb locus rearrangement, **39**:36–37
  IL-3-dependent lines from, **39**:35–37
NK cells and, **47**:190, 199, 298
  congenital defects, **47**:227
  differentiation, **47**:231
  effecter mechanisms, **47**:238, 262
  hem atop oie si s, **47**:276, 277
  malignant expansion, **47**:226
  surface phenotype, **47**:205
pituitary hormones, **63**:426, 427
  growth hormone, **63**:409, 428
  prolactin receptor, **63**:396
in PNH patients, **60**:92
risk in rheumatoid arthritis patient, **64**:329–330
SCID and, **49**:397
surface antigens of human leukocytes and, **49**:92, 114, 117–118
T cell, *see* T cell leukemia
Leukemia inhibitory factor, **54**:15–16, 24–25; **61**:151; **64**:256; **66**:147–148
  and blastocyst regulation, **53**:34
  in cachexia, **53**:37–38
  in development, **53**:33–37
  effects on mouse embryonic stem cells, **53**:33–34
  in hematopoiesis, **53**:35–36
  human, amino acid sequence, **53**:40
  and IL-6, **53**:44–47
  immobilized form, **53**:34
  in inflammation, **53**:37–38
  LIF knockout mouse, **53**:48–49
  local action of, **53**:49
  matrix-associated form, **53**:34
  molecular cloning, **53**:31–32
  pleiotropic nature of, **53**:44
  polyfunctionality in vitro, **53**:32–33
  pseudonyms for, **53**:32–33
  purification, **53**:31–32
  sepsis and, **66**:104, 148
  soluble form, **53**:34
  as stem cell factor, **53**:35
Leukemia inhibitory factor receptor
  alternatively spliced versions (murine), **53**:39
  cloned, **53**:38–39
  cytoplasmic domain, **53**:39–40
  extracellular domain, **53**:39
  genes, chromosome locations, **53**:39
  high affinity
    characterization, **53**:38
    and CNTF receptor, **53**:43–44, 46
    oncostatin M binding, **53**:41–43
  human, **53**:38–39
  low affinity, **53**:38
  transfected, **53**:41
  types, **53**:38
Leukemia inhibitory factor receptor β, **61**:151
Leukemia virus, cytotoxic T cells and, **38**:173, 174
Leukemic cell lines, **42**:168, 169, 172, 175
Leukemic cells
  cell typing, **48**:117
  depletion, **58**:272–275
Leukocyte adhesion deficiency, types I and II, **64**:193
Leukocyte adhesion deficiency disease, **46**:151, 173–176
  inflammation, **46**:161, 162, 165, 168
  ligand molecules, **46**:170
Leukocyte adhesion molecules, endothelial, *see* Endothelial leukocyte adhesion molecules
Leukocyte common antigen, antigen-presenting cells and, **47**:60, 61
Leukocyte elastase, *see* Neutrophil elastase
Leukocyte–endothelial cell recognition, models, **58**:381–389
Leukocyte function antigen, *see* LFA

Leukocyte integrins, **46**:149–153, *see also* Integrins
  chromosomal localization, **46**:159, 160
  future research, **46**:176, 177
  inflammation, **46**:160, 161
    adhesion deficiency, **46**:161
    animal models, **46**:165
    expression, **46**:166–169
    function, **46**:161–164
    functional redundancy, **46**:164, 165
    mAbs, **46**:165, 166
    leukocyte adhesion deficiency disease, **46**:173–176
  ligand molecules, **46**:169–173
  structure, **46**:153, 154
    biosynthesis, **46**:154
    ligand binding, **46**:158, 159
    primary, **46**:154–158
Leukocytes
  adhesion to endothelial cells, **58**:376–378, 381–389
  antigen-presenting cells and, **47**:76
    APC-T cell binding, **47**:97
    cell surface, **47**:61, 63
    tissue distribution, **47**:48, 51, 53
  B cell formation and, **41**:192, 194, 198, 229
  cachectin and, **42**:222
  CD5 B cell and, **47**:145
  as cellular source of chemokines, **55**:105–107
  cytotoxicity and, **41**:270, 312
  growth hormone, **63**:386–388
  helper T cell cytokines and, **46**:117
  HIV infection and, **47**:400
  hybrid resistance and, **41**:349, 350, 356
  IFNs, **62**:61
  IGF-I, **63**:389–391
  interaction with complement in acute injury states, **56**:274–277
  lymphocyte homing and
    carbohydrate, **44**:369
    molecules, **44**:342, 350
    regional specificity, **44**:339, 341
  migration, **58**:345–351
  NK cells and, **47**:188, 189, 295
    effecter mechanisms, **47**:243, 263
    genetic control, **47**:222
    surface phenotype, **47**:201, 208
  perforin expression, **51**:222–223
  prolactin, **63**:382–384, 383
  recruitment during inflammation, **58**:394–395
  SCID and, **49**:383–384, 398
  spontaneous autoimmune thyroiditis and, **47**:492
  surface antigens, *see* HLA
  T cell subsets and, **41**:108
  and transendothelial migration, **58**:388–389
Leukopenia, hybrid resistance and, **41**:388
Leukophoresis, donor lymphocytes and, **38**:284
Leukoregulin, cytolysis and, **41**:286
Leukotriene A_4
  5-HPETE conversion to, **39**:150–151
  LTC_4 formation from, **39**:151–152
Leukotriene A_4 hydrolase, **39**:152
Leukotriene antagonists and inhibitors, **51**:346–347
Leukotriene B_4, **62**:269
  attracting myeloid cells, **58**:381
  biological effects, **39**:156–157
    receptor-mediated, **39**:158
  CD23 antigen and, **49**:154, 159, 161
  corticosteroids and, **42**:316, 318–319
  eosinophil receptors for, **60**:185–186
  eosinophil response to, **60**:174–176
  IBD and, **42**:314–315
  immunoreactive, dietary fish oil and, **39**:164
  inactivation by EPO, **39**:202–203
  neutrophil activation by, **39**:135
  produced by neutrophils, **60**:189
Leukotriene B_4 20-hydroxylase, **39**:152
Leukotriene B_4 receptors, neutrophil
  characteristics, **39**:96–98
  heterogeneity, **39**:99
Leukotriene B_5
  biological effects, **39**:161–162
  EPA conversion to, **39**:160–161
Leukotriene C_4
  5-HPETE conversion to, **39**:151–152
  biological effects, **39**:154–156
    receptor-mediated, **39**:157–158
  bronchial asthma and, **39**:223
  and eosinophil antihelminthic activity, **60**:212–214
  inactivation by EPO, **39**:202–203
  LTD_4 formation from, **39**:152–153
Leukotriene C_4 synthetase, **39**:151–152

Leukotriene C_5
  biological effects, **39**:162
  EPA conversion to, **39**:160–161
Leukotriene D_4
  biological effects, **39**:154–156
    receptor-mediated, **39**:157–158
  inactivation by EPO, **39**:202–203
  LTC_4 conversion to, **39**:152–153
Leukotriene E, IBD and, **42**:315
Leukotriene E_4, biological effects, **39**:154–155
  receptor-mediated, **39**:157–158
Leukotrienes, **51**:341–347
  arachidonic acid conversion to, **39**: 147–149
    5-lipoxygenase and, **39**:147–150
    cell specificity, **39**:153
  biological activities, **51**:343
  EPA-derived
    5-lipoxygenase pathway, **39**:160–161
    biological properties, **39**:161–162
    in human neutrophils, dietary EPA and, **39**:166
    in asthmatic subjects, **39**:166–167
  hybrid resistance and, **41**:360
  IBD and, **42**:310–315
  immediate hypersensitivity and, **39**:218
  leukotriene antagonists and inhibitors, **51**:346–347
  leukotrienes and airway hyperresponsiveness, **51**:344–346
  metabolism
    5-HPETE dehydration to LTA_4, **39**:150–151
    γ-glutamyl transpeptidase and, **39**:152–153
    LTA_4 hydrolase and, **39**:152
    LTB_4 20-hydroxylase and, **39**:152
    LTC_4 synthetase and, **39**:151–152
  as neutrophil activators, **39**:135–136
  potency, **51**:343
  production by
    eosinophils, **39**:204
    marine mastocytoma, dietary EPA and, **39**:162
    rat peritoneal cavity
      EPA-enriched diet and, **39**:163
      fish oil-enriched diet and, **39**: 162–163
  release of leukotrienes in asthma, **51**:346

sulfidopeptide
  binding sites for, **39**:157–158
  biological effects, **39**:154–156
  synthesis and metabolism, **51**:341–343
Leupeptin
  synthetic T and B cell sites and, **45**:223
  T cell receptor and, **45**:124
LFA
  CTL and, **41**:136, 139, 150–152, 154
  cytotoxicity and, **41**:271, 272
  IL-1 and, **44**:166
LFA-1, **48**:247; **54**:309–310
  activation by chemokine, **58**:381
  affinity of ICAM-1 and ICAM-2, **58**:373–374
  B cell formation and, **41**:194
  CD23 antigen and, **49**:161
  conformational effects, **64**:169–170
  humoral immune response and, **45**:39, 41, 43, 45, 51, 52, 54
  IFN-γ and, **62**:78, 81
  integrins, **58**:369–370
  interaction with ICAM-1 in negative selection, **58**:172
  leukocyte integrins and, **46**:149–153
    inflammation, **46**:160–164, 166–169
    leukocyte adhesion deficiency disease, **46**:173, 174
    ligand molecules, **46**:169–172
    structure, **46**:153, 154, 156, 158
  lymphocyte–HEV interactions and, **65**:352, 358, 368, 370
  lymphocyte homing and, **44**:350, 351, 361; **64**:146, 155, 157
  multiple myeloma and, **64**:247
  surface antigens of human leukocytes and, **49**:86, 88, 92
LFA-2/CD2 and LFA-3/CD58, **52**:361
LFA-3, **48**:236; **64**:160
  CD23 antigen and, **49**:161
  surface antigens of human leukocytes and, **49**:87
LH, *see* Luteinizing hormone
LIF, *see* Leukemia inhibitory factor
Life expectancy, and autoimmune manifestations, effect of IL-2.VV, **50**:195–296
Life span
  of immunological memory, **53**:218–219
  intermitotic, of B and T cells, **53**:237–241

Li–Fraumeni syndrome, and mutant p53 allele, **58**:66–67
Ligand binding
 association with hematopoietic cell phosphatase, **60**:26
 cellular consequences, **60**:1–2
 induced receptor aggregation, **60**:8
Ligand blotting, for LPS receptor identification, **53**:279–280
Ligand–receptor interactions, **38**:363; **51**:148
 T cell activation and, **41**:1, 26
Ligand recognition, and CD44, **54**:271–272
Ligands
 antigen-presenting cells and, 0; **47**:64, 65, 68, 87
  antigen processing, **47**:88, 89, 92
  cell surface, **47**:61
  T cells, **47**:94–96, 101
 aPL antibodies and, **49**:228–231
 CD4 and CD8 molecules and, **44**:267, 282, 298, 300, 302
 CD5 B cell and, **47**:146
 CD23 antigen and, **49**:158, 165, 167
 complement receptor 1 and, **46**:183, 192–196, 199, 200
 complement receptor 2 and, **46**:205, 211
 CTL and, **41**:168, 169
  carbohydrate moieties, **41**:154
  exon shuffling, **41**:139, 142, 147
  HLA class I antigens, **41**:149–152
  mAbs, **41**:158
 cytotoxicity and, **41**:307
 HIV infection and, **47**:391
 Ig gene superfamily and evolution, **44**:43, 44
 IL-1 and, **44**:180, 181, 184, 185
 immunosenescence and, **46**:224
 Ir genes and, **38**:105, 173
 leukocyte integrins and, **46**:150, 153, 169–173, 176, 177
  inflammation, **46**:163, 167
  structure, **46**:156, 158, 159
 lymphocyte homing and, **44**:314
  carbohydrate, **44**:355, 360, 362–371
  high endothelial venules, **44**:319–322
  molecules, **44**:344, 349, 350, 352, 353
  regional specificity, **44**:323, 324, 326, 335, 336, 340
 murine lupus models and, **46**:94
 NK cells and, **47**:221, 247, 265

 nonimmune receptor members, **44**:32, 33, 35, 39
 phagocytosis and, **38**:367–369, 371
 positive selection, **58**:160–164; **59**:122–128
 preB cell receptors, **63**:25–26
 and receptors, in positive selection, **51**:178–180
 SCID and, **49**:385
 specificity, **38**:381, 385
 surface antigens of human leukocytes and, **49**:113, 115, 117
  adhesion molecules, **49**:81, 86–87
  antigen-specific receptors, **49**:76
  Igs, **49**:89
  receptors, **49**:99, 101, 111
 T cell activation and, **41**:30
  cell surface molecules, **41**:2, 7, 8, 10–13
  gene regulation, **41**:28, 30
  receptor-mediated signal transduction, **41**:20, 22
  synergy, **41**:17
 T cell development and
  antigen recognition, **44**:213, 214
  cellular selection within thymus, **44**:245, 246
  thymocyte subpopulation, **44**:228, 229
 T cell subsets and, **41**:40, 50–53
 TCR, inducing deletion of thymocytes, **58**:170–171
Light chain, *see also* κ light chain; λ light chain
 B cell development, **63**:1–2
 genes, **48**:41–64; **63**:4
  diversity, **48**:41
  gene conversion, **48**:41–42
  hypermutations, **60**:277–278
  independent genes, **48**:41
  joining events, **48**:41
 surrogate
  B cell development, **63**:1–31
  expression, **63**:5–20
  genes, **63**:4–5
  transduction in complex, **63**:25–29
  variable region gene expression, **42**:3–5
Light microscopy, antigen-presenting cells and, **47**:51, 52
LIM domain, oncogenes by translocation, transcriptional disruption of, **50**:130–131

Limiting dilution analysis
  NK clones and, **42**:182–184
  SCID and, **49**:394, 400
Limnea, maternally transmitted antigen and, **38**:322
Lineage fidelity, B cell formation and, **41**:195
Lineage-related markers, differential expression during development (murine B cells), **53**:125–127
Linear tracking, Ig heavy-chain variable region genes and, **49**:33, 38
Linkage disequilibrium phenomenon
  DQ, **48**:136–137
  DR, **48**:136–137
Linked substitution, Ig heavy-chain variable region genes and, **49**:9, 14
Linomide
  autoimmune side effects, **58**:278–279
  reduction of DNA fragmentation, **58**:263–265
LIP, **65**:2
Lipid
  antigen-presenting cells and, **47**:65
  aPL antibodies and, **49**:252, 256–257, 259
    affinity purification, **49**:228–230
    antibody subsets, **49**:232
    biochemistry, **49**:195, 197
    clinical aspects, **49**:205
    specificity, **49**:234, 238–240, 243, 246–248
  B cell formation and, **41**:197, 213
  cell-mediated killing and, **41**:290, 291, 312, 313, 294–296
  complement receptor 2 and, **46**:210
  CTL and, **41**:169
  cytolysis and, **41**:275, 278–280
  helper T cell cytokines and, **46**:114
  HIV infection and, **47**:387
  IL-8 bioactivation in neutrophils, **55**:114
  leukocyte integrins and, **46**:170
  membrane attack complex of complement and, **41**:299–303, 305, 306
  NK cells and, **47**:217
  pore formers, **41**:315, 317, 318
  spontaneous autoimmune thyroiditis and, **47**:439, 491
  T cell receptor and, **45**:120, 124
Lipid A
  antagonists, **53**:272–274
  binding proteins, **53**:274–281

chemical structure, **53**:270
from enterobacteria, **53**:269
from nonenterobacteria, **53**:269–270
receptor identification, **53**:274–281
recognition by receptor-mediated mechanisms, **53**:271–272
structure, **53**:269
structure-function relationships, **53**:272–274
Lipid bodies, eosinophil, characterization, **60**:155–156
Lipid IVa
  32P-labeled, for lipid A binding site characterization, **53**:278–279
  recognition by scavenger receptor, **53**:280
Lipid mediators, eosinophil-derived, **60**:188–191
Lipoarabinomannan, **59**:85, 90; **65**:26
Lipocortin, IgE biosynthesis and, **47**:24, 25, 38
Lipodystrophy, partial, **61**:245
Lipomodulin, **42**:312
  IBD and, **42**:316, 318–319
Lipopolysaccharide, **54**:373–374; **65**:27
  adoptive T cell therapy of tumors and, **49**:307–310, 314
  antigen-presenting cells and, **47**:68, 70, 76, 80
    antigen processing, **47**:89, 90, 92
    cell surface, **47**:57, 59, 61–63
    immunogenicity, **47**:104
    tissue distribution, **47**:49
  aPL antibodies and, **49**:211
  autoimmune thyroiditis and
    cellular immune responses, **46**:294
    experimental models, **46**:276, 277, 279
    genetic control, **46**:286
    prevention, **46**:310, 311
  autoreactive T cells and, **45**:428
  bacterial, structure, **53**:268–271
  B cell activation
    antigen presentation and, **39**:67, 69
    radiosensitivity and, **39**:71
  B cell formation and, **41**:196, 200, 221, 222, 231
  cachectin and, **42**:215, 218, 220, 223
  CD5 B cell and, **47**:159
    anatomic localization, **47**:121

Lipopolysaccharide (*continued*)
    marker for activation, **47**:126
    physiology, **47**:133–135, 142, 143
    CD23 antigen and, **49**:150–151
    cellular recognition, role of LBP/CD4
        pathway, **53**:281–286
    complement receptor 2 and, **46**:205
    enhancement of iNOS, **60**:333–337
    helper T cell cytokines and, **46**:116, 119, 121
    hepatotoxicity, **60**:347
    heterodimeric receptor models, **53**:285–286
    HIV infection and, **47**:402
    humoral immune response and
        helper T cells, **45**:27, 33, 34
        interleukins, **45**:63, 64, 66, 68, 70
        physical interaction, **45**:44, 46, 53
    IgE biosynthesis and, **47**:6, 8, 9, 11
    immunosenescence and, **46**:223, 234, 242
    leukocyte integrins and, **46**:171
    lipid A
        antagonists, **53**:272–274
        binding proteins, **53**:274–281
        chemical structure, **53**:270
        from enterobacteria, **53**:269
        from nonenterobacteria, **53**:269–270
        receptor identification, **53**:274–281
        recognition by receptor-mediated
            mechanisms, **53**:271–272
        structure, **53**:269
        structure-function relationships, **53**:272–274
    murine lupus models and, **46**:63, 72
    NK cells and, **47**:289
    pore-forming protein and, **41**:313
    regulators of complement activation and, **45**:397
    SCID and, **49**:384
    spontaneous autoimmune thyroiditis and, **47**:474
    stimulated splenic B cells, IL-4 effects, **54**:247–248
    treatment with, **50**:65
    virus-induced immunosuppression and, **45**:357
Lipopolysaccharide-binding protein, in LPS-
    induced macrophage stimulation, **53**:281–286
Lipopolysaccharide–cytokine score, **66**:134

Lipoprotein, aPL antibodies and, **49**:213, 256
Lipoprotein lipase
    aPL antibodies and, **49**:257
    cachectin and, **42**:214–216
Liposomes
    aPL antibodies and affinity purification, **49**:228–230
        LA antibodies, **49**:242, 244–246
        specificity, **49**:234–236, 239, 250
    CTL and, **41**:154
    cytotoxicity and
        cytolytic proteins, **41**:319
        membrane attack complex of
            complement, **41**:300, 302, 305, 309
        pore-forming proteins, **41**:312, 313
    with Ia from normal and lymphoma B
        cells, antigen-presenting capacity, **39**:76–77
Lipoxygenase
    action of, **65**:122
    products, IBD and, **42**:313–314
5-Lipoxygenase
    activation by
        calcium ionophore A23187, **39**:154
        FMLP, **39**:154
    leukotriene biosynthesis and, **39**:147–151, 153, 160–161
    5-HPETE dehydration to LTA_4, **39**:150–151
    properties, **39**:150–151
Listeria monocytogenes, **54**:207; **59**:398
    and IFN-γ-secreting IEL, **58**:329
Liver
    acute phase protein synthesis, **54**:25
    antinuclear antibodies and, **44**:110, 123, 125, 129, 130
    B cell formation and, **41**:181, 182, 224, 225
    B cell precursors, **41**:191, 193
    bone marrow cultures, **41**:216
    Ig genes, **41**:204
    lymphohemopoietic tissue organization, **41**:187
    population dynamics, **41**:207
    CD1 protein distribution, **59**:73
    CD5 B cell and, **47**:141, 158
    complement components and
        cDNA, **38**:234
        Factor B synthesis, **38**:217
        mRNA, **38**:226
    complement receptor 1 and, **46**:198

complement receptor 2 and, **46**:204
CTL and, **41**:149
hybrid resistance and, **41**:335, 351, 356, 363, 366, 373, 386
Ig gene superfamily and, **44**:37
IL-1 and, **44**:166, 168, 178, 189
lymphocyte homing and, **44**:328
lymphocyte homing to, **64**:178–179
NK cells and, **47**:283, 296, 297
   genetic control, **47**:222
   hematopoiesis, **47**:276
   tissue distribution, **47**:220, 221
protein synthesis
   cachectin and, **42**:225
   IL-1 and, **44**:165, 166
regulators of complement activation and, **45**:410
   protein expression, **45**:397, 399
   protein interactions, **45**:384
   protein roles, **45**:388, 389
SCID and, **49**:392–393, 401
sporozoite malaria vaccine and, **45**:319
   antibodies, **45**:301
     CS proteins, **45**:300
     CS-specific T cells, **45**:312
     immunity, **45**:287, 289, 290
     interferon-γ, **45**:301–306
     Plasmodium vivax, **45**:317
synthetic T and B cell sites and, **45**:228
T cell receptor and, **45**:129
T cell subsets and, **41**:67, 69
T lymphopoiesis in, **53**:169–171
Liver cell grafts, hybrid resistance and, **41**:333
Liver diseases, aPL antibodies and, **49**:250
Liver-enriched transcriptional activator protein, **65**:2
Liver inhibitory protein, **65**:2
L-IVS regions, V_H gene segments and, **42**:116, 117–119
LM34 antibody, **63**:14–15
LMP1-associated protein 1, **61**:29
LMP-2, **64**:12, 14, 106, 107
LMP-2, **64**:12, 14, 19–20, 106
LMP-7, **64**:12, 14, 106, 107
LMP-7, **64**:12, 14, 19–20, 106
LMP-9, **64**:106
LMP-10, **64**:107
LMP-10, **64**:106
LMP-17, **64**:106

LMP-19, **64**:106
LNGFR, *see* Low-affinity nerve growth factor receptor
Lock-and-key fit, **43**:78
Loefflers syndrome, in pulmonary eosinophilia, **60**:226
Long homologous repeat
   complement receptor 1 and, **46**:185, 187–189, 191, 194–196
   complement receptor 2 and, **46**:203
Long terminal repeat enhancer, viral infection and, **65**:9–10
Long terminal repeats
   HIV-1, **58**:14–17
   HIV infection and
     etiological agent, **47**:380, 382, 385
     immunopathogenic mechanism, **47**:399–402
   spontaneous autoimmune thyroiditis and, **47**:464
Long-term nonprogressors, HIV, **65**:298–300
Low-affinity nerve growth factor receptor, **61**:1, 2, 7
Low-density lipoprotein
   antigen-presenting cells and, **47**:89
   B cell formation and, **41**:212, 213
   cytotoxicity and, **41**:295, 307, 309
   regulators of complement activation and, **45**:402
Lower respiratory tract, pulmonary immunity regulation and, **59**:372–373
Low-molecular-weight B cell growth factor, CD23 antigen and, **49**:160, 169
Low-molecular-weight kininogen, **66**:233
LPAM-1, **65**:359
LPL, cachectin and, **42**:214–216
lpr mouse, Fas gene mutation in, **57**:132–133
lpr phenomenon, and IL-2, **50**:202
LPS, *see* Lipopolysaccharide
LR1, binding site, **61**:120
L-Selectin, **54**:310; **59**:384; **62**:257–258; **64**:144–145, 173; **65**:352, 354, 367
   activation and signaling via, **65**:357
   downregulation, **64**:172
   genetic studies, **64**:194
   lymphocyte–HEV interaction, **65**:355, 357, 358, 361
   in PLNs, **64**:174
   properties, **64**:146
   as pro-T cell homing molecule, **58**:393

L-Selectin (continued)
　regulation of, **65**:356–357
　shedding, **64**:170
　shedding of, **65**:356
　soluble form, **64**:171
　structure and function of, **65**:354–356
　sugar structure of, **65**:363–365
　T cells positive and negative for, **58**:390–391
　upregulation, **64**:165
　widespread distribution on leukocytes, **58**:353–354
LT-β, **61**:22, 23, 24
Ltk, **59**:169
Lung
　Cryptococcus neoformans clearance, **59**:403
　expansion of resident γδ T cells, **58**:321
　genetically engineered antibody molecules and, **44**:68, 87
　hybrid resistance and, **41**:356, 366, 373
　Ig gene superfamily and, **44**:39
　inflammation, *see* Pulmonary inflammation
　invariant γδ T cell receptors of murine IEL, **58**:303–304
　lymphocyte homing, **64**:178–179
　　carbohydrate, **44**:363
　　regional specificity, **44**:328–330, 334, 336–338
　lymphocyte occurrence, **58**:299
　mast cells, IL-4 storage by, **53**:15
　pulmonary immunity, **59**:369–427
　sensitized guinea pig, hypersensitivity, dietary fish oil and, **39**:164–165
　structure, **59**:370–373
　　BALT, **59**:385–387
　　dendritic cells, **59**:376–381
　　lymphocytes, **59**:381–385
　　macrophages, **59**:373–376
　transplantation, **59**:420–426
　　graft-versus-host disease, **59**:420–426
Lung-associated lymph nodes, **59**:372, 376, 379, 381, 388–389, 391
Lung cancer, etiology, stem cell factor role, **55**:77–78
Lung disease
　chemokine role, **55**:144–146
　graft-versus-host disease, **59**:420–426
　hypersensitivity diseases, **59**:387, 412–420
　IL-1ra effects, **54**:215–216
　IL-8 role, **55**:144–146

immunity, **58**:328–329
pneumonia, **59**:379, 383, 395–408
Lupus, *see* Systemic lupus erythematosus
Lupus anticoagulant, aPL antibodies and, **49**:193, 258–259
　affinity purification, **49**:229–231
　antibody subsets, **49**:231–233
　clinical aspects, **49**:200–210, 212, 221, 224
　history, **49**:198–199
　isotype, **49**:227
　pathogenic potential, **49**:253–256
　specificity, **49**:234, 239–248, 251–252
　syndromes, **49**:215–218
Lupus mouse, *see also* Systemic lupus erythematosus, murine
　cellular abnormalities
　　defects in tolerance, **37**:330–332
　　functional abnormalities of B cells, T cells, macrophages and related interleukins, **37**:308–330
　　surface characteristics and numerical abnormalities of T and B cells, **37**:303–308
　　thymic defects, **37**:332–336
　　transfer of autoimmune disease, **37**:301–303
　derivation of, **37**:271–273
　inbred strains, **50**:193
　natural history and pathology of, **37**:273–274
　　morphologic manifestations, **37**:276–284
　　serologic manifestations, **37**:284–300
　　survival and body weight, **37**:274–276
Luteinizing hormone
　synthetic T and B cell sites and, **45**:259
　thymic factor-induced release, **39**:315
L-VAP-2, and VAP-1, **58**:377–378
Ly1 B cell, **42**:64–65
　splenic B cell and, **42**:68
　subpopulation, **42**:82–83
Ly1 lineage, CD23 antigen and, **49**:150–151
Ly-6, **48**:240–241
Lymphadenopathy
　and autoimmune symptoms in MRL/Mp-lpr/lpr mice, amelioration, **50**:199
　cardinal feature of HIV-related, **51**:277
　murine lupus models and, **46**:63
Lymph follicles
　B cell populations, **53**:186–187
　zonal organization, **53**:185–186

Lymph node cells
  ESP production, **39**:214
  IgE biosynthesis and
    antibody response, **47**:3–5
    binding factors, **47**:12, 14, 16, 17
Lymph nodes
  adoptive T cell therapy of tumors and, **49**:284, 331
  antigen-presenting cells and, **47**:65, 71–73, 76
    immunogenicity, **47**:102
    T cells, **47**:85, 94
    tissue distribution, **47**:50–52, 54, 55
  autoimmune demyelinating disease and, **49**:358–359, 364, 372
  autoimmune thyroiditis and, **46**:280, 296
  autoreactive T cells and, **45**:419
  B cell formation and, **41**:191, 223
  CD4 molecules and, **44**:288
  CD8 molecules and, **44**:271
  complement receptor 2 and, **46**:204, 209
  forbidden α/β T cells, **53**:166
  helper T cell cytokines and, **46**:129, 137, 138
  high endothelial venules, **65**:373–377
  HIV infection and, **47**:410
  humoral immune response and
    antigens, **45**:23, 24
    cellular interactions *in vivo*, **45**:79, 81
    physical interaction, **45**:54
  hybrid resistance and, **41**:359, 384, 393
    bone marrow cells, **41**:337, 338
    lymphoid cells, **41**:352, 353, 355, 356
    NK cells, **41**:372
  IL-1 and, **44**:194
  immunosenescence and, **46**:236, 245, 250, 251
  lymphocyte homing and
    carbohydrate, **44**:363, 365
    high endothelial venules, **44**:315, 317, 318, 321
    mesenteric, *see* Mesenteric lymph nodes
    molecules, **44**:344
    mucosal immune system, **44**:328, 329
    peripheral, *see* Peripheral lymph nodes
    regional specificity, **44**:322, 323, 325, 331, 336, 337
  murine lupus models and, **46**:95, 96, 98
  NK cells and, **47**:211, 219, 220, 228, 298
  peripheral, *see* Peripheral lymph nodes
  prolactin, **63**:382–383
  repopulation, immune reconstitution and, **40**:411–412
  reticular conduit system, **65**:375
  sporozoite malaria vaccine and, **45**:305
  T cell development and, **44**:243, 244
  T cell populations, **53**:161–163
  T cell receptor and, **45**:134
  T cells, **41**:381
  T cell subsets and
    H-2 alloantigen recognition, **41**:78, 92
    H-2 molecules in thymus, **41**:99
    H-2-restricted antigen recognition, **41**:67–71
  virus-induced immunosuppression and, **45**:350, 353, 354, 360
Lymphoblast foci, PALS-associated, **60**:270–271
Lymphoblastoid cells
  complement receptor 1 and, **46**:194
  complement receptor 2 and, **46**:201–204, 207, 209, 210, 213
  human B cell neoplasia and, **38**:254, 257
  c-*myc* activation, **38**:260, 261, 263
  IM-9, SP receptor recovery from, **39**:313
  leukocyte integrins and, **46**:172
Lymphoblasts, *see also* B lymphoblasts; T lymphoblasts
  antigen-presenting cells and, **47**:94, 96, 103
  B cell hybridomas, **38**:282
  CTL and, **41**:139
  Epstein-Barr virus-transformed, **38**:280
  germinal center, **53**:186
  human-human hybridomas, **38**:293
  leukocyte integrins and, **46**:162
  lymphocyte homing and, **44**:314
    high endothelial venules, **44**:317
    regional specificity, **44**:322–324, 328, 330
  NK cells and, **47**:231
  spontaneous autoimmune thyroiditis and, **47**:469
Lymphochoriomeningitis virus, *see* Lymphocytic choriomeningitis virus
Lymphocyte activating determinants, **38**:88
Lymphocyte-activating factor, IL-1 and, **44**:154, 172, 173, 189
Lymphocyte function-associated antigen, *see* LFA

Lymphocyte homing, **44**:313, 314; **64**:139–140, 173–174, 198
  carbohydrate
    cell adhesion, **44**:353–355
    homing receptors, **44**:369, 370
    inhibition, **44**:355–357
    ligands, **44**:363–371
    PPME-binding receptor, **44**:357–363
  CD44 role *in vivo*, **54**:298–299
  expression of CD44 on hematopoietic cells, **54**:291–296
  and hematopoiesis
    inhibition *in vitro* by CD44-specific antibodies, **54**:299–300
    physiological experiments implying role for CD44, **54**:296–302
  hermes antigen mediating PLN adhesion, **54**:296–298
  high endothelial venules
    HEV-associated molecules, **44**:352, 353
    interaction, **44**:318–322
    lymphocyte associated molecules, **44**:342–352
    structure, **44**:315–318
  inflammation and, **64**:188–193, 195–197
  liver and lung, **64**:178–179
  migration, role of CD44 *in vivo*, **54**:298–299
  mucosa, **64**:175–177
  PLN, **64**:174–175
  regional specificity
    blast cell migration, **44**:322, 323
    breast, **44**:326, 327
    immune response, **44**:330–336
    inflammation, **44**:339–341
    mucosal immune system, **44**:327–330
    regulation, **44**:336–339
    selective homing model, **44**:323–326
  regulation, **64**:173–188
  signaling through CD44-ligand interactions, **54**:300–302
  thymocyte progenitors, migration inhibition, **54**:299
  thymus and bone marrow, **64**:177
Lymphocyte hybridomas
  cell lines for, **38**:279–282
  fusion, **38**:286, 287
  mAbs, **38**:275–277
Lymphocyte receptors, **62**:41–44
  neuromediator, **48**:179–184

Lymphocytes, **51**:339–340
  adhesion, **66**:15–17
  adhesion deficiencies, **64**:193–195
  adhesion molecules
    multistep adhesion cascade, **64**:181–184
    regulation, **64**:139–140, 146, 147, 163–173
  anatomic compartments colonized by, **53**:159
  antiadhesion and proadhesion therapy, **64**:195–197, 198–199
  antigen-presenting cells and, **47**:65, 91, 95, 105
  antinuclear antibodies and
    autoimmune resopns, **44**:132
    scleroderma, **44**:120
    SLE, **44**:95, 102, 107, 108
  aPL antibodies and, **49**:239, 249
  autoimmune demyelinating disease and, **49**:368–369
  autoimmune thyroiditis and, **46**:263, 318
    antigens, **46**:269
    cellular immune responses, **46**:287–289, 293, 294, 296–298
    experimental models, **46**:273, 274, 276, 278, 279, 281, 282
    genetic control, **46**:285, 286
    humoral responses, **46**:299–301, 303, 306
    prevention, **46**:310, 312, 315
  B, *see* B cells
  biology, LIF role, **53**:36
  CD4 and CD8 molecules and, **44**:265, 288
  CD5 B cell and, **47**:117, 118, 149, 150, 153, 157, 161
    bone marrow transplantation, **47**:130
    lineage, **47**:128, 129
    malignancies, **47**:123
    marker for activation, **47**:125, 126
    ontogeny, **47**:121, 122
    physiology, **47**:135, 137–139
    surface antigen, **47**:143–145
  CD23 antigen and, **49**:164, 173, 175
  CD45 and, **66**:4, 5–31
    B cells, **66**:12–15, 36–37
    lymphocyte adhesion, **66**:15–17
    monoclonal antibody studies, **66**:1, 3, 5–17
    T cells, **66**:6–12, 32–36

chemotaxis effects of
    opioid peptides, **39**:307–308
    SP, **39**:308
circulating, abnormalities in IL-2 and IL-2R expression and responsiveness, **50**:186–187
circulating, functions of, **53**:201–203
compartments
    generation
        by different lineages, **53**:188–189
        by local selection, **53**:192–199
        by selective migration and extravasation, **53**:189–192
    site-dependent tolerance, **53**:201–203
    specialized functions of, **53**:199–201
complement-mediated cytotoxicity and, *see* Cytotoxicity, lymphocyte and complement-mediated
complement receptor 1 and, **46**:190, 191, 193, 198–201
complement receptor 2 and, **46**:203, 205, 207, 209, 210, 213
CRF production, **39**:316
cytokines produced, **48**:71
cytotoxic T, *see* Cytotoxic T cells
deficient development, **55**:393–394
    epithelium, intestinal, **55**:395–396
    lymphoid organs, **55**:394
    models, instructive, **55**:398–399
    models, selective, **55**:398–399
    thymus, **55**:394
development
    CD44 involvement, **54**:271
    self-tolerance checkpoints, **59**:279–344
β-endorphin receptors, **39**:312
endothelial cell interactions, **64**:140–143, 163, 185–186
    model, **64**:182
function, neuroendocrine mediator, **48**:177–179
gene function
    Bcl-2 and Bcl-x, **62**:43, 53
    cis-regulatory elements, **62**:42–43, 49–52
    perforin, **62**:43, 52–53
    signal transduction, **62**:42, 44–47
    TdT, **62**:43, 52
    transcription, **62**:42, 47–49
genetically engineered antibody molecules and, **44**:76
helper T, *see* T helper cells

helper T cell cytokines and, **46**:123, 124
hemopoietic regulators produced, **48**:71
hepatocyte growth factor effects, **58**:379–380
HIV, and programmed cell death, **58**:214
HIV infection and
    immune response, **47**:410, 411
    immunopathogenic mechanism, **47**:390, 392, 393, 397, 398, 400
homing, *see* Lymphocyte homing
homing receptors, **62**:257; **64**:143, 146, 147
    CD40, **64**:163
    CD73, **64**:162–163
    chemoattractants, **64**:152–154
    Ig superfamily, **64**:147, 157–160
    integrins, **64**:146, 154–157
    MEL-14, **64**:142–143
    multiple myeloma, **64**:246
    proteoglycans, **64**:146, 160–161
    selectins, **64**:144–145, 146, 147, 148–152
    sialomucins, **64**:144, 146, 147, 148–152
    vascular adhesion protein, **64**:161–1662
hybrid resistance and
    antigen expression, **41**:400
    bone marrow cells, **41**:348, 350
    leukemia/lymphoma cells, **41**:361, 364
    lymphoid cells, **41**:353, 355–357
    marrow, **41**:387, 390
    T cells, **41**:380
IBD and, **42**:295–296, 297, 321, *see also* Peripheral blood lymphocytes
    antibodies and, **42**:291
    Crohn's disease and, **42**:297
IFN-γ and, **62**:86–87
IgE biosynthesis and
    antibody response, **47**:3–8, 11
    antibody response suppression, **47**:33, 38
    binding factors, **47**:13, 14, 19–22, 24, 25
IL-1, **44**:153
    biological effects, **44**:166
    human disease, **44**:192
    immunocompetent cells, **44**:173
    receptor, **44**:181
    structure, **44**:155
    TNF, **44**:185, 186
IL-8 effects on, **55**:118–119
immune responses, neuropeptides and, **39**:309–311
immunosenescence and, **46**:221, 253
    activation, **46**:221–234

Lymphocytes (continued)
  mucosal immunity, **46**:251, 252
  regulatory changes, **46**:249
  stem cells, **46**:240, 246, 247
  subsets, **46**:236–240
 interaction with IgA, **40**:171
 intraepithelial, see Intraepithelial lymphocytes
 Ir genes and, **38**:37, 56, 62
  H-Y antigen, **38**:177
  macrophages, **38**:113
  positive T cell selection, **38**:130
  T cell suppression, **38**:147
 lamina propria, immunosenescence and, **46**:237
 leukocyte integrins and, **46**:149, 151
  inflammation, **46**:162–164, 169
  leukocyte adhesion deficiency disease, **46**:173
  ligand molecules, **46**:170–172
 mAbs and, **38**:276
  Epstein-Barr virus, **38**:277
  fusion, **38**:282–286
  human-human hybridomas, **38**:293, 294, 296–298
  human-mouse heterohybridomas, **38**:301
  human-murine hybridomas, **38**:290–292
 maps of Ig-like loci and, **46**:1
 mediated cytolysis, perforin role
  expression, **51**:219–224
   in human leukocyte, **51**:222–223
   regulation of, **51**:223–224
  perspectives, **51**:232–233
  role of in cytolysis, **51**:215–216, 224–232
   perforin-independent mechanisms, **51**:231–232
   verification by genetic approach, **51**:227–231
   verification in cell lines, **51**:224–227
  structure of, **51**:216–219
 memory and effector, **58**:347–350
 migration
  diapedesis, **65**:369
  extravasation, **65**:360, 365–367
  GlyCAM-1, **65**:361–362, 363, 364, 373, 377
   CD34, **65**:362, 377
   Sgp200, **65**:362, 377
  high endothelial venules and, **65**:350–351
  addressins, **65**:361–363, 377–379
  adhesion, **65**:365–372
  CD44, **65**:369–370
  extravasation, **65**:360, 365–367
  GlyCAM-1, **65**:361–362, 363, 364, 373, 377
  homing receptor ligands, **65**:360–365
  integrins, **65**:352, 358–359, 368–369, 370
  MAdCAM-1, **65**:352, 359, 362–363, 367, 370, 377, 379
  mucins, **65**:360–361
  selectins, **65**:352, 354–357, 363–365, 367
  sugars, **65**:360–361, 363–365
  VAP-1, **65**:365
  in vitro binding assay, **65**:351–352
  organ specificity, **65**:370–372
  recirculation pathways, **65**:371–372
 mixed, met-enkephalin receptors, **39**:312
 naive, **58**:389; **64**:180–181
 neuropeptide, **48**:177
  differentiation, **48**:178
  immunological functions, **48**:178
  tissue cycles, **48**:178
  tissue homing, **48**:178
 neuropeptide receptor, **48**:180
 NK cells and, **47**:187–189
  adaptive immunity, **47**:291
  alterations, **47**:302
  antimicrobial activity, **47**:289
  antitumor activity, **47**:297, 299
  cell-mediated cytotoxicity, **47**:190, 194–196
  congenital defects, **47**:224–226
  cytotoxicity, **47**:252–255, 257, 258, 260, 261
  differentiation, **47**:230, 231, 234
  effecter mechanisms, **47**:243, 246
  genetic control, **47**:222, 223
  hematopoiesis, **47**:272–274, 276, 280, 282
  identification, **47**:197, 199
  malignant expansion, **47**:226
  morphology, **47**:214, 216
  reproduction, **47**:270
  surface phenotype, **47**:201, 205–207, 209–213
  tissue distribution, **47**:219, 220

nonspecific, activation by Fc fragment of
    Ig, **40**:79–90
opioid receptor, **48**:180
of peripheral blood, IgA and, **40**:202–203
phagocytosis and, **38**:364
pituitary hormones, **63**:391–392, 405–407
pulmonary, **59**:381–385
RAG-2-deficient blastocyst coplementation,
    62:31–41
recirculation, **64**:139–143, 198
  genetic studies, **64**:184–188
  naive and memory lymphocytes,
    64:180–181
  through spleen, **64**:177–178
regulation, **59**:176–178, 383–385
resident pulmonary, CD4⁻8⁻ αβ T cells,
    58:319
responses, maternally transmitted antigen
    and, **38**:313
retinal glial cell, **48**:218
SCID and, **49**:386–388
shedding, **64**:170
as source of chemokines, **55**:106
spontaneous autoimmune thyroiditis and
  altered thyroid function, **47**:456, 462
  cellular immune reactions, **47**:451, 453,
    455
  disturbed immunoregulation,
    47:470–472, 474, 477, 481
  genetics, **47**:487
  potential effecter mechanisms, **47**:466,
    467, 469
SP receptors, **39**:313
stem cell factor and SCF receptor effects,
    55:48–51
surface antigens of human leukocytes and,
    49:94, 113, 115
T, *see* T cells
T9 positive, in Crohn's disease, **42**:290
T cell development and, **44**:213, 229,
    236
T cell subsets and, **41**:70, 81, 110
TGF-β regulation, **55**:187
thyroid-infiltrating, **47**:492
  effector mechanisms, **47**:466, 467, 469
  immunoregulation, **47**:473, 475
tumor-infiltrating, *see* Tumor-infiltrating
    lymphocytes
turnover and clonal deletion, physiology,
    58:270–272
VIP receptors, **39**:312–313

Lymphocyte tumors, **64**:179
Lymphocytic choriomeningitis virus,
    52:316
  hybrid resistance and, **41**:355, 390
  infection, cytotoxic T cells and, **65**:278
  NK cells and, **47**:244, 245, 283, 284
  responses in MHC class I-deficient mouse,
    55:409–410
  clearance, **55**:411–412
  immunopathology, **55**:410–411
  synthetic T and B cell sites and, **45**:226
Lymphohematopoiesis, stem cell factor and
    SCF receptor effects
  hematopoiesis, **55**:43–48
  lymphocytes, **55**:48–51
  NK cells, **55**:48–51
Lymphohematopoietic cells, T cell subsets
    and, **41**:107–109
Lymphohemopoietic tissue, organization, B
    cell formation and, **41**:185–188
Lymphoid blast crisis, chronic myelogenous
    leukemia, **40**:290–291
Lymphoid cells, **48**:69
  adoptive T cell therapy of tumors and,
    49:302
  autoimmune thyroiditis and
    cellular immune responses, **46**:287–291,
      293, 295
    experimental models, **46**:274, 275, 279,
      280, 282
  B cell formation and, **41**:196, 213, 220,
    225, 226
  CD1 protein distribution, **59**:56
  CD5 B cell and, **47**:125
  effect of chromosomal abnormalities,
    50:132–140
    differentiation-related translocation
      oncogenes, **50**:139
    functional chimerism involving DNA
      binding and protein dimerization,
      50:133–138
    proteins affected by chromosome
      translocations, **50**:139–140
  genetically engineered antibody molecules
    and, **44**:71, 87
  HIV infection and, **47**:382, 388
  hybrid resistance and, **41**:333
    antibodies, **41**:376, 380
    antigen expression, **41**:401, 405

Lymphoid cells (*continued*)
   bone marrow cells, **41**:338, 339
   leukemia/lymphoma cells, **41**:359, 369
   marrow engraftment, **41**:386
   NK cells, **41**:374, 375
   normal hemopoietic cells, **41**:351–358
   T cells, **41**:380, 383
   in vitro assays, **41**:393, 394
  IgE biosynthesis and, **47**:11
  Ig heavy-chain variable region genes and, **49**:52–53, 55
  immunosenescence and, **46**:242–244, 246, 247
  leukocyte integrins and, **46**:162, 168, 171
  mammalian, genetically engineered antibody molecules and, **44**:69, 70
  NK cells and, **47**:188, 221
  precursors, maturation, role of CD44, **58**:377
  SCID and, **49**:393
  spontaneous autoimmune thyroiditis and, **47**:435, 491
   cellular immune reactions, **47**:454
   disturbed immunoregulation, **47**:475, 476, 481
   histopathology, **47**:440, 442, 443
  T cell subsets and, **41**:44, 78, 90, 96, 101, 109
Lymphoid hyperplasia, murine lupus models and, **46**:63
Lymphoid organs
  antigen-presenting cells and, **47**:104
   APC-T cell binding, **47**:95
   immunogeneity, **47**:102, 103
   interaction with T cells, **47**:82–84
   tissue distribution, **47**:50–52
  CD5 B cell and, **47**:122
  deficient development of lymphocytes, **55**:394
  humoral immune response and, **45**:79–82
  NK cells and, **47**:211, 266
  spontaneous autoimmune thyroiditis and
   cellular immune reactions, **47**:449, 450
   disturbed immunoregulation, **47**:477
   histopathology, **47**:444
   humoral immune reactions, **47**:446, 447
   potential effector mechanisms, **47**:469
Lymphoid sheath, periarteriolar, *see* Periarteriolar lymphoid sheath

Lymphoid stem cells, SCID and, **49**:384, 389, 400–401
  absence, **49**:382, 390–391, 393
Lymphoid tissues
  central role of FDCs in,
   antigen expression of, **51**:257–261
   cellular origin of, **51**:261–263
   conclusions, **51**:278–280
   distinction of from other dendritic cells, **51**:244–247
   expression of in malignant lymphomas, **51**:274–275
   process, **51**:243–244
   regulation of normal germinal center by, **51**:263–274
   as targets of HIV, **51**:275–278
   technical difficulties, solution of, **51**:246–257
  human, cell types and antigenic profiles, **52**:129, 136
  immunosenescence and, **46**:236, 252, 253
  Ir gene expression in, **38**:52–55
  mucosa-associated
   functional anatomy of Peyer's patches, **40**:192–195
   studies on disassociated Peyer's patches cells, **40**:195–197
  tyrosine protein kinase, **48**:277–280
Lymphoid tumors
  chromosomal translocation in
   development of T cell leukemia, **50**:141–142
   effect of chromosomal abnormalities on adjacent oncogenes, **50**:124–132
   c-*myc* in Burkitt's lymphoma translocations, **50**:124–128
   gene fusion resulting from chromosome translocation, **50**:128–129
   helix-loop-helix oncogenes in chromosome translocations, **50**:129–130
   oncogene location after translocation, **50**:131–132
   transcriptional disruption of LIM domain oncogenes by translocation, **50**:130–131
   effect of chromosomal abnormalities on lymphoid cells, **50**:132–140

developmentally regulated translocation oncogenes, **50**:139
functional chimerism involving DNA binding and protein dimerization, **50**:133–138
other unusual proteins affected by chromosome translocations, **50**:139–140
mechanism of translocation and inversion, **50**:121–122
presence of abnormalities, **50**:119–121
timing of chromosome translocation and inversion, **50**:122–124
therapy, **58**:282
Lymphokine-activated killer cells, **42**:182, 190; **47**:188, 259, 260, 296, *see also* Natural killer cells
adoptive T cell therapy of tumors and, **49**:284–285, 302, 306
antigen-nonspecific killing, **60**:302–303
humoral immune response and, **45**:68, 70
IBD and, **42**:296
Lymphokine receptors, **59**:177
Lymphokines, **42**:165–166
adoptive T cell therapy of tumors and
antigen recognition, **49**:319
expression of antitumor responses, **49**:324, 328–329
mechanisms, **49**:299–301, 307–309, 313, 316
principles, **49**:289–290
antigen-presenting cells and, **47**:75, 80, 87
cell surface, **47**:63
immunogeneity, **47**:103, 104
T cells, **47**:83, 84, 99–101
autoimmune demyelinating disease and, **49**:360
autoimmune thyroiditis and, **46**:283, 289, 291, 294, 298
autoreactive T cells and, **45**:430, 431, 433
B cell formation and, **41**:199, 222, 231
B cell growth and, **40**:16
CD4 and CD8 molecules and, **44**:299
cytolysis and, **41**:284, 286
fresh tissues, **48**:95
human T cell antigen and, **41**:1, 6, 20
gene regulation, **41**:27, 29
synergy, **41**:15
humoral immune response and, **45**:5
cellular interactions *in vivo*, **45**:85

helper T cells, **45**:24–35
interleukins, **45**:55, 62, 65, 67, 69, 71–76
physical interaction, **45**:36, 39, 41, 46–54
hybrid resistance and, **41**:407
IgE biosynthesis and
antibody response, **47**:7–11
antibody response suppression, **47**:32, 33, 39
binding factors, **47**:12, 22–28
immunosenescence and, **46**:253
lymphocyte activation, **46**:230–236
lymphocyte subsets, **46**:237
regulatory changes, **46**:250
islet beta cell, **48**:141
NK cells and, **42**:183; **47**:189, 289, 290, 293
differentiation, **47**:233
effector mechanisms, **47**:235, 262–266
morphology, **47**:216
reproduction, **47**:271
tissue distribution, **47**:220
production
AB-Mul V-transformed mast cells, **53**:4–6
factor-dependent mast cell lines, **53**:6–9
human FcεR+ cells, **53**:14–15
murine FcεRI+ cells, **53**:9–14
regulators of complement activation and, **45**:389
role in B cell activation, **40**:38–39
spontaneous autoimmune thyroiditis and, **47**:472, 473, 477
sporozoite malaria vaccine and, **45**:303, 304, 306, 312
as substitutes for T cells, **40**:92
surface antigens of human leukocytes and, **49**:101
synthesis, **48**:78–81
IL-2-induced, **48**:81
transcription, **48**:81
synthetic T and B cell sites and, **45**:219, 248
T11, **41**:9, 10
T cell development and, **44**:219, 221, 229
T cell subsets and
H-2 alloantigen recognition, **41**:94
H-2 molecules in thymus, **41**:107
H-2-restricted antigen recognition, **41**:52, 62–66, 76, 77
T cell trigger, **41**:112

Lympholysis, hybrid resistance and, **41**:388
Lymphoma, *see also specific types*
  adoptive T cell therapy of tumors and, **49**:283, 286, 291–292, 295, 305
  avian leukosis virus-induced
    myc gene role, **56**:472–476
    pathogenesis, **56**:471–472
    resistance, **56**:470
    susceptibility, **56**:471
  B cell, *see* B cell lymphoma
  B cell formation and, **41**:202
  BSAP binding, **63**:229
  Burkitt's, *see* Burkitt's lymphoma
  CD1 proteins, **59**:60
  CD5 B cell and, **47**:123–125
    Ig gene expression, **47**:150–152, 155, 156
  CD23 antigen and, **49**:161, 164, 175
  CD40, **61**:39
  cell-mediated killing and, **41**:293
  chromosomal translocations, **38**:247, 266
  c-*myc* activation, **38**:261
  development, and *bcl-2* gene overexpression, **58**:270
  follicular, **38**:264, 267, 268, 271, 272
  Hodgkin's disease, **61**:8, 12, 39
  human B cell neoplasia and, **38**:245
  hybrid resistance and, **41**:334, 358–369
    antigen expression, **41**:401, 403
    NK cells, **41**:373, 374
  Ig heavy-chain variable region genes and, **49**:40, 51
  induction by MMTV, **65**:155–156
  malignant, differential expression of FDCs in, **51**:274
  NK cells and, **47**:190, 228
  pituitary hormones, **63**:388, 400, 427
  prolactin, **63**:400
  prolactin receptor, **63**:396
  risk in rheumatoid arthritis patient, **64**:329–330
  SCID and, **49**:393
  surface antigens of human leukocytes and, **49**:114, 117
  T cell
    depletion, **58**:272–275
    murine, **54**:289
Lymphoma cells, lymphocyte homing and
  carbohydrate, **44**:359, 361
  molecules, **44**:343
  regional specificity, **44**:324, 338

Lymphopenia
  chronic AIDS-associated, and lymphocyte PCD, **58**:214
  and viral infection, **58**:233–237
Lymphopoiesis
  B cell, in fetal and neonatal rabbit, **56**:180–186
  B cell formation and, **41**:213, 237, 238, 229–231
  hybrid resistance and, **41**:339
  T cell, in liver, **53**:169–171
Lymphoproliferation
  and autoimmunity, mechanism of beneficial effect of IL-2 on, **50**:200–203
  B cell formation and, **41**:193, 208
  defective mouse, CD5 B cell analysis, **55**:314–315
  treatment, **58**:273–275
Lymphoproliferation gene, murine lupus models and, **46**:63, 94–98
Lymphoproliferative disease, **54**:143–145
  B cell lymphoma, **54**:144–145
  CD23 antigen and, **49**:175
  Epstein–Barr virus, **54**:143–144
  in hu-PBL-SCID mice, EBV-associated, **50**:310–313
Lymphoproliferative disorder, post-transplant, **54**:35–36
Lymphoproliferative syndrome, X-linked, **59**:248
Lymphosarcoma cells, hybrid resistance and, **41**:358
Lymphotoxin, **42**:216–217
  adoptive T cell therapy of tumors and, **49**:308
  autoimmune demyelinating disease and, **49**:360
  B cell formation and, **41**:236
  cytotoxicity and, **41**:284–286, 298
  helper T cell cytokines and, **46**:112
    functions, **46**:114, 115, 117, 122
    immune responses, **46**:133
  hybrid resistance and, **41**:400, 407
  IgE biosynthesis and, **47**:10
  IL-2 and, **44**:153, 154, 185
  maps of Ig-like loci and, **46**:30, 33, 34
  multiple myeloma and, **42**:224
  NK cells and, **47**:278, 279
Lymphotoxin-α, **61**:5, 22, 24, 26
Lymphotoxin-β, **61**:22, 23, 24
Lymphotoxin-like molecules, cytolysis and, **41**:284–286

Lyn, **59**:324
  IL-2Rβ coupling, **61**:155
  in myeloid cells, **60**:209
lyn, in CD40-induced signaling, **60**:45–46
Lysine, **42**:97
  cell-mediated killing and, **41**:297
  coupling to Boc, **60**:107
  Ig gene superfamily and, **44**:33
Lyso-phosphatidylethanolamine, **49**:246, 248
Lysophospholipase, CLC identification with, **39**:182–183
Lysosomes
  antigen-presenting cells and, **47**:52
  autoimmune thyroiditis and, **46**:267, 268
  CAL and, **41**:168
  complement receptor 1 and, **46**:200
  cytotoxicity and, **41**:276, 281, 288
  humoral immune response and antigens, **45**:12–14, 20, 21
    cellular interactions *in vivo*, **45**:79
  IL-1 and, **44**:163, 184
  lymphocyte homing and, **44**:360
  NK cells and, **47**:214, 218, 225, 238
  synthetic T and B cell sites and, **45**:215
Lysozyme
  antibody complex, **43**:22–23
  antigenic structure, **43**:118
  hen egg, T cell response, **43**:201
  H-Y antigen and, **38**:179
  HyHEL5 binding, **43**:12–13, 122
  mobility, **43**:21
  side-chain movement, **43**:22
  synthetic T and B cell sites and, **45**:204, 211, 213, 214
  T cell receptor and
    antigen processing, **45**:122, 123
    experimental systems, **45**:131
    homogeneity, **45**:129
    peptides, **45**:133, 134
    structure-function relationships, **45**:135, 136
  T cell suppression and, **38**:139–142
  T cell-T cell interactions and, **38**:159, 160
Lyt-1, **48**:246

M

mAbs, *see* Monoclonal antibodies
Mac-1, leukocyte integrins and, **46**:149–153, 176
  chromosomal localization, **46**:160
  inflammation, **46**:163, 164, 166–168
  ligand molecules, **46**:173
  structure, **46**:153, 154, 156, 158, 159
Mac-1/CR3, **54**:310
Macaque, SIV pathogenesis
  genetic drift of SIV molecular clones in vivo, **52**:451–452
  immunodeficiency virus infection of, **52**:443–452
  natural history of SIV infection of, **52**:443–448
  use of SIV molecular clones to define viral determinants of pathogenesis, **52**:448–451
α$_2$-Macroglobulin, **63**:278–279
  complement component and, **38**:234, 236
Macrophage-activating factor, **48**:78; **62**:61–62, 96
  adoptive T cell therapy of tumors and, **49**:307, 309–311
Macrophage colony-stimulating factor, **48**:71
Macrophage inflammatory protein, **46**:115
Macrophage inflammatory protein-1, **62**:260, 270, 280, 285
Macrophage inflammatory protein-1α, mRNA expression in hypereosinophilic syndrome, **60**:200
Macrophage inflammatory protein-2, **62**:274
Macrophage migration inhibitory factor, **66**:197
  background, **66**:197–199
  history, **66**:198
  in IBD, **42**:290
  immune system and, **66**:218–219
  localization, **66**:202–206
  MIF gene, **66**:199–202, 206
  properties, **66**:199, 206–210
  sepsis and, **66**:104, 148–149
  structure-function studies, **66**:216–218
  surface antigens of human leukocytes and, **49**:111
Macrophages, **48**:69
  activation, **62**:78–80, 86, 277
  adoptive T cell therapy of tumors and, **49**:287, 289–290, 333
    antigen recognition, **49**:319
    expression of antitumor responses, **49**:325–328, 330
    mechanisms, **49**:300, 302, 306–313, 316
  alveolar, **59**:370, 374–375, 381
    human, iNOS in, **60**:353–354
    IL-1ra production, **54**:185

Macrophages (*continued*)
  antigen-presenting cells and, **47**:68, 80, 104
    antigen processing, **47**:89, 90
    cell surface, **47**:61, 62
    immunogeneity, **47**:103, 104
    interaction with T cells, **47**:93, 94
    T cell, **47**:86, 95, 97, 99
    tissue distribution, **47**:48, 51, 54, 55
  antinuclear antibodies and, **44**:134
  autoimmune thyroiditis and, **46**:265, 287, 307
  B cell formation and, **41**:186, 208, 234–236, 238
    B cell precursors, **41**:191, 192, 194, 195
    bone marrow cultures, **41**:212, 213, 218
    cytotoxicity and, **41**:269, 285, 293
    genetically determined defects, **41**:230–232
    hybrid resistance and, **41**:340, 356, 366
      antigen expression, **41**:402, 405
      effector mechanisms, **41**:370–372, 374, 387, 392, 393
  and B cells, involvement of, **51**:303–305
  cachectin and, **42**:214, 215, 220, 221
  CD1 protein distribution, **59**:66–67
  CD4 molecules and, **44**:288, 290
  CD5 B cell and, **47**:120–122, 132
  CD23 antigen and, **49**:157, 160, 166
    biological activity, **49**:167, 171
    cellular expression, **49**:153–154
    expression in clinical conditions, **49**:176
  colony-stimulating factor, **48**:75
  comparison with B cells
    antigen processing, **39**:62–66
    antigen uptake, **39**:60–62
  complement components and
    bronchoalveolar, **38**:218
    C2, **38**:218
    C4, **38**:220
    Factor B, **38**:217, 218
  complement receptor 1 and, **46**:190, 192, 200
  cosignals from, **58**:243–245
  differentiation, IL-6 effects, **54**:24–25
  effector cells in cell-mediated immune response, **60**:333–341
  Fc receptors on, **40**:64–66
  fibronectin and, **38**:388
  GM-CSF production, **39**:2, 3, 11

growth hormone, **48**:178
helper T cell cytokines and
  differential induction, **46**:128–130
  functions, **46**:114–117, 122
  immune responses, **46**:133
HIV infection and, **47**:413
  activation, **47**:400, 402
  immunopathogenic mechanism, **47**:392–397
  neuropsychiatric manifestations, **47**:404
hybridomas and
  B cells, **38**:283
  genetically engineered antibodies, **38**:306
  heterohybridoma antibodies, **38**:289
IBD and, **42**:285, 287O, 292, 297
IgE biosynthesis and
  antibody response suppression, **47**:30, 33, 36, 37
  binding factors, **47**:20, 21, 27
IGF-I, **63**:389–391
Ig gene superfamily and, **44**:39
IL-1 and, **44**:153, 190
  biological effects, **44**:169
  gene expression, **44**:159–161, 164
  human disease, **44**:192, 195
  immunocompetent cells, **44**:173, 177
  structure, **44**:155
  systemic effects, **44**:171
  TNF, **44**:185, 187
IL-4, **48**:75
IL-10 biological effects, **56**:6–8
immunosenescence and, **46**:228
interaction with IgA, **40**:170
interstitial, **59**:375
in vitro-derived, IL-1ra production, **54**:185–186
Ir genes and
  antigen binding, **38**:98, 109, 111–115
  antigen processing, **38**:93–97
  expression in
    antigen-presenting cells, **38**:55–57
    B cells, **38**:57, 58, 189
    in lymphoid tissue, **38**:55
    in T cells, **38**:59–63
  H-Y antigen, **38**:179
  Ia molecules, **38**:68, 70, 83, 84
  MHC restriction, **38**:64–67
  T cells
    cytotoxic, **38**:161, 162, 164
    interactions, **38**:155–157

selection, **38**:133, 134
  suppression, **38**:136–139
  tolerance, **38**:125, 126
leukocyte integrins and, **46**:151, 154, 163, 164, 167
lymphocyte homing and, **44**:368
lymphotoxin and, **42**:216
and monocytes, **51**:337–339
neuropeptide, **48**:177
NK cells and 189, **47**:288–290
  congenital defects, **47**:224
  differentiation, **47**:229
  effector mechanisms, **47**:235, 237, 262, 263, 265, 266
  hematopoiesis, **47**:274, 278
  identification, **47**:296
  malignant expansion, **47**:228
  reproduction, **47**:270
  surface phenotype, **47**:201, 202, 211–213
  tissue distribution, **47**:220
peritoneal, IL-1ra production, **54**:188
PGHS-2, **62**:191–192
phagocytosis and, **38**:361, 362, 369
  human alveolar, **38**:365
  nonelicited murine, **38**:376–380, 383, 384
  rat alveolar, **38**:374
pituitary hormones, **63**:411–412
present at vaccinating site, **58**:431
pulmonary, **59**:373–376
  interstitial, **59**:375
  lung transplants, **59**:423
response to Fc fragments, **40**:80–83
SCID and, **49**:384–385, 389–391, 401–402
soluble factors, antibody responses and, **40**:35
as source of chemokines, **55**:106
spontaneous autoimmune thyroiditis and, **47**:492, 494
  disturbed immunoregulation, **47**:475, 476
  genetics, **47**:488
  histopathology, **47**:440, 442
  potential effector mechanisms, **47**:467, 468
stimulation by Fc fragments of Ig, **40**:100–111
suppressor, **50**:176
surface antigens of human leukocytes and, **49**:89, 91–92, 98–99, 116
synovial, Il-1ra production, **54**:187–188

T cell development and, **44**:248
T cell stimulation, **39**:84
T cell subsets and
  cell surface molecules, **41**:46
  H-2 alloantigen recognition, **41**:89, 90, 94
  H-2 molecules in thymus, **41**:103–106, 108–110
  H-2-restricted antigen recognition, **41**:51, 69–71, 74, 75, 77
TGF-β regulation, **55**:187
Macrophages/dendritic cells, antigen presentation, **39**:85–86
MAdCAM-1, **62**:101, 257; **64**:188
  lymphocyte–HEV interaction, **65**:352, 359, 362–363, 367, 370, 377, 379
  lymphocyte homing, **64**:147, 158–159
    to thymus and bone marrow, **64**:177
  in mucosal lymphocyte homing, **64**:176
  ontogenesis, **64**:164
Maedi-visna virus, **52**:431
MAGE, **62**:228, 229, 231–232
MAGE-3, **62**:232
Magnesium
  cytotoxicity and, **41**:271, 294
  genetically engineered antibody molecules and, **44**:85
  leukocyte integrins and, **46**:150, 156, 157, 163
  lymphocyte homing and, **44**:351, 360, 361
  NK cells and, **47**:249, 250
MAH cell line, LIF/CNTF receptors, **53**:43–44
MAIDS, *see* Murine acquired immunodeficiency syndrome
Main-chain flexibility parameters, Ab binding to protein antigens, **43**:50
Main immunogenic region, AChR, antibodies to, **42**:240–241, 262
  specificity and, **42**:246
Major basic protein
  antihelminthic activity, **60**:212–213
  basophil, **39**:186–187
  cell-mediated killing and, **41**:311, 312
  cytotoxicity for mammalian cells, **60**:191–193
  eosinophil
    biochemical properties, **39**:185
    bronchial epithelium damage by, **39**:219–223

Major basic protein (continued)
   granule core, **39**:185–186
      histamine release stimulation, **39**:191
      parasite killing, **39**:188–190, 209, 212–213
      toxicity to various cells, **39**:190–191, 219
   HL-60 promyelocyte, **39**:187–188
   hypereosinophilic syndrome, **60**:160
   placenta, **39**:188, 228
   tissue from asthma deaths, **60**:217
Major histocompatibility complex, **48**:78, 107
   ABC protein
      function, **52**:38–42
      genes, **52**:35–38
      restriction, history of discovery of, **52**:4–6
   adoptive T cell therapy of tumors and, **49**:281, 283, 294–295, 334
      antigen recognition, **49**:319, 322–323
      expression, **49**:324–325, 327–330, 332
      mechanisms, **49**:299, 315
   allele, **43**:219
   antigen-presenting cells and, **47**:45, 47, 87, 104, 105
      antigen presentation, **47**:64, 66–69, 71–73, 75–80
      antigen processing, **47**:87–89, 91, 92
      APC-T cell binding, **47**:95–97, 99
      cell surface, **47**:57–60
      immunogenicity, **47**:103
      T cells, **47**:82, 83, 85, 101
      tissue distribution, **47**:51–54
   autoimmune demyelinating disease and, **49**:357–358
      multiple sclerosis, **49**:369–371, 374–375
      TCR usage restriction, **49**:363, 365–367
   autoimmune thyroiditis and, **46**:263, 265, 266, 317, 319
      antigens, **46**:268
      cellular immune responses, **46**:289, 290, 295
      experimental models, **46**:275, 279, 280
      genetic control, **46**:282–286
      humoral responses, **46**:299, 301, 305, 307
      prevention, **46**:310, 315
   autoreactive T cells and, **45**:417, 418, 433
      activation, **45**:421, 423, 427
      origin, **45**:418–420
      physiology, **45**:428, 430
      regulation, **45**:432

   B cell formation and, **41**:194, 197
   CD4 and CD8 molecules and, **44**:265–267, 297, 299, 300, 302, 303
      CD4 molecular biology, **44**:291–293, 296
      CD8 molecular biology, **44**:271, 272, 282, 284
   CD5 B cell and, **47**:137, 142, 160
   CD23 antigen and, **49**:150–151, 169
   class I, **43**:213–214
      binding process, **43**:214
      determinant nature, **43**:205–206
   class II alleles, RA susceptibility associated with
      ethnic differences, **56**:409–410
      penetrance influenced by, **56**:440–441
      properties, **56**:444–446
      risk for severe disease, **56**:441–444
   class II α chain, **48**:141–142
   class II β chain, **48**:141–142
   class II loci, corneal graft, **48**:199–200
      latex bead treatment, **48**:200
   complement components and, **38**:203, 207, 236
      C2 and, **38**:208
      C4 deficiency, **38**:229
      C4 linkage to, **38**:220, 221
      class III region, **38**:227–229
      Factor B, **38**:209
   complement receptor 1 and, **46**:189
   contact amino acids, **43**:210
   control of anticollagen type II response, **48**:130–131
   cytotoxicity and, **41**:270
   electron density in cleft, **43**:214
   helper T cell cytokines and, **46**:112, 117, 118
   HIV and, **45**:349, 361, 365–367
   HIV infection and, **47**:380, 411
      immunopathogenic mechanism, **47**:386, 389, 391, 392
   human T cell activation and, **41**:2, 3, 5, 14
   humoral immune response and, **45**:5–8, 80
      antigens, **45**:8, 10, 19, 20
      helper T cells, **45**:25, 26
      interleukins, **45**:62, 66, 67
      physical interaction, **45**:37, 41, 43, 46–48, 52–54
   hybrid resistance and, **41**:348, 357, 361, 369, 378, 403

IgE biosynthesis and
  antibody response, **47**:2, 29, 33
  binding factors, **47**:25, 27
Ig gene superfamily and
  gene organization, **44**:24–29
  receptors, **44**:9–12
immunosenescence and, **46**:239
Ir genes and, **38**:33, 43–46, 188, 190
  adoptive transfer, **38**:52, 53
  antigen binding, **38**:98, 99, 105, 114
  antigen processing, **38**:94, 97
  B cell response, **38**:51
  complementation, **38**:72–83
  cross-reactive lysis, **38**:186
  expression, **38**:57, 59, 63
  gene function, **38**:91
  H-Y antigen, **38**:175, 180
  Ia molecules, **38**:170, 171
  immunodominance, **38**:180, 181, 185
  I region mutations, **38**:84, 85, 87
  restriction, *see* Major histocompatibility complex restriction
  self, *see* Self-antigens, self-MHC
  T cells
    cytotoxic, **38**:161, 163, 164, 167–169, 173
    interaction, **38**:153, 154, 157, 159, 160
    positive selection, **38**:130, 131
    repertoire, **38**:118, 144, 145
    suppression, **38**:138, 147, 151
  tolerance, **38**:121, 122, 124, 125, 127, 129
linked diabetogenic genes, **51**:290–293
locus, MMTV-induced tumors and, **65**:156
lymphocyte homing and, **44**:340, 350
maps of Ig-like loci and, **46**:1, 28–34, 46
  structure, **46**:19
  T cell receptor, **46**:34
maternally transmitted antigen and, **38**:313, 315, 318, 351, 352
  class I genes, **38**:329, 330
  mitochondrial transmission, **38**:347
measles and, **45**:345, 346
membrane proximal and distal domains, **43**:214
murine lupus models and, **46**:65, 79, 81, 82, 85, 86, 90, 91, 94
NK cells and, **47**:187, 188, 292
  cytotoxicity, **47**:190

effecter mechanisms, **47**:239, 240, 242, 257, 259, 261
  surface phenotype, **47**:201, 211
recognition, **43**:194–196, 224
regulators of complement activation and, **45**:404
restricted antigen recognition, AChR and, **42**:256–259
restriction, *see* Major histocompatibility complex restriction
SCID and, **49**:384, 386–387, 391
self-encoded, **43**:213
spontaneous autoimmune thyroiditis and, **47**:435, 491, 493, 494
  breeding, **47**:436–438
  effecter mechanisms, **47**:467, 469
  function, **47**:459, 461, 462, 464
  genetics, **47**:481–491
  immune reactions, **47**:450, 455
  immunoregulation, **47**:470–472, 476, 477
sporozoite malaria vaccine and
  CS-specific T cells, **45**:307, 310
  immunity, **45**:287
  interferon-γ, **45**:304, 305
structure, **66**:68–69
surface antigens of human leukocytes and, **49**:78–79
T cell development and, **44**:207
  antigen recognition, **44**:209, 210, 212–214
  cellular selection within thymus, **44**:245–254
  ontogeny, **44**:221
T cell receptor and, *see* T cell receptor
T cell subsets and, **41**:39, 71, 78, 81, 101, 108
  cell surface molecules, **41**:43, 44, 50
transgenic, transcriptional factor, **48**:142
Major histocompatibility complex antigens, **59**:1–2, 99–100, 112, 120; **61**:327–338
  alloantigens, B cell repertoire expression and, **42**:78–79
  binding in solution, **43**:211–213
  blocking by analogs in trimolecular complex, **56**:244–247
  CD4-CD8 coreceptor/MHC binding sites, **53**:68–70
  class I, **64**:2, 31; **65**:48–49
    assembly, **52**:42–76

Major histocompatibility complex antigens (*continued*)
  assembly, subcellular location, **52**:42–50
    assembly deficient cells, **52**:47–49
    class I molecules associated with antigen, place of, **52**:49–50
    effects of adenovirus E3/19K glycoprotein on antigen processing and presentation, **52**:44–47
    effects of brefeldin A on antigen processing and presentation, **52**:42–44
  assembly and transport, posttranslational modifications of, **52**:59–62
    glycosylation, **52**:59–61
    palmitylation, **52**:61–62
    phosphorylation, **52**:62
  calnexin, **64**:107–112, 119–121
  cell surface-associated, mechanism of peptide binding to, **52**:81–84
  cytotoxic T cells and, *see* Cytotoxic T cells
  deficient mouse, *see* Mouse
  entry into processing pathways, **52**:13–14
  exogenous β_2m association with, **52**:86–87
  exogenous peptide association with, site of, **52**:79–81
  export to cell surface, control of, **52**:62–76
    general considerations, **52**:62–63
    induction of class I transport by exogenous peptides or hypothermia, **52**:69–73
    retention of β_2m–α chain complexes, **52**:65–68
    retention of free α chains, **52**:63–64
    summary of cellular control mechanisms, **52**:73–74
    viral subterfuges, **52**:74–76
  folding and assembling of, **52**:50–52
  generation, model, **64**:26
  induction of transport by exogenous peptides or hypothermia, **52**:69–73
  interaction of exogenous peptides with, **52**:78–86
  internalization, **52**:87–92
    evidence for internalization, **52**:87–89
    internalization signals, **52**:89–92
    phosphorylation involvement, **52**:90–92
    region of proteins, **52**:89–90
  Ir genes and, **38**:163, 164
    cross-reactive specificity, **38**:185, 186
    cytotoxic T cells, **38**:168–171, 173, 174
    epistasis, **38**:176, 180
    immunodominance, **38**:185
  maternally transmitted antigen and, **38**:330–337, 348, 350
  membrane proximal domains, **43**:214
  β_2-microglobulin, **58**:380
  molecular structure, **64**:24
  murine NK cell receptors for, **55**:364, 366
  nature of antigens bound to, **52**:8–10
  NK cell receptors for, **55**:356, 358–362, 372
  NK cell recognition, **55**:363, 365
  in NK cell-specific functions, **55**:349–353
  peptide anchoring, **64**:124–127
  peptide building, **64**:114–115, 118, 127–128
  peptide loading, **64**:105–128
  properties, **52**:78–92
    association of exogenous β_2M with class I molecules, **52**:86–87
    extracellular processing of synthetic peptides, **52**:84–85
    interaction of exogenous peptides with class I molecules, **52**:78–86
    mechanism of peptide binding to cell surface-associated class I molecules, **52**:81–84
    physiological relevance of exogenous peptide association, **52**:85–86
    site of exogenous peptide association with class I molecules, **52**:79–81
  proteasomes, **64**:3, 105–107
  in proteolysis, role of, **52**:29–30
  restoration by single peptides, **58**:162
  role in proteolysis, **52**:29–30
  self-, **57**:314–320
    metastatic phenotype affected by, **57**:318–320
    nonimmunological effects on tumor cells, **57**:317–318
    recognition by cytotoxic T cell effector cells, **57**:314–315

recognition by natural killer effector
cells, **57**:315–317
TAP and, **65**:87–92
TAP system, **64**:3–5, 30–31, 112–121
T cell recognition, **55**:364
tumor immunogenicity affected by low
level of expression, **57**:303–305
class Ia, as trimolecular complex target,
56:247–250
class I and class II, **52**:364
and $\alpha\beta$ T cells, **58**:107–112
deficient mouse, **58**:156
and $\gamma\delta$ T cell function, **58**:103–104
and $\gamma\delta$ T cell reactivities, **58**:323–324
interaction with CD4 and CD8
coreceptors, **58**:129–131
ligation of $\alpha\beta$TCR and coreceptor,
58:159
peptide binding for T cell recognition,
58:88
as potential tumor antigens, **58**:420–421
class Ib, **52**:92–104
characteristics of individual class Ib
products, **52**:94–104
Hmt, **52**:101–104
Q10, **52**:94–95
Qa-2, **52**:95–98
TL region gene products, **52**:98–101
general aspects of structure and function,
52:92–94
class II, **62**:80; **64**:2
appropriate, expression, **51**:308–310
on B cells, MLR and, **39**:81–83
corneal graft
cell-surface expression, **48**:199
expression, **48**:199
expression timing, **48**:199–200
deficiency, **61**:327–328
CIITA, **61**:331–334, 336–338
RFX, **61**:334–336
deficient mouse, *see* Mouse
HLA types, HIV and, **65**:286
incompetent, **50**:22
Ir genes and, **38**:168–171, 189
MMTV superantigens and, **65**:164–165
MUC-1 mucin, **62**:229, 238–239
mucins, **62**:222–223, 238–239
MUM-1, **62**:229, 237
mutated antigens, **62**:236–237
mutated oncogene products, **62**:226–227

oncogenic proteins, **62**:237–238
p53, **62**:226–227, 237–238
Pmel17, **62**:229, 235
prostate-specific antigen, **62**:224–225
protein antigens, **62**:221–225
RA susceptibility associated with
alleles, **56**:429–430
DR4, **56**:404–408, 420–426
Dw determinants, **56**:407–408
serologic identification, **56**:402–404
restricted antigen presentation, **58**:319
restricted CTLs, **60**:303–310
restricted soluble, **60**:306–308
self-, tumor immune response to
increased expression, **57**:313
transducing signals, **48**:142
tyrosinase, **62**:233–234
viral antigens, **62**:239–240
class II-containing vesicle, **64**:2
conformation, **43**:203–205
cornea, **48**:193–194
determinants, polymorphic, **58**:304
expression on vascular endothelium,
regulation, **50**:262–265
gene expression, **61**:328–329
in graft-versus-host disease, rat,
39:280–281
T cell reaction, **39**:280–281
and immunological interactions of T cells
with vascular endothelium,
50:261–266
and positive selection, **58**:164
presentation, **58**:330–331
RA susceptibility associated with
concepts, **56**:390–397
determinants, **56**:400–402
DR1, **56**:420–426
DR6, **56**:419–420, 426
DR10, **56**:424–427, 429
function influenced by structure, **56**:451
function of molecules, **56**:449–450
genetic studies, **56**:436–438
mapping region, **56**:418–419
polymorphism, **56**:398–399
terminology, **56**:390–397
role in Vβ selective element action,
50:17–22
I-A molecules, **50**:20–21
I-E molecules, **50**:18–19

Major histocompatibility complex antigens (*continued*)
  incompetent MHC class II molecules, **50**:22
  superantigen binding, **54**:117–120
  T cell receptor and, **61**:148
  three-dimensional structure, **43**:213–215
  tumor immune response to increased expression of allo-MHC, **57**:312–313
Major histocompatibility complex glycoprotein, surface antigens of human leukocytes and, **49**:80–82, 125
  adhesion, **49**:82–83
  receptors, **49**:77–78, 94, 100
Major histocompatibility complex restriction determinant selection model, **43**:207
  Ir genes and
    antigen binding, **38**:98
    epistasis, **38**:175
    gene control, **38**:63–67
    gene function, **38**:91, 92
    Ia molecules, **38**:71, 76
    I region mutations, **38**:88–90
    macrophages, **38**:112
    T cells
      interactions, **38**:157–160
      selection, **38**:131, 133
      tolerance, **38**:120, 125–129
Malaria
  cachectin and, **42**:220, 226
  human, **60**:112–124
  regulators of complement activation and, **45**:389
  rodent, **60**:108–112
  synthetic T and B cell sites and
    globular protein antigens, **45**:207
    parasitic antigens, **45**:228, 229
    vaccine, **45**:254
    viral antigens, **45**:222
  T cell receptor and, **45**:132, 138
  vaccine, *see* Sporozoite malaria vaccine
Malignancy, cachectin and, **42**:213, *see also* Cachectin
Malignant histiocytosis, complicating celiac disease, gene rearrangements and, **40**:292–293
Malignant lymphomas, expression of FDCs in, **51**:274–275
Malnutrition, IBD and, **42**:289
Maloney sarcoma virus, **38**:163

MALT, **65**:251
Mammalian TOR, **61**:181, 188–190
Mammary gland, lymphocyte homing and high endothelial venules, **44**:321
  molecules, **44**:353
  regional specificity, **44**:326, 327, 335
Mammary gland factor, Stat5, **60**:21
Mammary tumors, in mice, *see* Mouse mammary tumor virus
Mammary tumor virus
  in B cells with Vbse expression, **50**:39
  superantigens, **54**:102
  transcripts expressed in activated B cells, **50**:40
Mangano-heme PGHS-1, **62**:188
α-Mannan, phagocytosis of zymosan
  by human monocytes, **38**:365, 367, 368, 374–376
  by nonelicited murine macrophages, **38**:377
Mannose
  CD23 antigen and, **49**:163, 165
  complement receptor 2 and, **46**:202, 204
  in GPI-anchored proteins, **60**:60–74
  leukocyte integrins and, **46**:154
  surface antigens of human leukocytes and, **49**:98
MAPK, *see* MAP kinase
MAP kinase, **63**:148–149, 166
  activation, **60**:13–14
  in B cell activation, **55**:244–245
  signal transduction, **59**:262–263, 341
MARE-I, **43**:279
Marek's disease virus, induced tumors, **50**:105–107
Marginal zone B cells, **59**:284–285
Marker density, immunosenescence and, **46**:237, 239
Markers, lineage-related, differential expression during development (murine B cells), **53**:125–127
Marrow
  HLA-incompatible, engraPanent of, **40**:386–387
  microenvironment, hybrid resistance and, **41**:390–393
  T cell-depleted, rejection by patients, **40**:389–391
Marrow grafts
  hybrid resistance and
    hemopoietic cells, **41**:386–388
    specific unresponsiveness, **41**:384–386

SUBJECT INDEX

immune reconstitution and, **40**:410–411
  cytotoxic effector cells, accessory cells and neutrophils, **40**:416–417
  effects of T cell depletion, **40**:417–419
  humoral immunity, **40**:414–416
  phenotype and function of peripheral T cells, **40**:412–414
  repopulation of lymph nodes and thymus, **40**:411–412
  reconsideration of failure in humans, **40**:392–395
MART-1, **62**:229, 235
Masking, in regulation of CD44 receptors, **54**:317–318
Mast cell growth enhancing activity, **54**:93
Mast cell leukemia, etiology, stem cell factor role, **55**:74
Mast cells, **48**:176, 177; **51**:327–331
  AB-Mul V-transformed, lymphokine production (murine), **53**:4–6
  and basophils, human, cell surface structure on
    adhesion receptors and recognition molecules, **52**:357–366
      integrins, **52**:358–361
      other recognition molecules, **52**: 366
      recognition molecules of Ig supergene family, **52**:361–364
      selectins and related recognition molecules, **52**:364–366
    cells, **52**:333–335
    cell surface typing with mAbs, **52**:335–339
    complementing binder sites, **52**: 375–377
    conclusions, **52**:404
    IgE/FcεRI, **52**:378–381
      assembly, **52**:381–382
      cell surface structures functionally associated with FcεRI molecules, **52**:391–396
      control of synthesis and expression of FcεRI molecules, **52**:384–386
      functional characterization of receptor, **52**:387–391
      sequence and structural homologies, **52**:383–384
      topology of, **52**:378
    Ig receptors, **52**:378–396

    negative regulators of growth and differentiations of human basophils and mast cells, **52**:355–357
      inteferons, **52**:355–356
      transforming growth factors, **52**:356–357
    receptors for activating peptides, **52**:366–375
      formyl-methionine peptides and related compounds, **52**:371–372
      IL-8 and related integrins, **52**:367–371
      substance P and other neuropeptides, **52**:372–375
    receptors for growth and differentiating factors, **52**:339–355
      hemopoietic growth factor receptor superfamily, HRS, **52**:340–351
    receptors for low-molecular-weight regulators and pharmacological compounds, **52**:396–404
      adenosine, **52**:396–398
      antiinflammatory drugs, **52**:402–404
      arachidonic acid metabolites, **52**:398–402
    RTK family, c-kit, and related oncogenes, **52**:351–355
  bone marrow-derived, **53**:3
  cachectin, **42**:220
  CD40-L expression, **61**:20
  characterization, **53**:2–3
  chromolyn binding sites, **52**:392–393
  connective type, **53**:2–3
  and cytokines, **51**:328–331
  differentiation/dedifferentiation, **53**:3
  ECF-A production, **39**:214
  factor-dependent cell lines, lymphokine production (murine), **53**:6–9
  Fc receptors, **40**:68
  granules, EPO binding to, **39**:201–202
  helper T cell cytokines and, **46**:113, 114, 116, 117
  histamine release
    major basic protein and, **39**:191
    SP effect, **39**:305–306
  IgE receptor/FcεRI, numbers and binding constants on primary cells, **52**:386–387
  IL-3 effects, **39**:19–20
  IL-3 production, **39**:17
  and IL-9, **54**:93–95

Mast cells (*continued*)
  IL-10 biological effects, **56**:10
  lung, IL-4 storage by, **53**:15
  mucosal, **53**:2–3
  neuropeptide production, **39**:316–317
  phenotypic properties, **53**:1–2
  precursors, **53**:2
  properties, **53**:1–2
  role in inflammatory reactions, **53**:2
  secretions, **53**:2
  stem cell factor effects
    development, **55**:52–60
    function, **55**:60–64
    secretion, **55**:43
  Substance P, **61**:372
  TH2 type cells, **61**:360–361
  triggered by oxidative events, **60**:331–332
Mast cell-specific receptor, **43**:282–283
  β subunit, hydropathicity profile, **43**:288
  characteristics, **43**:283
  gene cloning studies, **43**:283–289
    α chain, **43**:284–287
    β and γ chains, **43**:287–289
  mechanisms of action, **43**:289–298
    aggregation of receptors, **43**:289–291
    cytoplasmic calcium rise, **43**:293–298
    intrinsic and extrinsic, **43**:289
    phosphoinositide hydrolysis, **43**:290–293
Mast cell tumors, hybrid resistance and, **41**:361
Mastocytoma, anterior chamber, **48**:213–215
Mastocytosis, *Nipponstronglyus*-induced, **54**:95
Maternal effect, maternally transmitted antigen and, **38**:321, 323, 339, 343
Maternally transmitted antigen, **38**:313–317, 351, 352
  class I antigens and, **38**:330, 331, 336, 337
  CTL generation, **38**:348–350
  expression, **38**:331, 336, 344, 345, 351, 352
  gene activation, **38**:342
  genetic mechanism models, **38**:338–340
    Delbrück model of antigenic variation, **38**:340–344
    mitochondrial transmission, **38**:344–348
  MHC, class I genes and, **38**:329, 330
  phylogenetic considerations, **38**:337, 338
  polymorphisms, **38**:314, 318–329, 336, 337
  repressors, **38**:341, 342

Maternally transmitted factor, **38**:321, 323, 327, 329, 351, 352
  class I antigens, **38**:337
  CTL responses, **38**:328
  genetic mechanism models, **38**:339, 340, 345–348
  hybridization, **38**:324
  phylogenetic, **38**:338
Maternal transmission, maternally transmitted antigen and, **38**:321, 322, 326, 343, 352
Matrix metalloproteinases, rheumatoid arthritis, **64**:297, 320–321
Maturation
  eosinophils, **60**:162–164
  functional, vs commitment to T cell lineage, **51**:162–164
  phenotypic, sequence, **58**:141
  post-thymic, T cells, **51**:160–162
  stem cell factor receptor–ligand interaction in, **55**:40–42
Maturation arrest, **52**:312
Max, **63**:161
MB-1 molecule
  induction of calcium mobilization in early B lineage cells, **54**:354
  signal transduction through, **54**:351–355
MC1, rheumatoid arthritis, **48**:128
M cells, **65**:251
Mcg, and Ig flexibility, **48**:21
MCP, *see* Membrane cofactor protein
McPC603
  binding site, **43**:9, 19
  electrostatic complementarity with phosphorycholine, **43**:10
  variable domains, **43**:18–19
ME491 (CD63), **52**:393
Mean fluorescence intensity, immunosenescence and, **46**:222
Measles
  antibodies from combinatorial libraries, **57**:227–228
  infection, membrane cofactor protein, **61**:220–221
  T cell receptor and, **45**:124, 127
  virus-induced immunosuppression and, **45**:335–347, 358
Measles virus, hybridomas against, **38**:294
MECA79, **64**:149, 174; **65**:361–363, 365
MECA367, **65**:361, 362

M-ECEF, *see* Monocyte-derived eosinophil
   cytotoxicity enhancing factor
MECL1, **64**:16, 20
MECL1, proteasome subunits, **64**:16–18
Meclofenamate, **62**:184, 186
Medulloblastoma, *pax5*, **63**:229–230
Megakaryocytes, IL-6 effects, **54**:23–24
Megakaryopoiesis, LIF effects, **53**:36
MEK kinase, **63**:149
MEL-14, **64**:142–143; **65**:352, 354
   lymphocyte homing and
      carbohydrate, **44**:360–362, 370
         molecules, **44**:342–345, 347, 348,
            350–352
         regional specificity, **44**:341
MELAN-A, **62**:229, 235
Melanocytes, stem cell factor effects,
   55:64–66
Melanocytic differentiation antigens,
   62:233–236
Melanoma
   adoptive T cell therapy of tumors and,
      49:285–286, 288, 290, 305
   etiology, stem cell factor role, **55**:74–76
   structural and functional properties of
      associated gangliosides, **40**:357–364
Melanoma antigens, **62**:219–220, 228, 230,
   231–236
Melanoma-derived lipoprotein lipase
   inhibitor, *see* Leukemia inhibitory factor
α-Melanotropin, *in vitro* IgE synthesis,
   61:371–372
Melittin, pore formation and, **41**:313–316
Melphalan, chemotherapeutic use in cancer
   treatment, **56**:329–331
Membrane attack complex
   amphiphilic nature of C5b-9, **41**:299–304
   analogues, **41**:307–311
   and C3 and C5 convertases, **60**:75–76
   complement activation role, **56**:269–270
   deposited CD59, **61**:251–254
      fluid phase
         clusterin, **61**:249–251
         S protein, **61**:247–249
         homologous restriction factor,
            61:254–255, 257
         regulation, **61**:204
   subunit composition, **41**:304–307
Membrane-binding domain, PGHS,
   62:172–173

Membrane cofactor protein, **61**:214–221
   biosynthesis and tissue distribution,
      61:216–219
   complement receptor 1 and, **46**:189, 197
   function, **61**:218–221
      AIDS, **61**:221
      measles, **61**:220–221
      reproduction, **61**:219–220
      Streptococcus, **61**:221
      transplantation, **61**:220
   inhibition of C3 and C5 convertases,
      60:75–76
   precursor, **61**:216
   regulators of complement activation and
      genes, **45**:403, 404, 408
      protein expression, **45**:395–398, 400–402
      protein interactions, **45**:383
      protein roles, **45**:386, 387, 390
      RCA-like protein utilization, **45**:410
      short consensus repeat, **45**:391
   structure, **61**:214–216
Membrane cofactor protein 1, **62**:80, 282;
   64:154, 318
Membrane damage
   cytolysis and, **41**:277–281
   pore formation and cytolytic proteins,
      41:316–319
   small peptides, **41**:313–316
Membrane enzymes, surface antigens of
   human leukocytes and, **49**:111–114
Membrane proteins
   aPL antibodies and, **49**:197
   Apo-1/Fas, membrane-spanning
      induction of PCD, **58**:135–136
      and negative selection, **58**:172–173
      role in T cell death, **58**:226
   CD23 antigen and, **49**:164
   IFN-γ, **62**:66, 77–78
   surface antigens of human leukocytes and,
      49:93–97, 111, 114, 117
   T3, **43**:116
Membranes
   IgM receptor expression by Ig gene
      transfection, **54**:357–359
   IgR/antigen complex processing, **54**:348
   Ig receptors, **63**:43
   integral proteins of, **52**:144, 145
   and secreted Ig molecules, **54**:342–343
Membranoproliferative glomerulonephritis,
   61:245

Memory, *see also* Immunological memory
humoral, germinal center B cells, **60**:283
Memory B cells, **59**:340–341, 393, 412
adhesion molecules affecting migration, **53**:248–249
affinity maturation, **53**:233–234
functional properties, **53**:236
generation, alterative models for, **53**:236–238
generation, alterativemodels for, **53**:236–238
germinal centers and, **53**:231–233
life span, **53**:240–241
migration, **60**:274–277
adhesion molecules and, **53**:248–249
basic pattern, **53**:247–248
migration pattern, **53**:247–248
pathways of differentiation, **53**:232–233
phenotype of, **53**:234–235
Ig isotypes, **53**:235
surface markers, **53**:235–236
switched, **59**:340–341
Memory cells
formation, CD40 and, **63**:70–72, 73
immunosenescence and, **46**:246, 247
lymphocyte homing and, **44**:314, 325, 330–334, 337
Memory phenotype, peripheral T cells expressing, **58**:216
Memory T cells
CD44 expression, **54**:294–295
differentiation after antigenic stimulation, **53**:229–230
functional differences with naive and effector cells, **53**:227–228
maturation into, **53**:229–230
migration
adhesion molecules affecting, **53**:248–249
basic pattern, **53**:242–244
to inflammatory sites, endothelium and, **50**:278–284
tissue-specific, **53**:244–247
phenotypic identification with CD45, **53**:224–227
TCR and signal transduction, **53**:228–229
Mendelian inheritance, maternally transmitted antigen and, **38**:338
6-Mercaptopurine, NK activity and, **42**:300

Mesangial cells, as source of chemokines, **55**:111
Mesangial proliferative glomerulonephritis, and IL-6, **54**:41
Mesenteric lymph node cells, IgE biosynthesis and
antibody response, **47**:3–5
binding factors, **47**:12, 14, 16, 17
Mesenteric lymph nodes, lymphocyte homing and
carbohydrate, **44**:351, 353
regional specificity, **44**:323, 326–328, 333, 335–338
Mesenteric microvascular models, anti-CD18 effect, **60**:329–330
Messenger RNA
antinuclear antibodies and, **44**:94
autoantibodies, **44**:137
autoantigen, **44**:129
autoimmune response, **44**:131, 134
scleroderma, **44**:122
SLE, **44**:101
autoimmune demyelinating disease and, **49**:360
autoimmune thyroiditis and, **46**:273, 294, 295, 297
cachectin and, **42**:215, 221–222, 223
CD4 and CD8 molecules and, **44**:298
CD4 molecular biology, **44**:288–291, 293, 296, 297
CD8 molecular biology, **44**:271, 272, 274–278, 280
CD5 B cell and, **47**:147
CD23 antigen and
biological activity, **49**:170
cellular expression, **49**:152–155
cleavage regulation, **49**:158
expression in clinical conditions, **49**:174–175
expression regulation, **49**:158–160
FcεRII, **49**:162, 166
CD40L, **60**:48
complement components and
C1q, **38**:232
C2, **38**:212, 217
C4, **38**:223, 226
Factor B, **38**:209, 211, 212, 218
complement receptor 1 and 184, **46**:193
complement receptor 2 and, **46**:202
CTL and, **41**:148

cytokines, **60**:222
genetically engineered antibody molecules and, **44**:73
GM-CSF, induction in T cells, **39**:14
helper T cell cytokines and, **46**:112, 115, 138
HIV infection and, **47**:380, 381, 392, 397
humoral immune response and, **45**:40, 62
Ig, **43**:239
IgE biosynthesis and, **47**:16
Ig gene superfamily and, **44**:18
Ig heavy-chain variable region genes and, **49**:2, 55
IL-1 and, **44**:174, 195
  biological effects, **44**:165, 167
  gene expression, **44**:159–161, 163, 164
  structure, **44**:155, 156
IL-2, induction in T cells, **39**:13–14
IL-3, induction in T cells, 14
IL-5, **57**:156–159; **60**:198–199
IL-5 receptor, **60**:184
immunosenescence and, **46**:222, 228, 229
leukocyte integrins and, **46**:174, 175
lymphocyte hybridomas and, **38**:279, 291
major basic protein, **60**:192
maps of Ig-like loci and, **46**:3, 12, 32
maternally transmitted antigen and, **38**:344, 345
murine lupus models and, **46**:72, 86–88, 90, 91, 96
NK cells and, **47**:210, 246, 254, 263, 265, 266
PIG-A, **60**:82–84
regulators of complement activation and, **45**:397–400
SCID and, **49**:386
sporozoite malaria vaccine and, **45**:294
surface antigens of human leukocytes and, **49**:83, 89, 101, 113
T cell activation and, **41**:28
T cell development and, **44**:207
  ontogeny, **44**:216, 217
  thymocyte subpopulation, **44**:226–229, 231, 233
T cell receptor and, **45**:165
T cell receptor γ, **43**:145
T cells and, **38**:2
  cDNA, **38**:8
  clones, **38**:5
  cytotoxic, **38**:21

  expression, **38**:13, 14
  Ir genes, **38**:159, 189
  rearrangement, **38**:12, 13
  transcription, **38**:2, 10, 11
  V region genes, **38**:15, 21
T cell subsets and
  cell surface molecules, **41**:41–43, 45, 47, 50
  H-2 molecules in thymus, **41**:97, 99
TGFα, **60**:195
virus-induced immunosuppression and, **45**:344, 361
Metalloproteases, **62**:266–267, 288
Metal-requiring enzymes, **60**:340
Metaphase, B cell formation and, **41**:206
Metastasis
  adoptive T cell therapy of tumors and, **49**:286, 297, 305
  and leukocyte homing, **58**:396
Met-enkephalin, **48**:172
  lymphocyte chemotaxis and, **39**:307–308
Met-enkephalin receptors
  on mixed lymphocytes, **39**:312
  on T cells, **39**:312
Methimazole, induced insulin autoimmune syndrome, HLA class II peptide binding and, **66**:87–88
Methionine
  antinuclear antibodies and, **44**:118, 120
  CD4 molecules and, **44**:289, 290
Methotrexate, in cancer treatment
  functional studies, **56**:346–347
  monoclonal antibody conjugation procedure, **56**:338–340
Methotrexate serum, hybrid resistance and, **41**:350
Methylated bovine serum albumin, aPL antibodies and, **49**:234–235
Methylation
  status in *cis*, role in gene rearrangements, **58**:30–31
  V(D)J joining, of antigen receptor genes, endogenous substrate, **56**:44–46
MG, *see* Myasthenia gravis
Mg21, **62**:76
MGF/STAT5, **65**:20
MGUS, **64**:219, 220
MHC, *see* Major histocompatibility complex; Major histocompatibility complex antigens

MHr, *see* Myohemerythrin
Micelles, cytotoxicity and, **41**:303
Microfilaments, complement receptor 1 and, **46**:199
β-Microglobulin
  T cell receptor and
    alloreactivity, **45**:155, 156
    MHC molecules, **45**:111, 115
    structure-function relationships, **45**:140
  virus-induced immunosuppression and, **45**:353
β$_2$-Microglobulin, **64**:115–116
  –α chain complexes, retention, **52**:65–68
  B cell formation and, **41**:198
  CD1 heavy chains and, **59**:43, 47–50
  CD8 molecules and, **44**:271, 272
  chemotactic for pro-T cells, **58**:380
  CTL and, **41**:135, 138, 165, 170
    exon shuffling, **41**:138, 139, 147
    HLA class I antigens, **41**:149, 150
    T cell recognition, **41**:154–156
  deficient mouse, *see* Mouse, MHC class I-deficient
  exogenous, association with class I molecules, **52**:86–87
  Ig gene superfamily and, **44**:24, 25, 30, 31
  maps of Ig-like loci and, **46**:2
  T cell subsets and, **41**:44, 75
Microsomal antigens, autoimmune thyroiditis and, **46**:266, 273, 298, 299
Microtubule organizing center
  cytolysis and, **41**:275, 282
  humoral immune response and, **45**:37, 38, 42
Microtubules, immunosenescence and, **46**:224
MIF, *see* Macrophage migration inhibitory factor
Migration, *see also* Transmigration
  CD23 antigen and, **49**:164, 169
  defect, in IBD, **42**:307–308
  effector T cells
    basic pattern, **53**:242–244
    tissue-specific, **53**:244–247
  eosinophils, **60**:164–178
  inflammatory cells, NO role, **60**:330–332
  leukocytes, **58**:345–351
  lymphocyte, and immunological memory, **53**:242
  memory B cells, **60**:274–276
    adhesion molecules and, **53**:248–249
    basic pattern, **53**:247–248
  memory T cells
    adhesion molecules and, **53**:248–249
    basic pattern, **53**:242–244
    tissue tropic subsets, **53**:244–247
  naive B cells
    adhesion molecules and, **53**:248–249
    basic pattern, **53**:247–248
  naive T cells
    adhesion molecules and, **53**:248–249
    basic pattern, **53**:242–244
    tissue-specific, **53**:244–247
  plasma cell precursors, **40**:198–199
  plasma cells, **53**:247–248
Migration inhibition factor, *see* Macrophage migration inhibitory factor
Milk, S-IgA antibodies in, **40**:201
mim-1 gene, **65**:22
Minor histocompatibility antigens, maternally transmitted antigen and, **38**:333, 334
MIP-1α, HIV and, **65**:282
MIP-1β, HIV and, **65**:282
MIP-1α receptor, cloning, **55**:135
MIR, antibodies to, *see* Main immunogenic region, AChR, antibodies to
Mitochondria, *see also* Antimitochondrial antibody
  aPL antibodies and, **49**:197, 239, 249–250, 256
  autoimmune thyroiditis and, **46**:272
  cell-mediated killing and, **41**:288
  defects, maternally transmitted antigen and, **38**:333
  lymphocyte homing and, **44**:317
  maternally transmitted antigen and, **38**:337, 352
    genetic mechanism models, **38**:340
    maternal transmission, **38**:322, 323
    polymorphisms, **38**:319, 320, 324, 326
    strain combinations, **38**:349
    transfer via cell fusion, **38**:314
  natural killa cells and, **47**:214
  protein export, maternally transmitted antigen and, **38**:315
  spontaneous autoimmune thyroiditis and, **47**:442, 448
  surface receptor, maternally transmitted antigen and, **38**:341
  T cell receptor and, **45**:123

Mitochondrial DNA
  damage, **38**:319
  genetic mechanism models, **38**:339
  maternally transmitted antigen, **38**:316, 317, 329, 351
  polymorphism, **38**:323–327
  rearrangement, **38**:320
  restriction enzyme polymorphism, **38**:337
  restriction patterns, **38**:327, 328
Mitochondrial enzymes, action of, **65**:122
Mitochondrial transmission, maternally transmitted antigen and, **38**:351
  of class I-like antigen, **38**:348
  of conventional antigen, **38**:346–348
  of enzymatic activity, **38**:346
  induced nuclear response, **38**:344–346
Mitogen-activated protein kinase, *see* MAP kinase
Mitogenic lectins, IBD and, **42**:289
Mitogenic signaling, Ig, **59**:326–328
Mitogens
  adoptive T cell therapy of tumors and, **49**:314
  antigen-presenting cells and, **47**:71, 73, 100
  antinuclear antibodies and, **44**:107
  autoimmune thyroiditis and, **46**:289, 310
  autoreactive T cells and, **45**:426
  B cell formation and, **41**:192, 200, 228, 231
  CD5 B cell and, **47**:140, 142, 147
  CD23 antigen and, **49**:170
  complement receptor 2 and, **46**:206, 208
  cytotoxicity and, **41**:272, 284, 285
  donor lymphocytes and, **38**:283, 284
  helper T cell cytokines and, **46**:122
  HIV infection and, **47**:390, 391, 398, 399
  human T cell activation and, **41**:7, 8, 11, 12, 26, 27
  humoral immune response and, **45**:67, 70, 72
    antigens, **45**:23
    helper T cells, **45**:26, 29, 33–35
    interleukins, **45**:64, 73, 75
    physical interaction, **45**:43
  hybrid resistance and, **41**:350, 393, 395
  IL-1 and, **44**:154, 168, 189
    human disease, **44**:192, 194
    immunocompetent cells, **44**:173–177
  immunosenescence and, **46**:221
    lymphocyte activation, **46**:223–225, 228, 234

  mucosal immunity, **46**:252
  regulatory changes, **46**:250
  stem cells, **46**:244, 245
  leukocyte integrins and, **46**:173
  Mycoplasma arthritides, **54**:113, 141
  NK cells and, **47**:206, 261, 264
  potential effector mechanisms, **47**:467
  SCID and, **49**:382–385, 387, 398, 400
  spontaneous autoimmune thyroiditis and, **47**:491, 493
    cellular immune reactions, **47**:452, 456
    disturbed immunoregulation, **47**:470–474, 476
    genetics, **47**:488
  T cell development and cellular selection within thymus, **44**:248
    ontogeny, **44**:221
    thymocyte subpopulation, **44**:229, 236, 241
  T cell subsets and, **41**:60, 63–66, 111
  tissue distribution, **47**:54
  virus-induced immunosuppression and HIV, **45**:355, 356, 358, 359, 361, 362
    measles, **45**:338, 339, 342, 344
Mitomycin C, in cancer treatment, **56**:329, 332–333
Mitosis
  B cell formation and, **41**:184
  HIV and, **58**:424
  immunosenescence and, **46**:241, 246
Mixed connective tissue disease, antinuclear antibodies and, **44**:93, 111
  autoantibodies, **44**:136, 138
  autoantigen, **44**:130
  autoimmune response, **44**:131
  scleroderma, **44**:124
  SLE, **44**:100
Mixed-isotype dimer, formation, **48**:125
Mixed leukocyte cultures, NK cells and, **47**:295
Mixed-leukocyte reaction, *see* Mixed-lymphocyte reaction
Mixed-lymphocyte reaction, **59**:376
  antigen-presenting cells and, **47**:65, 71–73, 75, 76, 78–80
  APC-T cell binding, **47**:95, 97, 99
  cell surface, **47**:59, 61
  T cell, **47**:83, 84, 99
  tissue distribution, **47**:48, 49, 53, 54
  Ia role, **39**:81

Mixed-lymphocyte reaction (*continued*)
  immunosenescence and, **46:**243, 244
  MHC class II-mediated, B cells and, **39:**81, 83
  Mls-mediated, B cells and, **39:**81–83
  primary, activated B cells and, **39:**80–81
  secondary, resting B cells and, **39:**80
  T cell subsets and
    cell surface molecules, **41:**43
    H-2 alloantigen recognition, **41:**81, 83–87
    APC, **41:**88–92
    H-2 molecules in thymus, **41:**107, 108
  virus-induced immunosuppression and, **45:**341
Mixed-lymphocyte response, *see* Mixed-lymphocyte reaction
MLA-144 leukemic cell line, **42:**172
MLR, *see* Mixed-lymphocyte reaction
mls
  identification as product of MMTV, **54:**100–102
  in vitro response to, **54:**124–125
Mls antigen, **50:**7–10; **65:**139, 196
  antigen-presenting cells and, **47:**47
  antigen presentation, **47:**64, 76–79
  APC-T cell binding, **47:**95, 99
  and bacterial toxic mitogen action, working model, **50:**4, 5–6
  B cell
    MLR and, **39:**81–83
    during ontogeny, **39:**81
  definition, **50:**7–9
  multiple loci, **50:**9–10
Mls loci, multiple, **50:**9–10
  current nomenclature for, **50:**11
MMTV, *see* Mouse mammary tumor virus
6-MNA, **62:**186
Mobility, **43:**33–35
  crystallographic temperature factors, **43:**20
  functional significance, **43:**73–74
  interacting structural elements, **43:**80
  local, relationship with antigenicity, **43:**61
  secondary structure, **43:**76
  T cell receptor $\gamma\delta$ proteins, **43:**150
Molecular adaptation, **64:**20
Molecular complexes, CD19, CR2, and CR1 on surface of human B cells, **52:**146
Moloney leukemia virus, **41:**364, 400
Moloney sarcoma–leukemia virus, **41:**153

Moloney sarcoma virus, **41:**378
Monensin, **41:**281
Monkey
  Ascaris antigen challenge, **60:**168–169
  asthma model, **60:**219
  complement components and, **38:**207–209
  $(T1B)_4$ MAP immunization, **60:**116–117
Monoclonal antibodies, **53:**5D3, 276–277; **64:**323
  5D3, LPS mimesis, **53:**276–277
  109d6, RA susceptibility associated with, **56:**422–425
  109 D6, rheumatoid arthritis, **48:**128
  AChR and, **42:**240–241
  adoptive T cell therapy of tumors and, **49:**283, 320, 327
    mechanisms, **49:**308, 312–314, 317
    principles, **49:**290, 296–297
  anti-β, **43:**283
  antigen-presenting cells and, **47:**70, 76, 77, 96
    cell surface, **47:**58, 60–62
    tissue distribution, **47:**50, 51, 53
  anti-Id, **42:**149–157
  antinuclear, **44:**98, 108, 118, 134–136
  antiphospholipid, **49:**239, 242, 245, 248–249, 251
  anti-Tac, **42:**167
  Ars A response and, **42:**98
  autoimmune demyelinating disease, **49:**357, 363, 366
  autoimmune thyroiditis
    antigens, **46:**267, 269, 272, 273
    cellular immune responses, **46:**287, 295
    experimental models, **46:**274, 275, 277, 280
    humoral responses, **46:**300, 302–306, 308
    prevention, **46:**310, 314
  autoreactive T cells and, **45:**420
  B cell formation, **41:**181, 182, 235, 238
    B cell precursors, **41:**188, 189
    bone marrow cultures, **41:**213
    cell size changes, **41:**202
    functional assays, **41:**200, 201
    Ig genes, **41:**204
    Ly-5 family of glycoproteins, **41:**189, 192
    lymphomohemopoietic tissues, **41:**187
    markers, **41:**193, 194
    NZB mice, **41:**227

PI-linked lymphocyte antigens, **41**:198
SCID mice, **41**:225
tumor cell lines, **41**:195
CD1 proteins, **59**:39–43
CD2, **48**:235–236
  CD3- Jurkat mutant, **48**:236
  CD3- thymocyte, **48**:236
  NK cell, **48**:236
CD3, effect on IL-9 expression in T cells, **54**:85
CD4 and CD8, **44**:298–303
  CD4 molecular biology, **44**:284, 285, 290, 291, 293, 295–297
  CD8 molecular biology, **44**:271, 278, 280, 282
CD5 B cell and, **47**:117
  genetic influence, **47**:143–147
  Ig gene expression, **47**:153, 155
  physiology, **47**:133, 134
  primordial immune network, **47**:160
CD23, **49**:177; **60**:181
  biochemical structure, **49**:155, 157
  biological activity, **49**:171–172
  cellular expression, **49**:152–153, 155
  FcεRII, **49**:162, 164–165
CD28, **48**:245
  mediated T cell activation, mechanism, **48**:246
CD40, **60**:45–49
CD44, *in vitro* synthesis, **54**:301
CD45, studies, **66**:1, 3, 5–17
in chemoimmunoconjugates for cancer treatment
  agents, **56**:302
  alkylating agent–antibody conjugates, **56**:328–333
  anthracycline–antibody conjugates, **56**:333–338
  antigen heterogeneity affected by, **56**:352
  barriers to chemotherapy, **56**:347–354
  clinical trials, **56**:354–356, 358–359
  conjugation strategies, **56**:312–314, 318–319, 323
  cytotoxic drugs, **56**:342–343
  design strategy, **56**:324–325
  development, **56**:302–304
  folic acid antagonists, **56**:338–340
  functional studies, **56**:344–347
  immunogenicity, **56**:311–312

intermediary carriers, **56**:323–324
internalization, **56**:308–310
localization, **56**:306–308
mode of action, **56**:344–347
modulation, **56**:308–310
morphological studies, **56**:347
preclinical studies, **56**:326–328, 343
radiolabeling, **56**:354
size effects, **56**:310–311
targets, **56**:305–306
toxicity, **56**:311–312
vinca alkaloids, **56**:340–342
complement receptor 1 and, **46**:196, 200, 201
complement receptor 2 and, **46**:203, 204, 206, 211
CTL and, **41**:169, 170
  β_2-microglobulin, **41**:155, 156
  amino acid, **41**:163
  blocking, **41**:156–158
  exon shuffling, **41**:140, 141, 145, 148
  HLA class I antigens, **41**:150
  somatic cell class I variants, **41**:165–167
cytotoxicity and, **41**:285, 291, 307, 309
EG1, **60**:193
EG2, **60**:193, 220
Fc receptors
  FcεR, **43**:299–300
  FcαRI, **57**:9, 40–41
  FcγRI, **57**:8–9
  FcγRII, **57**:9, 17–19
  FcγRIII, **57**:9, 29–30
  FcεRI, **57**:9, 36–37
  FcεRII, **57**:38
fibronectin and, **38**:387–389
helper T cell cytokines and, **46**:112, 119, 123–125
HIV infection and, **47**:386
human B cell neoplasia and, **38**:269
hybrid resistance and, **41**:336, 374, 377, 378, 386
IBD and, **42**:289
ICAM-1 and VCAM-1, **60**:168–170
IgE biosynthesis and
  antibody response, **47**:8, 31, 33–35
  binding factors, **47**:16, 18–22, 24, 27
Ig gene superfamily and, **44**:33, 41
Ig heavy-chain variable region genes and, **49**:46, 48, 51
IL-1, **44**:174

Monoclonal antibodies (*continued*)
  IL-2Ra, treatment with, **50**:188–189
  IL-5, **60**:215
  immunosenescence and, **46**:249
  Ir genes and
    antigen binding, **38**:99, 107
    Ia molecules, **38**:68–72, 75, 77, 78
    mutations, **38**:88, 90
    T cell repertoire, **38**:116
    T cell suppression, **38**:150, 151
    tolerance, **38**:125
  J11D, **42**:74, 76
  leukocyte integrins and, **46**:150, 151, 177
    inflammation, **46**:162–166, 168
    leukocyte adhesion deficiency disease, **46**:173
    ligand molecules, **46**:170, 172, 173
    structure, **46**:153
  lymphocyte homing and
    carbohydrate, **44**:354, 361, 364, 371
    high endothelial venules, **44**:317, 318
    molecules, **44**:342–346, 348, 350–352
    regional specificity, **44**:327, 329, 338
  lymphocyte hybridomas and, **38**:275–277, 306
    antitetanus toxoid, **38**:303
    B cell hybridization, **38**:279, 280
    donor lymphocytes, **38**:282, 286
    EBV-transformed B cells, production by, **38**:277–279
    genetic engineering, **38**:304, 305
    human, **38**:301, 302
    human-human hybridomas, **38**:292, 293, 296, 299
    human-mouse heterohybridomas, **38**:301
    human-murine hybridomas, **38**:289, 290
  maternally transmitted antigen and, **38**:331, 351
  MC therapy and, **42**:272
  to MHr, protein and peptide-induced, **43**:61–62
  mouse, segmental flexibility, **48**:13, 14
  multiple myeloma, **64**:242–243, 260–263
  multiple sclerosis and, **49**:369, 372–375
  murine lupus models and, **46**:95
  neoplastic plasma cells as immunogens, **64**:243–244
  NK cells and, **42**:182; **47**:198, 296
    CD16, **42**:188, 190–191
    congenital defects, **47**:224, 225
    differentiation, **47**:233
    effector mechanisms, **47**:243, 258
    hematopoiesis, **47**:278, 279
    HNK-1, **42**:191–192
    NKH1 antigen, **42**:188–190
    phenotype, **42**:186
    surface phenotype, **47**:200, 201, 205, 207, 208, 210, 211
    tissue distribution, **47**:219, 220
  phagocytosis of zymosan, **38**:369, 370
  reactivity with isolated FDCs, **51**:259
    negative, **51**:250–251
    positive, **51**:248–249
  regulators of complement activation and, **45**:390, 396, 397, 410
  reshaped human PM-1, construction, **64**:261
  SCID and, **49**:394–395, 397
  spontaneous autoimmune thyroiditis and, **47**:435
    altered thyroid function, **47**:460–462
    cellular immune reactions, **47**:454, 455
    disturbed immunoregulation, **47**:472, 479
    histopathology, **47**:442
    potential effector mechanisms, **47**:466
  sporozoite malaria vaccine and, **45**:292, 293, 306, 312
  in studies of CD antigen expression on basophils/mast cells, **52**:336–337
  surface antigens of human leukocytes and, **49**:87, 117, 125–126
    receptors, **49**:98, 100–101, 111
  synthetic T and B cell sites and, **45**:238, 239
  T cell activation and, **41**:30
    accessory molecules, **41**:14
    cell surface molecules, **41**:1, 2
    gene regulation, **41**:28
    IL-1 receptor, **41**:14
    receptor-mediated signal transduction, **41**:19–22, 24–26
    T1, **41**:13
    T11, **41**:9, 10
    T cell antigen receptor, **41**:2, 4–8
    Thy-1, **41**:11
    Tp44, **41**:11
  T cell development and, **44**:209
    cellular selection within thymus, **44**:245–247, 254, 255
    ontogeny, **44**:218, 220, 224

thymocyte subpopulation, **44:**227, 228, 232, 239, 243
T cell receptors and, **45:**130, 141, 153, 156
  protein properties, **38:**3–5
  target interaction, **38:**21
  thymus, **38:**12
T cell subsets and
  H-2 alloantigen recognition, **41:**79, 84, 89, 93
  H-2-restricted antigen recognition, **41:**53
  T cell receptor, **41:**40, 43
therapeutic use, **64:**196
virus-induced immunosuppression and, **45:**346, 357, 362
to VSAG, structure–function studies, **54:**105–106
Monoclonal gammopathies, undetermined significance, see MGUS
Monocyte chemoattractant protein-1, **66:**135
  sepsis and, **66:**104, 141–142
Monocyte-derived eosinophil cytotoxicity enhancing factor, **39:**216
Monocyte/macrophages
  LIF role in, **53:**35–36
  LPS receptors, **53:**274–281
Monocytes
  adherent IgG effects on inductor of IL-1ra production, **54:**182
  adoptive T cell therapy of tumors and, **49:**328
  antinuclear antibodies and, **44:**95
  autoimmune thyroiditis and, **46:**294
  CD1 protein distribution, **59:**64–66
  CD5 B cell and, **47:**142
  CD23 antigen and, **49:**153, 158, 174, 176
    biological activity, **49:**167, 169, 171, 173
    expression regulation, **49:**160–161
    FcεRII, **49:**166
  CD40 expression, **61:**13, 40
  complement receptor 1 and, **46:**190, 199–201
  complement receptor 2 and, **46:**207
  differential regulation of IL-1β and IL-1ra production, **54:**181–184
  effects on cytokines in IL-1ra production by, **54:**182–184
  Fc receptors on, **40:**64–66
  fibronectin and, **38:**390
  HIV infection and
    activation, **47:**400, 402, 403
    immunopathogenic mechanism, **47:**392–397
    neuropsychiatric manifestations, **47:**404
  human, phagocytosis
    alternative complement pathway, **38:**385
    particulate activators, **38:**380, 382
    zymosan, **38:**363–376
  IFN-γ and, **62:**80, 136
  IgE, **43:**305–306
  IGF-I, **63:**389–391
  IL-1 and, **44:**153, 190
    biological effects, **44:**166, 167, 169
    gene expression, **44:**159–161, 163, 164
    human disease, **44:**193, 194
    immunocompetent cells, **44:**178
    structure, **44:**155, 157
    TNF, **44:**185, 186
  IL-8 effects, **55:**117–118
  immunosenescence and, **46:**228
  leukocyte integrins and, **46:**161, 163–167
  lymphocyte homing and, **44:**339, 352
  opioid receptor, **48:**180
  PGHS-2, **62:**191–192
  pituitary hormones, **63:**411–412
  purification of IL-1ra from IgG-induced supernatants, **54:**172
  SCID and, **49:**384–385, 389–391, 396, 401
  as source of chemokines, **55:**105–106
  spontaneous autoimmune thyroiditis and, **47:**475
  surface antigens of human leukocytes and, **49:**111, 116
    adhesion molecules, **49:**86, 88
    Igs, **49:**89, 91
    MHC glycoproteins, **49:**82
  TGF-β regulation, **55:**187
Monocytoids, CD5 B cell and, **47:**141–143
Monocytopenia, hybrid resistance and, **41:**392
N^G-Monomethyl-L-arginine, **62:**72, 75, 99
  in arthritis and diabetes, **60:**344–345
  in conjunction with lipopolysaccharide, **60:**347
  effect on
    cytokinoplasts, **60:**352
    infection, **60:**341, 343
    inhibition of F-BSA extravasation, **60:**328

Mononuclear cells
  IBD and, **42**:289, 294–297
    antibody secretion and, **42**:301–307
    intestinal
      antibody secretion and, **42**:302–307
      IBD and, **42**:295–296
    lamina propria, IBD and, **42**:297
Mononuclear phagocytes, IFN-γ and, **62**:78–80
Mononucleosis, virus-induced immunosuppression and, **45**:352
MOPC-315, antigen-specific inhibition by suppressor T cells, **40**:143–144
Morphine, NK cells and, **47**:268
Morphology
  B cell formation and, **41**:182, 186, 204, 213, 219, 238
  cytotoxicity and, **41**:271
    cytolysis, **41**:274, 276, 281–283
    cytolytic proteins, **41**:317
    granule proteins, **41**:287, 291, 294, 295
    membrane attack complex of complement, **41**:300, 304, 305, 309, 311
  degranulating eosinophils, **60**:160–162
  eosinophil activation, **60**:158–160
  HIV infection and, **47**:378
  NK cells and, **47**:214–218, 292
    antimicrobial activity, **47**:283, 290
    cytotoxicity, **47**:249, 250, 253, 256, 258
    differentiation, **47**:234
    hematopoiesis, **47**:275, 281
    identification, **47**:197, 198
    malignant expansion, **47**:226, 227
    reproduction, **47**:271
    surface phenotype, **47**:210, 213
    tissue distribution, **47**:219, 220
  normal mature eosinophils and eosinophil myelocytes, **60**:155–158
  spontaneous autoimmune thyroiditis and, **47**:444, 467, 472
MORT-1, **61**:31
Mosaicism, X-chromosome, **59**:159, 195
Mouse
  acquired immunodeficiency disease syndrome, **54**:115
  A/J Inbred strains, V_H genes in, **42**:137
  athymic nude, **58**:309–311
  B cell repertoire expression, *see* B cell repertoire expression
  bearing male-specific transgenic T cell receptor, effect of IL-2 on, **50**:170–171
  CD2-deficient, **58**:172
  class A gene *Pig-a*, **60**:72, 93
  EAE-susceptible, MBP epitope identification, **48**:164–165
  erythrocytes, rosette formation with human B cells, **40**:18
  genome, non-Mls elements in, **50**:11–14
  and human
    heavy chain locus organization, **54**:231–233
    IL-9 characterization and cloning, **54**:80–82
  HuSCID, antibodies derived from, **57**:230–231
  IELs, invariant $\gamma\delta$ T cell receptors, **58**:301–304
  Ig-transgenic, CD5 B cells in, **55**:324–326
  IL-1 receptor antagonist, cloning and expression, **54**:175–176
  IL-6 transgenic, **54**:45–47
  IL-9 receptor cDNA, **54**:82, 84
  immunodeficient, IL-5 production, **57**:171–172
  IRF-1 knockout, **60**:335
  lpr
    etiology of autoimmunity, **60**:308–309
    Fas gene mutation in, **57**:132–133
  lpr/lpr, accumulation of CD4$^-$8$^-$ $\alpha\beta$ T cells, **58**:112
  malaria model, **60**:108–112
  MHC class I-deficient, **55**:381–383, 415–417; **58**:313
    autoimmune disease, **55**:415
    bacterial infection, response to, **55**:412–413
    cell surface expression, **55**:385–387
    development, **55**:384–385
    functional class I molecules on β_2m-deficient cells, **55**:386–387
    hematopoietic cell grafts, **55**:388
    human filarial parasites, response to, **55**:415
    impaired NK cell activity, **55**:404–405
    Leishmania major infection, response to, **55**:414–415
    liver cell grafts, **55**:391

lymphocytes, deficient development of, **55**:393–404
NK cells, target cell susceptibility, **55**:392–393
pancreatic islet grafts, **55**:390
pathogens, responses to, **55**:405–406
production, **55**:383–384
serological analysis, **55**:385–386
skin grafts, **55**:388–390
transplantation studies, **55**:387–391
Trypanosoma cruzi infection, response to, **55**:413–414
viral infections, response to, **55**:406–412
MHC class II-deficient, **55**:423–424
B cells, **55**:429–430
CD4$^+$ T cells, **55**:424–427
CD8$^+$ T cells, **55**:427–428
double deficient mouse, **55**:435–436
E-only mouse, **55**:434–435
immune system, peripheral compartment, **55**:424–430
$\gamma\delta$ T cells, **55**:428–429
thymus, **55**:433
reconstituted, **55**:433–434
single-positive compartment, **55**:430–433
motheaten, CD5 B cell expression in, **55**:314
MRL/Mp-lpr/lpr, recombinant IL-2/vaccina virus construct on, **50**:193–203
Mtv-7$^+$ and Mtv-7$^-$, **58**:222
mutations affected by stem cell factor or SCF receptor, **55**:17–23
neonatally thymectomized, effect of IL-2.VV, **50**:205–208
Nu/nu, effect of IL-2.VV on, **50**:204–206
p53-deficient, **58**:169
perforin gene mutation, **60**:292–296
retention of Vbse sequences, **50**:41–42
scid, **60**:341–343
and DSB repair and V(D)J recombination, **58**:45–51
genetic reconstitution experiments, **58**:142–143
lymphocytes, **58**:317
rearrangement-deficient, **58**:155–156
thymocytes, **58**:37–38
SEB shock model, **60**:348–349
self-reactive T cells, **58**:274–277
with severe combined immune deficiency, *see* Severe combined immunodeficiency, SCID mouse
T cell activation, **41**:1
cell surface molecules, **41**:10, 11, 13, 14
receptor-mediated signal transduction, **41**:23, 25
T cell development stages in, **51**:118–119
T cells, tumorigenesis, **54**:88–93
transgenic
bcl2/scid, **58**:48–49
for given Mtv, **50**:40
H-2^b and H-2^d, **58**:313–316
IL-5 production models, **57**:169–170
with knockout mutations, **58**:30–33, 41, 89
RAG$^{-/-}$, **58**:143–145
TAP-1$^{-/-}$, **58**:162–163
TCR-α, -β, -γ, and -δ loci, **58**:118–119
transgenic spleen cells, *in vitro* studies with, **54**:414–415
Vbse not stimulating primary T cell response, **50**:11–13
X-linked immunodeficient, **60**:41–42
IL-5 production models, **57**:171–172
Mouse mammary tumors, **65**:139
induction of, **65**:153–155
Mouse mammary tumor virus, **50**:39; **65**:139–141, 211–212
endogenous
immune stimulation by superantigens, **65**:196–203
superantigen expression, **65**:152–153
tolerance induction, superantigens and, **65**:203–208
virology, **65**:141–146
exogenous
adult T cell response, **65**:175–178
neonatal response, **65**:171–175, 203
T cell-dependent B cell differentiation and, **65**:178–180
virology, **65**:141–146
immune response to, **65**:167–168, 212
adult T cell response, **65**:175–178
cellular response, **65**:192–194
humoral response, **65**:188–192
neonatal response, **65**:171–175, 203
receptors for, **65**:194–196
superantigen-dependent, **65**:171–194

Mouse mammary tumor virus (*continued*)
superantigens and T cell-independent,
65:168–171
T–B interaction, **65:**180–188
T cell-dependent B cell differentiation,
65:178–180
superantigens, **65:**140, 152–153
cellular expression of antigens,
54:106–107
expression, **65:**152–153
immune stimulation by, **65:**140, 141,
171–194, 196–203
MHC class II molecules, interaction
with, **65:**164–165
Mls identification as product,
54:100–102
protein structure, **65:**157–164
role in life cycle of virus and host,
54:107–108
structure–function studies, **54:**103–106
TCR Vβ, interaction with, **65:**165–167
tumor formation and, **65:**152, 155
virology, **65:**141–145
amplification and spread, **65:**180–188
infection and transmission, **65:**148–151
life cycle, **65:**211
structure, **65:**146–148
tissue distribution, **65:**151–152
transcriptional regulation, **65:**148
Mouse mammary tumor virus receptors,
65:194–196
MPL units, aPL antibodies and, **49:**203–204
mRNA, *See* Messenger RNA
α-MSH, *in vitro* IgE synthesis, **61:**371–372
mTOR, **61:**181, 188–190
mtp genes, **65:**49
MUC-1, **62:**223, 229, 238–239
μ chains, **43:**238–239
Mucins, **62:**222–223, 238–239
lymphocyte–HEV interaction, **65:**360–361
tumor antigen recognition of, **57:**302–303
Mucosa
addressin, **62:**257
associated lymphoid tissue
functional anatomy of Peyer's patches,
40:192–195
studies on disassociated Peyer's patches
cells, **40:**195–197
and immunity, **58:**297–298; **59:**372
lymphocyte homing into, **64:**175–177

Mucosal immunity, immunosenescence and,
46:221, 251–253
Mucosal inflammatory infiltrate, in IBD,
42:298
Mucosal organs, lymphocyte homing and,
44:323, 327–330, 334–336
Mucosal tissues, mechanisms of homing of
plasma cell precursors to, **40:**204–207
Mucosal vascular addressin, lymphocyte–HEV
interaction, **65:**362–363
Mu heavy chain
allelic exclusion, **63:**2, 19–21
B cell development, **63:**1–4, 11–15,
16–25, 31
ligand for PreB cell receptor, **63:**25–26
signal transduction through PreB cell
receptors, **63:**26–29
Muller cells, **48:**218–219
Multicatalytic protease complex, **52:**26
Multichain immune recognition receptors,
61:154
Multi-CSF, *see* Interleukin-3
Multidrug resistance gene, mammalian,
65:51
Multimeric–Synthetic Peptide Combinatorial
Library, **60:**139
Multiple antigen peptides
as antigens, **60:**137–139
based on schistosome antigens, **60:**125–128
definition, **60:**105–106
design and synthesis, **60:**106–108
in helminthic diseases, **60:**124–128
mono-, di-, and triepitope, **60:**120–123
[(NAAG)$_6$]$_8$ MAP, immunized mouse, for
P. malariae, **60:**123
in protozoan diseases, **60:**108–124
sporozoite malaria vaccine and, **45:**321
(T1B)$_4$ MAP construct, immunogenicity,
60:114–120
for viral and bacterial diseases, **60:**128–136
Multiple myeloma, **42:**224; **64:**219, *see also*
Myeloma
adhesion molecules, **64:**246–249
CD40, **61:**12, 39
cell identification, **64:**242–246
chromosome and oncogene abnormalities
in, **64:**250–251
cytokines, **64:**252–260
IL-6 signal transduction therapies,
64:260–263

immunophenotype, **64**:242
oncogenic transformation, **64**:249–251
Multiple sclerosis, **49**:357
  antibodies, **49**:368–374
  aPL antibodies and, **49**:209
  DP α-DQ β, **48**:149
  DPw4, **48**:149–150
  DQ α-DQ β, **48**:149
  DQ α gene polymorphism, **48**:149
  DQR2-6, **48**:148–149
  DQw1, **48**:148
  DQw1a, **48**:148
  DQw1b, **48**:148
  DR2, **48**:148–150
  DR α-DQ β, **48**:149
  Dw2 subtype, **48**:148–150
  HLA-A3, **48**:148–150
  HLA-B7, **48**:148–150
  HLA class II peptide binding and, **66**:88–91
  IFN-γ and, **62**:75, 91
  myelin basic protein and, **49**:362–363
  NK cells and, **47**:301, 302
  pituitary hormones, **63**:425
  T cell response, **48**:150
  TCR usage restriction and, **49**:367–368
  vaccination to TCR V regions, **49**: 374–375
MUM-1, **62**:229, 237
Murine acquired immunodeficiency syndrome, **52**:432
Murine colony-stimulating factor, **48**:73
Murine cytomegalovirus, hybrid resistance and, **41**:389
Murine encephalomyocarditis virus, resistance to infection, **65**:31
Murine hepatitis virus, hybrid resistance and, **41**:375, 376
Murine leukemia virus, **52**:432–434
  antinuclear antibodies and, **44**:130
  plasmacytomagenesis, **64**:230
Murine mammary tumor virus, *see* Mouse mammary tumor virus
Muscle, AChR, **42**:239
  autoantibody effects on, **42**:260–263
Muscle cells, cachectin and, **42**:223
Mutagenesis
  CD4 molecules and, **44**:295
  genetically engineered antibody molecules and antigen-combining sites, **44**:84

  biological properties, **44**:83
  cloning, **44**:75
  expression, **44**:77, 79
  production, **44**:68
  HIV infection and, **47**:386
  spontaneous autoimmune thyroiditis and, **47**:464
  Stat4, **60**:20
Mutants
  GPI anchor-deficient, **60**:65–67
  PIG-A, clonal dominance, **60**:90–91
  V(D)J recombination/DSB repair
    and cell cycle arrest, **58**:71–72
    leading to chromosome errors, **58**:72–74
Mutations, *see also* Deletion; Hypermutation; Somatic mutation
  adoptive T cell therapy of tumors and, **49**:320, 327, 332, 334
  affected by stem cell factor or SCF receptor
    human, **55**:23–24
    mouse, **55**:17–23
    rat, **55**:23
  antigen-presenting cells and, **47**:80, 103
  autoimmune thyroiditis and, **46**:263, 286
  autoreactive T cells and, **45**:417, 420, 424, 427
  B cell formation and, **41**:185
    B cell precursors, **41**:195, 198
    genetically determined defects, **41**:224, 226, 228, 231, 232
  B cells, **59**:300
  box1 motif, **60**:12
  Btk genes, **59**:185–192, 195
  CD4 molecules and, **44**:291, 296
  CD5 B cell and, **47**:132, 146, 154, 155
  CD5$^+$ B cell lines, **55**:330
  CD23 antigen and, **49**:163–164
  cell cycle checkpoints, **58**:29
  complement receptor 1 and, **46**:193, 194, 196
  complement receptor 2 and, **46**:211
  CTL and, **41**:138, 169, 170
  β$_2$-microglobulin, **41**:155
    amino acid, **41**:158–163, 165
    carbohydrate moieties, **41**:153, 154
    exon shuffling, **41**:141, 142, 145, 148
    mAbs, **41**:156, 157, 165, 166

Mutations (continued)
  Fas gene
    loss of function, **57**:139
    lpr mouse, **57**:132–133
  genetically engineered antibody molecules and, **44**:79, 84
  grooves of MHC molecules, **58**:161
  HIV genome, **65**:311–317
  HIV infection and
    etiological agent, **47**:381, 383
    immune response, **47**:408
    immunopathogenic mechanism, **47**:388, 400
  hopscotch, **60**:3
  hybrid resistance and, **41**:343, 368, 374, 397
  IgE biosynthesis and, **47**:16, 38
  Ig gene superfamily and, **44**:18, 27, 28
  Ig heavy-chain variable region genes and, **49**:6, 22, 32, 43, 53
  IL-1 and, **44**:158, 182
  IL-2Rγ, **59**:246–253
  immunosenescence and, **46**:222, 234
  I region, *Ir* genes and, **38**:84–91
    cytotoxic T cells, **38**:163, 164
    gene function, **38**:92, 93
    H-Y antigens, **38**:176
    immunodominance, **38**:180
    T cells, **38**:130, 131, 144
    tolerance, **38**:126
  kinase domain of XLA patients, **60**:40–41
  leukocyte integrins and, **46**:160, 171, 172, 174–176
  lpr, **60**:294
  maps of Ig-like loci and, **46**:3, 12
  murine lupus models and, **46**:99
    Ig germline, **46**:65, 66, 69, 76–78
    lupus strains, **46**:63, 64
    T cell antigen receptor, **46**:83, 94, 98
  natural and artificial, **58**:90–101
  NK cells and, **47**:225
  p53 protein-derived tumor antigens, **57**:295–296
  scid, **58**:45–51; **61**:299–301, 317
  SCID and, **49**:383
  sporozoite malaria vaccine and, **45**:298, 311, 312
  switch recombination, **61**:108
  sxi1, **58**:54–55

  synthetic T and B cell sites and, **45**:217, 228, 229, 261
  T cell activation and, **41**:5, 8, 12, 20
  T cell receptor and
    alloreactivity, **45**:150–152, 154, 156, 157
    homogeneity, **45**:128, 129
    structure-function relationships, **45**:135, 139–142
    T cell repertoire, **45**:164, 165
  T cell subsets and, **41**:42, 46
    H-2 alloantigen recognition, **41**:81, 82, 85, 86, 88, 93
  and transgenes, **58**:147–149
  V-3, **58**:51–52
  virus-induced immunosuppression and, **45**:349–351
  W, allelism with *c-kit*, **55**:6–7
  Xid mutation, **59**:174–176, 317–318, 328
  XR-1, **58**:52–53
  xrs, **58**:53–54
MW, *see* Maedi-visna virus
Myasthenia gravis, *see also* Acetylcholine receptor; Experimental autoimmune myasthenia gravis
  anti-Id antibody as mediator of, **39**:279
  aPL antibodies and, **49**:209
  diagnosis of, **42**:254–256, 272
  discovery of autoimmune nature of, **42**:233–234
  etiology of, **42**:250–253
  experimental approaches to, **42**:233–235
  fatigue and, **42**:237
  future prospects for, **42**:272–274
  genetic factors in, **42**:259
  Ig heavy-chain variable region genes and, **49**:46, 50–51
  incidence of, **42**:255–256
  murine lupus models and, **46**:79
  pathology of, **42**:272
    autoantibody effects, **42**:260–263
    autoantibody production, **42**:256–260
  penicillamine and, **42**:235
  therapy for, **42**:235, 269–274
  transient neonatal, **42**:252, *see also* Myasthenia gravis
Myb
  B cell genesis, **63**:220–221, 238–239
  intraction with NF-IL6, **65**:22

myb, **65:**22
  retrovirus-induced B cell neoplasia in bursa of fabricius, role in, **56:**477–478
myc, **63:**161, 162
  antisense, blocking of negative signaling, **54:**413–415
  retrovirus-induced B cell neoplasia in bursa of fabricius
    deregulation of expression, **56:**480
    role in, **56:**472–478, 481
  TGF-β anf pRB, **54:**411–413
Mycobacteria
  CD1-restricted antigens, **59:**82–85, 89
  reactivity, **58:**321–322
Mycobacterium avium, **50:**162; **54:**36
Mycobacterium bovis, and diabetes, **51:**294
Mycobacterium paratuberculosis, IBD and, **42:**319
Mycobacterium tuberculosis, **54:**36
  infection, **59:**398–402
  pneumonia, **59:**379, 383, 398–402
  responses in MHC class I-deficient mouse, **55:**412–413
Mycolic acid, **59:**82–85, 90
Mycophenolic acid, genetically engineered antibody molecules and, **44:**70–72
Mycoplasma, infections, X-linked agammaglobulinemia, **59:**146
Mycoplasma arthritides, mitogens, **54:**113, 141
Myelin, Ig gene superfamily and, **44:**37, 38
Myelin-associated glycoprotein, **46:**171, 172
  Ig gene superfamily and, **44:**37, 38, 44, 45, 48
Myelin basic protein, **48:**162, 163–166
  α-acetylated amino-terminal peptide, **48:**167
  autoimmune demyelinating disease and, **49:**357–363
    multiple sclerosis, **49:**369–370, 372–374
    TCR usage restriction, **49:**363–366
  autoimmune thyroiditis and, **46:**289
  dominant epitope, **48:**164–165
  multiple sclerosis and, **66:**88, 90
  murine lupus models and, **46:**79
  specific tolerance induction, **48:**167
  synthetic T and B cell sites and, **45:**209, 235–237
Myeloablative therapy, multiple myeloma, **64:**250

Myeloblasts, leukocyte integrins and, **46:**166
Myelocytes, eosinophil, morphology, **60:**155–158
Myeloid cells
  B cell formation and, **41:**237
    B cell precursors, **41:**189–191
    bone marrow cultures, **41:**209, 210, 212, 213, 219, 220
    cyclic neutropenia, **41:**229, 230
    inducible cell line, **41:**220
    lymphohemopoietic tissue organization, **41:**87
    NZB mice, **41:**229
    SCID mice, **41:**225
    soluble mediators, **41:**232, 233
    W/W anemic mice, **41:**224
  CD1 protein distribution, **59:**56
  chemotactic molecules attracting, **58:**380–381
  cytolysis and, **41:**285
  helper T cell cytokines and, **46:**114, 115, 117
  hybrid resistance and, **41:**373, 376
  leukocyte integrins and, **46:**150, 163, 165
  surface antigens of human leukocytes and, **49:**92, 111–112, 116
Myeloid-specific enzymes, **60:**25–26
Myeloid zinc finger, **63:**1, 239
Myeloma
  CD23 antigen and, **49:**168
  genetically engineered antibody molecules and, **44:**89
    antigen-combining sites, **44:**84, 85
    chimeric antibodies, **44:**79, 80, 82, 87
    expression, **44:**70, 71, 75–79
    fusion proteins, **44:**85
    lymphoid mammalian cells, **44:**69, 70
    production, **44:**68, 69
  human, **48:**16–18
    IgM, **48:**16–18
  human B cell neoplasia and
    chromosomal translocations, **38:**247, 248, 254, 257, 259
    c-*myc* gene expression, **38:**260
    t(11;14) chromosomal translocation, **38:**264, 272
  hybridomas
    genetically engineered antibodies and, **38:**305

Myeloma (*continued*)
  human–human, **38**:292, 293, 296, 297, 300
  human–mouse heterohybridomas, **38**:300, 301
  human–murine, **38**:290–292
  mAbs and, **38**:306
  IgE, ESR spectra, **48**:30–31
  Ig heavy-chain variable region genes and, **49**:1–2
    D segments, **49**:33
    V_H families, **49**:6–7
    V_H gene expression, **49**:39–40, 46, 48–49
  IgM, ESR spectra, **48**:30–31
  surface antigens of human leukocytes and, **49**:98
Myeloma cells
  adhesion molecules in, **64**:246–249
  autocrine and/or paracrine growth, **64**:257
  B cell formation and, **41**:220
  FAS/APO-1 in, **64**:259–260
  hybrid resistance and, **41**:378
  identification of, **64**:242–246
  IL-6 production, **64**:252–253
  precursors, **64**:249–250
  tumors in idiotype immune mice and, **40**:136–137
Myeloma protein, **48**:2
  Ir genes and, **38**:45, 68
Myelopathy, HTLV-I associated, **50**:182
Myelopoiesis, **62**:92–93
  B cell formation and, **41**:186, 187, 213, 219
  pituitary hormones, **63**:404–405, 410–411
Myelosuppression
  colony-stimulating factor, **48**:93
  IL-6 treatment, **54**:48
Myocardial infarction, aPL antibodies and, **49**:219–220
Myoglobin
  antigenic structure, **43**:118
  epitopes, **43**:51–52, 55
  humoral immune response and, **45**:19
  synthetic T and B cell sites and
    globular protein antigens, **45**:204, 211, 212, 215
    peptides, **45**:203, 240, 250
    T cell receptor and, **45**:123, 131, 134
Myohemerythrin
  antibody-antigen interaction, **43**:42
  antigenic response, **43**:29–31, 47
  antigenic sites, **43**:80
  critical residues, stereochemical relationships, **43**:43
  crystallographic structure, **43**:21
  electrostatic potential, **43**:35
  epitopes, **43**:51, 53
  features, **43**:28
  hexapeptide homologs, **43**:32
  hydrophilicity, **43**:35
  immune response, **43**:28–29, 44–46, 75
  mobility, **43**:33–35
  molecular surface chemistry and immunological reactivity, **43**:33–34
  monoclonal anti-MHr antibody affinity, **43**:61–62
  packing density, **43**:33–35
  peptides, monoclonal anti-MHr antibody affinity, **43**:61–62
  protein fold, **43**:28
  reactive sites, **43**:29
  secondary structure, **43**:38
  sequential epitopes, **43**:36, 38–40
  shape accessibility and exposed surface area, **43**:35–36
  side-chain contributions, **43**:36–38
  site 4-9, **43**:37, 40, 43, 45
  site 90-95, **43**:45–46
Myosin
  cytolysis and, **41**:275
  hybrid resistance and, **41**:378
Myositis, antinuclear antibodies and, **44**:118, 119
MZ2-E, **62**:228, 231–232

N

[(NAAG)$_6$]$_5$ MAP, immunized mouse, for *P. malariae*, **60**:123
Na+/H+ antiporter, intracellular pH, **48**:288
L-NAME, see N^G-Nitro-L-arginine methyl ester
NAP-2, conversion of CTAP III to, **50**:242–243
Naproxen, **62**:184, 186
Nasal polyps, endothelium, eosinophil adhesion to, **60**:167–168
Natural cytotoxic cells, **47**:213, 286
  hybrid resistance and, **41**:373, 374

Natural killer cell colony inhibiting activity, cachectin and, **42**:220
Natural killer cell cytotoxic factor, **47**:241, 250, 251, 253, 262, 302
Natural killer cell receptors
　activation, mediation, **55**:367–369
　hybrid resistance, **55**:367
　for MHC class I molecules, **55**:356, 358–360, 372
　　murine, **55**:364, 366–367
　　p58 dimers, **55**:358, 361–362
　murine, **55**:364, 366–367
Natural killer cells, **47**:187–189
　adaptive immunity
　　B cell response, **47**:291–294
　　T cell response, **47**:294, 295
　adoptive T cell therapy of tumors and, **49**:302, 315–319, 333
　alterations, **47**:300–303
　anti-CD2 mAb, **48**:236
　antimicrobial activity
　　antiviral activity, **47**:282–288
　　infection, **47**:288–291
　antitumor activity
　　cancer patients, **47**:297–300
　　experimental animals, **47**:295, 296
　apoptosis, **58**:227
　autoimmune thyroiditis and, **46**:279, 288, 289, 295
　B cell formation and, **41**:192, 199, 225, 231, 236, 237
　CD23 antigen and, **49**:155
　cell-mediated Qtotoxicity, **47**:189–196
　clonal human cell lines of, **42**:184–186
　CNS, **47**:266–269
　congenital defects, **47**:224–226
　cytotoxicity, **41**:269–273; **60**:289–291
　　cytolysis, **41**:275–277, 280–286
　　granule proteins, **41**:286, 287, 289, 291, 297, 298
　　membrane attack complex of complement and, **41**:309
　defined allospecificities, genetic analysis, **55**:348–349
　differentiation, **47**:229–234
　effecter mechanisms, **47**:234, 235
　　cytotoxicity, **47**:248–254
　　lymphocyte production, **47**:262–266
　　receptors, **47**:242–248
　　regulation, **47**:254–262
　　target cells, **47**:235–242

　effects of MHC class I-deficiency, **55**:392–393
　functions of, **42**:181–182
　genetic control, **47**:222–224
　granules in, **42**:183
　helper T cell cytokines and, **46**:114, 116
　hematopoiesis, **47**:272, 273
　　graft-versus-host reaction, **47**:280–282
　　inhibition, **47**:276, 277
　　regulation, **47**:273–276
　　soluble factors, **47**:277–280
　heterogeneity of, **42**:182–183, 186, 188
　HIV infection and, **47**:411
　human, **55**:341–342, 370–373
　　allospecificity, genetic analysis of, **55**:348–349
　　CD3 gene expression during maturation, **55**:346
　　class I molecules, **55**:349–353
　　cytolysis, p58 in, **55**:354–357
　　MHC recognition by, **55**:363–365
　　ontogeny of, **55**:342–346
　　p58 modulation, **55**:362–363
　　repertoire, **55**:347–348
　　specificity, **55**:347
　human clonal cell lines, **42**:184–186
　humoral immune response and, **45**:68, 70, 83, 84
　hybrid resistance and, **41**:334
　　antibodies, **41**:376–380
　　antigen expression, **41**:402–410
　　bone marrow cells, **41**:336, 338, 340, 351
　　effector mechanisms, **41**:372–376
　　leukemia/lymphoma cells, **41**:361, 363–369
　　lymphoid cells, **41**:354, 357
　　macrophages, **41**:371, 372
　　marrow engraftment, **41**:386–388
　　marrow microenvironment, **41**:390–393
　　syngeneic stem cell functions, **41**:388–390
　　T cells, **41**:382
　IBD and, **42**:294–296
　identification, **47**:196–199
　IFN-γ production, **62**:63–66, 105, 106–107
　IL-1 and, **44**:164, 166, 178
　IL-10 biological effects, **56**:10

Natural killer cells (*continued*)
  impaired activity in MHC class I-deficient mouse, **55**:404–405
  leukocyte integrins and, **46**:161, 163, 169
  lineage derivation of, **42**:186–188
  lymphocyte homing and, **44**:349, 350
  malignant expansion, **47**:226–229
  morphology, **47**:214–218
  murine splenic, perforin expression, **51**:220, 221
  pituitary hormones, **63**:416–417
  prolactin receptor, **48**:180
  regulators of complement activation and, **45**:395, 396
  reproduction, **47**:269–272
  SCID and, **49**:382, 396–397
  self-MHC class I recognition in tumor cells, **57**:315–317
  specificity, **42**:181
  specificity of, **42**:181
  stem cell factor receptor lymphohematopoietic effect, **55**:48–51
  stimulation by IL-2, **58**:426–429
  sulfasalazine and, **42**:317–318
  surface antigens, **42**:187, 204–206
    CD2, **42**:187, 194–198, 205
    CD3, **42**:187, 198–201, 205–206
    CD11a, **42**:187, 192–194
    CD16, **42**:187, 190–191
    HNK-1, **42**:187, 191–192
    NKH1 antigen, **42**:187, 188–190
    phenotype, **42**:185–186, 188
    TCR$_{TAR}$, **42**:198–204, 205
    TNK$_{TAR}$, **42**:201–202
  surface antigens of human leukocytes and, **49**:90, 94, 114–115
    adhesion molecules, **49**:83, 88
    antigen-specific receptors, **49**:79
    MHC glycoproteins, **49**:81–82
  surface phenotype, **47**:199–201, 207, 208
    experimental animals, **47**:210–214
    FcR antigen, **47**:201–205
    HNK-I, **47**:206, 207
    NKH-I antigen, **47**:205, 206
    T cell-associated antigens, **47**:208–210
  T cell activation and, **41**:9, 10, 24
  T cell subsets and, **41**:49
  tissue distribution, **47**:219–221
  virus-induced immunosuppression and, **45**:341, 357, 358, 360, 363

Natural killer cell stimulating factor, **62**:105
Natural killer cytotoxic factor, **41**:285, 296
Natural resistance, hybrid resistance and, **41**:334
NBD, *see* Nucleotide-binding domain
NC41, **43**:21, 123–125
N-CAM, *see* Neural cell adhesion molecule
NDP52, **63**:202
Necrosis, vs apoptosis, **58**:240
nef gene, HIV-1 disease, **63**:85–86, 94, 105–106
Negative regulators, growth and differentiations of human basophils and mast cells, **52**:355–357
  inteferons, **52**:355–356
  transforming growth factors, **52**:356–357
Negative regulatory element, HIV infection and, **47**:381, 382
Negative selection
  inhibition by FK-506, **58**:261–262
  T cells, **51**:165–175; **58**:166–168
    intrathymic clonal deletion, **51**:165–173
      cell biology of, **51**:165–170
      search for mechanism, **51**:170–173
    other mechanisms, **51**:173–175
    vs positive selection, **51**:180–183
  thymocytes, **58**:165–174, 171–174; **59**:105–107
  transgenic T cells, **58**:316
Negative signaling
  blocking with antisense myc, **54**:413–414
  CD4 and, **53**:61
  CD8 and, **53**:61
Neisseria meningitidis, MAP vaccines, **60**:134–135
neo, **62**:36–38
Neolactosylceramides, sulfoglucuronyl-containing, **58**:358
Neonatal development
  anti-Id antibodies and, **42**:52–54
  B cells and, **42**:76
  clonotype repertoire acquisition and, **42**:26–30
  MG and, **42**:263
  preferential utilization of gene segments in mice and, **42**:132–133
Neoplasia
  B cell, retrovirus-induced, in avian bursa of fabricius, **56**:467–481
  CD5$^+$ B cell, V gene usage, **55**:323

etiology, stem cell factor role, **55**:71–78
hybrid resistance and, **41**:387
immune regulation, **48**:212
and reactive hypereosinophilia, **60**:225
spontaneous, immune regulation, **48**:212
Neoplastic cells, CD1 proteins, **59**:69
Neostigmine, for MG, **42**:269–270, 271
Nephritic factors, **61**:245–247
Nephritis, *see also* Interstitial nephritis
  murine lupus models and, **46**:64
  regulators of complement activation and, **45**:389
  virus-induced immunosuppression and, **45**:338
Nerve growth factor, **48**:173–174; **61**:5
Nerve growth factor receptor, family members, **52**:156
Nervous system
  allergic reactions, **61**:364–368, 375
  autoimmune reaction, T cell component, **48**:163–167
  IL-1ra in, **54**:211–213
  stem cell factor receptor in, **55**:69–71
Neural autoantigen, dominant epitope, **48**:164–165
Neural cell adhesion molecule, **46**:171
  CD4 molecules and, **44**:288
  Ig gene superfamily and, **44**:36–38, 43–45, 48
  lymphocyte homing and, **44**:365
  multiple myeloma, **64**:247
  surface antigens of human leukocytes and, **49**:88, 114
Neural cells
  Ig gene superfamily and, **44**:30, 35–38, 49
  immunological mediation, **48**:173–174
Neuraminidase
  B cell antigen-presenting capacity and, **39**:74
  humoral immune response and, **45**:42, 44
  hybrid resistance and, **41**:400
  Ia structure and, **39**:74
  T cell subsets and, **41**:64, 91
Neuroblastoma, structure and functional properties of associated gangliosides, **40**:355–357
Neuroendocrine mediators, *see also* Neuromediators
  acute inflammation, **48**:175–176
  chronic inflammation, **48**:177–179

immediate hypersensitivity, **48**:175–176
immunological effects, **39**:301; **48**: 175–179
immunological generation, **48**:169–173
lymphocyte function, **48**:177–179
Neuroendocrine peptides, *in vitro* IgE synthesis, **61**:371–374
Neuroendocrine system, **54**:30–31
Neuroimmunology, **48**:161–184
  antigens and, **39**:299–300
  interleukins and, **39**:301
  neuroendocrine mediators and, **39**:300–301
  neuropeptides and, *see* Neuropeptides
Neurological abnormalities, HIV infection and, **47**:377, 413
Neuromediators, **48**:162, *see also* Neuroendocrine mediators
  cellular source, **48**:170–172
  identification method, **48**:170–172
  immunological sources, **48**:170–172
  lymphocyte receptors, **48**:167, 179–184
  structure, **48**:170–172
Neuromuscular transmission, MG and, **42**:233–234, 236–237, 263, *see also* Acetylcholine receptor
Neuronal cells
  IL-6 effect, **54**:30–31
  TE671 cell line, human, **42**:239
Neuropeptidase
  cellular localization, **48**:167
  specificity, **48**:167
Neuropeptide receptors
  immune cell, **39**:311–313
  lymphocyte, **48**:180
Neuropeptides
  effects on nonneural tissues, **39**:301–304
  future research, **39**:318–319
  human lymphocyte receptor, **48**:180
  IL-I, **48**:178
  immediate hypersensitivity and, **39**:304–307
  immunopathogenic role, **39**:317–318
  inflammation and, **39**:307
  leukocyte chemotaxis and, **39**:307–308
  leukocyte-derived, **39**:315–317
  lymphocyte, **48**:177
    differentiation, **48**:178
    immunological functions, **48**:178
    tissue cycles, **48**:178
    tissue homing, **48**:178

Neuropeptides (*continued*)
lymphocyte functions and, **39**:309–311
macrophage, **48**:177
mediation by, immunological cell, **48**:176, 177
similarity to thymic factors, **39**:314–315
structure, **48**:167
tissue repair and, **39**:308–309
Neuropsychiatric manifestations, HIV infection, **47**:395, 403–405
Neurotoxin, eosinophil-derived, *see* Eosinophil-derived neurotoxin
Neurotransmitter receptors, surface antigens of human leukocytes and, **49**:101, 111
Neurotrophic virus, **48**:165
Neurotrophin-3, LNGFR recruitment of, **61**:5
Neurotrophin-4, LNGFR recruitment of, **61**:5
Neutralization
aPL antibodies and, **49**:244
apoptosis-inducing stimuli, **58**:242–243
virus-induced immunosuppression and, **45**:365
Neutralizing antibodies
colony-stimulating factor, **48**:95–96
HIV infection and, **47**:407, 408, 410, 413
Neutropenia
agammaglobulinemia, **59**:146
cyclic, B cell formation and, **41**:222; 228–230; 234; 237
hybrid resistance and, **41**:376
Neutrophil-activating factor, **46**:115
Neutrophil-activating peptide-1, **66**:135
Neutrophil elastase, **62**:266
Neutrophil receptors
characteristics, **39**:96–98
ligand interaction
dynamics at 4°C, **39**:99–101
dynamics at 15-25°C, **39**:101–102
free radical production, **39**:105
in permeabilized cells, **39**:109–110, 115
pulse response analysis at 37° C
antibody to ligand and, **39**:103–104
occupancy response, **39**:102–104, 106
static model of, **39**:98–99
transiently active
Ca^{2+} release and, **39**:126, 132–135
cell signal generation and, **39**:110–111

G protein interaction, **39**:113–116
amplification during transduction and, **39**:116–117
cAMP elevation and, **39**:113–116, 118
model of, **39**:115–116
termination of, **39**:117–118
potential functions, **39**:110–112
Neutrophils, **51**:336
adoptive T cell therapy of tumors and, **49**:328
arachidonic acid metabolism, human
dietary EPA and, **39**:166–167
esterified and nonesterified EPA and, **39**:167–168
B cell formation and, **41**:229, 230
cachectin and, **42**:223
chemotaxis, SP and, **39**:308
complement receptor 1 and, **46**:190–193, 198–200
CXC proteins as activators, **55**:115–116
cytotoxicity and, **41**:269
decay-accelerating factor-deficient, **60**:79
Fc receptors on, **40**:68
FcRIII expression, **60**:179–181
function, IBD and, **42**:307–308
IBD and, **42**:285, 286, 287, 307, 308
complement pathway products, **42**:309
LTB_4, **42**:314–315
IL-1ra production, **54**:189–190
IL-8 as agonist, **55**:112–113
adhesion, **55**:114
exocytosis, **55**:113
lipid formation, **55**:114
receptor up-regulation, **55**:113–114
respiratory burst, **55**:114–115
shape change, **55**:113
immune reconstitution and, **40**:416–417
interactions with endothelium, **60**:331–332
interaction with IgA, **40**:169
leukocyte integrins and, **46**:151, 177
inflammation, **46**:160, 161, 163–169
ligand molecules, **46**:173
structure, **46**:154
LTA hydrolase-containing, **60**:189
neuropeptide production, **39**:317
NK cells and, **47**:189, 190, 194, 201–204, 260
NO generation, **60**:352
PNH, *PIG-A* abnormalities, **60**:81

polymorphonuclear
    interactions with endothelium,
        60:331–332
    as source of iNOS, **60**:329
    recruitment by chemokines, **60**:339
    regulators of complement activation and,
        45:389, 390, 403, 410
    rolling, selectin-mediated, **60**:165–167
    senescent, **58**:270
    as source of chemokines, **55**:106–107
    as source of iNOS, **60**:329
    surface antigens of human leukocytes and,
        49:86, 88, 93, 112
    TNF and IL-1 and, **66**:111
    upregulation of CR3 expression, **60**:182
Neutrophils, activation
    amplification
        Ca^{2+} release and, **39**:132–135
        ligand binding rate and, **39**:133–134
        oxidase activation, **39**:132
        phospholipase C lifetime and, **39**:124,
            132–134
        sequence of events, **39**:131
        termination steps, **39**:133–134
        transient responses, **39**:132–133
            branchpoints, of, **39**:134–135
    Ca^{2+} release, **39**:124–127
    future research, **39**:136
    G proteins, linkage to
        phosphatidylinositol turnover, **39**:119
        phosphoinositide metabolism,
            39:119–121
        phospholipase C, **39**:119–120, 122
    GTP and, **39**:99–100, 116, 120–121, 132
    leukotriene low effects, **39**:135–136
    phospholipase C role, **39**:119–120, 122,
        124–125, 132–134
    protein kinase C role, **39**:127–131
    transduction sequence, **39**:111, 120–121
Neutrotrophic coronavirus, **48**:141
Newcastle disease virus, **41**:166, 167, 389
    lymphocyte homing and, **44**:366
NF-AT, **63**:166–167
    role in CD40L gene expression, **60**:47–48
NFAT family, **65**:120
NF-IL6, **58**:12–14; **65**:3–8
    activation of, **65**:2–3
    CYP2DG gene and, **65**:23
    gene, **65**:2

gene regulation, **65**:8–9
    AP-1, interaction with, **65**:18–19
    CREB, interaction with, **65**:19
    cytokine induction, **65**:29–30
    glucocorticoid receptors, interaction with,
        65:21–22
    Myb, interaction with, **65**:22
    NF-κB, interaction with, **65**:16–18
    PU.1, interaction with, **65**:21
    STAT family, interaction with, **65**:19–21
knockout mice studies, **65**:29–30
structure and functin of, **65**:1–2
transcriptional regulation, **65**:1–3, 8–11,
    16–18
in viral infection, **65**:9–11
NF-IL6β, **65**:3–6
NF-IL-6/C/EBβ response elements, **62**:194
NF-κB, **43**:250–251; **48**:298; **52**:271–272;
    63:157–160; **65**:1, 111
    activation, **58**:4–6; **65**:16–18, 130
        inappropriate, **58**:14–18
        by lipopolysaccharide, **60**:335
        role of Fas, **60**:300
    antiinflammatory/immunosuppressive
        molecule target, **65**:128–132
    antioxidants, **65**:122–123
    anti-TNF-α antibodies, **65**:123–124
    cAMP, **65**:124–125
    cyclosporin A and FK506, **65**:120
    deoxyspergualin, **65**:125–126
    gliotoxin, **65**:126
    glucocorticoids, **65**:118–120
    gold compounds, **65**:123–124
    rapamycin, **65**:121
    rheumatoid arthritis drugs, **65**:123–124
    ROI-generating molecules, **65**:122–123
    salicylates, **65**:121–122
    spergualin, **65**:125–126
    steroids, **65**:118–120
description, **58**:2–4
disease and, autoimmune and
    inflammatory, **65**:117–118
family, transcriptional regulation, **65**:11–12,
    15–22, 30–32
gene regulation, **65**:1, 26, 32, 111
    cytokine induction, **65**:30–32
    interaction with NF-IL6, **65**:16–18
glucorticoid-mediated repression, **65**:23
induction, **65**:111
    endogenous, **65**:114
    exogenous, **65**:112–113

NF-κB (continued)
    as inflammatory mediator, **58**:14
    inflammatory process, **65**:111–118
    inhibition, **58**:19–20
    in innate immunity in vertebrates, **58**:1–27
    knockout mouse studies, **65**:30–32
    physiologic inducers, **58**:6–9
    structure and function of, **65**:11–12
    target genes for, **65**:115–116
    viruses and, **65**:112, 127–128
NF-κB box, TAP genes, **65**:60
NF-κB/p50, binding site, switch recombination, **61**:117
NF-M, **65**:2–3, 7
NF-Sµ, binding site, **61**:119
Nicotinic AChR, see Acetylcholine receptor
Nijmegen breakage syndrome, chromosome 7 and 14 translocations, **58**:69
Nippostrongylus brasiliensis, **54**:94–95
    helper T cell cytokines arc, **46**:137
    infections, IL-4 production by FcεR$^+$ cells in, **53**:15–17
Nitrate, urine
    L-NMMA effect, **60**:343
    production in septic trauma patients, **60**:351
Nitric oxide
    in biological systems, **62**:72–76, 99, 105, 264–265
    in immunoregulation, **60**:348–349
    in inflammation
        effector molecule, **60**:332–346
        protective molecule, **60**:346–348
    in leukocyte adhesion and migration, **60**:330–332
    in pain mediation, **60**:349–350
    in vascular leak syndromes, **60**:327–330
    in wound healing, **60**:350–351
Nitric-oxide synthase, **62**:72–73
    constitutive, **62**:72–73
    expression, role of IRF-1, **60**:17
    inducible
        in human macrophages, **60**:353–354
        regulation, **60**:333–341
    isoforms
        in edema formation, **60**:328–329
        expression in human tissues, **60**:351–354
        in inflammation, **60**:323–326
Nitrite
    inhibition by L-NMMA, **60**:353
    production by RAW 264.7 cells, **60**:349–350
N^G-Nitro-L-arginine methyl ester
    in conjunction with SEB, **60**:348–349
    effect on aortic ring reactivity, **60**:336–337
    infusion, and lymph flux increase, **60**:329–330
    inhibition of F-BSA extravasation, **60**:328
Nitrogen, lymphocyte homing and, **44**:354
NK cells, see Natural killer cells
NK-CIA, cachectin and, **42**:220
NKH-1, **42**:188–190
    NK cells and, **47**:188, 293, 294, 302
    CNS, **47**:266, 267
    differentiation, **47**:233, 234
    effecter mechanisms, **47**:261
    reproduction, **47**:271
    surface phenotype, **47**:205, 206
    tissue distribution, **47**:219, 220
NLDC-145, **59**:379
L-NMMA, see N^G-Monomethyl-L-arginine
N-*myc*, **64**:232–233
NOD mouse, see Nonobese diabetic mouse
Nonclustered antigens, B cell, **52**:164–174
    adhesion molecules, **52**:166–168
        activation of, **52**:168
        Ig superfamily, **52**:167
        integrin family, **52**:166
        selection family, **52**:167–168
    B7/BB1, **52**:168–169
    cytokine receptors on B cells, **52**:169–173
        IL-1, **52**:169–171
        IL-2, **52**:171–172
        IL-4, **52**:172
        IL-6, **52**:172
        other cytokines, **52**:173
        TNF-α, **52**:172–173
        transforming growth factor β, **52**:173
    HLA class II molecules, **52**:164–166
    other antigens of B cells, **52**:173–174
        Bgp 95, **52**:173
        CK226 antigen, **52**:173
        IgM-binding protein (Fcµ receptor), **52**:173
Noncovalent bimolecular IL-2 receptor structure, **42**:176
Nongermline elements, as V(D)J recombination products, **56**:54–56
Nonlymphoid cells, interaction with IgA, **40**:168–184

Nonobese diabetic mouse, **51:**286, *see also* Autoimmune diabetes, murine model
  IDDM-prone, **48:**139
  NOD.SCID, **63:**80
  strain development, **51:**287–289
Nonobese nondiabetic mouse, **51:**288
Non-self antigens, **64:**1, 2
  antibodies
    allergens, **57:**228
    bacteria, **57:**228
    Epstein–Barr-virus-transformed cell lines, **57:**229–230
    HuSCID mouse, **57:**230–231
    hybridomas, **57:**229–230
    overview, **57:**208–209
    primates, **57:**231–232
    staphylococcal protein A, **57:**229
    study of responses, **57:**232–242
    viruses, **57:**209–228
Nonspecific immune system, pituitary hormones, **63:**407–408
Nonspecific inflammation, IFN-γ and, **62:**103–104
Nonsteroidal antiinflammatory drugs
  IBD and, **42:**313
  PGHS and, **62:**167, 184–187
    class I NSAIDs, **62:**184, 185–186, 201
    class II NSAIDs, **62:**184, 185, 186
    class III NSAIDs, **62:**185
Normal rabbit gamma globulin, presentation by B cells, **39:**55–56
Northern blot analysis
  Ig gene rearrangements, **40:**269
  T cell receptor genes, **38:**11
NOS, *see* Nitric-oxide synthase
NPb, secondary B cell lineage and, **42:**70
N region diversity, T cell receptor, **58:**301–303
NRGG, *see* Normal rabbit gamma globulin
NRI, concentration, **43:**265
NS398, **62:**186
NSAIDs, *see* Nonsteroidal antiinflammatory drugs
Nuclear factors, protein-binding sites, **43:**255
Nuclear matrix, **63:**201
Nuclease
  B cell-associated, as truncation factor in V(D)J joining, **56:**80
  sequence, **43:**209

Nucleic acids
  antinuclear antibodies and, **44:**119, 132, 134
  murine lupus models and, **46:**76
Nucleolus, antinuclear antibodies and, **44:**122–125, 133
Nucleoprotein
  synthetic T and B cell sites and, **45:**261, 263
    antigens, **45:**234
    bacterial antigens, **45:**230
    viral antigens, **45:**217, 218
  T cell receptor and
    antigen processing, **45:**119, 125
    homogeneity, **45:**128
    peptides, **45:**137
    structure-function relationships, **45:**139
Nucleosomes, antinuclear antibodies and, **44:**98–100
Nucleotide binding, TAP, **65:**86
Nucleotide-binding domain, **65:**56
Nucleotides
  antinuclear antibodies and, **44:**98, 119, 130, 135
  autoimmune demyelinating disease and, **49:**386
  B cell formation and, **41:**191, 194, 197, 203
  CD4 molecules and, **44:**285, 288
  CD5 B cell and, **47:**144
  CD8 molecules and, **44:**274, 276
  complement receptor 2 and, **46:**201
  conjugate, **58:**322
  CTL and, **41:**159
  in gene rearrangements, **58:**32
  genetically engineered antibody molecules and, **44:**70, 73, 79
  HIV infection and, **47:**383, 384
  IgE biosynthesis and, **47:**16, 20
  Ig gene superfamily and, **44:**16–18, 48
  Ig heavy-chain variable region genes and
    D segments, **49:**28–29, 31, 33
    J$_H$ segments, **49:**34
    polymorphism of V$_H$ gene segments, **49:**22–27
    regulation, **49:**57
    V$_H$ families, **49:**7–9, 16, 19
    V$_H$ gene expression, **49:**39, 43, 48–49, 51
  immunosenescence and, **46:**223, 226, 227

Nucleotides (continued)
   maps of Ig-like loci and MHC, **46**:31, 32
      structure, **46**:13, 15, 17, 20, 21, 25, 27, 28
      T cell receptor, **46**:36, 39
   mismatched, **58**:44
   murine lupus models and, **46**:67
   NK cells and, **47**:202, 252
   nontemplated, **58**:308
   P (palindromic), **58**:36–38
      as V(D)J recombination product, **56**:56–58
   SCID and, **49**:383
   T cell activation and, **41**:18, 26
   T cell receptor, **45**:109
   γ V-J junction sequences, **43**:145
   T cell subsets and, **41**:42, 43, 46, 47
   two, overlap internal to coding end, **58**:42
Nucleotide sequence
   A/J FLI6.1 D_H gene segment, **42**:105–106
   Ars A response and, **42**:101, 143
   Ig heavy-chain variable region genes
      D_H genes, **49**:28–33, 30
      J_H gene segments, **49**:35
      $V_H I$ germline gene sequences, **49**:10–11
      $V_H III$ germline gene sequences, **49**:12–13
      $V_H IV$ gene segments, **49**:16–17
      $V_H V$ gene segments, **49**:18
      $V_H VI$ gene segments, **49**:20
   J558 V_H gene segments, **42**:112–113, 115
   surface antigens of human leukocytes and, **49**:77, 90
   V_H gene segments, **42**:102–105
Nucleus, signal transduction, **48**:311
nur-77, encoding orphan steroid receptor, **58**:229
Nur-77, nuclear hormone receptor, **58**:137
Nylon fibers, IBD and, **42**:309

O

Obese strain chicken, autoimmune
   cellular immune responses, **46**:298
   experimental models, **46**:273–276, 279
   genetic control, **46**:282–284
   humoral responses, **46**:301, 303
   prevention, **46**:310
   thyroiditis and antigens, **46**:269, 270

Obese strain chicken, spontaneous autoimmune thyroiditis, *see* Spontaneous autoimmune thyroiditis
oct-1, **63**:243
oct-2, B cell genesis, **63**:220–221, 243–244
Octameric sequence, V_H gene, **42**:113
Oil granulomas, **64**:224–225
Oligomeric proteins, buried surfaces, **43**:101
Oligomerization, cytotoxicity and, **41**:306, 315, 317, 318
Oligonucleotide capture, in V(D)J joining of antigen receptor genes, **56**:62–63
Oligonucleotides
   antinuclear antibodies and, **44**:108, 119, 130
   antisense, **58**:249–250
   CD23 antigen and, **49**:162
   Ig heavy-chain variable region genes and, **49**:23, 27
   in ligation reactions, **58**:33
   synthesis, complement components and
      C1q B chain, **38**:232
      C4 genes, **38**:228
      Factor B and C2 cDNA, **38**:209
Oligosaccharide rotation, **48**:26–27
Oligosaccharides
   complement receptor 1 and, **46**:187, 192
   complement receptor 2 and, **46**:202, 204
   CTL and, **41**:135, 152, 153
   IgE biosynthesis and, **47**:16, 18, 19, 23
   leukocyte integrins and, **46**:154
Omenn's syndrome, with V(D)J recombination defects, **58**:63–64
Onchocerca volvulus, major basic protein in patient tissues and, **39**:213
Onchocerciasis, human, eosinophilic infiltrate, **60**:213–214
Oncogenes
   adjacent, effects of chromosomal abnormalities, **50**:124–132
   c-*myc* in Burkitt's lymphoma translocations, **50**:124–128
   gene fusion resulting from chromosome translocation, **50**:128–129
   helix-loop-helix oncogenes in chromosome translocations, **50**:129–130
   oncogene location after translocation, **50**:131–132

transcriptional disruption of LIM domain
  oncogenes by translocation,
  50:130–131
cellular
  c-myb, rearrangement in myeloid
    leukemia, **39**:36–37
  c-myc, expression in IL-3-dependent
    cells, **39**:40, 42
  complement receptor 1 and, **46**:187
  complement receptor 2 and, **46**:210
  derived tumor antigens, **57**:296–299
  Ig gene superfamily and, **44**:39
  LIM domain, by translocation,
    transcriptional disruption of,
    50:130–131
  location after translocation, **50**:131–132
  regulators of complement activation and,
    45:395
  synthetic T and B cell sites and, **45**:248,
    249
  translocation, differentiation-related,
    50:139
viral
  v-abl, cell response to
    IL 2 and, **39**:11
    IL-3 and, **39**:40–41
  v-myc, cell response to IL-3 and,
    39:40
  virus-induced immunosuppression and,
    45:348
Oncogenic proteins, **62**:237–238; **64**:65
  recognition by T cells, **58**:420–421
Oncostatin M, **54**:15–16; **61**:151; **64**:256
  amino acid sequence, **53**:40
  binding to high-afffinity LIF receptor,
    53:41–43
  and CNTF, **53**:44–47
  and LIF, **53**:44–47
  pleiotropic nature of, **53**:46
One-dimensional isoelectrofocusing, HLA
  class II, **48**:114–116
Ophthalmia, sympathetic, **48**:216, 217
Ophthalmopathy, antibodies to self-antigens
  from human donors, **57**:245
Opioid receptor
  human granulocyte, **48**:180
  human lymphocyte, **48**:180
  human monocyte, **48**:180
  monocyte, **48**:180
Opioids, NK cells and, **47**:268, 269

Opsonic effects, fibronectin
  fragment, **38**:389–391, 393
  intact, **38**:388, 389, 393
Opsonins, phagocytosis and, **38**:362, 392
Oral tolerance, IgA and, **40**:223–226
Organ transplantation, graft-versus-host
  disease, **59**:420–426
Ornithine decarboxylase
  half-life, **48**:289
  polyamine metabolism, **48**:289–290
Orphans, **62**:10–12, 20, 22–24
Orthogonal field electrophoresis, **38**:205
OSM, *see* Oncostatin M
Osteoarthritis, **54**:187
  cartilage destruction in, **64**:297
Osteoblasts, LIF effects, **53**:36–37
Osteoclasts, IL-1 and, **44**:154, 168, 195
Osteopetrosis
  B cell formation and, **41**:232
  hybrid resistance and, **41**:374, 390, 392,
    393
Ouabain, hybridomas and
  human-human, **38**:293–295
  human-mouse heterohybridomas, **38**:300
  human murine, **38**:289
Ouabain resistance, hybridomas and, **38**:280,
  286, 301
Outer membrane protein, *Chlamydia*,
  60:136
Ovalbumin
  17 amino acid peptide, binding to B cells,
    39:72–73
  CTL and, **41**:167, 168
  humoral immune response and, **45**:11
  IgE biosynthesis and
    antibody response, **47**:8
    antibody response suppression, **47**:29,
      30, 32–37, 39
  binding factors, **47**:27
  Ir genes and, **38**:49, 55, 86
    antigen processing, **38**:95
    competitive inhibition, **38**:109
  synthetic T and B cell sites and
    globular protein antigens, **45**:204, 210,
      214–216
    immunological considerations, **45**:200
    viral antigens, **45**:228
  T cell receptor and, **38**:49, 55, 86
    alloreaetivity, **45**:153
    antigen processing, **45**:123, 125

Ovalbumin (*continued*)
  experimental systems, **45**:131
  peptides, **45**:133
  T cell subsets and, **41**:55, 70
  urea-denatured, IgE biosynthesis and, **47**:29, 30, 33
Ox40, **61**:7, 9
OX40 gene, **61**:9
Ox40-L, **61**:24–26
OX62, **59**:380
Oxidant formation, **62**:262–267
Oxidation, periodate, as strategy for chemoimmunoconjugation, **56**:315–316
Oxidative burst, surface antigens of human leukocytes and, **49**:111
Oxygen radicals, **62**:72, 262–264

P

P3C–MAP construct, HIV, **60**:133–134
$p21^{ras}$, B cell antigen receptor-induced activation, **55**:238–240
p50, **65**:15
  B cell genesis, **63**:220–221, 245–246
  and p52, **58**:3
p50 knockout mouse, cytokine induction, **65**:30–31
p53
  association with apoptosis, **58**:138
  BCL-2, **63**:164
  dependent pathways in immunodeficiency syndromes, **58**:66–67
  role in PCD regulation, **58**:258
p53, **62**:226–227, 237–238; **64**:251
  regulation, **65**:25
$p53/56^{lyn}$, CD45 and, **66**:24, 37, 39, 44
p55, transcriptional regulation, **48**:294–295, 297–299
$p56^{lck}$, **64**:69
  binding to CD4 and CD8 cytoplasmic tails, **53**:61–64
  CD45 and, **66**:11, 12, 19–21, 26, 37–39, 39–44, 53
  interaction with CD4 and CD8 coreceptors, **58**:129–131
  phosphorylation of TAM, **58**:127–128, 130
  role in signaling through pre-TCR, **58**:150
  role in T cell activation, **53**:78–82
  structure, **53**:62–64

T cell signaling by
  CD4 association, **56**:160–161
  CD8 association, **56**:160–161
  cell–surface receptor interactions, **56**:157–159
  cellular targets, **56**:159–160
  function, **56**:151
  lck expression regulation
    restricted accumulation of transcripts, **56**:151–152
    transcription, **56**:152–153
  regulation
    post-translational modification, **56**:156–157
    structure as factor, **56**:153–156
  T cell receptor interactions, **56**:161–162
  thymocyte development control
    allelic exclusion, **56**:164–166
    differentiation, **56**:162–163
    maturation, **56**:164–166
    modes of action, **56**:167–168
    T cell receptor β-chain, **56**:163–164
  and TCR-mediated signaling, **53**:85–91
p58
  dimers, **55**:358, 361–362
  in modulation of NK-mediated cytolysis, **55**:354–357, 362–363
  as NK receptor for MHC class I molecules, **55**:356, 358–360, 372
$p59^{fyn}$, CD45 and, **66**:19–21, 37, 38, 39–43
$p70^{Ku}$, located on human chromosome 22, **58**:57
$p70^{S6K}$, mTOR and, **61**:188–190
$p70^{zap}$, CD45 and, **66**:21–22, 26
$p72^{syk}$, CD45 and, **66**:21, 23–24, 26, 45
p75 LNGFR, **61**:2, 4–5
$p95^{vav}$, B cell antigen receptor-induced tyrosine phosphorylation, **55**:243–244
p105, **65**:15–16
p150,95, leukocyte integrins and, **46**:149–153
  chromosomal localization, **46**:160
  inflammation, **46**:164, 167
  ligand molecules, **46**:173
  structure, **46**:153, 156, 158, 159
PA28, **64**:21
PA28α, **64**:21–24, 30
PA28β, **64**:21–24
PAC-1, **63**:167
Packaging cells, development, **58**:424
Packing density, **43**:33–35

PAF, *see* Platelet-activating factor
Pain, mediation with NO, **60:**349–350
Palmitylation, **52:**61–62
PALS, *see* Periarteriolar lymphoid sheath
pan, **63:**232
Pancreas
  IFN-γ and, **62:**100–101
  rat adenocarcinoma cell line, **54:**324
Pancreatic islets, grafts in MHC class I-deficient mouse, **55:**390
Pancreatitis, autoimmune, **62:**98
Pannus, **64:**287–288
Papillomavirus, *see also* Human papillomavirus
  tumor antigen induction, **57:**292–293
Paracrine effects, IL-1, **54:**201–202
Parallel tubular arrays, NK cells and, **47:**216, 218, 256, 281
Paralysis, autoimmune demyelinating disease and, **49:**371–372
Paramecium
  antigenic variation in, **38:**340
  maternally transmitted antigen and, **38:**315
Paraprotein
  aPL antibodies and, **49:**242
  Ig heavy-chain variable region genes and, **49:**35, 43, 46–48
Parasites
  cytotoxicity and, **41:**269
  and eosinophils, **60:**210–216
  helper T cell cytokines and, **46:**137–139
  human filarial, responses in MHC class I-deficient mouse, **55:**415
  humoral immune response and, **45:**84, 85
  infection
    IL-5 production in animal models, **57:**172–173
    and IL-6, **54:**36–37
Parasitic antigens, synthetic T and B cell sites and, **45:**228–230, 245
Paratope, *see also* Complementarity-determining region
  Ir genes and, **38:**107
Paroxysmal nocturnal hemoglobinuria, **61:**201, 253
  decay-accelerating factor and CD59 deficiencies, **60:**75–78
  defective GPI synthesis, **60:**78–80
  genetic basis, **60:**80–91
  monoclonal or oligoclonal, **60:**89

regulators of complement activation and, **45:**387, 400
Partial lipodystrophy, **61:**245
Partial thromboplastin time, aPL antibodies and, **49:**200
Partial thromboplastin time with kaolin, aPL antibodies and, **49:**201
Particulate activators
  alternative complement pathway, **38:**384–386
  monocyte ingestion, **38:**366
  phagocytosis, **38:**361, 362, 392, 393
    by human monocytes, **38:**380–382
    by nonelicited murine macrophages, **38:**383, 384
Passive transfer
  AChR and
    B cell line, **42:**260
    T cell clones, **42:**258
    with Ig, **42:**262
  MG, **42:**234
Pathogenesis
  aPL antibodies and, **49:**193, 227, 238, 252–257
  autoimmune demyelinating disease and, **49:**360, 370, 357–358, 368, 374
  CD23 antigen and, **49:**174
  Ig heavy-chain variable region genes and, **49:**49–50
  surface antigens of human leukocytes and, **49:**81
Pathogenicity, SIVmac and SIVsm molecular clones, **52:**448
Pathogens, responses in MHC class I-deficient mouse, **55:**405–415
Paw edema model, NO role, **60:**328–329
pax5, B cell genesis, **63:**218–219, 228–232
Pax-5/BSAP, binding site, **61:**120–121
PBMC, *see* Peripheral blood mononuclear cells
PC-1, a plasma cell threonine-specific protein kinase, **52:**174
PCD, *see* Apoptosis
Peanut agglutinin
  antigen-presenting cells and, **47:**86
  IgE biosynthesis and, **47:**15, 18
  T cell subsets and, **41:**97
PEBP2 family, **65:**24
PEL-CTLs, Perforin expression in murine splenic, **51:**220, 221

Pemphigus foliaceus
  antigen
    cadherin gene superfamily, **53**:310–312
    cDNA cloning, **53**:310–312
    desmosomal localization, **53**:300–303
    relationship to PVantigen, **53**:312–314
  clinical presentation, **53**:295–297
  histology, **53**:295–297
  immunopathology, **53**:295–297
Pemphigus vulgaris
  antigen
    characterization, **53**:303–305
    identification as PF antigen-related cadherin, **53**:312–314
      sequence homologies and conserved sites with desmoglein, **53**:314
  clinical presentation, **53**:295–297
  histology, **53**:295–297
  HLA class II peptide binding and, **66**:87
  immunopathology, **53**:295–297
Penicillamine, MG and, **42**:235, 251–252, 253, 272
Pentanoylsalicylate, **62**:187
Pentoxifylline, sepsis and, **66**:130
Peptide
  B cell formation and, **41**:215
  CTL and, **41**:136, 137, 167–169
    amino acid, **41**:162
    exon shuffling, **41**:148
    HLA antigens, **41**:152
  cytotoxicity and, **41**:279, 280, 309, 313
    pore formation and, **41**:313–319
  epitope vaccines, **43**:77–78
  α-helical conformation, **43**:203–204
  MHC interaction, rate constants for binding reaction, **43**:211
  monoclonal anti-MHr antibody affinity, **43**:61–62
  synthesis, **43**:77
  T cell activation and, **41**:3
  T cell subsets and, **41**:41, 47, 110
    H-2-restricted antigen recognition, **41**:52–55, 57, 58, 74, 75, 77
Peptide add-back experiments, **59**:123
Peptide antigens
  T cell specificity for, **43**:197–206
  in trimolecular complex
    features, **56**:239, 250–251
    MHC blockers, **56**:244–247

peptide determinant as tolerogen, **56**:240–244
    T cell antagonists, **56**:244–247
Peptide antigen X, RA susceptibility role, **56**:455
Peptide binding
  to cell surface-associated class I molecules, mechanism, **52**:81–84
  to TAP, **65**:84–86
Peptide-binding motifs, HLA class II molecules, **66**:69–71
Peptide mapping, **43**:3
  blind study, **43**:26
  critical residue, **43**:74
  reconciling data, **43**:23–27
  sites mapped into conformational epitopes, **43**:38–39
  T cell receptor $\gamma\delta$ subunits, **43**:150
Peptide–MHC complexes, **64**:2
Peptide receptors, functionally active, expression on basophils and mast cells, **52**:367
Peptides
  adoptive T cell therapy of tumors and, **49**:283, 319, 321–323, 334
  antigen-presenting cells and, **47**:87, 104
    antigen presentation, **47**:64, 66, 71, 74, 76, 77, 79, 81
    antigen processing, **47**:87, 88, 90–92
    T cells, **47**:82, 96, 97, 99, 101
  antinuclear antibodies and, **44**:106, 129, 134, 135
  autoimmune demyelinating disease and, **49**:357
    multiple sclerosis, **49**:369–371, 373–375
    myelin basic protein, **49**:357–361
    TCR usage restriction, **49**:363, 366
  autoreactive T cells and, **45**:425, 426
  bacterial formyl, attracting myeloid cells, **58**:381
  biologically active, from Fc region of Ig, **40**:111–119
  branched, synthesized on polylysine core, **60**:105–108
  CD4 and CD8 molecules and, **44**:269
    CD4 molecular biology, **44**:285, 286, 289, 295, 296
    CD8 molecular biology, **44**:272, 274–276
  CD23 antigen and, **49**:156

exogenous, association with class I
molecules, **52**:78–86
physiological relevance, **52**:85–86
site of, **52**:79–81
fMLP
eosinophil response to, **60**:185–186
induced eosinophil degranulation, **60**:173
fusogenic, **58**:423
genetically engineered antibody molecules
and, **44**:67
HIV infection and
immune response, **47**:406, 410
immunopathogenic mechanism, **47**:389,
391, 392
neuropsychiatric manifestations, **47**:404
humoral immune response and, **45**:7,
18–21
IgE biosynthesis and
antibody response, **47**:39
binding factors, **47**:15–17, 20, 23, 25
Ig gene superfamily and
MHC complex, **44**:24, 26, 29
nonimmune receptor members,
44:32–34, 36, 42
IL-1 and, **44**:164, 173, 100
gene expression, **44**:160, 163
receptor, **44**:179, 181
structure, **44**:155, 157, 158
immunogenic, conformation, **43**:63
MHC class I molecules
anchoring, **64**:124–127
binding, **64**:114–115, 118, 127–128
loading, **64**:105–128
Multimeric–Synthetic Peptide
Combinatorial Library, **60**:139
multiple-antigen, *see* Multiple antigen
peptides
neuroendocrine, *in vitro* IgE synthesis,
61:371–374
neuroendocrine, *in vitro* IgE synthesis,
61:371–374
NK cells and, **47**:202, 204, 268, 303
P2 and P30, **60**:110–111, 121–122
P12 and P14, **60**:127
P30, purified from *T. gondii*, **60**:124
positive selection, **59**:122–128
precursor, to be GPI anchored, **60**:61–63
production in cytosol, functional evidence,
52:28–29

regulators of complement activation and,
45:389, 394, 399, 400
role in positive selection, **58**:161–164
SCID and, **49**:387
sporozoite malaria vaccine and, **45**:320–322
antibodies, **45**:304, 305
CS proteins, **45**:296
CS-specific T cells, **45**:307, 308, 310, 311
human trials, **45**:314, 315
immunity, **45**:287
surface antigens of human leukocytes and,
49:80–82, 112
switch, **43**:113
synthetic
extracellular processing, **52**:84–85
recognition sites defined by, *see*
Recognition sites, synthetic
technology, applications, **43**:59
T cell development and, **44**:209, 218, 233,
253
T cell receptor and, **45**:107, 108
alloreactivity, **45**:148–157
antigen processing, **45**:118–123, 125,
127, 128
binding, **45**:132–134
epitopes, **45**:142–148
experimental systems, **45**:131, 132, 137
homogeneity, **45**:129–131
MHC molecules, **45**:112, 115, 116
polymorphic residues, **45**:158–161
selection, **45**:137–139
structure-function relationships, **45**:135,
139–142
T cell repertoire, **45**:162, 163, 165–167
tumor-specific, T cell recognition,
57:288–290
virus-induced immunosuppression and
human immunodeficiency virus, **45**:350,
351, 362, 363, 366–368
measles, **45**:337
Peptide supply factor gene, **65**:50
Peptidoleukotrienes, and asthma, **51**:341
Peptons, or proteins, in entry of proteins into
class I processing pathway, **52**:13–19
Percoll density gradients, NK cells and,
42:182, 184
Perforin, **62**:43, 52–53; **64**:1, 69
in cytolysis, **51**:215–216, 224–232
perforin-independent mechanisms,
51:231–232

Perforin (continued)
  verification in cell lines, **51**:224–227
  verification by genetic approach, **51**:227–231
  cytotoxicity and, **41**:269, 270, 280, 281, 291, 305, 307–309, 319
    cell-mediated killing, **41**:291–299
    cytolytic, **41**:311–319
    membrane attack complex of complement, **41**:299, 305, 307–309, 311
  effector molecule in cytotoxicity, **60**:290–292
  in lymphocyte-mediated cytolysis
    expression of, **51**:219–224
      in human leukocyte, **51**:222–223
      regulation of, **51**:223–224
    perspectives, **51**:232–233
    structure of, **51**:216–219
  NK cells and, **47**:251–254, 262, 291
  pathway of CTL-mediated cytotoxicity, **60**:292–296
  verification by genetic approach, **51**:227–231
Perforin-independent mechanisms, **51**:231–232
Periarteriolar lymphoid sheath
  associated foci, **60**:270–271
  B cell activation in, **60**:276
  containing interdigitating cells, **60**:268–269
  T cells, **63**:48, 71
Periodate oxidation, as strategy for chemoimmunoconjugation, **56**:315–316
Peripheral blood
  CD5 B cell and, **47**:122, 131
    autoimmune diseases, **47**:150
    marker for activation, **47**:127
    surface antigen, **47**:147
  eosinophil counts, **60**:216–218
  HIV infection and
    immune response, **47**:411
    immunopathogenic mechanism, **47**:394, 397, 400, 402, 403
  NK cells and, **47**:289, 293, 298, 300, 303
    CNS, **47**:266
    differentiation, **47**:232–234
    effecter mechanisms, **47**:252, 254, 258, 264
    hematopoiesis, **47**:275, 277, 279
    identification, **47**:199
  malignant expansion, **47**:226
  morphology, **47**:216
  surface phenotype, **47**:201, 205, 206
  spontaneous autoimmune thyroiditis and, **47**:447
    cellular immune reactions, **47**:449, 451
    disturbed immunoregulation, **47**:471, 473, 474
Peripheral blood lymphocytes
  adoptive T cell therapy of tumors and, **49**:16
  aPL antibodies and, **49**:245
  autoimmune thyroiditis and, **46**:287, 289, 299, 300
  CD5 B cell and, **47**:144, 149
  CD23 antigen and, **49**:166
  HIV infection and, **47**:388
  in IBD, IBD and; **42**:288–290, *see also* Lymphocytes
  immunosenescence and
    lymphocyte activation, **46**:224, 226–230
    lymphocyte subsets, **46**:238, 239
    stem cells, **46**:239, 240
  in MG, **42**:259
  NK cells and, **47**:187, 294, 297, 301, 302
    antimicrobial activity, **47**:286–289
    cell-mediated cytotoxicity, **47**:195
    CNS, **47**:267
    cytotoxicity, **47**:254, 258–261
    differentiation, **47**:234
    effecter mechanisms, **47**:234, 240, 243, 246
    genetic control, **47**:222
    hematopoiesis, **47**:275, 276
    lymphokines, **47**:264, 265
    morphology, **47**:214, 217, 218
    reproduction, **47**:270
    surface phenotype, **47**:205–209
    tissue distribution, **47**:219
  SCID and, **49**:385
  spontaneous autoimmune thyroiditis and, **47**:492
    cellular immune reactions, **47**:452, 453, 456
    disturbed immunoregulation, **47**:471, 472, 475, 479
    effecter mechanisms, **47**:469
    genetics, **47**:487, 488
    humoral immune reactions, **47**:447, 449

Peripheral blood mononuclear cells, **61:**214
  CD23 antigen and, **49:**152, 157, 174
  HIV infection and
    activation, **47:**398, 400, 403
    immune response, **47:**411
    immunopathogenic mechanism, **47:**390–392
  human immunodeficiency virus and, **45:**350, 352, 354–362, 367
  IBD and, **42:**289, 294–297, 302
  IgE biosynthesis and
    antibody response, **47:**6, 7, 9, 12, 38
    binding factors, **47:**21, 22
  measles and, **45:**338, 340, 342, 346
  NK cells and, **42:**181–184
  PGE, IBD and, **42:**311–312
  PGE$_2$, corticosteroids and, **42:**316, 318–319
  phagocytic invasion, MG and, **42:**261
  phagocytosis, IBD and, **42:**307
  C3b and, **42:**308
Peripheral immune system
  compartmentalization
    anatomic localization of colonizing lymphocytes, **53:**159
    B cells
      CD5$^+$/CD5$^-$ dichotomy, **53:**178–183
      in lymph follicles, **53:**185–186
      in peritoneum, **53:**183–185
    generation of compartments, **53:**187–194
    significance of, **53:**199–203
    site-dependent tolerance, **53:**201–203
    specialized functions of, **53:**199–201
    T cells
      intestinal intraepithelial, **53:**163–167
      γ/δ invariant intraepithelial cells, **53:**167–169
      in liver, **53:**169–171
      in lymph nodes, **53:**161–163
      in peritoneum, **53:**173–177
      in spleen, **53:**161–163
  IL-2 effects and toxicity, **50:**160–163
Peripheral lymph nodes
  lymphocyte homing, **58:**390–391
    carbohydrate, **44:**354–359, 362–367, 369, 371
    molecules, **44:**342–348, 350, 351, 353
    regional specificity, **44:**327, 328, 331, 334–341
    selective homing model, **44:**323–325
  lymphocyte migration into, **64:**174–175
  lymphocyte recirculation, **64:**141, 142

Peripheral node vascular addressins
  expression, **64:**149
  lymphocyte–HEV interaction, **65:**361–363
  ontogenesis, **64:**164
  in PLNs, **64:**174
  properties, **64:**147
Peripheral T cells, *see* T cells, peripheral
Peripolesis, spontaneous autoimmune thyroiditis and, **47:**442, 447, 469
Peritoneal cavity, localization of CD5 B cells, **55:**299–300
Peritoneum
  B cells, **53:**183–185
  forbidden α/β T cells, **53:**166
  IL-1ra injection, **54:**212
  IL-1ra production by macrophages, **54:**188
  lymphokine production by FcεRI$^+$ cells (murine), **53:**9–14
  T cells, characterization, **53:**173–177
Peroxidase, eosinophil, *see* Eosinophil peroxidase
Peroxidase active site, PHGS-2, **62:**176–177, 187–188
Pertussis toxin, **43:**291–292
  autoimmune side effects, **58:**278
  and G protein-mediated regulation, **58:**260–261
  suppression of cell death, **58:**246–248
PERUN (software), T cell epitope prediction, **66:**82
Peyer's patches
  disassociated cells, studies with, **40:**195–197
  functional anatomy of, **40:**192–195
  immunosenescence and, **46:**236, 237, 251, 252
  lymphocyte homing
    carbohydrate, **44:**362–371
    high endothelial venules, **44:**315, 317, 318
    molecules, **44:**342–347, 353
    into mucosa, **64:**175–177
    regional specificity, **44:**322, 324–329, 334–338, 341
PF, *see* Pemphigus foliaceus
Pf322, *P. falciparum* blood stage, **60:**120–121
PGHS, *see* Prostaglandin endoperoxide H synthase
P-glycoprotein, surface antigens of human leukocytes and, **49:**114–115

pH
  antigen-presenting cells and, **47**:88
  IgE biosynthesis and
    antibody response, **47**:8, 33, 34, 36
    binding factors, **47**:12
  Na+/H+ antiporter, **48**:288
  NK cells and, **47**:263
  spontaneous autoimmune thyroiditis and, **47**:446
Phagocytes, mononuclear, IFN-γ and, **62**:78–80
Phagocytic cells, interaction with IgA, **40**:168–174
Phagocytosis, **38**:361, 392, 393
  adoptive T cell therapy of tumors and, **49**:319, 323, 328
  B cell formation and, **41**:212, 213
  CD23 antigen and, **49**:167
  complement receptor 1 and, **46**:183, 186, 198, 199
  by eosinophils, **39**:208
  hybrid resistance and, **41**:340, 357, 370
  Ir genes and, **38**:94
  leukocyte integrins and, **46**:151, 161, 163, 168
  by mononuclear cells, **38**:363
  of particulate activators
    by human monocytes, **38**:380–382, 392
    by nonelicited murine macrophages, **38**:383, 384
  pore-forming proteins and, **41**:313
  surface antigens of human leukocytes and, **49**:89
  surface changes resulting in, **50**:62–63
  zymosan
    by human monocytes, **38**:363–376
    by nonelicited murine macrophages, **38**:376–380
Phenothiazine, aPL antibodies and, **49**:212, 227
Phenotype
  adoptive T cell therapy of tumors and, **49**:325, 333
    mechanisms, **49**:299–300, 316
    principles, **49**:290, 297
  antinuclear antibodies and, **44**:109, 110
  autoimmune demyelinating disease and, **49**:362–363

autoimmune thyroiditis and
  cellular immune responses, **46**:287, 288, 290
  experimental models, **46**:274, 275
  genetic control, **46**:282
  prevention, **46**:311
B cell, developmentally regulated generation, **55**:301
B cell formation and
  B cell precursors, **41**:192, 201
  Ig genes, **41**:204, 205
  lymphohemopoietic tissues, **41**:187
  NZB mice, **41**:227, 229
  W/W anemic mice, **41**:2a4
CD4 and CD8 molecules and, **44**:266, 277, 279
CD5 B cell and, **47**:120, 122
  malignancies, **47**:124
  physiology, **47**:132, 135, 140, 142
cytotoxicity and, **41**:273, 287
genetically engineered antibody molecules and, **44**:70, 72
helper T cell cytokines and, **46**:111, 123, 126–128, 139
HIV infection and, **47**:384
human B cell, **52**:129–174
  B cell antigen receptor, **52**:136–138
    Ig complex, **52**:136–138
    proteins associated with Ig complex, **52**:138
  non-Ig B cell surface antigens, **52**:138–174
    antigens of plasmacytes, **52**:174
    clustered antigens of B cells, **52**:140–164
  non-Ig nonclustered antigens, **52**:164–174
    adhesion molecules, **52**:166–168
    B7/BB1, **52**:168–169
    cytokine receptors on B cells, **52**:169–173
    HLA class II molecules, **52**:164–166
    plasmacyte, **52**:174
  non-Ig nonclustered antigens, other, **52**:173–174
    Bgp 95, **52**:173
    CK226 antigen, **52**:173
    IgM-binding protein (Fcμ receptor), **52**:173

hybrid resistance and, **41**:338, 374, 382, 400, 401
IgE biosynthesis and, **47**:10, 12
Ig gene superfamily and, **44**:24, 29, 48
Ig heavy-chain variable region genes and, **49**:24
immunosenescence and, **46**:252
Ir genes and, **38**:61–64
  antigen binding, **38**:115
  cross-reactive lysis, **38**:186, 187
  immunodominance, **38**:181
  T cells
    cytotoxic, **38**:163, 165, 167, 178
    interaction, **38**:159
    repertoire suppression, **38**:151, 152
  tolerance, **38**:125
leukocyte integrins and, **46**:174–176
lymphocyte homing and, **44**:321
murine lupus models and, **46**:64, 82, 94
NK cells and, **47**:292, 298, 302
  cell-mediated cytotoxicity, **47**:195
  differentiation, **47**:229, 231–233
  effecter mechanisms, **47**:246, 260, 264
  genetic control, **47**:223
  hematopoiesis, **47**:274–277
  identification, **47**:197–199
  malignant expansion, **47**:226–228
  reproduction, **47**:271
  surface, **47**:199–214
  tissue distribution, **47**:220
SCID and, **49**:381–385, 387, 391
  lack of stem cell engraftment, **49**:396–397
  posttransplant immunocompetence, **49**:400
  T cell-depleted bone marrow, **49**:394–395
spontaneous autoimmune thyroiditis and, **47**:435–437
  disturbed immunoregulation, **47**:470
  genetics, **47**:484, 488
surface, murine CD5 B cell, **55**:306, 308–309
surface antigens of human leukocytes and, **49**:101
T cell activation and, **41**:1, 7, 28
T cell development and
  cellular selection within thymus, **44**:254
  ontogeny, **44**:220, 221

thymocyte subpopulation, **44**:225, 229–232, 235, 237–244
T cell subsets and
  cell surface molecules, **41**:49, 50
  H-2 alloantigen recognition, **41**:84, 87, 88
  H-2 molecules in thymus, **41**:96
  H-2-restricted antigen recognition, **41**:60, 69, 73
Phenotypic selection, germinal centers, **60**:280
Phenylalanine, CTL and, **41**:162, 166
Phenylbutazone, **62**:186
Phenylenediamine mustard, in cancer treatment, **56**:329, 331
2-Phenyl-4,4,5,5-tetramethyllimidazoline-3-oxide-1-oxyl, interaction with NO, **60**:340
Philadelphia chromosome, **38**:245
Phorbol esters
  adoptive T cell therapy of tumors and, **49**:307
  B cell formation and, **41**:22a
  CD4 molecules and, **44**:296
  CD23 antigen and, **49**:151, 172
  cell-mediated killing and, **41**:14–19, 24, 26
  complement receptor 1 and, **40**:199
  complement receptor 2 and, **46**:208
  Ig gene superfamily and, **44**:34, 41
  IL-1 and, **44**:174–176
  leukocyte integrins and, **46**:162, 163, 165–169
  T cell activation, **48**:258–260
  T cell development and, **44**:236, 243
Phorbol myristate acetate, **48**:234
  autoimmune thyroiditis and, **46**:296
  CD4 and CD8 molecules and, **44**:268, 269 298, 301
  CD5 B cell and, **47**:125, 126, 141
  immunosenescence and, **46**:224, 226, 228, 230
  leukocyte integrins and, **46**:168
  T cell activation and, **41**:8, 9, 11, 12, 14, 19
    gene regulation, **41**:28, 30
    receptor-mediated signal transduction, **41**:20, 22, 23, 25
  T cell development and, **44**:226, 227, 229, 237, 241
Phosphatases
  hematopoietic cell, role in cytokine signaling, **60**:25–26
  T cell, signal transduction, **48**:284

Phosphates
  CTL and, **41**:153
  T cell activation and, **41**:16, 24
Phosphatidic acid, aPL antibodies and, **49**:194, 236–237, 242, 248
Phosphatidylcholine
  aPL antibodies and, **49**:259
    biochemistry, **49**:194, 196–197
    LA antibodies, **49**:242–246
    specificity, **49**:234–237, 248, 251
  cytotoxicity and, **41**:275, 276
  IL-1 and, **44**:175, 176, 185
Phosphatidylethanolamine, aPL antibodies and
  biochemistry, **49**:194, 196–197
  clinical aspects, **49**:202
  LA antibodies, **49**:242–248
  specificity, **49**:236–237, 251–252
Phosphatidylinositol
  aPL antibodies and, **49**:194, 229, 251
    LA antibodies, **49**:242–243, 246
    specificity, **49**:236–237
  B cell formation and, **41**:197, 198, 202, 222, 239
    bone marrow cultures, **41**:215, 216
  leukocyte integrins and, **46**:171
  neutrophil
    cell activation and, **39**:122–124, 130
    G proteins and, **39**:119–120
  transfer of GlcNAc from UDP-GlcNAc, **60**:64–70
Phosphatidylinositol biphosphate, T cell activation and, **41**:15, 16, 23, 25
Phosphatidylinositol 4,5-biphosphate, **48**:228
  neutrophil
    amplification and, **39**:123–124
    metabolism, **39**:122–123
    phospholipase C and, **39**:122, 124–125
  T cell antigen receptor–CD3 complex
    Ca^{2+} response, **48**:262–265
    hydrolysis, **48**:262–265
Phosphatidylinositol-4,5-biphosphate kinase, **48**:253
Phosphatidylinositol 3-kinase, **54**:368–369; **61**:167; **63**:144, 149–154, 171
  activation, **61**:168–171
  B cell antigen receptor-induced activation, **55**:241–243
  cytokine-induced activity, **60**:15
  downstream effectors, **61**:171–173

pathway, IR-2R-induced activation, **61**:167–173
  phosphorylation, **61**:28
  signal transduction, **59**:263
Phosphatidylinositol 4-kinase, as $p56^{lck}$ target in T cell signaling, **56**:160
Phosphatidylinositol phospholipase C
  bacterial, **60**:60
  resistance of GPI anchor, **60**:61
Phosphatidylinositol-specific phospholipase, B cell formation and, **41**:198, 214, 215
Phosphatidylinositol-specific phospholipase C
  bacterial, **60**:60
  regulators of complement activation and, **45**:399
  resistance of GPI anchor, **60**:61
Phosphatidylserine, aPL antibodies and, **49**:194, 259
  affinity purification, **49**:229–231
  antibody subsets, **49**:232
  clinical aspects, **49**:201, 204
  specificity, **49**:236, 240, 242–248, 251
Phosphodiesterase type IV inhibitors, **64**:331
Phosphodiester groups, aPL antibodies and, **49**:235, 237, 240, 248
Phosphoinositide, **48**:228
  hydrolysis, **48**:253–254
    mast cell-specific receptor, **43**:290–293
    G protein role, **43**:291–292
    inositol phosphate role, **43**:292
    protein kinase role, **43**:292–293
  role in signal transduction, **54**:418–419
  turnover, T cell, **48**:258–265
    direct measurements, **48**:260
    secondary messenger formation, **48**:253–265
Phosphoinositide cycle, **48**:253–255
Phosphoinositide 3-kinase, **62**:133–135
Phosphoinositide kinase type I, **48**:253
Phosphoinositide kinase type II, **48**:253
Phosphoinositide-specific phospholipase, **48**:256–258
  function, **48**:256–257
  G protein, **48**:266
  inositol l-monophosphate, **48**:253
  lymphocyte, **48**:256
  multiple forms, **48**:256
  regulation, **48**:257–258
  structure, **48**:256–257

Phospholipase
  action of, **65**:122
  aPL antibodies and, **49**:235, 239, 246, 251
  B cell antigen receptor-induced activation of, **55**:234–238
  B cell formation and, **41**:198, 216, 239
  cytotoxicity and, **41**:300, 314
  IgE biosynthesis and
    antibody response, **47**:39
    binding factors, **47**:18, 24–26, 28
  NK cells and, **47**:249
  SCID and, **49**:386
  surface antigens of human leukocytes and, **49**:111
Phospholipase A, cytolysis and, **41**:275, 276
Phospholipase A2, pore formers and, **41**:314–316
Phospholipase C
  activation, **54**:365–367
  IgR complex to, **54**:366
  immunosenescence and, **46**:223
  leukocyte integrins and, **46**:171
  neutrophil
    amplification and, **39**:124, 132–134
    G proteins and, **39**:119–120, 122
    phosphoinositide turnover and, **39**:124
    PIP_2 content and, **39**:122, 124–125
Phospholipase Cγ1, as p56^{lck} target in T cell signaling, **56**:159
Phospholipase Cγ2, phosphorylation, **61**:28
Phospholipids
  aPL antibodies and, see Antiphospholipid antibodies
  cytotoxicity and, **41**:276, 300, 302, 303
    pore formation, **41**:314, 315, 318
  IgE biosynthesis and, **47**:26
  immunosenescence and, **46**:223
  T cell activation and, **41**:15–19
Phosphomannan polysaccharide, **65**:356
Phosphoprotein phosphatases, **63**:164–167
Phosphorylation, **52**:62, see also Tyrosine phosphorylation
  antigen-presenting cells and, **47**:101
  antinuclear antibodies and, **44**:115, 120, 124
  autoimmune thyroiditis and, **46**:267
  CD4 and CD8 molecules and, **44**:269, 296, 300
  CD23 antigen and, **49**:156
  CD45, **66**:53–54
  complement receptor 1 and, **46**:187, 199
  complement receptor 2 and, **46**:202, 208, 209
  CTL and, **41**:135, 148
  cytoplasmic tail of CD44, **54**:281
  cytotoxicity and, **41**:273
  in Fc receptor-mediated signal transduction
    FcγR, **57**:74–77
    FcεRI, **57**:79–81
  IκB by TNFα, **58**:8
  IgE biosynthesis and, **47**:24
  IL-1 and, **44**:163, 184
  immunosenescence and, **46**:222
  involvement, **52**:90–92
  leukocyte integrins and, **46**:155, 169
  lymphocyte homing and, **44**:356–358
  NF-κB, **65**:15–16
  NF-IL6 activation, **65**:2–3
  possible role, **54**:311–313
  protein kinases, in Fas ligand expression, **60**:298–299
  protein tyrosine, B cell antigen receptor-induced, **55**:231–233
  SCID and, **49**:383
  serine, **48**:270–277
  Src family kinases, **66**:40–41
  surface antigens of human leukocytes and, **49**:117
    adhesion molecules, **49**:86
    antigen-specific receptors, **49**:76–77
    complement components, **49**:92
    receptors, **49**:98–100
  TAM, by Src family protein tyrosine kinases, **58**:127–128, 130
  T cell activation, **41**:4, 16, 18, 19, 23, 24; **48**:269–285
  threonine, **48**:270–277
  transcription factors by DNA-PK, **58**:60–62
Phosphorylcholine
  electrostatic complementarity with antibody McPC603, **43**:10
  immunosenescence and, **46**:248
Phosphorylcholine response, **42**:131
  B cells
    BALB/c mice, **42**:31
    level, **42**:65
    secondary B cell lineage, **42**:70
  bone marrow isolates, **42**:23–26
Phosphotyrosine-binding domain, **61**:161–162
  Ras/MAP kinase cascade, **61**:161–162

Photoactivation, linkage procedure for chemoimmunoconjugates in cancer treatment, **56**:323
Photochemical crosslinking, for lipid A receptor identification, **53**:274–279
PhOX, B cell repertoire and, **42**:71
Physical mapping, V_H locus, **62**:4–7
Physiological abnormalities, IL-1ra blocking, **54**:205
Physiological experiments, implying role for CD44, **54**:296–302
  in hematopoiesis *in vitro,* inhibition by CD44-specific Abs, **54**:299–300
  inhibition of thymocyte progenitor migration, **54**:299
  in lymphocytic migration *in vivo,* **54**:298–299
  relationship to hermes antigen mediating PLN adhesion, **54**:296–298
  signaling through CD44-ligand interactions, **54**:300–302
Phytohemagglutinin, **48**:233; **54**:85
  autoimmune thyroiditis and, **46**:293, 310
  B cell formation and, **41**:198
  CD23 antigen and, **49**:150, 171
  CTL and, **41**:50
  HIV infection and, **47**:390, 398, 399, 401
  hybrid resistance and, **41**:359, 361
  –polyclonal growth of human T cells, **42**:165
  SCID and, **49**:386
  spontaneous autoimmune thyroiditis and, **47**:492
    cellular immune reactions, **47**:452, 455
    disturbed immunoregulation, **47**:470, 471, 473
    genetics, **47**:487
    potential effector mechanisms, **47**:467
  T cell activation and, **41**:8, 14, 22, 26–28
  T cell subsets and, **41**:60, 63
  virus-induced immunosuppression and human immunodeficiency virus, **45**:356–358, 361–363
    measles, **45**:338
PI, *see* Phosphatidylinositol
PID, Ras/MAP kinase cascade, **61**:161
PIG-A, **60**:67–71
PIG-A, **60**:57, 67–72, 80–91
  human class A gene, **60**:57, 67–72
  mutant cells, clonal dominance, **60**:90–91
  and *Pig-a,* **60**:67–72, 93
  responsible for PNH, **60**:80–82
  somatic mutations, **60**:82–89
PIG-B, **60**:73
Pigeon cytochrome c, *see* Cytochrome c
PIG-F, **60**:73
pin-1, and PCD, **58**:258
Pinocytosis, B cell formation and, **41**:212, 213
PIP$_2$, *see* Phosphatidylinositol 4,5-biphosphate
Piroxicam, **62**:184, 186, 201
Pit-1, **63**:381
Pituitary adenoma, **63**:380
Pituitary cells, thymic factor effects on secretion of
  ACTH, **39**:315
  LH, **39**:315
Pituitary gland
  anatomy, **63**:379
  immune system, **63**:377, 433
Pituitary hormone receptors, **63**:393–404, 426–427, 431–432
Pituitary hormones, **63**:379–380, 459, *see also specific hormones*
  assays, **63**:429–430
  autoimmune disease, **63**:420, 425–426, 433
  depletion, chemical, **63**:430
  hyperprolactinemia, **63**:409–410, 430
  immune system, **63**:377–378, 407–408, 433
  in vitro effects, **63**:410–417
  in vivo effects, **63**:404–410
  knockout animals, **63**:430–431
  lymphohemopoietic system
    growth hormone, **63**:386–388, 431–432
    growth hormone receptor, **63**:396–397
    IGF-I, **63**:389–393, 402–404, 431–432
    IGF-II, **63**:417–419
    as lymphohemopoietic growth factors, **63**:431–432
    prolactin, **63**:382–384, 431–432
    prolactin receptor, **63**:394–396
  lymphoproliferative diseases, **63**:426–429
  mutant animals, **63**:430–431
  production, **63**:430
  secretion, **63**:382
  as therapeutic agents, **63**:408, 433
  transgenic animals, **63**:430–431
Placenta
  development, role of IL-6, **54**:32
  major basic protein production, human, **39**:188, 228

Placental lactogens, **63**:379
Plakoglobin, 130-kDa glycoprotein complexed with, **53**:303–305
Plaque-forming cells
  anti-BrMRBC, **55**:315–316
  autoimmune thyroiditis and, **46**:299, 301
  CD5 B cell and
    physiology, **47**:130–132, 137, 139
    surface antigen, **47**:144
  hybrid resistance and, **41**:352
  immunosenescence and, **46**:247, 248, 251
  spontaneous autoimmune thyroiditis and, **47**:446
Plasma
  antigen-presenting cells and, **47**:45, 52, 53
  aPL antibodies, **49**:259
    antibody subsets, **49**:232
    binding to cell membrane, **49**:252
    clinical aspects, **49**:200–202, 206, 224
    isotype, **49**:227
    pathogenic potential, **49**:253–254, 257
    specificity, **49**:240–242, 244–245, 247–248
  CD5 B cell and, **47**:132
  genetically engineered antibodies, **44**:76
  HIV infection and, **47**:408
  IgE biosynthesis and, **47**:4–6, 9, 13
  NK cells and, **47**:267, 268
  regulators of complement activation, **45**:387, 388, 397
  spontaneous autoimmune thyroiditis and
    clinical symptoms, **47**:440
    disturbed immunoregulation, **47**:476, 479–481
    genetics, **47**:488
    humoral immune reactions, **47**:446, 447
    potential effecter mechanisms, **47**:467, 469
Plasmablasts, *In vivo* activated, **52**:213–215
Plasma cell dyscrasias
  amyloidosis, **64**:219, 220–221
  defined, **64**:219
  heavy chain diseases, **64**:219, 220
  MGUS, **64**:219, 220
  multiple myeloma, **64**:219, 242
    adhesion molecules, **64**:246–249
    cell identification, **64**:242–246
    cytokines, **64**:252–260
    IL-6 signal transduction therapies, **64**:260–263
    oncogenic transformation, **64**:249–251

plasmacytomagenesis, **64**:221–242
  chromosomal translocation, **64**:227–229
  pristane-induced, **64**:222–227
  spontaneous, **64**:229–230
  susceptibility and resistance to, **64**:238–242
  transgenic studies, **64**:232–238
  virus infection induced by, **64**:230–232
Waldenström's macroglobulinemia, **64**:219–220
Plasma cells
  distribution, **40**:184–185
  humoral immune response and, **45**:81–83
  lymphocyte homing and, **44**:326, 327, 335, 336
  migration, **53**:247–248
  precursors, mechanisms of homing to mucosal tissues and secretory glands, **40**:204–207
  surface antigens of human leukocytes and, **49**:77, 98, 116
Plasmacyte foci, PALS-associated, **60**:270–271
Plasmacytes, antigens, **52**:174
  PC-1: threonine-specific protein kinase, **52**:174
Plasmacytoma, **64**:219
  adoptive T cell therapy of tumors and, **49**:301, 305
  CD23 antigen and, **49**:153
  cell line, dysregulated expression, **54**:15
  helper T cell cytokines and, **46**:116
  humoral immune response and, **45**:74, 75
  hybrid resistance and, **41**:367, 368
  IL-1 and, **44**:178, 189
  plasmacytoma/hybridoma growth factor, **54**:3
Plasmacytomagenesis, **64**:221–242
  chromosomal translocation, **64**:227–229
  pristane-induced, **64**:222–227
  spontaneous, **64**:229–230
  susceptibility and resistance to, **64**:238–242
  transgenic studies, **64**:232–238
  virus infection induced by, **64**:230–232
Plasmacytosis, polyclonal, Castleman's disease patients, **54**:40–41
Plasma membrane
  antigen-presenting cells and, **47**:51, 68
  antinuclear antibodies and, **44**:109

Plasma membrane (*continued*)
  aPL antibodies and, **49:**193, 197, 204, 212–213
  CD8 molecules and, **44:**273
  complement receptor 1 and, **46:**191, 192, 197, 199
  complement receptor 2 and, **46:**204, 209
  HIV infection and, **47:**393
  IL-1 and, **44:**163, 166, 175, 182, 184, 185
  immunosenescence and, **46:**224, 226, 235
  lymphocyte homing and, **44:**319, 368
  NK cells and, **47:**253
  P-selectin translocation, **58:**356
Plasma membrane glycoprotein, **48:**161–162
Plasmapheresis, for MG, **42:**271
Plasmids, maps of Ig-like loci and, **46:**4
Plasmin, lymphocyte homing and, **44:**347, 348, 358
Plasminogen, activation, **66:**241
Plasminogen activator
  NK cells and, **47:**254
  tissue PA, **46:**166
Plasmodium, sporozoite malaria vaccine and, **45:**296, 297, 299
Plasmodium berghei, **54:**36
  rodent malaria model, **60:**108–111
  sporozoite malaria vaccine and
    CS-specific T cells, **45:**308, 309
    immunity, **45:**285–290
    interferon-γ, **45:**302, 306
Plasmodium falciparum, **54:**36
  CS-specific T cells, **45:**308–311
    endemic areas, **45:**315, 316
    human trials, **45:**313
    immunity, **45:**285, 286, 288, 290, 292
    interferon-γ, **45:**306
  MAP candidate vaccines, **60:**112–122
  sporozaite malaria vaccine and, **45:**283, 317, 320–322
  synthetic T and B cell sites and, **45:**229, 258
  T cell receptor and, **45:**143
Plasmodium malariae
  response to MAP [(NAAG)₆]₈, **60:**123
  sporozoite malaria vaccine and, **45:**283, 293, 294, 297
Plasmodium vivax
  circumsporozoite protein-based vaccines, **60:**122–123
  sporozoite malaria vaccine and, **45:**283
    CS proteins, **45:**297–299, 317, 318

  CS-specific T cells, **45:**308–310, 313
  immunity, **45:**286, 288, 292
  interferon-γ, **45:**302
Plasmodium yoelii, **54:**36
  MAP immunogenicity, **60:**111–112
Plastomycytosis, polyclonal, in patients with Castleman's disease, **54:**40–41
Platelet-activating factor, **51:**352
  attracting myeloid cells, **58:**381
  CD23 antigen and, **49:**154, 159–161
  as eosinophil-derived lipid mediator, **60:**190–191
  eosinophil receptors for, **60:**185–186
  IL-1 and, **44:**166, 171, 187
  induced neutrophil infiltration, **60:**176
  inducing granule protein release, **60:**207
  as neutrophil receptor, **39:**96–98
Platelet-derived growth factor, **48:**308; **62:**268
  Ig gene superfamily and, **44:**39, 44, 45
  IL-1 and, **44:**153, 158, 164, 168, 169
  IL-6 production and, **66:**128
Platelet-derived growth factor receptor, genes, and c-*kit*, evolutionary relationship, **55:**9–10
Platelet factor 4
  biological effects on neutrophils, **55:**115
  chemical properties, **55:**97, 99–100
Platelet neutralization procedure, aPL antibodies and, **49:**202, 244
Platelets
  aggregation, PGHS-1, **62:**200–201
  aPL antibodies and, **49:**193, 197
    affinity purification, **49:**231
    binding to cell membranes, **49:**251–252
    clinical aspects, **49:**200, 202–203, 213
    pathogenic potential, **49:**254–257
    specificity, **49:**239, 241–242, 244–246
  CD23 antigen and, **49:**161, 167
  contact activation system, **66:**244
  Fc receptors on, **40:**68
  gpIIb-IIIa integrin, **54:**309
  IgE, **43:**306–307
  IL-1 and, **44:**153, 167
  SCID and, **49:**382
  surface antigens of human leukocytes and, **49:**85–86, 88
cis-Platinum, *see* Cisplatin
Platinum compounds, in cancer treatment, **56:**329, 332

Pleckstrin homology domain, Btk, **59**:182–183, 185, 187–189, 191
Pleiotropic effects, TGF-β
  IL-4, **52**:179–181
  IL-6, **52**:184
  IL-10, **52**:181–182
Pleiotropy
  LIF, OSM, CNTF, and IL-6, **53**:44–47
  reduction by compartmentalization, **50**:163–165
    IL-2 bioavailability, **50**:164
    IL-2 production, **50**:163–164
    IL-2 responsiveness, **50**:164–165
PLNs, see Peripheral lymph nodes
Pmel17, **62**:229, 235
PML domains, **63**:202
pml gene, **63**:202, 203
PMN leukocytes, see Neutrophils
Pneumococcus polysaccharide, **48**:28
Pneumonia, **59**:397–398
  bacterial
    Legionella pneumophila, **59**:398
    Listeria monocytogenes, **59**:398
    Mycobacterium tuberculosis, **59**:379, 383, 398–402
    Streptococcus pneumonia, **59**:395–396
  fungal, **59**:397–406
    Cryptococcus neoformans, **59**:402–405
  streptococcal, **59**:395–396
  viral
    influenza virus, **59**:406–408
    respiratory syncytial virus, **59**:406–408
PNH, see Paroxysmal nocturnal hemoglobinuria
P nucleotides, **58**:36–38
  as V(D)J recombination product, **56**:56–58
Pocket specificity profiles, quantitative matrices and, **66**:74–76
Pokeweed mitogen
  activation of B cells and, **40**:13
  B cells responsive to, **40**:20, 23–29
  complement receptor 1 and, **46**:200, 201
  hybridomas and, **38**:297, 298
  virus-induced immunosuppression and
    HIV, **45**:356, 362
    measles, **45**:340–342, 346
polβ, **61**:303–304
Polarity
  cytolytic mechanisms and, **41**:273–275, 282
  T cell subsets and, **41**:41

Poliovirus type II, mouse infection, anti-Id antibodies as vaccines against, **39**:283
Polyacrylamide gel electrophoresis, two-dimensional, HLA class II, **48**:114–116
  silver staining, **48**:116
  theoretical limitations, **48**:116
Polyadenylation
  complement receptor 1 and, **46**:184
  regulators of complement activation and, **45**:407, 408
Poly(ADP-ribose) polymerase, switch recombination, **61**:110
Polyamine metabolism, **48**:288–290
  ornithine decarboxylase, **48**:289–290
Polyarthritis, agammaglobulinemia, **59**:146
Polyclonal activators, **52**:195–199
  IL-2, **52**:195–196, 196–198
  other stimulatory cytokines, **52**:198–199
  transforming growth-factor is, **52**:199
Polyclonal B cell activation, **52**:185–195
  activated T cell induction of, **52**:191–193
  anti-CD40, **52**:188–191
  antigen receptor, **52**:185–188
    anti-Igs, **52**:185–188
      inhibitory effects, **52**:186–187
      stimulatory effects, **52**:185–186
    Branhamella catarrhalis and others, **52**:188
    Staphylococcus aureus Strain Cowan, **52**:187–188
  Epstein-Barr virus, **52**:193–195
  virus-induced immunosuppression and, **45**:356, 357, 362
Polyclonal plasmacytosis, in patients with Castleman's disease, **54**:40–41
Polyclonal stimulation, **42**:19–22
Polycomb group, **63**:241
Polyglutamatic acid, anthracycline–antibody conjugation role in cancer treatment, **56**:338
Polyinosinic:polycytidylic acid, hybrid resistance and, **41**:371–372, 388–390
Poly(L-lysine), synthetic T and B cell sites and, **45**:198, 199
Polymerase chain reaction
  autoimmune demyelinating disease and, **49**:357, 368
  Ig heavy-chain variable region genes and, **49**:27, 35–36
  leukocyte integrins and, **46**:175, 176
  quantitative techniques, **54**:137

Polymeric antigens, and IgE responses, **52:**289–290
Polymeric Ig receptor, **65:**249
Polymerization
 aPL antibodies and, **49:**230
 CD23 antigen and, **49:**168
 cell-mediated killing and, **41:**290, 292–295, 298
 complement components and, **38:**234
 genetically engineered antibody molecules and, **44:**79
 IL-1 and, **44:**179, 183
 Ir genes and, **38:**35, 37
 membrane attack complex of complement and, **41:**304, 305, 309, 311
Polymers, size-fractionated: Dintzis model, **52:**288–289
Polymorphism
 autoimmune demyelinating disease and, **49:**365, 368–369
 B cell formation and, **41:**193, 197, 223, 224, 229
 CD1 proteins, **59:**46–47
 complement components and, **38:**206, 236
  of C2, **38:**208, 209
  of C4, **38:**223, 225, 229–231
  of C4b-binding protein, **38:**204
  of Factor B, **38:**207–209, 227
  restriction fragment length, **38:**215, 216
 CTL and, **41:**135–137, 169
  amino acid, **41:**158–163, 165
  exon shuffling, **41:**141, 142
  HLA class I antigens, **41:**151
  mAbs, **41:**158, 165
 hybrid resistance and, **41:**367, 400, 401, 405
 Ig heavy-chain variable region genes and, **49:**1–3
  J$_H$ Segments, **49:**34
  V$_H$ families, **49:**9, 17–18, 20–21
  V$_H$ gene expression, **49:**41, 48
  V$_H$ gene segments, **49:**21–28
 Ir genes and, **38:**190
  cytotoxic T cells, **38:**169
  gene function, **38:**93
  Ia molecules, **38:**68
  T cell repertoire, **38:**145
 maternally transmitted antigen, **38:**336, 347

 regulators of complement activation and, **45:**388, 396, 407
 sporozoite malaria vaccine and, **45:**311–313
 surface antigens of human leukocytes and, **49:**80–81, 92
 synthetic T and B cell sites and, **45:**229
 TAP, **65:**71–75
 T cell receptor, **38:**16; **45:**108
  alloreactivity, **45:**149, 154, 156
  homogeneity, **45:**129
  MHC molecules, **45:**112, 115–117
  peptides, **45:**132
  residues, **45:**157–162
  structure-function relationships, **45:**140
  T cell repertoire, **45:**162, 167
 T cell subsets and
  cell surface molecules, **41:**41, 44–47
  H-2 alloantigen recognition, **41:**182, 183
  H-2-restricted antigen recognition, **41:**58, 59, 62
 V$_H$ gene segments, **49:**22–27
 V$_H$ locus, **62:**8–9
Polymorphism analysis, **48:**114
Polymorphonuclear leukocytes, *see* Neutrophils
Polymyositis, antinuclear antibodies and, **44:**118–120
 autoantibodies, **44:**137
 autoimmune response, **44:**131, 132
 mixed connective tissue disease, **44:**111
 scleroderma, **44:**124
 Sjögren's syndrome, **44:**112, 113
 SLE, **44:**97, 109
Polypeptide chain, AChR, **42:**238
Polypeptides
 antigen-presenting cells and, **47:**82, 88
 antinuclear antibodies and, **44:**120
  autoantibodies, **44:**127
  autoantigen, **44:**129, 131
  autoimmune response, **44:**135
  scleroderma, **44:**121, 123, 124
  SLE, **44:**101
 autoimmune thyroiditis and, **46:**272
 B cell formation and, **41:**190
 CD4 and CD8 molecules and, **44:**298
  CD4 molecular biology, **44:**284–287
  CD8 molecular biology, **44:**270–275, 277–280, 284
 CD5 B cell and, **47:**142

SUBJECT INDEX

cell-mediated killing and, **41**:291, 292, 298, 313
complement receptor 1 and, **46**:184
complement receptor 2 and, **46**:204
CTL and, **41**:168
cytolysis and, **41**:276, 279, 285
cytotoxicity and, **41**:309, 319
genetically engineered antibody molecules and
  cloning, **44**:73
  expression, **44**:79
  fusion proteins, **44**:85, 86
  production, **44**:67–69
helper T cell cytokines and, **46**:124
IgE biosynthesis and, **47**:17–19, 34
IL-1 and, **44**:153
  human disease, **44**:193
  receptor, **44**:180, 183
  structure, **44**:155
  TNF, **44**:185, 186
IL-5, molecular structure, **57**:149–151
immunosenescence and, **46**:229, 230
Ir gene control and, **38**:46–50
leukocyte integrins and, **46**:153, 156
lymphocyte homing and, **44**:342, 371
maps of Ig-like loci and, **16**:2, 16
  structure, **46**:7, 12, 20
  T cell receptor, **46**:35, 41–43
NK cells and, **47**:202, 203, 208, 213
pore formers and, **41**:316, 317
regulators of complement activation and, **45**:392, 405
sporozoite malaria vaccine and
  CS proteins, **45**:294, 295, 300
  human trials, **45**:315
  Plasmodium vivax, **45**:318
surface antigens of human leukocytes and, **49**:92, 94, 101, 112–113, 115
synthetic T and B cell sites and
  bacterial antigens, **45**:238
  prediction, **45**:251
  vaccine, **45**:253, 255
  viral antigens, **45**:221, 224
T cell activation and, **41**:10, 17, 23
T cell receptor and
  accessory molecules, **45**:109
  antigen processing, **45**:120
  homogeneity, **45**:130
  MHC molecules, **45**:112
  T cell repertoire, **45**:165
T cell subsets and, **41**:41, 43, 50, 51, 75

Polyperforin 1, cytotoxicity and, **41**:280, 289
Polyperforin 2, cytotoxicity and, **41**:280
Polyphosphomonoester, lymphocyte homing and, **44**:356–363, 370
Polyps, nasal, endothelial adhesion of eosinophils, **60**:167–168
Polyribosomes, B cell formation and, **41**:183
Polysaccharides
  CD23 antigen and, **49**:162
  lymphocyte homing and, **44**:320, 356, 357, 362
  surface antigens of human leukocytes and, **49**:87
Poly-2-vinylpyridine-*N*-oxide, hybrid resistance and, **41**:371
POMC, **61**:371
Population dynamics, B cell formation and, **41**:205–208
Population studies, RA susceptibility, **56**:425–427
Pore formation, cytotoxicity and, **41**:313–320
Pore-forming protein, *see* Perforin
Positional cloning, X-linked agammaglobulinemia gene, **59**:165–169
Position specific antigens, leukocyte integrins and, **46**:153
Positive selection
  CD4$^+$8$^+$ cells, **58**:158–159
  definition, **59**:105, 110
  discovery, **59**:109–113
  epithelial cells, **59**:120–121
  genetically manipulated animals, **59**:113–118
  inducing cells, **58**:164–165
  ligand for, **59**:122–128
  ligands, **58**:160–164
  mechanism, **51**:175–189
    functional divergence, **51**:186–189
    ligands and receptors in positive selection, **51**:178–180
    molecular basis of four-way
      CD4 vs CD8 down-regulation, **51**:185–186
      developmental choice, **51**:180–186
      positive vs negative selection, **51**:180–183
    signaling pathways that control positive selection, **51**:183–185
    vs two kinds of death, **51**:175–177

Positive selection (*continued*)
  thymocytes, **59**:99–129
  vs negative selection, **51**:180–183
  vs two kinds of death, **51**:175–177
Post-translational modification
  antinuclear antibodies and, **44**:131
  lymphocyte homing and, **44**:370
  role in class I assembly and transport, **52**:59–62
    glycosylation, **52**:59–61
    palmitylation, **52**:61–62
    phosphorylation, **52**:62
  T cell development and, **44**:241
Post-translational processing event, **48**:123
Post-transplant lymphoproliferative disorder, **54**:35–36
Potassium, cytotoxicity and, **41**:294, 318
Potassium channels, **48**:287–288
Poxviruses
  homologs, **61**:10
  virulence factors, **63**:308–309
Praomys, autoimmune thyroiditis and, **46**:273, 275
Prasnitz-Kustner reaction, genetically engineered antibody molecules and, **44**:68
PRE2, **64**:20
PRE3, **64**:20
Pre-B cells, *see* B cells, pre-B cells
Precipitation
  epitope, **48**:23
  segmental flexibility, **48**:23–24
Precursor cells, HIV infection and, **47**:395–397
Precursor peptides, to be GPI anchored, **60**:61–63
Prednisolone, IBD and, **42**:318–319
Prednisone
  aPL antibodies and, **49**:223
  MG and, **42**:272
  prostaglandin synthesis and, **42**:312–313
Pregnancy
  alloimmunization, human, anti-HLA antibodies and, **39**:281–282
  idiotypic network, **39**:281–282
  and IL-10, **56**:17
  and preterm delivery, IL-1ra effects, **54**:216–217

  rheumatoid arthritis remission during, **56**:431
Pregnancy zone protein, **38**:234, 236
PRE-I, **65**:18–19
Preimmune repertoire, self-tolerance checkpoints, **59**:281–319
Prekallikrein, **66**:225
  activation, **66**:249
  function, **66**:236
  properties, **66**:226, 229
  structure, **66**:229
Pre-pre B cells, **43**:237
Preproenkephalin, helper T cell cytokines and, **46**:112, 116
Pre-T cell receptor α, **62**:42, 44
Pre-T cells, endothelium and migration of to thymus, **50**:275
Preterm delivery, IL-1ra effects, **54**:216–217
Primary amyloidosis, **64**:219, 220–221
Primary antiphospholipid syndrome, **49**:257–259
  clinical aspects, **49**:209, 219, 221–222
  isotype, **49**:225–226
Primary B cell repertoire, antiidiotypic recognition and, **42**:51–62, *see also* B cell repertoire expression
Primary biliary cirrhosis, antibodies to self-antigens from human donors, **57**:244–245
Primate lentiviruses, phylogenetic tree, **52**:444
Primates, antibodies derived from, **57**:231–232
Priming
  adoptive T cell therapy of tumors and, **49**:308–310, 321, 325, 329–332
  antigen-presenting cells and, **47**:65, 68, 71–73, 75, 80
    T cells, **47**:82, 83, 85, 86, 94
    tissue distribution, **47**:56
  autoimmune demyelinating disease and, **49**:370
  CD5 B cell and, **47**:137, 139
  hybrid resistance and, **41**:370
  IgE biosynthesis and
    antibody response, **47**:6, 29, 30, 32, 33, 36–39
    binding factors, **47**:14, 22–24, 26, 28
  T cell subsets and, **41**:72, 74, 100
Primordial germ cells, LIF effects, **53**:34–35

Pristane
  arthritis induction by, **64**:289
  plasmacytoma induction by, **64**:222–227
Pro-B cells, *see* B cells, pro-B cells
Probes, of T cell proliferations, **40**:268–269
Procainamide, antinuclear antibodies and, **44**:109, 111
Procarbazine serum, hybrid resistance and, **41**:350
Programmed cell death, *see* Apoptosis
Proinflammatory cytokines, **64**:291–294
  IL-6 effects, **54**:27–28
Prokaryotes, maternally transmitted antigen and, **38**:348
Prolactin, **63**:379–380
  activation of Jak2, **60**:7
  expression, **63**:381–384
  gene regulation, **63**:400
  hyperprolactinemia, **63**:380, 430
  immune system, **63**:377–378
  lymphohemopoietic system, **63**:382–384, 431–432
  regulation, **63**:381–384
  secretion, **63**:382
  structure and physiology, **63**:380–381
  in women, **63**:380, 400, 409
Prolactinoma, **63**:380
Prolactin receptor, **48**:180–181; **63**:394–396, 396–401
  NK cell, **48**:180
Proliferating cell nuclear antigen, antinuclear antibodies and, **44**:94
  autoantigen, **44**:130
  autoimmune response, **44**:131, 134, 135
  SLE, **44**:95–97, 106–108
Proliferation
  adoptive T cell therapy of tumors and, **49**:283, 334–335
    antigen recognition, **49**:319, 321
    expression of antitumor responses, **49**:325–330
    mechanisms, **49**:300, 302, 304
    principles, **49**:289–290, 294, 298
  autoimmune demyelinating disease and, **49**:359–360, 362, 364–366, 370
  B cell formation and, **41**:183, 184, 186, 187
    B cell precursors, **41**:192, 200, 202
    bone marrow cultures, **41**:210, 212
    genetically determined defects, **41**:225, 229, 231, 232, 234

  inducible cell line, **41**:220
  population dynamics, **41**:205–207
  B cells, **40**:6
    antibody response and, **40**:7–12
  B cell subpopulations, **53**:127–130
  cytotoxicity and, **41**:269
  hybrid resistance and, **41**:384, 390, 391, 397
    bone marrow cells, **41**:335, 336, 338, 340, 349
    lymphoid cells, **41**:352, 353
  long-term, pro- and pre-B cells, **53**:131–136
  SCID and, **49**:384–387, 390–391, 400
  stem cell factor receptor–ligand interaction in, **55**:39–40
  T cell activation and, **41**:1, 6, 7, 9, 10, 12–15, 26
  T cell clone, **58**:126–127
  T cells, **51**:106–110
    anergy, **51**:109–110
    growth, **51**:106–109
  T cell subsets
    H-2 alloantigen recognition, **41**:85, 86, 88, 92
    H-2-restricted recognition of antigen, **41**:51, 52, 60, 62–66, 70, 72
Pro-MCP, **61**:216
Promonocytes, hybrid resistance and, **41**:371
Promoters
  CD23 antigen and, **49**:166–167
  Ig heavy-chain variable region genes and, **49**:53–56, 61
  OTF2, **49**:55
  PGHS-1 and PGHS-2, **62**:192–196
Promyelocytic leukemia cells, hybrid resistance and, **41**:348
Proopiomelanocortin, **48**:172–173
Properdin, **61**:207, 241–245
  sporozoite malaria vaccine and, **45**:296
Propionylsalicylate, **62**:187
Prostacyclin
  aPL antibodies and, **49**:253, 255
  IL-1 and, **44**:160
Prostaglandin binding sites, **52**:399–401
Prostaglandin E, release, Fc fragments and, **40**:103–106
Prostaglandin E_2, **59**:376; **62**:198; **63**:57–58
  action of, **65**:124–125
  CD40 expression, **61**:98

Prostaglandin E_2 (continued)
    production by RAW 264.7 cells,
        60:349–350
Prostaglandin endoperoxide H synthase,
        62:192
    cellular and physiologic action of PGHS,
        62:196–200
    future work, **62**:201–202
    membrane-binding domain, **62**:172–173
    NSAIDs, **62**:184–187
    pathophysiologies, **62**:200–201
    regulation of gene expression, **62**:188–196
    structure–function relationships,
        62:169–178
Prostaglandin endoperoxide H synthase-1
    catalysis by, **62**:178–188
    cellular and physiologic action, **62**:196–200
    future work, **62**:201–202
    gene structure, **62**:192
    mangano-heme PGHS-1, **62**:188
    NSAIDs, **62**:184–187
    pathophysiology, **62**:200–201
    platelet aggregation, **62**:200–201
    promoters, **62**:192–196
    prostanoid production, **62**:196–199
    regulation of gene expression, **62**:188–189
    structure–function relationship,
        62:169–178
Prostaglandin endoperoxide H synthase-2
    catalysis by, **62**:178–188
    cellular and physiologic action, **62**:196–200
    cyclooxygenase active site, **62**:174–176
    future work, **62**:201–202
    gene structure, **62**:192
    inflammation, **62**:201
    NSAIDs, **62**:184–187
    pathophysiology, **62**:200, 201
    peroxidase active site, **62**:176–177,
        187–188
    promoters, **62**:192–196
    prostanoid production, **62**:199–200
    regulation of gene expression, **62**:188–196
    structure–function relationship,
        62:169–178
    trypsin cleavage sites, **62**:174
Prostaglandin E synthase, **62**:198
Prostaglandin G, **62**:174
Prostaglandin H_2, **62**:198
Prostaglandin I_2 synthase, **62**:200

Prostaglandins
    adoptive T cell therapy of tumors and,
        49:287
    B cell formation and, **41**:208, 236
    CD23 antigen and, **49**:160
    hybrid resistance and, **41**:360, 387
    IBD and, **42**:310–315
    IL-1 and
        biological effects, **44**:165, 166, 168
        gene expression, **44**:160, 161
        human disease, **44**:193, 195
        TNF, **44**:186–188
    NK cells and, **47**:250, 257
    production by IL-1ra, **54**:201
    SCID and, **49**:384
    and thromboxane, **51**:347–352
        biological activities, **51**:347
        measurements of prostanoids in
            biological fluids, **51**:349
        pharmacological modulation
            airway hyperresponsiveness,
                51:351–352
            airway tone and acute asthmatic
                response, **51**:350–351
            prostanoid action, **51**:350–352
        potency, **51**:347–349
        prostanoids and airway
            hyperresponsiveness, **51**:349
        synthesis and metabolism, **51**:347
Prostanoids, **62**:167, 168, 196–200
    action, pharmacological modulation,
        51:350–352
    airway hyperresponsiveness, **51**:351–352
    airway tone and acute asthmatic
        response, **51**:350–351
    and airway hyper-responsiveness, **51**:349
    measurements of in biological fluids,
        51:349
Prostate-specific antigen, **62**:224–225
Protease inhibitors, prevention of DNA
    fragmentation, **58**:252
Proteases, cytotoxicity and, **41**:282, 298
Proteasome inhibitors, **64**:11–12
Proteasomes, **64**:1–3, 8; **65**:15
    20S, **64**:9, 11, 12, 20, 24–25, 30, 105
    26S, **64**:9–11, 21, 25–26, 30, 105–107
    activator protein, **64**:21–24
    cleavage properties, **64**:24–26
    in cytosolic degradation pathwaypathway,
        52:25–28

genes, evolution, **64**:19–21
inhibitors, **64**:11–12
LMP and IFN-γ regulation, **64**:12–14
molecular adaptation, **64**:19–21
structural and catalytic features, **64**:8–11
subunits X/Y, **64**:14–16
subunits Z and MECL1, **64**:16–18
threonine residues, **64**:18–19
Protective immunity, HIV-1 disease, **63**:95–98
Protein antigen presentation, by cultured endothelial cells, **50**:265–266
Protein antigens, **62**:221–225
Proteinases, pulmonary inflammation, **62**:266–267
Protein-binding sites
  B cell-specific, **43**:256
  enhancers containing, **43**:264
  fibroblast-specific site, **43**:256
  heavy and κ chain enhancers, **43**:243–244
  IgE, **43**:281–282
  multiple
    κ enhancer, **43**:250–251
    required, **43**:245–247
    in vitro mapping, **43**:244–245
  NF-κB, **43**:250–251
  nuclear factors, **43**:255
  protein purification, **43**:247
  sequences, **43**:246
  site A, **43**:248
  site B/μE1, **43**:247
  site D, **43**:248
  site E, **43**:247
  switch recombination, **61**:117, 120
    E47/E12, **61**:117
    LR1, **61**:120
    NF-κB/p50, **61**:117, 118–119
    NF-Sμ, **61**:119
    Pax5, **61**:120–122
    Sγ3 regions, **61**:117–118
    Sμbp-2, **61**:119
  switch regions, at or near, **61**:117–122
  in vivo, **43**:243–244
  V$_β$ promoter, **43**:268–269
Protein C, aPL antibodies and, **49**:253–256
Protein–DNA complexes, **58**:56–57
Protein electrophoresis, complement components and, **38**:225
Protein export, mitochondrial, maternally transmitted antigen and, **38**:315

Protein interaction domain, Ras/MAP kinase cascade, **61**:161
Protein kinase, **48**:228
  antigen-presenting cells and, **47**:101
  Ca^{2+}-dependent, **48**:274–275
  CaM-dependent, **48**:274–275
  cAMP-dependent, VIP effect, in lymphocytes, **39**:311
  CD4 molecules and, **44**:296
  CD5 B cell and, **47**:125
  cyclic nucleotide-dependent, **48**: 275–277
  DNA-dependent, *see* DNA-dependent protein kinase
  in Fc receptor-mediated signal transduction
    FcγR, **57**:74–77
    FcεRI, **57**:79–81
  HIV infection and, **47**:382
  IgE biosynthesis and, **47**:26
  IL-1 and, **44**:175, 176, 179, 185
  mitogen-activated, *see* MAP kinase
  NK cells and, **47**:249, 271
  p34^{cdc}, cell cycle regulatory, blockade, **58**:267
  stress-activated, **63**:148
  surface antigens of human leukocytes and, **49**:77, 81, 83, 113
  T cell, signal transduction, **48**:284
  T cell development and, **44**:214, 226
Protein kinase Iα, interaction with CD3/TCR complex, **58**:232
Protein kinase A, inhibition, **63**:51
Protein kinase B, **63**:153–154
Protein kinase C, **48**:79, 270–274; **63**:154–157
  autoimmune thyroiditis and, **46**:296
  B cell formation and, **41**:222
  CD45, **63**:165
  cell-mediated killing and, **41**:296, 297
  complement receptor 1 and, **46**:187, 199
  complement receptor 2 and, **46**:202, 208, 211
  growth hormone, **63**:399
  humoral immune response and, **45**:43
  IL-2 signaling, **63**:171, 172
  in IL-3-dependent cells, **39**:39
  immunosenescence and, **46**:222–227, 230, 235
  isozymes, **54**:371
  leukocyte integrins and, **46**:169

Protein kinase C (continued)
  neutrophil
    activation
      Ca^{2+} and, **39**:130–135
      DAG and, **39**:130–135
      termination of, **39**:131
      metabolism activation by, **39**:128–129
      protein targets of, **39**:129
      translocation, **39**:127–128
      Ca^{2+} role, **39**:128–130
    plasma membrane kinase, **54**:370
    role in phosphoinositide hydrolysis, **43**:292–293
    role in thymocyte apoptosis, **58**:245–246
    signal transduction, **59**:263–264
    T cell activation and, **41**:8, 31
      Ca^{2+}, **41**:15–19
      gene regulation, **41**:28–30
      receptor-mediated signal transduction, **41**:19, 20, 23, 25, 26
    T cell subsets and, **41**:65
    tyrosine kinase, role in IgR-associated transmembrane signaling, **54**:359–364
Protein phosphatase, **48**:283–285
Protein–protein interactions, **43**:81, 265
  buried surfaces, **43**:100–101
  complementarity, **43**:101–103
  conformational changes, **43**:103–105
  free energy, **43**:100
  structural complementarity, **43**:104–105
  thermodynamics, **43**:100
Protein S, **61**:237
Proteins
  adoptive T cell therapy of tumors and, **49**:283, 334–335
    antigen recognition, **49**:319–324
    expression of antitumor responses, **49**:324, 331–332
  antigen-presenting cells and, **47**:46, 64–73, 77
    antigen processing, **47**:87, 88, 90, 91
    cell surface, **47**:60
    immunogeneity, **47**:104
    T cells, **47**:86, 94, 99, 101
  antinuclear antibodies and, **44**:93, 94
    autoantibodies, **44**:125, 127, 137, 138
    autoantigen, **44**:127–131
    autoimmune response, **44**:137, 138
    dermatomyositis, **44**:118–120
    mixed connective tissue disease, **44**:111
    scleroderma, **44**:121, 122, 124, 125
    Sjögren's syndrome, **44**:112, 113, 115
    SLE, **44**:98, 100–106, 108, 109
  aPL antibodies and, **49**:195, 259
    affinity purification, **49**:229–230
    clinical aspects, **49**:200, 203, 213
    pathogenic potential, **49**:253–254, 256–257
    specificity, **49**:239–240, 247–248, 250–252
  autoimmune demyelinating disease and, **49**:369
  autoimmune thyroiditis and, **46**:265, 266, 315, 316
    antigens, **46**:268, 272
    cellular immune responses, **46**:294
    experimental models, **46**:276
  B cell formation and, **41**:205, 216, 239
    B cell precursors, **41**:191, 197, 198
    inducible cell lines, **41**:221, 222
  biosynthesized, targeting to class I processing pathway, **52**:19–21
  CD4 and CD8 molecules and, **44**:265, 266, 297, 298, 303
    CD4 molecular biology, **44**:285, 288–291, 297
    CD8 molecular biology, **44**:271–274, 276–280, 284
  CD5 B cell and, **47**:126
    Ig gene expression, **47**:150, 153, 154, 157
    physiology, **47**:131, 134
    primordial immune network, **47**:160
    surface antigen, **47**:146
  CD23 antigen and, **49**:176
    biological activity, **49**:169, 171
    cellular expression, **49**:152–154
    cleavage regulation, **49**:158
    expression regulation, **49**:160
    FcεRII, **49**:162–165, 167
  complement receptor 1 and, **46**:185, 186, 190, 194, 197, 199
  complement receptor 2 and, **46**:201–203
  CTL and, **41**:135, 148, 153, 154, 159, 165, 168
    cytotoxicity and, **41**:269, 270, 320
    cell-mediated killing, **41**:289–295, 297, 311, 312
    cytolysis, **41**:277–281, 316–319
    mediation, **41**:270–273

membrane attack of complement and, **41**:299, 301, 303, 307, 309–311
small peptides, **41**:314
degradation mediated by ubiquitin-proteasome system, **64**:6–8
entry into class I processing pathway, **52**:13–14
epitopes, **43**:2–4
extracellular matrix, interaction of CD44, **54**:290–291
folding, **43**:83, 100
fusion
  expressing B cell lymphoma and GM–CSF, **58**:435
  L-selectin–IgG, **58**:353, 358–359
genetically engineered antibody molecules and, **44**:89
  antigen-combining sites, **44**:84, 85
  chimeric antibodies, **44**:79, 80, 82, 87
  cloning, **44**:75
  expression, **44**:76, 78
  fusion, **44**:85, 86
  lymphoid mammalian cells, **44**:70
  production, **44**:66–68
GPI-anchored, **60**:57–74, 79
granule
  eosinophil, **60**:191–194, 205–208, 221
  role in DNA fragmentation, **60**:300–301
helper T cell cytokines and, **46**:115, 116, 123
HIV infection and
  activation, **47**:398–402
  etiological agent, **47**:378–382, 384, 385
  immune response, **47**:405–407, 409, 411
  immunopathogenic mechanism, **47**:387, 392, 395
human counterpart of IgR-associated, **54**:356–357
human T cell activation and, **41**:1, 4, 8, 18, 23
  gene regulation, **41**:29, 30
  IL-1 receptor, **41**:13, 14
humoral immune response and
  antigens, **45**:10, 14, 15, 17, 18
  helper T cells, **45**:35
  interleukins, **45**:72, 74, 75
hybrid resistance and, **41**:393
Ig complex-associated, **52**:138
IgE biosynthesis and, I
  antibody response, **47**:2, 3, 11

antibody response suppression, **47**:31, 32, 34, 39
binding factors, **47**:16–18, 20, 22, 24–27
Ig gene superfamily and
  evolution, **44**:43, 44
  homology unit, **44**:5, 6, 8
  MHC complex, **44**:24, 26, 28
  nonimmune receptor members, **44**:30, 31, 34–37, 39–41
  receptors, **44**:10, 11, 14, 16, 17, 21
Ig heavy-chain variable region genes and, **49**:1–3
  D segments, **49**:33
  regulation, **49**:53–57
  V_H families, **49**:6–9, 11, 15, 18
  V_H gene expression, **49**:39, 41, 43, 46, 51
IL-1 and, **44**:154, 155
  biological effects, **44**:164–166
  gene expression, **44**:159–161, 163
  human disease, **44**:192, 194
  immunocompetent cells, **44**:173, 177, 178
  receptor, **44**:179, 182–184
IL-10-related, properties, **56**:3
immunogenicity, **43**:2
immunosenescence and, **46**:222, 223, 227–230, 234
interaction with Ig conserved octanucleotide, **43**:254–255
isoform-specific TGF-β-binding, **55**:199
κB-dependent, inappropriate expression, **58**:17–18
leukocyte integrins and
  inflammation, **46**:164, 165, 169
  leukocyte adhesion deficiency disease, **46**:174, 175
  ligand molecules, **46**:171
  structure, **46**:153, 154, 158, 159
lymphocyte homing and
  carbohydrate, **44**:354, 356, 364, 369, 370
  molecules, **44**:342, 345–349, 351, 353
maps of Ig-like loci and
  MHC, **46**:28–30, 32
  structure, **46**:8, 10, 12, 13, 15, 17, 19
  T cell receptor, **46**:45
molecule, **43**:118
murine lupus models and, **46**:69

Proteins (*continued*)
  naturally occurring, T cell specificity for liner sequences, **43**:198–201
  NK cells and, **47**:284, 287, 291
    cytotoxicity, **47**:252, 255
    effecter mechanisms, **47**:241, 242, 244–246
    lymphokines, **47**:263, 265
    surface phenotype, **47**:203, 205
  octanucleotide, **43**:254–255
  oligomeric, buried surfaces, **43**:101
  oncogenic, **62**:237–238; **64**:65
    recognition by T cells, **58**:420–421
  outer membrane, *Chlamydia*, **60**:136
  posttranslational modification, **64**:169
  regulators of complement activation and, **45**:381–383, 410, 411
    expression, **45**:394–403
    genes, **45**:403, 405, 408
    interactions, **45**:383, 384
    roles, **45**:384–390
    short consensus repeat, **45**:391–394
    utilization, **45**:409, 410
  retroviral, IgE-binding factor, **43**:304
  SCID and, **49**:387
  soluble TGF-β-binding, **55**:199–200
  spontaneous autoimmune thyroiditis and, **47**:462, 476, 479
  sporozoite malaria vaccine and, **45**:319–322
    antibodies, **45**:300
    CS proteins, **45**:292–300
    CS-specific T cells, **45**:306–313
    immunity, **45**:291, 292
    interferon-γ, **45**:306
    Plasmodium vivax, **45**:317, 318
  surface antigens of human leukocytes and, **49**:85, 90, 115–117, 125
    antigen-specific receptors, **49**:76–77, 79
    MHC glycoproteins, **49**:80, 82
  in switch recombination, **54**:239–240
  synthetic T and B cell sites and, **45**:195, 197, 259–264
    antigens, **45**:234
    globular protein antigens, **45**:203–216
    immunological considerations, **45**:201, 202
    parasitic antigens, **45**:228–230
    peptides, **45**:203, 230–232, 237–239
    prediction, **45**:250–252
    vaccine, **45**:255–258
  viral antigens, **45**:218, 219, 221, 223, 227, 228
  T cell development and, **44**:232, 234, 241
  T cell receptor and, **45**:107
    accessory molecules, **45**:110
    alloreactivity, **45**:149
    antigen processing, **45**:118, 119, 124, 125, 127
    epitopes, **45**:143–148
    experimental systems, **45**:131, 132, 137
    homogeneity, **45**:128, 129
    MHC molecules, **45**:117
    peptides, **45**:138, 139
    polymorphic residues, **45**:160
    structure-function relationships, **45**:139
  T cell repertoire, **45**:165, 166
  T cell subsets and, **41**:90, 97, 99
    cell surface molecules, **41**:45–47, 50
    H-2-restriction antigen recognition, **41**:52, 54, 56–58, 62, 70, 74, 75
    T cell receptor, **41**:41–43
  tumor antigens derived from
    abl oncogenes, **57**:296–297
    bcr oncogenes, **57**:296–297
    mutated p53, **57**:295–296
    overexpression role, **57**:299–302
    ras oncogenes, **57**:297–299
    tum⁻, **57**:293–295
  tyrosine phosphorylation, B cell antigen receptor-induced, **55**:231–233
  as V(D)J joining factors
    nonamer-binding, **56**:69–70
    RBP-Jk, **56**:70–71
    recognition protein, **56**:71
    signal-binding, **56**:69
    V(D)J joining protein, **56**:72
  virus-induced immunosuppression and
    HIV, **45**:348, 349, 361–363, 365–367
    measles, **45**:337–339, 346
  virus-produced, **58**:16–17
  ζ and ε
    invariant chains, **58**:127–128
    and structure and assembly of TCR complexes, **58**:121–124
Protein synthesis
  hepatic, cachectin and, **42**:225
  maternally transmitted antigen and, **38**:348

Protein-tyrosine kinase, **59**:178–185, 259–261, 265–266; **63**:51
  activation by B cell antigen receptor
    components, **55**:248, 250–253
    coreceptors, **55**:259–261
    functions, **55**:255–256
    signal initiation model, **55**:256–259
    src family, regulation, **55**:253–255
  adapter molecules, **63**:134, 141–143
  CD23 antigen and, **49**:169
  complement receptor 1 and, **46**:202
  cytoplasmic, **59**:176–185
  developmental expression, **54**:362
  IL-2R activation, **61**:153–159
  lymphoid tissue, **48**:277–280
  phosphorylation, in Fas ligand expression, **60**:298–299
  protein expression, **54**:416
  regulate lymphocyte function, **59**:176–178
  signal transduction, **59**:259–261
  surface antigens of human leukocytes and, **49**:78, 99–100, 113
  T cell, **48**:277–280
    substrates, **48**:281–283
  transforming protein, properties of *v-2bl* and, **37**:76–77
Protein-tyrosine-phosphatase, **63**:164, 198
  calcineurin, **63**:166–167
  CD45, **63**:164–165
  CD45R(0), and T cell apoptosis, **58**:246
  negative regulation of cytokine signaling, **60**:25–26
  PAC-1, **63**:167
  SHPTP2, in cytokine signaling, **60**:26
Protein-tyrosine-phosphatase 1C, **59**:299–300, 308–309; **63**:165–166
Proteoglycans
  cachectin and, **42**:224
  CD44
    binding to β-chemokine, **58**:383
    role in leukocyte–endothelial adhesion, **58**:376–377
  cell-mediated killing and, **41**:298
Proteolipid protein
  autoimmune demyelinating disease and, **49**:362, 374
  multiple sclerosis and, **66**:88, 90
Proteoliposomes, cytotoxicity and, **41**:274, 278, 303

Proteolysis, **52**:22–35; **64**:3
  additional factors in selectivity, **52**:34–35
  antigen-presenting cells and, **47**:66, 87, 88
  in antigen processing, functional evidence, **52**:24–25
  antinuclear antibodies and, **44**:132, 135
  background information, **52**:22–24
  CD5 B cell and, **47**:130, 161
  CD23 antigen and, **49**:156–158, 173
  chemokines, **55**:102–103
  cytotoxicity and, **41**:275, 276, 301, 305
  functional evidence for peptide production in cytosol, **52**:28–29
  functional evidence for proteolysis in antigen processing, **52**:24–25
  genetically engineered antibody molecules and, **44**:66, 86
  IgE biosynthesis and, **47**:16, 17, 20
  IL-1 and, **44**:158, 162, 164, 188, 192
  IL-8, **55**:102–103
  lymphocyte homing and, **44**:320, 354
  NK cells and, **47**:203, 250, 254
  proteasomes in pathway, **52**:25–28
  proteolytic machinery demonstrating selectivity, **52**:30–34
  *ras*GAP, B cell antigen receptor-induced activation, **55**:239–240
  role of class I molecules, **52**:29–30
  spontaneous autoimmune thyroiditis and, **47**:461
  surface antigens of human leukocytes and, **49**:90, 93, 112
  T cell activation and, **41**:18
  T cell subsets and, **41**:53
Prothrombin, aPL antibodies and, **49**:231, 242–243, 248
Prothrombin activator complex, aPL antibodies and, **49**:199, 241
Prothrombin time, aPL antibodies and, **49**:200
Protooncogene, T cell activation, **48**:291–294
Prototypic sequences, Ig heavy-chain variable region genes and, **49**:6–7
Protozoan diseases, **60**:108–124
  multiple antigen peptides as immunogens, **60**:108–124
Protozoan infections, X-linked agammaglobulinemia, **59**:146
Proviruses, **65**:143
  Mtv, **65**:142–146

Provoked imunity, **62**:244
Proximal tubular epithelial cells, CD40
  expression, **61**:14
4PS, **63**:168
  phosphorylation, **60**:15–16
Psc (posterior sex combs), **63**:241
P-Selectin, **59**:383; **62**:276; **64**:144, 145;
    65:354, 355, 363, 367
  cooperative ligand binding site, **58**:354–357
  expression, **64**:148, 167
  genetic studies, **64**:194
  ligands, **58**:360; **64**:150–152
    120-kDa, **58**:361
    PSGL-1, **58**:360–361
  properties, **64**:147
  redistribution, **64**:166
  shedding, **64**:171
  synthesis, induction by alarm cytokines,
    58:394
  upregulation, **64**:165, 166
Pseudoallelism, Ig heavy-chain variable region
    genes and, **49**:14
Pseudogenes, **42**:138; **62**:16–17, 24–26
  conserved, **62**:16, 24
  diverged, **62**:16
  Ig gene superfamily and, **44**:20, 30
  Ig heavy-chain variable region genes and,
    49:57, 61
    D segments, **49**:29
    J_H segments, **49**:33—34
    organization, **49**:3, 6, 8–9, 14–15, 17
    V_H gene expression, **49**:39, 52
  J558 V_H, **42**:115
  V_H, **42**:113
Pseudogout, inflammation in, **66**:260
Pseudo-light chain, **63**:2
Pseudomonas exotoxin A, **54**:114
Pseudo T cell lymphoma, gene rearrangement
    and, **40**:294–295
PSF1/2, **64**:4
psf1 gene, **65**:50, 51
PSGL-1, **64**:146, 150–151, 173
Psoriasis, and IL-6, **54**:41
P/STEL sequences, PHGS-2, **62**:177
Psychological factors, allergic reactions,
    61:368–369, 374–375
pTα, **62**:42, 44
PTB domain, Ras/MAP kinase cascade,
    61:161–162
Pteridin metabolism, IFN-γ, **62**:72

PU.1, **64**:86
PU.1
  B cell genesis, **63**:217, 218–219, 222–224
  binding sites, **64**:76–77
  domains, **64**:76–77
  expression, **64**:85, 89
  gene targeting, **64**:86–87
  interaction with NF-IL6, **65**:21
  oncogenic potential, **64**:65
  structure, **64**:79
  structure–function studies, **64**:85–86
PU.1P, **63**:217, 222
Pulmonary disease, *see* Lung disease
Pulmonary embolism, aPL antibodies and,
    49:219
Pulmonary eosinophilia, including
    Churg–Strauss syndrome, **60**:226
Pulmonary fibrosis, bleomycin, **59**:418–419
Pulmonary hypersensitivity, **59**:387, 412–420
Pulmonary immunity, **59**:369–427
  hypersensitivity lung diseases, **59**:387,
    412–420
  transplantation, **59**:420–426
  vaccination, **59**:409–412
Pulmonary inflammation, **62**:257–260, 290
  adhesion molecules, **62**:267, 288
  allergic, **62**:283–285
  animal models, **62**:271–285
  complement cascade, **62**:260–262, 271,
    286–288
  cytokines, **62**:267–271, 280, 288
  and eosinophil increase, **60**:219–220
  granuloma formation, **62**:280–283, 290
  immune-complex mediated, **62**:277–279
  ischemia/reperfusion, **62**:275–277
  oxidant formation, **62**:262–267
  proteinases, **62**:266–267
  sepsis, **62**:271–275
  therapeutic interventions, **62**:259, 285–290
Pulps, white and red, splenic, **60**:268–269
Pulsed-field gel analysis, Ig heavy-chain
    variable region genes and, **49**:4–5
PUP1 gene, **64**:20
Purified protein derivative
  autoreactive T cells and, **45**:419
  humoral immune response and, **45**:16
  virus-induced immunosuppression and,
    45:355, 356
Purine nucleotide phosphorylase deficiency,
    59:246

Putrescine, **48**:288
PV, see Pemphigus vulgaris
Pyridostigmine, for MG, **42**:269–270, 271
Pyrogen, endogenous, cachectin as, **42**:224
Pyrrolidine dithiocarbamate, **65**:123

Q

Q10, **52**:94–95
Qa-2, **52**:95–98
QKRAA, Epstein-Barr virus
    Dw4 peptide, **48**:130
    gp 110 peptide, **48**:130
Q region gene products, **52**:94
    Q10, **52**:94–95
    Qa-2, **52**:95–98
Quantitative matrices
    algorithms based on, **66**:81–82
    peptide binding motifs by, **66**:72–76
Quantitative regulatory mechanism, **48**:123

R

RA, *see* Rheumatoid arthritis
Rabbit, infection with HIV-1, **52**:461–463
Rabbit anti-mouse Ig, *see* Immunoglobulin, rabbit anti-mouse
Rabies, synthetic T and B cell sites and, **45**:226, 244
Rabies virus
    AChR and, **42**:272
    nucleocapsid, **54**:116–117
Race, *see also* Ethnicity
    as RA susceptibility factor, **56**:427–429
Radiation chimeras, **59**:106, 109–111
Radiautoautography, B cell formation and, **41**:205
Radioactive antigen suicide, **42**:268
Radioactivity, hybrid resistance and, **41**:349
Radioimmunoassay
    IgE biosynthesis, **47**:1, 20
    IL-1 and, **44**:160, 163, 192
Radioreceptor assay, IL-2, **42**:166–167
Radioresistance, hybrid resistance and, **41**:365, 376, 380, 383, 390, 393, 409
Radiosensitivity, hybrid resistance and, **41**:350, 368
Raf, **63**:144, 147, 399

Raf-1 kinase, signal transduction, **59**:262–263
RAFT1, **61**:181
RAG, **64**:46
    B cell development, **63**:20–21
RAG1, **64**:46, 48
RAG1
    aging and, **63**:215
    in rabbit B lymphopoiesis, **56**:184, 186
    as V(D)J joining agent, **56**:64–67
    V(D)J recombination, **64**:45–47, 52–54, 59
RAG1/2, **61**:123
    active in immature lymphocytes, **58**:311
    mutations, **61**:293–296, 317
    SCID, **61**:308–310
    and signal joint product formation, **58**:48
    transcription by CD44$^-$25$^+$ cells, **58**:141
    transfection into *XR-1* G12 cells, **58**:53
    transient transfection
        into Bloom syndrome cells, **58**:65
        into nonlymphoid cells, **58**:51
    and V(D)J recombination, **58**:32–33
    V–D–J recombination, **61**:291–296
RAG2, **64**:46, 48
RAG2
    deficient blastocyst complementation, **62**:31–41
    in rabbit B lymphopoiesis, **56**:184, 186
    as V(D)J joining agent, **56**:66–67
    V(D)J recombination, **64**:46–48, 52–54, 59
Raji cells, complement receptor 2 and, **46**:201–203, 206, 207, 209, 210
RalGDS, **63**:144
RAMIG, *see* Immunoglobulin, rabbit anti-mouse
RANTES, **62**:285; **64**:154
    composed of basophil chemotaxins, **60**:177–178
    HIV and, **65**:282
Rapamycin, **61**:180–187, 182–183; **63**:154
    effect on eosinophil survival, **60**:197–198
    NF-κB and, **65**:121
RAPT1, **61**:181
Ras, **62**:42, 46; **63**:143–147
    GTP-bound, **60**:209
    IL-2 signaling, **63**:171, 172
    mutant, **58**:417
    prolactin signaling, **63**:399
    signaling pathway, activation by cytokine receptors, **60**:12–14
    signal transduction, **59**:261–262

ras, tumor antigens derived from, **57**:297–299
ras-GAP, as p56^{lck} target in T cell signaling, **56**:159–160
*ras*GAP-associated proteins, B cell antigen receptor-induced activation, **55**:240–241
Ras-GTP, **63**:147
Ras/MAP kinase, pathway, IL-2R initiation, **61**:161–167, 190
Rat
 arthritis model, **60**:343–344
 chloroleukemia cell line, observation, **50**:73
 IL-6 administration *in vitro*, **54**:25–26
 mutations affecting stem cell factor or SCF receptor, **55**:23
 paw edema model, **60**:328–329
 RT-6 alloantigen, **48**:241
 wound healing model, **60**:350–351
Rat basophilic leukemia tumor, **43**:282–283
RAW 264.7 cells
 lipid A binding sites, **53**:278–279
 LPS-stimulated, **60**:349–350
RB, **65**:25
Rb, **62**:42, 48–49
Rb gene, **62**:42, 48–49
Rch1, **64**:48
Reactive hypereosinophilia, and neoplasms, **60**:225
Reactive oxygen intermediates
 cytolysis and, **41**:286
 NF-κB and, **65**:122–123
Reactive oxygen species
 generation, inhibition by Bcl-2, **58**:256
 IFN-γ, **62**:72
 induction of NF-κB, **58**:6–7
 pulmonary inflammation, **62**:262, 263
 role in PCD, **58**:250
 scavenging by acute-phase proteins, **58**:9
Reactive site
 association with electrostatic regions and surface grooves, **43**:79
 MHr, **43**:29
 stereochemistry, **43**:32–39
  electrostatic potential, **43**:35
  hydrophilicity, **43**:35
  mobility and packing density, **43**:33–35
  secondary structure, **43**:38
  shape accessibility and exposed surface area, **43**:35–36
  side-chain contributions, **43**:36–38

sites mapped by peptides cluster into conformational epitopes, **43**:38–39
superassemblies, **43**:74–75
Reading frames, preB cells expressing D$_\mu$ protein, **63**:22
Reaggregate cultures, thymocyte maturation, **59**:109
Reagin, aPL antibodies and, **49**:258
 biochemistry, **49**:198
 specificity, **49**:234–236, 240, 249–250
Rearrangement
 human B cell neoplasia and
  Burkitt lymphoma cells, **38**:257
  chromosome translocation, **38**:267–269, 271
  c-myc gene, **38**:249
  c-myc oncogene, **38**:264
 Ir genes and, **38**:96
 maternally transmitted antigen and, **38**:331, 339
 V$_\alpha$11, **60**:278–280
 V(D)J region, **60**:38, 268
 V$_{H6}$ gene, **60**:47
Receptor affinity, B cell development and, **59**:305–306
Receptor antagonists
 cytokines, **63**:277
 function of IL-1ra as, **54**:197–200
Receptor desensitization, **59**:324–328
Receptor editing, B cells, **59**:300–302
Receptor-mediated signal transduction, T cell activation and, **41**:19–26
Receptors
 for activating peptides, **52**:366–375
  formyl-methionine peptides and related compounds, **52**:371–372
  IL-8 and related intercrines, **52**:367–371
  substance P and other neuropeptides, **52**:372–375
 auxiliary signaling, **51**:157–160
 for growth and differentiating factors, **52**:339–355
 and ligands/counterreceptors, promiscuity in interactions between, **52**:138
 for low-molecular-weight regulators and pharmacological compounds, **52**:396–404
  adenosine, **52**:396–398
  antiinflammatory drugs, **52**:402–404

arachidonic acid metabolites, **52**:398–402
   other arachidonic acid derivatives,
     52:401–402
   prostaglandin binding sites,
     52:399–401
  histamine, **52**:402
Receptor shedding, **63**:280
Receptor subunit oligomerization, ligand-triggered, **61**:151
Receptor tyrosine kinases, **52**:351–355
  other receptors of RTK family, **52**:354–355
  stem cell factor receptor: c-kit, **52**:352–354
Recognition, **58**:124–128
  antigen-specific, T cell cultures for, **42**:165–166
  antiidiotypic, B cell repertoire expression and, **42**:51–62
  leukocyte–endothelial cell, models, **58**:381–389
  target, TCRs and, **38**:22–24
Recognition molecules, Ig superfamily, **52**:364
Recognition phase, T cell activation, **63**:43–44
Recognition sites, synthetic, T and B cell, **45**:159–164, 195–197
  B cell sites, synthetic peptides and, **45**:237–250
  candidate synthetic peptide vaccines, **45**:252–259
  immunological considerations, **45**:197–202
  prediction
    B cell, **45**:250, 251
    T cell, **45**:251, 252
  T cell sites, synthetic peptides and, **45**:202, 203
    antigens, **45**:232–237
    bacterial antigens, **45**:230–232
    globular protein antigens, **45**:203–216
    parasitic antigens, **45**:228–230
    viral antigens, **45**:216–228
Recombinant DNA
  and carcinogenesis, **58**:417
  mAbs and, **38**:304
Recombinase activating gene, *see* RAG
Recombination
  complement components and, **38**:229, 230
  deletional switch, in B cells, **60**:38–39
  double-homologous, **48**:56
  experiments, Ars A response and, **42**:141
  frequency, V_H complex and, **42**:137
  gene inactivation, **59**:108
  homologous, *see* Homologous recombination
  Ig heavy-chain variable region genes and, **49**:3, 6, 9
    D segments, **49**:28, 30–32
    polymorphism of V_H gene segments, **49**:22, 24, 26
  Ir genes and
    antigen binding, **38**:98
    complementation, **38**:79, 80
    cytotoxic T cells, **38**:166
    immunodominance, **38**:180
    I region mutations, **38**:86
    MHC, **38**:45, 73
    T cell suppression, **38**:145, 148
  maps of Ig-like loci and, **46**:3, 4, 47
    structure, **46**:19–21, 23
  mechanisms, joining of segments of Ig variable region and, **40**:253–256
  murine lupus models and, **46**:87
  nonhomologous, and end-joining, **58**:43–45
  switch, *see* Switch recombination
  tolerance, **38**:129
  V(D)J, *see* V(D)J joining, antigen receptor genes; V(D)J recombination
  XLA, **59**:161–162
  X-linked agammaglobulinemia, **59**:161–162
Recombination recognition sites, in V(D)J joining of antigen receptor genes, **56**:86
Recombination signal sequences, **64**:39
  junctions, and coding junctions, **58**:42, 46, 53–55
  in V(D)J recombination, **58**:31–36
Reconstitution, *see also* Immune reconstitution
  IL-2 receptors, **59**:231–234, 254
Recruitment
  neutrophils, by chemokines, **60**:339
  ras exchange factor, by GRB2, **60**:13
  Stats, to cytokine receptor complexes, **60**:22–23
Rectal dialysis, lipoxygenase products and, **42**:314–315
Rectal mucosa, estimate of prostaglandin syntheses by, **42**:311–312
Red blood cells, *see* Erythrocytes

Redundancy
  functional, defined, **63:**173
  killing mechanisms, **60:**303, 311
  LIF, OSM, CNTF, and IL6, **53:**44–47
Reed Sternberg cells, CD40 expression, **61:**12, 39
Regulation of complement activation
  complement receptor 1 and, **46:**189
  complement receptor 2 and, **46:**202
Regulators of complement activation, **45:**381, 410, 411; **61:**207
  complement pathways, **45:**381–383
  genes
    divergent function, **45:**408, 409
    exon structure, **45:**404, 405
    gene duplication, **45:**405
    intragenic duplication, **45:**406, 407
    organization, **45:**403, 404
    polyedenylation, **45:**407, 408
  protein expression
    alternate RNA processing, **45:**398, 399
    anchoring systems, **45:**399, 400
    differential glycosylation, **45:**400–403
    tissue-specific, **45:**394–398
  protein interactions, **45:**383, 384
  protein roles
    autologous tissue, **45:**386, 387
    history, **45:**384, 385
    immune complexes, **45:**388, 389
    plasma, **45:**387, 388
    transmembrane functions, **45:**389, 390
  RCA-like protein utilization, **45:**409, 410
  short consensus repeat
    common structural motif, **45:**391, 392
    localization, **45:**392–394
Regulatory DNA sequences, in type I interferon genes, **52:**265–267
Reiter's syndrome, HLA-B27 and, **65:**94
REKS, **63:**144
rel, retrovirus-induced B cell neoplasia in bursa of fabricius, role in, **56:**477–478
Rel
  and ankyrin repeats, **58:**3–4
  B cell genesis, **63:**245–248
  in innate immunity in vertebrates, **58:**1–27
  subunits, and promotion of HIV-1 transcription, **58:**15
*rel*A, **63:**159–160
RelA/p65 knockout mouse, cytokine induction, **65:**31

Rel-B
  B cell genesis, **63:**220–221, 246–248
  deficiency, **63:**159
RelB knockout mouse, cytokine induction, **65:**31–322
REL family, **65:**12–13
  transcriptional regulation, **65:**12–13
Repair, double-strand break, *see* DNA, double-strand break repair
Repair synthesis, across double-strand gap, **58:**44
Reperfusion
  injury due to, antiadhesion therapy, **64:**196
  leukocyte integrins and, **46:**165, 166, 177
  pulmonary inflammation, **62:**275–277
  therapeutic complement inhibition using soluble CR1, **56:**282–284
Repetitive amino acid interchanges, Ars A response and, **42:**110–111
Replacement therapy, intravenous Ig, **60:**40
Replication
  B cell formation and, **41:**183–185, 236
    B cell precursors, **41:**200
    bone marrow cultures, **41:**210, 213, 216, 217
    genetically determined defects, **41:**228, 231
    population dynamics, **41:**206, 207
    soluble mediators, **41:**232–234
  genetically engineered antibody molecules and, **44:**72
  maps of Ig-like loci and, **46:**4
  and V(D)J joining of antigen receptor genes, **56:**80–81
Reproduction
  clusterin, **61:**250–251
  membrane cofactor protein, **61:**219–220
  NK cells and, **47:**269–272
  PGHS-1, **62:**191
Reproductive tract, female
  invariant intraepithelial γ/δ T cells, **53:**167–169
  invariant $\gamma\delta$ T cell receptors, **58:**303
Rescue
  CD4$^+$8$^-$ cells, **58:**158
  cells in thymic cortex, **58:**154–155
  IL-2-dependent cells, **58:**244
  scid coding junction products, **58:**48–49
  signal, **58:**241
  thymocytes, from PCD, **58:**165

Reshaped antibody, human PM-1, construction, **64**:261
Resistance, to retrovirus-induced B cell neoplasia, **56**:470–471
Respiratory burst, induction by IL-8 in neutrophils, **55**:116–117
Respiratory syncytial virus, **59**:406–408
 antibodies from combinatorial libraries, **57**:217–219
Respiratory tract
 immunity mechanisms, **59**:371–373
 lung diseases
  bacterial pneumonia, **59**:379, 383, 395–402
  fungal pneumonia, **59**:402–406
  graft-versus-host disease, **59**:420–426
  hypersensitivity diseases, **59**:387, 412–420
  viral pneumonia, **59**:406–409
 lung transplantation, **59**:420–426
Responding cells, **50**:29–31
Response genes, **51**:98–105, 146–157
 characteristics of, as defined by cloned lines, **51**:100
 combinatorial regulation of, **51**:105
 IL-2 gene regulation, case study, **51**:103–105
 inducibility, **51**:151–157
  cortical loss of responsiveness in, **51**:153–156
  emergence from paralysis to functional maturity, **51**:156–157
  immature thymocytes, early inducibility of responsive genes in, **51**:151–153
 proliferation, **51**:146–151
 T cell subsets, **51**:98–103
Restitope, Ir genes and, **38**:107
Restriction enzymes, maps of Ig-like loci and, **46**:3, 4
Restriction fragment length polymorphism, **48**:117–119
 –allele-specific oligonucleotide, **48**:117–119
 analysis, pitfalls, **48**:117
 Ars A response and, **42**:107
 autoimmune thyroiditis and, **46**:284
 complement receptor 1 and, **46**:191
 Ig heavy-chain variable region genes and, **49**:4, 22–23, 25, 27, 43
 leukocyte integrins and, **46**:160
 maps of Ig-like loci and, **46**:23

 murine lupus models and, **46**:66, 67
 Taq1 fragment, **48**:139
Restriction mapping, Ars A response and, **42**:106
 A/J *J558* V_H gene segments and, **42**:101–102
Reticular cells, lymphocyte homing and, **44**:316
Reticular dysgenesis, SCID and, **49**:382, 389
Reticuloendothelial hyperplasia, cachectin and, **42**:222
Reticuloendotheliosis virus-induced tumors, **50**:107–108
Retina, organ-resident nonlymphoid cell, **48**:218
Retinal antigen
 autoimmuneresponse, **48**:217
 specific T cell clone, deletion, **48**:217, 218
Retinal glial cell, T helper lymphocyte, **48**:218
Retinoblastoma gene, **62**:42, 48–49
9-*cis*-Retinoic acid
 PCD inhibition, **58**:245
 targeted to steroid receptor family, **58**:259
all *trans* Retinoic acid, IL-6 signal transduction modulation, **64**:261–262
Retinol, *see* Vitamin A
Retroviral protein, IgE-binding factor, **43**:304
Retroviral switch recombination vector, **61**:123–124
Retroviruses, **50**:40–41
 adoptive T cell therapy of tumors and, **49**:282, 320, 335
  mechanisms, **49**:313–314
  principles, **49**:292, 295
 antinuclear antibodies and, **44**:130
 autoimmune thyroiditis and, **46**:275
 B cell formation and, **41**:195, 233
 CD4 and CD8 molecules and, **44**:269, 284, 290, 291
 endogenous, insertions, inseparable from Vbse, **50**:38–39
 endogenous or extrinsic, **50**:37–42
  endogenous retroviral insertions inseparable from Vbse, **50**:38–39
  expressions of Mtv in B cells with Vbse expression, **50**:39
  mice transgenic for given Mtv, **50**:40
  mouse mammary tumor virus (MMTV), **50**:39

Retroviruses (*continued*)
    mouse retention of Vbse sequences, **50**:41–42
    Mtv transcripts expressed in activated B cells, **50**:40
    other retroviruses, **50**:40–41
    retroviral sequences bearing no homology to bacterial toxic mitogen, **50**:41
  genetically engineered antibody molecules and, **44**:68
  hybrid resistance and, **41**:378, 400, 403
  IgE biosynthesis and, **47**:17
  induction of B cell neoplasia in avian bursa of fabricius, see Bursa of fabricius
  infection, as substrate introduction method in V(D)J joining, **56**:50–51
  integration of viral DNA, **65**:168
  NK cells and, **47**:303
  origin of endogenous superantigens, **54**:101–102
  SCID and, **49**:400
  surface antigens of human leukocytes and, **49**:99
  transformed tumors, adoptive T cell therapy of tumors and, **49**:281, 295
  virus-induced immunosuppression and
    HIV, **45**:348, 349, 361, 365
    measles, **45**:344
Reverse-phase high-performance liquid chromatography, leukemia inhibitory factor, **53**:32
Reverse transcriptase, virus-induced immunosuppression and, **45**:358, 360, 361, 366
RF, *see* Rheumatoid factor
RFX, **61**:334–336
RGD sequence, leukocyte integrins and, **46**:153
  ligand molecules, **46**:171–173
  structure, **46**:158, 159
RGL, **63**:144
Rhe, **43**:112–113
Rhesus monkey, complement components and, **38**:207–209
Rheumatoid arthritis, **38**:284, 298; **54**:137–140, 187; **59**:146, 343; **61**:367
  109 D6 mAb, **48**:128
  anemia in, **64**:321–322
  animal models, **64**:288, 298

antinuclear antibodies and, **44**:99, 111
anti-TNF-α antibodies and gold compounds and, **65**:123–124
anti-TNF-α therapy, **64**:289, 293, 333–334
  animal models, **64**:298
  clinical studies, **64**:299–307
aPL antibodies and, **49**:208–210
autoimmune response in, **64**:288
  future prospects, **64**:330–333
  mode of action, **64**:311–323
  problems in, **64**:323–330
cardiovascular disease and, **64**:322
CD5 B cell and, **47**:136, 147, 148–150
CD23 antigen and, **49**:174
conformational epitope three-dimensional structure, **48**:129
cytokines in, **64**:290–298
DR β gene, **48**:131
DRw53 molecule, **48**:128
Dw4, **48**:126–127
DW14, **48**:126–127
Dw10, **48**:126–127
etiology, **48**:126–132; **64**:283
HLA, **48**:126
HLA-B27 and, **65**:94
HLA class II peptide binding and, **66**:85, 87
Ig heavy-chain variable region genes and, **49**:43, 46–47
IL-1 and, **44**:191, 193–195
and IL-6, **54**:40
infections, **64**:288–289
  susceptibility and outcome, **64**:326
juvenile
  DR4, **48**:131
  DR5, **48**:131
  DRw8, **48**:131
kallikrein in, **66**:260
lymphocyte homing and, **44**:315, 338, 344
MCI, **48**:128
molecular basis of susceptibility
  alleles
    properties as factor in determination, **56**:444–446
    risk of severe disease associated with, **56**:441–444
  blacks, incidence of disease in, **56**:427–429
  characteristics of disease process, **56**:389–390

epitope, shared
　concept, **56**:403-404, 416-418
　　haplotype encoding, **56**:438-440
　　identification by mAbs, **56**:422-425
　　mapping, **56**:410-416
　ethnic differences, **56**:408-410
　genetic studies
　　early knowledge, **56**:400-401
　　family, **56**:433-435
　　female sex, **56**:434
　　number of genes, **56**:433-438
　　twins, **56**:433-435, 446-449
　HLA polymorphism, actions of
　　remission during pregnancy, **56**:431
　　testing, **56**:432-433
　　toxicity, **56**:431-432
　immune response, **56**:455-456
　incidence, **56**:399-400
　inheritance mode, **56**:440-441
　mapping
　　in region facing antigen-binding
　　　groove, **56**:418-419
　　into sequence motif, **56**:410-416
　MHC associated with
　　class II molecules, **56**:429-430
　　concepts, **56**:390-397
　　determinants, **56**:400-402
　　DR1, **56**:420-422, 426
　　DR4, **56**:404-408, 422-426
　　DR6, **56**:419-420
　　DR10, **56**:424-427, 429
　　Dw determinants, **56**:407-408
　　function of molecules, **56**:449-450
　　haplotype interactions, **56**:438-446
　　polymorphism, **56**:398-399
　　terminology, **56**:390-397
　MHC class II molecules, serologic
　　identification, **56**:402-404
　monoclonal antibody 109d6 associated
　　with, **56**:422-425
　peptide antigen X role, **56**:455
　population studies, **56**:425-427
　serologic association, **56**:406-407
　structural determinants, **56**:455-456
　T cell repertoire
　　exogenous events, **56**:452-455
　　formation, **56**:450-452
　therapeutic directions, **56**:456
mortality, **64**:286
NK cells and, **47**:300

pathogenesis, **64**:283-288
pituitary hormones, **63**:421-422
rat, dietary fish oil and, **39**:163, 165
TNF-α, **64**:293, 296-298, 315, 316
　cell trafficking, **64**:317-319
　joint destruction mechnanism,
　　64:320-321
　neovascularization, **64**:319-320
Rheumatoid factor, **38**:278, 284; **39**:263
　murine lupus models and, **46**:72, 75, 77, 78
Rheumatoid factors
　aPL antibodies and, **49**:210
　Ig heavy-chain variable region genes and,
　　49:31, 43, 46-47, 52
Rheumatoid synovial fibroblast-like cells,
　54:193
Rheumatoid synovial tissue, **54**:170
Rhinitis
　allergic, **60**:221
　seasonal allergic and perennial, **60**:172-173
Rho, **63**:149, 171
RIBI adjuvant, with MAP, **60**:131-132
Ribonucleic acid, in suppressed cells,
　40:140-141
Ribonucleoprotein, antinuclear antibodies
　and, **44**:93, 94
　autoantibodies, **44**:138
　autoantigen, **44**:129-131
　autoimmune response, **44**:131-134, 136
　mixed connective tissue disease, **44**:111
　SLE, **44**:96, 97, 100-102, 104-106
Ribosomes
　antinuclear antibodies and, **44**:120, 128
　autoimmune response, **44**:132, 133
　SLE, **44**:96, 97, 105, 106
　genetically engineered antibody molecules
　　and, **44**:70
　lymphocyte homing and, **44**:317
Ricin A chain, MG and, **42**:265
Rigin, **40**:115
　potency of, **40**:112
Rin1, **63**:144
RING4, **65**:50, 51
RING4/11, **64**:4
RING11 gene, **65**:50, 51
RIP, **61**:31; **65**:117
RNA, *see also* Messenger RNA
　antinuclear antibodies and, **44**:120
　autoantigen, **44**:129, 130
　autoimmune response, **44**:132, 133

RNA (continued)
  mixed connective tissue disease,
    44:111
  scleroderma, 44:124, 125
  Sjögren's syndrome, 44:113, 118
  SLE, 44:100, 101, 104
  B cell formation and, 41:191, 198, 221
  double-stranded, induction of NF-κB, 58:6,
    11–12
  HIV infection and, 47:403
    etiological agent, 47:378, 380
    immunopathogenic mechanism, 47:387,
      395
  hybrid resistance and, 41:80, 377
  IgE biosynthesis and, 47:21
  Ig gene superfamily and, 44:10, 12, 34, 39,
    44, 46
  Ig heavy-chain variable region genes and,
    49:33, 38, 55
  Ig-like loci, maps, 46:8, 13, 25
  IL-1 and, 44:156, 159–161
  immunosenescence and, 46:227
  leukocyte integrins and, 46:174–176
  murine lupus models and
    Ig germline, 46:74
    T cell antigen receptor, 46:86–88,
      90–92, 95
  negative strand transcript, 58:15–16
  NK cells and, 47:203, 241, 242, 284
  regulators of complement activation and,
    45:396, 398, 399, 407
  SCID and, 49:383, 385
  sporozoite malaria vaccine and, 45:302
  T cell activation and, 41:27
  T cell development and, 44:217
  T cell receptor and, 45:116
  translation inhibition, 58:240
  virus-induced immunosuppression and
    HIV, 45:348, 354, 355, 366
    measles, 45:336, 344, 346
RNA colony blot hybridizations, Ars A
  response and, 42:132–133
RNA–duplex DNA complex, 61:114–116
RNA polymerases, antinuclear antibodies and,
  44:93, 94
  autoantigen, 44:127, 129
  autoimmune response, 44:133, 134
  scleroderma, 44:122–125
  Sjögren's syndrome, 44:113
  SLE, 44:104

RNase
  complement receptor 2 and, 46:202
  murine lupus models and, 46:86–88, 91
RNA splicing, switch recombination,
  61:101–102
RNA viruses, in IBD, 42:291
Rolipram, 64:331
Rolling
  eosinophils and neutrophils, 60:165–167
  high endothelial venules, 65:367, 368
  leukocytes, 58:382–383
RPMI 8866, 43:298–300
RSaI class II fragment, 4-kDa, celiac disease,
  48:145
RSS, see Recombination signal sequences
RT-6, 48:241
RU-38486, effect on $CD4^+8^+$ thymocyte
  deletion, 58:259
Runt domain, AML1, 65:24, 25

S

Sγ3 regions, binding site, switch
  recombination, 61:117–118
S6 kinase, signal transduction, 59:264
Saccharomyces cerevisiae, cytolysis, 41:319
SAgs, see Superantigens
Salicylates
  NF-κB and, 65:121–122
  PGHS, 62:187
Salicylic acid, 62:184–187
Saliva, S-IgA antibodies in, 40:201–202
Salmonella adelaide, 54:395
Salmonella paratyphi, flagella, and human
  anybody effector function, 51:16–17
Salmonella typhimurium, secondary B cells
  and, 42:71–72
Salt, cytotoxicity and, 41:290, 301
S antigen, 48:215–216
  anterior chamber-associated immune
    deviation, 48:219
  experimental autoimmune uveitis, 48:219
Saporin, MG and, 42:265
Sarcoidosis, 62:267, 281
  and TCR junctional regions, 58:328–329
Sarcoma
  adoptive T cell therapy of tumors and,
    49:286, 291, 297, 301, 305
  hybrid resistance and, 41:358, 359, 363

SASD, identification of lipid A-binding membrane proteins, **53**:274–275
SC58125, **62**:186
Scatter factor, *see* Hepatocyte growth factor
Schistosoma mansoni, **54**:37
  anti-Id antibodies as vaccines against, rat, **39**:284
  eosinophil-activating substance production, **39**:217
  eosinophil-mediated killing of
    AES and, **39**:209
    C3 and, **39**:210
    ECP and, **39**:106, 213
    F(ab′) of anti-GFA-2 and, **39**:184
    IgE receptor and, **39**:180–181
    IgG antibodies and, **39**:209–212
    major basic protein and, **39**:188–190, 209, 212–213
  infections, lymphokine production in, **53**:16
Schistosomiasis, immunogen selection, **60**:124–125
Schizosaccharomyces pombe, maps of Ig-like loci and, **46**:5
Schlepper experiment, *Ir* genes and, **38**:39, 40, 42, 51
SCID, *see* Severe combined immunodeficiency
Scleroderma
  antinuclear antibodies and, **44**:94, 114, 119–121
  autoantibodies, **44**:125, 136, 137
  autoimmune response, **44**:131–133
  centromere antigens, **44**:121, 122
  mixed connective tissue disease, **44**:111
  nuclear antigens, **44**:122–125
  Sjκögren's syndrome, **44**:112
  SLE, **44**:97, 105
  IL-1 and, **44**:193
Scleroderma–polymyositis overlap syndrome, **61**:301–302
Sclerosing panencephalitis, virus-induced immunosuppression and, **45**:346
SCMC assays, IBD and, **42**:295
SDF-1, **65**:283
20αSDH, *see* 20α-Hydroxysteroid dehydrogenase
SDS-PAGE, **42**:166–168, 167–172, 172, 188
  T cell receptor, **43**:150
SEB, *see* Staphylococcal enterotoxin B

Secondary B cell lineage, **42**:83, *see also* B cell repertoire expression
  environment and, **42**:68–79
Secondary B cell repertoire expression, somatic mutation and, **42**:9–12, *see also* B cell repertoire expression
Secondary immune response, regulation, **51**:271–272
Secondary structure
  antigenicity and, **43**:76
  antigenic recognition and, **43**:38
Second messengers
  B cell formation and, **41**:197
  in Fc receptor-mediated signal transduction
    FcγR, **57**:72–74
    FcεRI, **57**:77–79
  T cell antigen receptor and, **41**:2, 26, 27
Secretion, helper T cell cytokines, **46**:111–114, 127, 136
Secretory antibodies, **65**:249, 250
Secretory component, IgA
  binding of, **40**:165–166, 167, 186
  epithelial cells and, **40**:175–177
  hepatocytes and, **40**:179–180, 182
  structure and function, **40**:160–163
Secretory glands, mechanisms of homing of plasma cell precursors to, **40**:204–207
Secretory leukoprotease inhibitor, **62**:287–288
Segmental flexibility
  agglutination, **48**:23–24
  antidansyl antibody, **48**:13, 14
  cell receptor binding, **48**:24–26
  complement activation, **48**:24–26
  complement binding activity, **48**:13, 15, 22
  domain structure, **48**:14, 16, 22
  evolution, **48**:26
  functional implications, **48**:23–26
  genetically engineered antibody, **48**:14, 16, 22
  hinge region structure, **48**:13, 15, 22
  Ig, **48**:5–19
    electron microscopy, **48**:2–3
    fluorescence polarization, **48**:3–5
    hydrodynamic study methods, **48**:2
    nanosecond, **48**:4–5
    spin-label approach, **48**:5
    steady state, **48**:4
    study methods, **48**:1–34
    X-ray crystallography, **48**:3

Segmental flexibility (*continued*)
  IgA, **48**:14–18
  IgE, **48**:18–19
  IgG, **48**:5–19
    early studies, **48**:5–6
    fluorescence polarization, **48**:6–10
    hinge region structure, **48**:21–23
    IgG subclasses, **48**:11–14
    spin-label method, **48**:10–11, 12
    X-ray crystallography, **48**:11
  IgM, **48**:14–18
  mouse monoclonal antibody, **48**:13, 14
  precipitation, **48**:23–24
SEK1, **63**:148
Selectin ligands, **64**:168, 172, 194
Selectins, **52**:167–168; **59**:383–385; **62**:257–258, 259, 267, 276, 277; **64**:144, 148; **65**:352; 367, *see also* E-Selectin; L-Selectin; P-Selectin
  CD23 antigen and, **49**:163
  characterization, **60**:165–167
  genetic studies, **64**:193–195
  interactions with eosinophils, **60**:167–169
  monospecific ligands, **58**:362
  multistep adhesion cascades, **64**:183–184
  and related recognition molecules, **52**:364–366
  surface antigens of human leukocytes and, **49**:88
Selection, *see also* Negative selection; Positive selection
  extrathymic, **58**:315–316
  Ig heavy-chain variable region genes and, **49**:22, 25, 40
  intracellular, **58**:120–121
  intrathymic, T cells, **58**:139–174
  phenotypic, in germinal centers, **60**:280
  T cell, processes, **51**:164–189
    negative selection, **51**:165–175
      intrathymic clonal deletion, **51**:165–173
    positive selection, **51**:175–189
      functional divergence, **51**:186–189
      ligands and receptors in positive selection, **51**:178–180
      vs two kinds of death, **51**:175–177
      positive selection, molecular basis of four-way
        CD4 vs CD8 down-regulation, **51**:185–186

    developmental choice, **51**:180–186
    positive vs negative selection, **51**:180–183
    signaling pathways that control positive selection, **51**:183–185
  thymic, **58**:311–315
Self-antigens
  autoimmune thyroiditis and, **46**:263, 265, 305, 307, 319
  B cell repertoire and, **42**:43–51
  and foreign, **58**:297–298
  from human donors, antibodies to
    Graves' ophthalmopathy, **57**:245
    HIV-1, **57**:246–250
    primary biliary cirrhosis, **57**:244–245
    thyroid disease, **57**:242–244
  Ir genes and
    cytotoxic T cells, **38**:162
    T cell suppression, **38**:152
    tolerance, **38**:120, 123–125, 127, 128
  murine lupus models and, **46**:65
  recognition, **58**:319–320
  self-Ia, **38**:120, 123, 127, 132, 134
  self-MHC, **38**:119, 120
  sequestration, **48**:217
Self–nonself discrimination, **59**:280
  in complement system, **60**:75–76
Self-peptides, positive selection, **59**:122–128
Self-reactive cells, elimination, **59**:288–295
Self-reactive clones, **58**:213
Self-reactive immune cells, clonal deletion, **48**:216, 217
Self-tolerance
  experimental autoimmune uveitis, **48**:216–219
  eye, strategies, **48**:217
  germinal center B cells, maintenance, **60**:280–283
  idiotypic network and, **39**:276–277
  immunological memory and, **53**:249–251
  lens, **48**:220
Self-tolerance checkpoints, **59**:279–281, 342–344
  immune repertoire, **59**:319–342
  preimmune repertoire, **59**:281–319
Sendai virus
  cachectin, **42**:220
  cytotoxic T cells and, **38**:163, 164, 167
  responses in MHC class I-deficient mouse, **55**:408–409

Sepsis
    anticytokine therapies, **66**:151
    anti-TNF-α therapy, **64**:310–311, 326
    chemokines and, **66**:104
        IL-8, **66**:104, 135–141
        MCP-1, **66**:141–142
    cytokines and, **66**:101–102, 103–104, 104
        G-CSF, **66**:149–150
        GM-CSF, **66**:150
        IFN-γ and, **66**:145–146
        IL-2, **66**:104, 150–151
        IL-4, **66**:144–145
        IL-10, **66**:142–145
        IL-12, **66**:146–147
        LIF, **66**:147–148
        measurement, **66**:104–105
        MIF, **66**:147–148
        TNF and IL-1, **66**:104, 117–127, 150
    defined, **66**:101
    and IL-1ra
        animal models, **54**:204–207
        in human infections, **54**:207–209
    immunointervention, **66**:150–151
    models, **66**:102–103, 117–121
    pathogenesis, **66**:150–151
        chemokines, **66**:135–142
        cytokines, **66**:104, 105–135, 142–151
    pulmonary inflammation, **62**:271–275
    therapeutic regulation of complement
        system in, **56**:281–282
Septic shock
    complement cascade, **62**:271
    contact cascade in, **66**:235
    experimental treatment, **58**:280–281
    IFN-γ and, **62**:103, 104
    NO role, **60**:337
    therapeutic regulation of complement
        system in, **56**:281–282
Sequential epitope, **43**:25, 72
    amino acid, **43**:39, 66–67
    collective responses of different species,
        43:48
    critical residue, **43**:64
    DFLEKI, **43**:63–64
    EVVPH, **43**:63–64
    individual side chain role, **43**:40
    replaceability matrix, **43**:77–78
    superassemblies, **43**:36, 38
Sequential switching, switch recombination,
    61:105–107

Ser530, cyclooxygenase active site, **62**:175
Serine
    antinuclear antibodies and, **44**:115
    Ars A response and, **42**:111–112, 155
    CD4 and CD8 molecules and, **44**:269
    CTL and, **41**:135, 148
    genetically engineered antibody molecules
        and, **44**:84
    IL-1 and, **44**:184
    phosphorylation, **48**:270–277
Serine esterases, cytotoxicity and, **41**:267,
    288, 297, 298, 310
Serine proteinase inhibitor, **61**:202
Serine proteinases, **64**:297
    complement components and
        C2, **38**:213, 214
        Factor B, **38**:209, 211, 214
    cytotoxicity and, **41**:277, 297, 310
    IL-1 and, **44**:157, 158, 163
Serine/threonine kinase inhibitors, **54**:18–19
Serine/threonine kinase receptors, in TGF-β
        signal transduction, **55**:188, 194–195
    binding of isoforms, **55**:194
    cDNA cloning, **55**:188, 192
    structure, **55**:190–193
Serine/threonine phosphatases, **63**:166
    as p56^{lck} targets in T cell signaling, **56**:160
Serology
    in analysis of MHC class I-deficient cells,
        55:385–386
    CD1, **59**:37–44
    CTL and, **41**:139–141
    HLA class II, **48**:112–114
Serpins, **61**:202, 205
Serratia, tumor necrosis and, **42**:215
Serum
    antibodies, IBD and, **42**:291–292
    antithymocyte, hybrid resistance and,
        41:350
    IL-6 levels, **54**:30
Serum amyloid A, lymphocyte adhesion and,
    64:153
Serum sickness, IFN-γ and, **62**:103
Servomodulator, regulating functional
    tolerance, **50**:167–170
Severe combined immunodeficiency,
    49:381–388, 402; **59**:227, 235, 246–253,
    247, 318–319; **61**:306–311
    B cell formation and, **41**:224–226, 237
    DNA repair defects, **61**:310–311

Severe combined immunodeficiency
 (*continued*)
  graft-versus-host disease, **49:**397–398
  histocompatible bone marrow
    transplantation, **49:**392
  hybrid resistance and, **41:**351, 365, 366,
    384, 379–381
    antigen expression, **41:**404, 405, 408, 409
  ontogeny, **49:**398–400
  posttransplant immunocompetence,
    49:399–402
  RAG1/2 mutations, **61:**308–310, 311
  SCID.Beige mouse, **63:**80
  SCID defect, V(D)J recombination and,
    64:49–50
  SCID-hu mouse, HIV infection in,
    52:463–466
  SCID-hu thy/liv xenograft model, **63:**79
    HIV-1 infection, **63:**89–90, 99–107
    T cells, **63:**82–83
  SCID mouse, **50:**303
    EBV-associated lymphoproliferative
      disease in hu-PBL-SCID mice,
      50:310–313
    expression of defective B lineage cells,
      53:146
    HIV-infection of hu-PBL-SCID mice,
      50:314–317
    other tumor models in SCID mice,
      50:313–314
    transfer of normal or autoimmune
      human cells to, **50:**304–310
  scid mutation, **61:**299–301, 317
  Scid syndromes, with V(D)J recombination
    defects, **58:**62–63
  stem cell engraftment, **49:**388–392
    lack of, **49:**396–397
  tolerance, **49:**398–399
  transplantation
    with fetal tissue, **49:**392–393
    with T cell-depleted bone marrow,
      49:393–396
  and V(D)J joining of antigen receptor
    genes, **56:**73–78
Sex-limited protein, **46:**29
Sex steroids, spontaneous autoimmune
  thyroiditis and, **47:**480, 481
SGP2, **61:**204, 249–251
SH1 domain, BTK, **59:**179, 185–186,
  188–191

SH2 domain
  BTK, **59:**179, 182, 186, 188–190
  lacking in Jaks, **60:**4
  in ras pathway activation, **60:**13–14
  Stat activation specificity in, **60:**23
  Stat proteins, **60:**18–20
SH2 and IRS1 NPXY (SAIN)-binding
  domain, **61:**161
SH2-PTP, **63:**165–166
SH3 domain, Btk, **59:**179, 182, 184–187
Shape accessibility, MHr, **43:**35–36
Shared epitope, **64:**283–285
Shc, **63:**143, 146
  IL-2-induced Ras activation, **61:**161–163,
    164–166
  signal transduction, **59:**262
SHC, tyrosine phosphorylation, **60:**13–14
Shedding
  lymphocytes, **64:**170
  in regulation of CD44 receptors,
    54:317–318
Sheep red blood cells
  cytotoxicity and, **41:**293
  humoral immune response and, **45:**1, 2, 68,
    70, 72
  hybrid resistance and, **41:**352
  T cell subsets and, **41:**67–71, 77, 90, 92
Sheet–sheet interactions, **43:**102–103, 110
Sheet–sheet packing, schematic, **43:**102–103
Shock, **42:**213, *see also* Cachectin
Shope fibroma virus, T2 ORF product
  resemblance to TNF-R domain, **61:**10
Short consensus repeats
  complement receptor 1 and, **46:**184–186,
    188–190, 194, 195
  complement receptor 2 and, **46:**202, 203,
    211
  regulators of complement activation and
    common structural motif, **45:**391, 392
    genes, **45:**404–408
    localization, **45:**392–394
    protein expression, **45:**399
    protein utilization, **45:**409, 410
SHPTP2, in cytokine signaling, **60:**26
Sialic acid, **64:**162, 168
  CD23 antigen and, **49:**155–156
  lymphocyte homing and, **44:**354, 355, 363,
    367–369, 371
Sialidases, lymphocyte homing and,
  44:364–368, 371

SUBJECT INDEX

Sialomucins, **64:**144, 146–152
   CD34, and selectin ligand, **58:**359–360
Sialophorin, **48:**248
Sialyl Lewis X, selectins and, **60:**166–167; **65:**363
Sialyltransferases, **64:**168
Sicca-CD8$^+$ lymphocytosis syndrome, **65:**286
Side chain
   contribution to solvent-exposed surface area, **43:**36–38
   hydrophobic, **43:**42, 80–81
   sequential epitope role, **43:**40
Signal binding proteins, recombination, **61:**303–304
Signaling, *see also* Negative signaling
   abortive, and second signals in adult B cells, **54:**407–410
   antigenic, constraints to biochemical study of, **52:**294–295
   cytokines in, **58:**369
   differential, between CD4 and CD8, **53:**91–94
   in IL-4 production, mechanisms, **53:**17–22
   mitogenic, Ig, **59:**326–328
   in naive and memory T cells, **53:**228–229
   pathways, controling positive selection, **51:**183–185
   TCR-mediated
     and CD4, **53:**85–91
     and CD8, **53:**85–91
     and p56^{lck}, **53:**85–91
   transmembrane, **48:**227
Signal joints, V(D)J recombination, **64:**40, 41
Signal sequence recognition, V(D)J recombination, **64:**54
Signal transducers and activators of transcription, **59:**261; **60:**17–25, *see also* Stat
   activation by EGF, **60:**27
   in cytokine signaling, **60:**19–22
   in IFN signaling, **60:**17–19
   phosphorylation by Jak2, **60:**210
   recruitment, **60:**22–23
Signal transduction, **59:**176–177
   adoptive T cell therapy of tumors and, **49:**287, 289, 302, 313, 316
   B7-1 and B7-2, **62:**138
   Btk, **59:**184–185; **60:**42
   cachectin and, **42:**226

CD4 and CD8 molecules and, **44:**267, 270, 299, 300, 302
CD23 antigen and, **49:**156
CD28, **62:**134
CD40, **60:**45–46; **61:**32–38; **63:**50–52
   B cell proliferation, **63:**53–54
   B cell receptor pathway, **61:**37–38
   B cells, **61:**32–35
   CD28–CD80/CD86 pathway, **61:**36–37
   Fas-Fas-L pathway, **61:**37
   Ig production, **63:**58–70
CD44–ligand interactions, **54:**300–302
CD45 and, **66:**1–56
and cytokine receptor superfamily, **60:**1–2
cytokines
   adapter molecules, **63:**134, 141–143
   calcineurin, **63:**166–167
   CD45, **63:**164–165
   Jak–Stat pathway, **63:**138–141
   MAPK family, **63:**148–149
   negative regulation, **60:**25–26
   nuclear transcription factor NF-κB, **63:**157–160
   Pac-1, **63:**167
   phosphatidylinositol 3-kinase, **63:**149–154
   phosphoprotein phosphatases, **63:**164–167
   protein kinase C, **63:**154–157
   protein-tyrosine kinases, **63:**133–143
   protein-tyrosine-phosphatase 1C, **63:**165–166
   Raf kinase, **63:**147–148
   Ras, **63:**143–147
   Rho protein, **63:**149
   Src family, **63:**133–137
   Stats role, **60:**19–22
   Syk family, **63:**134, 137–138
eosinophil, **60:**208–210
Fas-mediated, **57:**134–135, 139
Fc receptor-mediated
   antigen receptor homology motif, **57:**81–83
   FcγR, mechanisms of activity, **57:**72–77
   FcγR, structural factors, **57:**82, 84–89
   FcεRI, **57:**77–81, 89–90
   mechanism, **57:**71–81
   phosphorylation, **57:**74–77, 79–81
   protein kinase involvement, **57:**74–77, 79–81

Signal transduction (*continued*)
  second messenger interactions, **57**:72–74, 77–79
  structural factors, **57**:81–90
 GPI hydrolysis, **59**:264–265
 Grb2, **59**:262
 IFN-γ binding, **62**:67–71, 106
 Ig gene superfamily and, **44**:31, 36
 IgR-mediated cascade
  functional molecules, **54**:351, 352
  stimulation, **54**:378–379
 IL-1 and, **44**:183
 IL-2/IL-2R system, **63**:127, 173–176
  signaling pathways, **63**:169–173
  signal molecules, **63**:167–169
  target genes, **63**:160–164
  three-channel model, **63**:171–173
 IL-2-induced, **59**:253–259, 265–266
 IL-2R, **42**:178
 IL-2Rγ, **59**:227
 IL-2R-triggered proximal signaling events, **61**:153–161
 IL-6R complex chain, **54**:14, 18
 IL-9 receptors and, **54**:83
 lymphocyte, **62**:42, 44–47
 lymphokine-mediated, **48**:310
 MAP kinase, **59**:262–263
 MB-1 molecule and, **54**:351–355
 mechanism of IL-2R-mediated, **50**:152
 in neutrophil regulation by IL-8, **55**:140–142
 new molecules, **61**:29–32
 NF-κB, **58**:5
 nucleus, **48**:310–311
 PI3-K, **59**:263
 pituitary hormones, **63**:397–399, 401–402
 preB cell receptor and, **63**:26–29
 pre-TCR, **58**:145–146
 protein kinase C, **59**:263–264
 Raf-1 kinase, **59**:262–263
 Ras, **59**:261–262; **60**:12–14
 regulators of complement activation and, **45**:384, 410
 S6 kinase, **59**:264
 SCID and, **49**:386
 Shc, **59**:262
 SOS, **59**:262
 surface antigens of human leukocytes and, **49**:113, 125
  adhesion molecules, **49**:87
  antigen-specific receptors, **49**:76–78
  MHC glycoproteins, **49**:81
  receptors, **49**:98, 100
 T cell development and, **44**:212
 T cell receptor and, **45**:110
 αβ TCR complex, **58**:124–128
 TGF-β
  endoglin functions, **55**:203–204
  formation of complexes, **55**:200–202
  intracellular, **55**:204–205
  type III receptor functions, **55**:203–204
 TNF-R superfamily, CD40, **61**:26
 tyrosine kinases, **59**:259–261
Signal transduction pathways
 artificial inducers, **58**:269
 artificial triggering, **58**:230–232
 Bcl-2 effects, **58**:256
 biochemical analysis, **54**:415–420
  direct analysis, **54**:418
  identification of IgG complex and associated second messengers, **54**:419–420
  use of inhibitors to block *in vitro* tolerance, **54**:415–418
 DNA damage, **58**:29
 via IgR transmembrane signaling, **54**:359–378
 and intervention of apoptosis, **58**:245–247
 leading to NF-κB activation by TNFα, **58**:7–9
 and p53, **58**:67
 TCR-mediated, relation of Apo-1/Fas, **58**:136
SIINFEKL, **59**:122, 124
SIIRFEKL, **59**:125
Silica, hybrid resistance and, **41**:350, 368, 395, 371–373
Simian immunodeficiency virus, **63**:79
 HIV infection and, **47**:378, 385, 404
 infection of macaques, **52**:442–452
  pathogenesis, **52**:443–452
   genetic drift of SIV molecular clones *in vivo*, **52**:451–452
   natural history, **52**:443–448
   viral determinants, analysis with SIV molecular clones, **52**:448–451
  phylogeny of nonhuman primate lentiviruses, **52**:442–443
  for vaccine testing, **52**:452–454
 vaccines, **65**:321–322

Simian immunodeficiency virus type 1, **63**:79, 85
Simian virus 40
  early promoter, **43**:268
    Ig heavy-chain variable region genes and, **49**:56–57
Sindbis virus, cytotoxic T cells and, **38**:162
Single strand annealing model, **61**:111
sis-inducible element, in *c-fos* gene, **60**:24
Sister chromatid exchange, **54**:234–235
Site-specific tolerance, peripheral lymphocytes, **53**:201–203
Sjögren's syndrome, **62**:76–77
  antinuclear antibodies and, **44**:111–113, 115–118
    autoantibodies, **44**:127, 136
    SLE, **44**:93, 95, 102, 104
  aPL antibodies and, **49**:209–210
Skin
  allergic reaction, contact activation, **66**:259
  homing, **58**:392
  IL-6 effects, **54**:28–29
  infections, immunity, **58**:326–328
  invariant intraepithelial γ/δ T cells, **53**:167–169
  invariant $\gamma\delta$ T cell receptors of murine IEL, **58**:301–303
  suppressor antigen-presenting cell, **48**:206
Skin disease, IL-8 role, **55**:142–143
Skin grafts
  allografts, T cell subsets and, **41**:86, 88, 93
  B cell formation and, **41**:225
  CTL and, **41**:158
  hybrid resistance and, **41**:369, 376, 383
  in MHC class I-deficient mouse, **55**:388–390
  rejection
    CTL and, **41**:159, 165
    T cell subsets and, **41**:71, 88, 93, 94
Skin test antigens, Crohn's disease and, **42**:289
Skin window chamber technique, **42**:307
SLE, *see* Systemic lupus erythematosus
Sl locus, kit ligand encoded at, **55**:10–12
Smoking, related lung disease, **60**:220–221
Smooth muscle cells, cachectin and, **42**:220
Sμbp-2, binding site, switch recombination, **61**:119
Snake venom toxin, MG and, **42**:237
Sodium azodisalicylate, **42**:318

Sodium dodecyl sulfate, denatured AChR subunits, **42**:257, 258
Sodium dodecyl sulfate–polyacrylamide gel electrophoresis, *see* SDS–PAGE
Sodium salicylate, inhibition of NF-κB activation at high doses, **58**:19–20
Solid-phase immunoassay, aPL antibodies and, **49**:193, 199, 258–259
  affinity purification, **49**:230–231
  antibody subsets, **49**:232
  clinical aspects, **49**:200, 203–206
  isotype, **49**:227
  specificity, **49**:235, 243, 249
Solid-phase synthesis, multiple antigen peptides, **60**:106–108
Soluble costimulators, EC production of, **50**:272–274
Soluble mediators, in IBD, **42**:310–315, 322
Solvation energy, estimating, **43**:101
SOM28, **48**:172
Somatic cell genetics
  complement components and, **38**:204, 233
  human B cell neoplasia and, **38**:247
  maternally transmitted antigen and, **38**:320
Somatic cell hybridization
  human B cell neoplasia and
    Burkitt lymphoma cells, **38**:257, 259
    chromosomal translocation, **38**:248, 265
    c-myc activation, **38**:263
    c-myc oncogene, **38**:248, 249, 259
    lymphoblastoid cells, **38**:260
  lymphocyte hybridomas and, **38**:275
    B cell immortalization, **38**:306
    genetically engineered antibodies, **38**:305
    human-human, **38**:293, 297, 298
    human-mouse, **38**:287–289
  mAbs, **38**:277, 282, 302
Somatic diversification
  Ig gene superfamily and, **44**:12–20
  Ig V*L* gene, **48**:60–62
Somatic fusion, B cell hybridization and, **38**:279
Somatic hypermutation
  in germinal centers, **53**:233–234
  T cell subsets and, **41**:42, 88, 106
Somatic mutation, **42**:96, 138
  adoptive T cell therapy of tumors and, **49**:282
  and antibody repertoire generation in rabbit, **56**:201, 203

Somatic mutation (continued)
  antigen and, **42**:34
  Ars A response and, **42**:108
  B cell repertoire expression and
    junctional diversity, **42**:15–18
    primary, **42**:12–15
      random vs nonrandom V region segment selection, **42**:18–19
        age factor, **42**:30–32
        antigen responsive cell populations, **42**:19–22
        fetal and neonatal development, **42**:26–30
        predominant clonotype expression, **42**:22–26
    secondary, **42**:9–12, 69–71
  Ig heavy-chain variable region genes and, **49**:2, 7, 26
    D segments, **49**:28, 32
    V_H gene expression, **49**:37, 39, 41, 46, 49, 52
  neonatal hybridoma and, **42**:67
  PIG-A gene, **60**:82–89
  secondary B cells and, **42**:79
  and terminal differentiation, apoptosis and, **50**:65–66
Somatic variation, T cell receptors and, **38**:16
Somatostatin, **48**:169; **63**:385, 386–387
  cells of origin, **39**:317
  histamine release by mast cells and, **39**:305–306
  immunosuppressive properties, **39**:310–311
  secretion regulation by, **39**:302–303
Sos, **63**:143, 144, 146
SOS, signal transduction, **59**:262
Southern blot analysis
  autoimmune demyelinating disease and, **49**:363
  clonally rearranged genes, **40**:267–268
  complement components, **38**:212, 215, 229, 237
  human B cell neoplasia, **38**:248, 266, 267
  hybridomas, **38**:299
  Ir genes, **38**:117
  SCID and, **49**:385–386
  T cell receptors, **38**:11, 13, 15, 16
Southern filter hybridization analysis
  Ars A V_H gene segment and, **42**:101
  of BALB/c liver, **42**:121
  of V_H complex, **42**:130
  $V_\kappa 10$ family of germline genes and, **42**:144

sox-4, B cell genesis, **63**:218–219, 226–228
Soybean agglutinin, SCID and, **49**:394–396
SP, see Substance P
SP-40,40, **61**:204, 249–251
Sp100/ND, **63**:202
Spacer sequences, Ars A response and, **42**:116
Specific unresponsiveness, hybrid resistance and, **41**:384–386
Spectrotypes, autoimmune thyroiditis and, **46**:301, 304, 306
Spergualin, **65**:125–126
Spermidine, **48**:288
Spermine, **48**:288
  depletion, induction of DNA fragmentation, **58**:252
Sphingomyelin, turnover, role of Fas, **60**:299–300
Spi-B
  binding sites, **64**:76–77
  domain, **64**:76–77
  expression, **64**:87–88
  gene targeting, **64**:88
  structure, **64**:79
  structure–function studies, **64**:88
Spleen
  adoptive T cell therapy of tumors and
    antigen recognition, **49**:321
    expression of antitumor responses, **49**:331–332
    mechanisms, **49**:300, 309
    principles, **49**:293, 295 –298
  anterior chamber-associated immune deviation, **48**:206, 211
  antigen-presenting cells and, **47**:69–72, 74–76, 78–81
    antigen processing, **47**:92
    immunogeneity, **47**:102
    T cells, **47**:83, 85
    tissue distribution, **47**:47, 50–52, 56
  antinuclear antibodies and, **44**:102
  architecture, **60**:268–269
  autoimmune thyroiditis and, **46**:280, 281, 306, 310–312
  autoreactive T cells and
    activation, **45**:421, 422
    physiology, **45**:428
    regulation, **45**:432, 433
  B cell formation and, **41**:181, 182, 184, 238
  B cell precursors, **41**:198, 200–202

genetically determined defects, **41**:229
inducible cell line, **41**:223
population dynamics, **41**:207, 208
B cells, **42**:74, 75
  adult, **42**:68
  CD5⁺ and CD5⁻, **53**:180–181
  neonatal, **42**:65–67
CD4 molecules and, **44**:288
CD5 B cell and, **47**:120–123
  genetic influence, **47**:147
  Ig gene expression, **47**:152, 157
  lineage, **47**:128
  physiology, **47**:130, 132, 133
  primordial immune network, **47**:159
CD8 molecules and, **44**:271, 282
complement receptor 2 and, **46**:204–206
CTL and, **41**:138
delayed-type hypersensitivity, **48**:211–212
FcεRI⁺ cells, lymphokine production by, **53**:9–14
forbidden α/β T cells, **53**:166
helper T cell cytokines and, **46**:122, 123, 128, 129, 137, 138
histology, **60**:268–272
humoral response and, **45**:2
  antigens, **45**:11, 16, 17
  helper T cells, **45**:27, 34
  physical interaction, **45**:40, 53
hybrid resistance and, **41**:334
  antigen expression, **41**:397, 402, 404, 408
  bone marrow cells, **41**:336, 338–340, 342, 345, 347, 348
  effector mechanisms, **41**:370
  leukemia/lymphoma cells, **41**:358, 361–368
  lymphoid cells, **41**:351–356
  marrow, **41**:384–388, 391, 393
  NK cells, **41**:372, 373, 375
  syngeneic stem cells, **41**:388–390
  T cells, **41**:380–384
  in vitro assays, **41**:394–396
IgE biosynthesis and
  antibody response, **47**:5, 8, 11
  antibody response suppression, **47**:29, 32–34, 36, 37
  binding factors, **47**:13–15, 22–26, 28
IGF-I, **63**:391–392
immunosenescence and
  lymphocyte activation, **46**:226, 228, 232
  lymphocyte subsets, **46**:237, 238

  marker density, **46**:239
  mucosal immunity, **46**:251, 253
  regulatory changes, **46**:247–251
  stem cells, **46**:240, 241, 244, 245
lymphocyte homing
  high endothelial venules, **44**:315
  molecules, **44**:344, 351, 353
  regional specificity, **44**:328, 335
lymphocyte migration, **58**:346–347
lymphocyte recirculation, **58**:350; **64**:177–178
murine lupus models and, **46**:64, 91, 92, 98
NK cells and, **47**:187, 283, 289, 290, 292, 300
  CNS, **47**:268
  congenital defects, **47**:226
  differentiation, **47**:229, 230
  effector mechanisms, **47**:234, 260, 262
  genetic control, **47**:223
  hematopoiesis, **47**:274, 276
  identification, **47**:199
  malignant expansion, **47**:228
  surface phenotype, **47**:210, 211, 213
  tissue distribution, **47**:220, 221
regulators of complement activation and, **45**:384, 388, 389, 410
spontaneous autoimmune thyroiditis and
  cellular immune reactions, **47**:450, 452, 454, 456
  disturbed immunoregulation, **47**:471, 473–476, 481
  humoral immune reactions, **47**:446, 447
sporozoite malaria vaccine and, **45**:287, 305, 306
synthetic T and B cell sites and, **45**:199
T cell development and, **44**:250, 251
T cell populations, **53**:161–163
T cell receptor and, **45**:134
T cell subsets and
  H-2 alloantigen recognition, **41**:78, 86, 89, 91, 92
  H-2 molecules in thymus, **41**:95, 102
  H-2-restricted antigen recognition, **41**:67, 69, 72
virus-induced immunosuppression and, **45**:354
Spleen cells
  NZB, IgM secretion, **55**:313–314
  transgenic, preliminary *in vitro* studies, **54**:414–415

Spleen colony formation, hybrid resistance and
   antigen expression, **41**:402, 404
   bone marrow cells, **41**:337, 347
   syngeneic stem cells, **41**:388–390
   T cells, **41**:382
Spliceosomes, antinuclear antibodies and, **44**:102, 131
Splicing
   CD1 genes, **59**:9–10
   events, abnormal, in *PIG-A* gene, **60**:88–89
Splicing domains, **63**:201
Spondyloarthritic diseases, TAP and, **65**:93
Spontaneous autoimmune thyroiditis
   antigens, **46**:269, 270
   cellular immune responses, **46**:287
   experimental models, **46**:273–276, 279
   genetic control, **46**:282–284
   humoral responses, **46**:298, 305, 306
   obese strain chicken, **47**:433–435, 491–494
      altered thyroid function, **47**:456–465
      breeding, **47**:435–438
      cellular immune reactions, **47**:449–456
      clinical symptoms, **47**:438–440
      disturbed immunoregulation, **47**:470, 476, 477, 479
      genetics, **47**:484
         dysfunctions, **47**:487–491
         MHC, **47**:481–486
         target organ, **47**:485, 487
      histopathology, **47**:440–444
      humoral immune reactions, **47**:444–449
      immunoregulation, **47**:469
         extrinsic, **47**:476–481
         intrinsic, **47**:470–476
      potential effector mechanisms, **47**:465–469
   prevention, **46**:310, 311
Spontaneous cell-mediated cytotoxicity, assays, IBD and, **42**:295
Spontaneous cellular cytotoxicty, **47**:451, 452
Spontaneous neoplasm, immune regulation, **48**:212
Sporozoite malaria vaccine, **45**:283, 284
   antibodies, **45**:300, 301
   CS proteins, **45**:292–294
      cloning, **45**:294–296
      evolution of repeats, **45**:296–299
      function of repeats, **45**:299, 300

CS-specific T cells, **45**:306–308
   epitopes, **45**:310–313
   Ir gene control, **45**:308–310
endemic areas, **45**:315–317
human trials, **45**:313–315
immunity, **45**:285, 286
   specificity, **45**:287–292
   viability, **45**:286, 287
interferon-γ, **45**:301–306
perspectives, **45**:319–322
Plasmodium vivax, **45**:317, 318
Sporozoites, *Plasmodium*, antibodies, **60**:112–124
S protein, **61**:204, 247–249
11S protein, **64**:21, 25
SPT14, **60**:72
Src family, **55**:253–255; **61**:153–158; **63**:133–137
   in cytokine signaling, **60**:5–9
src homology 2, *see* SH2 domain
Src tyrosine kinases, **63**:133–137
   activation by B cell antigen receptor, **55**:253–255
   in cytokine signaling, **60**:5–9
   IL-2R coupling, **61**:153–158
   regulation by CD45, **66**:4, 23, 39–45
S region, **54**:236
SRP1, **64**:48
Stamper–Woodruff assay, **60**:167–168
Staphylococcal α-toxin, cytolysis and, **41**:317
Staphylococcal δ-toxin, cytolysis and, **41**:315, 316
Staphylococcal enterotoxin A
   action on TCR, **58**:323
   deletion of Vβ3$^+$ and Vβ11$^+$R lymphocytes, **58**:222
Staphylococcal enterotoxin B
   beneficial effect, **58**:274–275
   induction
      cytokines, **58**:271–272
      thymocyte apoptosis, **58**:216
      Vβ8$^+$ thymocyte depletion, **58**:259–260, 262
   with L-NAME, **60**:348–349
   pleiotropic effects *in vivo*, **58**:219–224
Staphylococcal enterotoxins, **52**:165
Staphylococcal protein A, antibodies from combinatorial libraries, **57**:229

Staphylococcus aureus, **52**:160; **54**:108, 109
  antinuclear antibodies and, **44**:115, 118, 135
  autoimmune thyroiditis and, **46**:299
  Cowan I strain, CD23 antigen and, **49**:151
  Cowan strain, **52**:187–188
    and anti-CD40 results in T-independent B cell differentiation, **52**:191
  and food poisoning, **54**:128
  genetically engineered antibody molecules and, **44**:78, 85
  infection-associated autoimmune disease, **54**:140–141
  pulmonary infection, **59**:397
Staphylococcus aureus B
  B cells responsive to, **40**:20, 21
  cell response and, **40**:14–15, 16, 41–44
Stat1, **59**:261; **62**:69; **63**:141
Stat2, **59**:261; **62**:69
STAT3, **65**:19
Stat3, **59**:261; **61**:177; **63**:141, 399
STAT5, **65**:20
Stat5, **63**:141, 399
  IL-2 activation, **61**:177, 178
STAT6, **65**:20
Stat6, **61**:177
Stat48, **62**:69
Stat91, **62**:68
STAT family, interaction with NF-IL6, **65**:19–21
Stat proteins, **59**:261; **62**:68, 69; **63**:140, 398, *see also* Signal transducers and activators of transcription
  IL-2R coupling, **61**:162, 174–179
Stem cell factor, **55**:1–2, 81–84; **62**:189
  chromosomal location, **55**:13–15
  effect on secretion in SCFR⁺ cells, **55**:43
  expression regulation, **55**:31–33
  genomic organization, **55**:13–15
  germ cell development, **55**:66–69
  identification, **55**:10–12
  kit ligand, identification, **55**:10–12
  lymphohematopoiesis effects
    hematopoiesis, **55**:43–48
    lymphocytes, **55**:48–51
    NK cells, **55**:48–51
  in mast cell biology
    development, **55**:52–60
    function, **55**:60–64
  in melanocyte biology, **55**:64–66
  mutations affecting
    human, **55**:23–24
    mouse, **55**:17–23
    rat, **55**:23
  neoplasia, **55**:71–72
    brain tumors, **55**:77
    breast cancer, **55**:78
    gonadal tumors, **55**:76–77
    hematopoietic tumors, **55**:72–74
    lung cancer, **55**:77–78
    mast cell leukemia, **55**:74
    melanoma, **55**:74–76
  nervous system, **55**:69–71
  as therapeutic agent, **55**:78–81
  tissue distribution, **55**:15–17
Stem cell factor receptor
  c-kit gene encoding, **55**:3–10
    allelism with W, **55**:6–7
    and *c-fms*, evolutionary relationship, **55**:9–10
    chromosomal location, **55**:7–9
    genomic organization, **55**:7–9
    and *PDGFR* genes, evolutionary relationship, **55**:9–10
  expression regulation, **55**:24–31
  germ cell development, **55**:66–69
  interaction with ligand, consequences
    adhesion, **55**:37
    chemotaxis, **55**:37–38
    differentiation, **55**:40–42
    haptotaxis, **55**:37–38
    maturation, **55**:40–42
    proliferation, **55**:39–40
    secretion, **55**:43
    survival, **55**:38–39
  lymphohematopoiesis effects
    hematopoiesis, **55**:43–48
    lymphocytes, **55**:48–51
    NK cells, **55**:48–51
  mast cells bearing, secretion, SCF effects, **55**:43
  melanocyte biology, **55**:64–66
  mutations
    human, **55**:23–24
    mouse, **55**:17–23
    rat, **55**:23
  neoplasia, **55**:71–78
  signal transduction through, **55**:33–36
  tissue distribution, **55**:15–17

Stem cell factor receptor/c-kit, **52**:352–354, 363–364
Stem cells
　B cell formation and, **41**:181, 182, 184, 187, 206, 237
　　B cell precursors, **41**:188, 191, 195, 199, 200
　　　bone marrow cultures, **41**:209, 217, 219
　　　genetically determined defects, **41**:220, 224, 225
　　　soluble mediators, **41**:232–234
　embryonic, *see* Embryonic stem cells
　hematopoietic, *see* Hematopoietic stem cells
　hybrid resistance and, **41**:352, 362, 367
　　antigen expression, **41**:402–407
　　　bone marrow cells, **41**:336–340, 344, 346
　　　effector mechanisms, **41**:370–373, 377–380, 383, 386, 388–391
　lymphoid, *see* Lymphoid stem cells
　self-renewal, **58**:422
　switching, developmentally programmed, **58**:308–309
　syngeneic stem cell functions, hybrid resistance and, **41**:388–390
Steroids
　aPL antibodies and, **49**:223, 232
　B cell formation and, **41**:209, 219, 236, 238
　hybrid resistance and, **41**:348, 387
　NF-κB and, **65**:118–120
　spontaneous autoimmune thyroiditis and, **47**:480, 481
　virus-induced immunosuppression and, **45**:338
Steroid therapy, IBD and, **42**:286, 289, 316–319
Stimulating cells, **50**:31–32
　B cells, role in Vβ selective element action, **50**:31
　dendritic cells, role in Vβ selective element action, **50**:31
　transfer of Vbse among cells, **50**:32
Stochastic processes, maternally transmitted antigen and, **38**:324, 326, 327, 341
Stomach cancer, X-linked agammaglobulinemia, **59**:147
Streptococcal M proteins, **54**:114–115
Streptococcal pneumonia, **59**:395–396
Streptococcal toxins, **54**:108–113
Streptococcus
　infection, membrane cofactor protein, **61**:221
　tumor necrosis and, **42**:215
Streptococcus mutans, subunit vaccines, **60**:135–136
Streptococcus pneumonias, mouse infection anti-Id antibodies as vaccines against, **39**:283
Streptococcus pyogenes, **54**:109, 114
　Vβ specificity for, **54**:109, 110–112
Streptococcus zooepidemicus, and Fc of IgG, **51**:61
Streptolysin O. 317, **41**:318
Streptomyces tsukobaensis, **52**:403
Streptozotocin, diabetes induced by, **62**:100
Stress-activated protein kinases, **63**:148
Stroke, aPL antibodies and, **49**:218, 221, 258
Stroma, hybrid resistance and, **41**:336, 404
Stromal cells
　B cell formation and, **41**:184, 185, 237, 238
　　B cell precursors, **41**:198, 200, 203
　　　bone marrow cultures, **41**:209, 210, 212–216, 219, 220
　　　genetically determined defects, **41**:223, 227, 229, 231, 232
　　　lymphohemopoietic tissue organization, **41**:186–188
　　　soluble mediators, **41**:234
　contacts with pre-B cells, **53**:133–134
　immunosenescence and, **46**:241
　pre-B cell nonproliferation on, **53**:134–135
　pro- and pre-B cells reactive to, **53**:131–136
　thymic, autoreactive T cells and, **45**:421–425
　uterine, IL-1ra production, **54**:188
Stromelysins, **62**:288; **64**:297
Structural complementarity, protein-protein interactions, **43**:104–105
Structure–function studies, MMTV superantigens, **54**:103–106
Subclones
　B cell formation and, **41**:210
　CTL and, **41**:139
Subcloning, hybridomas and, **38**:291
Submucosa, Crohn's disease specimens, **42**:298
Substance P, **61**:372–373
　arthritis and, **39**:317–318

bronchospasm induction and, **39**:318
effects on
 secretory functions, **39**:302–303
 smooth muscle and vasculature,
  39:302–303
histamine release by mast cells and,
 39:305–306
immunostimulatory properties,
 39:311
leukocyte chemotaxis and, **39**:308
lymphocyte adhesion and, **64**:153
in nasal secretion, **39**:304
and other neuropeptides, receptors for,
 52:372–375
tissue repair and, **39**:308–309
Substance P receptors
 lymphocyte, **39**:313
 recovery from IM-9 cells, **39**:313
 T cell, **39**:313
Subtilisin, site-directed mutants, **43**:23
Subtractive hybridization, **43**:135
N-Succinimidyl 3-(2-pyridyldithio) propionate,
 in crosslinking for chemoimmuno-
 conjugates in cancer treatment,
 56:319–320
Sucrose, cytotoxicity and, **41**:290, 304
Sugars
 immunosenescence and, **46**:234
 lymphocyte–HEV interaction, **65**:360–361,
  363–365
 as selectin ligands, chemical structure,
  58:355
Sulfapyridine, **42**:317, 318, *see also*
 Sulfasalazine
Sulfasalazine, **42**:311
 IBD and, **42**:289, 296, 316–318
 prostaglandin synthesis and, **42**:312–313
Sulfated glycoprotein 2, **61**:204, 249–251
Sulfidoleukotrienes, IBD and, **42**:314, 315
Sulfosuccinimidyl-2(p-azidosalicyamino)-1,3′-
 dithiopropionat identification of lipid A-
 binding membrane proteins, **53**:274–275
Sulfotransferases, **64**:168
Sulindac, **62**:184, 186, 201
SUN1, **64**:20, 21
Superantigens, *see also* Staphylococcal
 enterotoxin A; Staphylococcal
 enterotoxin B
 bacterial, **65**:14, 208–210
 classes, **54**:99–100

endogenous murine, **54**:100–108
 cellular expression of MMTV antigens,
  54:106–107
 identification of Mls antigens as MMTV
  products, **54**:100–102
 role in life cycle of MMTV and host,
  54:107–108
 structure–function studies, **54**:103–106
exogenous, **54**:108–117
 bacterial products with related function
  as superantigen, **54**:113–115
 produced by infectious viruses,
  54:115–117
 staphylococcal and streptococcal toxins,
  54:108–113
and human disease, **54**:128–145
 autoimmune disease associated with
  streptococcal infection, **54**:140–141
 food poisoning, **54**:128
 immunodeficiency disease, **54**:142–143
 Kawasaki syndrome, **54**:133–137
 lymphoproliferative diseases, **54**:143–145
 rheumatoid arthritis, **54**:137–140
 systemic lupus-like autoimmune disease,
  54:141–142
 toxic shock syndrome, **54**:128–133
immune responses
 binding to major histocompatibility
  complex, **54**:117–120
 direct non-T cell effects, **54**:127
 involvement of accessory CD4 or CD8
  molecules, **54**:124–125
 recognition by T cell receptors,
  54:121–124
 T cell deletion and anergy in adult
  animals injected with superantigens,
  54:125–127
 T cell signaling in response to
  superantigens vs conventional
  antigens, **54**:127
induced deletion and anergy, differential
 regulation, **58**:272
MMTV, **65**:140, 152–153
 expression, **65**:152–153
 immune stimulation by, **65**:140, 141,
  171–194, 196–203
 MHC class II molecules, interaction
  with, **65**:164–165
 protein structure, **65**:157–164
 TCR Vβ, interaction with, **65**:165–167
 tumor formation and, **65**:155, 156

Superantigens (continued)
  mycobacterial, **58**:321–323
  T cells stimulated by, **58**:260–262
Supergenes, cytotoxicity and, **41**:310
Supernatants, humoral immune response and, **45**:5
  antigens, **45**:15
  interleukins, **45**:62, 65, 67, 69, 70
  physical interaction, **45**:54
Superoxide
  interaction with NO, **60**:324–325
  relation to P-selectin, **58**:355
Suppression
  allotypic and anti-idiotypic, Fc region and, **40**:73
  hybrid resistance and, **41**:380, 381, 384, 387, 389, 395
  IDDM, **48**:143–144
  in vitro, induced by Vβ selective elements, **50**:37
  T cell-mediated
    Ir genes and, **38**:188
    GAT, **38**:134–141
    GT, **38**:144–149
    H-Y antigen, **38**:175, 179
    immunodominance, **38**:182–184
    insulin, **38**:142–144
    lactate dehydrogenase B, **38**:149–152
    lyzozymes, **38**:140–142
    tolerance, **38**:129
    malignant B cell proliferation, **40**:144–145
Suppressor antigen-presenting cell, **48**:206
Suppressor cells, *see also* Suppression, T cell-mediated; Suppressor T cells
  hybrid resistance and, **41**:340, 368, 410
  marrow, **41**:385–387, 391, 392
  in IBD, **42**:299
  immunosenescence and, **46**:249–251
  in MG, **42**:260
Suppressor macrophages, **50**:176
Suppressor T cells, **43**:266; **50**:176–177, *see also* Suppression, T cell-mediated
  AChR-specific, **42**:258–259
  adoptive T cell therapy of tumors and, **49**:287–289, 293
  antigen-specific inhibition of MOPC-315 by, **40**:143–144
  autoreactive T cells and, **45**:431, 432

  covert, in Crohn's disease, **42**:300, 301
  historical background, **40**:135–136
  hybrid resistance and, **41**:379, 386, 410
  idiotype-specific inhibition of B cells by, **40**:136–143
  immunosenescence and, **46**:251, 252
  isotype-specific inhibition of B cells by, **40**:145–148
  lymphocytotoxic antibodies and, **42**:291–292
  MG therapy and, **42**:269
  T cell subsets and, **41**:102, 107, 110
Surface area, exposed, MHr, **43**:35–36
Surface markers, for memory B cells, **53**:235
Surface receptors, alternative, death induction by, **58**:224–227
Surface variability analysis, **43**:11, 14
Surrogate heavy chain, **63**:8, 25
Surrogate light chain
  B cell development, **63**:2–4, 15–25, 29–31
  expression, **63**:5–12, 13–15
  genes, **63**:4–5
  transduction in complex, **63**:25–29
Switched memory B cells, **59**:340–341
Switch peptides, **43**:113
Switch recombination
  B cells, **61**:83
  CD40 signaling, **61**:92–98
  comparisons between VJD and switch recombination, **54**:235–237
  control during cell cycle, **61**:116–117
  in DNA replication, **54**:237–238
  experimental systems for studying, **54**:237
  fine sequence specificity, **61**:107–108
  germline transcripts, **61**:111–116
  homeologous recombination similarity, **61**:110–111
  Ig production, **63**:58–59
  illegitimate priming model, **61**:108–111
  intrachromosomal deletion, **61**:99
  looping out and deletion, **54**:234
  mutations, **61**:108
  poly(ADP-ribose) polymerase, **61**:110
  protein-binding sites, **61**:117, 120
    E47/E12, **61**:117
    LR1, **61**:120
    NF-κB/p50, **61**:117, 118–119
    NF-Sμ, **61**:119
    Pax5, **61**:120–122

sγ3 regions, **61**:117–118
sμbp-2, **61**:119
proteins involved in switch recombination, **54**:239–240
RNA splicing, **61**:101–102
sequential switching, **54**:238–239; **61**:105–107
sister chromatoid exchange, **54**:234–235
sites, **61**:102–105
substrates, **61**:123–129
transchromosomal switching, **61**:100–102
vectors, **61**:123–129
Syk, **59**:261, 324
  IL-2R coupling, **61**:159–160, 190
Syk kinase, **59**:261, 324
Syk tyrosine kinase, **63**:28, 134, 137–138
Sympathetic ophthalmia, **48**:216, 217
Synctium formation, virus-induced immunosuppression and, **45**:349, 350, 358, 359
Synergy
  anti-TNF-α therapy, **64**:331–333
  B cell formation and, **41**:222, 234
  cytotoxicity and, **41**:284, 296
  hybrid resistance and, **41**:406
  T cell activation and, **41**:20, 23, 28, 30
    Ca2+ ionophores, **41**:15–19
    cell surface molecules, **41**:2, 12, 14
Syngeneic mixed lymphocyte responses, autoreactive T cells and
  activation, **45**:426
  origin, **45**:418–420
  regulation, **45**:432, 433
Syngeneic preference, hybrid resistance and, **41**:334, 358
Syngeneic stem cell functions, hybrid resistance and, **41**:388–390
Synovial cells
  HLA class II molecule, **48**:132
  as source of chemokines, **55**:111
Synoviocytes, **64**:288
  CD40 expression, **61**:15, 41
Synovitis, lymphocytes, **64**:191
Synovium
  IL-1ra production in macrophages, **54**:187–188
  lymphocyte homing and, **44**:344
  normal, **64**:287
  rheumatoid, **64**:287–288, 291, 315
    joint destruction mechanism, **64**:320–321
    neovascularization, **64**:319–320

Synthetic peptides
  defined recognition sites, *see* Recognition sites, synthetic
  extracellular processing, **52**:84–85
  technology, applications, **43**:59
Syphilis, *see also* Biological false positive serological test for syphilis
  aPL antibodies and antibody subsets, **49**:232
  history, **49**:198–199
  specificity, **49**:234–236, 240, 249–250
Systemic inflammatory response syndrome, **63**:310
  criteria for, **66**:101, 123
Systemic lupus erythematosus, **46**:196, 200
  antinuclear antibodies and, **44**:94–97
    autoantibodies, **44**:125, 136
    autoimmune response, **44**:131, 132
    DNA, **44**:97, 98
    drug-induced autoimmunity, **44**:109
    histones, **44**:98–100
    ku, **44**:104, 105
    mixed connective tissue disease, **44**:111
    PCNA, **44**:106–109
    ribosomal RIP, **44**:105, 106
    RNP, **44**:100–102
    scleroderma, **44**:120, 124
    Sjögren's syndrome, **44**:112
    subcellular particles, **44**:102–104
  aPL antibodies and, **49**:193, 198, 209, 212, 219, 250, 257, 259
    affinity purification, **49**:229
    anybody subsets, **49**:231
    binding, **49**:251–252
    clinical aspects, **49**:206–209, 212
    isotype, **49**:225–227
    LA antibodies, **49**:245–246
    pathogenic potential, **49**:252–255, 257
    specificity, **49**:234–236, 238–239, 248–249
    syndromes, **49**:213–216, 218–222
  CD23 antigen and, **49**:174–175
  human idiotypic network and, **39**:277–278
  Ig heavy-chain variable region genes and, **49**:46–50
  IL-1 and, **44**:193
  and IL-6, **54**:41–42
  lymphocytotoxic antibodies and, **42**:291–292
  NK cells and, **47**:300, 301

Systemic lupus erythematosus (continued)
  overexpression of Fas variant, **58**:274
  patients, low IL-1 production in, **50**:175–176, 186–187
  pituitary hormones, **63**:420–421
  transfer to hu-PBL-SCID mouse, **50**:307
Systemic lupus erythematosus, murine, **46**:61, 62, 65, 71, 99, 100, see also Lupus mouse
  aPL antibodies and, **49**:219, 248
  EPA and docosahexaenoic acid in diet and, **39**:163–164
  fish oil in diet and, **39**:163–165
  functional abnormalities in
    B cells, **37**:309–316
    macrophage defects, **37**:324–326
    natural killer cells, **37**:327
    other cellular and humoral abnormalities, **37**:327–330
    T cells, **37**:316–324
  genetics, **37**:336–337
    complementarity of genetic backgrounds among lupus mice and role of accelerator and other autosomal genes, **37**:341–345
    inheritance of autoimmune traits, **37**:337–338
    relationship among autoimmune traits and their association with disease, **37**:338–341
    relationship between the traits, H-2 and Ig genes, **37**:345–346
  Ig germline, **46**:65, 66
    autoantibodies, **46**:71–76
    inducing agent, **46**:78
    murine lupus, **46**:66–71
    somatic mutation, **46**:76, 77
  influence of sex and sex hormones on pathogenesis of, **37**:346–348
  lupus strains, **46**:61–65
  morphologic manifestations
    arthritis, **37**:282–283
    glomerulonephritis, **37**:276–278
    lymphoid hyperplasia, **37**:279–282
    neoplasia, **37**:282
    other significant histopathologic characteristics, **37**:283–284
    thymic atrophy, **37**:278
    vascular disease and myocardial infarction, **37**:278–279
  recombinant IL-2/vaccina virus construct on, **50**:193–203
  serologic manifestations
    antierythrocyte antibodies, **37**:295–297
    antiretroviral gp70 autoantibodies, **37**:293–295
    autoantibodies to IgG, **37**:298–300
    autoantibodies to nuclear antigens, **37**:286–293
    complement levels, **37**:295
    cryoprecipitates, **37**:295
    Igs, **37**:284–286
    natural thymocytotoxic antibody, **37**:297–298
  T cell antigen receptor, **46**:78, 79
    autoimmune strains, **46**:83–86
    expression, **46**:86–99
    gene diversity, **46**:79–83
  treatment of, **37**:350–355
  viruses in, **37**:348–349
Systemic lupus erythematosus-like autoimmune disease, **54**:141–142
  B/WF1 mouse, **53**:144–147

T

T3, T cell receptor and, **38**:18, 22
T3 membrane proteins, **43**:116
T9, positive lymphocytes, in Crohn's disease, **42**:290
T11, see CD2
T15′ B cells in mice, **42**:72
Tac antigen, **59**:228
Tachykinin receptor, **48**:181
Tachyzoite antigen, **65**:208
Talin, leukocyte integrins and, **46**:169
T-ALL cell line (YT), **42**:171
TAM, see Tyrosine-containing sequence motifs
TAP, **64**:4
TAP, **65**:47–96, 96
  background, **65**:47–56
  disease and
    autoimmune disease and, **65**:92–94
    dysfunction in tumors, **65**:94–95
    polymorphism, **65**:92–94
    viral inhibitors, **65**:95

gene structure, **65**:58, 59–61
intracellular localization, **65**:62–63
MHC class I assembly and, **65**:87–92
polymorphism, **65**:71–75, 92–94
protein structure
  as heterodimer, **65**:61–62, 79, 81
  intracellular localization, **65**:62–63
  subcellular localization, **65**:63, 65
  topology, **65**:64, 65–71
subcellular localization, **65**:63, 65
TAP1, **64**:4; **65**:50, 85
TAP1, structure, **65**:58, 60–61
TAP1/TAP2, **64**:4, 112
  function, **64**:112
  MHC class I molecules and, **64**:113–115, 117–119
  peptide binding, **64**:114–115
  peptide transport, **64**:112–113
TAP2, **64**:4; **65**:51, 85
TAP2, structure, **65**:58, 60–61
Tapasin, **65**:91
TAP complex, **65**:75–76
  length specificity, **65**:78
  peptide and nucleotide binding, **65**:84–86
  sequence specificity, **65**:78–84
  transport assays, **65**:76–78
  transport model, **65**:86–87
TAP system, **64**:3–5, 30–31
Target-binding cells, NK cells and, **47**:230, 269
Target cell–effector cell interaction, mediated by leukocyte Fc receptors, **51**:51–54
Target cells
  CTL and, **41**:137, 158, 162, 168
    carbohydrate moieties, **41**:153, 154
    exon shuffling 142, **41**:144, 149
    HLA class I antigens, **41**:149–152
  cytotoxicity and, **41**:269–272, 300, 319, 320
    cell-mediated killing 294, **41**:296–298, 312
    cytolysis, **41**:273–284
  cytotoxic T cells and, **38**:173
  HIV infection and
    etiological agent, **47**:378, 384
    immune response, **47**:409, 411
    immunopathogenic mechanism, **47**:400
  hybrid resistance and, **41**:363, 369, 372, 373, 383
    antibodies, **41**:376–378
    antigen expression, **41**:400, 404

marrow, **41**:387, 391, 392
in vitro assays, **41**:393–396
NK cells and, **47**:292, 294
  antimicrobial activity, **47**:285–288
  cytotoxicity, **47**:249–256, 259
  effecter mechanisms, **47**:234–242
  hematopoiesis, **47**:280
  lymphokines, **47**:262–264
  receptors, **47**:242–248
  spontaneous autoimmune thyroiditis and, **47**:451
T cell activation and, **41**:1, 14, 30
T cell subsets and, **41**:76, 94, 95
Targeted chemotherapy, concept of, **56**:301–303
Target organ, spontaneous autoimmune thyroiditis and
  defect, **47**:456–465
  genetics, **47**:482, 485, 487
Target recognition, T cell receptors and, **38**:22–24
TATA box, TAP genes, **65**:60
Tax, **65**:29
  HTLV-I, activation of NF-κB, **58**:17–18
TBAM, **63**:47
T cell-activating protein, **48**:240–241
T cell activation, **41**:1, 4, 8, 10, 17, 19, 21, 22, 24, 25, 30, 31; **58**:18–19; **61**:148–149; **62**:131
  accessory activation molecule, **48**:304–306
  alternative activation molecule, **48**:304–306
  alternative pathway, **48**:235
  calcium ionophore, **48**:258–260
  CD8a role, **53**:84–85
  cell cycle progression, **48**:290
  cell surface molecules, **41**:1–15
  c-fos, **48**:291–292
  c-myb, **48**:293–294
  c-myc, **48**:292–293
  de novo-induced genes, **48**:290
  gene products, **48**:290
  gene regulation, **41**:26–30
  IL-I receptor, **48**:250–253
  intracellular signals, **41**:26
  in vivo, **63**:71
  Ir genes and, **38**:106, 107, 189
    antigen binding, **38**:104–108
    competitive inhibition, **38**:110
    complementation, **38**:79
    cytotoxic T cells, **38**:165, 171

T cell activation (continued)
  expression, **38**:58
  gene function, **38**:91
  H-Y antigen, **38**:177
  I region mutations, **38**:91
  selection, **38**:132
  suppression, **38**:135, 152
 molecular events mediating, **48**:227–311
 murine system, **41**:1
  cell surface molecules, **41**:10, 11, 13, 14
  receptor-mediated signal transduction, **41**:23, 25
 nuclear events, **48**:290–299
 phorbol ester, **48**:258–260
 protooncogene, **48**:291–294
 Ras proteins, **63**:144–145
 receptor-mediated signal transduction, **41**:19–26
 recognition phase, **63**:43–44
 signal transduction, **48**:251–252
 synergy, **41**:15–19
 T cell antigen receptor-CD3 complex, **48**:232–235
 two stages of, **51**:107
 tyrosine kinase p56^{lck} role, **53**:78–82
T cell antigen receptor, see T cell receptor
T cell–B cell collaboration, antigens and, **42**:75
T cell–B cell interaction, **60**:282–283; **63**:44, 46, 71–72, 71–72
T cell clones, **38**:3, 22; **43**:134; **48**:78
 activation, **43**:216
 alloreactive, **38**:3
 antigen binding, **38**:99, 105, 106
 antigen dose-response curves, **43**:202
 colony-stimulating factor gene differential expression, **48**:89–92
 competitive inhibition, **38**:109, 110
 cross-reactive lysis, **38**:187
 cytotoxic T cells 165, **38**:170
 gene dosage, **38**:81
 gene function, **38**:92
 germline repertoire, **38**:116–118
 GM-CSF preferential synthesis, **48**:91
 immunizing, **38**:3
 immunodominance, **38**:184, 185
 lines, **43**:196
 lymphokine mRNA expression, **48**:87–88
 macrophages, **38**:111–114
 reactivity, HLA-Dw14, **48**:129

  suppression, **38**:134, 143, 152
 T cell selection, **38**:131, 134
 T cell-T cell interactions, **38**:160
 tolerance, **38**:119–121, 124, 126, 129
T cell cytokines, see T helper cells, cytokines
T cell development, **44**:207, 255; **58**:90–101; **63**:1
 antigen recognition, **44**:209–214
 avian, experimental manipulation, **50**:102–105
  cyclosporin treatment, **50**:104–105
  embryonic treatment with antibodies, **50**:103
  thymectomy, **50**:102
 CD4 vs. CD8, **53**:108–113
 cellular selection within thymus, **44**:245
  negative selection, **44**:245–252
  positive selection, **44**:252–255
 four-way developmental choice, **51**:180–186
  CD4 vs CD8 down-regulation, **51**:185–186
  positive selection vs two kinds of death, **51**:175–177
  positive vs negative selection, **51**:180–183
  signaling pathways that control positive selection, **51**:183–185
 functionally responsible
  intrathymic transitions, **51**:117–139
   ontogeny of major thymic lineages, **51**:133–138
   ontogeny of minor thymic lineages, **51**:138–139
   summary, **51**:139
   TCRα,β lineage, **51**:118–124
   TCRγδ lineage, **51**:124–133
 mature T cells, properties, **51**:85–110
  proliferative response, **51**:106–110
  recognition/auxiliary coreceptors, **51**:91–92
  recognition structures, **51**:86–91
  response genes, **51**:98–105
  signalling through TCR/CD3 and coreceptors, **51**:92–98
 selection, and mechanism, **51**:164–189
  negative selection, **51**:165–175
  positive selection, **51**:175–189
  summary, **51**:189–194

thymocytes, functional maturation,
    51:139–164
  auxiliary signaling receptors,
      51:157–160
  functional maturation vs commitment
      to T cell lineage, **51**:162–164
  mature vs immature characteristics,
      history, **51**:139–140
  postthymic maturation, **51**:160–162
  response genes, **51**:146–157
  TCR/CD3 complexes and signaling
      mediators, **51**:140–146
  thymus and its seeding, **51**:110–117
ontogeny, **44**:214, 215, 221–225
  accessory molecules, **44**:219–221
  function, **44**:221
  receptor expression, **44**:218, 219
  thymocyte, **44**:215–218
  thymocyte subpopulation, **44**:225–245
in thymus, **51**:112
T cell epitopes, **43**:4, 60, 73, 78
  autoimmune diseases and, **66**:88–91
  circumsporozoite protein-derived,
      60:108–120
  computational identification, **66**:77–84
  nonmalarial protein-derived, **60**:110–112
T cell growth factor, **46**:112, 114; **61**:147
T cell hybridomas, *Ir* genes and, **38**:40
  antigen binding, **38**:99, 107
  antigen processing, **38**:95
  competitive inhibition, **38**:109, 110
  germline repertoire, **38**:116
  suppression, **38**:151
  T cell-T cell interactions, **38**:156, 157,
      160
T cell hybrids
  alloreactive responses to
    B cells, **39**:85–87
    macrophages/dendritic cells, **39**:85–86
  hapten-specific B cells and, **39**:56–57
T cell leukemias, **38**:18
  anti-Id antibody therapy, **39**:288
  development, **50**:141–142
  mature, receptor gene rearrangements in,
      40:276–284
T cell lymphocytopenia, steroid therapy and,
    42:289
T cell lymphoma
  depletion, **58**:272–275
  murine, **54**:289

T cell receptor, **41**:2–8; **43**:105, 114–117;
    45:107, 108, 131; **48**:78–81; **58**:119–120;
    63:43–44, *see also* Antigen–MHC
    determinant; T cell development
  α, **64**:69
  and -β and -γ and -δ
    generation of diversity, **58**:115–116
    genomic organization, **58**:114–115
    rearrangement and expression,
        58:116–119
  rearrangement, **58**:150–152; **61**:
      305–306
  transcription inhibition, **58**:243
α enhancer, **43**:268
$\alpha\beta$, **43**:115; **59**:100–105
  antigen receptor dimer, **43**:116–117
  CD3 complex, **43**:135
  chain alignment, **43**:221
  compared to T cell receptor Ad, **43**:175
  developmental control, **58**:157
  expression, **43**:146–147, 165
  genes, **43**:136
  heterodimers, **43**:221, 266
  induction of CD8$^+$ T cell apoptosis,
      58:223
  loci, **43**:140
  lymphocytes, ontogeny, **43**:169
  molecules, **43**:134
  mRNA, **43**:146–147
  protein complex, **43**:134–135
  role in signal transduction, **58**:125–127
  specificity, **58**:124–125, 174
  transcripts, **43**:168
  variable region sequences, **43**:221
$\alpha\beta$ and $\gamma\delta$
  complexes, **58**:113–128
  diversified
    in human, **58**:305–306
    in mouse, **58**:304–305
$\alpha\beta$ lineage, **51**:118–124
β, **43**:136
  germ-line genes, **43**:267
  induction of development, **58**:142–144
  primary structure, **43**:220
  rearrangement, **61**:305–306
  signal mediation, and p56^{lck} control, in
      thymocyte development,
      56:163–164
  transcription, **43**:268
β enhancer, **62**:43, 51–52

T cell receptor (continued)
  epitopes, **45:**142
    conformation, **45:**145, 146
    helical conformation, **45:**142–144
    location, **45:**146–148
  γ gene
    disulfide-linked form, **43:**148
    human, **43:**140–143
    IDP2 transcript organization, **43:**154
    mRNA transcripts, **43:**167
    murine genes, **43:**136–140
    puzzle, **43:**144–145
    rearrangement and diversity, **43:**143–144
    role in fetal life, **43:**144
  γδ, **43:**175–176
    expression by fetal CD44$^+$CD25$^+$ cells, **58:**141
    heterodimers, **43:**266
    importance, **43:**177–178
    invariant, **58:**301–304
      lung, **58:**303–304
      skin, **58:**301–303
      tongue and female reproductive tract, **58:**303
    ontogeny, **43:**165–171, 177
      gene expression, **43:**266
    protein structure, **43:**174–175
    thymic ontogeny, **43:**177
    V3, **64:**69
  γ-γ homodimers, **43:**150
  γδ lineage, **51:**124–133
  γδ lymphocytes
    activation, **43:**171–172
    allogenic target cell recognition, **43:**173–174
    anti-CD3 mAb, **43:**172
    cell surface expression, **43:**162
    cytolysis, **43:**172–174
    functional studies, **43:**174
    peripheral blood and thymic, **43:**161–164
    skin, **43:**164–165
  γδ proteins, **43:**146
    CD3 polypeptides, **43:**150–152
    cytofluorographic analysis, **43:**146–147
    forms, **43:**148–149
    human subunit structure, **43:**148–152
    identification, **43:**146–148
    mobility, **43:**150
    murine subunit structure, **43:**152–153
    peptide mapping, **43:**150

    SDS-PAGE, **43:**150
    two-color cytofluorographic analysis, **43:**146–147
  δ, **43:**150
    hairpin accumulation at, **58:**48
  δ gene
    breakpoints, **43:**160
    Cδ–Cα locus organization, **43:**155–156
    C6 gene segment, **43:**156–157
    chromosomal translocation, **43:**160–161
    genomic organization, **43:**155–156
    identification, **43:**153–155
    IDP2 transcript organization, **43:**154
    rearrangement and diversity, **43:**158–160, 167
  accessory molecules, **45:**108, 109
    CD3 complex, **45:**109, 110
  adoptive T cell therapy of tumors and, **49:**299
  allelic exclusion, **38:**17, 18
  alloreactivity, **45:**148–157
  amino acid conservation, **43:**221–222
  amphipathicity, **43:**204
  antigen, **38:**2
    conformation and recognition, **43:**194, 223–225
    MHC interaction model, **43:**201
    processing, **43:**196–197
    specificity, **43:**193–194
  antigen binding, **38:**98, 99, 104–107
  antigen processing
    class II molecules, **45:**117, 118
    class I molecules, **45:**118, 119
    exceptions, **45:**119, 120
    factors, **45:**122–124
    molecular mechanisms, **45:**127, 128
    pathways, **45:**124–127
    peptides, **45:**120, 121
    recycling, **45:**121, 122
  antigen-specific, **38:**115–117
  autoimmune demyelinating disease and, **49:**357
    myelin basic protein, **49:**358–360
    usage restriction, **49:**363–366
  autoimmune thyroiditis and, **46:**265, 318, 319
    cellular immune responses, **46:**291
    humoral responses, **46:**307
    prevention, **46:**312, 314–316
  autoreactive T cells and, **45:**417, 419

B cell formation and, **41**:194, 199, 225, 226, 237
C_α domain, **43**:221
CDR, diversity, **43**:222
chromosomal mapping, **38**:16, 17
class I and class II-specific, **43**:205
C_δ locus deletion, **43**:170
combining site
   antigens bound to MHC, **43**:215–220
   selections based on receptor specificity, **43**:218–219
   shape, **43**:222
   T cell receptor structure, **43**:220–222
complex, **58**:128–136
CTL and, **41**:136, 137, 139, 152, 167, 168, 170
cytotoxic, **38**:170, 173
cytotoxicity and, **41**:271, 272, 274
defined, **64**:1
encoding, **38**:5–9
evolution, **52**:110–111
experimental systems, **45**:131, 132, 137
expression, peripheral T cells, **38**:13–15
expression at different anatomical sites, **58**:300–306
gene defects, in hereditary primary immunodeficiency disorders, **40**:306–309
gene expression, **43**:135
   peripheral T cells, **38**:13–15
   putative transcription signals, **43**:267
   during T cell ontogeny, **43**:266–267
   tissue specific, **43**:235
   trans-acting negative regulation, **43**:267
   transcriptional regulatory elements, **43**:267–269
gene organization, **40**:259–262
gene rearrangements, **58**:31, 36–41, 63, 68–69
   applications to clinical medicine, **40**:264–270
   definition of clonality based on, **40**:295–305
   developmentally programmed, **58**:308–309
   and expression, thymus, **38**:10–13
genes
   allelic exclusion, **38**:17–18
   α enhancer, **43**:268

avian, **50**:108–112
   conserved structural features, **50**:111–112
   genomic organization, **50**:108–109
   TCRβ diversity, **50**:109–111
hypermutation, **60**:278–280
germline repertoire, **38**:118
homogeneity
   peptidic self model, **45**:128, 129
   self-component, **45**:128
   self-peptides, **45**:129–131
humoral immune response and, **45**:5, 6
   antigens, **45**:18, 19
   physical interaction, **45**:36, 38, 41, 44–46, 52–54
Ia molecules, **38**:68
Ig fold, **43**:221
Ig heavy-chain variable region genes and, **49**:5
IL-2 and, **42**:173–174
immediate responses, mediators for, **51**:143–146
interaction with antigen bound to MHC, **43**:222
intracellular selection, **58**:120–121
J gene segment, **43**:115
ligands inducing deletion of thymocytes, **58**:170–171
mAb,SFI, **43**:161
male-specific, CD4$^-$8$^+$ thymocytes expressing, **58**:261
maps of Ig-like loci and, **46**:1, 5, 34–45
   chromosomal locations, **46**:6
   mechanisms, **46**:46, 47
mediated induction of T cell death, **58**:215–224
mediated signaling
   and CD4, **53**:85–91
   and CD8, **53**:85–91
   in naive and memory T cells, **53**:228–229
   and p56^{lck}, **53**:85–91
membrane proximal domains, **43**:221
methodological breakthroughs in discovery, **58**:88–89
MHC molecules, **45**:110, 111
   antigen presentation, **45**:115–117
   class II molecules, **45**:112–115
   HLA-A2, **45**:111
   models, **45**:111, 112

T cell receptor (continued)
  MHC-restricted, **38**:2
    peripheral T cells, **38**:14, 15
    protein properties, **38**:3–5
    specific binding, **38**:19–21, 23, 24
    target recognition, **38**:22, 23
    thymus, **38**:10
    V region genes, **38**:15
  molecule recognition, **43**:194–196
  murine lupus models and, **46**:61, 65, 78, 79
    autoimmune strains, **46**:83–86
    expression, **46**:86–99
    gene diversity, **46**:79–83
  NK cells and, **42**:198–204, 205
  oligoclonal expansion, **58**:327
  p56^{lck} interactions, **56**:161–162
  peptides
    binding, **45**:132–134
    selection, **45**:137–139
  peptide vaccination in trimolecular complex, **56**:236–239
  peripheral T cells, **38**:13–15
  polymorphic residues, **45**:157–160
    modeling, **45**:160, 161
    recognition, **45**:161, 162
  polymorphism recognition, **43**:214–215
  precursors, structure and function, **58**:144–151
  pre-T cell receptor α, **62**:42, 44
  properties, **38**:3–5
  recognition of superantigens, **54**:121–124
    models, **54**:122–123
    modifications of vβ rule, **54**:123–124
  restricted recognition, **43**:202–203, 216
  restriction, **43**:195–196
  SCID and, **49**:384, 386–388, 396, 400
  signaling in CD4$^+$8$^+$ thymocytes, **58**:173–174
  signalling through TCR/CD3 and coreceptors, **51**:92–98
  specific, **43**:193
  specific binding, **38**:19–21., 23, 24
  structure, **40**:258–259; **43**:220–222
  structure–function relationships, **45**:135, 136, 139–142
  surface antigens of human leukocytes and, **49**:77–79, 81–83, 86–87
  synthetic T and B cell sites and antigens, **45**:233, 234, 236
    globular protein antigens, **45**:210, 211, 213, 216

  immunological considerations, **45**:200, 201
  prediction, **45**:252
  viral antigens, **45**:219
T3, **38**:18, 19
T cell repertoire, **45**:162
  positive selection in thymus, **45**:163–167
  recognition, **45**:167, 168
T cell subsets and, **41**:40–43, 46, 111
  H-2 alloantigen recognition, **41**:79–81, 88
  H-2 molecules in thymus, **41**:97, 99, 106, 107
  H-2-restricted antigen recognition, **41**:51–54, 56, 60–65
TCR1, functional capabilities, **50**:101–102
  antibodies, embryonic treatment, **50**:103–105
  migration of subpopulations, **50**:96
TCR2, functional capabilities, **50**:101–102
  antibodies, embryonic treatment, **50**:103–105
  migration of subpopulations, **50**:96
TCR3, functional capabilities, **50**:101–102
  antibodies, embryonic treatment, **50**:103–105
  migration of subpopulations, **50**:96
TCR/CD3 complexes and signaling mediators, **51**:140–146
TCRγδ lineages, **51**:124–133
TH cell
  experimental autoimmune encephalomyelitis, **48**:166
  T cell receptor V gene, **48**:166
thymus, **38**:10–13
tolerance, **38**:127
transgenes, **59**:107–108, 113–116, 124–127
transgenic, **58**:154–156, 159, 166–167
triggered CTL-mediated killing, **60**:291
triggering, coreceptor molecules
  modulation of adhesiveness during, **53**:83–84
tumor antigen interactions
  costimulatory pathway-determined immogenicity, **57**:288–290
  early evidence of recognition, **57**:285–288
  tumor-specific peptide recognition, **57**:288–290
tumor antigens defined by, **62**:227–231

tyrosine protein kinase, **48**:277–280
Vβ, interaction with MMTV superantigen, **65**:165–167
Vβ2, **64**:69
Vβ8⁺, SEB effects, **58**:275
Vβ selective elements, **50**:2–3, 6–16
  bacterial toxic mitogens, **50**:15–16
  cellular basis of action, **50**:29–32
    B cell role, **50**:31
    dendritic cell role, **50**:31
    responding cells, **50**:29–31
    stimulating cells, **50**:31–32
    transfer of Vbse between cells, **50**:32
  in intrathymic development, **50**:33
    negative selection, **50**:34–35
    positive selection, **50**:34
  Mls, **50**:7–10
    definition, **50**:7–9
    multiple loci, **50**:9–10
  molecular basis of action, **50**:16–22
  non-Mls, in murine genome, **50**:11–14
    general nomenclature, **50**:13–14
    not stimulating primary T cell response, **50**:11–13
    null alleles, **50**:14
  questions, **50**:42–47
    biological function, **50**:45
    distribution, **50**:44–45
    molecular nature, **50**:44
    validity, **50**:42–44
Vγ5 and Vγ6 subsets, **58**:103–104
variable region gene recombination
  diversity and, **40**:262–264
variable regions
  autoimmune demyelinating disease and, **49**:357
    usage restriction, **49**:363–364, 366–367
  multiple sclerosis and, **49**:372–375
V and C domains, **43**:115
V(D)J joining of antigen receptor genes
  endogenous substrate, **56**:34–37
  gene assembly, **56**:28–32
  resulting in rearrangement, **56**:47, 49
V gene
  experimental autoimmune encephalomyelitis, **48**:166
  TH cell receptor, **48**:166

V region repertoire and variability, **38**:15–16
retroviruses, endogenous or extrinsic, **50**:37–42
  endogenous retroviral insertions inseparable from Vbse, **50**:38–39
  expressions of Mtv in B cells with Vbse expression, **50**:39
  mice transgenic for given Mtv, **50**:40
  mouse mammary tumor virus, **50**:39
  mouse retention of Vbse sequences, **50**:41–42
  Mtv transcripts expressed in activated B cells, **50**:40
  other retroviruses, **50**:40–41
  retroviral sequences bearing no homology to bacterial toxic mitogen, **50**:41
role of MHC molecules, **50**:17–22
  I-A molecules, **50**:20–21
  I-E molecules, **50**:18–19
  incompetent class II, **50**:22
role of T cell receptors and coreceptors, **50**:23–28
  coreceptors, **50**:27–28
  mapping relevant sites on region, **50**:25–27
  T cell receptor, **50**:23–24
  Vβ region of TCR, **50**:24–25
T cell development and function, **50**:32–37, 35–37
T cell development and function in periphery, **50**:35–37
  clonal inactivation, **50**:35–36
  enhancement of responses to antigen, **50**:36–37
  suppression induced *in vitro*, **50**:37
working model, **50**:4–6
working model, evidence, **50**:28–29
Vβ-specific antibodies, **58**:275
V-V interface edge strands, **43**:115–116
V-V pairings, **43**:116
what it sees, **52**:10–11
X-linked severe combined immunodeficiency, **59**:248–252
X phage repressor protein response, **43**:209–210
zone for, **59**:312–315, 338–339

T cell receptor–CD3 complex, **43:**171
  chains, **48:**229–232
  and coreceptors, signaling through, **51:**92–98
  G protein, **48:**306–307
  heterodimers, **48:**229
  phosphatidylinositol 4,5-biphosphate2
    Ca^{2+} response, **48:**262–265
    hydrolysis, **48:**262–265
  polymorphic proteins, **48:**229
  and signaling mediators, **51:**140–146
    mediators for immediate TCR responses, **51:**143–146
    TCR/CD3 complex, **51:**140–143
  structure, **48:**229–232
  synthesis, **48:**232
  T cell activation, **48:**232–235
T cell receptor I, **43:**169
T cell replacement factors, humoral immune response and, **45:**65, 66, 68
T cell-replacing factor, interfering and, **40:**38
T cells, **43:**134; **48:**70, 71
  $\alpha\beta$
    $CD4^-8^-$, expression of $V\beta8$ TCR chains, **58:**109–110
    $CD4^+8^-$, heterogeneity, function, and specificity, **58:**105–108
    $CD4^-8^+$, heterogeneity, function, and specificity, **58:**108–109
    extrathymically derived, **58:**111–112
    negative and positive selection, **58:**311
    reactivities, **58:**318–319
  $\alpha\beta$ and $\gamma\delta$
    differences, **58:**300
    lineage divergence, **58:**141
  $\gamma\delta$
    extrathymically derived, **58:**110–111
    function, **58:**104–105
    heterogeneity, **58:**102–103
    murine, properties of classes of, **51:**128
    reactivities, **58:**319–324
    self-tolerance, **58:**313
    specificity, **58:**103–104
  $20\alpha SDH$ expression
    differentiation and, **39:**26–31
    IL-3-i induced 2, **39:**5, 18–19, 23–24
    in $Thy-1^+$, **39:**21–22, 24, 26–29
  AChR and, **42:**256–260
  activated
    CD44 expression, **54:**294–296

cytokine and B cell differentiation, **52:**212–213
cytokines and B cell growth, **52:**203
defective CD40L expression in, **60:**44–48
inducing resting B cells to proliferate and differentiate, **52:**191–193
T cell subsets and, **41:**52–59
activation, *see* T cell activation
adjuvant action and, **40:**92–94
allogeneic, *Ir* genes and, **38:**125, 126
alternative transmembrane signaling pathways, **48:**307–309
antagonists, in trimolecular complex, **56:**244–247
antigen-independent recruitment into tissues by endothelial cells, **50:**274–287
  endothelium and tissue-specific homing of lymphocytes, **50:**284–285
  extravasation of T cells, **50:**285–287
  migration of memory T cells to inflammatory sites, **50:**278–284
  endothelial leukocyte adhesion molecules, **50:**279–281
  expression of endothelial leukocyte adhesion molecules *in vivo*, **50:**283–284
  role of endothelial leukocyte adhesion molecules in lymphocyte binding *in vitro*, **50:**281–283
  migration of naive T cells to lymph nodes, **50:**275–278
  migration of pre-T cells to thymus, **50:**275
antigen-presenting cells and, **47:**47, 64–74, 76, 77
  antibody responses, **47:**81–86
  antigen presentation, **47:**78–81
  antigen processing, **47:**87, 90–92
  APC-T cell binding, **47:**95–99
  cell surface, **47:**57, 59, 61–63
  immunogeneity, **47:**102–104, 103
  T cell growth, **47:**99–101
  T cells, **47:**86, 96, 99
  tissue distribution, **47:**48, 49, 50, 52–57, 54
antigen recognition, **43:**134, 223
antigens, **38:**2
  conformation, **43:**203

antinuclear antibodies and, **44**:134
apoptosis, pharmacology, **58**:211–296
autoimmune demyelinating disease and
   multiple sclerosis, **49**:369–375
   myelin basic protein, **49**:358, 360–362
   TCR usage restriction, **49**:363–366
autoimmune thyroiditis and, **46**:263, 265,
      266, 317–319
   antigens, **46**:270
   cellular immune responses, **46**:287–291,
      293–298
   experimental models, **46**:273, 275–282
   genetic control, **46**:283
   humoral responses, **46**:299, 302–304,
      306–308
   prevention, **46**:308, 310–312, 314–316
autoimmunity, theories, **56**:453
autoreactive, *see* Autoreactive T cells
BALU, **59**:386
B cell activation, **40**:2–4, 12–13; **63**:43, 46
B cell differentiation and, **40**:31–35
B cell formation and, **41**:205, 212, 225,
      236
   B cell precursors, **41**:189, 191, 192, 198,
      199
   genetically determined defects, **41**:226,
      227, 230, 231
   Ig genes, **41**:204
   soluble mediators, **41**:233–235
–B cell interactions
   antigen bridging, **39**:51
   antigen presentation by B cells, *see* B
      cells
and B cells, interphase death and
   nonspecific damage, **50**:69–70
bone marrow, characterization, **53**:171–173
cachectin and, **42**:220, 222
CD1 proteins, **59**:76–90
CD3, T cell receptor and, **45**:109, 110
CD4$^+$, **48**:84–86, 198; **60**:38–39, 114,
      271–272, 294–296
   antigen-presenting cells and
      antigen presentation, **47**:64, 75, 80
      cell surface, **47**:57
      immunogeneity, **47**:102
      interaction with T cells, **47**:93, 94
      T cell-dependent antibody responses,
         47:83, 84, 86
      tissue distribution, **47**:50
   CD5 antigen, NK cells and, **47**:227

CD5 B cell, **47**:117, 118, 161, 162
   aging, **47**:122, 123
   anatomic localization, **47**:120, 121
   autoimmune diseases, **47**:148–150
   bone marrow transplantation, **47**:129,
      130
   definition, **47**:118–120
   genetic influence, **47**:147, 148
CD5 cells, antigen-presenting cells and,
      47:47, 55, 63
CD8$^+$ antiviral effect, **66**:274–275,
      282–283, 292–294
CD8 cells, antigen-presenting cells and
   antigen presentation, **47**:64, 75, 80, 81
   antigen processing, **47**:92
   immunogeneity, **47**:102
CD11 antigen, NK cells and, **47**:291
   congenital defects, **47**:224
   differentiation, **47**:234
   effecter mechanisms, **47**:245, 246
   hematopoiesis, **47**:281
   malignant expansion, **47**:226
   surface phenotype, **47**:207, 208
CD16 antigen, NK cells and, **47**:188,
      189
   adaptive immunity, **47**:291, 295
   alterations, **47**:302
   antimicrobial activity, **47**:288, 289
   antitumor activity, **47**:298
   CNS, **47**:267
   congenital defects, **47**:224
   cytotoxicity, **47**:249, 257, 258, 261
   differentiation, **47**:233, 234
   effecter mechanisms, **47**:237, 242,
      244, 247
   genetic control, **47**:222, 223
   hematopoiesis, **47**:275, 279
   lymphokines, **47**:265
   morphology, **47**:218
   reproduction, **47**:271
   surface phenotype, **47**:201–206, 208
   tissue distribution, **47**:219, 220
CD18 antigen, NK cells and, **47**:207,
      224
CD45 and, **66**:18, 26, 35–36
clone, **48**:197
development models, **53**:108–113
HIV infection and
   depletion, **47**:386–389

T cells (*continued*)
    etiological agent, **47:**379, 382, 384, 385
    immune response, **47:**405, 408
    immunopathogenic mechanism, **47:**385, 386, 389–392, 394
    neuropsychiatric manifestations, **47:**405
  humoral immune response and, **45:**20, 44, 45
  Ig gene expression
    lymphomas, **47:**150–152
    malignancies, **47:**152–159
  lineage, **47:**128, 129
  lymphokine-producing phenotypes, **53:**17–19
  lymphokine production patterns, **48:**85–86
  malignancies, **47:**123–125
  marker for activation, **47:**125–128
  ontogeny, **47:**121, 122
  physiology
    autoantibody production, **47:**130–136
    helper B cells, **47:**137–141
    monocytoid features, **47:**141–143
  primordial immune network, **47:**159–161
  role in Vβ selective element action, **50:**30
  sporozoite malaria vaccine and, **45:**303, 304, 319
  surface antigen, **47:**143–147
  T cell receptor and, **45:**109, 110, 127
  T helper, **48:**163
  virus-induced immunosuppression and, **45:**349–358, 360–363, 366
  CD4 and CD8 molecules and, **44:**265–270, 298–303
    CD4 molecular biology, **44:**285, 286, 288–293, 295, 297
    CD8 molecular biology, **44:**271–273, 278–280, 282, 284
  CD5 B cell and, **47:**118, 126, 162
    bone marrow transplantation, **47:**130
    lineage, **47:**129
    marker for activation, **47:**125, 126
    physiology, **47:**131, 137, 140–142
    primordial immune network, **47:**160, 161
    surface antigen, **47:**143–147, 144, 147
  CD8$^+$, **48:**84–86, 197, 198
    CD45 and, **66:**18, 26, 35–36
    development models, **53:**108–113
    in HIV-1 infection, **66:**283–291, 297–298
      antiviral activity, **66:**274–275
      antiviral therapy, **66:**295–297
      HIV-1-specific lytic activity, **66:**275–277
      viral inhibition, mechanism, **66:**280–291
    humoral immune response and, **45:**20
    lymphokine production patterns, **48:**85–86
    role in Vβ selective element action, **50:**30–31
    sporozoite malaria vaccine and, **45:**319
      CS-specific T cells, **45:**312
      interferon-γ, **45:**303–306
    T cell receptor and, **45:**109, 110
    TH responses, **61:**358–360
    virus-induced immunosuppression and HIV, **45:**352, 353, 356–358, 366
    measles, **45:**339
    what it recognizes, **52:**6–11
  CD23 antigen and, **49:**149, 151–153, 176
    biological activity, **49:**167, 169–170
    cellular expression, **49:**151–153, 155
    cleavage regulation, **49:**158
    expression regulation, **49:**159
    FcεRII, **49:**164
  CD40 expression, **61:**13, 39–40
  CD40-L expression, **61:**20
  CD45 and, **66:**32–36
    monoclonal antibody studies, **66:**6–12
  CD45-deficient, **66:**18–22
  CD45R$^-$, life span, **53:**240
  CD45RA$^+$, functional and phenotypic properties, **53:**225–227
  CD45RO$^+$, functional and phenotypic properties, **53:**225–227
  circulating, functions, **53:**199–201
  clonal proliferation, **63:**127
  clones, *see* T cell clones
  colony-stimulating factor
    studies *in vitro*, **48:**77–78
    studies *in vivo*, **48:**92–98
    synthesis, **48:**96–98
      antigen-presenting cell, **48:**97
      local polarization secretion, **48:**97
      local response, **48:**96
      target cells, **48:**97

complement receptor 1 and, **46**:183, 200, 201
complement receptor 2 and, **46**:203, 205–207, 213
costimulation, molecules involved in, **58**:132–134
costimulator activities of vascular endothelial cells, **50**:267–274
  EC costimulator in polyclonal CD4+ T cell activation, **50**:268–270
  EC costimulator in polyclonal CD8+ T cell activation, **50**:270–271
  EC costimulators in alloantigen responses, **50**:271–272
  EC production of soluble costimulators, **50**:272–274
cross-reactivity, **43**:200
CTL and, **41**:165
cytotoxic, *see* Cytotoxic T cells
cytotoxicity, islet beta cell, **48**:142
cytotoxicity and, **41**:271–273, 277, 297
dependent autoimmunity, **51**:294–296
dependent B cell responses, **62**:131–157, 144–148
  B7-1/B7-2 ligand family, **62**:135–138, 140–142
  CD28–B7 costimulation, **62**:142–144, 148–157
  CD28/CTLA-4 receptor family, **62**:132–135, 138–140
  costimulation, **62**:138–144, 148–154
  two-signal model, **62**:131–132
dependent isotype switching, role of IL-4, **54**:249–252
depleted haploidentical bone marrow, SCID and, **49**:393–396
depletion, immune reconstitution and, **40**:417–419
derived colony-stimulating factor, **48**:69–98
derived lymphokine, in vivo studies, **48**:94–95
development, *see* T cell development
differentiation, CD4 and CD8 roles, **53**:94–113
  in negative selection, **53**:101–103
  in positive selection, **53**:97–100
DR antigens and, **42**:293, 294
effector
  functional differences with memory and naive cells, **53**:227–228

  maturation into, **53**:229–230
  migration pattern, **53**:242–244
  primary and secondary, **53**:227–228
  tissue-specific migration, **53**:244–247
epithelial, clonotype dominance, **58**:298
epitopes, *see* T cell epitopes
experimental autoimmune uveitis, **48**:216
expressing Epo receptor, **60**:14
facilitation of hematopoietic engraftment by, **40**:391–392
factors, Ig-secreting cell differentiation and, **40**:11–12
Fas effects
  development role, **57**:137
  expression in cytotoxic T cells, **57**:138
fate determination, **58**:136–139
Fcε receptors, **43**:301, 303
Fc receptors on, **40**:67–68
  isotype response and, **40**:212–216
forbidden, in peripheral immune system, **53**:164–166
fusion, **38**:283, 286
genetically engineered antibody molecules and, **44**:86
G protein, **48**:267–269
in graft-versus-host diseases, rat, **39**:280–281
  idiotypic network and, **39**:281
and growth requirements, **53**:167
helper, *see* T helper cells
heterogeneity, **48**:83–92
high-affinity self-reactive, deletion, **43**:219
HIV-1 disease, **63**:87–89, 90
  SCID-hu thy/liv xenograft model, **63**:99–107
HIV infection and, **47**:379
  activation, **47**:398–400, 402
  etiological agent, **47**:378, 379, 382
  immune response, **47**:405, 409, 410
  immunopathogenic mechanism, **47**:385, 386, 387–392, 388, 390, 391, 394, 397
  neuropsychiatric manifestations, **47**:405
human
  interactions with rabbit anti-Id antibodies
    binding to, **39**:265–267
    suppression by, **39**:267–269
  met-enkephalin receptors, **39**:312
  SP receptors, **39**:313
  T8$^+$, Id determinants, **39**:266–267

T cells (*continued*)
 human, IL-9
  characterization and cloning, **54**:80–82
  expression, **54**:85
  growth-simulating activity, **54**:85–88
  response to, **54**:86, 87
 human leukemia, **38**:5, 8
 hybridomas, *see* T cell hybridomas
 hybrid resistance and, **41**:337, 353, 364–366, 368
  antigen expression, **41**:402–405, 408–410
  effector mechanisms, **41**:372–374, 392, 395, 376–388
 hybrids, **48**:78
 hyperprolactinemia, **63**:409–410
 IBD and, **42**:297, 300–301
  subsets, **42**:298
 IELs as, **58**:298–300
 IFN-γ production, **62**:63–66, 105
 IgE-binding factors, **43**:301–303
 IgE biosynthesis and, **47**:1, 28–30, 32–39
  antibody response, **47**:4–12
  binding factors, **47**:12, 13, 15–24, 26–28
 IGF-I, **63**:406
 IGF-I-R, **63**:402
 Ig gene superfamily and
  evolution, **44**:43, 47
  MHC complex, **44**:24, 26, 28, 29
  nonimmune receptor members, **44**:31–37, 41, 42
  receptors, **44**:9–12, 14, 16, 17, 20–24
 Ig heavy-chain variable region genes and, **49**:52, 54
 IL-1 and, **44**:154, 156, 164, 190
  human disease, **44**:193
  immunocompetent cells, **44**:172, 173, 175–178
  receptor, **44**:179, 181–183
  TNF, **44**:185, 186
 IL-2 receptor and, **42**:165–166, 177, *see also* Interleukin-2 receptor
 IL-6 effects, **54**:21–22
 IL-10 biological effects, **56**:8–10
 immune, transfer of idiotypic-suppression by, **40**:139
 immunosenescence and, **46**:221
  lymphocyte activation, **46**:221, 222, 224–232, 234, 236
  lymphocyte subsets, **46**:236–239
  regulatory changes, **46**:250–252
  stem cells, **46**:240, 243–247

 intermitotic life span of, **53**:237–241
 intestinal intraepithelial lymphocytes, **53**:163–167
 intrathymic development, **58**:139–174
  control of apoptosis during, **58**:168–174
  pre-T cell receptor control, **58**:142–151
  role of Vβ selective elements in, **50**:33
   negative selection, **50**:34–35
   positive selection, **50**:34
  and selection, **58**:139–174
  $\alpha\beta$ TCR control, **58**:151–165
 intrathymic transitions, **51**:117–139
  ontogeny of major thymic lineages, **51**:133–138
  ontogeny of minor thymic lineages, **51**:138–139
  summary, **51**:139
  TCR$\alpha\beta$ lineage, **51**:118–124
  TCR$\gamma\delta$ lineage, **51**:124–133
 invariant intraepithelial γ/δ T cells (skin, female reproductive tract), **53**:167–169
 ion channel, **48**:285–288
 Ir genes and
  antigen binding, **38**:98–103
  antigen processing, **38**:93, 94, 95, 96, 97
  competitive inhibition, **38**:109
  complementation, **38**:74–78
  expression, **38**:40–43, 46, 50–63, 188–190
  gene function, **38**:91–93
  gene function H-Y antigen, **38**:178
  Ia molecules, **38**:68, 69, 70–72, 89
  I region mutations, **38**:86, 89
  macrophages, **38**:111–115
  MHC restriction, **38**:64–67
  T cell-T cell interactions, **38**:158
  tolerance, **38**:124
 lamina propria, IBD and, **42**:300–301
 leukocyte integrins and, **46**:154, 169, 172
 lineages, **58**:87–88
  extrathymically derived, **58**:110–112
  thymus-derived, **58**:102–110
 in lymph nodes, **53**:161–163
 lymphocyte homing and
  carbohydrate, **44**:362
  high endothelial venules, **44**:315
  molecules, **44**:349–351
  regional specificity, **44**:325, 329, 330, 334, 335, 339

lymphocytes and, **38**:283, 286
lymphogenesis in liver, **53**:169–171
from lymphoid compartment, origins, **53**:164
and lymphokine production, **53**:167
maps of Ig-like loci and, **46**:1, 28, 29, 31
maternally transmitted antigen and, **38**:313, 329, 334
mature, properties, **51**:85–110
  proliferative response, **51**:106–110
    anergy, **51**:109–110
    growth, **51**:106–109
  recognition/auxiliary coreceptors, **51**:91–92
  recognition structures, **51**:86–91
  response genes, **51**:98–105
    combinatorial regulation of, **51**:105
    IL-2 gene regulation, case study, **51**:103–105
    T cell subset characteristics, **51**:100
    T cell subsets, **51**:98–103
  signaling via TCR/CD3 and coreceptors, **51**:92–98
mediated suppression, *see* Suppression, T cell-mediated
memory, *see* Memory T cells
MG and, **42**:241–245, 273
MHC class I-deficient mouse
  CD4+, **55**:393–394
  TCR$\alpha\beta^+$ CD4− CD8− T cells, **55**:401–403
  TCR$\alpha\beta^+$ CD8+ CD4− T cells, **55**:394–401
  TCR$\gamma\delta^+$ T cells, **55**:403–404
MHC class II-deficient mouse
  CD4+, **55**:424–427
    single-positive compartment, **55**:430–433
  CD8+, **55**:427–428
  $\gamma\delta$, **55**:428–429
MHC class I-restricted, antigen processing and presentation to, *see* Antigen processing and presentation
MHC class II-restricted, **60**:305–306
MHC recognition, **43**:224; **55**:364
MHC-restricted recognition, **59**:100
migration to periphery, avian, **50**:96–101
  homing preferences, **50**:96–97
  interstitial T cell surface glycoprotein, **50**:97–101
  migration of TCR1, TCR2 and TCR3 sub-populations, **50**:96
murine, **54**:88–93
  deletion and anergy in adult animals injected with superantigens, **54**:125–127
murine lupus models and, **46**:64, 66, 67, 99, 100
naive
  adhesion molecules affecting migration, **53**:248–249
  endothelium and migration of to lymph nodes, **50**:275–278
  functional differences with memory and effector cells, **53**:227–228
  migration
    adhesion molecules and, **53**:248–249
    basic pattern, **53**:242–244
    tissue topic subsets, **53**:244–247
  migration pattern, **53**:242–244
  TCR and signal transduction, **53**:228–229
negative selection, **58**:166–168
networks in secretory immune system, **40**:217–218
NK cells and, **47**:188, 190, 197, 294
  adaptive immunity, **47**:291–296
  antimicrobial activity, **47**:289
  CNS, **47**:266
  congenital defects, **47**:225, 226
  cytotoxicity, **47**:248, 255, 257–262
  differentiation, **47**:232
  effecter mechanisms, **47**:240, 244, 245, 247, 248, 257, 265
  genetic control, **47**:222
  hematopoiesis, **47**:272–275, 277–281
  identification, **47**:196, 198, 199
  lymphokines, **47**:264, 265
  malignant expansion, **47**:227, 228
  morphology, **47**:218
  reproduction, **47**:271
  surface phenotype, **47**:200, 204–213
  tissue distribution, **47**:219–221
ontogeny, avian
  development, interest, **50**:87
  differentiation antigens, **50**:88–89
  T cell development, experimental manipulation, **50**:102–105

T cells (continued)
  embryonic treatment with anti-TCRl, -TCR2, -TCR3 antibodies, **50**:103–105
  thymectomy, **50**:102
  T cell migration to periphery, **50**:96–101
    homing preferences, **50**:96–97
    interstitial T cell surface glycoprotein, **50**:97–101
    migration of TCR1, TCR2 and TCR3 sub-populations, **50**:96
  T cell tumors, **50**:105–108
    Marek's disease (MDV) virus-induced tumors, **50**:105–107
    reticuloendotheliosis virus-induced tumors, **50**:107–108
  TCR1, TCR2, TCR3 cells, functional capabilities, **50**:101–102
  TCR genes, **50**:108–112
    conserved structural features, **50**:111–112
    genomic organization, **50**:108–109
    TCRβ diversity, **50**:109–111
  thymic attraction and origin, **50**:89–90
  thymus, diversification in, **50**:90–96
    embryonic waves of thymocyte development, **50**:95–96
    intrathymic clonal selection, **50**:94
    ontogeny of TCR1, TCR2, and TCR3, **50**:91–94
  ontogeny, T cell receptor gene expression, **43**:266
  oral tolerance and, **40**:224–226
  p56^{lck}, signaling role, see p56^{lck}
  paracortical area, **58**:431
  perforin-negative, **60**:293, 303
  peripheral
    classification, **53**:159–161
    gene expression in, **38**:13–15
    phenotype and function, immune reconstitution and, **40**:412–414
    target recognition, **38**:22
    V region genes, **38**:16
  in Peyer's patches, **40**:194, 195–197, 206, 210–212
  phosphatase, signal transduction, **48**:284
  phosphoinositide turnover, **48**:258–265
    direct measurements, **48**:260
    secondary messenger formation, **48**:253–265
  phosphorylation, activation-associated, **48**:269–285
pituitary hormones, **63**:414–416
plasmacytoma development, **64**:240
polyclonal CD4+, activation, EC costimulator in, **50**:268–270
polyclonal CD8+, activation, EC costimulator in, **50**:270–271
potential effector mechanisms, **47**:465–469
precursors, migration to thymus, **58**:347, 392–394
pre-T cells, endothelium and migration of to thymus, **50**:275
production of
  EAF, **39**:216–217
  GM-CSF, **39**:2, 3, 10–15
  IL-2, **39**:1, 3, 10–15
  IL-3 2-3, **39**:10–15
programmed cell death, **50**:66–69
  CTL targets, death, **50**:69
  deprived of growth factors, **50**:68–69
  hybridomas, activation-induced death, **50**:67
  non-selected thymocyte, death, **50**:67–68
  thymus, negative selection, **50**:66
proliferation
  IL-2-independent, **48**:302–304
  immune complexes and, **40**:77–78
  Ir genes and
    antigen binding, **38**:103
    antigen processing, **38**:94, 97
    competitive inhibition, **38**:110
    complementation, **38**:73, 79, 80
    cytotoxic T cells, **38**:172
    H-Y antigen, **38**:176
    immunodominance, **38**:184, 185
    inhibition, **38**:68, 69
    I region mutations, **38**:86, 88
    macrophages, **38**:111, 113, 114
    suppression, **38**:136, 138, 141, 147, 149–152
    tolerance, **38**:125, 126
protein kinase, signal transduction, **48**:284
pulmonary, resident
  CD4 and CD8 antigens, **58**:306
  $\gamma\delta$ lineage, **58**:303–304
pulmonary hypersensitivity, **59**:417–420
pulmonary immunity, **59**:389–391
Ras proteins, **63**:144–145
receptor-like genes and, **38**:10

recognition, antigen processing for, **58**:420
recognition and function, overview, **52**:1–4
regulation, **48**:285, 286
regulation of IgA response and,
　40:209–212
regulatory potential, **61**:344–360
　CD8+, **61**:358–360
　cytokines, **61**:347–355
　extrinsic factors, **61**:357–358
　surface molecules, **61**:355–357
　TH-1–TH-2 concept, **61**:346–347
repertoire, constraints
　germline limitations, **38**:115–118
　positive T cell selection, **38**:130–134
　suppression, **38**:134–152
　tolerance, **38**:119–130
repertoire, and RA susceptibility
　exogenous events, **56**:452–455
　formation, **56**:450–452
response
　cytotoxic T cells and, **65**:279–280
　to MMTV
　　adult, **65**:175–178
　　endogenous Mtv, **65**:196–208
　　neonatal, **65**:171–175
　　T–B cell interaction, **65**:180–188
resting, accessory signal, **48**:247–248
SCID and, **49**:381–388
　graft-versus-host disease, **49**:397–398
　lack of stem cell engraftment, **49**:396
　posttransplant immunocompetence,
　　49:399–402
　stem cell engraftment, **49**:388–391
　tolerance, **49**:398–399
　transplantation, **49**:393–396
SCID-hu thy/liv xenograft model, **63**:82–83
secondary B cell lineage and, **42**:73
selection, **43**:217; **51**:164–189
　negative selection, **51**:165–175
　　intrathymic clonal deletion,
　　　51:165–173
　positive selection, **51**:175–189
　　functional divergence, **51**:186–189
　　ligands and receptors in positive
　　　selection, **51**:178–180
　　vs two kinds of death, **51**:175–177
　positive selection, four-way
　　CD4 vs CD8 down-regulation,
　　　51:185–186
　　developmental choice, **51**:180–186

　　positive vs negative selection,
　　　51:180–183
　　signaling pathways controling,
　　　51:183–185
selective defect, **59**:247
self-MHC class I recognition by cytotoxic T
　cell effector cells, **57**:314–315
self- vs nonself-discrimination, **43**:223
signaling response to superantigens and
　conventional antigens, **54**:127
signal transduction
　calcineurin, **63**:166–167
　GTP-binding protein, **48**:265–269
　PTPs, **63**:166
site-dependent tolerance, **53**:201–203
soluble factors, B cell responses and,
　40:13–14, 15, 26–29
specific antigen presentation by vascular
　EC, **50**:261–267
　alloantigen presentation, **50**:266–267
　protein antigen presentation, **50**:265–266
　regulation of MHC molecule expression,
　　50:262–265
specific for foreign antigens, **43**:219–220
specificity for peptide antigens, **43**:197–206
　approaches, **43**:197–198
　cytochrome c, **43**:198–200
　hen egg Iysozyme, **43**:201
　liner sequences, naturally occurring
　　proteins, **43**:198–201
　minimum fragment size, **43**:197
specific tyrosine protein kinase, CD4,
　48:243–244
splenic, **53**:161–163
spontaneous autoimmune thyroiditis and,
　47:434, 491, 492, 494
　altered thyroid function, **47**:461, 462
　cellular immune reactions, **47**:449–452,
　　454–456, 455
　disturbed immunoregulation,
　　47:470–472, 472–474, 475, 477, 481
　genetics, **47**:488–490
　histopathology, **47**:442, 444
　humoral immune reactions, **47**:445,
　　446
　potential effecter mechanisms,
　　47:466–469
stimulation by
　B cells, **39**:83–85
　B cell tumors, **39**:84

T cells (continued)
　macrophages, **39**:84
　TT-specific B cells, **39**:57–58
　subsets, **41**:44; **51**:98–103
　　characteristics defined by cloned lines, **51**:100
　　dietary EPA and, **39**:167
　　insulitis and overt diabetes, **51**:296–298
　　MHC molecules, **59**:75–76
　subsets in mouse, **41**:39, 110–113
　　cell surface molecules, **41**:40–50
　　H-2 alloantigen recognition, **41**:78
　　　alloreactivity, **41**:78–83
　　　antigen-presenting cells, **41**:88–92
　　　effector phase, **41**:92–95
　　　resting T cells subsets, **41**:83–88
　　H-2 molecules in thymus, **41**:95, 96
　　　development, **41**:96–99
　　　restricted T cells, **41**:99–107
　　　tolerance induction, **41**:107–110
　　H-2-restricted antigen recognition, **41**:51, 52
　　　effector phase, **41**:75–77
　　　T accessory molecule function, **41**:59–62
　　　triggering of activated T cells and hybridomas, **41**:52–59
　　　triggering of unprimed and resting T cells, **41**:62–75
　substrates, **48**:281–283
　supernatants, **54**:247
　suppressor, see Suppressor T cells
　surface activation molecule, **48**:228–253
　surface antigens of human leukocytes and, **49**:86, 98, 112, 114, 116–117, 125
　　adhesion molecules, **49**:83, 85, 87, 89
　　antigen-specific receptors, **49**:76, 78–79
　　Igs, **49**:91
　　membrane enzymes, **49**:112–114
　　MHC glycoproteins, **49**:80–81
　　receptors, **49**:98, 101–110
　surface molecules, in communication with APCs, **58**:112–139
　target, specific binding and, **38**:20
　target interaction, **38**:21–23
　as target molecules in trimolecular complex
　　anti-CD3 antibody, **56**:220–223
　　anti-CD4 antibody, **56**:223–228
　　anti-α/β T cell receptor antibody, **56**:228–229
　　anti-T cell receptor Vβ antibody, **56**:229–233
　　perspective, **56**:219
　　receptor peptide vaccination, **56**:236–239
　　vaccination, **56**:233–236
　therapy of tumors, See Tumors, adoptive T cell therapy
T cell–T cell interactions, Ir genes and gene control, **38**:189
　helper factors, **38**:153–156
　Ia-like molecule expression, **38**:156, 157
　MHC restriction, **38**:157–160
T cell tumors, avian, **50**:105–108
　Marek's disease (MDV) virus-induced tumors, **50**:105–107
　reticuloendotheliosis virus-induced tumors, **50**:107–108
TCR, see T cell receptor
T-dependent and T-independent B cells, **42**:63–65
TdT, see Terminal deoxynucleotidyl-transferase
Tec, association with c-kit, **60**:5–6
Telencephalin, **64**:157
Tel protein, **64**:65
Temperature, and apoptosis, **58**:237–240
TEMPO-amine spin label, **48**:27–28
TEPITOPE (software), T cell epitope prediction, **66**:82–84, 86, 90–91
Terminal deoxynucleotidyltransferase, **58**:117; **62**:43, 52; **64**:51
　in cortical thymocytes, **39**:23, 25
　Ig heavy-chain variable region genes and, **49**:31
　V–D–J recombination, **61**:296–298
　as V(D)J recombination product
　　molecular genetics, **56**:68–69
　　structure, **56**:54–56
Ternary complex factors
　binding sites, **64**:76–77
　domain, **64**:76–77
　expression, **64**:93
　gene targeting, **64**:94
　structure, **64**:78
　structure–function studies, **64**:93–94
Testosterone
　autoimmune thyroiditis and, **46**:276, 310

depletion of CD4⁺8⁺ thymocytes, **58**:227–229
spontaneous autoimmune thyroiditis and, **47**:480, 481
Tetanus toxoid
  B cell specificity for, **39**:57–58
  antigen-presenting capacity and, **39**:57–58
  immunization, human
    auto-anti-Id antibodies and, **39**:269–275
    B- and T cell role, **39**:264–269
    cross-reactive Id and, **39**:263–264
    IgG response, **39**:261–262
  as carrier for (NANP)₃ vaccine, **60**:112–113
  derived epitopes, **60**:121–122
  donor lymphocytes and, **38**:283–285
  heterohybridoma antibodies, **38**:288, 289
  human-human hybridomas, **38**:293, 294, 303
  humoral immune response and, **45**:13
  sporozoite malaria vaccine and
    antibodies, **45**:300, 301
    human trials, **45**:313–315
  synthetic T and B cell sites and, **45**:229, 232, 255, 258
  virus-induced immunosuppression and, **45**:355, 357, 361, 362
Tethering
  high endothelial venules, **65**:367
  leukocytes, **58**:382–383
Tetrahydrobiopterin, IFN-γ, **62**:72
Tetrahymena, maternally transmitted antigen and, **38**:315
TFIIIA, concentration, **43**:266
TGF, *see* Transforming growth factor
TH cell receptor
  experimental autoimmune encephalomyelitis, **48**:166
  T cell receptor V gene, **48**:166
TH domain, Btk, **59**:183, 187, 190
Theiler's murine encephalomyelitis virus, **48**:165
Theiler's virus, responses in MHC class I-deficient mouse, **55**:409
T helper cell responses, **61**:374–375
  APCs, **61**:361–364
  CD8⁺ T cells, **61**:358–360
  cell-surface molecules, **61**:355–357

cytokines, **61**:347–348
extrinsic factors, **61**:357–358
T helper cells, **59**:319–321, 343
  adoptive T cell therapy of tumors and, **49**:289–291
  expression of antitumor responses, **49**:327–328, 332
  mechanisms, **49**:299, 312
  B cell antigen receptor-activated, **55**:269–273
  CD23 antigen and, **49**:159
  clones, **54**:89
  CTL and, **41**:136, 137
  cytokines, **46**:111
    cross-regulation of differentiation, **46**:130–133
    differential induction, **46**:127–130
    functions, **46**:114–117
      DTH, **46**:117
      helper, **46**:117–120
      human clones, **46**:121, 122
      isotype regulation, **46**:120, 121
      macrophage activation, **46**:122
    human subsets, **46**:138, 139
    immune responses, **46**:133–138
    precursors of differentiation states
      antigen expression, **46**:123–125
      bulk cultures, **46**:122, 123
      clones, **46**:123
      heterogeneity, **46**:125, 126
      phenotypes, **46**:126, 127
    secretion patterns, **46**:111–114
  cytolysis and, **41**:276
  cytotoxicity and, **41**:274, 297
  function, Crohn's disease and, **42**:300, 301
  in β-galactosidase-induced antibody response, **39**:88–90
  Id recognizing, **39**:257–262
    B cells and, **39**:259–260
  IL-2-dependent, *v-abl* effect, **39**:41
  Ir genes and, **38**:188
    antigen binding, **38**:105–107
    cross-reactive lysis, **38**:187
    cytotoxic T cells, **38**:165, 170–172
    expression, **38**:58–60
    germline repertoire, **38**:118
    H-Y antigen, **38**:175–179
    immunodominance, **38**:183
    macrophage factors, **38**:111

T helper cells (*continued*)
  suppression, **38**:137–139, 141–144
  T cell-T cell interactions, **38**:154, 157–160
  tolerance, **38**:124
 leukocyte integrins and, **46**:163
 surface antigens of human leukocytes and, **49**:77
 T cell subsets and, **41**:40
  H-2 molecules in thymus, **41**:101–103, 105
  H-2-restricted antigen recognition, **41**:67, 70–72, 75, 77
  TH0, TH1, and TH2, characterization, **58**:106–107
 TH1, **48**:86–89
  and IL-10 discovery, **56**:1–2
 TH1 and TH2
  CD4$^+$, **52**:175–177
  function roles and cross-regulation, **52**:176
 TH1–TH2, allergic responses, **61**:341, 374–375
  APCs, **61**:361–364
  CD8$^+$, **61**:358–360
  cytokines, **61**:347–355
  extrinsic factors, **61**:357–358
  IgE, **61**:342–344, 369–374
  mast cells, **61**:360–361
  nervous system, **61**:364–368
  neuroendocrine factors, **61**:366–367, 369–374
  psychological factors, **61**:368–369
  surface molecules, **61**:355–357
  T cell regulatory potential, **61**:344–360
 TH1–TH2 concept, **61**:346, 374–375
 TH2, **48**:86–89; **62**:146
  and IL-10
   discovery, **56**:1–2
   functional similarities to cytokines, **56**:12–13
   in vitro stimulations of primed cells, **56**:13–14
   in vivo expression correlated to TH2 responses, **56**:14–15
  PCD induction, inhibition, **58**:243
T helper epitopes, pathogen-derived, **60**:140–141
Theophylline, IL-1 and, **44**:160

Therapy
 for EAMG, **42**:263–269
 for IBD, **42**:316–319
 for MG, **42**:235, 269–272
Thermal injury, therapeutic regulation of complement system in, **56**:280–281
Thermodynamics, protein-protein interactions, **43**:100
Thermoplasma acidophilum, proteasome from, **64**:105–106
Thioether, linkage procedure for chemoimmunoconjugates in cancer treatment, **56**:321–322
Thiol-activated lysins, **41**:317, 318
Thoracic duct lymphocytes, hybrid resistance and, **41**:356–358
Threonine
 antinuclear antibodies and, **44**:115
 genetically engineered antibody molecules and, **44**:84
 phosphorylation, **48**:270–277
Threonine phosphatases, as p56^{lck} targets in T cell signaling, **56**:160
Threonine protease, proteasome, **64**:18–19
Threonine/tyrosine phosphatase, PAC-1, **63**:167
Thrombin, aPL antibodies and, **49**:197
Thrombocytopenia
 aPL antibodies and, **49**:199, 257–258
  clinical aspects, **49**:209, 222
  isotype, **49**:225–226
  pathogenic potential, **49**:252, 254
  specificity, **49**:250, 252
  syndromes, **49**:213, 215–216, 218, 221
 IL-6 treatment, **54**:48
Thrombomodulin
 aPL antibodies and, **49**:254
 cachectin and, **42**:224
 downregulation, **66**:111
Thromboplastin, aPL antibodies and
 antibody subsets, **49**:232
 clinical aspects, **49**:200–201, 205
 specificity, **49**:243–245
Thromboplastin inhibition test, aPL antibodies and, **49**:202–203
Thrombosis
 aPL antibodies and, **49**:194, 199, 257–258
  antibody subsets, **49**:233
  clinical aspects, **49**:204, 211–212
  isotype, **49**:225–227

pathogenic potential, **49**:252–254, 256–257
specificity, **49**:239, 250
syndromes, **49**:213–221, 223
venous, CD59-negative platelets in, **60**:91–92
Thrombospondin, surface antigens of human leukocytes and, **49**:86
Thrombospondin repeats, **61**:242
Thromboxane
aPL antibodies and, **49**:254
and prostaglandins, **51**:347–352
Thromboxane A_2, **62**:198
Thromboxane-A synthase, **62**:198, 200
Thy-1, **48**:238–239
activation element, **48**:238
amino acid sequencing, **48**:238
dendritic epidermal cells, **43**:164–165
humoral immune response and, **45**:46, 74
independent signal-transducing molecule, **48**:239
isolation, **48**:238
surface antigens of human leukocytes and, **49**:117
Thymectomy
adoptive T cell therapy of tumors and, **49**:288, 300
avian, **50**:102
helper T cell cytokines and, **46**:125
MG and, **42**:253, 259–260, 270–272
neonatal, autoimmune thyroiditis and, **46**:275, 301, 302
Thymic attraction, thymocyte precursors, **50**:89–90
Thymic factors
pituitary secretion induction, **39**:314–315
similarity to neuropeptides, **39**:314
Thymic fragments, human postnatal, and SCID mice, **50**:309
Thymic hormones, SCID and, **49**:384, 391
Thymic hyperplasia, MG and, **42**:235, 259–260, 270
Thymic lineages
major, ontogeny of, **51**:133–138
minor, **51**:138–139
Thymic lymphomas, **54**:92
Thymic nurse cells, spontaneous autoimmune, thyroiditis and, **47**:455, 456, 475, 491
Thymic stroma, SCID and, **49**:384, 392–393

Thymic stromal cells, autoreactive T cells and, **45**:421–425
Thymidine, **38**:280
immunosenescence and, **46**:231–234, 243
T cell development and, **44**:236
Thymidine kinase, expressing cells, killing, **58**:434
Thymocyte-activating molecule, **48**:250
Thymocytes
accumulation of TCRδ rearrangements, **58**:33
antinuclear antibodies and, **44**:108, 130
autoimmune thyroiditis and, **46**:274, 279
B cell formation and, **41**:198, 199
CD1 protein distribution, **59**:55–60
CD3$^-$, anti-CD2 mAb, **48**:236
CD4$^+$8$^+$, **59**:101, 103
commitment to CD4 or CD8 lineages, **58**:156–160
deletion, blockade by cyclosporin A, **58**:267
depletion by testosterone and estradiol, **58**:227–229
generation and turnover, **58**:151–153
reduction in ζ-deficient mouse, **58**:146–149
TCR signaling in, **58**:173–174
CD4$^-$8$^-$, **59**:101, 103
CD4$^-$8$^+$, mature, expressing male-specific TCR, **58**:261
CD4$^+$8$^-$ and CD4$^-$8$^+$, generation from CD4$^+$8$^+$ precursors, **58**:153–165
CD4 and CD8 molecules and, **44**:265, 298
CD8 molecular biology, **44**:270, 271, 278, 279
CD4 signaling role, **53**:82
cortical
TdT expression, **39**:23, 25
unaffected by IL-2 and IL-3, **39**:24–25
cytolysis and, **41**:276, 279
development and selection, CD4/CD8 roles, **53**:94–97
differentiation, and IL-2, **50**:158–160
functional maturation, **51**:139–164
auxiliary signaling receptors, **51**:157–160
CD2, **51**:157–159
CD2S, **51**:159–160
vs commitment to T cell lineage, **51**:162–164
mature vs immature characteristics, history, **51**:139–140

Thymocytes (continued)
  postthymic maturation, **51**:160–162
  response gene inducibility, **51**:151–157
    cortical cells, loss of responsiveness in, **51**:153–156
    early, in immature thymocytes, **51**:151–153
    emergence from paralysis to functional maturity, **51**:156–157
  response genes, **51**:146–157
  proliferation, **51**:146–151
  TCR/CD3 complexes and signaling mediators, **51**:140–146
    mediators for immediate TCR responses, **51**:143–146
    TCR/CD3 complex, **51**:140–143
  helper T cell cytokines and, **46**:116
  hybrid resistance and, **41**:337, 376, 409
  Ig gene superfamily and, **44**:22, 30, 31, 35, 36, 41
  IL-1 and, **44**:173, 174, 189, 190
  immature, early inducibility of responsive genes in, **51**:151–153
  Ir genes and
    expression, **38**:54
    T cell suppression, **38**:135
    T cell-T cell interactions, **38**:154, 155, 158
  irradiated, biochemical events in, **50**:70
  lymphocyte homing and, **44**:345, 351, 352
  maturation, **59**:101–105, 108–109
  mature vs immature characteristics, history, **51**:139–140
  mechanism of selection by CD4 and CD8, **53**:104–108
  medullary, **39**:20erSDH expression, 23
  murine lupus models and, **46**:82, 94–100
  negative selection, **58**:165–174
  non-selected, death, **50**:67–68
  p56^{lck} control of development
    allelic exclusion, **56**:164–166
    differentiation, **56**:162–163
    maturation, **56**:164–166
    modes of action, **56**:167–168
    T cell receptor β-chain signaling, mediation, **56**:163–164
  phagocytosis and, **38**:383, 384
  positive selection, **59**:99–129
  precursor, **43**:166
  progenitors, inhibition of migration, **54**:299
  rodent, and DNA damage, **50**:58–59
  scid
    with broken DNA coding ends, **58**:37–38
    hairpin accumulation at TCRδ coding ends, **58**:48
  single-positive, **59**:101, 103
  T cell development and, **44**:208, 255
    antigen recognition, **44**:213
    cellular selection, **44**:245, 247–249, 252–255
    ontogeny, **44**:214–221, 224, 225
    subpopulation, **44**:225–245
  T cell receptor and
    gene expression, **38**:14
    target recognition, **38**:22
    V region genes, **38**:15
  T cell subsets and, **41**:96–98, 105–108, 112
  Vβ8$^+$, SEB-induced depletion, **58**:259–260
Thymoma, MG and, **42**:235, 256, 259, 270, 272
Thymoma cells
  CD4 and CD8 molecules and, **44**:269
  IL-1 and, **44**:179, 181, 194
  T cell development and, **44**:215
Thymopoietin, **42**:250
Thymus
  antigen-presenting cells and, **47**:47, 48, 81
  antinuclear antibodies and, **44**:106, 107, 134, 136
  autoimmune thyroiditis and, **46**:276, 286
  autoreactive T cells and, **45**:417, 421, 423, 433
  B cell formation and, **41**:191, 223, 236–238
    bone marrow cultures, **41**:212, 214
    genetically determined defects, **41**:231, 225–227
    population dynamics, **41**:207, 208
  CD1 proteins, **59**:67–72
  CD4 and CD8 molecules and, **44**:265
    CD4 molecular biology, **44**:288
    CD8 molecular biology, **44**:272, 278, 279
  CD5 B cell and, **47**:120, 121, 129
  CD23 antigen and, **49**:169–171
  colonizing cells, and TCRβ cells, **58**:139–142
  cortex, related cells, and rescue, **58**:154–155

deletion of superantigen-reactive T cells, **65**:203–204
dependent antigens, **60**:272–277; **63**:43
derived T cell lineages, **58**:102–110
in development, waves of precursors populating, **51**:137
diversification in, **50**:90–96
  embryonic waves of thymocyte development, **50**:95–96
  intrathymic clonal selection, **50**:94
  ontogeny of TCR1, TCR2, and TCR3, **50**:91–94
endothelium and migration of pre-T cells to, **50**:275
fetal, and synchronized thymocyte ontogeny, **50**:158–159
HIV-1 infection, **63**:88
humoral immune response and, **45**:2, 3
  cellular interactions *in vivo*, **45**:83
  helper T cells, **45**:32
  interleukins, **45**:64
hybrid resistance and, **41**:337, 352
  effector mechanisms, **41**:372–374, 384, 390–392
IGF-I, **63**:391–392
Ig gene superfamily and, **44**:9, 18, 22
Ig heavy-chain variable region genes and, **49**:50
IL-2 receptor subunits, **59**:235–236
immunosenescence and, **46**:243–247
independent antigens, **60**:272–277; **63**:43
Ir genes and
  cross-reactive lysis, **38**:187
  cytotoxic T cells, **38**:165, 167, 172
  expression in T cells, **38**:60, 61, 63
  H-Y antigen, **38**:177
  T cell repertoire, **38**:117, 127, 130–134, 152
  T cell suppression T cell-T cell interactions, **38**:166
lymphocyte homing, **64**:177
MG and, **42**:250–251, 253, 259–260
MHC class I-deficient mouse, TCR$\alpha\beta^+$ CD8$^+$CD4$^-$ T cell development, **55**:394
MHC class II-deficient mouse, **55**:430–434
negative selection, **50**:66
NK cells and, **42**:200–201; **47**:187, 188, 273, 276
  effector mechanisms, **47**:239

genetic control, **47**:222
malignant expansion, **47**:228
prolactin, **63**:382–383
prolactin receptor, **63**:395
pro-T cell homing to, **58**:392–394
repopulation, immune reconstitution and, **40**:411–412
SCID and, **49**:383–384, 392–393, 398, 400, 402
and seeding, **51**:110–117
  origins and alternatives, **51**:115–117
  thymic environment, **51**:110–114
spontaneous autoimmune thyroiditis and, **47**:492
  cellular immune reactions, **47**:449–451, 454
  disturbed immunoregulation, **47**:474–476
  histopathology, **47**:434, 444
  humoral immune reactions, **47**:445, 447
  potential effector mechanisms, **47**:466, 468
surface antigens of human leukocytes and, **49**:78–79, 81, 83, 114–117
synthetic T and B cell sites and, **45**:197
T cell development and, **44**:207, 208
  antigen recognition, **44**:213
  negative selection, **44**:245–252
  ontogeny, **44**:215, 216, 220, 221, 224
  positive selection, **44**:252–255
  thymocyte subpopulation, **44**:225, 228–238, 241, 243
T cell development and programming, **58**:88
T cell receptor and, **45**:115, 162–168
T cell receptor genes in, **38**:11–13
T cell subsets and, **41**:43, 44, 112
  H-2 molecules, **41**:95–110
  H-2-restricted antigen recognition, **41**:51, 59, 69
V region genes, **38**:16
Thyroglobulin, **46**:263, 317–319; **47**:491
altered thyroid function, **47**:456, 459–461
antigens, **46**:266–272
autoantibodies, **47**:491, 492
  altered thyroid function, **47**:457, 459, 460, 462
  cellular immune reactions, **47**:449, 451
  disturbed immunoregulation, **47**:481
  effector mechanisms, **47**:466–469

Thyroglobulin (continued)
  genetics, **47**:482, 484–487
    humoral immune reactions, **47**:444–448
  cellular immune responses, **46**:287, 288, 291, 297, 298; **47**:450, 451
  experimental models, **46**:274–278, 281–283, 285, 287
  genetics, **47**:485
  humoral responses, **46**:298, 299, 302–307, 309; **47**:446, 447
  MG and, **42**:265
  potential effector mechanisms, **47**:466, 469
  prevention, **46**:308, 310–312, 314, 315
Thyroid
  antigen-presenting cells and, **47**:76
  IFN-γ effect on, **62**:93
  spontaneous autoimmune thyroiditis and, see Spontaneous autoimmune thyroiditis
Thyroid cells
  autoimmune thyroiditis and, **46**:293–295, 297
  target, **46**:291–298
Thyroid disease, antibodies to self-antigens from human donors, **57**:242–244
Thyroid epithelial cells, spontaneous autoimmune thyroiditis and, **47**:493
  altered thyroid function, **47**:458, 459, 461–463
  clinical symptoms, **47**:440
  disturbed immunoregulation, **47**:472
  effector mechanisms, **47**:469
  genetics, **47**:497
  histopathology, **47**:442
Thyroid-infiltrating lymphocytes, **47**:492
  effector mechanisms, **47**:466, 467, 469
  immunoregulation, **47**:473, 475
Thyroiditis, see also Autoimmune thyroiditis; Experimental autoimmune thyroiditis; Spontaneous autoimmune thyroiditis
  allergic, murine lupus models and, **46**:79
  goitrous, **46**:284
  Hashimoto's, **46**:317
    antigens, **46**:268, 269, 271–275
    cellular immune responses, **46**:287–291, 293
    genetic control, **46**:284
    humoral 298-301, **46**:303, 305, 306
  pituitary hormones, **63**:424
Thyroid peroxidase, **46**:272, 273, 298, 317

Thyroid-stimulating hormone, see Thyrotropin
Thyrotropin, **47**:457, 458, 461; **48**:170–172
  antigens, **46**:267–269, 272
  experimental models, **46**:275, 278, 279, 294
  prevention, **46**:311
Thyrotropin-releasing hormone, **46**:279, 311
Thyroxine, **46**:269, 278; **47**:437, 439, 457, 470
TIA-1 granule proteins, polyadenylate binding motif, **60**:301
Tissue edema, in IBD, **42**:310
Tissue factor pathway inhibitor, **66**:132
Tissue inhibitor of metalloproteinase-1, **62**:267, 288; **64**:297–298
Tissue inhibitor of metalloproteinase-2, **62**:267, 288
Tissue plasminogen activator, **46**:166
Tissues, stem cell factor and SCF receptor distribution, **55**:15–17
Tissue-specific activator protein, B cell genesis, **63**:228
Tissue specificity
  Ig heavy-chain variable region genes and, **49**:3, 52–56
  regulators of complement activation and, **45**:394–398
Tissue transplantation, therapeutic complement inhibition using soluble CR1, **56**:286–287
tk, **62**:36
T killer cells
  cytolysis and, **41**:280
  hybrid resistance and, **41**:382, 383, 400
  T cell subsets and, **41**:40, 54
TL region, gene products, **52**:98–101
T lymphoblasts
  antigen-presenting cells and, **47**:76, 84, 102
  spontaneous autoimmune thyroiditis and, **47**:467, 473
TMV coat protein, **43**:54, 76
TNF, see Tumor necrosis factor
TNF-α, see Cachectin; Tumor necrosis factor α
Tobacco mosaic virus protein
  secondary B cell lineage and, **42**:68–69
  synthetic T and B cell sites and, **45**:227, 244
  T cell receptor and, **45**:132
Tocopherol, action of, **65**:122
Tolerance, **59**:279–281, 342–344
  B cell, see B cell tolerance

early studies affecting antibody formation, **52**:284–287
  dissection of T cell vs B cell tolerance, **52**:285–287
  tolerance and antibody formation before T and B cell era, **52**:284–285
immunological memory and, **53**:249–251
Ir genes and, **38**:190
  antigen-specific clones, **38**:121–123
  constraints, **38**:127–130
  cytotoxic T cells, **38**:172
  immunodominance, **38**:184
  induction, **38**:125–127, 188
  MHC restriction, **38**:120
  neonatal, **38**:183
  non-MHC-linked, **38**:123–125
  self MHC, **38**:119, 120
  T cell repertoire, **38**:132, 133
monoclonal repertoires, **59**:310–311
perspectives including antigen presentation by B cells, **52**:321–322
SCID and, **49**:398–399
self-tolerance checkpoints, **59**:281–342
site-specific, peripheral lymphocytes, **53**:201–203
Tolerance induction, **42**:48
  B cell repertoire expression and, **42**:35, 82
  B cell subpopulations and, **42**:77–78
  hybrid resistance and, **41**:356, 361, 409
  Mtv superantigens in, **65**:203–208
  murine lupus models and, **46**:65
  T cell subsets and, **41**:107–110
TOMS-1, **59**:65
Tongue, invariant γδ T cell receptors of murine IEL, **58**:303
Tonsils, human, isolation of highly purified FDC from, **51**:245, 246
TOR1, **61**:187
TOR2, **61**:187
Tor2, **63**:154
Torpedo, **42**:249, 252, 257, 259, 260
Total body irradiation, SCID and, **49**:397
Total lymphoid irradiation, hybrid resistance and, **41**:386, 387
Toxic oil syndrome, with endothelial cell proliferation, **60**:225
Toxic shock syndrome, **54**:128–133
  clinical criteria used in classification, **54**:128, 129
  fatal, **54**:132–133

IFN-γ and, **62**:103
Staphylococcus aureus toxins, **54**:129
TSST-1, **54**:129, 131
Toxoplasmosis, P30-induced IgG antibody, **60**:123–124
Tp44, **48**:244, 245–246
Tp67, **48**:246
Tp90, **48**:248
Tpl35-45, **48**:250
TplO3, **48**:244, 249
Trabecular meshwork, **48**:206–207
Trachea, lymphocyte homing and, **44**:330, 332, 333
TRADD, **61**:31
TRAF1, **61**:29; **63**:50
TRAF2, **61**:29; **63**:50
Transchromosomal switching, switch recombination, **61**:100–102
Trans-complementation, HLA-DQ hybrid molecule, **48**:119–120
Transcription, **42**:176
  activation, Ig enhancers, **43**:241–242
  antinuclear antibodies and, **44**:94
    autoantibodies, **44**:137
    autoantigen, **44**:127–129
    scleroderma, **44**:124, 125
    SLE, **44**:104
  autoimmune demyelinating disease and, **49**:368
  autoimmune thyroiditis and, **46**:268, 295
  B cell formation and, **41**:192, 198, 204, 205, 221, 222, 226
  CD1 genes, **59**:7, 9–10
  CD4 molecules and, **44**:288–291
  CD8 molecules and, **44**:275, 277, 279
  CD23 antigen and, **49**:165–167
  CD44 gene, multiple products, **54**:278
  cytotoxicity and, **41**:271, 276, 277, 297
  endogenous substrate activation in V(D)J joining of antigen receptor genes, **56**:41–43
  genetically engineered Ab molecules and, **44**:89
    cloning, **44**:73–75
    expression, **44**:77
    lymphoid mammalian cells, **44**:70
    production, **44**:66
  germline, *see* Germline, C_H transcription; Germline transcripts

Transcription (continued)
  HIV infection and, **47**:380–382, 399, 401
  human B cell neoplasia and, **38**:257, 260, 263, 264
  hybrid resistance and, **41**:380, 403
  IgE biosynthesis and, **47**:21
  Ig gene superfamily and, **44**:43, 46
  Ig heavy-chain variable region genes and, **49**:15, 33, 37, 53–56
  IL-1 and, **44**:155, 174, 195
    gene expression, **44**:159–161
    receptor, **44**:179, 181
  immunosenescence and, **46**:223, 228
  Ir genes and, **38**:82
  κB-dependent, **58**:3
  in lymphocytes, **62**:42, 47–49
  lymphokine synthesis, **48**:81
  maps of Ig-like loci and
    MHC, **46**:30, 34
    structure, **46**:18, 19, 21, 27
    T cell receptor, **46**:43, 44
  maternally transmitted antigen and, **38**:340, 342
  mRNA, **38**:217, 218
  murine lupus models and, **46**:80, 95
  NK cells and, **47**:265
  SCID and, **49**:387
  signal transducers and activators, *see* Signal transducers and activators of transcription
  spontaneous autoimmune thyroiditis and, **47**:477
  T cell activation and, **41**:3, 27–31
  T cell development and
    ontogeny, **44**:216–218
      thymocyte subpopulation, **44**:229, 233, 241
  T cell subsets and, **41**:41, 43, 48, 97
Transcriptional factor
  insulin gene, **48**:142
  transgenic MHC, **48**:142
Transcriptional regulation, **65**:1
  C/EBP, **65**:3–8
  chromatin structure, **63**:200–201
  IFN-inducible genes, and potential role of IRF-1 and IRF-2, **52**:272–275
  IκB family, **65**:14–15
  IL-2 gene, **48**:294–297
  IL-2R α gene, **48**:294–295, 297–299
  in vivo, **63**:198–203

  lymphokine production by FcεRI⁺ cells, **53**:22
  NF-κB family, **65**:11–12, 15–22, 30–32
  NF-IL6, **65**:1–3, 8–11, 16–18
  nuclear scaffold, **63**:201
  p55, **48**:294–295, 297–299
  regulator proteins in nucleus, **63**:201–203
  REL family, **65**:12–13
Transcription complex, ISGF3, induction by IFN-α/β, **60**:17
Transcription factors, **63**:199–200, *see also specific transcription factors*
  assembly, role in gene rearrangements, **58**:30–31
  B cell development, **63**:5
  B cell development and function
    c-fos, **63**:220–221, 248–250
    EBF, **63**:250
    EtS, **63**:250
    hox-11, **63**:220–221, 244–245
    oct-2, **63**:220–221, 243–244
    p50, **63**:220–221, 246–248
    Rel proteins, **63**:245–248
  B cell genesis, **63**:216, 218–221
    bmi-1, **63**:220–221, 241–243
    c-myb, **63**:220–221, 238–239
    E2A gene, **63**:218–219, 232–235
    GATA-2, **63**:217, 218–219
    hlx, **63**:239–241
    homeodomain proteins, **63**:239–241, 243–245
    Ikaros proteins, **63**:218–219, 224–226
    pax-5 gene, **63**:218–219, 228–232
    PU.1, **63**:217, 218–219, 222–224
    sox-4 gene, **63**:218–219, 226–228
  binding to regulatory elements of type I IFN genes
    interferon regulatory factors 1 and 2, **52**:267–271
    NF-κB, **52**:271–272
    other factors, **52**:272
  calcineurin-dependent, **60**:47–48
  cloning, **43**:269
  Dif, in rel family, characterization, **58**:14
  phosphorylation, activation by DNA-PK, **58**:60–62
  topography, **63**:202

Transduction, in programmed cell death, **50**:73–75
Transfectants, adhesion studies, **64**:186
Transfection
  adoptive T cell therapy of tumors and, **49**:320–321, 329
  B cell formation and, **41**:198, 205
  CD4 and CD8 molecules and, **44**:266
    CD4 molecular biology, **44**:292, 293
    CD8 molecular biology, **44**:272–278, 280, 282, 283
  CD23 antigen and, **49**:161, 169
  cell lines, positive and negative regulation of hyaluranon binding, **54**:306, 307
  CTL and, **41**:138, 139, 144, 149–152, 163
  cytotoxicity and, **41**:272
  and expression of CD44 cDNA constructs, **54**:286–287
  genetically engineered Ab molecules and, **44**:89
    antigen-combining sites, **44**:84
    chimeric antibodies, **44**:81, 82
    expression, **44**:70, 71, 75–77, 79
    fusion proteins, **44**:85, 86
    lymphoid mammalian cells, **44**:69, 70
  Ig heavy-chain variable region genes and, **49**:53
  IL-1 and, **44**:165
  Ir genes and, **38**:91, 169
  κ V gene promoter, **43**:258
  T cell activation and, **41**:3, 5, 8, 11, 25
  T cell development and, **44**:210, 212
  T cell subsets and, **41**:58, 59, 62, 80, 83
Transferrin
  antigen-presenting cells and, **47**:89
  B cell formation and, **41**:193, 212
  immunosenescence and, **46**:222, 227
  NK cells and, **47**:209, 240
  SCID and, **49**:385–386
  surface antigens of human leukocytes and, **49**:115
  T cell receptor and, **45**:124
  virus-induced immunosuppression and, **45**:344, 356
Transfer RNA, antinuclear antibodies and, **44**:119, 127, 131, 134–138
Transformation, malignant, p53, **62**:226–227
Transformed producer cell line, **48**:69
Transforming growth factor, IL-1 and, **44**:153
  biological effects, **44**:164, 168, 169

human disease, **44**:194
structure, **44**:155, 158
Transforming growth factor α, mRNA, expression by eosinophils, **60**:195
Transforming growth factor β, **48**:169; **52**:173, 199; **55**:181–183, 205–206; **59**:235, 418, 419; **61**:86, 87–90, 353, 374; **62**:84–85, 90, 105, 269
  adoptive T cell therapy of tumors and, **49**:287
  B cell growth and differentiation, **52**:182–184
  bioactivity effects
    bifunctional, **55**:185–186
    cytokine receptors, **55**:187
    cytokines, **55**:187
    extracellular matrix production, **55**:186
    hematopoietic cells, **55**:186–187
    immune functions *in vivo*, **55**:188
    lymphocytes, **55**:187
    macrophages, **55**:187
    monocytes, **55**:187
  CD23 antigen and, **49**:160–161
  and IgA expression, **54**:259, 262
  IgA synthesis, **63**:54
  induced eosinophil apoptosis, **60**:184
  inhibition of iNOS, **60**:338
  and its receptor, sources and structure of, **52**:183–184
  production by endothelial cells, **58**:358
  signal transduction
    formation of complexes, **55**:200–202
    intracellular, **55**:204–205
  sources and structure, **52**:183–184
  structure, **55**:183–184
  superfamily, **55**:184–185
  synthesis by eosinophils, **60**:196
  tumor immunogenicity affected by, **57**:307–309
Transforming growth factor β1, **61**:86, 88–90, 353, 374
Transforming growth factor β receptor, **55**:182–183, 195
  complex formation for intracellular signaling, **55**:200–202
  endoglin, **55**:198
  functions, **55**:203–204
  serine/threonine kinase type, **55**:188, 194–195
    binding of isoforms, **55**:194

Transforming growth factor β receptor (*continued*)
  cDNA cloning, **55**:188–189, 192
  structure, **55**:190–193
  soluble TGF-β-binding proteins, **55**:199–200
  sources and structure, **52**:183–184
  type I, **55**:195–196, 206
  type II
    binding of isoforms, **55**:194
    cDNA cloning, **55**:190–192, 205
    signal transduction, **55**:206
    structural comparisons with actin receptor II, **55**:192–193
  type III, **55**:196–198
    function, **55**:203–204
  type IV, **55**:198
  type V, **55**:194–195
Transforming retroviral protein, **48**:253
Transfusion effects, hematopoietic engraftment and, **40**:386
Transgene
  and mutations, effect on T cell development, **58**:147–149
  T cell receptors, **59**:107–108, 113–116, 124–127
Transgenic approaches, to B cell tolerance, **52**:303–317
  advantages and disadvantages, **52**:303–305
  anti-DNA transgenic model, **52**:314–315
  anti-H-2Kk transgenic model, **52**:311–313
  anti-transgenic models in which B cell tolerance is absent or only partial, **52**:315–317
  hen egg lysozyme model, clonal anergy vindicated, **52**:305–311
Transgenic MHC, transcriptional factor, **48**:142
Transgenic spleen cells, preliminary *in vitro* studies, **54**:414–415
Transglutaminase, and inhibition of apoptosis, **58**:253
Translation
  antinuclear antibodies and, **44**:128
  CD4 molecules and, **44**:289, 290
  CD8 molecules and, **44**:275, 277, 279
  IL-1 and, **44**:155, 159–162, 164, 195
  IL-2 receptor and, **42**:176
  T cell development and, **44**:241
Translocation, **52**:35–42
  adoptive T cell therapy of tumors and, **49**:283, 320, 323

antinuclear antibodies and, **44**:120, 128
chromosomal, *see* Chromosomal translocation
c-*myc* gene, **64**:227–229
Ig heavy-chain variable region genes and, **49**:18
immunosenescence and, **46**:224, 225, 235
leukocyte integrins and, **46**:160
maps of Ig-like loci and, **46**:3, 26, 32, 45
MHC ABC protein function, **52**:38–42
MHC ABC protein genes, **52**:35–38
surface antigens of human leukocytes and, **49**:98
T cell activation and, **41**:17–19, 22, 23
V_H and D_H segments, **62**:11, 19
Transmembrane channel, cell-mediated killing and, **41**:298
Transmembrane domain, **65**:56
  CTL and, **41**:135, 146–148
Transmembrane signaling, **48**:227
Transmembrane spanning segments, TAP protein, **65**:66–67
Transmigration, leukocyte–endothelial, **58**:388–389
Transplantation, *see also specific type*
  antigen-presenting cells and, **47**:75, 76, 80
  bone marrow, for SCID, *See* Severe combined immunodeficiency
  CD5 B cell and, **47**:128–130
  graft-versus-host disease, **61**:47
  haploidentical, SCID and, **49**:393–397, 399, 401
  histocompatible bone marrow, **49**:392
  lung, graft-versus-host disease, **59**:420–426
  membrane cofactor protein, **61**:220
  in MHC class I-deficient mouse, **55**:387–388
    hematopoietic cell grafts, **55**:388
    liver cell grafts, **55**:391
    pancreatic islet grafts, **55**:390
    skin grafts, **55**:388–390
  murine lupus models and, **46**:64
  NK cells and, **47**:187, 293, 302
    differentiation, **47**:231, 232
    hematopoiesis, **47**:273, 280–282
  organ, graft-versus-host disease, **59**:420–426
  spontaneous autoimmune thyroiditis and, **47**:457, 458
  tissue, therapeutic complement inhibition using soluble CR1, **56**:286–287

Transplantation antigens, adoptive T cell
  therapy of tumors and, **49**:281
Transplants
  cytotoxic T cell, **48**:197–198
  delayed-type hypersensitivity, **48**:197
  rejection, graft-versus-host disease,
    59:420–426
Transporter associated with antigen
  processing, *see* TAP
Transporters, **65**:47–56
  ABC transporters, **65**:55, 56–57, 59
  antigen processing, *see* TAP
  need for, **65**:47–49
Transport proteins, surface antigens of human
  leukocytes and, **49**:114–116
Transposase, V(D)J recombination, **64**:57
Transverse myelitis, aPL antibodies and, **49**:209
Transversions, Ars A response and, **42**:125,
  126
Trenimon, in cancer treatment, **56**:329,
  331–332
Trichinella spiralis, **54**:94
  killing
    by eosinophils, **39**:209–211
    by major basic protein, **39**:190
Trichuris muris, **54**:94
Triggering, leukocytes, **58**:383
Triglycerides, cachectin and, **42**:214–215
Trimolecular complex
  creation, **52**:52–59
  immunotherapeutic strategies
    components, **56**:219–220
      MHC Ia molecule as target, **56**:247–250
      peptide antigens as targets
        analogs as MHC blockers, **56**:244–247
        analogs as T cell antagonists,
          56:244–247
        features, **56**:239, 250–251
        peptide determinant as tolerogen,
          56:240–244
      T cell as target
        anti-α/β T cell receptor antibody,
          56:228–229
        anti-CD3 antibody, **56**:220–223
        anti-CD4 antibody, **56**:223–228
        anti-T cell receptor Vβ antibody,
          56:229–233
        perspective, **56**:219
        receptor peptide vaccination,
          56:236–239
        vaccination, **56**:233–236

Trinitrophenyl
  antigen-presenting cells and, **47**:68, 69,
    79, 80
  T cells, **47**:86, 97
  tissue distribution, **47**:49
  CD5 B cell and, **47**:160, 161
  genetically engineered Abs and, **44**:80,
    81, 89
Trinitrophenyl-antigen-binding cells
  (TNP-ABCs)
  helper T cells, **45**:27, 33
  interleukins, **45**:62–64, 66
  physical interaction, **45**:37–40, 42, 44, 47,
    50, 51, 53, 54
Trinitrophenylated polyacrylamide beads,
  52:199
Trinitrophenyl-derived T cell, **48**:212
Trinitrophenyl–keyhole limpet hemocyanin,
  sensitized B cells, **60**:305–308
Trinitrophenyl–memory-antigen-binding cells
  (TNP-MABCs), **45**:50, 51
trk receptors, **61**:5
tRNA, antinuclear antibodies and, **44**:119,
  127, 131, 134–138
Trypanosoma cruzi
  infection, responses in MHC class
    I-deficient mouse, **55**:413–414
  killing by major basic protein,
    39:190
Trypanosoma rhodensiense, mouse infection
  anti-Id antibodies as vaccines against,
    39:284
Trypanosomiasis, cachectin and, **42**:214
Trypsin, **41**:210, 227, 297, 298
  adoptive T cell therapy of tumors and,
    49:301, 306
  aPL antibodies and, **49**:239, 251
  autoimmune thyroiditis and, **46**:271, 273,
    277, 278, 302
  IgE biosynthesis and, **47**:25
  IL-1 and, **44**:157, 158
  lymphocyte homing and
    carbohydrate, **44**:358, 362
    molecules, **44**:345, 348
    regional specificity, **44**:329
  site-directed mutants, **43**:23
Trypsin cleavage sites, PGHS-2, **62**:174
Tryptophan
  Ig gene superfamily and, **44**:34, 35, 41
  metabolism, IFN-γ, **62**:71–72
L-Tryptophan, ingestion-induced eosinophilia
  myalgia syndrome, **60**:224–225

TS1, **63**:174–176
TSG-6, **65**:18; **66**:111–112
TSH, see Thyrotropin
TSICSLYQLE (peptide), **66**:88
T suppressor cells, see Suppressor T cells
TT, see Tetanus toxoid
Tuberculosis, virus-induced
    immunosuppression and, **45**:335, 336, 338, 339
Tubulin, **41**:275, 378
    NK cells and, **47**:302
Tuftsin, biological activities of, **40**:111–112, 115
Tumor allografts
    anterior chamber, **48**:204
    anterior chamber-associated immune deviation, intraocular, **48**:207–208
    delayed-type hypersensitivity, **48**:208, 209
Tumor antigens, **58**:418–422; **62**:217–228, 240–245
    B7, see B7
    BAGE, **62**:229, 233
    blood group antigens, **62**:220–221
    carbohydrate antigens, **62**:219–221
    carcinoembryonic antigen, **62**:221–222
        monoclonal antibody recognition, **56**:305
    CD28, see CD28
    c-*myb*, **62**:227
    c-*myc*, see c-*myc*
    costimulatory pathway, **57**:305–307
    CTLA-4, see CTLA-4
    defined by antibodies, **62**:218–229
    defined by T cells, **62**:227–231
    epithelial antigens, **62**:238–239
    GAGE, **62**:229, 233
    gangliosides, **62**:219–220
    glycoproteins and
        biosynthesis and intracellular transport, **40**:337–341
        immunochemical and molecular profiles, **40**:328–337
        immunological characterization, **40**:324–328
        preclinical models for immunotherapy
            in vitro studies, **40**:341–345
            in vivo reactions in animal model systems, **40**:345–351
    gp100, **62**:229, 235–236
    HER-2/*neu*, **62**:223–224, 237–238

    heterogeneity as barrier to antibody-targeted chemotherapy, **56**:352–354
    HPV, **62**:229, 239–240
    idiotypes, **62**:225
    MAGE, **62**:228, 229, 231–232
    MART-1, **62**:229, 235
    MELAN-A, **62**:229, 235
    melanocytic differentiation antigens, **62**:233–236
    monoclonal antibody use in identification, **56**:305–306
    mucin recognition, **57**:302–303
    protein-derived
        abl oncogenes, **57**:296–297
        bcr oncogenes, **57**:296–297
        mutated p53, **57**:295–296
        overexpression resulting in, **57**:299–302
        ras oncogenes, **57**:297–299
        tum⁻, **57**:293–295
    serological detection, **57**:283–284
    T cell recognition
        early evidence, **57**:285–288
        tumor-specific peptides, **57**:288–290
    virus-induced tumors, **57**:290–293
Tumor cells
    genetic modification, **58**:425–435
    lysis, **43**:173
    transfected, effect on preexisting tumor, **58**:432–433
Tumor growth, NK cells and, **42**:182, 183
Tumorigenesis
    anterior chamber, **48**:213–215
    anterior chamber-associated immune deviation, **48**:213
    pax family, **63**:229–230
    role of IL-9 and mouse T cells, **54**:88–93
    X-linked agammaglobulinemia, **59**:147–148
Tumor immunology, **52**:104–106
Tumor immunotherapy, preclinical model
    in vitro studies, **40**:341–345
    in vivo reactions in animal model systems, **40**:345–351
Tumor-infiltrating lymphocytes, **58**:437–438; **64**:180, 197
    adoptive T cell therapy and, **49**:284, 293

Tumor necrosis factor, **41:**235–237, 285, 298, 374, 400, 401; **48:**70, 71
  adoptive T cell therapy of tumors and 301, **49:**306–309
  anti-TNF, **66:**124, 132, 150
  antitumor effects in preclinical trials, **56:**354
  autoimmune demyelinating disease and, **49:**360
  autoimmune thyroiditis and, **46:**294, 295
  biochemistry, **66:**105–107
  cardiomyocytes and, **66:**114
  circulating levels, **66:**104–107
  complement receptor 1 and, **46:**192
  in endotoxemia, **66:**114–116
  eosinophil activation, **39:**216
  helper T cell cytokines and, **46:**112, 114, 115
  HIV infection and, **47:**394, 402–404
  IL-1 and, **44:**153–155, 185–188
    biological effects, **44:**165, 166, 168, 169
    gene expression, **44:**161
    human disease, **44:**192, 195
    human joint fluid, **44:**191, 192
    immunocompetent cells, **44:**178
    structure, **44:**155, 157, 158
    synergism, **44:**188, 189
    systemic effects, **44:**170
  in vitro effects, **66:**110–112
  in vivo effects, **66:**112–114
  leukocyte integrins and, **46:**170, 172
  maps of Ig-like loci and, **46:**30, 33
  mediated bystander killing, **60:**304
  multiple myeloma pathogenesis, **64:**258
  neutrophils and, **66:**111
  NK cells and, **47:**286, 289, 290
    differentiation, **47:**233
    effector mechanisms, **47:**251, 262, 265, 266
    hematopoiesis, **47:**278, 279, 281
    reproduction, **47:**271
    surface phenotype, **47:**213
  regulation, **66:**108–110
  regulators of complement activation and, **45:**397
  sepsis and, **66:**104, 126–127, 150
    animal models, **66:**117–121
    clinical, **66:**121–124
    treatment, **66:**124–126
    signaling events, **65:**117
  surface antigens of human leukocytes and, **49:**98
  synergy between IFN-γ and, **62:**81–82
  vascular endothelial injury caused by, **56:**351
Tumor necrosis factor α, **48:**169; **52:**172–173; **61:**5, 22, 24, 25–26; **62:**81, 86, 139; **63:**303–304, *see also* Cachectin
  allergic airway inflammation, **62:**285
  allergic inflammation, **60:**169–170
  antibody pretreatment, **60:**336–337
  anti-TNF-α therapy, *see* Anti-TNF-α therapy
  and autoimmunity, **50:**211–212
  B cell proliferation, **63:**55
  cardiovascular risk factors and, **64:**322
  cytokine regulation of, **64:**315, 316
  granulomatous lesions, **62:**281, 282
  IGF-I, **63:**390
  IL-1, **64:**293, 316
  IL-8, **64:**294, 295, 316
  mRNA, eosinophils expressing, **60:**200
  NF-κB induction, **58:**7–9
  production
    by crosslinkage of FcεR on peritoneal mast cells, **53:**9
    by factor-dependent mast cell fines, **53:**8–9
    by FcεRI⁺ cells, **53:**9
    by human mast cells, **53:**14–15
  pulmonary inflammation, **62:**259, 260, 267, 273, 288–289
    in hypersensitivity granuloma formation, **62:**280–281
    regulation in IC-mediated inflammation, **62:**279
    upregulation of vascular E-selectin and ICAM-1, **62:**276, 277
  rheumatoid arthritis, **64:**293, 296–298, 316
    cell trafficking, **64:**317–319
    joint destruction mechanisms, **64:**320–321
    neovascularization, **64:**319–320
  systemic inflammatory response syndrome, **63:**310
  TH responses, **61:**353
  trimerization, **61:**26
Tumor necrosis factor β, **61:**5, 353; **63:**303–304
Tumor necrosis factor inhibitors, **63:**305

Tumor necrosis factor receptor, **63**:50, 276, 284, 303–307, 313–314; **66**:107–108, 116
 genes, **61**:25
 p55, death domain, **58**:135
 superfamily, **61**:54; **63**:45, 49
  CD40 antigen, **61**:2–4
  CD40-L, **61**:17–22
  other members, **61**:4–11, 22–24
  signal transduction, **61**:26–27
  soluble forms, **61**:15–17, 25–26
  viral homologs, **61**:10
 TNF-R1, **61**:5, 7, 17; **63**:276, 305
  gene, **61**:8
 TNF-R2, **61**:5, 7, 8, 17; **63**:276, 305, 309
  gene, **61**:8
Tumor necrosis factor α receptor, **42**:225–226
Tumor necrosis factor receptor related protein, **61**:7, 8
 gene, **61**:8
Tumor necrosis serum, **41**:406
Tumor rejection
 adoptive T cell therapy of tumors and, **49**:286, 296, 318, 333
  B cells, **49**:312–315
  macrophages, **49**:306–312
  mechanisms, **49**:299–306
  NK cells, **49**:315–318
 intraocular, *see* Intraocular tumor rejection
Tumors, *see also* Cancer
 adoptive T cell therapy, **49**:281–286, 332–335
  antigen recognition, **49**:318–324
  expression of antitumor responses, **49**:324–325
   B cells, **49**:330–332
   proliferation, **49**:325–330
  mechanisms of tumor rejection, **49**:299
   B cells, **49**:312–315
   macrophages, **49**:306–312
   NK cells, **49**:315–318
   T cell subsets, **49**:299–306
  principles, **49**:286
   requirement, **49**:294–299
   tumor burden, **49**:286–294
 antigen-presenting cells and, **47**:66, 67, 100
 autoreactive T cells and, **45**:428–430
 barriers to antibody-targeted chemotherapy
  perfusion, **56**:350–352
  tumor antigen-heterogeneity, **56**:352–354
  vasculature, **56**:350–352
 B cell formation and, **41**:186, 204, 230, 233, 237
  B cell precursors, **41**:188, 193, 194, 196
  bone marrow cultures, **41**:214, 217
  inducible cell line, **41**:220, 221
  lineage fidelity, **41**:195, 196
 CD5 B cell and, **47**:118, 125
  Ig gene expression, **47**:150, 151, 156
  marker for activation, **47**:126
 CD8 molecules and, **44**:271, 273, 276
 CD44 expression and metastasis, **54**:322–325
 cell migration, role of CD44 in metastasis, **54**:318–325
 chimeric, and IL-6, **54**:51
 CTL and, **41**:135, 138, 139, 154
 cytotoxicity and, **41**:270, 284–286, 293, 313
 defined by antibodies, **62**:218–227
 defined by T cells, **62**:227–240
 etiology, stem cell factor role
  brain, **55**:77
  gonadal, **55**:74–76
  hematopoietic, **55**:72–74
  lung cancer, **55**:77–78
  mast cell leukemia, **55**:74
  melanoma, **55**:74–76
 ganglioside antigens and, **40**:351–352
  properties of cell-associated gangliosides, **40**:353–355
  properties of ganglioside antigens associated with tumor cells,
   colon cancer, **40**:364–366
   melanoma, **40**:357–364
   neuroblastoma, **40**:355–357
 genetically engineered antibody molecules and, **44**:87, 88
 hematopoietic, stem cell factor role in etiology of, **55**:72–74
 humoral immune response and, **45**:7, 24
 hybrid resistance and, **41**:338
  antigen expression, **41**:397, 402–404
  effector mechanisms, **41**:375, 378, 380, 382, 387, 393, 394, 396
  leukemia/lymphoma cells, **41**:358–369
 IFN-γ and, **62**:96, 101–103
 Ig gene superfamily and, **44**:39

Ig heavy-chain variable region genes and, **49**:9, 11
IL-1 and, **44**:166, 168, 178, 193
IL-5 effects, **57**:177–178
    rejection, **57**:174
IL-5 role, **57**:177–178
immune response, **57**:281–326
    antigens, see Tumor antigens
    B7-transfected cells, **57**:320–321
    cytokine genes in engineering of tumor cells, **57**:321–323
    escape mechanisms, **57**:324–325
    immunogenicity, factors contributing to low level
        antigen expression, low, **57**:303–305
        costimulatory molecules, lack of, **57**:305–307
        IL-10, **57**:307–309
        immune suppressive factors, **57**:307–309
        MHC class I expression, low, **57**:303–305
        TGF-β, **57**:307–309
        tumor environment modification, **57**:309–312
    MHC expression increased by transfection
        allo-MHC, **57**:312–313
        self-MHC class I, **57**:314–320
        self-MHC class II, **57**:313
    tumor antigens, see Tumor antigens
induction by MMTV, **65**:153–156
leukocyte integrins and, **46**:150
maps of Ig-like loci and, **46**:8
metastasis and extracellular matrix, **54**:318–322
NK cells and, **47**:187–189, 295–300
    CNS, **47**:267
    differentiation, **47**:231, 234
    effector mechanisms, **47**:235, 238, 257, 259, 262
nonimmunogenic, **58**:419
regulators of complement activation and, **45**:395, 397, 402
reticuloendotheliosis virus-induced, **50**:107–108
solid
    adoptive T cell therapy and, **49**:284, 293
    anti-Id antibody therapy, **39**:291–292

spontaneous autoimmune thyroiditis and, **47**:450
studies with B cell lines and, **52**:219–220
surface antigens of human leukocytes and, **49**:115
TAP dysfunction in, **65**:94–95
T cell activation and, **41**:6
T cell development and, **44**:209
T cell receptor and, **45**:117, 118
T cell subsets and, **41**:74, 91
UV-induced, adoptive T cell therapy of tumors and, **49**:281, 283–284
Tumor-specific transplantation antigens, characteristics, **57**:285
Tumor transplantation, **49**:281–282, 286
TUNEL assay, **60**:279
    HIV-1 studies, **63**:102, 104–105
Tunicamycin
    CD23 antigen and, **49**:158, 162
    complement receptor 1 and, **46**:187
    complement receptor 2 and, **46**:201
    IgE biosynthesis and, **47**:18, 19
Turner's syndrome, **63**:409
12/23 Rule, V(D)J recombination, **64**:45, 53, 59
Twins studies, RA susceptibility
    discordance in identical twins, **56**:448–449
    formal genetics, **56**:433–435
    somatic nonidentity, **56**:446–449
Two-color cytofluorographic analysis, T cell receptor $\gamma\delta$ proteins, **43**:146–147
Two-color immunofluorescence analysis, NKHI antigen and, **42**:189
Two-signal model, T cell activation, **62**:131–132
Txk gene, **59**:184
Tyk2 Janus kinase, **62**:68
    in IFN-α/β response, **60**:7–9
Tyr385, **62**:175, 178, 180
Tyrosinase, **62**:233–234
Tyrosine, **42**:97
    CTL and, **41**:135, 148, 162
    phosphorylation, **48**:277–283
    surface antigens of human leukocytes and, **49**:77
Tyrosine-containing sequence motifs, **58**:127–128, 130
Tyrosine kinase, see Protein-tyrosine kinase

Tyrosine phosphorylation, **48**:277–283
  B cell antigen receptor-induced, targets, **55**:233–234
  coupled to cytokine binding, **60**:4–9
  mIg-induced, targets, **55**:234–249
  protein substrates, and lymphokine production, **53**:5–6
  protein tyrosine, B cell antigen receptor-induced, **55**:231–233
  role in signal transduction, **54**:418–419
  Vav, **60**:16

U

U937 cells, PGHS-2 expression regulation, **62**:194–195
U2666 myeloma B cell, **48**:182
Ubiquitin
  conjugation, **65**:117
  lymphocyte homing and, **44**:348
Ubiquitination, **64**:6, 107
Ubiquitin–proteasome system, **64**:3, 5–8
Ubiquitinylation, **63**:396
Ulcerative colitis, *see also* Inflammatory bowel disease
  antibody secretions and, **42**:304
  anti-TNF-α therapy, **64**:309–310
  IgA levels in, **42**:298
Ultrastructure, purified tonsillar B cells cultured in CD40 system, **52**:210–211
Ultraviolet light, induced tumors, adoptive T cell therapy of tumors and, **49**:281, 283–284
Unfolding, **52**:2
  and proteolysis of antigens, **52**:22–78
Ungulate lentiviruses, **52**:430–432
  bovine immunodeficiency-like virus, **52**:432
  bovine leukemia virus, **52**:432
  equine infectious anemia virus, **52**:431
  Maedi-visna virus, **52**:431
Unresponsiveness, specific, hybrid resistance and, **41**:384–386
Upper respiratory tract, pulmonary immunity regulation and, **59**:372–373
Upstream induction sequence, **65**:25
Urea-denatured OVA, IgE biosynthesis and, **47**:29, 30, 33
Urine nitrate
  -NMMA effect, **60**:343
  production in septic trauma patients, **60**:351
Uromodulin, **63**:277
U snRNA gene promoters, **43**:260, 262
Uterus
  rodent
    edema, estrogen-induced eosinophilia and, **39**:227–228
    estrus cycle, eosinophil infiltration and, **39**:227
  stromal cells, IL-1ra production, **54**:188
UV5C25
  anterior chamber, **48**:213–215
  delayed-type hypersensitivity, **48**:214
Uveitis
  autoimmune, *see also* Experimental autoimmune uveitis
    immune regulation, **48**:215–216
    pituitary hormones, **63**:425

V

V1-2 segment, **62**:18
V1-3 segment, **62**:18
V1-8 segment, **62**:18
V1-12P pseudogene, **62**:23
V1-18 segment, **62**:24
V1-24P segment, **62**:16
V1-45 segment, **62**:17
V1-58P segment, **62**:16, 17
V1-69 segment, **62**:18, 19
V2-5 segment, **62**:18
V3-7 segment, **62**:18, 19
V3-9 segment, **62**:18, 20
V3-11 segment, **62**:18
V3-13 segment, **62**:20
V3-15 segment, **62**:18, 19
V3-16P segment, **62**:16
V3-20 segment, **62**:17, 20
V3-21 segment, **62**:20
V3-23 segment, **62**:19
V3-30 segment, **62**:18–19, 20
V3-33 segment, **62**:20
V3-35 segment, **62**:17
V3-38P segment, **62**:16
V3-43 segment, **62**:20, 25
V3-47P segment, **62**:20
V3-48 segment, **62**:19, 20
V3-53 segment, **62**:18

V3-54P segment, **62**:16
V3-60P segment, **62**:25
V3-62P segment, **62**:25
V3-64 segment, **62**:17
V3-72 segment, **62**:17
V3 loop, HIV
  multiple antigen peptides with, **60**:131–134
  in octameric multiple antigen peptides, **60**:137–138
V3 region, **62**:24
Vγ4, expressed in lung, **58**:304
V4-4 segment, **62**:18, 25
V4-28 segment, **62**:17, 20, 25
V4-31, **62**:20
V4-39, **62**:18, 19
V4-59, **62**:18, 19
V4-61, **62**:19
V5-51, **62**:19
V6-1 segment, **62**:18
V7-81 segment, **62**:17
V13C segment, **62**:24
V54 segment, **62**:24
Vaccination
  antigen-based strategies, **58**:435–437
  cancer, strategies, **58**:427, 433
  efficacy of different clones, **58**:430–431
  GMS/BCG vaccine, **62**:220
  HIV infection and, **47**:408, 411, 413
  MMTV infection, **65**:190–191
  multiple sclerosis and, **49**:374–375
  pulmonary diseases, **59**:409–412
  and tumor-specific antigens, **58**:418–420
Vaccines, **52**:106–107; **65**:323
  HIV, **65**:320–322
  immune, autoimmune and immunodeficiency states, **52**:106–107
  (NANP)$_3$–TT, for *P. falciparum*, **60**:112–113
  and *Neisseria* strain specificity, **60**:134–135
  neutralizing multiple *Chlamydia* serovars, **60**:136
  pneumococcal, mutation to, **60**:277
  SIV, **65**:321–322
  SIV as model for, **52**:451, 452
  sporozoite malaria, *see* Sporozoite malaria vaccine
  subunit, for dental caries, **60**:135–136
  synthetic T and B cell sites and, **45**:195, 197, 260–264
    bacterial antigens, **45**:231, 232
    candidate synthetic peptide, **45**:252–259
    globular protein antigens, **45**:213
    parasitic antigens, **45**:228, 230
    peptides, **45**:239
    prediction, **45**:251, 252
    viral antigens, **45**:217–219, 222, 223, 225, 226
  TT–multiple antigen peptides, **60**:121–122
  virus-induced immunosuppression and, **45**:336, 339, 340
Vaccinia virus, *see also* Interleukin-2/vaccinia virus
  cytotoxic T cells and, **38**:162–166, 180–185
  regulators of complement activation and, **45**:409
  responses in MHC class I-deficient mouse, **55**:407–408
Vaccinia virus complement-control protein, **61**:241
Valency, antigens, **59**:302–305, 308
Valerylsalicylate, **62**:187
VAP-1, **64**:147, 161–162
  and L-VAP-2, **58**:377–378
  lymphocyte–HEV interaction, **65**:365
Vap-1, B cell, tyrosine phosphorylation after anti-Ig stimulation, **55**:243
Variable domain structures, superposition, **43**:18–20
Variable region, *see also* Heavy chain variable region
  diversity, **42**:95–96, *see also* Arsonate idiotypic system, A/J mouse
  gene expression, *see also* B cell repertoire expression
    evolutionary selection vs random somatic events in, **42**:8–9
    age factor, **42**:30–32
    antigen responsive cell populations, **42**:19–22
    clonal expansion, **42**:32–34
    fetal and neonatal development, **42**:26–30
    junctional diversity, **42**:15–18
    predominant clonotype expression, **42**:22–26
    segment selection, **42**:18–19
    somatic mutations, **42**:9–15
    mechanics of, **42**:2–5
    secondary B cell lineage and, **42**:69–71

Variable region (*continued*)
  secondary B cells and, **42**:72–73
  unresolved issues in, **42**:5–8
  genes, Ig heavy-chain, *see* Heavy chain variable region, genes
  recombinational mechanisms involved in joining segments of, **40**:253–256
  T cell receptor, recombination creates diversity, **40**:262–264
Variant surface glycoprotein, containing diacylglycerol, **60**:63–64
Variation, somatic, T cell receptors and, **38**:16
Variation pattern
  germline sequences and, **42**:127–128
  J558 V_H gene and, **42**:117, 125–127
Varicella Zoster virus, antibodies from combinatorial libraries, **57**:221–222
Vascular addressins
  lymphocyte–HEV interaction, **65**:361–363, 377
  lymphocyte homing and, **44**:322, 353
  mucosal, lymphocyte–HEV interaction, **65**:362–363
Vascular adhesion protein-1, *see* VAP-1
Vascular cell adhesion molecule-1, *see* VCAM-1
Vascular endothelial cells, specific antigen presentation by, **50**:261–267
  alloantigen presentation, **50**:266–267
  protein antigen presentation, **50**:265–266
  regulation of MHC molecule expression, **50**:262–265
Vascular endothelial growth factor, **64**:319–320
Vascular endothelial injury, TNF as cause, **56**:351
Vascular leak syndromes, NO role, **60**:327–330, 347
Vasoactive intestinal peptide, **48**:170–172; **61**:95
  cAMP in lymphocytes and, **39**:311
  in cerebral artery walls, **39**:304
  gene, **65**:20
  Ig production by Peyer's patches and, **39**:311
  lymphocyte adhesion and, **64**:153
  production by neutrophils and mast cells, **39**:316
  smooth muscle relaxation, **39**:303, 306
    immediate hypersensitivity and, **39**:306
  vascular dilatation, **39**:302–303, 306
    immediate hypersensitivity and, **39**:306
Vasoactive intestinal peptide receptors
  kinetics and properties, **39**:312–313
  on lymphocytes, **39**:312
Vasodilation
  early event in inflammation, **60**:326–327
  NO-induced, **60**:347–348
Vav, **60**:16
Vav, **62**:42, 45–46
  tyrosine phosphorylation, **60**:16
Vbse, *see* Vβ selective elements
VCAM-1, **52**:363; **62**:258, 267; **64**:154; **65**:359
  cell trafficking, **64**:317–319
  downregulation, **64**:172
  expression in allergic inflammation, **60**:172–173
  ligand for α4β1 integrin, **58**:374–375
  lymphocyte homing and, **64**:158, 188
    to mucosa, **64**:176–177
  mAbs, **60**:168–171
  pregnancy and, **64**:194–195
  properties, **64**:147
  recruitment of leukocytes to inflammation site, **58**:395
  shedding, **64**:171
  upregulation, **64**:165
V(D)J joining, antigen receptor genes
  12/23 rule, **56**:32
  agents
    biochemically defined, **56**:69–73
    cutting, **56**:71–72
    genetically defined, **56**:73–79
    hairpin-nicking activity, **56**:79
    joining signals, binding of, **56**:69–71
    ligation, **56**:72–73
    molecular genetics, **56**:64–69
    properties, **56**:64
    RAG-1, **56**:64–67
    RAG-2, **56**:66–67
    replication role, **56**:80–81
    severe combined immunodeficiency, **56**:73–78
    terminal deoxynucleotidyl transferase, **56**:68–69
    truncation factors, **56**:79–80
  end donation, **56**:125–126

SUBJECT INDEX

endogenous substrate
  accessibility, **56**:37, 41–42
  active cell lines, **56**:38–40
  chromatin configuration, **56**:37, 41–46
  DNase I sensitivity, **56**:43–44
  Ig loci, **56**:34–37
  methylation, **56**:44–46
  T cell receptor loci, **56**:34–37
  transcription, **56**:41–43
fidelity, **56**:119–127
gene assembly
  for Igs, **56**:28–32
  for T cell receptors, **56**:28–32
mechanism
  analysis of process, **56**:27–28, 132
  cleavage, **56**:129–131
  end exchange, **56**:130–131
  hypothesis, **56**:127–131
  ligation, interim, **56**:131
  modification, interim, **56**:131
  synapsis, **56**:127–129
model systems, **58**:42–43
  cell rearrangement, **56**:47–50
  introduced substrates, **56**:50–53
  in vivo-generated functions, **56**:46–47
nonstandard products, **56**:32–34
  hybrid joint, **56**:32–33
  open-and-shut joint, **56**:32–33
order, origins of
  12/23 rule, **56**:82–86
  distance effects, **56**:96–98
  joining signals, **56**:86–90
  locus deletion, **56**:92–94
  mechanisms, **56**:81–82, 118–119
  orientation, **56**:101–104
  pseudo-normal joining, **56**:94–95
  rearrangement
    cis, **56**:98–99
    successive, **56**:95–96
    trans, **56**:98–101
  recombination outcomes, **56**:90–95
  recombination recognition sites, **56**:86
  specificity of end exchange, **56**:104–111
  three-dimensional signals, **56**:111–118
  V gene replacement, **56**:90–92
pathogenesis, **56**:119–127
recombinant structure
  crossover site location, **56**:53–54
  germline joining, **56**:63–64
  homology, **56**:60–62

  junctional inserts, **56**:54–58
  N regions, **56**:54–55
  oligonucleotide capture, **56**:62–63
  P nucleotides, **56**:56–58
  terminal deoxynucleotidyl transferase, **56**:54–56
  truncation, **56**:57–60
recombination
  cryptic site, **56**:121–127
  interchromosomal, **56**:120–121
  outcomes, **56**:90–95
  targets, **56**:32
  terminology, **56**:34
VDJ joints, isolated from chicken thymus, diversity, **50**:111
V(D)J junctions
  encoding CDR3 region, **58**:125
  and generation of TCR gene diversity, **58**:116–117
V(D)J rearrangement, **60**:38, 268
  precursor B cells, **63**:16–19
  rabbit
    antibody repertoire development, **56**:195–198
    appendix, germinal centers, **56**:204
    bone marrow, **56**:184
    GALT model, **56**:206–209
    mechanism, **56**:179
    organization, **56**:190–192
    somatic conversion, **56**:198–202
    somatic mutation, **56**:201, 203
V(D)J recombinase, **64**:46
V(D)J recombination, **61**:123, 285, 287–291; **62**:1
  12/23 Rule, **64**:45, 53, 59
  assay, **61**:124
  biochemistry, **64**:51
    biological consequences, **64**:59–61
    cleavage at an RSS, **64**:51–53
    coupled cleavage, **64**:53–54
    hairpin formation, **64**:56–59
    signal sequence recognition, **64**:54–56
  broken DNA molecules, **64**:43–45
  cleavage, **64**:52–54
  cleavage model, **58**:38–39
  coding joints, **64**:40, 41–42
  and DNA repair, and Ku autoantigen, **58**:55–60
  DSB repair, **58**:29–85; **64**:49–51
    cell cycle regulation, **58**:70–74

V(D)J recombination (*continued*)
  hybrid joints, **64**:42
  initiation, **58**:30–32
  joining model, **58**:42–43
  mechanism, **61**:109–110
    antigen receptor loci, **61**:304–306
    DNA double-strand breaks, **61**:298–303
    lymphocyte-specific proteins, **61**:291–298
    RAG-1 and RAG-2, **61**:291–296
    signal binding proteins, **61**:303–304
    TdT, **61**:296–298
  open-and-shut joints, **64**:42
  pathology, **61**:285–286, 316–317
    ataxia telangiectasia, **61**:191, 315
    Bloom's syndrome, **61**:316
    DNA breakage syndromes, **61**:314–316
    Fanconi's anemia, **61**:315
    severe combined immunodeficiency, **61**:306–311
    xeroderma pigmentosum, **61**:315–316
    X-linked agammaglobulinemia, **61**:312–314
  properties, **64**:39–42
  RAG proteins, **64**:45–48
  relevance of joining activity, **58**:45
  SCID defect and, **64**:49–50
  signal joints, **64**:40, 41
  signal sequence recognition, **64**:54–56
  stages, **64**:40–41
  and switch recombination, comparison, **54**:235–237
  and TCR gene expression, **58**:116–117
  terminal deoxynucleotidyl transferase, **64**:51
V(D)J region
  B cells, shared with germinal centers, **60**:272
  hypermutation in germinal centers, **60**:278–280, 284
VDRL antigen, aPL antibodies and, **49**:227–228, 234–238
Vectors
  episomal, **61**:124–128
  viral, and gene transfer techniques, **58**:422–425
VEGF, **64**:319–320
Veiled cells, **59**:60
  IBD and, **42**:296
Venous sinuses, B cell formation and, **41**:187, 214, 236

Venous thrombosis, CD59-negative platelets in, **60**:91–92
Venules, endothelial, L-selectin association with lymphocyte adhesion, **62**:257
Vesicles
  antigen-presenting cells and, **47**:68, 87, 89
  HIV infection and, **47**:393, 396
  NK cells and, **47**:214, 216, 217, 221
Vesicular stomatitis virus, **41**:142, 148, 153, 154, 163, 168
  NK cells and, **47**:286, 287
VF1-12P pseudogene, **62**:23
V gene, **43**:252, 255
V_β gene, **43**:268–269
V gene replacement
  IgH locus, **64**:54
  outcome of V(D)J recombination, **56**:90–92
V gene segment, bursar lymphocyte, **48**:52–54
ψ-V gene segment
  diversification, **48**:58–60
  diversification sequences, **48**:54–56
  gene conversion, **48**:58
  VL, recombination event, **48**:56
V gene usage
  biases in CD5 B cells, **55**:319–320
    clonal expansions, **55**:322–323
    human populations, **55**:329
    neoplasias, **55**:322–323
    normal cells, **55**:320–322
  chicken B cell
    diversification, **57**:358–361
    recombination models, **57**:362–365
V_H1, in rabbit B lymphopoiesis, **56**:184
V_H2 family, **62**:13
V_H3 family, **62**:18
V_H4 family, **62**:13, 25
V_H5 family, **62**:13, 17
V_H6, **60**:47
V_H6 family, **62**:13, 17
V_H7 family, **62**:14, 15
V_H genes, *see* Heavy chain variable region, genes
V_H locus
  evolution, **62**:19–26
  physical mapping, **62**:4–7
  polymorphisms, **62**:8–9
  repetitive sequences, **62**:20, 22
V_H pseudogenes, **62**:16–17

V_H segments, **62**:1–2, 7–8, 12–19
   germline, **62**:1–26
vif gene, HIV-1 infectivity, **63**:106
Vinca alkaloids, in cancer treatment, mAb
   conjugation procedure, **56**:340–342
   vinblastine, **56**:341–342
   vincristine, **56**:340–341
   vindesine, **56**:340–341
VIP, *see* Vasoactive intestinal peptide
Viral antigens, **62**:239–240
   antigen-presenting cells and, **47**:47, 80, 81
   synthetic T and B cell sites and,
      45:216–228, 240, 241
Viral cytokine receptors, **63**:308–310
Viral determinants, pathogenesis of HIV,
   analysis using SIV molecular clones,
   52:448–451
Viral diseases, **60**:128–136
   multiple antigen peptides as immunogens,
      60:128–134
Viral genomes, viruses used as animal models
   for AIDS, organization, **52**:429
Viral infection
   and autoimmune diabetes, **51**:308
   and bacterial, induction of NF-κB, **58**:6
   cachectin and, **42**:220, 226
   cytotoxic T cells and
      adenovirus, **65**:279
      cytomegalovirus, **65**:278–279
      Epstein–Barr virus, **65**:279
      herpes simplex virus, **65**:279
      HIV, **65**:280–322
      influenza virus, **65**:278
   IFN-γ and, **62**:77, 95
   IL-6 and, **54**:37
   and lymphopenia, **58**:233–237
   MG and, **42**:272
   NF-IL6 in, **65**:9–11
   NK cells and, **42**:182, 183
   plasmacytomagenesis-induced, **64**:230–232
   pneumonia, **59**:406–409
   responses in MHC class I-deficient mouse,
      55:406
      influenza virus, **55**:406–407
      lymphocytic choriomeningitis virus,
         55:409–412
      Sendai virus, **55**:408–409
      Theiler's virus, **55**:409
      vaccinia virus, **55**:407–408
   switch from latency to productivity, role of
      NF-κB, **58**:16–17
   X-linked agammaglobulinemia, **59**:145, 150
Viral inhibition
   CD8$^+$ cells, **66**:273–275, 281
      cell-mediated effects, **66**:286–287
      cytolysis, **66**:283–286, 287–291
      HIV-1-specific lytic activity, **66**:275–277,
         283–286
      mechanism, **66**:280–291
   chemokines and, **66**:281–282
   IL-16, **66**:283
Viral replication, HIV, CD8$^+$ and,
   65:281–282
Viral subterfuges, **52**:74–76
Viral vectors, and gene transfer techniques,
   58:422–425
Virulence factors, **63**:308–309
Virus-dependent cellular cytotoxicity, NK
   cells and, **47**:286
Viruses, *see also specific viruses*
   adoptive T cell therapy of tumors and,
      49:282–283, 323, 334
      mechanisms, **49**:311, 313–314, 318
   animal models for AIDS, relationships
      among, **52**:426–430
   antibodies, from combinatorial libraries
      cytomegalovirus, human, **57**:220–221
      hepatitis B virus, **57**:220
      herpes simplex virus type 1, **57**:222–227
      herpes simplex virus type 2, **57**:222–227
      HIV-1, **57**:211–217
      measles, **57**:227–228
      respiratory syncytial virus, **57**:217–219
      varicella Zoster virus, **57**:221–222
   autoimmune thyroiditis and
      cellular immune responses, **46**:297, 298
      experimental models, **46**:274–276
      genetic control, **46**:283
   autoreactive T cells and, **45**:431
   avian leukosis, in chicken B cell DT40
      induction, **57**:361–362
   B cell formation and, **41**:209
   complement receptor 2 and, **46**:210
   CTL and, **41**:135, 142, 153, 154, 165
   cytotoxicity and, **41**:269, 270
   helper T cell cytokines and, **46**:127, 129,
      133
   and host, role in life cycle, **54**:107–108

Viruses (continued)
  humoral immune response and, **45**:24, 78, 82, 83
  hybrid resistance and, **41**:375, 378, 390, 400, 402, 403
  Ig heavy-chain variable region genes and, **49**:56
  infectious
    exogenous superantigens produced by, **54**:115–117
    production of exogenous superantigens, **54**:115–117
  maps of Ig-like loci and, **46**:1
  NF-κB, strategies to control, **65**:127–128
  regulators of complement activation and, **45**:395, 409
  superantigens of, **65**:208
  surface antigens of human leukocytes and, **49**:80, 118
  synthetic T and B cell sites and, **45**:195, 219, 260, 262
  T cell receptor and
    alloreactivity, **45**:156
    antigen processing, **45**:119, 125, 127
    experimental systems, **45**:131, 137
    structure-function relationships, **45**:141
  T cell subsets and, **41**:54, 56, 57, 74–76, 101
  tumor antigen induction by, **57**:290–293
    Epstein–Barr virus, **57**:292
    papillomavirus, **57**:292–293
Virus-induced immunosuppression, **45**:335, 336, 368, 369
  HIV, **45**:355–363
    history of infection, **45**:352–355
    immune response, **45**:363–368
    virology, **45**:347–352
  measles, **45**:338–347
    virology, **45**:336–338
Vitamin A
  binding to sex steroids, **58**:229
  proautoimmune potential, **58**:278
Vitamin D_3, binding to sex steroids, **58**:229
Vitamin E
  action of, **65**:122, 123
  inhibition of HIV lymphocyte death, **58**:279
Vitronectin, **61**:204, 247–249
  leukocyte integrins and, **46**:153, 157

V-J joining, **48**:46–47
  circular episome, **48**:47
  diversity, **48**:47
  random nature, **48**:47
V-J jointing, embryogenesis, **48**:49, 50
V_κ promoters, **43**:238
v-*kit*, characteristics, **55**:3–6
VLA-4, **62**:258; **64**:154; **65**:359
  multiple myeloma, **64**:246–248
VLA-5, multiple myeloma, **64**:248
VLA-6, multiple myeloma, **64**:248
VLA antigens
  leukocyte integrins and, **46**:153, 157
  surface antigens of human leukocytes and, **49**:83–85, 88
VL gene, diversification sequences, **48**:54–56
VL gene segment, **48**:41
  diversification, **48**:56–60
  gene conversion, **48**:56–60
  sequence substitution position, **48**:56, 57
  sequence substitution size, **48**:56, 57
  ψ-V gene, recombination event, **48**:56
VL pseudogene 5, sequence comparison, **48**:55
VL pseudogene 7, sequence comparison, **48**:55
V_L-V_H interface, **43**:103, 110, 112
  CDR, **43**:125
V_L-V_L pairing, **43**:112
von Willebrand factor, leukocyte integrins and, **46**:158, 159
vpr, HIV-1 infectivity, **63**:86–87
V_{preB}, **63**:7–8, 29
  expression, **63**:5–15
  gene regulation, **63**:4–5
  μ heavy chains, **63**:2–3
  structure, **63**:4
vpu, HIV-1 infectivity, **63**:87, 106
V region, **62**:1
V region genes, T cell receptors and, **38**:15, 16
V-*rel* oncogene, **48**:58
Vβ rule, modifications, **54**:123–124
  specificities of some exogenous bacterial superantigens, **54**:109
Vβ selective elements, *see also* T cell receptor, Vβ selective elements
  cellular basis of action, **50**:29–32
  responding cells, **50**:29–31
    CD4 T cells, **50**:30
    CD8 T cells, **50**:30–31

stimulating cells, **50**:31–32
  B cells, **50**:31
  dendritic cells, **50**:31
  transfer of Vbse among cells, **50**:32
general nomenclature, **50**:13–14
in vitro suppression induced by, **50**:37
murine, not stimulating primary T cell response, **50**:11–13
null alleles, **50**:14
role in T cell development and function, **50**:32–37
  in intrathymic development, **50**:33
    negative selection, **50**:34–35
    positive selection, **50**:34
  in periphery, **50**:35–37
    clonal inactivation by Vβ selective elements, **50**:35–36
    enhancement of responses to antigen by Vβ selective elements, **50**:36–37
    suppression induced by Vβ selective elements *in vitro*, **50**:37

W

Waldenström's macroglobulinemia, **64**:219–220
  aPL antibodies and, **49**:227–228
  Ig heavy-chain variable region genes and, **49**:40
W alleles, and c-*kit* alleles, relationship between, **55**:6–7
WEHI-3 cells
  chloroleukemia-derived, **39**:16
  IL-3 production, **39**:13, 15–17, 19
  rearranged allele and, **39**:15–16
WEHI-3B, **48**:77
WEHI-231 B cell line, growth arrest, **50**:64–65
Weibel–Palade bodies, P-selectin stored in, **58**:356–357; **60**:166, 168
Western blotting, HLA class II, **48**:116
Whitlock–Witte cultures, B cell formation and, **41**:209, 216–220, 231
Wiskott–Aldrich syndrome, **59**:159, 248
Wnt-1 genes, **65**:154, 155
Woodchuck, chronic hepatitis infection model, **60**:346

Worm burden
  eosinophil effect, **60**:215
  reduction, **60**:127–128
Wound healing
  eosinophil role, **60**:228
  NO role, **60**:350–351
WT31, CD3, **43**:161–163

X

Xanthine, genetically engineered antibody molecules and, **44**:70
X-chromosome, mosaicism, **59**:159, 195
Xenograft models
  HIV-1 disease, **63**:79, 89–90, 107
    hu-PBL-SCID model, **63**:89–98
    pathogenesis, **63**:90–95, 100
    pediatric infection, **63**:95
    protective immunity, **63**:95–98
    SCID-hu thy/liv model, **63**:89–90, 99–107
  hu-PBL-SCID model, **63**:79–82
  SCID-hu thy/liv model, **63**:82–83
Xenopus laevis, antinuclear antibodies and, **44**:124
Xenotransplantation, **61**:219, 220
  models, human-to-mouse, **50**:319
Xeroderma pigmentosum, **61**:315
Xid mutation, **59**:174–176
  B cells, **59**:317–318
  mitogenic signaling, **59**:328
XLA, *see* X-linked agammaglobulinemia
X-linked agammaglobulinemia, **59**:135–136, 135–197, 317–318, 318; **61**:312–314
  B cell development, **59**:151–162, 317–318
  Btk, **59**:136, 169–176, 178–196
  carrier detection, **59**:194–195
  clinical manifestations, **59**:143–148
  defect of B cell development, **60**:39–42
  diagnosis, prenatal, **59**:194–195
  in females, **59**:149–150, 194
  genes
    cloning, **59**:165–169, 165–176
    mapping, **59**:163–165, 194–195
    genetic approach, **59**:162–176, 187, 193–194
  with growth hormone deficiency, **59**:149
  and HIGMX-1, immunodeficiency diseases, **60**:37

X-linked agammaglobulinemia (*continued*)
  history, **59**:136–142
  incidence and prognosis, **59**:142
  and SCID mice, **50**:308
  treatment, **59**:150–151
X-linked hyper-IgM syndrome, **59**:248
  CD40-L role, **61**:1, 18, 41–44, 92–93
X-linked immunodeficiency, *see also* Xid mutation
  diseases, **59**:248, 317
  immunology, **63**:51
  murine, Btk implicated in, **60**:41–42
X-linked lymphoproliferative disorder, NK cells and, **47**:224, 283, 299
X-linked severe combined immunodeficiency, **59**:227, 235, 246–247, 318; **61**:152
  atypical, **59**:252–253
  IL-2Rγ mutations, **59**:248–250
X-ray analysis, antibody, **43**:121
X-ray crystallography, **43**:2–3, 8–11
X-ray structures, antibody-antigen interaction, **43**:73
XRCC4, V(D)J recombination, **64**:60
XRCC5, **64**:49

Y

Yeast
  antinuclear antibodies and, **44**:106
  cytotoxicity and, **41**:269, 270, 319
  genetically engineered antibody molecules and, **44**:66, 69
  SPT14 gene, homolog of *PIG-A*, **60**:72

Yeast artificial chromosomes, maps of Ig-like loci and, **46**:4, 5
Yeast artificial chromosome system, **62**:3
Yeast infections, pneumonia, **59**:402–406
YT cell line, **42**:171, 172

Z

ZAP70, **63**:138
  IL-2R coupling, **61**:160
Zinc, cell-mediated killing and, **41**:293, 294
Zinc finger, myeloid, **63**:1, 239
Zinc-finger proteins, BLIMP, **59**:342
Zonal organization, lymph follicles, **53**:185–186
Zymogens, **61**:202
  complement components and, **38**:206, 209, 235
Zymosan
  alternative pathway activation, **38**:386
  fibronectin, **38**:390
  β-glucan constituent of, **38**:362
  IBD and, **42**:309
  ingestion inhibition, **38**:381
  phagocytosis, human monocyte, **38**:392
    cellular responses, **38**:373–376, 393
    composition, **38**:363, 364
    receptor characterization, **38**:365, 366, 368–373
  phagocytosis, nonelicited murine macrophages
    cellular responses, **38**:377–380
    receptor characterization, **38**:376, 377
  serum-treated, addition to eosinophils, **60**:183

CONTRIBUTOR INDEX

Boldface numerals indicate volume number

A

Abraham, Robert T., **61**:147
Acha-Orbea, Hans, **65**:139
Adelman, D. C., **48**:161
Adolphson, Cheryl R., **39**:177
Aebischer, Iwan, **61**:341
Ahearn, Joseph M., **46**:183
Akira, Shizuo, **54**·1; **65**:1
Akkaraju, Srinivas, **59**:279
Altman, Amnon, **48**:227
Anderson, Steven J., **56**:151
Andreu, Jose Luis, **50**:147
Arend, William P., **54**:167
Arm, Jonathan P., **51**:323
Asao, Hironobu, **59**:225
Atkinson, John P., **45**:381; **61**:201
Austen, K. Frank, **39**:145

B

Baeuerle, Patrick A., **65**:111
Baeza, Maria, **50**:237
Baggiolini, Marco, **55**:97
Baichwal, Vijay R., **65**:111
Banchereau, Jacques, **52**:125; **61**:1
Barbas III, Carlos F., **57**:191
Bartram, Claus R., **61**:285
Bassuk, Alexander G., **64**:65
Bell, Sarah E., **59**:279
Bennett, Michael, **41**:333
Bennink, Jack R., **52**:1
Benoist, Christophe, **55**:424
Bertocci, Barbara, **57**:353

Bettelheim, Peter, **52**:333
Beutler, B., **42**:213; **49**:149
Bevan, Michael J., **59**:99
Biassoni, Roberto, **55**:341
Billiau, Alfons, **62**:61
Bodmer, Helen, **55**:424
Boehm, T., **50**:119
Brenner, Michael B., **43**:133
Brezinschek, Hans Peter, **47**:433
Bucy, R. Pat, **50**·87
Burrows, Peter D., **65**:245
Burton, Dennis R., **51**:1; **57**:191

C

Calame, Kathryn, **43**:235
Calvo-Calle, J. Mauricio, **60**:105
Campbell, R. D., **38**:203
Capra, J. Donald, **42**:95; **49**:1
Cardell, Susanna, **55**:424
Carroll, M. C., **38**:203
Carson, Dennis A., **38**:275
Cerami, A., **42**:213
Chan, Susan, **55**:424
Charreire, Jeannine, **46**:263
Charron, Dominique, **48**:107
Chen, Chen-Lo H., **50**:87
Chen, Jianzhu, **62**:31
Cheresh, David A., **40**:323
Chesnut, Robert W., **39**:51
Chesterman, Colin N., **49**:193
Chilton, Paula M., **63**:269
Ciccone, Ermanno, **55**:341
Clark, Lisa B., **63**:43

Claverie, Jean-Michel, **45**:107
Coffman, Robert L., **46**:111; **54**:229
Coggeshall, K. Mark, **48**:227
Cohen, J. John, **50**:55
Cohn, Zanvil A., **41**:269
Colman, P. M., **43**:99
Cooke, Michael P., **59**:279
Cooper, Max D., **50**:87; **65**:245
Corbi, Angel L., **46**:149
Cosgrove, Dominic, **55**:424
Cotran, Ramzi S., **50**:261
Crane, Mary A., **56**:179
Croce, Carlo M., **38**:245
Cuende, Eduardo, **53**:157
Cyster, Jason G., **59**:279
Czop, Joyce K., **38**:361

D

Dahan, Auriel, **57**:353
Dalloul, A., **49**:149
Debre, P., **49**:149
DeFranco, Anthony L., **55**:221
Delespesse, G., **49**:149
Dewald, Beatrice, **55**:97
DeWitt, David L., **62**:167
Dietrich, Hermann, **47**:433
Dinarello, Charles A., **44**:153
Dixon, Frank J., **46**:61
Dranoff, Glenn, **58**:417
Dunon, Dominique, **58**:345
Dustin, Michael L., **46**:149

E

Eaton, Suzanne, **43**:235
Elliott, Michael J., **64**:283
Elliott, Tim, **65**:47

F

Farries, Timothy C., **61**:201
Fathman, C. Garrison, **56**:219
Fauci, Anthony S., **47**:377
Fearon, Douglas T., **46**:183
Feldmann, Marc, **64**:283
Fernandez-Botran, Rafael, **45**:1; **63**:269

Fink, Pamela J., **59**:99
Finn, Olivera J., **62**:217
Forman, James, **41**:135
Fowlkes, B. J., **44**:207
Foy, Teresa M., **63**:43
Freimark, Bruce D., **38**:275
Fujii, Yoshitaka, **42**:233
Fuleihan, Ramsay, **60**:37

G

Galli, Stephen J., **55**:1
Gaur, Amitabh, **56**:219
Gearing, David P., **53**:31
Geha, Raif S., **39**:255; **60**:37
Geissler, Edwin N., **55**:1
Gellert, Martin, **64**:39
Getzoff, D. Elizabeth, **43**:1
Geysen, H. Mario, **43**:1
Ghosh, Sankar, **58**:1
Gleich, Gerald J., **39**:177
Goetzl, E. J., **48**:161
Goetzl, Edward J., **39**:299
Gold, Michael R., **55**:221
Gomez, Javier, **63**:127
Gonzalo, Jose Angel, **50**:147
Goodnow, Christopher C., **59**:279
Greenberg, Philip D., **49**:281
Grey, Howard M., **39**:51
Gutierrez-Ramos, Jose C., **50**:147

H

Hala, Karel, **47**:433
Hansen, John A., **40**:379
Hansen, Ted H., **64**:105
Hardy, Richard R., **55**:297
Hartley, Suzanne B., **59**:279
Hathcock, Karen S., **62**:131
Hayakawa, Kyoko, **55**:297
Healy, James L., **59**:279
Hedrick, Stephen M., **43**:193
Heldin, Carl-Henrik, **55**:181
Henderson, Robert A., **62**:217
Hercend, Thierry, **42**:181
Hirsch, Vanessa M., **52**:425
Hitoshi, Yasumichi, **57**:145
Hodes, Richard J., **62**:131

CONTRIBUTOR INDEX

Hofstetter, H., **49**:149
Hogarth, P. Mark, **57**:1
Holers, V. Michael, **45**:381
Honjo, Tasuku, **62**:1
Hood, Leroy, **44**:1; **46**:1
Hooghe, Robert, **63**:377
Hooghe-Peters, Elisabeth L., **63**:377
Horejsi, V., **49**:75
Hourcade, Dennis, **45**:381
Houssiau, F., **54**:79
Hulett, Mark D., **57**:1
Hunkapiller, Tim, **44**:1
Huston, Marilyn M., **38**:313
Hyman, Robert, **54**:271

I

Ichijo, Hidenori, **55**:181
Igarashi, Hideya, **54**:337
Ihle, James N., **39**:1; **60**:1
Imboden, John B., **41**:1
Imhof, Beat A., **58**:345
Inoue, Norimitsu, **60**:57
Inui, Seiji, **54**:337
Ishii, Naoto, **59**:225
Ishizaka, Kimishige, **47**:1
Ivashkiv, Lionel B., **63**:337

J

Jalkanen, Sirpa, **64**:139
Janeway, Jr., Charles A., **50**:1
Jelinek, Diane F., **40**:1
Johnson, Philip R., **52**:425

K

Kaplan, Allen P., **50**:237
Kappler, John, **38**:1; **54**:99
Karasuyama, Hajime, **63**:1
Karnitz, Larry M., **61**:147
Kawasaki, Akemi, **51**:215
Kay, A. Barry, **60**:151
Kelso, Anne, **48**:69
Kelsoe, Garnett, **60**:267
Kikutani, Hitoshi, **51**:285
Kilcherr, E., **49**:149

Kincade, Paul W., **41**:181; **54**:271
Kindt, Thomas J., **52**:425
Kinoshita, Taroh, **60**:57
Kipps, Thomas J., **47**:117
Kishimoto, Tadamitsu, **54**:1; **64**:219; **65**:1
Kishimoto, Takashi, **46**:149
Kisielow, Pawel, **58**:87
Klinman, Norman R., **42**:1
Knight, Katherine L., **56**:179
Kofler, Reinhard, **46**:61
Kojima, Hidefumi, **60**:289
Kondo, Motonari, **59**:225
Kooijman, Ron, **63**:377
Kopp, Elizabeth B., **58**:1
Kotzin, Brian, **54**:99
Kourilsky, Philippe, **45**:107
Kourilsky, Philippe, **57**:281
Kraal, Georg, **65**:347
Krangel, Michael S., **43**:133
Krilis, Steven A., **49**:193
Kroemer, Guido, **47**:433; **50**:147; **53**:157; **58**:211
Kuna, Piotr, **50**:237
Kuwahara, Kazuhiko, **54**:337

L

Lai, Eric, **46**:1
Larson, Richard S., **46**:149
Lebman, Deborah A., **54**:229
Lee, David R., **64**:105
Lee, Tak H., **39**:145; **51**:323
Leiden, Jeffrey M., **64**:65
Lerner, Richard A., **43**:1
Lesley, Jane, **54**:271
Leung, Donald Y. M., **54**:99
Levin, Steven D., **56**:151
Lewis, Susanna M., **56**:27
Lindstrom, Jon, **42**:233
Linton, Phyllis-Jean, **42**:1
Lipscomb, Mary F., **59**:369
Lipsky, Peter E., **40**:1
Liszewski, M. Kathryn, **61**:201
Louahed, J., **54**:79
Lublin, Douglas M., **61**:201
Lukacs, Nicholas W., **62**:257
Luther, Sanjiv A., **65**:139
Lynch, Richard G., **40**:135

Lyons, C. Richard, **59**:369
Lyons, C. Rick, **60**:323

M

Ma, Yuhe, **63**:269
MacDermott, Richard P., **42**:285
Mach, Bernard, **61**:327
Mackay, Charles R., **53**:217
Maini, Ravinder N., **64**:283
Makino, Susumu, **51**:285
Marrack, Philippa, **38**:1
Marrack, Philippa, **54**:99
Martin, Paul J., **40**:379
Martinez-A., Carlos, **50**:147; **53**:157; **63**:127
Mathis, Diane, **55**:424
Matsuda, Fumihiko, **62**:1
Matsuo, Tatsuya, **54**:337
McChesney, Michael B., **45**:335
McCormack, Wayne T., **48**:41
McGhee, Jerry R., **40**:153
McGillis, Joseph P., **39**:299
McKenzie, Ian F. C., **56**:301
McMichael, Andrew, **65**:277
McNeil, H. Patrick, **49**:193
Mebius, Reina E., **65**:347
Meek, Katheryn, **42**:95
Melchers, Frtiz, **53**:123; **63**:1
Merkenschlager, Matthias, **55**:424
Mestecky, Jiri, **40**:153
Metcalf, Donald, **48**:69
Metlay, Josua P., **47**:45
Metzger, Henry, **43**:277
Miceli, M. Carrie, **53**:59
Michon, Jean, **42**:181
Milich, David R., **45**:195
Mingari, Maria Christina, **55**:341
Miyazono, Kohei, **55**:181
Moore, Jr., Francis D., **56**:267
Moqbel, Redwan, **60**:151
Moretta, Alessandro, **55**:341
Moretta, Lorenzo, **55**:341
Morgan, Edward L., **40**:61
Morrison, Sherie L., **44**:65
Moser, Bernhard, **55**:97
Mosier, Donald E., **50**:303; **63**:79
Mosmann, Tim R., **46**:111; **56**:1
Mossalayi, D., **49**:149
Mulligan, Richard C., **58**:417

Mustelin, Tomas, **48**:227
Myers, Christopher D., **45**:1

N

Nadler, Lee Marshall, **51**:243
Nagata, Shigekazu, **57**:129
Nakamura, Masataka, **59**:225
Nakamura, Toshikazu, **59**:225
Nakata, Motomi, **51**:215
Nardin, Elizabeth H., **60**:105
Neiman, Paul E., **56**:467
Nezlin, Roald, **48**:1
Niederkorn, Jerry Y., **48**:191
Nishimoto, Norihiro, **64**:219
Noelle, Randolph J., **63**:43
Nomura, Jun, **54**:337
Nossal, G. J. V., **52**:283
Nowell, Peter C., **38**:245
Nussenzweig, Ruth S., **45**:283; **60**:105
Nussenzweig, Victor, **45**:283

O

Oi, Vernon T., **44**:65
Okumura, Ko, **51**:215
Oldstone, Michael B. A., **45**:335
Oliveira, Giane A., **60**:105
Opstelten, Davina, **63**:197

P

Pardoll, Drew M., **44**:207
Parkman, Robertson, **49**:381
Parnes, Jane R., **44**:265; **53**:59
Pascual, Virginia, **49**:1
Paul, William E., **53**:1
Payan, Donald G., **39**:299
Perlmutter, Roger M., **56**:151
Pietersz, Geoffrey A., **56**:301
Plaut, Marshall, **53**:1
Pober, Jordan S., **50**:261
Pogue, Sarah L., **59**:279
Porcelli, Steven A., **59**:1
Porter, R. R., **38**:203
Pure, Ellen, **47**:45

R

Rabbitts, T. H., **50**:119
Ramesh, Narayanaswamy, **60**:37
Rathbun, Gary, **42**:95
Rathmell, Jeffrey C., **59**:279
Raulet, David H., **55**:381
Rebollo, Angelita, **63**:127
Reddigari, Sesha, **50**:237
Reisfeld, Ralph A., **40**:323
Reith, Walter, **61**:327
Renauld, J.-C., **54**:79
Reynaud, Claude-Agnes, **57**:353
Rice, David E., **59**:369
Rich, Robert R., **38**:313
Ritz, Jerome, **42**:181
Rochlitz, Christoph, **57**:281
Rodgers, John R., **38**:313
Rolink, Antonius, **53**:123; **63**:1
Rooney, Isabelle A., **61**:201
Rosen, Steven D., **44**:313
Rosenberg, Zeda F., **47**:377
Roth, Claude, **57**:281
Rothenberg, Ellen V., **51**:85
Rothman, Paul, **54**:229
Rousset, Francoise, **52**:125
Rowland, April, **56**:301
Rowland-Jones, Sarah, **65**:277

S

Sakaguchi, Nobuo, **54**:337
Salmi, Marko, **64**:139
Sanders, Virginia M., **45**:1
Sanz, Inaki, **42**:95
Sarfati, M., **49**:149
Sawasdikosol, Sansana, **52**:425
Schlossman, Stuart F., **42**:181
Schmidt, Reinhold E., **42**:181
Schriever, Folke, **51**:243
Schuyler, Mark R., **59**:369
Schwartz, Ronald H., **38**:31
Schwarz, Klaus, **61**:285
Scott, David W., **54**:393
Seder, Robert A., **53**:1
Shelton, Diane, **42**:233
Shimbara, Naoki, **64**:1
Shinkai, Yoichi, **51**:215
Shinohara, Nobukata, **60**:289
Shokat, Kevan P., **59**:279
Sideras, Paschalis, **59**:135
Sim, Gek-Kee, **58**:297
Singer, Paul A., **46**:61
Sklar, Larry A., **39**:95
Smith III, Roger, **38**:313
Smith, C. I. Edvard, **59**:135
Smith, Kendall A., **42**:165
Smith, William L., **62**:167
Smyth, Mark J., **56**:301
Sprent, Jonathan, **41**:39
Springer, Timothy A., **46**:149
Sreedharan, S. P., **48**:161
Stadler, Beda M., **61**:341
Stanley, John R., **53**:291
Staunton, Donald E., **46**:149
Stavnezer, Janet, **61**:79
Steimle, Viktor, **61**:327
Steinman, Lawrence, **49**:357
Steinman, Ralph M., **47**:45
Stenson, William F., **42**:285
Storb, Rainer, **40**:379
Strominger, Jack L., **43**:133
Suematsu, Sachiko, **64**:219
Sugamura, Kazuo, **59**:225
Suter, U., **49**:149

T

Taga, Tetsuya, **54**:1
Tainer, John A., **43**:1
Takaki, Satoshi, **57**:145
Takatsu, Kiyoshi, **57**:145
Takayama, Hajime, **60**:289
Takeda, Junji, **60**:57
Tan, Eng M., **44**:93
Tan, Rusung, **65**:277
Tanahashi, Nobuyuki, **64**:1
Tanaka, Keiji, **64**:1
Tanaka, Nobuyuki, **52**:263
Tanaka, Nobuyuki, **59**:225
Taniguchi, Tadatsugu, **52**:263
ten Dijke, Peter, **55**:181
Theofilopoulos, Argyrios N., **46**:61
Thoman, Marilyn L., **46**:221
Thomas, E. Donnall, **40**:379
Thompson, Craig B., **48**:41; **50**:87
Trinchieri, Giorgio, **47**:187

Tsurumi, Chizuko, **64**:1
Tucker, Philip, **42**:95

U

Ulevitch, Richard J., **53**:267
Uyttenhove, C., **54**:79

V

Valent, Peter, **52**:333
van Kooten, Cees, **61**:1
Van Snick, J., **54**:79
Vink, A., **54**:79
Vitetta, Ellen S., **45**:1
von Boehmer, Harald, **58**:87

W

Waldmann, Thomas A., **40**:247
Ward, Peter A., **62**:257
Wardlaw, Andrew J., **60**:151
Weaver, David T., **58**:29

Webb, Susan R., **41**:39
Weigle, William O., **40**:61; **46**:221
Weill, Jean-Claude, **57**:353
Weinstein, Yacob, **39**:1
Weiss, Arthur, **41**:1
Wick, George, **47**:433
Wilkes, David, **59**:369
Wilson, Richard K., **46**:1
Winchester, Robert, **56**:389
Wolf, Hugo, **47**:433
Woody, James N., **64**:283
Woof, Jenny M., **51**:1

Y

Yagita, Hideo, **51**:215
Yednock, Ted A., **44**:313
Yewdell, Jonathan W., **52**:1
Yokota, Kin-ya, **64**:1
Young, John Ding-E, **41**:269

Z

Zauderer, Maurice, **45**:417
Zsebo, Krisztina M., **55**:1

ISBN 0-12-022467-4